H. Lippmann

# Mechanik des Plastischen Fließens

Grundlagen und technische Anwendungen

Mit 129 Abbildungen

Springer-Verlag Berlin Heidelberg New York 1981

Dr. rer. nat. HORST LIPPMANN

o. Professor am Lehrstuhl A für Mechanik
und Leiter des Staatlichen Materialprüfamtes für
den Maschinenbau der Technischen Universität München
Arcisstraße 21, D-8000 München 2

CIP-Kurztitelaufnahme der Deutschen Bibliothek
Lippmann, Horst:
Mechanik des Plastischen Fließens.
Grundlagen u. techn. Anwendungen / Horst Lippmann.
Berlin, Heidelberg, New York: Springer, 1981

ISBN 978-3-642-52210-9     ISBN 978-3-642-52209-3 (eBook)
DOI 10.1007/978-3-642-52209-3



2163/3020—543210

# Vorwort

Nachdem im Jahre 1967 der gemeinsam mit *O. Mahrenholtz* verfaßte 1. Band einer „Plastomechanik der Umformung metallischer Werkstoffe" erschienen war, führte der berufliche Werdegang beide Autoren an verschiedene Orte. Ich selbst zog im Anschluß an meine hannoversche Tätigkeit von Braunschweig über Karlsruhe nach München um. Es war die Zeit der Studentenunruhen, der Hochschulreformen, der anwachsenden Gremien- und Verwaltungsaktivitäten. Manche wissenschaftliche Arbeit blieb auf der Strecke.

So auch erging es dem geplanten 2. Band der „Plastomechanik". Als ich mich ihm vor einigen Jahren wieder intensiver widmen konnte, stellte es sich als sinnvoll heraus, jetzt ein unabhängiges, in sich geschlossenes Buch über Plastizitätstheorie und ihre Anwendungen zu schreiben. Es enthält zwar den ursprünglich für den 2. Band geplanten Stoff, aber auch Teile von Band 1 sowie Abschnitte, die deutlich über umformtechnische Probleme hinausgehend Fragen der Tragfähigkeit von Strukturen, der Boden- und der Felsmechanik behandeln. Einiges ist bislang unveröffentlicht. An das ursprünglich zweibändige Konzept erinnern im wesentlichen noch einige Fußnoten mit Berichtigungen zu „Band 1"; entsprechende Hinweise stammen u. a. von meinen Kollegen *F. Hecker* (Braunschweig) und *A. Troost* (Aachen).

Dem Springer-Verlag zolle ich Respekt für seine immerwährende Geduld sowie Dank für die dennoch hervorragende Zusammenarbeit und die gute Ausstattung des Werkes trotz gestiegener Kosten. Leider mußte das alphabetische Namens- und Autorenregister zugunsten eines (noch) endlichen Preises dem Rotstift zum Opfer fallen.

Bei der Abfassung des Manuskriptes unterstützten mich zahlreiche Mitarbeiter, Freunde und Kollegen direkt oder indirekt durch Rat und Kritik, unter ihnen insbesondere Herr Obering. Dr.-Ing. *V. Mannl* (München). Es seien auch die stets anregenden Diskussionen im Arbeitskreis „Grundlagen der bildsamen Formgebung" des Vereins deutscher Eisenhüttenleute sowie im Arbeitskreis „Wissenschaftliche Grundlagen" des Steinkohlenbergbauvereins erwähnt. Den Herren Dipl.-Ing. *M. Kirchner* und Dipl.-Ing. *W. Winter* (München) danke ich für das Mitlesen der Korrekturen.

München, Oktober 1980 *H. Lippmann*

# Inhaltsverzeichnis

# Einleitung

*Plastische* Formänderungen fester Körper oder körniger Haufwerke bleiben nach vollständigem Entfernen der äußeren Belastung erhalten. Diese Charakterisierung reicht jedoch nicht aus. Denn eine etwa halbkreisförmig vorgespannte Blattfeder kann durch äußere Kraft in eine spiegelbildliche Lage übergeführt werden, die nach Entlastung ebenfalls erhalten bleibt, obschon es sich um einen rein elastischen *Durchschlag* handelt. Drückt man die Blattfeder nun wieder in die Ausgangsstellung zurück, so beträgt die insgesamt aufgebrachte äußere Arbeit bei einer genügend langsamen, im Grenzfall also *statischen* Bewegung exakt Null: Elastische Verformungen sind *konservativ*. Im Gegensatz hierzu fordert man von plastischen Deformationen, daß sie *dissipativ* seien: Alle äußere Arbeit werde „verbraucht", also in *Wärme* umgewandelt.

Auch Dissipativität allein reicht als Charakterisierung des plastischen Verhaltens nicht aus. So schließt sich eine elastisch gefederte Schwingtür nach dem Öffnen stets von selbst wieder, hinterläßt also keine bleibende Auslenkung, selbst wenn sie mit einem Dämpfer verbunden ist, der sämtliche Energie dissipiert. Man spricht bei einem im allgemeinen flüssigkeitsgefüllten Dämpfer von *Viskosität*, in Verbindung mit der Türfeder von *Viskoelastizität*.

Demgegenüber besitzt die *Plastizität* nach allgemeinem Verständnis *beide* Merkmale: Bleibende Formänderungen *und* Dissipativität.

Natürlich idealisieren solche Merkmale das wahre Materialverhalten und gelten praktisch niemals streng. Wie in den Naturwissenschaften und den Grundlagen der Technik üblich, beschreibt man reale Gegebenheiten näherungsweise durch *Modelle*, welche festgefügten Regeln (*Grundannahmen, Axiomen*) genügen. Modelle sind nicht eindeutig. Es gibt (in bezug auf die experimentelle Verifizierbarkeit) gute und weniger gute oder (in bezug auf ihr mathematisches Skelett) aufwendige und weniger aufwendige. Dies wird sich auch in der Plastomechanik zeigen. Leider gehen Güte und Aufwand eines Modells oft Hand in Hand. Dann erstrebt man sinnvollerweise einen Kompromiß. Zurück zur Plastizität.

Neben den beiden oben genannten Merkmalen „bleibend" und „dissipativ" führt man als weitere Grundannahme das *Kontinuum* ein. Wir sehen also von der kristallinen Kornstruktur der Metalle oder der durch Fugen gekennzeichneten Kornstruktur granularer Medien wie Sand ab und nehmen an, daß sich die betrachteten Materialien beliebig fein unterteilen lassen, ohne dabei ihre makroskopischen Eigenschaften einzubüßen. Die hierbei verloren gehende Mikrostruktur behält man dennoch bei der modellmäßigen Formulierung der Stoffeigenschaften im Auge.

Sie legt auch die Mindestgröße der Körper fest, auf welche man die am Modell entwickelte Theorie anwenden darf.

In der Praxis ist das plastische Stoffverhalten vom elastischen Stoffverhalten überlagert. Dies erkennt man unmittelbar eigentlich nur unter gewissen Bedingungen, so etwa anhand eines materiell in jedem Punkte gleichen („*homogenen*") Körpers, dessen Werkstoffeigenschaften richtungsunabhängig sind („*Isotropie*"), und der zudem noch überall nach Größe und Richtung in gleicher Weise („*homogen*") verformt wurde. Bei ihm geht nämlich nach Entlastung der elastische Formänderungsanteil vollständig zurück. Einfachstes Beispiel ist der homogene, isotrope gerade Stab konstanten Querschnitts unter reiner, homogen verteilter Längsdehnung. Über ihn werden wir unser plastomechanisches Modell entwickeln.

*Inhomogen* verformte elastisch-plastische Kontinua bewahren nach der Entlastung eine elastische *Rest-* oder *Eigenspannungsverteilung*[1], die man experimentell von der plastischen Deformation nur durch im Grenzfall unendlich feines Zerschneiden des Körpers trennen könnte und die bei theoretischen Untersuchungen auch zu erheblichen mathematischen Schwierigkeiten führt. Ein einfacheres, noch übersichtliches Beispiel hierzu liefern die *Stab-* oder *Fachwerke*, auf die wir ebenfalls im ersten Kapitel eingehen. Sie dienen uns ihrerseits als Modell des dreidimensionalen plastischen Kontinuums.

Dessen so aufzubauende Stoffgesetze werden wir vorwiegend auf solche plastische Formänderungen anwenden, die *groß* sind im Vergleich zur überlagerten elastischen Verformung, so daß wir diese vernachlässigen und statt des elastisch-plastischen ein *starr-plastisches* Material betrachten. Wegen historischer Analogien zur Strömungsmechanik nennt man seine Deformationen auch *plastisches Fließen*.

Dem Vorteil stark vereinfachten Stoffverhaltens stehen zwei Nachteile gegenüber. Erstens spielt bei großen Formänderungen der Unterschied zwischen der *momentanen Konfiguration* (äußere Gestalt des Körpers sowie Lage seiner Partikel zum Zeitpunkt der Betrachtung) und der *Anfangskonfiguration* eine Rolle, wobei wir in der Regel die Momentankonfiguration untersuchen. Zweitens wird in solchen Fällen, wo nicht der ganze Körper plastifiziert ist, der verbleibende starre Bereich *statisch unbestimmt*, so daß auch global keine Eindeutigkeit der Lösung des jeweiligen Problems zu bestehen braucht. Glücklicherweise vermitteln selbst mehrdeutige Lösungen noch Einsichten und richtige (Teil-)Resultate, die es auszuwerten lohnt.

Dem elastischen und dem plastischen Formänderungsanteil mag ferner ein viskoelastischer überlagert sein, den wir generell vernachlässigen. Soweit er nicht seinerseits zu einer großen Rückverformung nach dem Entlasten führt, kann er indirekt als plastischer Anteil betrachtet werden, dessen Stoffparameter von der Formänderungsgeschwindigkeit abhängen, also viskoses Verhalten simulieren (*Viskoplastizität*). Einfachster Sonderfall ist die zähe Flüssigkeit. Darüberhinaus lassen sich neben kalt- und warmverformten *Metallen* oder neben *granularen*, d. h. körnigen, boden- und felsartigen Materialien auch einige *Kunststoffe* mit einbeziehen. Hier spielt zusätzlich der Temperatur- und Zeiteinfluß eine Rolle. In der allgemeinen Theorie könnte (und kann) man dies berücksichtigen. Bei den Anwendungen setzt jedoch der Rechenaufwand Grenzen.

Diese Anwendungen unterteilen sich hauptsächlich in zwei Gruppen.

---

[1] Sogenannte *Makro*-Eigenspannungen oder Eigenspannungen *1. Art.*

Zum einen handelt es sich um die für Konstrukteure und Bauingenieure wichtige Frage nach der *Grenzbeanspruchbarkeit* einer Struktur. Wenn man vom in diesem Buch nicht behandelten *Sprödbruch* und von möglicherweise konstruktiv zulässigen *kleinen* plastischen Deformationen absieht, so muß man Lastgrenzen (Grenz-*Traglasten*) ermitteln, bei deren Unterschreitung kein plastisches Fließen mehr auftritt. Hier dient die Plastomechanik dazu, Plastizität zu verhindern. Man liegt auf der sicheren Seite, wenn man die Grenz-Traglast unterschätzt. Solche *unteren Schranken* lassen sich aufgrund entsprechender *Extremalsätze* häufig relativ einfach ermitteln.

Zum anderen erstrebt man in der *mechanischen Umformtechnik* bewußt eine große Formänderung des jeweiligen Werkstückes durch *Walzen, Schmieden, Draht-* oder *Tiefziehen, Fließpressen* usw. Gleiches gilt, wenn man Sand oder Getreidekörner als *plastische Rohrströmung* transportiert. Man fragt unter anderem, welche Last die einzusetzende Maschine aufbringen muß, um die erforderlichen Formänderungen oder Förderleistungen zu erreichen, und ist oft mit einer wiederum vergleichsweise einfach zu ermittelnden, sicheren *oberen Schranke* zufrieden. Bei genaueren Untersuchungen interessiert auch der Stoffluß nebst den durch ihn hervorgerufenen Materialeigenschaften, Temperaturen und Eigenspannungen.

Das vorliegende Buch wird nach den Grundgleichungen des plastischen Fließens spezielle Lösungen und allgemeine Lösungsmethoden für technische Probleme entwickeln. Diese haben lediglich *beispielhaften* Charakter, während die *Methodik* im Vordergrund steht, anhand deren der Leser weitere für ihn wichtige Anwendungen selbst behandeln kann. Wir empfehlen, die jeweilige Fragestellung so aufzubereiten, daß man möglichst weit mit graphischen oder analytischen Mitteln gelangt. Beide besitzen noch immer den Vorzug anschaulicher Durchsichtigkeit und erlauben *globale* Studien des Einflusses der verschiedenen Parameter auf das betrachtete Problem. Am Ende wird man oft zur numerischen Auswertung greifen. Welche Vorsicht jedoch bei von Anfang an *rein* numerischen Verfahren wie dem der „*Finiten Elemente (MFE)*" geboten ist, zeigt Abschnitt 4.4.

Hier einige aus dem Vorwort von [517] entnommene, ergänzte bzw. modifizierte Bemerkungen zur geschichtlichen Entwicklung. Während das elastische Werkstoffverhalten seit rund dreihundert Jahren Gegenstand wissenschaftlich-technischer Forschung ist, beschäftigt man sich mit der *Plastomechanik* erst seit dem vorigen Jahrhundert. Ihre Wiege stand in Frankreich (Coulomb, Tresca, de St. Venant, Lévy), doch auch in Deutschland wurde man auf das neue Gebiet früh aufmerksam (Fink, Bauschinger). Besonders im ersten Drittel dieses Jahrhunderts trugen neben dem Belgier Massau und dem Polen Huber mehrere in Deutschland und Österreich arbeitende Wissenschaftler zur Plastomechanik bei (u. a. Kötter, v. Mises, Hencky, Prandtl, Nádai, v. Kármán, Siebel, Sachs, Geiringer, Melan, Prager). Jedoch brach diese Entwicklung wegen der Emigration führender Fachvertreter bis über das Ende des Zweiten Weltkrieges hinaus fast vollständig ab, während sie vor allem in den englischsprachigen Ländern und in der Sowjetunion rasch voranschritt. Heute gibt es weitere Zentren in Polen, Frankreich und in anderen Staaten.

Die Zahl der dort veröffentlichten Lehrbücher übersteigt das Maß des Zitierbaren. Wir verweisen im Literaturverzeichnis auf solche Werke, die von unmittelbarem Bezug auf das vorliegende sind, und wollen an dieser Stelle nur auf deutschsprachige Bücher eingehen, von denen aus den oben erwähnten geschichtlichen Gründen noch nicht allzu viele existieren. Kurz nach dem Zweiten Weltkrieg erschienen zunächst Übersetzungen aus dem Englischen oder Russischen (Prager und Hodge [599], Sokolovskij [607]), während ein weiteres Werk von Prager [13] in deutsch konzipiert und dann ins Englische übertragen wurde. 1967, also mehr als zehn Jahre später, kamen Bücher von Reckling [9] über die baumechanisch-festigkeitstheoretischen Aspekte sowie von Lippmann und Mahrenholtz [517] über Anwendungen in der Umformtechnik heraus. Ismar und Mahrenholtz [608] veröffentlichten soeben einen auf Vorlesungen zugeschnittenen, längenmäßig beschränkten Text, während das vorliegende Werk möglichst umfassend sein und als Lehrbuch ebenso wie als Handbuch dienen soll. Dennoch überdecken die mehr als 600 zitierten Originalveröffentlichungen nur einen Teil der relevanten Literatur.

Vom Leser werden Vorkenntnisse der Mathematik und der Mechanik etwa im Umfang der Grundvorlesungen an Technischen Universitäten vorausgesetzt. Einige Themen hieraus sind im Anhang rekapituliert, vertieft oder durch weitere Sachgebiete ergänzt. Man benötigt die *Matrizenalgebra* (Abschnitt A.1) von Abschnitt 1.2 und die Grundbegriffe der stoffunabhängigen Kontinuumsmechanik (Abschnitt A.2: *Spannungen, Formänderungsgeschwindigkeiten, Gleichgewicht, Verträglichkeit*) von Abschnitt 1.3 an. Hingegen treten die *Charakteristikenverfahren* zur anschaulichen bzw. numerischen Integration *hyperbolischer partieller Differentialgleichungssysteme*, abgesehen von einer Nebenbetrachtung in Abschnitt 2.1.4, erst wirklich bei Kapitel 5 in den Vordergrund. Solche und andere Nebenbetrachtungen ebenso wie weniger grundsätzliche Einzelheiten zu Rechenbeispielen, rein mathematische Untersuchungen in den Kapiteln 1 bis 5 oder sonstige Ergänzungen erscheinen im Kleindruck.

# 1 Stab, Stabwerk und Kontinuum

Es werden zylindrische Stäbe betrachtet, die eine genügend große plastische Formänderung erlauben (große *Duktilität*) und zunächst weder durch lokale Einschnürung noch durch seitliches Ausknicken von der Zylinderform abweichen. Nach dem einachsigen statischen Zug- bzw. Druckversuch wenden wir uns den Stabwerken zu. Ihre Statik ist sowohl für den Bauingenieur als auch für den Hersteller von Baustahl von Interesse. Außerdem dienen Stabwerke als Modell für beliebige andere diskrete Tragwerksstrukturen ebenso wie für das plastische *Kontinuum*, dessen Grundgleichungen anschließend aufzustellen sind. Hierbei wird vom eigentlichen mikroskopischen Gefüge des Werkstoffes — in der Regel Metall, mit gewissen Einschränkungen aber auch Kunststoff, körniges Haufwerk (Sand, Fels) o. ä. — weitgehend abgesehen.

## 1.1 Plastostatik des Einzelstabes

Im üblichen *Zerreißversuch* der Festigkeitsprüfung insbesondere von Metallen oder Kunststoffen[1] (Bild 1.1) wird ein schlanker, zylindrischer Stab der Länge $l = l(t)$ (Zeit $t$, Anfangslänge $l_0 = l(t_0)$, Querschnittsfläche $A = A(t)$, Anfangswert $A_0 = = A(t_0)$) mittels der Kraft $F = F(t)$ statisch gedehnt. Man mißt die *konventionelle* Längszugspannung

$$\sigma_{\mathrm{konv}} = F/A_0 \qquad (1.1/1)$$

bei vernachlässigbarem Umgebungsdruck (etwa: Luftdruck) als Funktion der kinematischen Größen

$$\dot{\varepsilon} = \frac{\dot{l}}{l_0}, \qquad \varepsilon = \frac{l - l_0}{l_0} = \frac{\Delta l}{l_0}, \qquad (1.1/2)$$

wobei ein hochgesetzter Punkt die Zeitdifferentiation bezeichnet. $\dot{\varepsilon}$ heißt *konventionelle Formänderungsgeschwindigkeit*, $\varepsilon$ *konventionelle Formänderung*. Beschleunigungen spielen im statischen Versuch keine Rolle. Maximale Dehnung $l = \infty$ bedeutet $\varepsilon = \infty$, maximale Stauchung $l = 0$ dagegen $\varepsilon = -1$ statt $\varepsilon = -\infty$. Insofern ist $\varepsilon$

---

[1] Bei körnigen Medien geht man besser vom *Scherversuch* aus. Daneben führt man auch einachsige Druckversuche durch, muß dann aber die stabförmige Probe zur Wahrung des Zusammenhalts einem überlagerten allseitigen Zusatzdruck aussetzen.

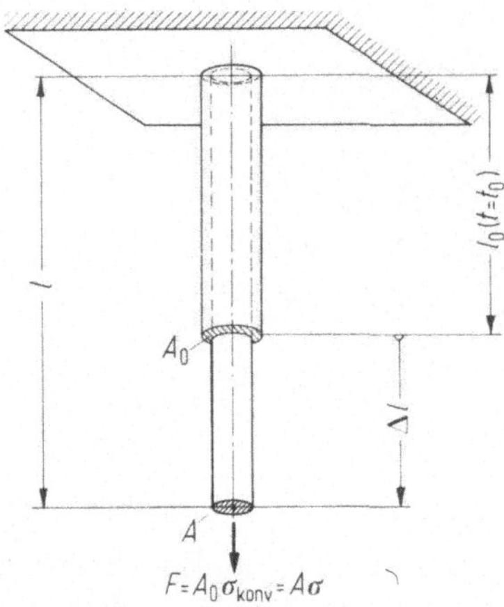

**Bild 1.1.** Einachsiger Zug- oder Druckversuch. $A_0$ Anfangsquerschnitt, $A$ Momentanquerschnitt, $F$ Längskraft, $\sigma_{\mathrm{konv}}$ bzw. $\sigma$ Spannungen

hinsichtlich Zug und Druck unsymmetrisch; der Nenner $l_0$ in (1.1/2) ebenso wie der Nenner $A_0$ in (1.1/1) zeichnet den Anfangszustand $t_0$ aus.

Physikalische Bedeutung haben für den betrachteten Augenblick $t$ vielmehr statt $\sigma_{\mathrm{konv}}$ die *wirkliche* („Cauchysche") Spannung

$$\sigma = F/A \tag{1.1/3}$$

sowie statt $\dot{\varepsilon}$ eine Formänderungsgeschwindigkeit $\lambda$, deren Nenner die Augenblickslänge $l = l(t)$ ist. Aus ihr folgt durch Integration die *natürliche* (auch *logarithmische* oder Henckysche) Formänderung $\varphi$:

$$\lambda = \frac{\dot{l}}{l}, \qquad \varphi = \int\limits_{t_0}^{t} \lambda \, \mathrm{d}t = \ln \frac{l}{l_0}. \tag{1.1/4}$$

$\varphi$ liegt zwischen $+\infty$ (maximale Dehnung $l = \infty$) und $-\infty$ (maximale Stauchung $l = 0$). Nach (1.1/2), (1.1/4) gilt

$$\lambda = \frac{\dot{\varepsilon}}{1 + \varepsilon}, \qquad \varphi = \ln(1 + \varepsilon) \tag{1.1/5}$$

sowie

$$\lambda \approx \dot{\varepsilon}, \qquad \varphi \approx \varepsilon \quad \text{für} \quad |\varepsilon| \ll 1. \tag{1.1/6}$$

Entsprechend (1.1/4), (1.1/2) bildet man Formänderungsgeschwindigkeiten $\lambda_A$, $\lambda_V$ bzw. $\dot{\varepsilon}_A$, $\dot{\varepsilon}_V$ und Formänderungen $\varphi_A$, $\varphi_V$ bzw. $\varepsilon_A$, $\varepsilon_V$ für die Querschnittsfläche $A$ bzw. für das Volumen $V = V(t)$ (Anfangswert $V_0 = V(t_0)$) des Stabes zu

$$\left.\begin{aligned}
\dot{\varepsilon}_A &= \frac{\dot{A}}{A_0}, & \varepsilon_A &= \frac{A - A_0}{A_0} = \frac{\Delta A}{A_0}, \\[2mm]
\lambda_A &= \frac{\dot{A}}{A} = \frac{\dot{\varepsilon}_A}{1 + \varepsilon_A}, & \varphi_A &= \ln \frac{A}{A_0} = \ln(1 + \varepsilon_A), \\[2mm]
\dot{\varepsilon}_V &= \frac{\dot{V}}{V_0}, & \varepsilon_V &= \frac{V - V_0}{V_0} = \frac{\Delta V}{V_0}, \\[2mm]
\lambda_V &= \frac{\dot{V}}{V} = \frac{\dot{\varepsilon}_V}{1 + \varepsilon_V}, & \varphi_V &= \ln \frac{V}{V_0} = \ln(1 + \varepsilon_V).
\end{aligned}\right\} \tag{1.1/7}$$

Aus $V = Al$, $\dot{V} = \dot{A}l + A\dot{l}$ folgt

$$\lambda_V = \lambda + \lambda_A \tag{1.1/8a}$$

und nach Integration

$$\varphi_V = \varphi + \varphi_A , \tag{1.1/8b}$$

ferner analog (1.1/6) offenbar

$$\left.\begin{aligned}
&\dot{\varepsilon}_V \approx \lambda_V , \quad \dot{\varepsilon}_A \approx \lambda_A , \quad \varepsilon_V \approx \varphi_V , \quad \varepsilon_A \approx \varphi_A \\
&\text{sowie} \\
&\dot{\varepsilon}_V \approx \dot{\varepsilon} + \dot{\varepsilon}_A , \quad \varepsilon_V \approx \varepsilon + \varepsilon_A \quad \text{für} \quad |\varepsilon|, |\varepsilon_A|, |\varepsilon_V| \ll 1 .
\end{aligned}\right\} \tag{1.1/9}$$

Mit (1.1/3), (1.1/1) erhält man die Umrechnungsformeln zwischen konventionellen und wirklichen Spannungen

$$\left.\begin{aligned}
&\sigma = \frac{F}{A_0}\frac{A_0}{A} = \frac{\sigma_{\text{konv}}}{1 + \varepsilon_A} \quad \text{oder} \quad \sigma = \frac{F}{A_0}\frac{V_0}{V}\frac{l}{l_0} = \frac{1 + \varepsilon}{1 + \varepsilon_V}\sigma_{\text{konv}} \\
&\text{bzw.} \\
&\sigma_{\text{konv}} = (1 + \varepsilon_A)\,\sigma = \frac{1 + \varepsilon_V}{1 + \varepsilon}\,\sigma .
\end{aligned}\right\} \tag{1.1/10}$$

Für *kleine elastische* Formänderungen gelten bekanntlich das Hookesche Gesetz

$$\varepsilon = \frac{\sigma_{\text{konv}}}{E} \tag{1.1/11a}$$

(*E Elastizitätsmodul*) sowie ein entsprechender linearer Zusammenhang

$$\varepsilon_V = \frac{\sigma_{\text{konv}}}{3K} \tag{1.1/11b}$$

(*K: Kompressionsmodul*), wobei die Materialkonstanten $E$, $K$ z. B. aus [517, Tab. 9.1 mit Gl. (9.1/17)] entnommen werden können. Wegen (1.1/6), (1.1/9), (1.1/10) darf man im Rahmen der Genauigkeit einer Linearisierung auch

$$\varphi = \frac{\sigma}{E} , \quad \varphi_V = \frac{\sigma}{3K} \tag{1.1/12}$$

schreiben. Bei kleinen elastischen Formänderungen bestehen keine meßbaren Unterschiede.

Wir wenden uns nun dem *plastischen Stoffverhalten* zu und nennen den Betrag[2]

$$|\sigma| = \frac{|F|}{A} = Y \tag{1.1/13}$$

der zu einer plastischen Formänderung gehörigen Spannung $\sigma$ die *einachsige Fließgrenze* oder *Formänderungsfestigkeit* $Y$. Da die experimentell ermittelte elastische

---

[2] Mit der Bezeichnung $Y$ folgen wir der internationalen Gepflogenheit (englisch: Yield limit). In der deutschen umformtechnischen Literatur wird die Formänderungsfestigkeit meist durch $k_f$ symbolisiert.

*Rückfederung* eines Stabes nach Entlastung aus dem plastischen Zustand annähernd dem Hookeschen Gesetz (1.1/12) mit $\sigma = \pm Y$ genügt, gilt

$$\lambda = \lambda^P + \lambda^E , \qquad \varphi = \varphi^P + \varphi^E , \qquad (1.1/14)$$

wo $\lambda^P$, $\varphi^P$ plastische Anteile und $\lambda^E$, $\varphi^E$ elastische Anteile der Formänderungsgeschwindigkeit $\lambda$ bzw. Formänderung $\varphi$ darstellen, die jeweils zur gleichen Spannung $\sigma = \pm Y$ gehören. $Y$ hängt bei Versuchen ohne Vorzeichenumkehr von $\lambda^P \neq 0$, also bei reinen *Belastungs*vorgängen mit $\lambda^P > 0$ (Zug) oder $\lambda^P < 0$ (Druck) erfahrungsgemäß hauptsächlich[3] von $\lambda^P$, $\varphi^P$ und der Temperatur $\vartheta$ ab. Wird, wie in diesem Buch meistens, die elastische Formänderung vernachlässigt (plastisches *Fließen*), so gilt näherungsweise

$$\lambda = \lambda^P , \qquad \varphi = \varphi^P .$$

Versuche zeigen, daß in $Y$ außer bei extrem großen Formänderungen neben $\vartheta$ nur die Beträge $|\lambda^P|$, $|\varphi^P|$, eingehen, so daß $Y$ im Zug- und Druckversuch gleich ist. $Y$ wächst für $|\lambda^P| = $ const, $\vartheta = $ const im allgemeinen mit $|\varphi^P|$ an (*Verfestigung*). Im kombinierten Zug/Druck-Versuch vergrößert sich $Y$ im Prinzip ebenfalls, und zwar immer weiter, unabhängig von der augenblicklichen Formänderungsrichtung (*Wechselverfestigung*). Dementsprechend führt man statt $|\varphi^P|$ eine auch bei Richtungswechsel dauernd ansteigende Formänderungsgröße $\bar{\varphi}$ (*Vergleichsformänderung*) ein, deren zeitliche Ableitung $\bar{\lambda}$ (*Vergleichsformänderungsgeschwindigkeit*) niemals negativ wird und am einfachsten gleich dem Betrag $|\lambda^P| \geqq 0$ zu wählen ist. Dies gibt analog (1.1/4)

$$\bar{\lambda} = |\lambda^P| , \qquad \bar{\varphi} = \int_{t_0}^{t} \bar{\lambda}\, dt \qquad (1.1/15)$$

als sogenannte „innere Parameter" des Prozesses.

Bei Versuchen ohne Richtungsumkehr gilt $\bar{\varphi} = |\varphi^P|$.

Die Annahme

$$Y = Y(\bar{\lambda}, \bar{\varphi}, \vartheta) \qquad (1.1/16)$$

hat sich für Formänderungen mit und ohne Wechsel zwischen Zug und Druck bewährt. Abweichungen ergeben sich unter anderem durch den Bauschinger-Effekt, nämlich ein Absinken bzw. eine Änderung von $Y$ bei Vorzeichenänderung von $\lambda^P$ [161]. Doch machen solche Fehler meist weniger als $10\%$ aus [2] und sind in der Regel vernachlässigbar, da ohnehin die Reproduziergenauigkeit von Messungen der Formänderungsfestigkeit wegen der unvermeidlichen, hier im allgemeinen erheblichen Störeinflüsse (Reibung, Temperaturschwankungen, örtliche Unterschiede der Werkstoffzusammensetzung (*Inhomogenität*), Richtungsabhängigkeit der mechanischen Eigenschaften im Werkstoff (*Anisotropie*)) kaum $10\%$ übersteigt. Im Rahmen einer solchen Schwankungsbreite gelten auch die folgenden Erfahrungssätze:

---

[3] Klepaczko [1] findet bei allerdings sehr kleinen $\lambda^P$, daß außerdem die „Geschwindigkeits-Vorgeschichte" eingeht. Bei Versuchsunterbrechung, insbesondere im Falle höherer Temperaturen $\vartheta$, können im Metall sogenannte *Erholungs-* und *Rekristallisations*erscheinungen ablaufen, aufgrund derer die „Formänderungs-Vorgeschichte" $\varphi^P$ an Einfluß verliert.

(A) *Bei Kaltformänderung von Metallen (keine „Erholung" oder „Rekristallisation" im Kristallgefüge) hängt Y nicht von $\bar{\lambda}$, sondern vorwiegend von $\bar{\varphi}$ (und $\vartheta$) ab („Kaltverfestigung", meist bei Raumtemperatur).*

(B) *Bei Warmformänderung von Metallen (Temperatur nahe dem Schmelzpunkt) und generell bei Kunststoffen hängt Y meist weniger von $\bar{\varphi}$ als von $\bar{\lambda}$ (und $\vartheta$) ab („geschwindigkeitsabhängiger" Werkstoff).*

Dies sei hier anhand von Bild 1.2 (nach Bühler und Schack [3]) erläutert[4]. Die obigen Aussagen (A), (B) sind bei dem geforderten Genauigkeitsanspruch von 10% in Y für $\bar{\varphi} \geqq 0{,}2$ und $\bar{\lambda} \geqq 1{,}6\,\mathrm{s}^{-1}$ richtig. Dann handelt es sich bei Warmumformung mit annähernd konstanter Formänderungsgeschwindigkeit $\bar{\lambda} = \mathrm{const}$, nach Bild 1.2 aber auch bei adiabater Kaltumformung mit $\bar{\varphi} \geqq 0{,}3$ überschlägig um ein

$$idealplastisches\ Material \quad Y = \mathrm{const}\,.$$

Ähnliches hat man bei Stahl im Bereich *sehr kleiner* Verformungen, wenn dort eine *ausgeprägte Streckgrenze* $\sigma_Y$ (mehr oder minder gestörter [4] waagerechter Verlauf von Y, schematisch in Bild 1.2a) vorliegt. Freilich verformt sich der Stab im Streckgrenzenbereich inhomogen (Ausbildung von *Lüders-Bändern*, vgl. [15][5]). Die ausgeprägte Streckgrenze darf bei Tragfähigkeitsberechnungen (*Traglastverfahren*) im *Stahlbau* zugrundegelegt werden (vgl. Abschnitt 1.2.2 und 1.2.5), weil hier ohnehin nur minimale Verformungen erlaubt sind.

Weitere *Fließkurven*[6], Geschwindigkeits- und Temperaturabhängigkeiten finden sich neben den in [517] gegebenen Beispielen für Stahl u. a. in [525, 600, 625], für Aluminium und Kupfer in [523]. Zarka [524] gibt einen allgemeinen Abriß viskoser Eigenschaften im Metall, die zur Geschwindigkeitsabhängigkeit führen. Generell setzen plastizitätstheoretische Berechnungen die Kenntnis der Fließgrenze (sowie gegebenenfalls auch anderer Werkstoffparameter) möglichst als Funktion der verschiedenen Einflußgrößen voraus.

Während das Hookesche Gesetz (1.1/11a) der Elastomechanik im plastischen Bereich durch die Beziehung (1.1/13) mit (1.1/16) ersetzt wird, steht der Beziehung (1.1/11b) in der Plastomechanik von Metallen[7] lediglich die Beobachtung $|\varphi_V| \ll 1$ gegenüber, die idealisiert zur *Inkompressibilitätsbedingung* (Bedingung der *Volumenkonstanz*)

$$\lambda_V = 0\,, \qquad \varphi_V = 0 \quad \mathrm{bzw.} \quad \dot{\varepsilon}_V = 0\,, \qquad \varepsilon_V = 0 \qquad (1.1/17)$$

führt. Man darf mit ihr sicher im Falle großer Formänderungen $\varphi$ rechnen. Dann sind in der Regel auch elastische Formänderungen insgesamt vernachlässigbar. Dies ergibt mit (1.1/12), (1.1/14) im Hinblick auf $E/Y \gg 1$, $K/Y \gg 1$ die Ideali-

---

[4] In [3] nur adiabate Fließkurven, Anfangstemperatur $\vartheta_0$. Genäherte Umrechnung unter der Annahme, daß die gesamte Arbeitsdichte $\Phi$ (vgl. (1.1/22)) in Wärme übergeht, mittels $\Delta\vartheta = c_0\Phi$ ($\Delta\vartheta = \vartheta - \vartheta_0$: Temperaturzunahme), $c_0 = 0{,}25\,°\mathrm{C\,mm^2\,N^{-1}}$ und eines linearen Ansatzes $Y(\vartheta) = Y(\vartheta_0) - c_\vartheta\,\Delta\vartheta$, wobei nach [3, Bild 11] $c_\vartheta = 0{,}8\,\mathrm{N}/(°\mathrm{C\,mm^2})$ für $\vartheta_0 = 20\,°\mathrm{C}$ und $c_\vartheta = 1{,}2\,\mathrm{N}/(°\mathrm{C\,mm^2})$ für $\vartheta_0 = 500\,°\mathrm{C}$ ermittelt wurde. Man vergleiche [517, Gln. (2.3/7) und (2.2/4)].

[5] Bereits vor W. Lüders (1860, [162]) von G. Piobert (1842) angegeben.

[6] Kurven von Y über $\bar{\varphi}$ für $\bar{\lambda} = \mathrm{const}$, auch (irreführend) als *Arbeitslinien* bezeichnet. Ihre Messung ist teilweise standardisiert [601].

[7] Nicht z. B. bei körnigen Medien wie Schüttgütern, Böden, Fels etc.

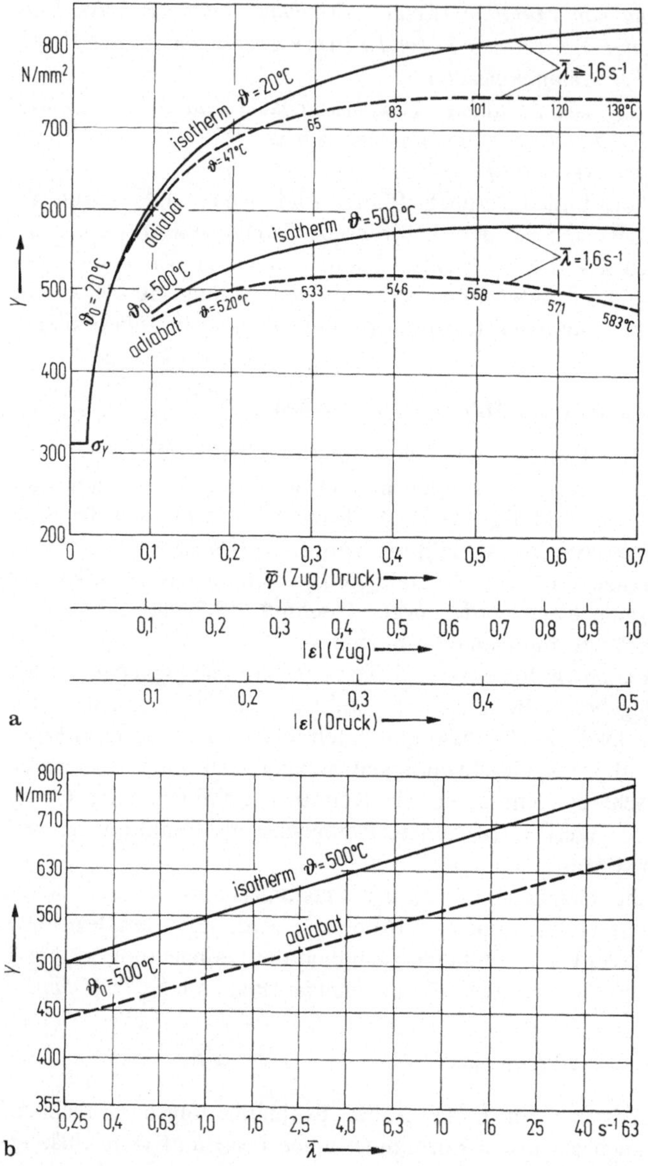



**Bild 1.2.** Formänderungsfestigkeit $Y$ von Stahl C15 bei zwei Anfangstemperaturen $\vartheta_0 = 20\,°C$ und $\vartheta_0 = 500\,°C$ (adiabat: nach Bühler und Schack; isotherm: umgerechnet)
**a** *Fließkurven*: $Y$ aufgetragen über der Vergleichsformänderung $\bar\varphi$ bzw. der konventionellen Formänderung $|\varepsilon|$. **b** *Geschwindigkeitsabhängigkeit* von $Y$ bei erhöhter Anfangstemperatur $\vartheta_0 = 500\,°C$. Aufgetragen ist adiabat: der Mittelwert von $Y$ für $0{,}2 \leqq \bar\varphi \leqq 0{,}7$; isotherm: der asymptotische Wert von $Y$; er wird praktisch für $\bar\varphi \geqq 0{,}4$ erreicht. $\bar\lambda$ Vergleichs-Formänderungsgeschwindigkeit

sierung des *starrplastischen Körpers* $E \to \infty$, $K \to \infty$; $\lambda = \lambda^P$, $\varphi = \varphi^P$, dessen Formänderungen wir als *plastisches Fließen* bezeichnen. Muß man hingegen, besonders für Belange der Baumechanik, kleine Formänderungen betrachten, so können *elastische* Form- und Volumenänderungen, in der Regel sogar *plastische* Volumen*zunahmen*[8] [16] eine Rolle spielen. Unter anderem nach [281] ist es ein in der Literatur weit verbreiteter Irrtum, plastische gegenüber elastischen Volumenänderungen zu vernachlässigen.

Die *Leistungsdichte* (auch *spezifische* Leistung: Leistung $F\dot{l}$ pro Volumen $V = Al$) beträgt im Stab nach Bild 1.1 sowie gemäß (1.1/3), (1.1/4)

$$\Lambda = \frac{F\dot{l}}{V} = \sigma\lambda \,. \tag{1.1/18}$$

Wiederum im Rahmen der Genauigkeitsschranke von $10\,\%$ nehmen wir für die Theorie an, daß sich die äußere Arbeit bei plastischer Formänderung $\lambda = \lambda^P$ weitgehend in Wärme umwandelt (*Dissipation*) und jedenfalls nicht makromechanisch zurückgewonnen werden kann:

$$\Lambda \geqq 0 \,. \tag{1.1/19}$$

Dann folgt $\Lambda = |\Lambda| = |\sigma|\,|\lambda|$, und mit (1.1/13), (1.1/15)

$$\Lambda = Y\bar{\lambda} \,. \tag{1.1/20}$$

Entsprechend beträgt die *Arbeitsdichte* (*spezifische Arbeit*: Arbeit $\int_{t_0}^{t} F\dot{l}\,\mathrm{d}t$ pro Volumen $V = Al$)

$$\Phi - \Phi_0 = \frac{1}{V} \int_{t_0}^{t} F\dot{l}\,\mathrm{d}t = \frac{1}{V} \int_{t_0}^{t} V\sigma\lambda\,\mathrm{d}t \,, \tag{1.1/21}$$

im starrplastischen Fall wegen (1.1/15), (1.1/18), (1.1/20) und für $V = \mathrm{const}$ also

$$\Phi - \Phi_0 = \int_{t_0}^{t} \Lambda\,\mathrm{d}t = \int_{t_0}^{t} Y\bar{\lambda}\,\mathrm{d}t = \int_{\bar{\varphi}_0}^{\bar{\varphi}} Y\,\mathrm{d}\bar{\varphi} = Y_m(\bar{\varphi} - \bar{\varphi}_0) \,, \tag{1.1/22}$$

wo $Y_m$ ein geeigneter Mittelwert von $Y$ auf dem betrachteten Bereich der Formänderungen $\bar{\varphi}$ und Geschwindigkeiten $\bar{\lambda}$ ist und $\bar{\varphi}_0$ bzw. $\Phi_0$ Anfangswerte darstellen.

Zug- und Druckversuche nach Bild 1.1 zur Ermittlung der Formänderungsfestigkeit $Y$ als Formel der Gestalt (1.1/16) bzw. graphisch entsprechend Bild 1.2 gelten in Verbindung mit der Inkompressibilitätsbedingung (1.1/17) als Grundlage der *Plastizitätstheorie* isotroper[9] Metalle. Soll Anisotropie, insbesondere die sich im Laufe der Umformung ausbildende *Verformungsanisotropie* erfaßt werden, sind Zusatzexperimente erforderlich (s. Abschnitt 1.3.5).

Alle bisherigen Erörterungen beziehen sich auf Versuche in der Zeitdauer von Sekunden oder Sekundenbruchteilen, höchstens von Minuten. Das plastische *Lang-*

---

[8] Parallel mit der bei Verfestigung wachsenden Zunahme von Störungen des Kristallgitters in den Körnern des Metallgefüges.

[9] Die Werkstoffeigenschaften sind überall *richtungsunabhängig*.

*zeitverhalten* (Minuten, Stunden, sogar Jahre) beschreibt man besser durch die Ergebnisse von *Kriechversuchen*: Messungen der Kinematik $\dot{\varepsilon}$, $\varepsilon$ bzw. $\lambda$, $\varphi$ als Funktion eines vorgegebenen zeitlichen *Kraftverlaufes* $P(t)$ (z. B. so, daß $\sigma = $ const), der Zeit $t$ und der Temperatur $\vartheta$. *Kriechkurven* $\varphi = \varphi(t)$ (mit $\sigma = $ const bzw. $\sigma_{konv} = $ const und $\vartheta = $ const als Parameter) lassen sich genähert auf Fließkurven $Y = Y(\bar{\varphi})$ (mit $\bar{\lambda}$, $\vartheta$ als Parameter) umrechnen [5] vorausgesetzt, man stellt geeignete Hypothesen auf.

Langzeitkriechen spielt im Bauwesen auch bei Nichtmetallen (Beton etc.) eine Rolle [6].

Abschließend einige Bemerkungen über die Grenzbeanspruchbarkeit des Zugstabes ($\varphi = \bar{\varphi} > 0$, $\varepsilon > 0$). Man beobachtet, daß er sich zunächst als Zylinder verformt („Gleichmaßdehnung", s. Bild 1.3 für $\varphi < \varphi_G$), dann aber nach Überschreiten einer gewissen *Grenz-Gleichmaßdehnung* $\varphi_G$ „einschnürt" und sich fortan nur noch in der Einschnürstelle weiter längt, bis diese immer dünner wird und schließlich mehr oder minder abrupt quer durchreißt („Bruch"). In diesem Bereich kann die Fließkurve (Bild 1.3) nur mittels des Druckversuches bei homogener Formänderung gemessen werden.

Die Einschnürung stellt ein Instabilitätsphänomen dar. Nehmen wir an, daß sie zunächst als eine beliebig kleine „Störung" der Zylinderform etwa zufolge ungleichmäßiger Probenbearbeitung oder einer Werkstoffinhomogenität auftritt. Dann besteht in ihrer Mittelebene ein noch annähernd homogener Dehnzustand, dessen Formänderung $\varepsilon'$ freilich diejenige $\varepsilon$ der angrenzenden ungestörten Stabzonen übertrifft: $\varepsilon' > \varepsilon$. Wenn für die Stabkraft $F = F(\varepsilon)$ die Relation $F(\varepsilon') > F(\varepsilon)$ gilt, so trägt der Stab die kleinere Last $F(\varepsilon)$, unter der sich nur die ungestörten Stabteile weiterverformen können: Die beginnende Einschnürung wächst nicht. Anders für $F(\varepsilon') < F(\varepsilon)$. Hier darf der Stab nur noch mit $F(\varepsilon')$ belastet werden, und lediglich die Einschnürung verformt sich weiter bis zum Bruch. Somit entspricht die Grenz-Gleichmaßdehnung bei kaltverfestigendem Material einem Maximum von $F(\varepsilon)$ (Considére [522], 1885), d. h. wegen (1.1/1)

$$\mathrm{d}\sigma_{konv}/\mathrm{d}\varepsilon = 0 \quad \text{für} \quad \varphi = \varphi_G \,. \tag{1.1/23}$$

Mit (1.1/10), (1.1/17), (1.1/13) folgt

$$(1 + \varepsilon)\,\mathrm{d}Y/\mathrm{d}\varepsilon = Y \quad \text{für} \quad \varphi = \varphi_G \,, \tag{1.1/24}$$

und über (1.1/5) wegen $\mathrm{d}Y/\mathrm{d}\varepsilon = (\mathrm{d}Y/\mathrm{d}\varphi)\,(\mathrm{d}\varphi/\mathrm{d}\varepsilon) = (1 + \varepsilon)^{-1}\,(\mathrm{d}Y/\mathrm{d}\varphi)$ das Kriterium

$$\mathrm{d}Y/\mathrm{d}\varphi = Y \quad \text{für} \quad \varphi = \varphi_G \,. \tag{1.1/25}$$

Hiernach gehört $\varphi_G$ wegen $Y > 0$ noch zum aufsteigenden Ast der Fließkurve ($\mathrm{d}Y/\mathrm{d}\varphi > 0$). Geometrisch bedeutet (1.1/25), daß die zum entsprechenden Punkt konstruierte Subtangente die Länge $l$ besitzt[10] (vgl. Bild 1.3).

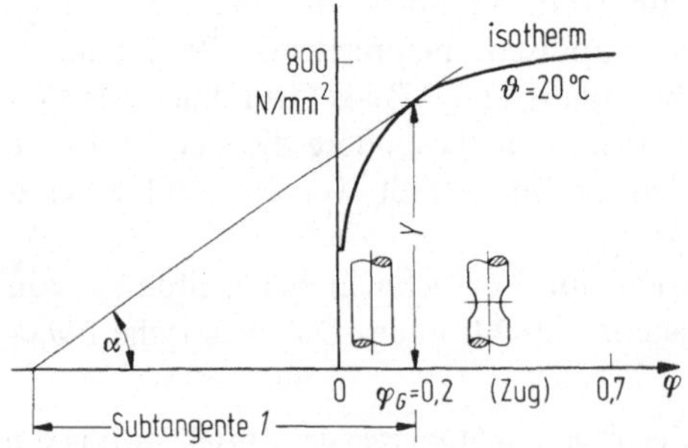


**Bild1.3.** Konstruktion der *Grenz-Gleichmaß-dehnung* $\varphi_G$ über die Subtangente *l*. Material: Stahl C15 nach Bild 1.2a

---

[10] Für eine genauere Theorie siehe u. a. [31, 333, 521].

Bruch mit Einschnürung ist typisch für *bildsame (duktile)* Werkstoffe, auf die sich dieses Buch bezieht. *Spröde* Materialien (Grauguß, Gußbronze, Keramik) brechen bereits vorher, meist bei extrem kleinen plastischen Formänderungen, so daß jetzt diese Bruchlast der erreichbaren Maximalspannung entspricht. Zur Voraussage des Sprödbruchs hat sich die *Bruchmechanik* (vgl. [520]) entwickelt.

Einschnürung hängt wie oben beschrieben mit einem Wiederabsinken der konventionellen Fließkurve zusammen. Man bezeichnet dies — erst recht, wenn es bei der eigentlichen Fließkurve wie in Bild 1.2a (adiabat, $\vartheta = 520\,^\circ\mathrm{C}$) passiert — als *Entfestigung*. Deren Einfluß auf allgemeine plastische Formänderungsvorgänge ist noch wenig erforscht. Im Gegensatz zu [540] versucht sich ähnlich wie bei der Einschnürung das plastische Fließen auf wenige singuläre Bereiche zu konzentrieren [536—539].


## 1.2 Stabwerke

### 1.2.1 Grundbegriffe

*Stabwerke* oder *Fachwerke* sind Systeme von geraden Stäben, die an ihren Enden (in den *Knoten*) untereinander reibungsfrei gelenkig verbunden sind. Nur in Knotenpunkten soll das Stabwerk äußerlich gelagert sein, und zwar ebenfalls reibungsfrei gelenkig. Als äußere Lasten sind Einzelkräfte an den Knoten zugelassen. Dementsprechend treten nirgendwo Momente auf. Jeder Stab steht unter einachsigem Spannungszustand. Wir vernachlässigen alle Volumenkräfte, insbesondere Eigengewichte und Trägheitskräfte.

Die Statik *starrer* und *elastischer* Fachwerke gehört zum Repertoire jeder Einführung in die Mechanik [7] (Cremona-Plan, Ritterscher Schnitt etc.). Seit dem Erscheinen der heute schon klassischen Monographie von Hohenemser und Prager [8] trat die Dynamik in den Vordergrund. Inzwischen wuchs auch die Literatur über *plastische* Stabwerke beträchtlich an. Wir verweisen auf Bücher von Hodge [159], Prager [13] sowie von Reckling [9]; zur Kinetik vgl. [594, 595].

Das von uns betrachtete statische Fachwerk bestehe aus zylindrischen bzw. prismatischen homogenen Stäben mit den Nummern $\varkappa = 1, 2, \ldots, s$. Der $\varkappa$-te Stab besitze die Augenblickslänge $l_\varkappa$ und die augenblickliche Querschnittsfläche $A_\varkappa$. Es wirke die bei Zug positiv, bei Druck negativ gezählte Stabkraft $S_\varkappa$. Man findet die wahre Spannung $\sigma_\varkappa$ und die nach (1.1/4) gebildete Formänderungsgeschwindigkeit $\lambda_\varkappa$ gemäß

$$\sigma_\varkappa = \frac{S_\varkappa}{A_\varkappa}, \qquad \lambda_\varkappa = \frac{\dot{l}_\varkappa}{l_\varkappa}. \tag{1.2/1}$$

Das Stabwerk sei zunächst von allen Auflagern befreit und werde an bestimmten Knoten durch Kräfte bekannter Pfeilrichtung belastet, deren Größe variieren darf. Sie sollen eine statische *Gleichgewichtsgruppe* bilden, d. h., ihre vektorielle Summe sowie ihr vektorielles Moment um einen festen Raumpunkt soll verschwinden.

Bild 1.4 zeigt als Beispiel ein ebenes Stabwerk unter Wirkung der Kräfte $F$, $G$, $K$, $B$, $C$. Die Bedingung des horizontalen Kräftegleichgewichtes erfordert $C = G$, das Momentengleichgewicht um den rechten Knoten offenbar $K = F/2$, und das vertikale Kräftegleichgewicht dann noch

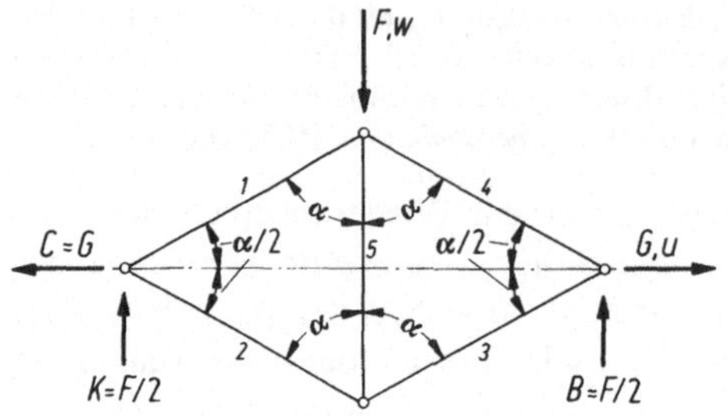



**Bild 1.4.** Ebenes Stabwerk mit gleichen Stablängen $l_1 = l_2 = l_3 = l_4 = l_5 = l$; $\alpha = 60°$. Kräfte-Gleichgewichtsgruppe $F$, $G$, $K$, $B$, $C$; Verschiebungsgeschwindigkeiten $u$, $w$

$B = F/2$. Damit sind alle drei Gleichgewichtsbedingungen der Ebene erfüllt; bei einem räumlichen Problem kämen noch drei weitere Beziehungen hinzu. In Bild 1.4 bleiben nur

$$Q_1 = F, \qquad Q_2 = G \tag{1.2/2}$$

als unabhängig veränderbare Kraftgrößen übrig; wir nennen sie generalisierte Kräfte.

Im allgemeinen Fall mögen $n$ frei variierbare *generalisierte Kräfte*

$$Q_1, \ldots, Q_n$$

vorliegen, von denen die interessierende Gesamtbelastung des Stabwerkes über das Gleichgewicht *eindeutig* und — da die Gleichgewichtsbedingungen linear sind — *linear* abhänge. Wir fassen

$$Q = (Q_1, \ldots, Q_n) \tag{1.2/3}$$

als Zeile oder Zeilenmatrix zusammen.

Neben den Kräften studieren wir den durch die Momentangeschwindigkeiten der Knoten definierten Bewegungszustand des Systems, ohne zunächst nach seiner Ursache zu fragen. Er sei gegeben, und wir wollen die *äußere Gesamtleistung* $P_a$ als Summe der Produkte „Kraft × Geschwindigkeit" ausrechnen. Hierbei dürfen wir Starrkörperbewegungen von vornherein weglassen[11] und denken uns deshalb z. B. einen Punkt sowie bei ebenen Problemen *eine*, bei räumlichen *zwei* Richtungen des Stabwerkes in ihrer Lage fixiert.

Wir legen in Bild 1.4 etwa den linken Knoten sowie seine Verbindungsgerade mit dem rechten Knoten fest. Dementsprechend brauchen wir im linken Knoten gar keine und im rechten nicht die mit der Starrkörperdrehung zusammenhängende vertikale Geschwindigkeit einzuzeichnen; dort bleibt also nur die in Pfeilrichtung von $G$ gemessene Horizontalgeschwindigkeit $u$ übrig. An den restlichen Knoten interessieren die Geschwindigkeiten nur insoweit, als sie zur äußeren Leistung $P_a$ beitragen. In Bild 1.4 berücksichtigen wir also nur noch die in Richtung von $F$ fallende Geschwindigkeit $w$ des oberen Knotens und finden

$$P_a = Fw + Gu = Q_1 q_1 + Q_2 q_2 \,, \tag{1.2/4}$$

worin (1.2/2) eingesetzt und

$$q_1 = w, \qquad q_2 = u \tag{1.2/5}$$

abgekürzt wurde. $q_1$, $q_2$ heißen *generalisierte Geschwindigkeiten*.

Im allgemeinen Fall von $n$ generalisierten Kräften (1.2/3) hängt die Leistung $P_a$ als Summe von Produkten „Kraft × Geschwindigkeit" ebenfalls linear von den

---

[11] Sie verzehren keine Leistung bzw. Arbeit, da im vorliegenden statischen Fall keine kinetische Energie entsteht.

generalisierten Kräften ab. Ihre Faktoren nennen wir wie im obigen Beispiel generalisierte Geschwindigkeiten $q_1, \ldots, q_n$ und fassen sie als Spaltenmatrix

$$q = \begin{pmatrix} q_1 \\ \vdots \\ q_n \end{pmatrix} \qquad (1.2/6)$$

zusammen. Dann gilt also

$$P_a = \sum_{j=1}^{n} Q_j q_j = Qq \; ; \qquad (1.2/7)$$

die rechte Seite ist als Produkt im Sinne der Matrixschreibweise aufzufassen (s. Anhang, Kap. A.1).

Nach Wahl der generalisierten Kräfte $Q_j$ ergeben sich die generalisierten Geschwindigkeiten $q_j$ anhand der Formel (1.2/7) in ihrer kinematischen Bedeutung zwangsläufig. Und zwar sind sie so anzutragen, daß $q_j$ *allein* mit der zugehörigen Kraft $Q_j$ und keiner anderen eine Leistung erzeugt. Durch Normierung derart, daß die Leistung gegen $Q_j$ gerade $Q_j q_j$ beträgt, liegt $q_j$ *eindeutig* fest.

Wirken zum Beispiel an einem Knoten (Bild 1.5) die beiden nichtorthogonalen vektoriellen Kräfte $Q_1, Q_2$, so muß $q_2$ als Vektor orthogonal zu $Q_1$ und $q_1$ orthogonal zu $Q_2$ gemessen werden. Sind dann $v_1, v_2$ die Verschiebungsgeschwindigkeiten in jenen Richtungen, so findet man $P_a = Q_1 v_1 \sin \beta + Q_2 v_2 \sin \beta$, gemäß (1.2/7) also $q_1 = v_1 \sin \beta$ sowie $q_2 = v_2 \sin \beta$.

Hingegen ist die ursprüngliche Wahl der Kräfte $Q_j$ im allgemeinen nicht eindeutig. Betrachten wir statt (1.2/3) jetzt die generalisierten Kräfte

$$Q' = (Q_1', \ldots, Q_n') \, , \qquad (1.2/8)$$

so müssen sie nach Definition der $Q_j$ linear durch $Q$ ausdrückbar sein und umgekehrt: $Q$ folgt eindeutig aus $Q'$. Dies bedeutet in Matrixschreibweise (vgl. Abschnitt A.1)

$$Q'H = Q \; ; \qquad \det H \neq 0 \qquad (1.2/9)$$

mit $H$ als quadratischer *Transformationsmatrix*. Man nennt die Beziehung (1.2/9) eine *affine Transformation der Kraftkoordinaten*. Einsetzen in (1.2/7) liefert $P_a = Q'Hq = Q'q'$ mit den zu $Q'$ gehörigen generalisierten Geschwindigkeiten $q'$. Da diese, wie oben festgestellt, durch $Q'$ eindeutig festliegen, erkennen wir

$$Hq = q' \, . \qquad (1.2/10)$$

Auch dies ist eine affine Transformation. Man nennt die Transformationen (1.2/9), (1.2/10) zueinander *kontragredient*.

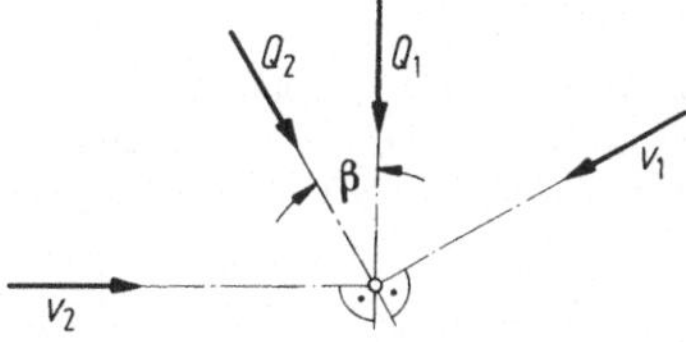


**Bild 1.5.** Generalisierte Kräfte $Q_1, Q_2$ an einem Knoten. Geschwindigkeiten $v_1, v_2$

Als Beispiel führen wir statt $Q_1$, $Q_2$ nach (1.2/2) in Bild 1.4 jetzt die Stabkräfte[12]

$$Q_1' = S_1, \qquad Q_2' = S_2$$

ein. Dann erhalten wir durch ihre Zerlegung in die Richtungen von $K$ und $C$ mit $\alpha = 60°$

$$\left.\begin{array}{l} -S_1 \sin \dfrac{\alpha}{2} + S_2 \sin \dfrac{\alpha}{2} = -\dfrac{1}{2} S_1 + \dfrac{1}{2} S_2 = \dfrac{F}{2}, \\[3mm] S_1 \cos \dfrac{\alpha}{2} + S_2 \cos \dfrac{\alpha}{2} = \dfrac{\sqrt{3}}{2} S_1 + \dfrac{\sqrt{3}}{2} S_2 = G, \end{array}\right\} \qquad (1.2/11)$$

also wegen (1.2/9) mit (1.2/2)

$$\boldsymbol{H} = \begin{pmatrix} -1 & \dfrac{\sqrt{3}}{2} \\[2mm] 1 & \dfrac{\sqrt{3}}{2} \end{pmatrix}; \qquad \det \boldsymbol{H} = -\sqrt{3} \neq 0.$$

(1.2/10) liefert dann über (1.2/5) rein rechnerisch — also ohne unmittelbare anschauliche Deutung,

$$q_1' = -q_1 + \frac{\sqrt{3}}{2} q_2 = -w + \frac{\sqrt{3}}{2} u,$$

$$q_2' = \quad q_1 + \frac{\sqrt{3}}{2} q_2 = \quad w + \frac{\sqrt{3}}{2} u.$$

Übrigens erhält man aus (1.2/11) sofort

$$S_1 = \frac{G}{\sqrt{3}} - \frac{F}{2}, \qquad S_2 = \frac{G}{\sqrt{3}} + \frac{F}{2}.$$

Aus Symmetriegründen in Bild 1.4 gilt ferner $S_4 = S_1$, $S_3 = S_2$, und das vertikale Kräftegleichgewicht am unteren Knoten liefert $S_2 \cos \alpha + S_3 \cos \alpha + S_5 = 0$ oder mit $\alpha = 60°$ $S_5 = -S_2 = -S_3$. Insgesamt sind so alle Stabkräfte zu

$$S_1 = S_4 = \frac{G}{\sqrt{3}} - \frac{F}{2}, \qquad S_2 = S_3 = -S_5 = \frac{G}{\sqrt{3}} + \frac{F}{2} \qquad (1.2/12)$$

eindeutig bestimmt; man spricht von einem *statisch bestimmten* Problem.

Die Lagerreaktionen beim eingespannten Stabwerk von Bild 1.6a unter den *eingeprägten* Kräften $F$, $G$ entsprechen offenbar den Kräften $K$, $B$, $C$ von Bild 1.4 und liegen dann gemeinsam mit den Stabkräften (1.2/12) eindeutig fest. Auch hier spricht man von einem statisch bestimmten Fall. Hingegen gibt es in den Bildern 1.6b, c je eine überzählige, zunächst nicht berechenbare

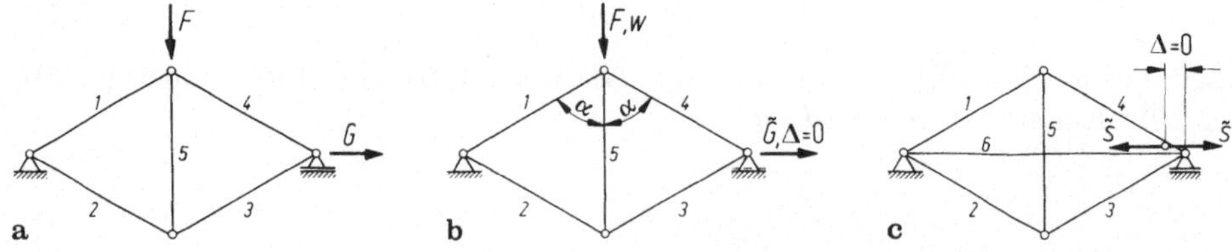


**Bild 1.6.** Stabwerk nach Bild 1.4. **a** Statisch bestimmt. **b** Einfach statisch überbestimmt; Vorspannkraft $\tilde{G}$; Zugehörige Verschiebung $\Delta = 0$, **c** Einfach statisch überbestimmt durch Zusatzstab 6. Stab-Vorspannkraft $\tilde{S}$; zugehöriges Klaffen des zerschnittenen Stabes 6: $\Delta = 0$

---

[12] $Q_1' = S_1$, $Q_2' = S_4$ ginge hier nicht, da $S_1$, $S_4$ gleich und damit voneinander abhängig sind.

Kraftgröße beispielsweise im rechten Lager: In Bild 1.6b die waagerechte Lagerreaktion (z. B. $\tilde{G}$), in Bild 1.6c die waagerechte Stabkraft $S_6$ (z. B. $S_6 = \tilde{S}$). Beide dürfen beliebig groß sein. Sie spielen für $F = 0$, $G = 0$ die Rolle einer *Vorspannkraft* und erzeugen Stabkräfte, die einen *Eigenspannungszustand* des Fachwerkes definieren. Weil in Bild 1.6b und Bild 1.6c jeweils *ein* solcher der Größe nach freier, eine variable Vorspannkraft charakterisierender Parameter existiert, sprechen wir von *einfach statisch überbestimmten* Problemen. Sie gehen in das statisch bestimmte von Bild 1.6a durch *Befreiungsschnitte* über (in Bild 1.6b, c gestrichelt). Umgekehrt führen wir Bild 1.6a in Bild 1.6b bzw. c durch je *eine Fesselung* über; sie entspricht *einer* kinematischen Bedingung — hier z. B.

$$\Delta = 0 \,, \tag{1.2/13}$$

wo $\Delta$ in Bild 1.6b die seitliche Lagerverschiebung, in Bild 1.6c das Auseinanderklaffen der freigeschnittenen Stabenden 6 darstellt.

Im allgemeinen Fall heißt ein Stabwerk unter einer eingeprägten Lastgruppe[13] *statisch bestimmt*, wenn sich zu dieser eindeutige Reaktionskräfte und Stabkräfte allein aus den statischen Gleichgewichtsbedingungen ergeben. Das Stabwerk heißt *p-fach statisch überbestimmt*, wenn es durch minimal *p Fesselungen*, die *p* kinematischen Bedingungen und gleichzeitig *p Vorspannlasten* entsprechen, aus einem statisch bestimmten erzeugt werden kann. Es stehen sich also stets ebensoviele Unbekannte wie Bedingungsgleichungen gegenüber, nur beinhalten diese bei überbestimmten Systemen auch kinematische Größen. Daher benötigt man neben den Gleichgewichtsrelationen hier den Zusammenhang zwischen Kinematik und Statik — also das *Stoffgesetz*.

Man kann die mechanisch/mathematische Beschreibung der Stabwerke abgesehen von der statischen Bestimmtheit wie folgt schematisieren:

(a) Das Stabwerk wird durch „äußere" generalisierte Lasten $Q_j$ und Geschwindigkeiten $q_j$ (bzw. durch die Knotenverschiebungen) beschrieben derart, daß die „äußere" Leistung (1.2/7) gerade $P_a = \boldsymbol{Q}\boldsymbol{q}$ beträgt.

(b) Die äußeren Lasten $Q_j$ stehen mit den „inneren" Lasten (Stabkräften $S_\varkappa$) im statischen Gleichgewicht; mathematisch sind an den Knoten die *Gleichgewichtsbedingungen* aufzustellen.

(c) Die „inneren" Geschwindigkeiten (Dehngeschwindigkeiten $\lambda_\varkappa$ der Stäbe) bzw. die inneren Formänderungen (der Stäbe) müssen mit den *äußeren* Geschwindigkeiten $q_j$ (i. allg. Verschiebungsgeschwindigkeiten der Knoten) bzw. den äußeren (Knoten-) Verschiebungen verträglich (*kompatibel*) sein in dem Sinne, daß das Stabwerk nicht zerreißt. Die zugehörigen mathematischen Formeln heißen *Verträglichkeits-* (oder: *Kompatibilitäts-)Bedingungen*.

(d) Das *Stoffgesetz*, für plastische Formänderungen auch „Fließgesetz" genannt, regelt den Zusammenhang zwischen Kräften und Verschiebungen bzw. Geschwindigkeiten; es wird durch das *Materialverhalten* der Stäbe bestimmt.

Nun sind diejenigen äußeren Lastvektoren $\boldsymbol{Q}^B$, die an einem Knoten $B$ angreifen, neben den (zur Leistung $P_a$ nicht beitragenden) Reaktionen gerade die Resultierenden aller von diesem Knoten auf die Stäbe übertragenen vektoriellen Stabkräfte $\boldsymbol{S}_\varkappa^B$, so daß mit $\boldsymbol{v}^B$ als vektorieller Verschiebungsgeschwindigkeit des Knotens gilt $\boldsymbol{Q}^B\boldsymbol{v}^B = \sum_\varkappa \boldsymbol{S}_\varkappa^B\boldsymbol{v}^B$. Bei Summation über alle Knoten $B$ steht links die äußere Leistung $P_a$,

---

[13] Der Bezug auf eine Lastgruppe entfällt, wenn statische Bestimmtheit bzw. Überbestimmtheit für *jede* beliebige Lastgruppe definiert werden soll.

rechts die sogenannte *innere Leistung* $P_i$ aller Stabkräfte $S_\varkappa$. Sie lautet wegen (1.1/18), (1.2/1)

$$P_i = \sum_{\varkappa=1}^{s} \sigma_\varkappa \lambda_\varkappa V_\varkappa \quad \text{mit} \quad V_\varkappa = A_\varkappa l_\varkappa \tag{1.2/14}$$

als Stabvolumen, und wir haben

$$P_i = P_a\,, \tag{1.2/15}$$

oder, zur „inneren" bzw. „äußeren" *Arbeit* zeitlich integriert:

$$W_i = W_a\,. \tag{1.2/16}$$

Dieser *allgemeine Arbeitssatz* bedeutet also Gleichheit von innerer und äußerer Leistung bzw. Arbeit. Er gilt wie gezeigt unabhängig vom Stoffgesetz, wenn nur Gleichgewicht und Verträglichkeit bestehen. In der Kinetik treten zur inneren Arbeit die *kinetischen Energien* hinzu.

Übrigens kann man die vorstehenden Überlegungen nebst den meisten der nachstehenden Folgerungen auch auf allgemeine diskrete Strukturen zum Beispiel mit Biegebalken als Elementen übertragen [323].

### 1.2.2 Fließort, Fließbedingung

Der Stab $\varkappa$ besitze die Formänderungsfestigkeit (*Fließgrenze*) $Y_\varkappa > 0$; man darf bei Zug und Druck sogar unterschiedliche Fließgrenzen $Y_{Z\varkappa} > 0$, $Y_{D\varkappa} > 0$ zulassen. Dann gilt für die Stabspannungen $\sigma_\varkappa$ die *Zulässigkeitsbedingung*

$$-Y_{D\varkappa} \leqq \sigma_\varkappa \leqq Y_{Z\varkappa}\,; \qquad \varkappa = 1, \ldots, s\,; \tag{1.2/17}$$

worin $s$ wieder die Anzahl der Stäbe darstellt. Bei Ungleichheit besteht der elastische Zustand; Gleichheit nach links oder rechts ist für plastisches Fließen auf Druck oder Zug notwendig. Die Fließgrenzen dürfen vom Ausmaß schon stattgefundener plastischer Formänderungen abhängen (Verfestigung), aber auch von der Formänderungsgeschwindigkeit und der Temperatur (vgl. (1.1/16)). Bei idealplastischem Werkstoff sind sie konstant. Unterschiedliche Grenzen bei Zug und Druck beruhen vorwiegend auf dem Bauschinger-Effekt (vgl. Abschnitt 1.1). Jedoch kann man durch hinreichend niedrige Festsetzung von $Y_{D\varkappa}$ auch die *Knickgefahr* der Stäbe bannen. Oft multipliziert man $Y_\varkappa$ bzw. $Y_{D\varkappa}$, $Y_{Z\varkappa}$ für bautechnische Anwendungen zuvor mit geeigneten Sicherheitsfaktoren.

Wir benutzen (1.2/17) mit (1.2/1) in der Gestalt

$$\begin{aligned} -A_\varkappa Y_{D\varkappa} \leqq S_\varkappa \leqq A_\varkappa Y_{Z\varkappa}\,; \qquad \varkappa = 1, \ldots, s\,; \\ A_\varkappa Y_{D\varkappa} \geqq 0\,, \qquad A_\varkappa Y_{Z\varkappa} \geqq 0\,, \end{aligned} \tag{1.2/18}$$

und sehen die beidseitigen Grenzlasten $A_\varkappa Y_{D\varkappa}$, $A_\varkappa Y_{Z\varkappa}$ vorerst als bekannte Größen an. Alsdann führen wir generalisierte Kräfte $Q_j$ ($j = 1, \ldots, n$) am statisch bestimmten, erforderlichenfalls durch Befreiungsschnitte statisch bestimmt gemachten Stabwerk ein und deuten sie als kartesische Koordinaten[14] in einem $n$-dimensionalen euklidischen Raum — dem *Zustandsraum* —. Später zeichnen wir mit passendem

---

[14] d. h. rechtwinklige Koordinatenachsen mit gleicher Achseinteilung.

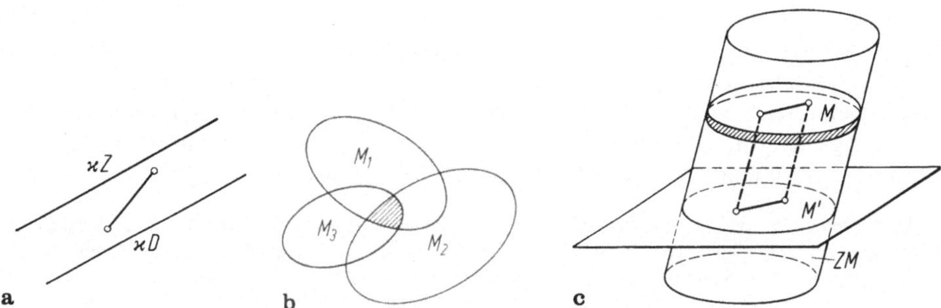

**Bild 1.7. a** Der Parallelstreifen ist konvex; **b** Durchschnitt (schraffiert) von Mengen $M_1$, $M_2$, $M_3$.
**c** Konvexe Projektion $M'$ einer konvexen Menge $M$ auf eine Ebene; konvexer Projektionszylinder $ZM$

Maßstab auch die generalisierten Geschwindigkeitskoordinaten $q_j$ ein. Schließlich fassen wir dort $Q$, $q$ als geometrische *Vektoren* auf und meinen damit Pfeile im Zustandsraum, die vom Ursprung $0$ ausgehen und deren Spitze die Koordinaten $Q_j$ bzw. $q_j$ besitzt. $Q$ als Vektor wird immer im Ursprung $0$ befestigt bleiben (*Ortsvektor*), wogegen der Vektor $q$ parallel verschieblich sei (*freier Vektor*).

Wegen der Linearität der Gleichgewichtsbedingungen an den Knoten hängen die Stabkräfte $S_\varkappa$ linear von den generalisierten Kräften $Q_j$ ab. Demnach stellen die zu (1.2/18) gehörigen Grenzbeziehungen

$$S_\varkappa = -A_\varkappa Y_{D\varkappa} \quad \text{oder} \quad S_\varkappa = A_\varkappa Y_{Z\varkappa}; \qquad \varkappa = 1, \dots, s \qquad (1.2/19)$$

für jeden Wert $\varkappa$ zwei lineare Gleichungen in den $Q_j$, geometrisch also zwei $(n-1)$-dimensionale (Hyper-)Ebenen $\varkappa D$, $\varkappa Z$ ($\varkappa = 1, \dots, s$) im $n$-dimensionalen Zustandsraum dar. Sie charakterisieren den auf Druck ($D$) oder Zug ($Z$) bis an die Fließgrenze beanspruchten Stab $\varkappa$ und sind zueinander parallel, weil sie sich nur in den rechten Seiten der Gleichungen (1.2/19) unterscheiden. Daher schließen sie zwischen sich einen „zulässigen" Parallelstreifen des Zustandsraumes ein, in welchem nach (1.2/18) der Kräftevektor $Q$ liegen darf (Bild 1.7a). Weil $S_\varkappa = 0$ für $Q = 0$ sicher die Zulässigkeitsbedingung (1.2/18) erfüllt[15], ist der Koordinatenursprung $Q = 0$ stets im Streifen enthalten. Das Streifeninnere bedeutet (bei Vernachlässigung des elastischen Anteils) starre, der Rand (d. h. die parallelen Ebenen) plastische Beanspruchung des Stabes $\varkappa$.

Nach (1.2/18) muß $Q$ nun gleichzeitig in sämtlichen $s$ Parallelstreifen oder, wie man sagt, im *Durchschnitt* aller Parallelstreifen liegen. Hierbei ist der Durchschnitt von Punktmengen $M_j$ allgemein als die Menge derjenigen Punkte definiert, die gleichzeitig allen Mengen $M_j$ angehören (Bild 1.7b).

Der Durchschnitt aller Parallelstreifen heiße *Fließkörper FK*, seine Berandung *Fließort* (auch: *Fließfläche*) *FO*. Er setzt sich aus den Begrenzungsebenen der Streifen zusammen, ist also eine Polyederfläche (*Fließpolyeder*). Für $n = 2$ stellt *FK* einen ebenen Flächenbereich und *FO* seine aus Geradenstücken zusammengesetzte Be-

---

[15] A. Phillips und Mitarbeiter berichten bei sehr kleinen Formänderungen auch über „unzulässige" Nullspannungszustände $Q = 0$, also negative Fließgrenzen (vgl. u. a. [392]). Doch dürfte dies für große Formänderungen, insbesondere bei Stäben, kaum eine Rolle spielen.

randung, also einen Polygonzug (*Fließpolygon*, z. B. *I … VI* in Bild 1.9) dar. Die Kräftevektoren $Q = Q_e$ im Innern von *FK* repräsentieren das voll-elastische (bzw. starre) Fachwerk. Liegt $Q = Q_p$ auf *FO* (man sagt, die *Fließbedingung* sei erfüllt), so ist wenigstens ein Stab plastisch — in den Ecken bzw. Kanten sind es sogar mehrere gleichzeitig. Punkte $Q = Q_{\mathrm{unz}}$ außerhalb von *FK* bedeuten unzulässige Belastungen des Fachwerks, $Q_e$ oder $Q_p$ *zulässige* im Sinne von (1.2/18).

Als einfaches Beispiel ($n = 2$) betrachten wir das ebene Stabwert von Bild 1.8a unter der äußeren Belastung $Q = (Q_1, Q_2) = (F, G)$, für welche die Reaktionen *K, B, C* eindeutig ermittelt und bereits angetragen sind: Das System ist statisch bestimmt. Man erkennt sofort die Stabkräfte

$$S_1 = F - 2G\,, \qquad S_2 = -\sqrt{2}\,(F - G)\,, \qquad S_3 = -\sqrt{2}\,G \tag{1.2/20}$$

und hat mit (1.2/19) unter der Voraussetzung

$$Y_{Dx} = Y_{Zx} = Y_x \tag{1.2/21}$$

(fehlender Bauschinger-Effekt) die Geradengleichungen

$$\left.\begin{array}{rl} \dfrac{F}{A_1 Y_1} - 2\dfrac{G}{A_1 Y_1} = \pm 1 & \text{(Stab 1)},\\[2ex] \dfrac{F}{A_1 Y_1} - \dfrac{G}{A_1 Y_1} = \mp \beta & \text{(Stab 2)},\\[2ex] \dfrac{G}{A_1 Y_1} = \mp \gamma & \text{(Stab 3)}, \end{array}\right\} \tag{1.2/22}$$

worin

$$\beta = \frac{1}{\sqrt{2}}\,\frac{A_2 Y_2}{A_1 Y_1} \geqq 0\,, \qquad \gamma = \frac{1}{\sqrt{2}}\,\frac{A_3 Y_3}{A_1 Y_1} \geqq 0 \tag{1.2/23}$$

abgekürzt wurde und das obere Vorzeichen die Zug-, das untere die jeweilige Druck-Grenzgerade kennzeichnet. Bild 1.9 zeigt die *Zustandsebene* (d. h. den zweidimensionalen Zustandsraum) mit Beispielen für den Fließort (ausgezogener Polygonzug I, II, III, IV, V, VI bzw. gestrichelter (I), (II, III), (IV), (V, VI)). Zur Veranschaulichung stellen in bezug auf das ausgezogene Polygon $Q_e$, $Q_p$ zulässige Kräftevektoren und $Q_{\mathrm{unz}}$ einen unzulässigen Kräftevektor dar.

Man könnte an Bild 1.9 auch die Eigenschaften des einfach statisch überbestimmten Stabwerkes von Bild 1.8b studieren. Nur wäre *G* dann als *gesamte* horizontale Reaktionskraft im rechten Auflager zu verstehen, die sich aus einem zwangsläufig mit der eingeprägten Last *F* verbundenen Anteil $\alpha F$ und einer irgendwie aufgebrachten, unabhängigen Vorspannkraft $\tilde{G}$ zusammensetzt:

$$G = \alpha F + \tilde{G}\,. \tag{1.2/24}$$

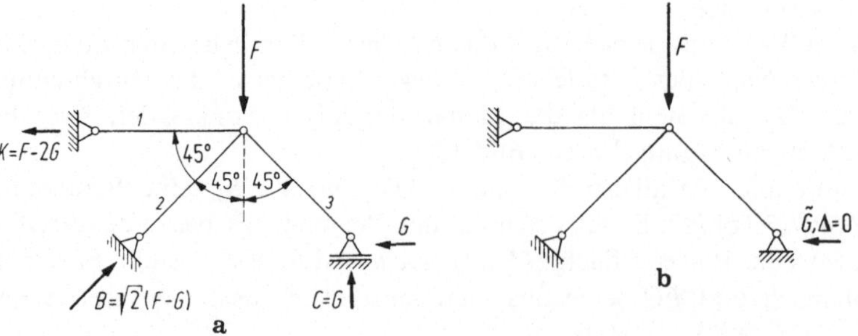


**Bild 1.8.** Ebenes Fachwerk mit $s = 3$ Stäben und den Lagerreaktionen *K, B, C*. **a** Statisch bestimmt: *F* und *G* sind eingeprägte Lasten. **b** Einfach statisch überbestimmt: eingeprägte Kraft *F*, Vorspannkraft $\tilde{G}$, waagerechte Verschiebung $\Delta = 0$

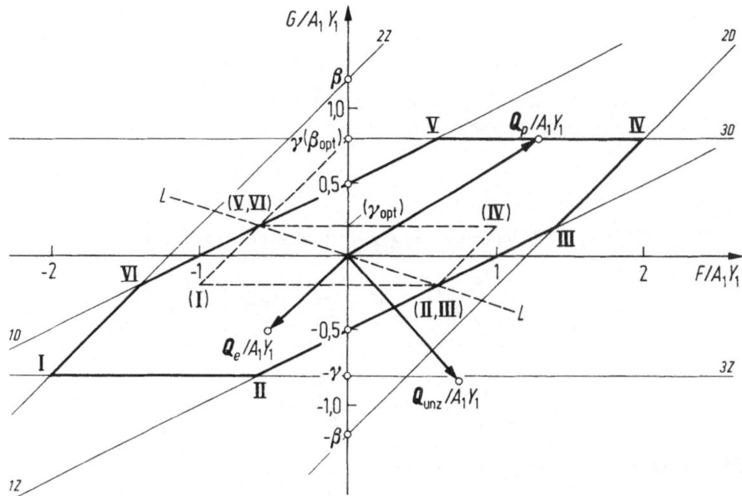



**Bild 1.9.** Zweidimensionaler Zustandsraum (Zustandsebene) zu Bild 1.8a; $Q = (F, G)$.
*I II III IV V VI*: *Fließort für* $\beta = 1, 2$; $\gamma = 0,8$; er umschließt den *Fließkörper*. Hierzu:
$Q_e$ (innerhalb des Fließortes): elastischer bzw. starrer Zustand $\Big\}$ zulässig
$Q_p$ (auf dem Fließort): Plastischer Zustand
$Q_{unz}$ (außerhalb des Fließortes): unzulässig
Die Geraden *1D, 2D, 3D* charakterisieren den plastischen Druckzustand; *1Z, 2Z, 3Z* den plastischen Zugzustand der Stäbe *1, 2* bzw. *3*. *LL*: *Belastungsgerade* entsprechend einem Lastverhältnis $F/G = -1/3$. Zu dieser ist (*I*) (*II, III*) (*IV*) (*V, VI*) der optimale Fließort mit $\beta_{opt} = 0,8$; $\gamma_{opt} = 0,2$

In linear-elastischen Systemen, deren Stoffgesetz das lineare Hookesche (1.1/11a) ist, darf man $F$ und $\alpha F$ als zueinander proportional, d. h. $\alpha$ als konstant erwarten.

Wenn wir jetzt $F$, $\tilde{G}$ als neue generalisierte Kräfte $Q_1'$, $Q_2'$ einführen, so folgt mit $Q_1 = F$, $Q_2 = G$

$$Q_1' = Q_1 , \qquad Q_2' = \tilde{G} = G - \alpha F = -\alpha Q_1 + Q_2 \qquad (1.2/25\,a)$$

bzw.

$$Q_1 = Q_1' , \qquad Q_2 = \alpha Q_1' + Q_2' , \qquad (1.2/25\,b)$$

und (1.2/9) liefert die Matrix

$$H = \begin{pmatrix} 1 & \alpha \\ 0 & 1 \end{pmatrix} ; \qquad \det H = 1 \neq 0 \qquad (1.2/26)$$

der affinen Transformation. (1.2/25) führt Bild 1.9 affin in Bild 1.10a, b ($\alpha = {}^1/_3$ bzw. $\alpha = {}^3/_4$) über. Für $Q_1 = 0$ gilt $Q_1' = 0$, $Q_2' = Q_2$, so daß die Geradenpaare in den Bildern 1.9 und 1.10a, b gleiche Schnittpunkte mit der vertikalen Achse besitzen. Sie „drehen" sich also beim Übergang zwischen den Bildern, d. h. bei der affinen Abbildung (1.2/25), um jene Schnittpunkte.

Übrigens folgt die Größe der Konstanten $\alpha$ leicht aus der Leistungsbilanz (1.2/15) mittels der folgenden, in der Elastostatik üblichen *Methode der passiven Formänderungsarbeiten* (vgl. [22]). In ihr wählt man als äußere Lasten gerade die Vorspannungen

$$Q = (0, \tilde{G}) , \qquad \tilde{G} \neq 0 \qquad (1.2/27)$$

(Bild 1.8b), deren Stabkräfte sich aus (1.2/20) zu

$$S_1 = -2\tilde{G} , \qquad S_2 = \sqrt{2}\,\tilde{G} , \qquad S_3 = -\sqrt{2}\,\tilde{G}$$

ergeben. Als Geschwindigkeiten nimmt man die zu den vorspannfreien Belastungen (vgl. (1.2/24))

$$Q^\circ = (F, \alpha F) \quad \text{gehörigen} \quad q = \begin{pmatrix} q_1 \\ q_2 = \Delta \end{pmatrix} = \begin{pmatrix} q_1 \\ 0 \end{pmatrix} ; \qquad (1.2/28)$$

ihre Stabkräfte lauten nach (1.2/20)

$$S_1^0 = (1 - 2\alpha)\,F\,, \qquad S_2^0 = -\sqrt{2}\,(1 - \alpha)\,F\,, \qquad S_3^0 = -\sqrt{2}\,\alpha\,F\,.$$

Sie erzeugen aufgrund des Hookeschen Gesetzes (1.1/11a) wegen $\dot{\varepsilon}_\varkappa \approx \lambda_\varkappa$ (vgl. (1.1/6)) sowie (1.2/1), (1.1/1) die Formänderungsgeschwindigkeiten[16]

$$\lambda_\varkappa = \frac{1}{E_\varkappa A_\varkappa}\,\dot{S}_\varkappa^0\,.$$

(1.2/7), (1.2/27), (1.2/28) liefern $P_a = Qq = 0$, also (1.2/14) mit (1.2/15) und $\sigma_\varkappa = S_\varkappa/A_\varkappa$

$$P_i = \frac{l_1}{E_1 A_1}\,S_1 \dot{S}_1^0 + \frac{l_2}{E_2 A_2}\,S_2 \dot{S}_2^0 + \frac{l_3}{E_3 A_3}\,S_3 \dot{S}_3^0 = 0\,,$$

d. h.

$$\left[-2\,\frac{l_1}{E_1 A_1}\,(1 - 2\alpha) - 2\,\frac{l_2}{E_2 A_2}\,(1 - \alpha) + 2\,\frac{l_3}{E_3 A_3}\,\alpha\right]\dot{F}\tilde{G} = 0\,,$$

oder für $\tilde{G} \neq 0$, $\dot{F} \neq 0$

$$\alpha = \frac{\dfrac{l_1}{E_1 A_1} + \dfrac{l_2}{E_2 A_2}}{2\,\dfrac{l_1}{E_1 A_1} + \dfrac{l_2}{E_2 A_2} + \dfrac{l_3}{E_3 A_3}}\,; \qquad 0 \leq \alpha \leq 1\,. \tag{1.2/29}$$

Wir studieren nun einige charakteristische Eigenschaften von starr- oder elastisch-plastischen Stabwerken anhand ihrer Fließorte und beziehen uns auf die Beispiele von Bild 1.9 und Bild 1.10a, b.

Da die Stabkräfte im statisch bestimmten Fall stets unabhängig von den Stabquerschnitten $A_\varkappa$ festliegen, kann deren Änderung in (1.2/19) nur die rechte Seite der linearen Gleichungen beeinflussen und damit die Grenzgeraden (allgemein: die $(n - 1)$-dimensionalen Grenz-Hyperebenen) $\varkappa D$, $\varkappa Z$ zu sich selbst parallel verschieben. Wenn man bei der Auftragung alle Kräfte etwa auf $A_1 Y_{1Z}$ bezieht, bleibt die Gerade (Hyperebene) $1Z$ fest. Unter der Voraussetzung (1.2/21) ist es sogar der ganze, durch $1Z$, $1D$ begrenzte Parallelstreifen. So bedeuten Querschnittsänderungen des Stabwerkes von Bild 1.8a in Bild 1.9 Parallelverschiebungen allein der Geradenpaare *2* und *3* bzw. z. B. Änderungen ihrer Schnittpunktsordinaten $\beta$, $\gamma$ auf der $G$-Achse (vgl. auch (1.2/23)).

Zwar dürfen die generalisierten Lasten ($Q_1 = F$, $Q_2 = G$ am Stabwerk von Bild 1.8a) unabhängig voneinander vorgegeben werden; bei bautechnischen Anwendungen wird aber häufig nur eine einzige auftreten oder allgemeiner: Alle Kräfte $Q_j$ steigen proportional an (*proportionaler* oder *linearer* Belastungsverlauf). Dies entspricht in der Zustandsebene (vgl. Bild 1.9) einer *Belastungsgeraden* $L - L$. Zu ihr definieren dann die Schnittpunkte (*II, III*) und (*V, VI*) mit dem Fließort die zulässigen Extremal- oder *Traglasten*, die wir hier also aufgrund eines *geometrischen Traglastverfahrens* ermittelten.

Wir wollen jetzt ein zur Belastungsgeraden $L - L$ gehöriges *Optimaltragwerk* geringsten Gewichts, d. h. im allgemeinen auch geringsten Preises konstruieren. Wenn die Stablängen $l_\varkappa$ durch die technisch gegebene Anordnung der Lager festliegen,

---

[16] $\dot{\varepsilon} = \lambda$ nach (1.1/5) exakt für $\varepsilon \to 0$ („infinitesimale" Formänderungen). Dies wird bei linearer Elastizität in der Regel vorausgesetzt.

können wir lediglich noch die Stabquerschnitte $A_\varkappa$ verringern, und zwar so weit, daß bei der Extremalbelastung nicht nur *ein* Stab, sondern alle Stäbe gleichzeitig zu fließen beginnen. Da man nämlich ohnehin keine größere Last aufbringen darf, wäre es unökonomisch, einige Stäbe so auszulegen, daß sie für sich noch höhere Kräfte tragen könnten.

Da alle Stäbe fließen sollen, entspricht der maximale Lastpunkt auf $L - L$ einer Ecke des Fließortes, durch die zu jedem Stab $\varkappa$ eine Grenzebene $\varkappa D$ oder $\varkappa Z$ läuft. Man ermittelt sie als Schnittpunkt von $L - L$ mit den schon zuvor festgelegten Ebenen (in Bild 1.9: Geraden) *1Z* bzw. *1D* und konstruiert dann den zugehörigen „optimalen" Fließort (in Bild 1.9: gestrichelt) durch Parallelverschieben der anderen Grenzebenen (in Bild 1.9: Geraden *2* sowie *3*. Ihre Schnittpunkte $\beta_{opt}$, $\gamma_{opt}$ mit der $G$-Achse liefern dort über (1.2/23) die optimalen Querschnittsverhältnisse).

Der optimale Fließort ergibt sich so in Bild 1.9 als Viereck statt als Sechseck. Daher braucht die Zahl der Seitenpaare im Fließort nicht immer mit der Stabzahl $s$ übereinzustimmen, sondern darf geringer sein.

Optimierungsfragen dieser Art spielen vor allem im Bauwesen bzw. im Stahl- und Leichtbau eine entscheidende Rolle [148]. Jedoch gestalten sie sich in statisch überbestimmten Konstruktionen weitaus schwieriger, weil etwa bei Querschnittsänderungen der Stäbe eines Fachwerkes die Grenzhyperebenen nicht nur verschoben, sondern auch gedreht werden. Man wendet vorteilhaft die mathematischen Verfahren[17] des *linearen Programmierens* [10, 21, 23] und für allgemeine, nichtlineare Aufgaben die des *nichtlinearen* und *dynamischen Programmierens* an [11, 24]. Wir gehen nicht näher darauf ein.

Stattdessen untersuchen wir den Einfluß der Eigenspannungen, gehen dazu vom unvorgespannten statisch überbestimmten Stabwerk (Bild 1.8b) aus und belasten es mit einer von 0 anwachsenden eingeprägten Kraft $F$. Dementsprechend wandert der Kraftpunkt in Bild 1.10a vom Ursprung auf der Abszissenachse nach rechts, bis er den Fließort trifft. Jetzt wird einer der Stäbe plastisch, in Bild 1.10a Stab *2* auf Druck. Da das überbestimmte Fachwerk immer noch durch die Stäbe *1, 3* gehalten wird, darf man die Last weiter steigern. Der Kraftpunkt muß dann auf dem Fließort schräg aufwärts rutschen, bis der zur maximal zulässigen Last gehörige Abszissenwert $(F/A_1 Y_1)_{max}$ erreicht ist (*Traglast*). Für umgekehrtes Vorzeichen von $F$ gelangt man entsprechend zu $(F/A_1 Y_1)_{min}$. In beiden Fällen hat sich automatisch eine Vorspannkraft $\pm \tilde{G}^*$ aufgebaut, welche der Traglasterhöhung das Gleichgewicht hält, also einen *mittragenden Eigenspannungszustand* erzeugt. Man sagt, das Fachwerk habe sich statisch *gesetzt* oder *eingespielt*.

Im Prinzip interpretiert man auf ähnliche Weise wie oben — nämlich durch Eigenspannungsfelder (sog. *Eigenspannungen 3. Art*, die mit *Versetzungen* im Kristallgitter einhergehen) — den Verfestigungsvorgang bei Metallen. *Eigenspannungen 2. Art*, die auf den Kristall*körnern* im Metall als modellmäßig homogenen Grundbausteinen (entsprechend den Stäben im Fachwerk) beruhen, erklären u. a. den Bauschinger-Effekt (Abschnitt 1.1).

Hingegen entstehen *Eigenspannungen 1. Art* nicht infolge einer mikroskopisch diskreten Werkstoffstruktur, sondern sind selbst im amorphen Kontinuum möglich. Auch sie lassen sich durch Stabwerk-Eigenspannungen veranschaulichen, wenn man Fachwerke — wie es in Abschnitt 1.3 geschieht — global als Modelle für elastisch-plastische Kontinua ansieht.

Wir kehren zu unserem Beispiel zurück.

---

[17] Nicht nur für Fachwerke, sondern auch für allgemeinere Tragwerke mit Biegebalken etc.

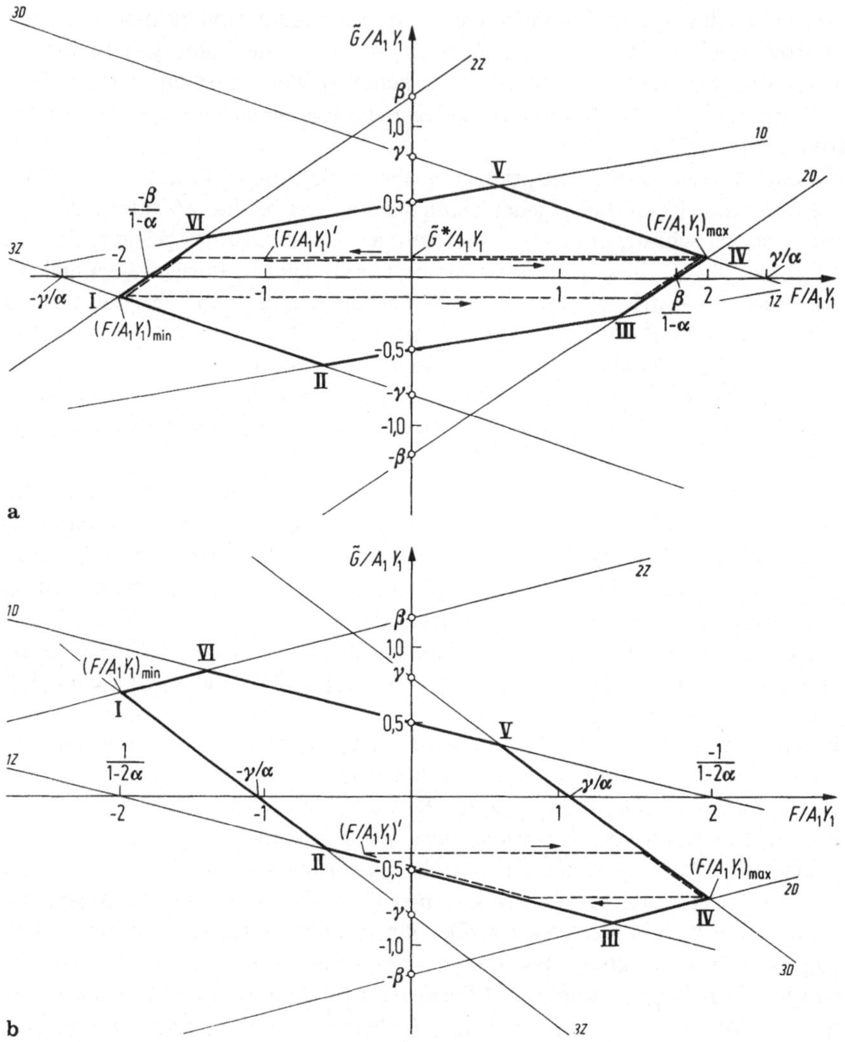

**Bild 1.10.** Zweidimensionale Zustandsräume zu Bild 1.8b; $Q = (F, \tilde{G})$. *I II III IV V VI*: Fließorte zu $\beta = 1{,}2$; $\gamma = 0{,}8$.

$\left. \begin{array}{l} (F/A_1 Y_1)_{max} \\ (F/A_1 Y_1)_{min} \end{array} \right\}$ statisch mögliche, eingeprägte Extremalbelastungen

$(F/A_1 Y_1)'$: vorgegebene Grenzlast bei Dauerwechselbeanspruchungen

—————— Belastungszykel

**a** $\alpha = {}^1/_3$.  **b** $\alpha = {}^3/_4$

Wenn wir nach den Grenzen allein für die eingeprägte Kraft $F = Q_1$ fragen und uns nicht für den Eigenspannungszustand interessieren, brauchen wir bloß die extremale Erstreckung des Fließpolygons von Bild 1.10a parallel zur $F$-Achse zu ermitteln. Wir erhalten sie am einfachsten durch Orthogonalprojektion des ganzen Polygons auf die $F$-Achse — sie erstreckt sich dort von $(F/A_1 Y_1)_{min}$ bis $(F/A_1 Y_1)_{max}$.

Dies läßt sich verallgemeinern[18]. Wenn beim $p$-fach statisch überbestimmten System von $n$ generalisierten Kräften $p$ als Vorspannkräfte zu gelten haben, so sind noch $q = n - p$ als eingeprägte Kräfte

$$F = (F_1, \ldots, F_q) \tag{1.2/30}$$

frei variierbar. Sie definieren einen $q$-dimensionalen Unterraum — einen *reduzierten* Zustandsraum — im $n$-dimensionalen vollständigen Zustandsraum. Durch orthogonale Parallel-Projektion von Fließkörper und Fließort auf ihn entsteht ein $q$-dimensionaler reduzierter Fließkörper $FK_q$ mit dem reduzierten Fließort $FO_q$. Sein Inneres repräsentiert elastisch-plastische bzw. starr-plastische, jedoch zulässige Belastungen des Fachwerkes, der Rand plastisches Fließen, und das Äußere ist unzulässig.

Bei Näherungsansätzen vernachlässigt man zur Vereinfachung häufig gewisse Freiheitsgrade des jeweils betrachteten Systems, denkt sich also innere Bindungen (d. h. statische Überbestimmtheiten) eingeführt. Dies ergibt ebenfalls reduzierte Fließorte [44, 45, 46].

Bisher untersuchten wir statische, insbesondere proportionale Lastaufbringung. Bei praktischen Problemen muß man jedoch mit *Lastschwankungen* rechnen. Auch sie sollen hier statisch — ohne Rücksicht auf Trägheitskräfte — diskutiert werden, wobei wir davon absehen, daß die Einzelstäbe für sich in der Regel nach einer bestimmten „Lastspielzahl" brechen („Dauerbruch").

Wir betrachten Lastzyklen speziell folgender Art: Die eingeprägten Kräfte $F$ wachsen von $0$ proportional auf einen Extremwert $a_1 \overset{0}{F}$ und schwanken dann ständig proportional zwischen $a_1 \overset{0}{F}$ und $a_2 \overset{0}{F}$ ($a_2 < a_1$) hin und her. Insbesondere gilt stets

$$F = a\overset{0}{F}; \qquad \overset{0}{F} = \text{const} \neq 0 \tag{1.2/31}$$

mit einem Parameter $a$, der von 0 auf $a_1$ wächst und dann zwischen $a_1$ und $a_2$ variiert.

In Bild 1.10a, b sind als Beispiel einige Lastzyklen gestrichelt eingetragen, wobei sich $F$ auf die einzige Kraftkoordinate $F$ reduziert und zum Beispiel $\overset{0}{F}/Y_1 A_1 = 1$ gesetzt werden kann.

(I) Der an die statische Maximallast $a_1 = (F/A_1 Y_1)_{\text{max}}$ in Bild 1.10a mit der unteren Grenze $a_2 = (F/A_1 Y_1)'$ anschließende Schwankungsvorgang beansprucht das Stabwerk, wenn es sich einmal gesetzt hat, nicht weiter. Er verläuft, mit Ausnahme des Grenzpunktes $(F/A_1 Y_1)_{\text{max}}$, ganz im elastischen Bereich. Insbesondere bleibt die Vorspannkraft $\tilde{G} = \tilde{G}^*$ konstant.

(II) Der Zyklus zwischen $a_1 = (F/A_1 Y_1)_{\text{max}}$ und $a_2 = (F/A_1 Y_1)_{\text{min}}$ in Bild 1.10a erzeugt immer wieder plastische Verformungen bei wechselnder Vorspannung $\tilde{G}$. Und zwar wird Stab 2, wie zu erwarten abwechselnd, auf Zug und Druck beansprucht. Dabei mögen die Formänderungen insgesamt klein bleiben, doch muß der Konstrukteur die Möglichkeit eines Dauerbruchs einkalkulieren.

(III) Im Beispiel von Bild 1.10b ergibt sich bei der Lastschwankung zwischen $a_2 = (F/A_1 Y_1)'$ und $a_1 = (F/A_1 Y_1)_{\text{max}}$ statt der erwarteten Wechselbeanspruchung

---

[18] Zum exakten Beweis benötigt man den Konvexitätsbegriff (Abschnitt 1.2.3) sowie die Fließregel (Abschnitt 1.2.4).

eine *akkumulierende* plastische Verformung: Stab *3* wird *nur* auf Druck, Stab *1 nur* auf Zug plastifiziert. Beide Stäbe verformen sich also einsinnig immer weiter. Das Stabwerk ändert jedenfalls unzulässig die Gestalt. Vielleicht stabilisiert es sich in einer anderen Lage, wonach immer noch Dauerbruch eintreten kann, oder es kollabiert bereits vorher nach großer Deformation. Fall (*III*) ist für die Konstruktion am gefährlichsten. Er wurde, wie Prager [13] feststellt, zuerst von Horne [12] im Jahre 1950 theoretisch diskutiert.

Ungefährlich oder, wie man sagt, *sicher* sind nur Zyklen vom Typ (*I*), bei denen das Stabwerk elastisch bleibt oder sich setzen kann, so daß sich in der Folge die Vorspannkräfte nicht mehr ändern. Ein statisches Kriterium hierfür stammt von Bleich (1932) und Melan (1936—1938) [13, 9]; das kinematische Gegenstücke dazu von Koiter [40]. Beide lassen sich auf Kontinua übertragen (vgl. [25]).

Übrigens mag der Vorgang (III) für sich als Versagensmodell eines strukturierten Materials (z. B. des Metallgefüges) im Dauerschwingversuch dienen und vielleicht gar einige Aspekte des Dauerbruchs erklären, vorerst freilich nur bei unsymmetrischen Lastzyklen $-a_2 \neq a_1$.

### 1.2.3 Konvexität

Wir setzen uns jetzt etwas eingehender mit der Geometrie von Fließorten und Fließkörpern auseinander und definieren hierzu *konvexe Punktmengen* im $n$-dimensionalen euklidischen[19] (Zustands-) Raum als solche, die zu je zwei Punkten auch die ganze geradlinige Verbindungsstrecke beider enthalten. Der Rand werde stets als zur Menge dazugehörig angesehen (*abgeschlossene* Mengen). Handelt es sich um eine konvexe Menge, die nicht schon in einer ($[n - 1]$-dimensionalen Hyper-) Ebene des ($n$-dimensionalen) Raumes liegt, so nennen wir sie *Körper*. Die Randfläche eines konvexen Körpers heißt *konvexe Fläche*. Das Studium konvexer geometrischer Gebilde (*konvexe Geometrie*) bringt viele reizvolle Ergebnisse, von denen wir uns hier nur mit wenigen der einfachsten auseinandersetzen. Der darüberhinaus interessierte Leser sei auf Speziallehrbücher (z. B. [14]) verwiesen. Es bestehen unmittelbare Zusammenhänge mit der *Optimierungstheorie* sowie dem *linearen* und *nichtlinearen Programmieren* [10, 11].

Zunächst betrachten wir den Durchschnitt konvexer Mengen $M_j$ (Bild 1.7b) als diejenige Menge, deren sämtliche Punkte gleichzeitig zu allen $M_j$ gehören. Diese enthalten wegen der Konvexität auch die Verbindungsgeraden ihrer Punkte, welche dann ihrerseits wieder im Durchschnitt liegen: er ist ebenfalls konvex.

Ferner projizieren wir eine konvexe Menge $M$ des $n$-dimensionalen Raumes parallel auf einen $n'$-dimensionalen Unterraum ($n' \leq n$; z. B. eine Hyperebene $n' = n - 1$. Für $n = 3$, $n' = 2$ vgl. Bild 1.7c). Je zwei Punkte der Projektionsmenge $M'$ sind auf diese Weise Bilder von Punkten in $M$, deren Verbindungsstrecke in $M$ sich auf die dann ebenfalls in $M'$ gelegene Verbindungsstrecke der Bildpunkte projiziert: $M'$ ist konvex. Gleiches gilt für den *Zylinder ZM* zu $M$, der aus allen (unendlich langen) zur Projektionsrichtung parallelen Geraden durch die Punkte von $M$ (und $M'$) besteht (Bild 1.7c) und der die Projektion von $M$ auf den gesamten $n$-dimensionalen Raum darstellt.

Wir fassen zusammen:

**Satz A.** *Der Durchschnitt konvexer Mengen $M_j$ sowie die Projektion $M'$ und insbesondere der Projektionszylinder ZM einer konvexen Menge M sind konvex.*

---

[19] Es genügen schwächere Voraussetzungen.

Aus Bild 1.7a erkennen wir anschaulich sofort, daß der Parallelstreifen konvex ist. Alle von uns betrachteten zulässigen Parallelstreifen des Zustandsraumes enthalten wegen (1.2/18) den Ursprung $0$ im Innern. Für den Fließkörper $FK$ als Durchschnitt von Parallelstreifen und für den Fließort $FO$ als dessen Berandung folgt dann sofort aus Satz A:

**Satz B.** *Fließkörper und Fließort im Zustandsraum sind konvex. Der Ursprung $0$ liegt nicht außerhalb des Fließkörpers bzw. des Fließortes*[20].

Als anschauliches Beispiel zeigt Bild 1.11a einen konvexen Körper $M$ (Randfläche $S$) der Ebene ($n = 2$; $Q = (Q_1, Q_2)$) mit einigen zur Demonstration eingezeichneten Punktepaaren und deren Verbindungsgeraden. Hingegen ist der Körper $M$ von Bild 1.11b offenbar nicht — konvex. Anschaulich entsprechen also konvexe Körper solchen, deren Ränder (konvexe Flächen) nicht — wie in Bild 1.11b — nach innen eingedrückt sind oder einspringen.

An Bild 1.11a, b erläutern wir jetzt den Begriff der *Stützgeraden* ($n = 2$) bzw. *Stützebene SE* ($n > 2$) in Randpunkten $Q_S$ an eine Punktmenge $M$ wie folgt: Sie enthält den jeweiligen Randpunkt $Q_S$ so, daß $M$ insgesamt nur auf *einer einzigen* Seite von $SE$ liegt, nämlich im durch $SE$ begrenzten *Stützhalbraum SH*. Der in $Q_S$ auf $SE$ errichtete senkrechte, vom Stützhalbraum weg weisende Vektor $v$ der Länge $|v| = 1$ heißt *Normaleneinsvektor*, jeder Vektor $\alpha v$ ($\alpha > 0$) eine *Normale* in $Q_S$ an $M$. $Q_S$ nennt man *Berührungspunkt* der Stützebene.

Offenbar kann eine Stützebene die Menge $M$ in *mehreren* Punkten $Q_S$, $Q_S'$ berühren (Bild 1.11b). Ferner braucht die Stützebene in Randpunkten nicht eindeutig zu sein — sie kann z.B. in Spitzen, Ecken bzw. Kanten der Randfläche $S$ kippen (siehe $SE'$ in $Q_S'$, Bild (1.11a). Dann ist auch die Normale $v'$ mehrdeutig. Durch $SE$, $v$ wird also der klassische Tangenten- und Normalenbegriff verallgemeinert, aber gleichzeitig eingeschränkt: Im Randpunkt $A$ (Bild 1.11b) existieren wohl die klassischen Tangenten und Normalen, doch gibt es keine Stützebene. Hingegen gilt

**Satz C.** *Zu jedem vorgegebenen Einsvektor $v$ existiert höchstens eine einzige Stützebene SE, zu der $v$ Normale ist.*

Denn wenn eine zweite Stützebene $SE'$ bestände, die dann notwendig parallel zu $SE$ verliefe und aus $SE$ etwa durch Verschiebung in Richtung von $v$ erzeugt werden könnte, so läge $SE'$ ganz außerhalb des Stützhalbraumes von $SE$ und trüge entgegen der Definition keinen Randpunkt von $M$. Erhielte man umgekehrt $SE$ aus $SE'$ durch Verschiebung in Richtung von $v$, so dürfte $SE$ keinen Randpunkt von $M$ tragen. Also bleibt nur $SE = SE'$ — wie in Satz C behauptet.

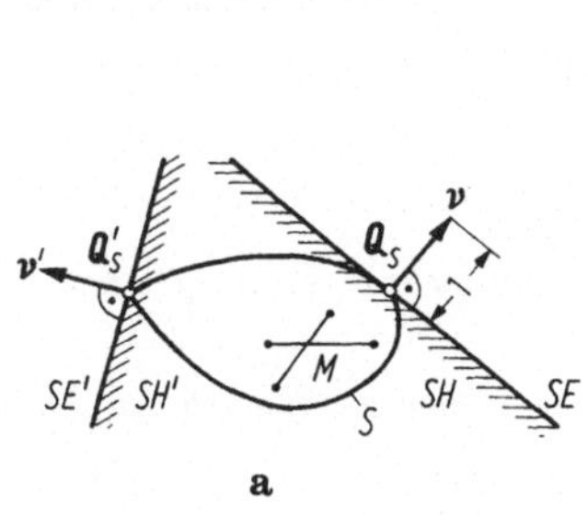
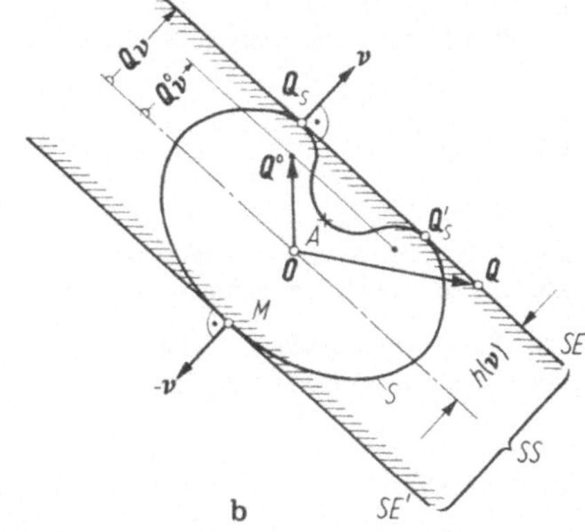

**Bild 1.11.** Von Flächen $S$ umschlossene Körper $M$ mit Stützhalbräumen $SH$, $SH'$, Stützebenen $SE$, $SE'$ und Auswärts-Einsnormalen $v$, $v'$ in den Berührungspunkten $Q_S$, $Q_S'$, Stützstreifen $SS$ sowie weiteren Punkten $0$, $Q^0$, $Q$, $A$.
$h(v)$: Stützfunktion bezüglich $0$.
**a** $M$ und $S$ sind konvex. **b** $M$ und $S$ sind nicht konvex

---

[20] Siehe jedoch Fußnote 15, S. 19.

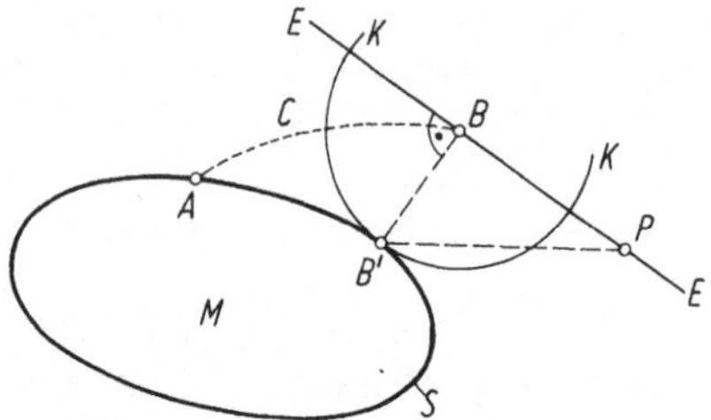

**Bild 1.12.** Zum Beweis des Satzes D

**Satz D.** *Konvexe Flächen S besitzen in jedem Punkt A (wenigstens) eine Stützebene bzw. Normale.*

*Beweis:* A auf S ist Randpunkt eines konvexen Körpers M. Es muß also in beliebiger Nähe von A Punkte B außerhalb von M geben, die sich mit A durch eine stetige, außerhalb von M gelegene Kurve C verbinden lassen (Bild 1.12). Wir konstruieren zu B den nächstgelegenen Punkt B' von M[21] und zeichnen die Kugel K um B durch B'. Sie enthält im Innern keinen Punkt von M, weil B' der zu B nächstgelegene sein sollte.

Alsdann errichten wir in B die zur Verbindungsstrecke BB' senkrechte Ebene E. Sie enthält ebenfalls keinen Punkt von M. Denn wäre P ein solcher, so gehörten (wegen der Konvexität von M) auch alle Punkte der Verbindungsstrecke PB' zu M, die durch das Innere von K läuft. Dort darf aber kein Punkt von M liegen.

Da also E keinen Punkt von M trägt, muß sich M ganz auf einer Seite von E befinden. Dies letzte bleibt erhalten, wenn B längs C stetig gegen den vorgegebenen Punkt A der Randfläche S wandert. Dabei konvergiert[22] E gegen eine Grenzebene SE, in der mindestens der Punkt A von S liegt und die deshalb eine Stützebene darstellt. Ihre Existenz war zu beweisen.

Wenn man jetzt einen Punkt 0 des Körpers M vorgibt, so ist die auf ihn bezogene „Stützfunktion" $h(v)$ als Abstand zwischen 0 und der zu irgendeiner Normale v gehörigen Stützebene wegen Satz C im Falle der Konvexität von M eindeutig bestimmt. Stellt dann Q einen beliebigen Punkt der Stützebene SE dar, so entspricht h der senkrechten Projektion des Vektors Q auf die Normalenrichtung (Bild 1.11b; der dort gezeichnete Körper ist freilich nicht konvex), also dem inneren Produkt

$$h(v) = Qv = \sum_{j=1}^{n} Q_j v_j \geq 0 \tag{1.2/32}$$

mit $v_j$ als Koordinaten des Einsvektors v. Alle Punkte $Q^0$, die auf der dem Ursprung 0 zugewandten Seite der Stützebene SE liegen, sind dann durch eher kleineren Abstand, d. h. durch

$$Q^0 v \leq Qv = h(v) \tag{1.2/33}$$

oder

$$Q^0 q \leq Qq \tag{1.2/34}$$

charakterisiert, wo $q = \alpha v$ ($\alpha > 0$) eine beliebige Auswärtsnormale bedeutet. $Q^0 v$ bzw. $Q^0 q$ darf auch negative Werte annehmen.

**Satz E.** *Repräsentieren $q_1, \ldots, q_m$ die Auswärtsnormalen aller Seitenebenen durch den Randpunkt A eines konvexen Polyeders, so sind auch*

$$q = \alpha_1 q_1 + \ldots + \alpha_m q_m \qquad (\alpha_j \geq 0) \tag{1.2/35}$$

*Auswärtsnormalen in A. Umgekehrt lassen sich alle Auswärtsnormalen in A gemäß (1.2/35) darstellen.*

*Beweis.* Q sei der zum Randpunkt A gehörige Ortsvektor. Wir schreiben (1.2/34) mit $q_j$ statt q hin, multiplizieren mit $\alpha_j \geq 0$ und addieren. Dies ergibt (1.2/34) mit q nach (1.2/35), so daß q in der Tat eine Auswärtsnormale ist.

Zum Beweis der Umkehrung stellen wir folgende Betrachtung an. Die untersuchten Seitenebenen schneiden einander im Punkt A, einer Kante durch A oder in einem $m'$-dimensionalen Unterraum

---

[21] Er existiert wegen der Abgeschlossenheit von M.
[22] Der Mathematiker weiß: Zumindest kann man eine konvergente Teilfolge auswählen.

$U$ durch $A$ ($m' \leqq n - 1$), von dem nach Satz A ein den Punkt $A$ enthaltender konvexer Teilbereich zum betrachteten Polyeder gehört. Daher muß $U$ dort auf nur einer Seite jeder beliebigen Stützebene liegen, die $n - 1 \geqq m'$ Dimensionen besitzt, also neben $A$ auch $U$ insgesamt enthält. Der $(n - m')$-dimensionale Raum senkrecht zu $U$ wird definitionsgemäß von den $q_j$ aufgespannt. In ihm liegt auch die zur Stützebene senkrechte Normale $q$, so daß sich dieser Vektor entsprechend (1.2/35) mit zunächst beliebigen Vorzeichen der $\alpha_j$ nach den $q_j$ entwickeln läßt. Hierbei genügt es, linear abhängige $q_j$ wegzulassen, d. h. $q_1, \dots, q_m$ als linear unabhängig anzusehen.

Es sei $\alpha_1 \neq 0$. Dann liegen weder $q$ nach (1.2/35) noch $q_1$ in dem durch $q_2, \dots, q_m$ aufgespannten Unterraum $U'$. Wenn $g$ eine Gerade im Raum der $q_1, q_2, \dots, q_m$ darstellt, die senkrecht auf $U'$ steht, so schneidet sie sowohl die zu $q_1$ senkrechte Seitenfläche des Polyeders in einem Punkt $Q'$ als auch die zu $q$ senkrechte Stützebene in einem Punkt $Q^1$. $Q^0$ sei ein Punkt auf $g$ im Innern des Polyeders. Dann gilt $(Q^1 - Q^0)\, q > 0$ ebenso wie $(Q^1 - Q^0)\, q_1 > 0$, weil $Q^1 - Q^0$ von innen nach außen weist. Wegen der Orthogonalität zu $q_j$ ($j > 1$) folgt $(Q^1 - Q^0)\, q_j = 0$, und (1.2/35) liefert $(Q^1 - Q^0)\, q = \alpha_1 (Q^1 - Q^0)\, q_1 > 0$, d. h. $\alpha_1 > 0$. Ebenso findet man $\alpha_j > 0$ für alle $\alpha_j \neq 0$, d. h. $\alpha_j \geqq 0$, was zu zeigen war.

Wir kehren zu den Stabwerken zurück. Dort ist der Fließkörper ein konvexes Polyeder (Satz B), das als Durchschnitt der Parallelstreifen (1.2/18) entsteht. Wenn sich jetzt alle Stäbe auf Zug und Druck gleich verhalten, vgl. (1.2/21), so werden die Streifen bezüglich $0$ punktsymmetrisch. Gleiches gilt für Fließkörper und Fließort. Lassen wir das Stabknicken außer Betracht, so haben wir also

**Satz F.** *Unter der Voraussetzung (1.2/21), d. h. wenn kein Bauschinger-Effekt besteht, sind Fließkörper und Fließort zum Ursprung $0$ punktsymmetrisch.*

### 1.2.4 Fließregel und Fließgesetz

Wie schon zu Anfang von Abschnitt 1.2.2 angekündigt, tragen wir auch die generalisierten plastischen Geschwindigkeiten $q$ des Stabwerkes als Punkt im Zustandsraum ein, fassen den *Vektor* $q$ (Verbindungspfeil vom Ursprung $0$ zum Punkt $q$) jedoch als frei verschieblich auf (*freier* Vektor). Wenn $q$ durch die Kraft $Q$ verursacht wird,

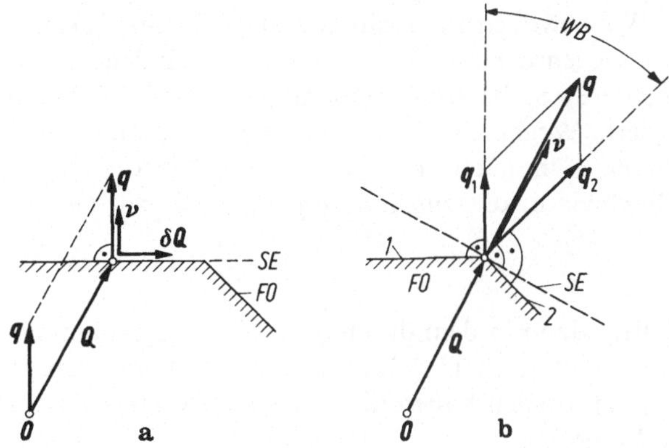


**Bild 1.13.** Zustandsraum mit Fließort $FO$; Kraft $Q$ auf $FO$ mit zugehöriger plastischer Geschwindigkeit $q$ und neutraler Kraftänderung $\delta Q$ jeweils als Vektoren.
$SE$: Stützebene
$v$: (Auswärts-)Normale $\Big\}$ an $FO$ in $Q$.
**a** $Q$ auf einer Seite von $FO$; **b** $Q$ an einer Ecke bzw. Kante von $FO$. $WB$: Winkelbereich der Normalen $v$

verschieben wir $q$ jetzt mit dem Anfang in die Spitze des Ortsvektors $Q$ (Bild 1.13 a).

Zunächst ende $Q$ wie in diesem Bild auf einer Seite, nicht in einer Ecke oder Kante des Fließortes. Handelt es sich um die Seite $\varkappa D$ bzw. $\varkappa Z$, so wird der Einzelstab $\varkappa$ bis zur individuellen Fließgrenze $Y_{\varkappa D}$ bzw. $Y_{\varkappa Z}$ belastet. Möglicherweise repräsentiert die Seite des Fließortes eine Gruppe von mehreren Stäben. Dies trifft insbesondere bei statisch überbestimmten Fachwerken zu[23].

Wir verschieben jetzt gedanklich den Kräftepunkt $Q$ auf der betrachteten Seite des Fließortes, nehmen also eine — wie sagt man — *neutrale* Kraftänderung $\delta Q$ vor (Bild 1.13 a). Dann bleibt derselbe Stab $\varkappa$ bzw. dieselbe Stabgruppe bis zur Fließgrenze vorgespannt; lediglich in den starren bzw. elastischen Stäben ändert sich der Spannungs- und, sofern kein starrplastischer Werkstoff vorliegt — gegebenenfalls der elastische Formänderungszustand, dessen Einfluß auf die Stabwerksgeometrie jedoch vernachlässigt werde. Die Formänderungsgeschwindigkeiten $q$ hingegen als Folge der ungeänderten Lasten in den plastischen Stäben behalten ihre Werte, so daß wir von $\delta q = 0$ ausgehen dürfen. Folglich ändern sich die Formänderungsgeschwindigkeiten $\lambda_\varkappa$ der betroffenen Stäbe nicht. Dann hat nach (1.2/14) die innere Leistung $P_i$ und wegen (1.2/15) auch die äußere Leistung $P_a$ einen konstanten Wert. (1.2/7) liefert

$$0 = \delta P_a = \delta Q q + Q \, \delta q = \delta Q q \, . \tag{1.2/36}$$

Das Verschwinden des inneren Produktes $\delta Q q$ bedeutet geometrische Orthogonalität zwischen $q$ und allen Richtungen $\delta Q$ der betrachteten Seite als Stützebene des Fließortes, so daß $q$ parallel zur Flächennormalen $v$ ist. $q$ besitzt auch gleiche Orientierung; denn anderenfalls wäre $P_a = Q q$ negativ, während nach (1.1/19) eher eine positive Leistung aufzubringen ist.

$q$ ist also selbst eine Auswärtsnormale im Kräftepunkt $Q$ und als solche nur bis auf einen beliebigen Faktor $\alpha \geqq 0$ bestimmt. Diese Aussage heißt *Normalitätsregel*. Sie stellt die gesuchte (geometrische) *Fließregel* des Stabwerkes dar.

Wir beweisen sie ergänzend auch für die Ecken und Kanten des Fließortes, wo $v$ im Gegensatz zu den Seiten nicht eindeutig festliegt. Hier werden zwei (oder mehrere) Stäbe bzw. Stabgruppen, zum Beispiel $\varkappa = 1, \dots, m$, gleichzeitig plastifiziert. Wegen der Linearität der kinematischen Verträglichkeitsbedingungen addieren sich auch die nur bis auf Faktoren $\alpha_j \geqq 0$ bestimmten entsprechenden Geschwindigkeitszustände $\alpha_1 q_1, \dots, \alpha_m q_m$ zur Gesamtgeschwindigkeit

$$q = \sum_j \alpha_j q_j \, , \qquad (\alpha_j \geqq 0) \, . \tag{1.2/37}$$

$q$ liegt dann in dem durch $q_1, \dots, q_m$ aufgespannten Winkelbereich $WB$ (Bild 1.13 b) und stellt nach (1.2/35) wieder eine Auswärtsnormale in $Q$ dar. Sämtliche Auswärtsnormalen haben diese Gestalt, kommen also als plastische Geschwindigkeiten in Frage.

Bei geschwindigkeitsabhängigen Fließgrenzen bestehen Rückkoppelungen mit $q$, obschon sich der Winkelbereich als solcher nicht ändert. Denn ein Geschwindig-

---

[23] $Q$ stellt dann den reduzierten Kräftevektor $F$ in (1.2/30) dar, und $FO$ in Bild 1.13 ist der zugehörige reduzierte Fließort.

keitseinfluß auf $Y_{xD}$, $Y_{xZ}$ verschiebt die Seiten (1.2/19) des Fließpolygons lediglich parallel. Neben $q$ ist somit stets auch $\alpha q$ ($\alpha \geq 0$) Normale des Fließortes.

Nach Satz D (Abschnitt 1.2.3) gibt es nun zu jedem Kraftzustand $Q$ auf dem Fließort wenigstens einen, vielleicht auch mehrere Geschwindigkeitszustände. Umgekehrt ist nicht gesagt, daß zu jedem vorgegebenen Geschwindigkeitszustand $q$ ein Kraftpunkt $Q$ existiert. Beim Einzelstab besteht beispielsweise der Fließort aus zwei parallelen, einen Streifen begrenzenden (Hyper-) Ebenen mit insgesamt zwei entgegengesetzt gleichen Normalen $v$. Nur wenn $q$ in deren Richtung fällt, ist $q$ „zulässig". Die zugehörigen Kräftepunkte $Q$ sind mehrdeutig, so daß die geometrische Fließregel als Zusammenhang zwischen $Q$ und $q$ in keiner Richtung Existenz oder Eindeutigkeit gewährleistet! Andere kinematische Variable, zum Beispiel die *Knotenverschiebungen* statt der Geschwindigkeiten $q$, ergeben überhaupt keine unmittelbare Beziehung zu den Lasten $Q$ und sind insofern für die Formulierung der Fließregel kaum brauchbar.

Wir fassen die das plastische Stoffverhalten des Stabwerkes betreffenden Aussagen wie folgt zum *plastischen Stoffgesetz* zusammen; es heißt auch (vgl. S. 17)

**Geometrisches Fließgesetz.**

(1) Im $n$-dimensionalen Zustandsraum gibt es eine den Ursprung $0$ umfassende[24] konvexe ($n - 1$)-dimensionale Fläche (bzw. für $n = 2$: Kurve), den Fließort. Kräfte $Q$ als Ortsvektoren von $0$ aus, die im oder auf dem Fließort enden, sind zulässig bzw. genauer: „statisch zulässig". Andere Kräfte $Q$ können nicht auftreten; sie heißen „statisch unzulässig".

(2) Wenn $Q$ auf dem Fließort endet, ist bei geeigneten Randbedingungen des Problems plastisches Fließen möglich („Fließbedingung"). Die zu $Q$ gehörigen plastischen Geschwindigkeiten $q$ werden als Vektor im Endpunkt von $Q$ angetragen und bilden dort eine Auswärtsnormale zum Fließort („Normalitätsregel" als Fließregel).

(3) Plastische Geschwindigkeiten $q$, die für irgendeinen Punkt des Fließortes eine Auswärtsnormale bilden, sind zulässig bzw. genauer: „kinematisch zulässig"[25]. Neben $q$ ist auch $\alpha q$ ($\alpha \geq 0$) kinematisch zulässig.

Die spezielle Gestalt des Fließortes, also z. B. die Art des zu bestimmten Stabwerken gehörigen Polyeders, bezeichnet man auch als „Fließkriterium" und die Normalitätsregel als hierzu „assoziierte" Fließregel. Das Fließgesetz wurde im Hinblick auf spätere Erweiterungen gleich so allgemein formuliert, daß es auch konvexe *nicht-polyedrische* Fließorte bzw. Fließkriterien zuläßt.

Nachdem wir das Fließgesetz geometrisch formuliert haben, suchen wir abschließend eine arithmetische Gestalt. Die Seiten des Fließpolyeders seien zum Beispiel als (Hyper-) Ebenen stückweise linear durch die *Fließbedingung*

$$f(Q) = 0 \qquad (1.2/38)$$

---

[24] Betreffs Ausnahmen vgl. Fußnote 15, S. 19.

[25] Sayir und Ziegler [43] nennen dies *Verträglichkeit* und betonen, daß sie anstelle der oft abweichend unter Zuziehung von Randbedingungen formulierten Zulässigkeit das maßgebliche Kriterium darstellt. Die oben eingeführten allgemeinen Zulässigkeitsbegriffe werden auch in [149, 150] angewandt.

gegeben, wo das Vorzeichen von $f$ so gewählt wird, daß Punkte $Q$ im Fließkörper die *Zulässigkeitsbedingung*

$$f(Q) \leqq 0 \tag{1.2/39}$$

erfüllen. Da hierzu auch der Ursprung $0$ gehören soll, folgt

$$f(0) \leqq 0 \,. \tag{1.2/40}$$

$f$ hängt zusätzlich von den Stabfließgrenzen, also über diese von den inneren Parametern *Vorformänderung*, gegebenenfalls dem *momentanen Geschwindigkeitszustand* $q$ (bei *geschwindigkeitsabhängigem* Material) sowie der *Temperatur* $\vartheta$ ab, darf später auch nichtlinear sein und dann einen beliebig gekrümmten konvexen Fließort beschreiben. Man sagt, $f$ stelle wie die Form des Fließortes das *Fließkriterium* dar. *Neutrale* Verschiebungen von $Q$ um $\delta Q$ entlang einer Tangentialebene, die wegen der Konvexität gleichzeitig Stützebene ist (Bild 1.13a), gibt dann in solchen Punkten $Q$, für die $f$ stetig differenzierbar ist („reguläre" Punkte),

$$0 =, \delta f = \frac{\partial f}{\partial Q_1} \delta Q_1 + \dots + \frac{\partial f}{\partial Q_n} \delta Q_n \,. \tag{1.2/41}$$

Also verschwindet das innere Produkt des Kräftevektors $\delta Q$ mit dem sogenannten *Gradientenvektor* von $f$ (als Spaltenmatrix seiner Koordinaten)

$$\frac{\partial f}{\partial Q} = \begin{pmatrix} \partial f/\partial Q_1 \\ \vdots \\ \partial f/\partial Q_n \end{pmatrix} . \tag{1.2/42}$$

Dies bedeutet geometrische Orthogonalität. Da $\delta Q$ *beliebig* in der Stützebene liegt, muß $\partial f/\partial Q$ eine Normale sein, und zwar eine Auswärtsnormale. Denn wenn wir jetzt eine virtuelle Vergrößerung $\delta'Q$ von $Q$ in Richtung der Auswärtsnormalen betrachten, so wächst $f$ von negativen auf positive Werte an, und es folgt analog (1.2/41)

$$0 \leqq \delta'f = \delta'Q \frac{\partial f}{\partial Q} \,,$$

so daß $\partial f/\partial Q$ in Richtung von $\delta'Q$ nach außen weist.

Dann lautet die *Normalitätsregel*

$$q_j = \tilde{q} \frac{\partial f}{\partial Q_j} \,, \quad \text{symbolisch} \quad q = \tilde{q} \frac{\partial f}{\partial Q} \,, \tag{1.2/43a}$$

wo $\tilde{q}$ einen geeigneten Proportionalitätsfaktor darstellt und

$$f = 0 \,, \quad \frac{\partial f}{\partial Q} \neq 0 \,, \quad \tilde{q} \geqq 0 \tag{1.2/43b}$$

vorausgesetzt wird bzw. gelten muß.

Gleichung (1.2/43) gilt zunächst für *reguläre* Kraftzustände $Q$, bei denen die benötigten stetigen Ableitungen von $f$ existieren, und heißt wieder *assoziierte Fließregel* oder auch *Potential-Fließregel* mit dem Fließkriterium $f$ als *plastischem Potential*. Sie geht auf R. v. Mises (1928, [67]) zurück und bildet im wesentlichen zusammen mit (1.2/38), (1.2/39) das Fließgesetz.

Besitzt der Fließort im „singulären" Punkt $Q$ eine Ecke oder Kante, die sich (wie im Falle der zu Stabwerken gehörigen Polyeder) als Schnitt mehrerer (z. B. $n'$) glatter konvexer Flächen

$$f_\varkappa(Q) = 0\,; \qquad \varkappa = 1 \dots n' \tag{1.2/44}$$

ergibt (*Fließbedingung*), wobei durch Vorzeichenwahl wieder

$$f_\varkappa(Q) \leqq 0\,, \qquad f_\varkappa(0) \leqq 0 \tag{1.2/45}$$

für alle Punkte des Fließkörpers zu erreichen ist (*Zulässigkeitsbedingung*), so folgt für

$$f_\varkappa = 0\,, \qquad \partial f_\varkappa/\partial Q \neq 0\,, \qquad \tilde{q}_\varkappa \geqq 0 \tag{1.2/46}$$

aus (1.2/37) entsprechend (1.2/43) die verallgemeinerte Fließregel

$$q = \sum_{\varkappa=1}^{n'} \tilde{q}_\varkappa\, \frac{\partial f_\varkappa}{\partial Q} \tag{1.2/47}$$

(Koiter 1953, [41]). Die Funktionen $f_\varkappa$ hängen wie $f$ gegebenenfalls zusätzlich von inneren Parametern ab.

Kehren wir speziell zu den Stabwerken zurück. Dort hat die Funktion $f$ bzw. haben die Funktionen $f_\varkappa$ gemäß (1.2/18), (1.2/19) die Gestalt $f_\varkappa = \dfrac{|S_\varkappa|}{A_\varkappa} - Y_\varkappa$, wo $Y_\varkappa$ eine der beiden (möglicherweise zusammenfallenden) Fließgrenzen $Y_{\varkappa D}$ oder $Y_{\varkappa Z}$ darstellt. Man könnte auch $f_\varkappa = \dfrac{|S_\varkappa|}{A_\varkappa Y_\varkappa} - 1$ ansetzen oder, obschon das im Augenblick wenig sinnvoll erscheint, $f_\varkappa = \dfrac{|S_\varkappa|}{2A_\varkappa} - \dfrac{Y_\varkappa}{2}$. $S_\varkappa$ läßt sich aufgrund der Gleichgewichtsbedingungen an den Knoten linear durch die Lasten $Q_j$ ausdrucken: $S_\varkappa = \sum_j a_{\varkappa j} Q_j$. Danach haben $f$ bzw. $f_\varkappa$ die Gestalt

$$f(Q) = g(Q) - L\,, \tag{1.2/48}$$

wo $L = Y_\varkappa$ oder $L = Y_\varkappa/2$ oder $L = 1$ zum Beispiel eine Fließgrenze, jedenfalls aber einen von $Q$ unabhängigen nicht-negativen Wert bedeutet, der noch von inneren Parametern abhängen darf. $g$ ist eine in $Q$ lineare Betragsfunktion, von der wir im Hinblick auf spätere Verallgemeinerungen jetzt nur die schwächere Eigenschaft

$$g(\alpha Q) = \alpha g(Q)\,, \qquad \alpha \geqq 0 \tag{1.2/49}$$

benutzen wollen. Solche Funktionen heißen „homogen", genauer: „homogen vom 1. Grade".

Darstellungen des Fließkriteriums in der speziellen Gestalt (1.2/48), (1.2/49) sowie die Funktion $g$ selbst wollen wir als *normiert* bezeichnen mit $L$ als *generalisierter* Fließgrenze.

Für stetig differenzierbare homogene Funktionen $g$ folgt aus (1.2/49) durch beidseitige Differentiation nach $\alpha$ für $\alpha > 0$ zunächst

$$\frac{dg(\alpha Q)}{d\alpha} = \sum_j \frac{\partial g(\alpha Q)}{\partial(\alpha Q_j)} \cdot \frac{d(\alpha Q_j)}{d\alpha} = \sum_j \frac{\partial g(\alpha Q)}{\partial(\alpha Q_j)}\, Q_j = g(Q)\,,$$

also für $\alpha = 1$ die *Eulersche Regel*

$$\sum_j \frac{\partial g(\boldsymbol{Q})}{\partial Q_j} Q_j = g(\boldsymbol{Q}) \, . \tag{1.2/50}$$

Wegen (1.2/48) lautet die *normierte Zulässigkeitsbedingung* (1.2/39) jetzt

$$g(\boldsymbol{Q}) \leqq L \, ; \qquad L \geqq 0 \, . \tag{1.2/51}$$

Die Fließbedingung (1.2/38) und die *Fließregel* (1.2/43 a, b) lauten *normiert*

$$g(\boldsymbol{Q}) = \mathrm{L} \, ; \qquad q_j = \bar{q} \frac{\partial g(\boldsymbol{Q})}{\partial Q_j} \, , \qquad \bar{q} \geqq 0 \, , \tag{1.2/52}$$

wo $\bar{q}$ statt $\tilde{q}$ geschrieben und im Sinne von (1.2/42)

$$\frac{\partial g(\boldsymbol{Q})}{\partial \boldsymbol{Q}} \neq \boldsymbol{0} \tag{1.2/53}$$

vorausgesetzt wurde. Multiplikation der Fließregel mit $Q_j$ und Addition ergibt unter Beachtung der Fließbedingung sowie der Gleichungen (1.2/7), (1.2/15), (1.2/50) die innere oder äußere Leistung $P$ zu

$$P = L\bar{q} \geqq 0 \, . \tag{1.2/54}$$

Diese Beziehung steht in formaler Analogie zu (1.1/20). Man bezeichnet daher $\bar{q}$ als „generalisierte Vergleichsgeschwindigkeit". Sie wird bei Wahl von $L = 1$ identisch mit der Leistung $P$ selbst.

Wenn in einer Ecke oder Kante des Fließortes alle Fließkriterien $f_\varkappa(\boldsymbol{Q})$ analog (1.2/48) mit *derselben* generalisierten Fließgrenze $L$ auf normierte Kriterien $g_\varkappa(\boldsymbol{Q})$ zurückgeführt werden können, so bleibt offenbar (1.2/54) erhalten. Es folgt

$$\bar{q} = \sum_\varkappa \bar{q}_\varkappa \, , \tag{1.2/55}$$

wo $\bar{q}_\varkappa \geqq 0$ die Multiplikatoren in der *normierten* Koiterschen Fließregel (1.3/47) sind.

Es sei nun ein zulässiger Geschwindigkeitszustand $q$ gegeben. Zu ihm gibt es nach Abschnitt 1.2.3, Satz C, genau eine Stützebene an den Fließort, die wenigstens einen Berührungspunkt $Q$ besitzt. Sind es mehrere Berührungspunkte, nach Abschnitt 1.2.3, Satz A, also alle Punkte eines ganzen konvexen Bereiches (als Schnittmenge der Stützebene mit dem Fließkörper), so genügt dieser der Gleichung der Stützebene. Die Fließbedingung $g(\boldsymbol{Q}) = L$ muß hier also linear sein, folglich $\partial g / \partial \boldsymbol{Q}$ konstant: Dieser Gradientenvektor $\partial g / \partial \boldsymbol{Q}$ wird allein durch $q$ *eindeutig* bestimmt. Dann folgt aus (1.2/52), daß auch die Vergleichsgeschwindigkeit eindeutig von $q$ abhängt (und gegebenenfalls von weiteren inneren Parametern, sofern diese nicht selbst die Geschwindigkeit repräsentieren):

$$\bar{q} = \bar{q}(q) \, . \tag{1.2/56}$$

Falls nun der Werkstoff des Stabwerkes geschwindigkeitsabhängig ist, so hängen die Fließgrenzen ihrerseits von $q$ ab. Als „normierte Geschwindigkeitsabhängigkeit" wollen wir entsprechend eine solche bezeichnen, bei der *nur* die generalisierte Fließgrenze $L$, nicht aber auch $g(\boldsymbol{Q})$ eine Funktion von $q$ ist. Wird dann in (1.2/52) $q$ durch den aufgrund des geometrischen Fließgesetzes, dort Absatz (3), ebenfalls zulässigen Zustand $\alpha q$ ersetzt, so kann sich in der Fließregel (1.2/52) rechtsseitig nur $\bar{q}$ ändern, und wir haben

$$\bar{q}(\alpha q) = \alpha \bar{q}(q) \, , \qquad \alpha \geqq 0 \, . \tag{1.2/57}$$

$\bar{q}(q)$ ist eine homogene Funktion. Die Aussagen (1.2/56), (1.2/57) gelten wegen (1.2/55) offenbar auch an Ecken oder Kanten des Fließortes.

Bislang blieb offen, wie man der Funktion $f$ (oder den $f_x$) mathematisch ansieht, daß der Fließort $f = 0$ konvex ist. Ein notwendiges und hinreichendes Kriterium lautet

$$f(\chi \overset{1}{Q} + (1 - \chi) \overset{2}{Q}) \le 0 \qquad (1.2/58a)$$

für alle Punkte $\overset{1}{Q}$, $\overset{2}{Q}$ und reellen Zahlen $\chi$ mit

$$f(\overset{1}{Q}) \le 0 , \qquad f(\overset{2}{Q}) \le 0 , \qquad 0 \le \chi \le 1 . \qquad (1.2/58b)$$

Denn es beschreiben die Punkte $Q = \chi \overset{1}{Q} + (1 - \chi) \overset{2}{Q}$ die geradlinige Verbindungsstrecke[26] der Punkte $\overset{1}{Q}$, $\overset{2}{Q}$ im Fließkörper, welche nach Definition der Konvexität ganz zum Fließkörper gehört. Genau dies wird durch (1.2/58a) ausgedrückt.

### 1.2.5 Extremalsätze

Mit (1.2/3), (1.2/6) und wegen (1.2/7), (1.2/15), (1.1/19) ist

$$P = Qq \ge 0 \qquad (1.2/59)$$

die *wahre* (innere oder äußere) Leistung. Sie gehört zu einem dem jeweiligen Problem entsprechenden *wahren* plastischen Kraftzustand $Q$ und der zugehörigen *wahren* Geschwindigkeit $q$. Dementsprechend definieren wir

$$P^0 = Q^0 q \qquad (1.2/60)$$

als zu $Q^0$ und $q$ gehörige sogenannte *untere* Scheinleistung, wo $Q^0$ einen beliebigen *zulässigen* Kraftzustand darstellt. Und (1.2/34) liefert den
*Satz von der unteren Schranke*:

$$P \ge P^0 . \qquad (1.2/61)$$

Über ihn kann man die wahre Leistung durch eine untere Scheinleistung (als untere Schranke) abschätzen. Wenn er bzw. (1.2/34) übrigens für alle Punkte $Q$ auf dem Fließort und alle Punkte $Q^0$ im Fließkörper gilt, so müssen die durch $Q$ laufenden zu $q$ senkrechten Ebenen sämtlich Stützebenen sein. $q$ ist eine Auswärtsnormale, und die geometrische Fließregel gilt.

Insofern sind die Fließregel und der Satz von der unteren Schranke gleichwertig.

Nunmehr gehen wir von einem zulässigen Geschwindigkeitszustand $q^*$ aus, zu dem definitionsgemäß insbesondere für $q^* \ne 0$ über Fließregel und Fließort eine Kraft $Q^*$ gehört. $q^*$, $Q^*$ können wirklich auftreten, entsprechen also einem wahren Zustand beim Satz von der unteren Schranke. Hingegen ist die eigentlich auftretende Kraft $Q$ sicher zulässig im Sinne von $Q^0$. So liefert der Satz von der unteren Schranke mit $Q$ statt $Q^0$ und $Q^*$, $q^*$ statt $Q$, $q$ jetzt den
*Satz von der oberen Schranke*

$$P^* \ge P_* , \qquad (1.2/62)$$

wo

$$P^* = Q^* q^* \qquad (1.2/63a)$$

---

[26] $Q$ ist linear in $\chi$ und nimmt für $\chi = 1$ beziehungsweise $\chi = 0$ die Endpunkte $\overset{1}{Q}$, $\overset{2}{Q}$ an.

eine *obere* und

$$P_* = Qq^* \tag{1.2/63 b}$$

eine *gemischte* Scheinleistung darstellen ($Q$ wahre Kraft; $q^*$ zulässige Geschwindigkeit). (1.2/62) gestattet, indirekt $Q$ durch die obere Schranke $P^*$ abzuschätzen, und gilt natürlich erst recht für $q^* = 0$.

Der Satz von der oberen Schranke ist, wenn für alle betreffenden $q^*$, $Q$ gültig, dem Satz von der unteren Schranke und damit ebenfalls der Fließregel äquivalent.

Die hier statisch formulierten Theoreme (1.2/61), (1.2/62) lassen sich unmittelbar auf die Dynamik von Stabwerken mit massebehafteten Knoten erweitern, indem man deren Trägheitskräfte zu den äußeren Lasten hinzurechnet [42]. Sie gelten im übrigen auch für allgemeinere diskrete Strukturen mit Biegebalken und ähnlichen Elementen [323].

Wir erläutern die Extremalsätze (1.2/61), (1.2/62) durch ein Anwendungsbeispiel. Gesucht sei die *Traglast*, also die maximal mögliche Belastung $F$, des einfach statisch überbestimmten ebenen Fachwerkes von Bild 1.6b. Die bei Erreichen der Traglast sich einstellende vertikale plastische Knotengeschwindigkeit heiße $w$.

Zunächst *erraten* wir einen statisch zulässigen Kraftzustand $Q^0$, alsdann einen kinematisch zulässigen Geschwindigkeitszustand $q^*$, und zwar unter Beachtung folgender Faustregeln:

(a) Möglichst einfach, damit das Verfahren gegenüber der exakten Rechnung Vorteile bietet;

(b) so, daß $Q^0$ die statischen und $q^*$ die kinematischen Rand- bzw. Nebenbedingungen erfüllt;

(c) ferner so, daß wenigstens stellenweise die Fließgrenze erreicht wird.

Ohne (b), (c) dürften $Q^0$, $q^*$ allzu unrealistisch sein und eine schlechte oder unbrauchbare Abschätzung liefern — obwohl das Verfahren im Prinzip anwendbar bleibt und gelegentlich unter bewußter Verletzung jener Regeln sinnvoll angewendet wird.[27]

Eine mögliche Annahme ist zum Beispiel, daß sämtliche Stäbe bis zur Fließgrenze belastet sind (Regel c). Bei als gleich vorgegebener Fließgrenze $Y$ und ebenfalls gleichem Querschnitt $A$ sowie gleichen Stablängen $l$ sind dann die Stabkräfte

$$S_1^0 = S_4^0 = S_5^0 = -AY(\text{Druck}), \qquad S_2^0 = S_3^0 = AY(\text{Zug})$$

gemäß (1.2/17) jedenfalls zulässig, und nach Bild 1.6b besteht wegen $\alpha = 60°$ am unteren Knoten Kräftegleichgewicht, ohne daß eine äußere Zusatzkraft anzubringen wäre. Man findet ferner am oberen Knoten die Kraftkoordinate

$$F^0 = AY(1 + 2\cos\alpha) = 2AY.$$

Indem wir dafür sorgten, daß eine erratene zulässige Last $F^0$ nur dort und in der Richtung auftritt, wo auch die wahre Last $F$ wirkt, befolgen wir die Regel (c). Reaktionslasten braucht man im allgemeinen nicht zu beachten.

Wegen (1.2/59) bis (1.2/61) gilt $F^0 w \leqq Fw$ oder mit $w > 0$

$$F \geqq 2AY. \tag{1.2/64}$$

Damit kennen wir eine *Mindesttraglast* $2AY$. Wenn das System geringer belastet wird, kann es nicht zusammenbrechen. Der Satz von der unteren Schranke liefert hier also eine *sichere* Abschätzung.

---

[27] In der Literatur wird Zulässigkeit meist einschränkend unter Beachtung der Randbedingungen (b) definiert; s. Fußnote 25, S. 31.

Um ihre Güte zu beurteilen, suchen wir eine obere Schranke und gehen von einem zulässigen Geschwindigkeitszustand $q^*$ aus, bei dem sich sinnvollerweise die oberen drei Stäbe symmetrisch verkürzen (Faustregel c), während die unteren beiden vereinfacht starr bleiben sollen. Durch diese Symmetrie der Deformation in Verbindung mit festgehaltenen Lagern erfüllen wir die Faustregel (b). Zulässigkeit ist gewährleistet; denn in der Tat könnte dieser erratene Geschwindigkeitszustand beispielsweise durch die oben erratenen Stabkräfte $S_j^* = S_j^0$ hervorgerufen werden. Mit den Stabverlängerungsgeschwindigkeiten $l_j^*$, den Beziehungen[28]

$$-l_1^*/\cos\alpha = -l_4^*/\cos\alpha = -l_5^* = w^*$$

und den Formänderungsgeschwindigkeiten $\lambda_j^* = l_j^*/l_j$, wo $l_j = l$, $\alpha = 60°$, folgt

$$\lambda_1^* = \lambda_4^* = \frac{-w^*}{2l}\,, \qquad \lambda_5^* = \frac{-w^*}{l}\,, \qquad \lambda_2^* = \lambda_3^* = 0\,.$$

Die zugehörigen Stabspannungen lauten $\sigma_1^* = \sigma_4^* = \sigma_5^* = -Y$, während $\sigma_2^*$ und $\sigma_3^*$ unbekannt sind, aber auch nicht gebraucht werden. (1.2/14) liefert mit (1.2/15)

$$P^* = P_i^* = 2AYw^*\,, \qquad w^* > 0\,.$$

Hieraus erhalten wir wegen $P_* = Fw^*$ über (1.2/62)

$$F \leqq 2AY\,,$$

d. h. eine obere oder *unsichere* Schranke für die Traglast $F$. Mit (1.2/64) ergibt sich eine beidseitige Eingrenzung. Da im vorliegenden Beispiel zufällig die Schranken zusammenfallen, ist

$$F = 2AY$$

sogar der exakte Wert, den wir hier auf ziemlich einfache Weise sogar ohne Zeichnen der Fließorte ermittelten (Faustregel a).

Man kann sich überlegen, daß der erratene Lastzustand bei plastischer Verformung der richtige war, während der Geschwindigkeitszustand einen möglichen unter vielen darstellt (Mehrdeutigkeit!).

## 1.3 Das plastische Kontinuum

### 1.3.1 Grundlagen

Als *Kontinuum* verstehen wir einen geometrischen Körper mit wohldefiniertem Volumen und hinreichend glatter Oberfläche — einzelne Ecken und Kanten sind zugelassen — dessen Punkte als solche identifizierbar seien. Er ändert im Laufe der Zeit $t$ seine „Konfiguration", nämlich die gegenseitige Anordnung der Punkte nebst Gestalt, Oberfläche und gegebenenfalls Volumen. Mit einem physikalischen Körper direkt vergleichbar und in diesem Sinne der Messung zugänglich ist nur die jeweilige *Momentan-* oder *Augenblickskonfiguration*. Soweit nicht ausdrücklich etwas anderes gesagt wird, wollen wir sie allein in der Folge betrachten.

Es ist in der Mechanik üblich, die Eigenschaften diskreter Systeme modellmäßig auf Kontinua zu übertragen, so daß sich diese umgekehrt durch geeignete diskrete Systeme, die sogenannten *finiten Modelle*, beliebig genau approximieren lassen. Zum Beispiel leitet man üblicherweise die Kinetik starrer Körper (Impulssatz, Drallsatz, Energiesatz etc.) aus der des Punkthaufens her [7]. Elastische Strukturen werden für statische und dynamische Berechnungen durch Stabwerke, Balkentragwerke oder kompliziertere Modelle angenähert [47]. Neuber [48] geht vom Fachwerk aus.

---

[28] Die erratene Durchsenkungsgeschwindigkeit $w^* > 0$ wird in die Verkürzungsgeschwindigkeit $w^* \cos\alpha$ und die Drehgeschwindigkeit $w^* \sin\alpha$ der Stäbe *1* und *4* zerlegt.

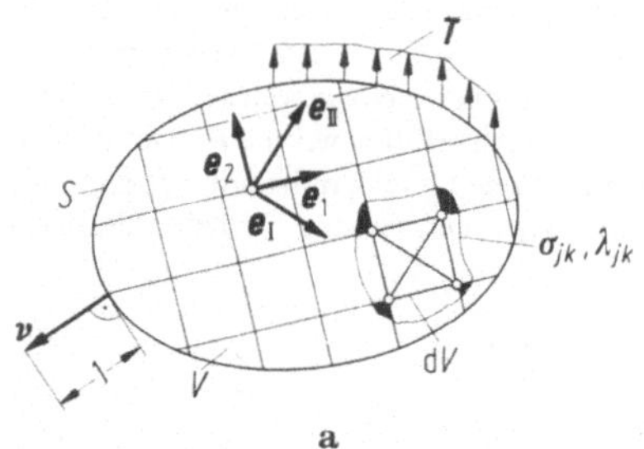
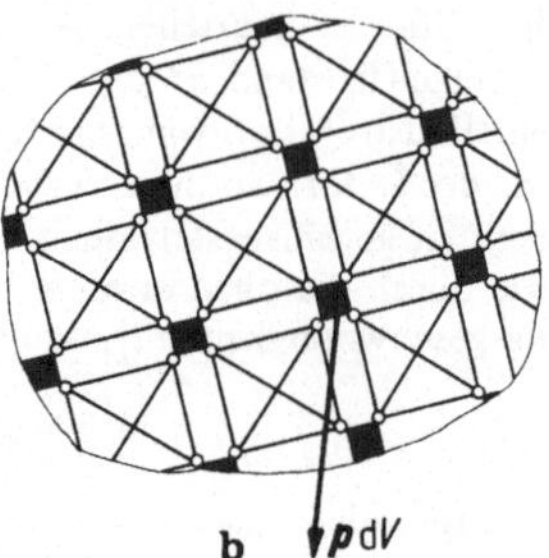



**Bild 1.14.** Plastischer Körper (Volumen $V$, Oberfläche $S$) als finites Fachwerkmodell. Die Fachwerke in den Volumenelementen $dV$ (*lokale* Stabwerke) bilden zusammen das *globale* Stabwerk.
**a** Oberflächenspannungen $T$, Spannungen $\sigma_{jk}$, Formänderungsgeschwindigkeiten $\lambda_{jk}$. Lokale Koordinateneinsvektoren $e_1$, $e_2$, $e_3$ oder $e_I$, $e_{II}$, $e_{III}$; Auswärts-Einsnormale $v$.
**b** Aneinandergrenzende masselose Stabwerkselemente. Massenpunkte an den Randknoten der Volumenelemente. Nur sie seien im Modell durch Volumen bzw. Trägheitskräfte $p\,dV$ beaufschlagt.

Auch wir wollen hier voraussetzen, das starr-plastische Kontinuum verhalte sich wie ein starr-plastisches Fachwerk im Sinne von Abschnitt 1.2 mit im Grenzfall unendlich vielen Stäben. Genauer: Der Körper sei in hinreichend viele z. B. würfelförmige Volumenelemente $dV$ eingeteilt (Bild 1.14a), deren jedes von einem geeigneten *lokalen* masselosen Stabwerk gefüllt werde. Diese lokalen Stabwerke bauen nach ihrer Verknüpfung (also: gegenseitigen Fesselung) an den Rändern der Volumenelemente insgesamt ein *globales* Stabwerk auf. Dabei werden die bislang weggelassenen Massen $\varrho\,dV$ ($\varrho$ *Massendichte*) der Volumenelemente als Massenpunkte an den *Randknoten* der lokalen Stabwerke angebracht [19], wo wir sämtliche Volumenkräfte $p$, insbesondere die *Trägheitskräfte*

$$p = -\varrho a \quad \text{bzw.} \quad p_j = -\varrho a_j \qquad (1.3/1)$$

($a$ Beschleunigung) angreifen lassen (Bild 1.14b); $j = x, y, z$ oder $j = 1, 2, 3$ oder $j = I, II, III$ usw.

Daß Stabwerke generell geeignete Modelle für plastische Kontinua sind, erkannte wohl zuerst Prager [49]). Konovalov, Kulešov und Molochko [50] untersuchten stochastische Stabanordnungen, Burgmann und Rawlings [19] die Dynamik masseloser Stäbe mit Punktmassen an den Knoten (entsprechend [48] im elastischen Bereich). Allgemeinere rheologische Modelle stammen von Prager [71] und Sobotka [72]. Ob ein Modell das Verhalten des Kontinuums richtig widerspiegelt, ist natürlich im Einzelfall zu prüfen. Ungeeignete Ansätze können nach Rubin [51] in die Irre führen. Unser Kriterium wird sein, ob aufgrund von Experimenten verifizierbare Stoffgesetze (vgl. [517, Abschn. 9.3]) auch anhand der Stabwerksmodelle richtig herauskommen.

Stabwerke als technische Tragwerkskonstruktion sind ihrerseits einfache mechanische Modelle für die auf der *Kristallplastizität* beruhenden Vorstellungen, bei denen die verschiedenen etwa zu benachbarten *Körnern* eines Metallgefüges gehörigen kristallinen *Gleitrichtungen* mit ihren *Scherfließgrenzen* an die Stelle der Stäbe treten und *Abgleitungen* statt Stabdehnungen die Kinematik bestimmen. Eine kurze Einführung findet man in [387]. Seit den klassischen Arbeiten von Mises (1928) [67] sowie Bishop und Hill (1951) [52], die prinzipiell auch zur gleichen Plastizitätstheorie wie das Stabwerksmodell führen, gibt es zahlreiche weitere Untersuchungen (u. a. [53—60]). Batdorf und Budiansky

[526, 527], später ähnlich auch [528], legen eine statistische Verteilung der Gleitrichtungen zugrunde. Kliushnikov vergleicht mehrere einschlägige Ansätze [69].

Die Theorie wird wesentlich komplizierter, wenn man plastische Formänderungen, insbesondere Abgleitvorgänge im Metall, auf die Bewegung von Versetzungen zurückführen will [529—532, 61—64].

Immerhin erklären die vorzitierten Strukturtheorien, warum die auf Fließkriterium, Fließbedingung und assoziierter Fließregel (Normalitätsregel) basierende „Standard"-Plastizitätstheorie gut auf Metalle anwendbar sein wird. Kunststoffe mit ihren durch Kettenmoleküle bedingten Linienstrukturen [533] ordnen sich häufig ebenfalls unter, doch spielen hier die thermischen, viskosen und zeitlichen Einflüsse eine beherrschende Rolle. Sand oder entsprechendes granulares Material, so auch Fels, besitzen hingegen keine ausgezeichneten Gleitrichtungen, sondern bestenfalls Gleit*ebenen*. Hier ist die *Standard*plastizität zu einschränkend [151]. Nach Radenković setzt man *verschiedene* Funktionen beziehungsweise *verschiedene* konvexe Orte für das Fließkriterium und das plastische Potential an [535]. Bei großen Formänderungen scheint wieder annähernd die Standardplastizität zu gelten [534]. Andere Verallgemeinerungen geben [91—93, 111].

Der dritte, heute üblichste Weg zur Begründung der auch in diesem Buch bevorzugten Standard-Plastizitätstheorie führt über thermodynamische Betrachtungen. Grundlegende Ansätze hierzu stammen von Drucker (1949ff.; vgl. [25], verallgemeinert in [70]), modifiziert von Iljušin [94]): Man postuliert eine bestimmte Art von Werkstoffstabilität bei zyklischen Verformungsverläufen. Gudehus [151] wendet mit Recht ein, daß solche Zykel unter Umständen durch die Fließregel ausgeschlossen werden — so gibt es Fließkriterien *f*, die eine ständige Volumenzunahme bedingen (vgl. [150]). Anders Ziegler (1957, [65], vgl. [66, 85]): Sein thermodynamisches Postulat (Verallgemeinerung der sogenannten Onsagerschen Relationen (1931)) entspricht direkt dem Satz von der oberen Schranke (1.2/62). Geschwindigkeitsabhängiges Material wird in [86] betrachtet. Kafka [84] schlägt eine Brücke zwischen strukturmechanischen und thermodynamischen Begründungen.

Zurück zum lokalen Stabwerk (Bild 1.14). Die aufzubringende Leistung bei der Verformung hinreichend kleiner Volumenelemente $\mathrm{d}V$ beträgt $\Lambda\,\mathrm{d}V$, wo die *Leistungsdichte* $\Lambda$ (Leistung pro Volumen) durch

$$\Lambda = \sum_{j,\,k} \sigma_{jk}\lambda_{jk} \tag{1.3/2}$$

gegeben ist (Anhang, Gl. (A.2/7)) und

$$\sigma_{kj} = \sigma_{jk}\,, \qquad \lambda_{kj} = \lambda_{jk} \tag{1.3/3}$$

die symmetrischen Tensoren 2. Stufe (*Dyaden*) der (physikalischen) *Spannungen* bzw. *Formänderungsgeschwindigkeiten* darstellen (Anhang, Abschnitt A.2.1). Wegen (1.3/2), (1.3/3) erhalten wir

$$\Lambda = \sigma_1\lambda_1 + \sigma_2\lambda_2 + \sigma_3\lambda_3 + 2\tau_{12}\varkappa_{12} + 2\tau_{23}\varkappa_{23} + 2\tau_{31}\varkappa_{31}\,, \tag{1.3/4}$$

wobei in orthogonalen Koordinaten

$$\left.\begin{array}{ll} \sigma_j = \sigma_{jj} & \textit{(Normalspannungen)}, \\[4pt] \tau_{jk} = \sigma_{jk} & \text{für } j \neq k \;\textit{(Schubspannungen)}, \\[4pt] \lambda_j = \lambda_{jj} & \textit{(Dehnungsgeschwindigkeiten)}, \\[4pt] \varkappa_{jk} = \lambda_{jk} & \text{für } j \neq k \;\textit{(Schergeschwindigkeiten)}. \end{array}\right\} \tag{1.3/5}$$

gesetzt wurde.

(1.3/4) veranlaßt uns, gemäß (1.2/3), (1.2/6) mit (1.2/7)

$$\left.\begin{array}{l} Q = (\sigma_1, \sigma_2, \sigma_3, \tau_{12}, \tau_{23}, \tau_{31}), \\[2ex] q = \begin{pmatrix} \lambda_1 \\ \lambda_2 \\ \lambda_3 \\ 2\varkappa_{12} \\ 2\varkappa_{23} \\ 2\varkappa_{31} \end{pmatrix} \end{array}\right\} \qquad (1.3/6)$$

als generalisierte Kräfte und Geschwindigkeiten einzuführen, also *lokale 6-dimensionale Zustandsräume* zu betrachten und auf sie das Konzept des geometrischen Fließgesetzes (Abschnitt 1.2.4) sowie die ihm äquivalenten Extremalsätze (Abschnitt 1.2.5) zu übertragen. Dies ist unser Grundpostulat für starr-plastische Kontinua. Einziger wesentlicher Unterschied zum Stabwerk: Das Fließgesetz gilt jetzt wie die meisten Stoffgesetze der Kontinuumsmechanik *lokal* statt global. An die Stelle der Leistung $P$ tritt vorläufig die Leistungsdichte $\Lambda$.

Nach wie vor darf der Fließort Polyedergestalt besitzen, doch wollen wir dies nicht länger als unabdingbar fordern, da anschaulich beim Grenzübergang der lokalen Fachwerke zum Kontinuum unendlich viele Stäbe auftreten. Die Konvexität bleibt erhalten und wird als wesentlich angesehen, zumal sie sich auch anders begründen läßt [334].

Bei der Fesselung der lokalen Stabwerke zum globalen muß an den Knoten Gleichgewicht der Spannungen mit den Volumenkräften $p$ bestehen. Diese stoffunabhängigen *Gleichgewichtsbedingungen*, auf die wir für den unkundigen Leser im Anhang näher eingehen (Abschnitt A.2.2), lauten bei stetig differenzierbarem Spannungszustand in kartesischen Raumkoordinaten $x_1$, $x_2$, $x_3$ (vgl. (A.2/17))

$$p_j + \sum_{k=1}^{3} \frac{\partial \sigma_{kj}}{\partial x_k} = 0 \qquad (j = 1, 2, 3). \qquad (1.3/7\,\text{a})$$

Ihre allgemeine Form in orthogonalen krummlinigen Koordinatennetzen gibt u. a. [517, Gl. (8.5/16)][29]; speziell für Zylinder- (bzw. Polar-)koordinaten, vgl. (A.2/20). Die zu $\sigma_{kj}$ gehörigen Oberflächen-Spannungsvektoren $T$ (Bild 1.14a) besitzen die Koordinaten

$$T_j = \sum_{k=1}^{3} \sigma_{kj} \nu_k \qquad (j = 1, 2, 3) \qquad (1.3/7\,\text{b})$$

(vgl. (A.2/40); $\nu_i$ sind Koordinaten der am betrachteten Oberflächenpunkt des Materialvolumens auswärts gerichteten Einsnormalen).

Kinematisch bedeutet die Fesselung der lokalen Stabwerke zum globalen Stabwerk, daß die lokalen Formänderungsgeschwindigkeiten $\lambda_{jk}$ mit den Verschiebungsgeschwindigkeiten $v_1$, $v_2$, $v_3$ der (ggf. massebehafteten) Knoten verträglich sein müssen. Diese *Verträglichkeitsbedingungen* werden für den damit weniger

---

[29] Druckfehler in [517, dritte Gl. (8.5/18)]: Statt ... $1/r(\sigma_{r\vartheta} + ...)$ muß es richtig heißen ... $1/r(3\sigma_{r\vartheta} + ...)$.

vertrauten Leser ebenfalls im Anhang entwickelt (Abschnitt A.2.2). Sie lauten in kartesischen Raumkoordinaten (vgl. (A.2/16)

$$\lambda_{jk} = \frac{1}{2}\left(\frac{\partial v_k}{\partial x_j} + \frac{\partial v_j}{\partial x_k}\right) \qquad (j, k = 1, 2, 3).$$
(1.3/8)

Ihre allgemeine Form in krummlinig-orthogonalen Koordinatennetzen gibt [517, Gl. (8.4/5)]; für Zylinder- (bzw. Polar-)koordinaten vgl. (A.2/21).

Mittels (1.3/2) und (1.3/6), Gleichgewicht, Verträglichkeit sowie Fließgesetz besteht nunmehr eine vollständige Analogie zwischen Stabwerk und starr-plastischem Kontinuum; vgl. S. 17, Abschn. (a—d).

Wir vermuten, daß durch geeignete lokale Stabwerke einschließlich ihrer Grenzfälle jeder beliebige lokale, konvexe Fließort mit dem Ursprung $0$ im Innern erzeugt werden kann. Der Beweis ist noch offen; er würde erschwert, wenn zusätzlich noch ein vom plastischen unabhängiges elastisches Verhalten zu simulieren wäre. Statisch überbestimmte lokale Fachwerke könnten ein Modell für Eigenspannungen 2. oder 3. Art bilden (vgl. S. 23), während Eigenspannungen 1. Art allein durch die wohl unvermeidbare statische Überbestimmtheit beim Fesseln zum globalen Stabwerk möglich werden, auch wenn die lokalen Stabwerke statisch bestimmt sind.

### 1.3.2 Allgemeines Fließgesetz

Das Fließkriterium sei wie in Abschnitt 1.2.4 durch eine Funktion $f(Q) = = f(\sigma_1, \sigma_2, \sigma_3, \tau_{12}, \tau_{23}, \tau_{31}) = f(\sigma_{jk})$ gegeben, die noch von den inneren Parametern Temperatur, Formänderungs-Vorgeschichte und Formänderungs-Geschwindigkeit abhängen darf derart, daß (1.2/38) die Fließbedingung und (1.2/39) die Zulässigkeitsbedingung darstellen. Dann lautet die Misessche assoziierte Fließregel (1.2/43) mit (1.3/5), (1.3/6)

$$\lambda_j = \tilde{\lambda}\,\frac{\partial f}{\partial \sigma_j} \qquad 2\varkappa_{jk} = \tilde{\lambda}\,\frac{\partial f}{\partial \tau_{jk}}$$
(1.3/9a)

wo
$$\tilde{\lambda} \geqq 0$$
(1.3/9b)

einen im allgemeinen variablen Proportionalitätsfaktor darstellt. Um die Doppelschreibweise von (1.3/9a) zu vereinheitlichen, fassen wir zugeordnete, gleiche Schubspannungen $\tau_{kj} = \sigma_{kj}$, $\tau_{jk} = \sigma_{jk}$ $(j \neq k)$ als voneinander *unabhängige* Variable auf und führen sie gleichberechtigt nebeneinander etwa mittels $\tau_{jk} = \frac{1}{2}(\sigma_{jk} + \sigma_{kj})$ in $f$ ein:

$$f(\sigma_{jk}) = f(\sigma_1, \sigma_2, \sigma_3, \tau_{12}, \tau_{23}, \tau_{31}) = f\left(\sigma_{11}, \sigma_{22}, \sigma_{23}, \frac{1}{2}(\sigma_{12} + \sigma_{21}),\right.$$
$$\left.\frac{1}{2}(\sigma_{23} + \sigma_{32}), \frac{1}{2}(\sigma_{31} + \sigma_{13})\right).$$

Hierdurch (oder auf irgendeine andere Weise) erreichen wir eine symmetrische Abhängigkeit

$$f(\sigma_{jk}) = f(\sigma_{kj})$$
(1.3/10a)

der Funktion $f$ von allen 9 Variablen $\sigma_{jk}$. Offenbar folgt $\partial f/\partial \sigma_{jk} = \partial f/\partial \sigma_{kj}$. Da nun für $j \neq k$ nur die Spannungen $\sigma_{jk}$ und $\sigma_{kj}$ von $\tau_{jk}$ abhängen, und zwar in der einfachen Form $\sigma_{jk} = \sigma_{kj} = \tau_{jk}$, liefert der Satz vom vollständigen Differential

$$\frac{\partial f}{\partial \tau_{jk}} = \frac{\partial f}{\partial \sigma_{jk}}\frac{\partial \sigma_{jk}}{\partial \tau_{jk}} + \frac{\partial f}{\partial \sigma_{kj}}\frac{\partial \sigma_{kj}}{\partial \tau_{jk}} = \frac{\partial f}{\partial \sigma_{jk}} + \frac{\partial f}{\partial \sigma_{kj}} = 2\frac{\partial f}{\partial \sigma_{jk}}.$$

Hiermit gewinnt (1.3/9) wegen (1.3/5) die einheitliche Gestalt

$$\lambda_{jk} = \tilde{\lambda}\,\frac{\partial f}{\partial \sigma_{jk}} \qquad (j, k = 1, 2, 3)\,; \qquad \tilde{\lambda} \geq 0\,. \tag{1.3/10 b}$$

Die Koitersche Verallgemeinerung (1.2/47) mit (1.2/46) lautet entsprechend bei symmetrischen Abhängigkeiten

$$f_{\varkappa}(\sigma_{jk}) = f_{\varkappa}(\sigma_{kj}) \qquad (\varkappa = 1 \dots n') \tag{1.3/11 a}$$

gerade

$$\lambda_{jk} = \sum_{\varkappa=1}^{n'} \tilde{\lambda}_{\varkappa}\,\frac{\partial f_{\varkappa}}{\partial \sigma_{jk}}\,; \qquad \tilde{\lambda}_{\varkappa} \geq 0\,. \tag{1.3/11 b}$$

Gleiches gilt für die *normierten* Darstellungen (1.2/52), (1.2/53) mit (1.2/48), (1.2/49), (1.2/51), wo statt (1.2/54) jetzt

$$\Lambda = L\tilde{\lambda} \geq 0 \tag{1.3/12}$$

zu schreiben ist, $L$ eine generalisierte Fließgrenze und $\tilde{\lambda} = \tilde{\lambda}(\lambda_{jk})$ die *Vergleichsformänderungsgeschwindigkeit* darstellt. Aus dieser bildet man analog (1.1/15) die *Vergleichsformänderung*

$$\bar{\varphi} = \bar{\varphi}_0 + \int_{t_0}^{t} \tilde{\lambda}\,\mathrm{d}t \tag{1.3/13}$$

($\bar{\varphi}_0$ Anfangswert). $L$ darf wie $Y$ in (1.1/16) von inneren Parametern, insbesondere von $\tilde{\lambda}$, $\bar{\varphi}$, $\vartheta$ (Temperatur) abhängen:

$$L = L(\tilde{\lambda}, \bar{\varphi}, \vartheta)\,. \tag{1.3/14}$$

Häufig empfiehlt es sich, statt der Tensoren $\sigma_{jk}$, $\lambda_{jk}$ zunächst formal deren „Deviatoren"

$$\left.\begin{aligned} \sigma'_{jk} &= \sigma_{jk} - \delta_{jk}\sigma_h \quad \text{mit} \quad \sigma_h = \frac{1}{3}\sum_i \sigma_{ii}\,, \\[2mm] \lambda'_{jk} &= \lambda_{jk} - \delta_{jk}\frac{\lambda_V}{3} \quad \text{mit} \quad \lambda_V = \sum_i \lambda_{ii} \end{aligned}\right\} \tag{1.3/15}$$

einzuführen, wo

$$\delta_{jk} = \begin{cases} 1 & \text{für} \quad j = k\,, \\ 0 & \text{für} \quad j \neq k \end{cases} \tag{1.3/16}$$

das Kroneckersymbol darstellt. Offenbar gilt

$$\sigma'_h = \frac{1}{3}\sum_i \sigma'_{ii} = 0\,, \qquad \lambda'_V = \sum_i \lambda'_{ii} = 0\,. \tag{1.3/17}$$

$\lambda_V$ bedeutet, wie im Anhang Gl. (A.2/5) dargelegt, die Volumenzunahmegeschwindigkeit, die bei starr-plastischem Verhalten von Metallen in der Regel verschwindet (vgl. (1.1/17)). $\sigma_h$ nennt man „hydrostatische" Spannung. Wenn nämlich ein allseits gleicher Normalspannungszustand $\sigma_1 = \sigma_2 = \sigma_3$ mit verschwindenden Schubspannungen $\tau_{jk} = 0$ besteht, wie dies in der Hydrostatik bei idealen Flüssigkeiten zutrifft, so folgt offenbar $\sigma_1 = \sigma_2 = \sigma_3 = \sigma_h$. Daran ändert sich bei Koordinatendrehung nichts (siehe Anhang (A.2/31) mit (A.2/28)); $\sigma_h$ wirkt in *allen* Raumrichtungen, und Schubspannungen treten *überhaupt* nicht auf.

Dementsprechend stellt der Spannungsdeviator seinerseits einen Spannungszustand dar, dessen Normalspannungen in allen Richtungen um $\sigma_h$ vermindert wurden, dessen Schubspannungen ungeändert blieben, und dessen hydrostatischer Anteil nach (1.3/17) verschwindet. Er ist wie jeder andere Spannungszustand im Sinne von Abschnitt A.2.3 ein *zweistufiger symmetrischer Tensor*, kurz: eine *symmetrische Dyade*.

Das gleiche gilt für den Deviator der Formänderungsgeschwindigkeiten, weil er formal wie der Spannungsdeviator gebildet wird. Seine Volumenänderungsgeschwindigkeit muß wegen (1.3/17) Null sein. Also beschreibt er, wie man sagt, nur die „Gestaltänderungsgeschwindigkeiten" (als Formänderungsgeschwindigkeiten ohne Volumenänderungsanteil).

Eine additive Aufteilung der Leistungsdichte (1.3/4) in einen Volumenänderungsanteil $\Lambda_V$ und einen Gestaltänderungsanteil $\Lambda'$, d. h.

$$\left. \begin{array}{c} \Lambda = \Lambda_V + \Lambda' \\[2mm] \Lambda_V = \sigma_h \lambda_V , \qquad \Lambda' = \sum_{j,k} \sigma'_{jk} \lambda'_{jk} \end{array} \right\} \qquad (1.3/18)$$

mit

ergibt sich über (1.3/2) und (1.3/15) bis (1.3/17) wie folgt:

$$\sum_{j,k} \sigma_{jk} \lambda_{jk} = \sum_{j,k} (\sigma'_{jk} + \sigma_h \delta_{jk}) \left( \lambda'_{jk} + \frac{\lambda_V}{3} \delta_{jk} \right)$$

$$= \sum_{j,k} \left( \sigma'_{jk} \lambda'_{jk} + \sigma_h \delta_{jk} \lambda'_{jk} + \frac{\lambda_V}{3} \delta_{jk} \sigma'_{jk} + \frac{\sigma_h \lambda_V}{3} \delta_{jk}^2 \right),$$

wo $\sum\limits_{j,k} \delta_{jk} \lambda'_{jk} = \sum\limits_{j} \lambda_{jj} = \lambda'_V = 0$, ebenso $\sum\limits_{j,k} \delta_{jk} \sigma'_{jk} = 3\sigma'_h = 0$, und $\sum\limits_{j,k} (\delta_{jk})^2 = 3$ .

Jede Funktion $f(\sigma_{jk})$ darf nun nach (1.3/15) auch als Funktion

$$f(\sigma_{jk}) = f(\sigma'_{jk} + \delta_{jk}\sigma_h) = f(\sigma'_{jk}, \sigma_h) \qquad (1.3/19)$$

von $\sigma'_{jk}$ und $\sigma_h$ aufgefaßt werden, worin wir ohne Bezug auf die Nebenbedingung (1.3/17) die Variablen $\sigma'_{jk}$, $\sigma_h$ als sämtlich unabhängig auffassen. Dann gilt nach der Kettenregel der Differentialrechnung sowie wegen (1.3/15)

$$\frac{\partial f}{\partial \sigma_{jk}} = \frac{\partial f}{\partial \sigma_h} \frac{\partial \sigma_h}{\partial \sigma_{jk}} + \sum_{p,q} \frac{\partial f}{\partial \sigma'_{pq}} \frac{\partial \sigma'_{pq}}{\partial \sigma_{jk}} = \frac{\partial f}{\partial \sigma_h} \frac{\partial \sigma_h}{\partial \sigma_{jk}} + \sum_{p,q} \frac{\partial f}{\partial \sigma'_{pq}} \left\{ \frac{\partial \sigma_{pq}}{\partial \sigma_{jk}} - \delta_{pq} \frac{\partial \sigma_h}{\partial \sigma_{jk}} \right\} .$$

Hierin sehen wir wie in (1.3/10a, b) alle Spannungskoordinaten als voneinander unabhängig an. Dies bedeutet $\partial \sigma_{pq}/\partial \sigma_{jk} = 1$ für $p = j$ und $q = k$, andernfalls $\partial \sigma_{pq}/\partial \sigma_{jk} = 0$ — also mit (1.3/16)

$$\frac{\partial \sigma_{pq}}{\partial \sigma_{jk}} = \delta_{pj} \delta_{qk} .$$

$\partial \sigma_h/\partial \sigma_{jk}$ verschwindet nach (1.3/15) für $j \neq k$ und beträgt für $j = k$ gerade $^1/_3$, d. h.

$$\frac{\partial \sigma_h}{\partial \sigma_{jk}} = \frac{1}{3} \delta_{jk} .$$

Daraus folgt

$$\frac{\partial f}{\partial \sigma_{jk}} = \frac{1}{3} \frac{\partial f}{\partial \sigma_h} \delta_{jk} + \sum_{p,q} \left\{ \frac{\partial f}{\partial \sigma'_{pq}} \delta_{pj}\delta_{qk} - \frac{1}{3} \frac{\partial f}{\partial \sigma'_{pq}} \delta_{jk}\delta_{pq} \right\}$$

und wegen (1.3/16)

$$\frac{\partial f}{\partial \sigma_{jk}} = \frac{\partial f}{\partial \sigma'_{jk}} + \frac{1}{3} \delta_{jk} \left\{ \frac{\partial f}{\partial \sigma_h} - \sum_p \frac{\partial f}{\partial \sigma'_{pp}} \right\}. \tag{1.3/20}$$

Einsetzen von $j = k$ und Summation liefert wegen (1.3/10b), (1.3/15) zunächst

$$\lambda_V = \tilde{\lambda} \frac{\partial f}{\partial \sigma_h}, \tag{1.3/21a}$$

woraus mit (1.3/15), (1.3/10b) und (1.3/20)

$$\lambda'_{jk} = \tilde{\lambda} \left\{ \frac{\partial f}{\partial \sigma'_{jk}} - \frac{\delta_{jk}}{3} \sum_p \frac{\partial f}{\partial \sigma'_{pp}} \right\} \tag{1.3/21b}$$

folgt. (1.3/21a, b) ist der Misesschen Fließregel (1.3/10b) äquivalent. Entsprechend läßt sich auch die Koitersche Regel (1.3/11b) aufspalten.

Nun betrachten wir speziell *inkompressiblen* Werkstoff konstanter Dichte $\varrho$. Für ihn liefert (1.3/15) die Bedingung der *Volumenkonstanz (Inkompressibilitäts-bedingung)*

$$\lambda_V = \sum_i \lambda_{ii} = 0 \tag{1.3/22}$$

sowie $\lambda_{jk} = \lambda'_{jk}$, und (1.3/21a) geht in $\partial f/\partial \sigma_h = 0$ über, so daß

$$f = f(\sigma'_{jk}) \tag{1.3/23}$$

allein eine Funktion des Spannungsdeviators wird. (1.3/21b) lautet dann

$$\lambda_{jk} = \tilde{\lambda} \frac{\partial f}{\partial \sigma_{jk}} = \tilde{\lambda} \left\{ \frac{\partial f}{\partial \sigma'_{jk}} - \frac{\delta_{jk}}{3} \sum_p \frac{\partial f}{\partial \sigma'_{pp}} \right\}. \tag{1.3/24}$$

Entsprechend formuliert man Koiters Regel (1.3/11b).

Die Fließregeln beziehen sich auf starrplastischen Werkstoff. Jedoch kann man bei Stäben nach (1.1/14) nachträglich die elastische Deformation beziehungsweise Deformationsgeschwindigkeit überlagern. Das letzte gilt auch für Stabwerke, wobei im Falle *großer* plastischer Formänderungen (im Vergleich zu den elastischen) das starrplastisch verformte Stabwerk als Bezugskonfiguration für die zu addierenden elastischen Verformungen gilt. Wir übertragen dies auf elastisch/plastische Kontinua und erhalten

$$\lambda_{jk} = \lambda^P_{jk} + \lambda^E_{jk} \tag{1.3/25}$$

mit $\lambda^P_{jk}$ als (starr-)plastische und $\lambda^E_{jk}$ als elastische Formänderungsgeschwindigkeiten. Diese sind in Verallgemeinerung des nach der Zeit $t$ differenzierten Hookeschen Gesetzes (1.1/11) lineare Funktionen der Spannungsänderungsgeschwindigkeiten $\dot{\sigma}_{jk}$,

$$\lambda^E_{ik} = \sum_{p,q} C_{jkpq} \dot{\sigma}_{pq}. \tag{1.3/26}$$

wobei die auch für anisotrop-elastische Medien gültigen vierfach indizierten *Elastizitätskonstanten* $C_{jkpq}$ gewissen Symmetrie- und Positivitätsbedingungen[30] genügen müssen. Man entnimmt $C_{jkpq}$ der

---

[30] Denselben wie später $A_{pqrs}$ in Abschnitt 1.3.5.

Literatur (z. B. [147]) und findet speziell für isotrop-elastischen Werkstoff (z. B. durch Vergleich von (1.3/26) mit [517, Gl. (9.1/9)])

$$C_{jkpq} = \frac{1+v}{E}\left(\delta_{jp}\delta_{kq} - \frac{v}{1+v}\delta_{jk}\delta_{pq}\right). \tag{1.3/27}$$

Hierin bedeutet $E > 0$ den *Elastizitätsmodul* und $v$ die sogenannte *Querzahl*, man kann sie durch die bereits in (1.1/11) bzw. (1.1/12) eingeführten Größen $E$ und den *Kompressionsmodul* $K > 0$ gemäß

$$v = \frac{1}{2}\left(1 - \frac{E}{3K}\right), \qquad 0 \leqq v \leqq \frac{1}{2} \tag{1.3/28}$$

ausdrücken (vgl. [517, Gl. (9.1/17)]). $v = {}^{1}/_{2}$ entspricht dem Grenzfall $K \to \infty$ elastischer Inkompressibilität, $v \geqq 0$ der experimentellen Erfahrung.

(1.3/26) als Verallgemeinerung von (1.1/11) enthält die *konventionellen* oder *Nominalspannungen* $\sigma_{jk}$, für welche $\dot\sigma_{jk}$ einfach in einem festgehaltenen Koordinatensystem als partielle mathematische Zeitableitung zu bilden ist. Dies entspricht unserer Voraussetzung, nur im Vergleich zu den plastischen kleine elastische Formänderungen zu betrachten und hierfür den (starr-)plastisch verformten Körper als feste Bezugskonfiguration zu wählen. Sollte diese Voraussetzung nicht zutreffen, so bedürften die Bildung von $\dot\sigma_{jk}$ ebenso wie überhaupt alle Aspekte der Ansätze (1.3/25), (1.3/26) erheblicher Zusatzüberlegungen [73].

Das elastoplastische Stoffgesetz (1.3/25) im Zusammenhang mit (1.3/26) sowie etwa der Fließregel (1.3/10) (bei im Spannungspunkt $\sigma_{jk}$ glattem Fließort) muß man nun als Zusammenhang zwischen den Formänderungsgeschwindigkeiten und Spannungs*geschwindigkeiten* oder, nach Multiplikation mit einem Zeitzuwachs („Zeitinkrement") $dt > 0$, als Beziehung zwischen den Formänderungs- und Spannungs*inkrementen*

$$d\varepsilon_{jk} = \lambda_{jk}\,dt\,, \qquad d\sigma_{jk} = \dot\sigma_{jk}\,dt \tag{1.3/29}$$

ansehen, wobei die Spannungszustand $\sigma_{jk}$ gegeben sei und der inkrementelle Faktor $d\bar\varepsilon = \tilde\lambda\,dt \geqq 0$ in Verbindung mit der Zulässigkeitsbedingung $f(\sigma_{jk}) \leqq 0$ steht. Dies wird allerdings nur bei *normierter* Darstellung (1.2/48) unter der Voraussetzung einer *normierten Parameterabhängigkeit* deutlich, wenn nämlich das normierte Fließkriterium $g = g(\sigma_{jk})$ *allein* von den Spannungen abhängt, während die generalisierte Fließgrenze $L$ gemäß (1.3/14) im allgemeinen eine Funktion von $\tilde\lambda = \tilde\lambda$, $\bar\varphi$ und der Temperatur $\vartheta$ ist. Ferner sei (etwa bei isothermer oder adiabater Formänderung, siehe Abschnitt 1.1) der Temperatureinfluß durch geeignete Wahl der Fließkurve eliminiert, und es gelte für den Fall, daß überhaupt eine Geschwindigkeitsabhängigkeit besteht, die Voraussetzung $\dot{\tilde\lambda} \approx 0$ („quasistatisches" Verhalten). Dann erhält man als Zeitableitung des Fließkriteriums wegen (1.3/13)

$$\dot f = \sum_{p,q}\frac{\partial g(\sigma_{jk})}{\partial\sigma_{pq}}\dot\sigma_{pq} - \frac{\partial L}{\partial\bar\varphi}\dot{\bar\lambda}. \tag{1.3/30}$$

Nun gibt es folgende drei Möglichkeiten:

(a) *Rein elastisches Verhalten*; die Fließgrenze ist unterschritten:

$$f(\sigma_{jk}) < 0\,, \qquad g(\sigma_{jk}) < L\,, \qquad \tilde\lambda = 0\,. \tag{1.3/31a}$$

(b) *Plastische Entlastung*; die Fließgrenze wird erreicht, jedoch besteht ein „sinkender" Spannungszustand:

$$f(\sigma_{jk}) = 0\,, \qquad g(\sigma_{jk}) = L\,, \qquad \tilde\lambda \geqq 0\,, \qquad \dot f < 0\,. \tag{1.3/31b}$$

(c) *Plastisches Fließen*; die Fließbedingung ist und bleibt erfüllt:

$$f(\sigma_{jk}) = 0\,, \qquad g(\sigma_{jk}) = L\,, \qquad \tilde\lambda \geqq 0\,, \qquad \dot f = 0\,. \tag{1.3/31c}$$

$f = 0$ und $\dot f > 0$ würde nach kurzer Zeit $dt > 0$ zu $f \to f + \dot f\,dt > 0$ führen, so daß diese Alternative aufgrund der Zulässigkeitsbedingung (1.2/39) verboten ist. Entsprechend ergäbe sich nach (1.3/31b) für $\tilde\lambda > 0$: $f \to f + \dot f\,dt < 0$, so daß sofort Fall (a) folgt, d. h. $\tilde\lambda \to 0$. Bei vorausgesetztem *stetigen* Geschwindigkeitsverlauf als Funktion der Zeit $t$ darf $\tilde\lambda$ nicht springen, und (1.3/31b) geht wegen (1.3/30) in

$$f(\sigma_{jk}) = 0\,, \qquad g(\sigma_{jk}) = L\,, \qquad \bar\lambda = 0\,, \qquad \sum_{p,q}\frac{\partial g(\sigma_{jk})}{\partial\sigma_{pq}}\dot\sigma_{pq} < 0 \tag{1.3/31b'}$$

über. (1.3/31 c) lautet mit (1.3/30)

$$f(\sigma_{jk}) = 0, \qquad g(\sigma_{jk}) = L, \qquad \bar{\lambda} \geqq 0, \qquad \frac{\partial L}{\partial \bar{\varphi}}\,\bar{\lambda} = \sum_{p,q} \frac{\partial g(\sigma_{jk})}{\partial \sigma_{pq}}\,\dot{\sigma}_{pq}. \qquad (1.3/31\,c')$$

(1.3/31 a, b', c') stellen nur bei *eigentlich verfestigendem* Material

$$\partial L/\partial \bar{\varphi} > 0 \qquad\qquad (1.3/32)$$

*einander ausschließende* Möglichkeiten dar, so daß man bei gegebenem Spannungszuwachs $\dot{\sigma}_{jk}$ eindeutig entscheiden kann, welcher Fall und damit welche Kinematik vorliegt. Zu demselben Zweck muß bei *idealplastischem* Material, allgemeiner für $\partial L/\partial \bar{\varphi} = 0$, der Spannungszuwachs $\dot{\sigma}_{jk}$ wegen (1.3/31 b', c') seinerseits einer *Zulässigkeitsbedingung* genügen, nämlich

$$\sum_{p,q} \frac{\partial g(\sigma_{jk})}{\partial \sigma_{pq}}\,\dot{\sigma}_{pq} \leqq 0 \quad \text{wenn} \quad \frac{\partial L}{\partial \bar{\varphi}} = 0, \qquad f = 0, \qquad g = L. \qquad (1.3/33)$$

Für *entfestigendes Material* $\partial L/\partial \bar{\varphi} < 0$ besteht eine entsprechende Zulässigkeitsbedingung unter Ausschluß der Gleichheit; neben (1.3/31 c') ist aber stets auch noch der Entlastungsfall (1.3/31 b') möglich. Welche Alternative bei gegebenem Spannungsinkrement $\dot{\sigma}_{jk}$ zutrifft, muß anhand von Randbedingungen gegebenenfalls in Verbindung mit *Stabilitätsbetrachtungen* entschieden werden. Unsere Vermutung spricht häufig für den Fall (1.3/31 b'): Lokale „Erstarrung" des Materials und Konzentration der Formänderung auf wenige singuläre Zonen (*Lokalisierung*: vgl. Bemerkungen auf S. 13 sowie später S. 262).

In der Literatur findet man Stabilitätsuntersuchungen stattdessen vorwiegend in bezug auf mehrdeutige Spannungszuwächse $\dot{\sigma}_{jk}$ bei gegebener Kinematik [88]. Sie liefern ganz andere Gesichtspunkte. Weitere Arbeiten prüfen allgemein, ob eine eindeutige Auflösung der Stoffgleichungen nach $\dot{\sigma}_{jk}$ möglich ist [82, 83]. Im übrigen sei der Leser auf [25] verwiesen.

Nach diesen Vorbemerkungen schreiben wir die Stoffgleichung (1.3/25) mit (1.3/26), (1.3/29), (1.3/10) unter der Bedingung (1.3/31 c') hin. Sie gilt mit $\alpha = 1$ für *plastisches Fließen* in normierter Schreibweise, $\tilde{\lambda} = \bar{\lambda}$, und *verfestigendes Material* (1.3/32):

$$d\varepsilon_{jk} = \sum_{p,q} \left\{ C_{jkpq} + \frac{\alpha}{\partial L/\partial \bar{\varphi}}\,\frac{\partial g}{\partial \sigma_{pq}}\,\frac{\partial g}{\partial \sigma_{jk}} \right\} d\sigma_{pq}. \qquad (1.3/34)$$

Bei *rein elastischem* Verhalten (1.3/31 a) oder *plastischer Entlastung* (1.3/31 b') setzt man $\alpha = 0$. Eine solche *inkrementelle Stoffgleichung*, formal analog dem elastischen Stoffgesetz (1.3/26), erlaubt auch eine Übertragung der *numerischen* Integrationsverfahren der Elastomechanik. Wir gehen hierauf nicht näher ein [76—81]. Bei *proportionaler* Belastung, wo sich die Spannung in kartesischen Koordinaten nur Zeitproportional (ohne Änderung des gegenseitigen Verhältnisses der Komponenten) ändert, bleibt die geschweifte Klammer wenigstens bei *linearer Verfestigung* $\partial L/\partial \bar{\varphi} = $ const konstant. Man kann bei geeigneten Anfangswerten $\sigma_{jk}^a$, $\varepsilon_{jk}^a$ zu einem *finiten*, der Elastizität noch ähnlicheren Stoffgesetz

$$\varepsilon_{jk} - \varepsilon_{jk}^a = \sum_{p,q} \left\{ C_{jkpq} + \frac{\alpha}{\partial L/\partial \bar{\varphi}}\,\frac{\partial g}{\partial \sigma_{pq}}\,\frac{\partial g}{\partial \sigma_{jk}} \right\} (\sigma_{pq} - \sigma_{pq}^a) \qquad (1.3/35)$$

integrieren [74], dessen Koeffizienten allerdings selbst von der Spannung abhängen. (1.3/35) wird oft allgemein auf Probleme kleiner Formänderungen angewandt. Dabei darf man $\varepsilon_{jk}$ genähert als konventionellen Deformationstensor einsetzen (vgl. Anhang, Gl. (A.2/6)). (1.3/34) stellt eine Verallgemeinerung der klassischen Prandtl-Reussschen Gleichungen dar [95], (1.3/35) eine solche der Henckyschen Gleichungen [144]. Problematisch bleibt der Fall mittelgroßer Formänderungen mit vergleichbaren elastischen und plastischen Anteilen [75].

Statt Kaltverfestigung betrachten wir jetzt den Fall extremer Geschwindigkeitsabhängigkeit $L = L(\bar{\lambda})$, wie sie genähert bei der Warmumformung von Metallen oder bei Kunststoffen auftreten kann (elastisch-*viskoplastische* Medien, auch: Bingham-Körper). Wenn die Fließgrenze z. B. mit der Vergleichsformänderungsgeschwindigkeit $\bar{\lambda}$ ansteigt, so existiert die eindeutige Auflösung $\bar{\lambda} = \bar{\lambda}(L)$ oder, wenn man die normierte Fließbedingung $g(\sigma_{jk}) = L$ einsetzt, $\bar{\lambda} = \bar{\lambda}(\sigma_{jk})$. Dann liefert (1.3/25) mit (1.3/26), (1.3/10) und $\tilde{\lambda} = \bar{\lambda}$ das Stoffgesetz

$$\lambda_{jk} = \sum_{p,q} C_{jkpq}\dot{\sigma}_{pq} + \bar{\lambda}(\sigma_{jk})\,\frac{\partial g}{\partial \sigma_{jk}} \qquad (1.3/36)$$

[87, 152, 153, 388], wovon im starr-plastischen Fall nur der zweite, im elastischen nur der erste Anteil übrig bleibt. Im allgemeinen, der mathematischen Integration recht unzugänglichen Fall hängt $L$ gleichzeitig von $\lambda$ und $\bar{\varphi}$ ab [87]. Naghdi und Murch [89] betrachten statt elastisch-viskoplastischer Materialien sogenannte *viskoelastisch-plastische*, bei denen die Fließgrenze geschwindigkeitsunabhängig ist, aber die elastische Verformung einer geschwindigkeitsabhängigen Werkstoffdämpfung unterliegt. Dem Stoffgesetz (1.3/25) kann man auch Wärmedehnung überlagern [90]. Hodge [182] und Phillips [392] stellen die verschiedenen Ansätze den experimentellen Befunden gegenüber.

Wir beschäftigten uns mit der Aufstellung von Stoffgesetzen, deren Gleichungen wir in den folgenden Kapiteln für verschiedene Anwendungen zu lösen versuchen. Dabei werden wir die *Existenz* der Lösungen von Fall zu Fall prüfen. Ihre *Eindeutigkeit* ist, wenigstens bei starr-plastischem Werkstoff, oft *nicht* gewährleistet (vgl. S. 31). Daher verzichten wir hier auf die Wiedergabe allgemeiner Theoreme [25, 145, 146, 157, 286], weil deren Voraussetzungen für uns zu einschränkend sind.


### 1.3.3 Extremalsätze

Wir definieren für das ganze betrachtete materielle Volumen (Bild 1.14) im *starr-plastischen Körper* einen („*kinematisch*") *zulässigen Geschwindigkeitszustand* $v_j^*$ der Werkstoffpunkte dadurch, daß er — vorerst — überall stetig nach den Raumkoordinaten $x_j$ differenzierbar sei und daß für die zugehörigen („*kinematisch*") zulässigen Formänderungsgeschwindigkeiten $\lambda_{jk}^*$ mittels des Fließgesetzes wenigstens *ein* Spannungszustand $\sigma_{jk}^*$ gefunden werden kann. (Zu verschwindenden Formänderungsgeschwindigkeiten gehört *jeder* im Sinne von (1.2/39) mit (1.3/6) zulässige Spannungszustand.)

Umgekehrt heiße ein (vorerst stetig differenzierbares) Spannungsfeld $\sigma_{jk}^0$ („*statisch*") *zulässig*, wenn es überall im betrachteten Materialvolumen die Zulässigkeitsbedingung (1.2/39) bzw. — an Ecken und Kanten — (1.2/45) erfüllt. Entsprechende geometrische Bedingung: Der zu $\sigma_{jk}^0$ über (1.3/6) gehörige Punkt $Q^0$ des lokalen Zustandsraumes liegt im Innern des oder *auf* dem (konvexen) Fließort. Über die Gleichgewichtsbedingungen (1.3/7a, b) findet man die zugehörigen Volumenkräfte $p^0$ und Oberflächenspannungen $T^0$.

Dann sind $Q = Q^0$, $q = q^*$ im Sinne des geometrischen Fließgesetzes (S. 31) ebenfalls überall zulässig. Mit der Leistungsdichte $\Lambda$ statt $P$, (1.2/61) und (1.2/62) folgt

$$\Lambda \geqq \Lambda^0 \quad \text{sowie} \quad \Lambda^* \geqq \Lambda_* , \tag{1.3/37}$$

wo $\Lambda$ die wahre Leistungsdichte (1.3/2) bzw. (1.3/12) und

$$\left.\begin{aligned}
\Lambda^0 &= \sum_{j,k} \sigma_{jk}^0 \lambda_{jk} , \\
\Lambda^* &= \sum_{j,k} \sigma_{jk}^* \lambda_{jk}^* = \bar{\lambda}^* L , \\
\Lambda_* &= \sum_{j,k} \sigma_{jk} \lambda_{jk}^*
\end{aligned}\right\} \tag{1.3/38}$$

entsprechende Scheinleistungen gemäß (1.2/60), (1.2/63a, b) darstellen. $\sigma_{jk}$ (mit den Volumenkräften $p$ und den Oberflächenspannungen $T$) ist das wahre Spannungsfeld; zu den wahren Formänderungsgeschwindigkeiten $\lambda_{jk}$ gehört das Feld $v_j$ der wahren Werkstoffgeschwindigkeiten.

Räumliche Integration von (1.3/37), (1.3/38) über das Werkstoffvolumen $V$ gibt zwei globale Extremalsätze: Den *Satz von der oberen Schranke*

$$P^* \geqq P_* \qquad (1.3/39)$$

sowie den *Satz von der unteren Schranke*

$$P \geqq P^0 , \qquad (1.3/40)$$

worin $P$ die wahre Gesamtleistung bedeutet und zunächst

$$P^0 = \int\limits^{V} \Lambda^0 \, dV , \qquad P^* = \int\limits^{V} \Lambda^* \, dV , \qquad P_* = \int\limits^{V} \Lambda_* \, dV \qquad (1.3/41)$$

gesetzt wurde (vgl. Anhang (A.2/8)). Für die Anwendung empfiehlt es sich jedoch häufig, statt der *inneren* die ihr gleiche *äußere* Leistung zu wählen[31]:

$$P = \int\limits^{V} \Lambda \, dV = \int\limits^{S} T v \, dS + \int\limits^{V} p v \, dV \qquad (1.3/42)$$

mit $S$ als Oberfläche des betrachteten Materialvolumens, $T$ als Vektorfeld (Zeilenmatrix) der Oberflächenspannungen auf $S$, $p$ als Vektorfeld (Zeilenmatrix) der Volumenkräfte über $V$ und $v$ als Vektorfeld (Spaltenmatrix) der Geschwindigkeiten $v_j$ (Bild 1.14a, b). Dementsprechend gilt

$$P^0 = \int\limits^{S} T^0 v \, dS + \int\limits^{V} p^0 v \, dV , \qquad P_* = \int\limits^{S} T v^* \, dS + \int\limits^{V} p v^* \, dV , \qquad (1.3/43)$$

während man es für $P^*$ bei der Definition (1.3/41) beläßt.

Hier gewinnen auch *unstetige zulässige Geschwindigkeitsfelder*[32] an Bedeutung. Bei ihnen dürfen *Sprungflächen* $S_v^*$ durch den Werkstoff laufen, auf welchen die Geschwindigkeit $v^*$ um den (variablen) Vektor $\Delta v^*$ springt, sofern hierzu über eine später nachzuholende Grenzbetrachtung an der Fließregel ein Spannungsvektor $T_S^*$ gehört. Dann ergibt sich auf $S_v^*$ die *Flächenleistungsdichte* (vgl. Anhang (A.2/14), (A.2/15))

$$\Lambda_v^* = T_S^* \, \Delta v^* , \qquad (1.3/44)$$

und wir haben insgesamt

$$P^* = \int\limits^{V} \Lambda^* \, dV + \int\limits^{S_v^*} \Lambda_v^* \, dS_v^* . \qquad (1.3/45)$$

Auf erläuternde Beispiele sei an dieser Stelle verzichtet, weil ihnen das ganze Kapitel 4 gewidmet ist.

Im Prinzip stammt der Satz von der unteren Schranke von Haar und von Kármán [28], Sadowsky [27] und Phillips [68], der von der oberen Schranke von Markov [469] und Hill [17]. Es gibt zahlreiche Anwendungen und Verallgemeinerungen, auch auf elastisch/plastische Körper, dynamische Probleme, Kriechen, Visko- und Nicht-Standard-Plastizität. Eine zusammenfassende Darstellung mit Literaturüberblick findet sich in [22, 42].

---

[31] Die Gleichheit (1.2/15) für Stabwerke gilt auch im Kontinuum, siehe Anhang (A.2/12) mit (A.2/9). Trägheitskräfte sind, falls sie berücksichtigt werden sollen, den Volumenkräften zuzuschlagen.

[32] Ob oder wieweit sie auch in strengen Lösungen auftreten dürfen, wird in Abschnitt 5.2.2.4 zu diskutieren sein.

## 1.3.4 Spezielle Fließgesetze für isotropes, inkompressibles Material

### 1.3.4.1 Hauptzustandsraum

*Isotropie* bedeutet, daß sich das Fließgesetz (Fließbedingung $f = 0$, Zulässigkeit $f \leqq 0$, Fließregel (1.3/10) bzw. (1.3/11) usw.) nicht ändert, wenn der Spannungszustand $\sigma_{jk}$ *zahlen*mäßig festgehalten wird, doch die Koordinatenrichtungen (Einsvektoren $e_j$) im betrachteten Punkt (vgl. Bild 1.14a) gedreht oder vertauscht werden.

Irgendein beliebiges Koordinatensystem repräsentiert insoweit jedes andere, und es genügt, *Hauptspannungsrichtungen $e_I$, $e_{II}$, $e_{III}$* mit den *Hauptspannungen $\sigma_I$, $\sigma_{II}$, $\sigma_{III}$* zu betrachten, für welche die Schubspannungen $\tau_{I\,II}$, $\tau_{II\,III}$, $\tau_{III\,I}$ sämtlich verschwinden (vgl. Anhang, Abschnitt A.2.3).

Dann müssen auch die zugehörigen Schergeschwindigkeiten $\varkappa_{I\,II}$, $\varkappa_{II\,III}$, $\varkappa_{III\,I}$ gleich Null werden: Die Tensoren $\sigma_{jk}$, $\lambda_{jk}$ sind, wie man sagt, *koaxial*. Denn bei einer Koordinatendrehung um die *I*-Achse, welche $e_{II}$ in $-e_{II}$ überführt, würde etwa $\varkappa_{I\,II} = \lambda_{I\,II}$ den Wert $-\lambda_{I\,II}$ annehmen[33], während aufgrund der Isotropie (da die Spannungen $\sigma_I$, $\sigma_{II}$, $\sigma_{III}$ erhalten bleiben) sich $\lambda_{I\,II}$ nicht ändern dürfte: $\lambda_{I\,II} = -\lambda_{I\,II}$ bedeutet aber gerade $\lambda_{I\,II} = \varkappa_{I\,II} = 0$.

So brauchen wir auch nur die *Hauptformänderungsgeschwindigkeiten $\lambda_I$, $\lambda_{II}$, $\lambda_{III}$* ins Auge zu fassen und dürfen uns auf den dreidimensionalen *Hauptzustandsraum* mit den Kräfte- und Geschwindigkeitenvektoren

$$\boldsymbol{\sigma} = (\sigma_I, \sigma_{II}, \sigma_{III}), \qquad \boldsymbol{\lambda} = \begin{pmatrix} \lambda_I \\ \lambda_{II} \\ \lambda_{III} \end{pmatrix} \tag{1.3/46}$$

(statt $\boldsymbol{Q}$, $\boldsymbol{q}$ nach (1.3/6)) beschränken. Da sich die drei Hauptachsen auf 6 verschiedene Weisen permutieren lassen, bedeutet Isotropie im Hinblick auf das Fließkriterium $f(\sigma_{jk})$ lediglich noch

$$f(\sigma_I, \sigma_{II}, \sigma_{III}) = f(\sigma_{II}, \sigma_{III}, \sigma_I) = f(\sigma_{III}, \sigma_I, \sigma_{II}) =$$
$$= f(\sigma_{III}, \sigma_{II}, \sigma_I) = f(\sigma_{II}, \sigma_I, \sigma_{III}) = f(\sigma_I, \sigma_{III}, \sigma_{II}) . \tag{1.3/47}$$

Der durch das Fließkriterium $f = 0$ beschriebene zweidimensionale Fließort $FO_2$ umschließt den dreidimensionalen Fließkörper $FK_3$ des Hauptzustandsraumes. $FK_3$ entsteht aus dem sechsdimensionalen $FK_6$ des allgemeinen Zustandsraumes durch Nullsetzen aller Schubspannungen, d. h. durch Schnitt mit dem dreidimensionalen Unterraum $U_3$ der Normalspannungen. $U_3$ als Euklidischer Raum enthält den Ursprung $0$ und ist natürlich konvex. Gleiches gilt nach Satz B, Abschnitt 1.2.3, für $FK_6$, so daß nach Satz A, Abschnitt 1.2.3, auch $FK_3$ sowie $FO_2$ konvex sind und den Ursprung enthalten: Satz B bleibt für den Hauptzustandsraum gültig. Ob sich freilich *jede beliebige* konvexe Fläche $FO_2$, die den Ursprung enthält, auf jene Weise erzeugen läßt, muß hier offen bleiben bzw. wird ohne den (nicht trivialen) Beweis [18, 268] als wahr unterstellt.

(1.3/47) bedingt gewisse Symmetrien des Fließortes im Hauptzustandsraum. Hieraus resultieren auch geometrische Bedingungen zwischen den Trajektorien (Kurven) des Spannungspunktes $\boldsymbol{\sigma}$ und des assoziierten Geschwindigkeitspunktes $\boldsymbol{\lambda}$ bei zeitlich variablen Belastungen im plastischen Bereich; sie werden besonders von russischen Autoren diskutiert [97, 98]). Unter anderem Benthem [29], Edelman und Drucker [30] sowie Sobotka [103—106] stellen eine Zahl allgemeiner, auch spezieller Fließkriterien mit ihren Fließregeln zusammen.

---

[33] $v_I$ und $x_I$ in (1.3/8) bleiben ungeändert; $v_{II}$ und $x_{II}$ wechseln das Vorzeichen!

Nachstehend wollen wir zusätzlich die für starr-plastische Metalle gültige Volumenkonstanz (vgl. (1.1/17)) voraussetzen[34] sowie den Bauschinger-Effekt (vgl. S. 8) vernachlässigen. Dadurch wird sich die Zahl der möglichen Fließorte bzw. Fließkriterien einschneidend verringern.

Die Inkompressibilitätsbedingung (1.3/22), hier

$$\lambda_V = \lambda_I + \lambda_{II} + \lambda_{III} = 0 \,, \tag{1.3/48}$$

definiert eine spezielle Ebene im Hauptzustandsraum. Alle dazu parallelen Ebenen — jetzt in Spannungskoordinaten —

$$3\sigma_h = \sigma_I + \sigma_{II} + \sigma_{III} = \text{const} \tag{1.3/49}$$

heißen *Oktaederebenen*; sie schneiden aus den drei 3 Koordinatenachsen (z. B. $\sigma_I$-Achse mit $\sigma_{II} = \sigma_{III} = 0$) den jeweils gleichen Abschnitt $3\sigma_h$ heraus (Bild 1.15).

Der auf ihnen senkrechte, in den positiven Quadranten weisende Einsvektor $a$ hat demnach 3 gleichberechtigte Koordinaten, $a = a\tilde{e}_I + a\tilde{e}_{II} + a\tilde{e}_{III}$, worin $\tilde{e}_J$ die Koordinaten-Einsvektoren darstellen, und wegen $|a| = 1 = a^2 + a^2 + a^2$ folgt

$$a = \frac{1}{\sqrt{3}}\,(\tilde{e}_I + \tilde{e}_{II} + \tilde{e}_{III}). \tag{1.3/50}$$

Wenn wir $\lambda$ als freien Vektor jetzt mit dem Pfeilanfang im Spannungspunkt $\sigma$ verankern, so liegt $\lambda$ wegen (1.3/48) dann in der zu $\sigma$ gehörigen Oktaederebene (1.3/49) und — gemäß der geometrischen Fließregel (S. 31) — normal zur dortigen Stützebene. Alle Stützebenen stehen auf den Oktaederebenen senkrecht, und es ist anschaulich klar, daß gleiches für den Fließort gilt:
*Der Fließort FO ist ein Zylinder („Fließzylinder") bzw. ein Prisma senkrecht zu den Oktaederebenen (1.3/49); seine Erzeugenden — Richtung $a$ wird durch (1.3/50) definiert (Bild 1.15).*

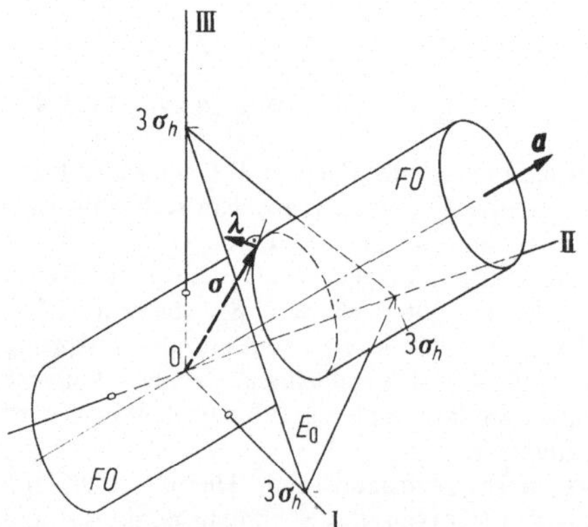


**Bild 1.15.** Haupt-Zustandsraum mit zylindrischem Fließort *FO* (Achsrichtung *a*) und Oktaederebene $E_0$. $\sigma_h$ hydrostatische Spannung. $\sigma$, $\lambda$ einander zugeordnete „Vektoren" der Hauptspannungen und Hauptformänderungsgeschwindigkeiten

---

[34] Andere Fließgesetze, bei denen wegen (1.3/21 a) das Fließkriterium von $\sigma_h$ abhängt, findet man u. a. in Abschnitt 1.3.6 sowie in [99—102, 150].

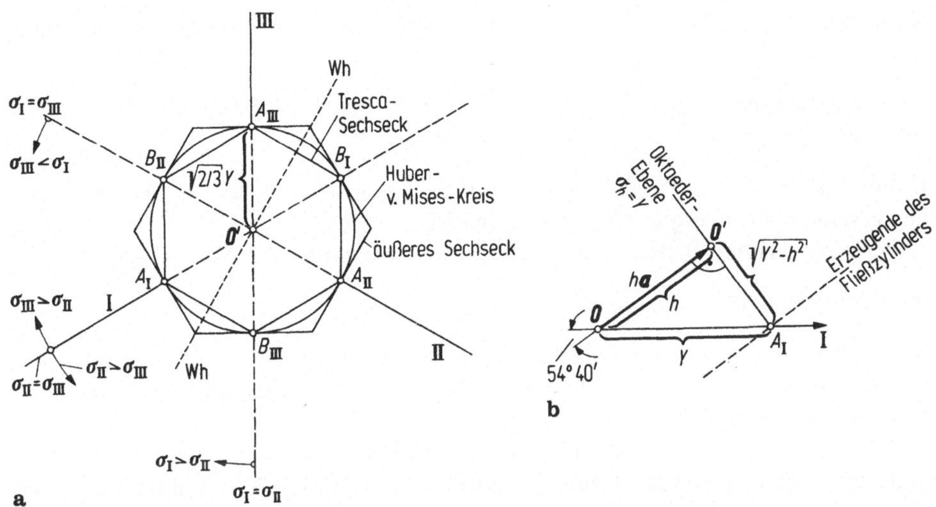



**Bild 1.16. a** Oktaederebene im Hauptzustandsraum mit drei möglichen Querschnitten des Fließzylinders. *0'* senkrechte Projektion des Koordinatenursprungs *0* auf die Oktaederebene. *Wh* Winkelhalbierende eines Sextanten. **b** Längsschnitt des Fließzylinders durch die *I*-Achse

Neben $\sigma$ liegt also auch $\sigma - \alpha a$ für beliebige Werte $\alpha$ auf dem Fließort:

$$f(\sigma_J) = f\left(\sigma_J - \frac{\alpha}{\sqrt{3}}\right); \quad \text{und für} \quad \alpha = \frac{1}{\sqrt{3}}(\sigma_I + \sigma_{II} + \sigma_{III}) \quad \text{folgt wegen (1.3/15)}$$

nocheinmal die Behauptung (1.3/23a), jetzt ganz allgemein: $f = f(\sigma'_J)$ hängt nur vom Spannungs*deviator* ab.

Die einachsigen Zugspannungs-Zustände $\sigma_J = Y$, $\sigma_K = \sigma_L = 0$ $(J \neq K \neq L \neq J)$, vgl. (1.1/13) mit $Y$ als Fließgrenze, erfüllen sämtlich $\sigma_I + \sigma_{II} + \sigma_{III} = Y$ und gehören damit zur speziellen Oktaederebene

$$3\sigma_h = Y$$

im Hauptzustandsraum, deren Schnittpunkte mit den Koordinatenachsen wir $A_I$, $A_{II}$, $A_{III}$ nennen. Wir blicken von der Spitze des Erzeugenden-Vektors *a* (Bild 1.16a). Wenn die Ebene den Abstand $h$ vom Ursprung *0* besitzt, so muß der in *0* angetragene Vektor

$$ha = \frac{h}{\sqrt{3}}(\tilde{e}_I + \tilde{e}_{II} + \tilde{e}_{III})$$

gerade im Projektionspunkt *0'* des Ursprungs auf der Ebene enden (Bild 1.16b): $ha = 0'$ erfüllt (1.3/49) mit $3\sigma_h = Y$, also folgt $\sqrt{3}h = Y$, $h = Y/\sqrt{3}$, und der Satz des Pythagoras liefert schließlich als Abstand der Punkte $A_J$ vom Ebenenmittelpunkt *0'* den in Bild 1.16a, b eingetragenen Wert $\sqrt{Y^2 - h^2} = \sqrt{\frac{2}{3}}\,Y$.

Nun deuten wir Bild 1.16a als *beliebige* Oktaederebene (1.3/49) mit dem Mittelpunkt *0'*, projizieren auf sie die $\sigma_I$, $\sigma_{II}$, $\sigma_{III}$-Koordinatenachsen und tragen wie oben im Abstand $\sqrt{\frac{2}{3}}\,Y$ von *0'* die Punkte $A_I$, $A_{II}$, $A_{III}$ an. Durch sie muß die

Schnittkurve des Fließzylinders laufen. (1.3/47) als Isotropiebedingung bedeutet ferner

(a) Spiegelsymmetrie der Schnittkurve um die Achsen $I$, $II$, $III$ sowie
(b) Rotationssymmetrie bei Drehung um 120°.

Damit legt bereits ein Sextant (zwischen zwei von $0'$ ausgehenden Achsstrahlen) den gesamten Zylinderquerschnitt und den Fließort fest.

Der weggelassene Bauschinger-Effekt bedeutet nach Satz F von Abschnitt 1.2.3

(c) Punktsymmetrie

des Fließzylinders. Dies legt zunächst die Spiegelpunkte $B_I$, $B_{II}$, $B_{III}$ von $A_I$, $A_{II}$, $A_{III}$ fest und verlangt wegen (a), (b) ferner die Symmetrie jedes Sextanten um seine Winkelhalbierende (Beispiel: $Wh$ in Bild 1.16a).

Die *Konvexität* des Fließzylinders ist offenbar mit der Konvexität seines Querschnittes gleichbedeutend. Nach Definition (Abschnitt 1.2.3) müssen die Verbindungsstrecken je zweier Punkte, also insbesondere $A_I B_{II}$, $B_{II} A_{III}$, $A_{III} B_I$, $B_I A_{II}$, $A_{II} B_{III}$ und $B_{III} A_I$ zum Querschnitt gehören. Sie umranden für sich bereits ein konvexes Polygon, das sogenannte *Tresca-Sechseck*.[35] Es repräsentiert folglich den kleinsten unter den obigen Voraussetzungen denkbaren Fließort — das *Tresca-Prisma*.

Andererseits müssen wegen der Spiegelsymmetrie in den Punkten $A_J$, $B_J$ jeweils die Senkrechten zu den gestrichelten Achsen Stützgeraden sein. Diese umrahmen ihrerseits ein *äußeres Sechseck*, das ebenfalls konvex ist und den größten denkbaren Fließort, das *äußere Prisma*, darstellt. Alle anderen Fließorte liegen im vergleichsweise kleinen Zwischenraum beider Prismen. So bedarf es präziser Experimente [32, 165], den richtigen auszuwählen. In Anbetracht der erwartungsgemäß großen Meßwertstreuung bei plastischem Fließen (Abschnitt 1.1) wird man sogar mit gewissem Recht jeden benutzen dürfen. Jedoch deuten die zum Beispiel in [517, S. 359/360] zitierten Versuche mit verschiedenen Metallen auf noch engere Grenzen hin — nämlich das Tresca-Sechseck und den *Huber-v. Mises-Kreis*[36] durch alle Punkte $A_J$, $B_J$ (Bild 1.16a). Er liegt mitten im Zwischenraum, approximiert also alle denkbaren Fließorte vergleichsweise gut, und stellt im Gegensatz zu den Sechsecken eine glatte — d. h. überall stetig differenzierbare — Kurve einfachster geometrischer Beschaffenheit dar.

Wir werden in der Folge hauptsächlich entweder vom Huber-Mises-Kreis oder vom Tresca-Sechseck ausgehen, wobei wir das für den jeweiligen Anwendungsfall rechnerisch einfachere Kriterium bevorzugen. Soweit Resultate beider Theorien verfügbar sind, findet man, was oben zitiert [517, S. 359/360], häufig: daß nämlich die Meßwerte zwischen den zwei rechnerischen Voraussagen liegen [330]. Hier einige bereits jetzt erkennbare Vorzüge und Nachteile beider Ansätze.

*Tresca*: In Hauptspannungen bzw. Hauptformänderungsgeschwindigkeiten be-

---

[35] H. Tresca diskutierte 1864 als erster das zugehörige Fließkriterium, und zwar aufgrund von Versuchen [33].

[36] Das zugehörige Fließkriterium wurde zuerst von M. T. Huber [34] (1904) und später, jeweils ohne Kenntnis der vorherigen Arbeiten, von R. v. Mises [35] (1913) bzw. H. Hencky [144, 446] (1923/24) eingeführt.

reichsweise linear, daher vorzuziehen, falls mit solchen gearbeitet werden kann. Sehr unhandlich unter anderen Bedingungen [107, 108]. Unterscheidung zwischen Seiten- und Eckbereichen des Sechsecks erforderlich. Gegebenenfalls Zusammenflicken der zugehörigen unterschiedlichen Lösungsfelder.

*Huber-v. Mises*: Praktisch stets nichtlinear, aber dann kein prinzipieller Unterschied, ob man mit Hauptspannungen (Hauptformänderungsgeschwindigkeiten) rechnet oder nicht. Vorzuziehen im letzten Fall, da dann einfacher als Tresca. Kein Zusammenflicken verschiedenartiger plastischer Lösungsfelder.

Beide Kriterien ebenso wie jedes andere unter den Voraussetzungen dieses Abschnittes mögliche werden in der Oktaederebene durch *geschlossene* konvexe Kurven repräsentiert. Deren Auswärtsnormalen $v$ können in jede Richtung weisen. Man folgert:

*Einzige Bedingung für die kinematische Zulässigkeit eines Formänderungs-Geschwindigkeitszustandes (im Sinne des geometrischen Fließgesetzes von Abschnitt 1.2.4) ist hier, daß er zur Oktaederebene gehört, d. h. die Inkompressibilitätsbedingung (1.3/48) bzw. (1.3/22) erfüllt.*

### 1.3.4.2 Fließgesetz nach Tresca

Wir deuten die Geraden des Tresca-Sechsecks in Bild 1.16a als Ebenen senkrecht zur Oktaederebene. Dann gilt für den linken Sextanten offenbar $\sigma_I \geqq \sigma_{III} \geqq \sigma_{II}$. Die zugehörige Seitenebene $A_I B_{II}$ des Tresca-Prismas besitzt die Gleichung $\sigma_I - \sigma_{II} = Y$; sie repräsentiert die Trescasche Fließbedingung in der normierten Darstellung (1.2/52) mit $g = \sigma_I - \sigma_{II}$ und $L = Y$. Bei anderer Reihenfolge der Spannungen tauschen sich die Ziffern entsprechend aus. Man schreibt gelegentlich

$$\sigma_{\max} - \sigma_{\min} = Y, \tag{1.3/51}$$

wo $\sigma_{\max}$ die maximale, $\sigma_{\min}$ die minimale (Haupt-)Normalspannung bedeutet.

Für die eigentlichen Seiten $\sigma_I > \sigma_{III} > \sigma_{II}$ des Tresca-Sechsecks folgt aus dem Misesschen Potentialgesetz (1.2/52) im Hauptzustandsraum sofort die Fließregel

$$\lambda_I = \bar{\lambda} \geqq 0, \qquad \lambda_{III} = 0, \qquad \lambda_{II} = -\bar{\lambda} \leqq 0,$$

wo $\bar{\lambda}$ die Vergleichsformänderungsgeschwindigkeit darstellt. Man erkennt:

*$\bar{\lambda}$ ist der Maximalbetrag der (Haupt-)Formänderungsgeschwindigkeiten.*

Auf der Ecke $A_I$ des Tresca-Sechsecks (d. h. einer Kante des zugehörigen Prismas, Bild 1.16a) hat man $\sigma_{III} = \sigma_{II}$. Im daran angrenzenden Sextanten gilt $\sigma_I > \sigma_{II} > \sigma_{III}$, also nach Vertauschung von *II* und *III* in der oben entwickelten Fließregel

$$\lambda_I = \bar{\lambda}' \geqq 0, \qquad \lambda_{III} = -\bar{\lambda}' \leqq 0, \qquad \lambda_{II} = 0.$$

Bei Überlagerung mit jener entsprechend der Koiterformel (1.2/47), wobei wir, um Verwechselungen zu vermeiden, jetzt $\tilde{\lambda}$, $\tilde{\lambda}'$ statt $\bar{\lambda}$, $\bar{\lambda}'$ schreiben, ergibt sich die Fließregel

$$\lambda_I = \tilde{\lambda} + \tilde{\lambda}' \geqq 0, \qquad \lambda_{III} = -\tilde{\lambda}' \leqq 0, \qquad \lambda_{II} = -\tilde{\lambda} \leqq 0$$

längs der Kante $A_I$, und entsprechend an der anderen Kante $B_{II}$, d. h. $\sigma_I = \sigma_{III}$, die Fließregel

$$\lambda_I = \tilde{\lambda} \geqq 0, \qquad \lambda_{III} = \tilde{\lambda}' \geqq 0, \qquad \lambda_{II} = -(\tilde{\lambda} + \tilde{\lambda}') \leqq 0.$$

Die Vergleichsformänderungsgeschwindigkeit $\bar{\lambda}$ beträgt wegen (1.2/55) in beiden Fällen $\bar{\lambda} = \tilde{\lambda} + \tilde{\lambda}'$ und entspricht damit wieder dem Maximalbetrag der (Haupt-) Formänderungsgeschwindigkeiten.

Wir fassen das Trescasche Fließgesetz unter der Annahme bzw. mit der Numerierung

$$\sigma_I \geqq \sigma_{III} \geqq \sigma_{II} \tag{1.3/52}$$

und mit $\vartheta$ als Temperatur wie folgt zusammen:

*Fließbedingung*:

$$g(\sigma_I, \sigma_{II}, \sigma_{III}) = \sigma_I - \sigma_{II} = Y(\bar{\lambda}, \bar{\varphi}, \vartheta) \tag{1.3/53}$$

*Fließregel*:[37]

$$\lambda_I \geqq 0, \qquad \lambda_{III} = 0, \qquad \lambda_{II} \leqq 0 \quad \text{für} \quad \sigma_I > \sigma_{III} > \sigma_{II}, \tag{1.3/54a}$$

$$\lambda_I \geqq 0, \qquad \lambda_{III} \leqq 0, \qquad \lambda_{II} \leqq 0 \quad \text{für} \quad \sigma_I > \sigma_{III} = \sigma_{II}, \tag{1.3/54b}$$

$$\lambda_I \geqq 0, \qquad \lambda_{III} \geqq 0, \qquad \lambda_{II} \leqq 0 \quad \text{für} \quad \sigma_I = \sigma_{III} > \sigma_{II} \tag{1.3/54c}$$

in Verbindung mit

$$\lambda_I + \lambda_{II} + \lambda_{III} = 0, \tag{1.3/54d}$$

das ist die Inkompressibilitätsbedingung (1.3/48). Ferner folgen die *Vergleichs-Formänderungsgeschwindigkeit*[38]

$$\bar{\lambda} = |\lambda_J|_{\max} \tag{1.3/55a}$$

und die *Vergleichs-Formänderung*

$$\bar{\varphi} = \bar{\varphi}_0 + \int_{t_0}^{t} \bar{\lambda}\, dt \tag{1.3/55b}$$

nach (1.3/13). In (1.3/54) sind die oben auftretenden Faktoren $\tilde{\lambda}, \tilde{\lambda}, \tilde{\lambda}'$ eliminiert. Man kann sie aber durch Vergleich mit den vorhergehenden Formeln unter Beachtung von (1.3/54d) wieder einführen, so daß (1.3/54a—d) jenen voll entspricht. (1.3/55b) läßt sich nur in Ausnahmefällen — beispielsweise für kleine (plastische) Formänderungen bzw. unter der Voraussetzung (A.2/6) — geschlossen zu

$$\bar{\varphi} - \bar{\varphi}_0 \approx \bar{\varepsilon} - \bar{\varepsilon}_0 = |\varepsilon_{JJ}|_{\max} \tag{1.3/55c}$$

integrieren.

Da der Ausdruck $(\sigma_I - \sigma_{II})/2$ im Mohrschen Kreis (Bild A.6) auch als *maximale Schubspannung* $\tau_{\max}$ deutbar ist, und da diese Deutung auch beim dreidimensionalen Spannungszustand gilt [517, Ziff. 9.3.3.1], kann man das Trescasche Fließkriterium auch als *Schubspannungshypothese* interpretieren: Spannungszustände sind zulässig, wenn $\tau_{\max}$ die *Schubfließgrenze* $k = Y/2$ nicht übersteigt, und die Fließbedingung lautet $\tau_{\max} = k$. $k$ heißt auch *Scher*fließgrenze.

---

[37] In [517, Ziff. 9.3.3.2] zu einschränkend formuliert.
[38] Nicht etwa $\bar{\lambda} = |\lambda_{\max}|$.

### 1.3.4.3 Fließgesetz nach Lévy-Huber-v. Mises

Wir schneiden den zum Huber-v. Mises-Kreis (Bild 1.16a) gehörigen Zylinder mit der speziellen Oktaederebene $3\sigma_h = \sigma_I + \sigma_{II} + \sigma_{III} = 0$ und erhalten darin denselben Schnittkreis wie mit einer Kugel vom Radius $\sqrt{2/3}\, Y$ um den Ursprung, d. h. $\sigma_I^2 + \sigma_{II}^2 + \sigma_{III}^2 = {}^2/_3 Y^2$. $\sigma_h = 0$ bedeutet nach (1.3/15) $\sigma_J = \sigma_J'$; wir erhalten daher

$$g(\sigma_J') = \left| \sqrt{\frac{3}{2}\left(\sigma_I'^2 + \sigma_{II}'^2 + \sigma_{III}'^2\right)} \right| = Y$$

als *Huber-v. Mises-Henckysche Fließbedingung* in Deviator-Hauptkoordinaten, die gemäß (1.3/23) in der Tat zu einem inkompressiblen Material gehört, also einen *Zylinder* des Hauptzustandsraumes repräsentiert. Sie läßt sich im Gegensatz zur Trescaschen sofort auf allgemeine Spannungskoordinaten umschreiben:

$$g(\sigma_{jk}') = \left| \sqrt{\frac{3}{2}\sum_{j,k} \sigma_{jk}'^2} \right| = \left| \sqrt{\frac{3}{2}\left(\sigma_{11}'^2 + \sigma_{22}'^2 + \sigma_{33}'^2 + 2\sigma_{12}'^2 + 2\sigma_{23}'^2 + 2\sigma_{31}'^2\right)} \right| = Y.$$

$$(1.3/56\,\text{a})$$

Und zwar behält dieser Ausdruck seine Gestalt („Invarianz"), wenn die Deviatorspannungen $\sigma_{jk}'$ gemäß (A.2/32) mit (A.2/38), (A.1/16) auf andere Koordinaten transformiert werden. Ferner reduziert er sich in Hauptkoordinaten sofort auf die vorherige Formel, so daß er deren Verallgemeinerung darstellt. Übrigens kann man zeigen (vgl. [517, Gl. (9.1/31)], daß (1.3/56a) proportional zur *elastischen Gestaltänderungsenergie* (Formänderungsenergie abzüglich der Volumenänderungsenergie) ist. Man spricht von der *Gestaltänderungsenergiehypothese*. Eine andere Deutung stammt von Nádai [15] bzw. Troost [109].

Substitution von (1.3/15) in (1.3/56a) und Vergleich mit der (ausmultiplizierten) folgenden Gleichung liefert Übereinstimmung, so daß sich die manchmal bequemere Form

$$g = \left| \left\{ \frac{1}{2}\left[(\sigma_1 - \sigma_2)^2 + (\sigma_2 - \sigma_3)^2 + (\sigma_3 - \sigma_1)^2\right] + 3\left[\tau_{12}^2 + \tau_{23}^2 + \tau_{31}^2\right] \right\}^{1/2} \right| = Y$$

$$(1.3/56\,\text{b})$$

ergibt, in welcher $\tau_{jk}$ ($j \neq k$) die Schubspannungen und $\sigma_j = \sigma_{jj}$ die Normalspannungen darstellen.

Ausgehend von der im Sinne von (1.3/10a) symmetrischen ersten Beziehung für $g$ in (1.3/56a) erhalten wir mit (1.3/24), wobei die normierte Darstellung (1.2/48) mit (1.2/52) zugrunde liegt, die *Lévy-v. Misesschen Gleichungen*

$$\lambda_{jk} = \frac{3}{2}\frac{\bar{\lambda}}{Y}\sigma_{jk}', \qquad \bar{\lambda} \geqq 0 \qquad\qquad (1.3/57)$$

als Fließregel. Beidseitiges Quadrieren und Summieren ergibt über (1.3/56a) die Vergleichs-Formänderungsgeschwindigkeit

$$\bar{\lambda} = \left| \sqrt{\frac{2}{3}\sum_{j,k} \lambda_{jk}^2} \right| = \frac{2}{3}\left| \left\{ \frac{1}{2}\left[(\lambda_1 - \lambda_2)^2 + (\lambda_2 - \lambda_3)^2 + (\lambda_3 - \lambda_1)^2\right] \right. \right.$$
$$\left. \left. + 3\left[\varkappa_{12}^2 + \varkappa_{23}^2 + \varkappa_{31}^2\right] \right\}^{1/2} \right|, \qquad (1.3/58\,\text{a})$$

wo $\lambda_j = \lambda_{jj}$, $\varkappa_{jk} = \lambda_{jk}$ ($j \neq k$) substituiert wurde. Die rechte Seite findet man analog (1.3/56b). Es folgt die Vergleichs-Formänderung entsprechend (1.3/13),

$$\bar{\varphi} = \bar{\varphi}_0 + \int_{t_0}^{t} \bar{\lambda}\,\mathrm{d}t, \qquad\qquad (1.3/58\,\text{b})$$

doch läßt sie sich nur in Ausnahmefällen — beispielsweise für kleine (plastische) Formänderungen $\varepsilon_{jk}$ bzw. unter der Voraussetzung (A.2/6) — geschlossen zu

$$\bar{\varphi} - \bar{\varphi}_0 \approx \bar{\varepsilon} - \bar{\varepsilon}_0 = \frac{2}{3}\left|\left\{\frac{1}{2}[(\varepsilon_{11} - \varepsilon_{22})^2 + (\varepsilon_{22} - \varepsilon_{33})^2 + (\varepsilon_{33} - \varepsilon_{11})^2]\right.\right.$$
$$\left.\left. + 3[\varepsilon_{12}^2 + \varepsilon_{23}^2 + \varepsilon_{31}^2]\right\}^{1/2}\right| \qquad (1.3/58\,\mathrm{c})$$

integrieren.

Die Fließregel (1.3/57) wurde zuerst von Lévy [36] (1870) angegeben, später durch v. Mises [35] (1913) wiederentdeckt und in allgemeinere Zusammenhänge eingereiht. Ihre Verknüpfung mit einem elastischen Anteil gemäß (1.3/25) bzw. (1.3/34) wird nach Prandtl und Reusz [95] benannt; ihre Umformulierung als finites Stoffgesetz mit $\varepsilon_{jk}$ statt $\lambda_{jk}$ auch in der Darstellung (1.3/35), stammt von Hencky [144].

### 1.3.4.4 Ebenes Fließen

Es interessieren die Größen der 1,2- bzw. *I,II*-Hauptebene; in Richtung der Hauptebene $3 \triangleq III$ bestehe keine Bewegung:

$$\left.\begin{aligned}
&\sigma_1 = \sigma_{11}, \qquad \sigma_2 = \sigma_{22}, \qquad \tau = \sigma_{12}, \\
&\sigma_{13} = \sigma_{23} = 0, \\
&\lambda_1 = \lambda_{11}, \qquad \lambda_2 = \lambda_{22}, \qquad \varkappa = \lambda_{12}, \\
&\lambda_{13} = \lambda_{23} = \lambda_{33} = 0.
\end{aligned}\right\} \qquad (1.3/59)$$

Dies ist wegen (1.3/54) unmittelbar mit dem Trescaschen Fließgesetz verträglich, wenn $\sigma_{III}$ die *mittlere Hauptspannung* im Sinne von (1.3/52) darstellt. Insoweit ist $\sigma_{III}$ unbestimmt!

Beim Lévy-Huber-v. Misesschen Fließgesetz folgt wegen (1.3/57), $\lambda_{33} = 0$ und (1.3/15) für $\bar{\lambda} > 0$ zunächst $\sigma'_{33} = \frac{1}{3}[2\sigma_{33} - \sigma_{11} - \sigma_{22}] = 0$, also

$$\sigma_{III} = \sigma_{33} = \frac{1}{2}(\sigma_{11} + \sigma_{22}) = \sigma_m \qquad (1.3/60)$$

als exakter Mittelwert $\sigma_m$, und dann aus (1.3/56b) in Hauptkoordinaten ($\tau_{JK} = 0$):

$$|\sigma_I - \sigma_{II}| = \frac{2}{\sqrt{3}}\,Y.$$ Mit (1.3/53) ergibt sich die gemeinsame Gestalt

$$|\sigma_I - \sigma_{II}| = 2k, \qquad (1.3/61)$$

wo jedoch die hier eingeführte Fließgrenze $k$ unterschiedlich mit derjenigen $Y$ bei einachsiger Belastung zusammenhängt:

$$\left.\begin{aligned}
&k = \frac{Y}{2} \quad \text{(Tresca)}, \\
&k = \frac{1}{\sqrt{3}}\,Y \quad \text{(Huber-v. Mises-Hencky)}.
\end{aligned}\right\} \qquad (1.3/62)$$

Der Unterschied beider Werte, ca. 15 %, ist gering und liegt in der Regel unter der Reproduziergenauigkeit von Messungen. Setzt man (1.3/59) in (1.3/56b) ein, so folgt ferner die in allgemeinen Koordinaten gültige, *invariante* Gestalt von (1.3/61) zu

$$\left| \sqrt{\left(\frac{\sigma_1 - \sigma_2}{2}\right)^2 + \tau^2} \right| = k\,. \tag{1.3/63}$$

Sie entspricht einer normierten Fließbedingung $g = L$ mit $L = k$ und erlaubt die Deutung von $k$ als *Scherfließgrenze* ($|\tau| = k$ für $\sigma_1 = \sigma_2 = 0$). Wenn gemäß (1.3/6)

$Q = (\sigma_1, \sigma_2, \tau)$ die generalisierten Spannungen und $q = \begin{pmatrix} \lambda_1 \\ \lambda_2 \\ 2\varkappa \end{pmatrix}$ die generalisierten

Formänderungsgeschwindigkeiten darstellen, so finden wir wegen (1.2/52) mit $\bar{q}/2 = \bar{\varkappa}$ als *Vergleichs-Schergeschwindigkeit*

$$\lambda_1 = \bar{\varkappa}\,\frac{\sigma_1 - \sigma_2}{2k}\,, \qquad \lambda_2 = -\bar{\varkappa}\,\frac{\sigma_1 - \sigma_2}{2k}\,, \qquad \varkappa = \bar{\varkappa}\,\frac{\tau}{k}\,. \tag{1.3/64}$$

Substitution in die rechte Seite der folgenden Beziehung ergibt wegen (1.3/63) ferner die Richtigkeit von

$$\bar{\varkappa} = \left| \sqrt{\left(\frac{\lambda_1 - \lambda_2}{2}\right)^2 + \varkappa^2} \right| \tag{1.3/65}$$

und rechtfertigt wegen $\bar{\varkappa} = |\varkappa|$ für $\lambda_1 = \lambda_2 (= 0)$ den Namen „Vergleichs-Schergeschwindigkeit". (1.3/12) lautet wegen $L = k$, $\bar{q} = 2\bar{\varkappa}$ jetzt

$$\Lambda = 2\bar{\varkappa}k\,, \tag{1.3/66}$$

und da für die ebene Formänderung als Sonderfall der räumlichen natürlich auch (1.1/20) gelten muß, d. h. $\Lambda = \bar{\lambda}Y$ (für $L = Y$, $\bar{q} = \bar{\lambda}$), folgt wegen (1.3/62)

$$\bar{\varkappa} = \frac{Y}{2k}\,\bar{\lambda} = \begin{cases} \bar{\lambda} & \text{(Tresca)}\,, \\[2ex] \dfrac{\sqrt{3}}{2}\,\bar{\lambda} & \text{(Lévy-Huber-v. Mises)}\,. \end{cases} \tag{1.3/67a}$$

Die *Vergleichs-Scherung* bildet man analog (1.3/13) zu

$$\bar{\gamma} = \bar{\gamma}_0 + \int\limits_{t_0}^{t} \bar{\varkappa}\,\mathrm{d}t \tag{1.3/67b}$$

und erhält in bezug auf die einachsige Vergleichsdehnung $\bar{\varphi}$ wie in (1.3/67a)

$$\bar{\gamma} = \begin{cases} \bar{\varphi} & \text{(Tresca)}\,, \\[2ex] \dfrac{\sqrt{3}}{2}\,\bar{\varphi} & \text{(Lévy-Huber-v. Mises)}\,. \end{cases} \tag{1.3/67c}$$

Der Unterschied beträgt im zweiten Fall erneut ca. 15 %. Man kann nun nach dem Muster von (1.3/14) *Scherfließkurven*

$$k = k(\bar{\varkappa}, \bar{\gamma}, \vartheta) \tag{1.3/68}$$

($\vartheta$ Temperatur) entweder direkt messen oder mittels (1.3/62), (1.3/67a, c) aus einachsigen Fließkurven $Y = Y(\bar{\lambda}, \bar{\varphi}, \vartheta)$ berechnen (vgl. Bild 2.2), wobei das Ergebnis —
wenn auch nur schwach — vom gewählten Fließgesetz abhängt. Diese Abhängigkeit
und der Wert von $\sigma_3 = \sigma_{III}$ bilden den einzigen Unterschied zwischen den betrachteten Theorien im Falle des ebenen Fließens. Entsprechendes würde gelten, wenn
man beliebige andere Fließorte zwischen den Grenzen von Bild 1.16a ins Spiel
brächte (vgl. [517, Abschn. 9.3.2]): Für gegebene Fließkurven (1.3/68), Inkompressibilität, Isotropie und fehlenden Bauschinger-Effekt ist das ebene Fließgesetz (1.3/63)
bis (1.3/65) mit (1.3/67b) allgemeingültig.

### 1.3.5 Anisotrope Fließgesetze nach v. Mises-Hill und Sawczuk-Ivlev

Als Beispiel für eine anisotrope Fließbedingung setzte v. Mises [67][39] in Verallgemeinerung von (1.3/56a) nach Einführen geeigneter, gegebenenfalls von der Vorge-
schichte, der Geschwindigkeit und der Temperatur abhängiger Werkstoffkenngrößen
(*Anisotropiekoeffizienten*) $A_{pqrs}$ in normierter Darstellung

$$g(\sigma_{jk}) = \left| \sqrt{\sum_{p,q,r,s} A_{pqrs}\sigma_{pq}\sigma_{rs}} \right| = 1 \tag{1.3/69}$$

an. Wegen $g(\sigma_{jk}) = g(-\sigma_{jk})$ wird kein Bauschinger-Effekt erfaßt. Hingegen sind
Volumenänderungen vorerst nicht ausgeschlossen: $f = g - 1$ hängt vom Spannungstensor $\sigma_{jk}$, nicht vom Deviator $\sigma'_{jk}$ ab. Um auch die Symmetrieforderung
(1.3/10a) zu erfüllen, verlangen wir

$$A_{pqrs} = A_{qprs}, \qquad A_{pqrs} = A_{pqsr} \tag{1.3/70a}$$

für alle Wertequadrupel $p$, $q$, $r$, $s$. Außerdem dürfen wir jeweils die Summenglieder
$A_{pqrs}\sigma_{pq}\sigma_{rs} + A_{rspq}\sigma_{rs}\sigma_{pq}$ zu $(A_{pqrs} + A_{rspq})\sigma_{pq}\sigma_{rs}$ zusammenfassen und, da es nur
noch auf die Koeffizientensumme $A_{pqrs} + A_{rspq}$ ankommt, von vornherein

$$A_{pqrs} = A_{rspq} \tag{1.3/70b}$$

berücksichtigen.

Die Fließregel (1.3/10b) liefert nun mit $f = g - 1$, (1.3/10a), (1.3/69) sowie
(1.3/70b)

$$\lambda_{jk} = \frac{\Lambda}{2}\left\{ \sum_{p,q} A_{pqjk}\sigma_{pq} + \sum_{r,s} A_{jkrs}\sigma_{rs} \right\} = \Lambda \sum_{r,s} A_{jkrs}\sigma_{rs}, \tag{1.3/71}$$

wobei der Faktor $\tilde{\lambda} = \bar{\lambda} = \Lambda$ hier wegen $L = 1$ in (1.2/48) und wegen (1.3/12)
mit der Leistungsdichte zusammenfällt.

Zur Untersuchung der Konvexität des Fließortes führen wir die generalisierten Spannungen
(1.3/6) ein und haben

$$g(\mathbf{Q}) = \left| \sqrt{\sum_{\mu,\nu} A_{\mu\nu}Q_\mu Q_\nu} \right| = 1 \tag{1.3/72}$$

mit der Indexzuordnung nach Tabelle 1.1.

---

[39] Siehe auch [102, 114, 164, 275].

**Tabelle 1.1**

| $p, q$ bzw. $r, s$ | 1,1 | 2,2 | 3,3 | 1,2 oder 2,1 | 2,3 oder 3,2 | 3,1 oder 1,3 |
|---|---|---|---|---|---|---|
| $\mu$ bzw. $\nu$ | 1 | 2 | 3 | 4 | 5 | 6 |

sowie der Koeffizientenzuordnung

$$\left.\begin{array}{ll} 4\,A_{pqrs} = A_{\mu\nu} & \text{für } p \neq q \text{ und } r \neq s, \\ 2\,A_{pqrs} = A_{\mu\nu} & \text{für } p = q \text{ und } r \neq s, \\ 2\,A_{pqrs} = A_{\mu\nu} & \text{für } p \neq q \text{ und } r = s, \\ A_{pqrs} = A_{\mu\nu} & \text{für } p = q \text{ und } r = s. \end{array}\right\} \tag{1.3/73}$$

Wegen (1.3/70 b) besteht Symmetrie

$$A_{\mu\nu} = A_{\nu\mu}. \tag{1.3/74}$$

Offenbar kann man den Fließort (1.3/72) auch durch

$$\tilde{f}(Q) = g^2(Q) - 1 = \sum_{\mu,\nu} A_{\mu\nu} Q_\mu Q_\nu - 1 = 0$$

definieren. Für je 2 Punkte $\overset{1}{Q}, \overset{2}{Q}$ im Fließkörper, die $\tilde{f}(\overset{1}{Q}) \leqq 0, \tilde{f}(\overset{2}{Q}) \leqq 0$ erfüllen, und einen Parameter $\chi$ mit $0 \leqq \chi \leqq 1$ folgt nach einfacher Rechnung

$$-\tilde{f}\left(\chi\overset{1}{Q} + (1-\chi)\,\overset{2}{Q}\right) = \chi(1-\chi)\sum_{\mu,\nu} A_{\mu\nu} Q_\mu Q_\nu - \chi\tilde{f}\left(\overset{1}{Q}\right) - (1-\chi)\,\tilde{f}\left(\overset{2}{Q}\right),$$

wo $Q = \overset{1}{Q} - \overset{2}{Q}$ gesetzt wurde. Als Verbindungs-„vektor" zweier beliebiger Punkte des zunächst echt 6-dimensional vorausgesetzten Fließkörpers kann $Q$ seinerseits jede beliebige Richtung annehmen, und zwar auch für Punktepaare $\overset{1}{Q}, \overset{2}{Q}$ des Fließortes, $f(\overset{1}{Q}) = f(\overset{2}{Q}) = 0$, damit dieser nicht auf den 5-dimensionalen Raum zusammenschrumpft. Somit ist gemäß (1.2/58) die Bedingung

$$g^2(Q) = \sum_{\mu,\nu} A_{\mu\nu} Q_\mu Q_\nu \geqq 0 \tag{1.3/75}$$

notwendig und hinreichend für die Konvexität des Fließortes, eine Forderung, der natürlich speziell auch das früher untersuchte Fließkriterium (1.3/56 b) genügt. (1.3/75) gilt für jede *Richtung* $Q$, also, da eine Streckung $\alpha Q$ das Vorzeichen nicht ändert, für jeden generalisierten Spannungszustand überhaupt.

Eine Matrix $A = (A_{\mu\nu})$, für die (1.3/75) mit beliebigen $Q$ gilt, nennt man *positiv semidefinit*. Hierfür gilt folgendes Kriterium (ohne Beweis, vgl. [22]): Alle Wurzeln $\varrho$ der „charakteristischen Gleichung"

$$\det(A - \varrho\,1) = 0 \tag{1.3/76a}$$

erfüllen

$$\varrho \geqq 0, \tag{1.3/76b}$$

wobei $1$ die Einsmatrix darstellt (vgl. (A.1/15)). (1.3/75) oder (1.3/76a, b) stellen Kriterien für die Konvexität des Fließortes dar.

Die 21 unabhängigen Werkstoffparameter der symmetrischen Matrix sechster Ordnung $A = (A_{\mu\nu})$ lassen sich in vielen praktisch interessanten Fällen zum Beispiel durch zwei Zusatzforderungen reduzieren:

*(a) Orthotropie*

Es gibt in jedem Werkstoffpunkt 3 orthogonale Raumachsen — die *Orthotropieachsen* — um deren Ebenen das Werkstoffverhalten symmetrisch ist. Wählt man sie als 1,2,3-Koordinatenachsen, so darf die Richtungsumkehr je einer davon, also die Vorzeichenumkehr der beiden betroffenen Schubspannungen und Schergeschwindigkeiten, das Stoffverhalten nicht beeinflussen. In (1.3/71) sind also die Schub- bzw. Scherglieder von den Normalspannungs- und Dehngliedern zu entkoppeln; die Schergeschwindigkeit $\varkappa_{jk}$ darf nur von der Schubspannung $\tau_{jk}$ abhängen.

In Holz als Beispiel für einen orthotropen Werkstoff werden die Achsen durch Fasern vorgegeben; bei einem Baum sind sie durch die Wachstumsrichtung, die Jahresringe im Querschnitt und die dazu senkrechten mehr oder minder geraden Radien definiert. Bei Metall entstehen sie durch bevorzugte Bearbeitungsrichtungen; im gewalzten Blech wird zumindest die Senkrechte zur Blechebene (Stauchrichtung beim Walzen) eine Achse sein. Walzrichtung und Querrichtung stellen weitere Achsen dar.

*(b) Inkompressibilität*

Fließregel und Fließkriterium hängen gemäß (1.3/23) nur von den Deviatorspannungen, nach (1.3/15) also zum Beispiel von

$$\sigma'_{11} = \frac{1}{3}[2\sigma_{11} - \sigma_{22} - \sigma_{33}] = \frac{1}{3}[(\sigma_1 - \sigma_2) + (\sigma_1 - \sigma_3)]$$

oder allgemein den Differenzen

$$(\sigma_1 - \sigma_2), \quad (\sigma_2 - \sigma_3), \quad (\sigma_3 - \sigma_1)$$

ab. Wegen der Beziehung

$$(\sigma_1 - \sigma_2) + (\sigma_2 - \sigma_3) + (\sigma_3 - \sigma_1) = 0 \tag{1.3/77}$$

braucht man davon jeweils nur zwei zu berücksichtigen, muß aber dafür sorgen, daß wie in (1.3/24) die Inkompressibilitätsbedingung $\lambda_1 + \lambda_2 + \lambda_3 = 0$ formal erfüllt ist — unabhängig von einer Relation zwischen den Deviatorspannungen, wie sie sich in (1.3/77) widerspiegelt.

Dann kann man die Fließregel (1.3/71) in den Orthotropieachsen 1, 2, 3 speziell zu

$$\left.\begin{aligned}
\lambda_1 &= \Lambda[K(\sigma_1 - \sigma_2) + J(\sigma_1 - \sigma_3)], \\
\lambda_2 &= \Lambda[H(\sigma_2 - \sigma_3) + K(\sigma_2 - \sigma_1)], \\
\lambda_3 &= \Lambda[J(\sigma_3 - \sigma_1) + H(\sigma_3 - \sigma_2)], \\
\varkappa_{12} &= \Lambda N\tau_{12}, \\
\varkappa_{23} &= \Lambda G\tau_{23}, \\
\varkappa_{31} &= \Lambda M\tau_{31}
\end{aligned}\right\} \tag{1.3/78a}$$

mit 6 Parametern $H$, $J$, $K$, $N$, $G$, $M$ ansetzen. Die Lage des Achssystems ist ihrerseits durch 3 Parameter charakterisiert[40], so daß zu einem inkompressiblen orthotropen Werkstoff hier noch 9 Kenngrößen gehören. Aus (1.3/78a) schließt man jetzt rückwärts auf die Form der Fließbedingung (1.3/69). Sie lautet, damit (1.2/52) mit (1.2/49), (1.2/51), (1.3/12) und $L = 1$ erfüllt ist,

$$g(\mathbf{Q}) = |\{H(\sigma_2 - \sigma_3)^2 + J(\sigma_3 - \sigma_1)^2 + K(\sigma_1 - \sigma_2)^2 + 2G\tau_{23}^2 + 2M\tau_{31}^2 +$$
$$+ 2N\tau_{12}^2\}^{1/2}| = 1 . \tag{1.3/78b}$$

---

[40] Der Koordinateneinsvektor $\mathbf{e}_1$ durch 2 Koordinaten (zum Beispiel geographische Länge und Breite) seines Endpunktes auf der Kugeloberfläche, $\mathbf{e}_2$ durch seinen Drehwinkel um $\mathbf{e}_1$. $(\pm)\mathbf{e}_3$ liegt dann automatisch fest.

Die Gleichungen (1.3/78a, b) wurden (mit anderen Bezeichnungen) von Hill aufgestellt (vgl. [17]).

Unter Beachtung der Inkompressibilität (1.3/22) lautet die Leistungsdichte (1.3/4) auch

$$\Lambda = \frac{1}{3}\left[(\sigma_1 - \sigma_2)\,(\lambda_1 - \lambda_2) + (\sigma_2 - \sigma_3)\,(\lambda_2 - \lambda_3) + (\sigma_3 - \sigma_1)\,(\lambda_3 - \lambda_1)\right]$$

$$+ 2[\tau_{12}\varkappa_{12} + \tau_{23}\varkappa_{23} + \tau_{31}\varkappa_{31}]\,.$$

Man erhält durch Elimination der Spannungen bzw. Spannungsdifferenzen über (1.3/78a)

$$\Lambda = \left|\left\{\frac{1}{3(HK + JH + KJ)}\left[(H\lambda_1 - J\lambda_2)(\lambda_1 - \lambda_2) + (J\lambda_2 - K\lambda_3)(\lambda_2 - \lambda_3)\right.\right.\right.$$

$$\left.\left.\left. + (K\lambda_3 - H\lambda_1)(\lambda_3 - \lambda_1)\right] + 2\left[\frac{\varkappa_{12}^2}{N} + \frac{\varkappa_{23}^2}{G} + \frac{\varkappa_{31}^2}{M}\right]\right\}^{1/2}\right|, \qquad (1.3/79\,\mathrm{a})$$

durch Integration (vgl. (1.1/22)) also die Arbeitsdichte

$$\Phi - \Phi_0 = \int_{t_0}^{t} \Lambda\,\mathrm{d}t, \qquad (1.3/79\,\mathrm{b})$$

und kann im Sinne einer *Arbeitsverfestigung* zum Beispiel alle Parameter als Funktionen von $\Lambda$ und $\Phi$ (sowie der Temperatur $\vartheta$) ansehen. Hierbei verändert sich die Anisotropie als solche entweder gar nicht oder nur in Abhängigkeit skalarer Größen, d. h. unabhängig von der Verformungsart oder der bevorzugten Verformungsrichtung des Materials (*isotrope Verfestigung*).

Für die Konvexität des Fließortes (1.3/78b) ist nach (1.3/75)

$$H \geqq 0, \qquad J \geqq 0, \qquad K \geqq 0, \qquad G \geqq 0, \qquad M \geqq 0, \qquad N \geqq 0 \qquad (1.3/80)$$

*hinreichend*, wegen (1.3/77) jedoch nicht notwendig — vgl. hierzu (1.3/98).

Theoretische Fragen der Anisotropie (und Inhomogenität) wurden ausgiebig von Warschauer Forschern um Olszak (u. a. zusammenfassender Bericht [115]) sowie von russischen Autoren [118, 119] bearbeitet; die Orthotropie untersuchen [122—124]. [125—128], [160, 183] beschreiben Experimente insbesondere zur Überprüfung von Hills Hypothese (1.3/78a, b). Besseling [129] entwickelte 1958 eine kombinierte Theorie für Elastizität, Plastizität und Kriechen anfangs isotroper Werkstoffe, die sich bei ihrer Formänderung *anisotrop* verfestigen (*Verformungsanisotropie*), Mróz [132, 133] betrachtet einige zyklische Belastungsverläufe.

Ein besonders einfacher Ansatz für Verformungsanisotropie geht auf Išlinskij (1954) und Prager [134] (1955) zurück: Es wird angenommen, daß sich der Fließort im lokalen Zustandsraum abhängig von der Formänderung, jedoch wie ein starrer Körper und ohne Drehung verschiebt. Wenn dabei der Koordinatenursprung $\sigma_{jk} = 0$ nach $\sigma_{jk}^0$ wandert, so geht die anfangs isotrope Fließbedingung $f(\sigma_{jk}) = 0$ in

$$f(\sigma_{jk} - \sigma_{jk}^0) = 0 \qquad (1.3/81)$$

über, wo $\sigma_{jk}^0$ einen von der Formänderung abhängigen Tensor darstellt. Diese sogenannte *Pragersche Verfestigungsregel* beschreibt eigentlich weniger die Verfestigung als die Ausbildung der Anisotropie, übrigens auch den Bauschinger-Effekt. Sie wurde mehrfach diskutiert bzw. erweitert [135—140], [158, 169, 332]. Dem Bauschinger-Effekt sind die Arbeiten [141—143, 303, 355] gewidmet. Grewen und Wassermann [131] berichten über metallkundliche Hintergründe (Texturen) und Aspekte der Anisotropie im Hinblick auf umformtechnische Anwendungen.

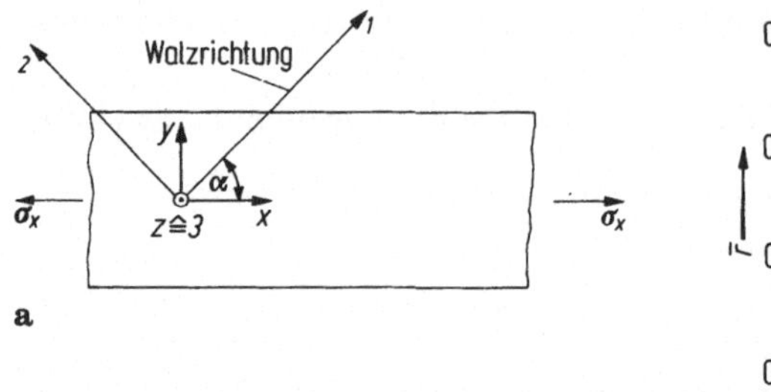


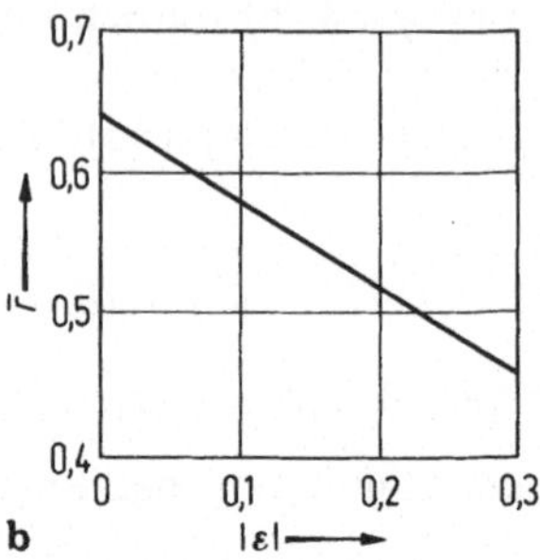


**Bild 1.17.** Ermittelung des *r-Wertes* an Blechen. **a** Blechebene $x$, $y$, Längsspannung $\sigma_x$. Achsen der Orthotropie: *1* (Walzrichtung), *2* (Querrichtung), *3* $\triangleq z$ (Dickenrichtung). **b** Mittlerer r-Wert $\bar{r}$ für Reinaluminium, abhängig vom Stauchgrad $|\varepsilon|$ bei vorherigem Kaltwalzen nach Woodthorpe und Pearce

Die Anwendungen erstrecken sich gegenwärtig besonders auf die Blechbearbeitung, aber zum Beispiel auch auf Faserverbundwerkstoffe [552]. $x$, $y$ seien kartesische Koordinaten der Blechebene (Bild 1.17a), in welcher durch vorheriges Abwalzen in Richtung *1* die Achsen *1*, *2* der Orthotropie vorgegeben sind (Achse $z \triangleq 3$ weist in Dickenrichtung). Man belastet nunmehr einachsig durch eine Spannung $\sigma_x$ und mißt die Formänderungen abhängig vom Winkel $\alpha$ zwischen der Last- und der Walzrichtung. Wir wollen die Ergebnisse anhand der vorstehend entwickelten Grundgleichungen der Hillschen Theorie diskutieren. Bei dünnem, von oben und unten unbelastetem Blech gilt

$$\sigma_z = \tau_{zx} = \tau_{zy} = 0 \quad \text{bzw.} \quad \sigma_3 = \tau_{31} = \tau_{32} = 0 \qquad (1.3/82)$$

(*ebener Spannungszustand*[41]). Die Fließbedingung (1.3/78b) lautet dann

$$(J + K)\,\sigma_1^2 - 2K\sigma_1\sigma_2 + (H + K)\,\sigma_2^2 + 2N\tau_{12}^2 = 1\,, \qquad (1.3/83)$$

so daß die Größen $G$, $M$ gar nicht auftreten, und die Fließregel (1.3/78a) liefert entsprechend

$$\left.\begin{array}{ll} \lambda_1 = \Lambda[(K + J)\,\sigma_1 - K\sigma_2]\,, & \lambda_2 = \Lambda[(H + K)\,\sigma_2 - K\sigma_1]\,, \\ \lambda_3 = -\Lambda[J\sigma_1 + H\sigma_2]\,, & \varkappa_{12} = \Lambda N\tau_{12}\,, \quad \varkappa_{23} = \varkappa_{31} = 0\,, \end{array}\right\} \qquad (1.3/84)$$

wo $\Lambda \geqq 0$ wie bisher die innere Leistungsdichte darstellt.

Tabelle 1.2 gibt die Verhältnisse $H{:}J{:}K{:}N$ für zwei Baustähle und zwei Aluminiumlegierungen wieder.

**Tabelle 1.2.** Anisotropiekoeffizienten und r-Werte nach [128, 163].

| Werkstoff | $H\ {:}J\ \ {:}K\ \ {:}N$ | $r_0$ | $r_{45}$ | $r_{90}$ | $\bar{r}$ |
|---|---|---|---|---|---|
| MSt37K, | | | | | |
| entspr. AlMg2,3 | 1,00:1,48:0,52:2,70 | 0,35 | 0,59 | 0,52 | 0,51 |
| Stahl B | 1,00:1,11:1,91:3,69 | 1,72 | 1,25 | 1,91 | 1,53 |

---

[41] Für ebene Formänderungen vgl. [17, 324, 325, 330].

Man erkennt erhebliche Unterschiede in den Daten. Während Reckling [128] die Anwendbarkeit der Theorie bejaht und voraussagt, daß die gegebenen Zahlenverhältnisse bei Verfestigung konstant bleiben, empfehlen Bramley und Mellor [163] eine gewisse Vorsicht. Nach Gotoh [389] kann ein Fließkriterium 4. Ordnung besser angepaßt werden.

In der Blechprüfung beschreibt man Anisotropie heute gern durch die einzige Maßzahl („$r$-Wert"[42])

$$\hat{r} = \frac{\lambda_y}{\lambda_z} \tag{1.3/85}$$

(Bild 1.17a), die das Verhältnis der Formänderungsgeschwindigkeiten[43] quer zur Belastungsrichtung und in Dickenrichtung ausdrückt. Sofern $\hat{r}$ eindeutig ist, gilt bei Isotropie natürlich

$$\hat{r} \equiv 1 . \tag{1.3/86}$$

An Ecken oder Kanten des Fließortes stellt (1.3/86) jedenfalls *einen möglichen* $r$-Wert dar.

Bei Anisotropie ist $\hat{r}$ in der Regel keine Konstante, sondern hängt bei gewalzten Blechen vom Winkel $\alpha$ zwischen Last- und Walzrichtung ab. Aus dem Mohrschen Kreis (Anhang: Bild A.6, Gl. (A.2/35)) folgt nämlich mit $\sigma_x$, $\sigma_y = 0$ statt $S_I$, $S_{II}$ und $\sigma_1$, $\sigma_2$, $\tau_{12}$ statt $S_{xx}$, $S_{yy}$, $S_{xy}$

$$\sigma_1 = \frac{\sigma_x}{2}(1 + \cos 2\alpha) , \qquad \sigma_2 = \frac{\sigma_x}{2}(1 - \cos 2\alpha) , \qquad \tau_{12} = -\frac{\sigma_x}{2}\sin 2\alpha .$$

Dies gibt mit der Fließregel (1.3/84)

$$\left.\begin{aligned}
\lambda_1 &= \frac{\Lambda}{2}\,\sigma_x[2K\cos 2\alpha + J(1 + \cos 2\alpha)] , \\[2mm]
\lambda_2 &= \frac{\Lambda}{2}\,\sigma_x[-2K\cos 2\alpha + H(1 - \cos 2\alpha)] , \\[2mm]
\lambda_3 &= -\frac{\Lambda}{2}\,\sigma_x[J(1 + \cos 2\alpha) + H(1 - \cos 2\alpha)] , \\[2mm]
\varkappa_{12} &= -\frac{\Lambda}{2}\,\sigma_x N \sin 2\alpha .
\end{aligned}\right\} \tag{1.3/87}$$

Wir müssen nun die Formänderungsgeschwindigkeiten auf das $x,y$-Netz zurücktransformieren. Speziell $\lambda_y = \lambda_{yy}$ folgt über (A.2/31) mit (A.2/29), (A.2/34), jedoch $(x, y)$ statt $(I, II)$, $(1, 2)$ statt $(x, y)$ zu

$$\lambda_y = e_{1y}^2\lambda_1 + e_{2y}^2\lambda_2 + 2e_{1y}e_{2y}\varkappa_{12} = \lambda_1 \sin^2\alpha + \lambda_2 \cos^2\alpha + 2\varkappa_{12}\sin\alpha\cos\alpha$$

$$= \frac{1}{2}(\lambda_1 + \lambda_2) - \frac{1}{2}(\lambda_1 - \lambda_2)\cos 2\alpha + \varkappa_{12}\sin 2\alpha ,$$

$$\lambda_y = -\frac{\Lambda}{2}\sigma_x\left\{2K\cos^2 2\alpha + \left[N - \frac{J+H}{2}\right]\sin^2 2\alpha\right\} , \tag{1.3/88}$$

so daß wir mit (1.3/85) sowie $\lambda_z = \lambda_3$

$$\hat{r}(\alpha) = \frac{2K\cos^2 2\alpha + \left[N - \dfrac{J+H}{2}\right]\sin^2 2\alpha}{(J + H) + (J - H)\cos 2\alpha} \tag{1.3/89}$$

---

[42] $\hat{r}$ zur Unterscheidung von $r$ als Radius.
[43] meist stattdessen: Formänderungen.

erhalten. Daneben benötigen wir später

$$\varkappa_{xy} = e_{1x}e_{1y}\lambda_1 + e_{2x}e_{2y}\lambda_2 + (e_{1x}e_{2y} + e_{2x}e_{1y})\varkappa_{12}$$

$$= \frac{\Lambda}{2}\,\sigma_x\,\sin 2\alpha\left\{\frac{J-H}{2} + \left[2K - N + \frac{J+H}{2}\right]\cos 2\alpha\right\}. \tag{1.3/90}$$

Für $\alpha = 0°$, $\alpha = 45°$, $\alpha = 90°$ findet man bzw.

$$\hat{r}_0 = \frac{K}{J}, \qquad \hat{r}_{45} = \frac{N}{J+H} - \frac{1}{2}, \qquad \hat{r}_{90} = \frac{K}{H}. \tag{1.3/91}$$

Diese Werte sind ebenfalls in Tabelle 1.2 eingetragen. Man erkennt, daß dort ihre gegenseitige Differenz weniger als die Hälfte, nach Vlad [283] weniger als 10 % ihrer Durchschnittsgröße $\bar{r}$ ausmacht. Deshalb könnte es näherungsweise erlaubt sein, sie durch jenen Mittelwert[44]

$$\bar{r} = \frac{1}{4}\,[r_0 + 2r_{45} + r_{90}]$$

zu ersetzen (Tab. 1.2) und dann so zu tun, als ob

$$r = \bar{r} = \text{const}$$

nicht mehr von $\alpha$ abhängt. Solches Material wäre in der Blechebene (also „transversal" zur Normalen) isotrop und nur senkrecht dazu anisotrop. Man spricht von *transversaler Isotropie*.

Bild 1.17 b nach Woodthorpe und Pearce [160] gibt $\bar{r}$-Werte für Reinaluminium in Abhängigkeit vom Stauchgrad $|\varepsilon|$ (vgl. (1.1/2)) der Auswalzung wieder. Gemäß [127] bewährt sich das Hillsche Orthotropiemodell bei mehrachsiger Belastung im Falle $\bar{r} \leqq 1$ schlechter als für $\bar{r} > 1$. Ein allgemeiner Vergleich zwischen Theorie und Experiment findet sich in [556].

Als Bedingung für transversale Isotropie (senkrecht zu einer Orthotropieachse) folgt nach (1.3/91) mit $\hat{r}_0 = \hat{r}_{45} = \hat{r}_{90}$ zunächst

$$J = H, \qquad N = 2K + H, \tag{1.3/92a}$$

und dies liefert gemäß (1.3/89) tatsächlich allgemein $\hat{r} = \text{const}$. Wegen $\varkappa_{xy} = 0$ in (1.3/90) folgt nach Überlagerung zweier Normalspannungen $\sigma_x$, $\sigma_y$ in zueinander senkrechten Richtungen $x$, $y$, daß jeder Hauptspannungszustand auch Haupt-Formänderungsgeschwindigkeiten $\lambda_x$, $\lambda_y$ erzeugt, die mit $\sigma_x$, $\sigma_y$ unabhängig von $\alpha$ verknüpft sind. Insofern reicht (1.3/92a) für transversale Isotropie hin. Bei zusätzlichem Auftreten der Schubspannungen $\tau_{23}$, $\tau_{31}$ wäre in (1.3/78a), (1.3/79b) noch

$$G = M \tag{1.3/92b}$$

zu fordern.

Mehrere Arbeiten verallgemeinern Trescas Fließgesetz auf anisotrope Materialien [120, 121, 328]. Wir wollen nachstehend ein von Sawczuk [116] sowie von Ivlev [117] vorgeschlagenes in der Darstellung [330] wiedergeben. Hiernach kann es in den beschränkten Grenzen seiner Anwendbarkeit sogar anpassungsfähiger als das Hillsche sein, das in der Literatur uneinheitlich beurteilt wird. Wieder zeigt sich, daß Meßwerte häufig zwischen den Voraussagen beider Theorien liegen. Ferner übertragen sich die am Ende von Abschnitt 1.3.4.1 gemachten Feststellungen bezüglich der Fließgesetze von Tresca und Huber-v. Mises jetzt auf diejenigen nach Sawczuk-Ivlev bzw. Hill.

Zunächst müssen wir uns wie bei Tresca sinnvollerweise auf Hauptspannungen

$$\sigma = (\sigma_I, \sigma_{II}, \sigma_{III}) \text{ und Hauptformänderungsgeschwindigkeiten } \lambda = \begin{pmatrix} \lambda_I \\ \lambda_{II} \\ \lambda_{III} \end{pmatrix} \text{ beschrän-}$$

ken, also auf orthotrope Werkstoffe derart, daß die Hauptachsen der Spannungen ständig mit denen der Orthotropie zusammenfallen. Ferner denken wir uns an geeignet

---

[44] Beim Durchlaufen aller Winkel von $0°$ bis $180°$ tritt die $45°$-Richtung zweimal auf.

längs dieser Richtungen herausgeschnittenen Proben einachsige Zug/Druck-Versuche durchgeführt, die uns bei fehlendem Bauschinger-Effekt[45] drei im allgemeinen unterschiedliche Fließgrenzen

$$Y_I > 0\,, \qquad Y_{II} > 0\,, \qquad Y_{III} > 0 \qquad (1.3/93)$$

liefern. Ihr anisotropes Verfestigungsverhalten werde nicht untersucht; es müßte wohl in der Form

$$\left.\begin{aligned} Y_J &= Y_J(\bar\lambda_I, \bar\lambda_{II}, \bar\lambda_{III};\ \bar\varphi_I, \bar\varphi_{II}, \bar\varphi_{III};\ \vartheta) \\[2mm] \bar\lambda_J &= |\lambda_J|\,, \qquad \bar\varphi_J = \bar\varphi_{J_0} + \int_{t_0}^{t} \bar\lambda_J\,\mathrm{d}t \end{aligned}\right\} \qquad (1.3/94)$$

mit

vorgegeben sein (vgl. (1.1/16); $\vartheta$ ist die Temperatur). Entsprechende einachsige Zug/Druck-Versuche mit $|\sigma_j| = Y_j$ ($j = 1, 2, 3$) als jeweils alleiniger nicht-verschwindender Spannungskomponente würden für das Hillsche Fließkriterium (1.3/78 b) übrigens

$$Y_1 = \frac{1}{|\sqrt{J+K}|}\,, \qquad Y_2 = \frac{1}{|\sqrt{K+H}|}\,, \qquad Y_3 = \frac{1}{|\sqrt{H+J}|} \qquad (1.3/95)$$

liefern, wobei die 1,2,3-Koordinaten in irgendeiner Reihenfolge mit $I, II, III$ zusammenfallen.

Inkompressibilität vorausgesetzt, verzerrt sich der Querschnitt des Fließzylinders (Bild 1.15) vom regelmäßigen Trescaschen Sechseck (Bild 1.16a) in das unregelmäßige, noch punktsymmetrische Sawczuk-Ivlev-Sechseck, dessen linke Hälfte Bild 1.18 zeigt. Wie in Abschnitt 1.3.4.2 betrachten wir nur die Seite

$$\sigma_I \geqq \sigma_{III} \geqq \sigma_{II}\,. \qquad (1.3/96)$$

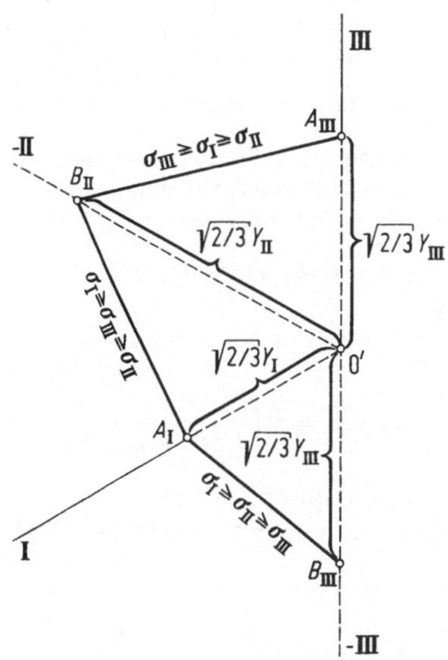


**Bild 1.18.** Sawczuk-Ivlev-Sechseck (linke Hälfte) als Verallgemeinerung des Tresca-Sechsecks von Bild 1.16a

---

[45] Dieser ließe sich hier leicht zusätzlich berücksichtigen.

Sie besitzt als Ebene im Hauptzustandsraum keinen Schnittpunkt mit der Zylinderachse $\sigma_I = \sigma_{II} = \sigma_{III}$, enthält aber die Punkte $A_I(\sigma_I = Y_I, \sigma_{II} = \sigma_{III} = 0)$ und $B_{II}(\sigma_{II} = -Y_{II}, \sigma_I = \sigma_{III} = 0)$, so daß ihre Gleichung als Fließbedingung in Verallgemeinerung von (1.3/53)

$$g(\sigma_I, \sigma_{II}, \sigma_{III}) = \frac{\sigma_I - \sigma_{III}}{Y_I} + \frac{\sigma_{III} - \sigma_{II}}{Y_{II}} = 1 \qquad (1.3/97)$$

lautet.

Hiermit testen wir die Konvexität des Fließortes. Alle Winkel des Polygons in Bild 1.18 müssen sich nach innen öffnen. Wenn wir den Winkel bei $B_{II}$ betrachten, so bedeutet dies zum Beispiel für den Punkt $A_{III}$, daß er auf der dem Ursprung zugewandten Seite der Ebene (1.3/97) liegt:

$$g(0, 0, Y_{III}) \leqq 1, \quad \text{also} \quad \frac{1}{Y_{II}} \leqq \frac{1}{Y_{III}} + \frac{1}{Y_I}.$$

Allgemein findet man die Konvexitätsbedingung

$$\frac{1}{Y_J} \leqq \frac{1}{Y_K} + \frac{1}{Y_L}, \qquad (1.3/98)$$

gültig für je drei *verschiedene* Indizes $J, K, L$. Offenbar regelt sie auch die Konvexität einer durch $A_{III}, B_{II}, A_I, B_{III}$ gelegten Kurve 2. Ordnung (Ellipse) und daher in Verbindung mit (1.3/95) die Konvexität des Hillschen Fließortes (1.3/78b). Die schärfere Forderung (1.3/80) braucht nur noch hinsichtlich $G, M, N$ aufrechterhalten zu bleiben.

Nunmehr leiten wir aus (1.3/97) wie in Abschnitt 1.3.4.2 mit geeigneten Faktoren $\bar{A}, \tilde{A}, \tilde{A}'$ die Fließregel ab und erhalten

$$\lambda_I = \frac{\bar{A}}{Y_I}, \qquad \lambda_{II} = -\frac{\bar{A}}{Y_{II}}, \qquad \lambda_{III} = \bar{A}\left(\frac{1}{Y_{II}} - \frac{1}{Y_I}\right) \quad \text{für} \quad \sigma_I > \sigma_{III} > \sigma_{II},$$

$$\lambda_I = \frac{\tilde{A} + \tilde{A}'}{\lambda_I}, \qquad \lambda_{II} = -\frac{\tilde{A}}{Y_{II}} + \tilde{A}'\left(\frac{1}{Y_{III}} - \frac{1}{Y_I}\right), \qquad \lambda_{III} = \tilde{A}\left(\frac{1}{Y_{II}} - \frac{1}{Y_I}\right) - \frac{\tilde{A}'}{Y_{III}}$$

$$\text{für} \quad \sigma_I > \sigma_{III} = \sigma_{II},$$

$$\lambda_I = \frac{\bar{A}}{Y_I} + \tilde{A}'\left(\frac{1}{Y_{II}} - \frac{1}{Y_{III}}\right), \qquad \lambda_{II} = -\frac{\tilde{A} + \tilde{A}'}{Y_{II}}, \qquad \lambda_{III} = \tilde{A}\left(\frac{1}{Y_{II}} - \frac{1}{Y_I}\right) + \frac{\tilde{A}'}{Y_{III}}$$

$$\text{für} \quad \sigma_I = \sigma_{III} > \sigma_{II}.$$

Da Inkompressibilität besteht, dürfen wir in jeder Zeile die dritte Gleichung weglassen und durch die Inkompressibilitätsbedingung $\lambda_I + \lambda_{II} + \lambda_{III} = 0$ ersetzen. Es bleiben, wenn man nach $\bar{A} \geqq 0$, $\tilde{A} \geqq 0$, $\tilde{A}' \geqq 0$ auflöst, wegen (1.3/98)

$$Y_I\lambda_I = -Y_{II}\lambda_{II} = \bar{A} \geqq 0;$$

$$\frac{Y_I}{Y_{II}}\lambda_I + \lambda_{II} = \tilde{A}'\left(\frac{1}{Y_{III}} + \frac{1}{Y_{II}} - \frac{1}{Y_I}\right) \geqq 0, \quad Y_I\left(\frac{1}{Y_{III}} - \frac{1}{Y_I}\right)\lambda_I - \lambda_{II} = \tilde{A}\left(\frac{1}{Y_{III}} + \frac{1}{Y_{II}} - \frac{1}{Y_I}\right) \geqq 0;$$

$$\frac{Y_{II}}{Y_I}\lambda_{II} + \lambda_I = \tilde{A}'\left(\frac{1}{Y_{II}} - \frac{1}{Y_{III}} - \frac{1}{Y_I}\right) \leqq 0, \quad -Y_{II}\left(\frac{1}{Y_{II}} - \frac{1}{Y_{III}}\right)\lambda_{II} - \lambda_I = \tilde{A}\left(\frac{1}{Y_{II}} - \frac{1}{Y_{III}} - \frac{1}{Y_I}\right) \leqq 0.$$

Dies entspricht, gegebenenfalls nach Umformung mit der Inkompressibilitätsbedingung, wegen (1.3/93) der Fließregel

$$Y_I\lambda_I + Y_{II}\lambda_{II} = 0, \qquad \lambda_I \geqq 0 \qquad\qquad \text{für} \quad \sigma_I > \sigma_{III} > \sigma_{II}, \qquad (1.3/99\,\text{a})$$

$$Y_I\lambda_I + Y_{II}\lambda_{II} \geqq 0, \qquad Y_I\lambda_I + Y_{III}\lambda_{III} \geqq 0 \qquad \text{für} \quad \sigma_I > \sigma_{III} = \sigma_{II}, \qquad (1.3/99\,\text{b})$$

$$Y_I\lambda_I + Y_{II}\lambda_{II} \leqq 0, \qquad Y_{III}\lambda_{III} + Y_{II}\lambda_{II} \leqq 0 \qquad \text{für} \quad \sigma_I = \sigma_{III} > \sigma_{II}, \qquad (1.3/99\,\text{c})$$

$$\lambda_I + \lambda_{II} + \lambda_{III} = 0. \qquad (1.3/99\,\text{d})$$

Wegen $L = 1$ (im Vergleich von (1.3/97) mit (1.2/52)) sowie (1.2/54) (bzw. (1.3/12)) und (1.2/55) stellt $\bar{\Lambda}$ bzw. $\tilde{\Lambda} + \tilde{\Lambda}'$ die Leistungsdichte $\Lambda$ dar. Sie beträgt in den drei Fällen (1.3/99a, b, c) offenbar $Y_I \lambda_I$, $Y_I \lambda_I$, $|Y_{II} \lambda_{II}|$. Man kann

$$\Lambda = |Y_J \lambda_J|_{\max} \qquad (1.3/100)$$

nachweisen, woraus entsprechend (1.3/79b) die Arbeitsdichte $\Phi$ folgt.

Es falle jetzt wieder das 1,2,3-Koordinatensystem in irgendeiner Reihenfolge mit den Hauptachsen *I, II, III* zusammen, und es bestehe transversale Isotropie in der 1,2-(,,Blech-")Ebene. Dann führen wir

$$Y_1 = Y_2 = Y, \qquad Y_3 = Y_D, \qquad \Omega = Y/Y_D \qquad (1.3/101)$$

ein, wobei der dimensionslose Anisotropieparameter $\Omega$ nach (1.3/98), (1.3/99) die Beschränkung

$$0 < \Omega \leqq 2 \qquad (1.3/102)$$

erfüllt und $\Omega = 1$ den isotropen Fall repräsentiert.

Für das Hillsche Fließgesetz folgt wegen (1.3/92), (1.3/95), (1.3/91) und $\bar{r} = \bar{r}_0$ (Richtungsunabhängigkeit)

$$\Omega = \sqrt{\frac{2}{1 + \bar{r}}}, \qquad \bar{r} = \frac{2}{\Omega^2} - 1 \qquad (1.3/103)$$

mit $\bar{r}$ als (bei leichter Abweichung von der transversalen Isotropie: mittlerem) $r$-Wert des Bleches.

Das Sawczuk-Ivlevsche Gesetz liefert gemäß Bild 1.17 für $\alpha = 0$ mit $\sigma_x = \sigma_1 > 0$, $\sigma_y = \sigma_z = 0$ entsprechend (1.3/99b), (1.3/99d) zunächst $0 \leqq \lambda_x + \lambda_y = -\lambda_z$, d. h. $\lambda_z \leqq 0$, und $\Omega \lambda_x + \lambda_z \geqq 0$, also wegen $\lambda_y = -(\lambda_z + \lambda_x)$ sowie (1.3/85) lediglich die Ungleichung

$$\bar{r} \geq \frac{1}{\Omega} - 1 \qquad (1.3/104)$$

Damit wird ein unendlich großer Streubereich festgelegt, der zunächst nicht im Widerspruch zu beobachteten starken experimentellen Schwankungen steht. Nach (1.3/102) gilt

$$1 \leqq \frac{2}{\Omega}, \quad \text{also} \quad \frac{2}{\Omega} \leqq \left(\frac{2}{\Omega}\right)^2, \quad \frac{1}{\Omega} \leqq \frac{2}{\Omega^2},$$

so daß der $r$-Wert nach (1.3/103) ebenfalls der Ungleichung (1.3/104) genügt. Hieran läßt sich nicht entscheiden, welche Theorie die bessere ist. Jedenfalls hat man in beiden Fällen die Abschätzung

$$\bar{r} \geqq -\frac{1}{2}. \qquad (1.3/105)$$

Abschließend sei für das Fließgesetz nach Hill und für dasjenige nach Sawczuk-Ivlev die Frage der (kinematischen) Zulässigkeit eines Formänderungsgeschwindigkeitszustandes geklärt (vgl. Geometrisches Fließgesetz, Abschnitt 1.2.4). Fallen die Spannungshauptachsen mit den Orthotropieachsen zusammen, so. schneiden die zylindrischen Fließorte die Oktaederebene (Bild 1.18) in einer Ellipse bzw. einem Sechseck durch die Punkte $A_{III}$, $B_{II}$, $A_I$, $B_{III}$ usw., also längs geschlossener Kurven mit Normalen in jeder beliebigen Richtung. Treten beim Hillschen Fließgesetz Schubspannungen hinzu, so ändert sich nichts, weil die Gleichungen (1.3/78a) beliebige Schergeschwindigkeiten erlauben. Daher besteht auch hier (wie am Ende von Abschnitt 1.3.4.1) außer der *Inkompressibilität* keine weitere Einschränkung: Diese stellt die einzige Zulässigkeitsbedingung dar.

### 1.3.6 Fließgesetz nach Coulomb-Mohr
### für isotropes, kompressibles Material und Verallgemeinerungen

Auf Ch. A. Coulomb (1736—1806) geht die mit dem Gesetz der trockenen („Coulombschen") Reibung verbundene Annahme zurück, daß die (maximale) Schubspannung $\tau_v$ auf irgendein durch die Einsnormale $v$ charakterisiertes Schnittufer im Körperinnern niemals eine Größe überschreiten darf, die durch den Normaldruck $-\sigma_v$, den *inneren Gleit-Reibwert* $\mu$ und die Scherfließgrenze $k$ („Kohäsion") bestimmt ist [112]:

$$|\tau_v| \leqq -\mu\sigma_v + k\,, \qquad k \geqq 0. \qquad (1.3/106)$$

Hierbei hängen $\mu$ und $k$ bei isotropem Material nicht von $v$ ab, dürfen jedoch im Prinzip ortsvariabel sowie Funktionen von inneren Parametern, zum Beispiel der Temperatur, der Formänderungsvorgeschichte und der Formänderungsgeschwindigkeit sein. Man muß $k \geqq 0$ voraussetzen, damit der Spannungsnullpunkt $\tau_v = \sigma_v = 0$ zulässig bleibt. Hingegen ist *formal* auch $\mu < 0$ denkbar.

Man führt wie üblich den *inneren Gleit-Reibwinkel* $\Psi$ gemäß

$$\mu = \tan \Psi\,, \qquad -\frac{\pi}{2} < \Psi < \frac{\pi}{2} \qquad (1.3/107)$$

ein. Für $\mu < 0$, $\Psi < 0$ versagt die anschauliche Interpretierbarkeit mittels des Begriffs der Gleitreibung, so daß sich die Literatur meist auf $\mu \geqq 0$, $\Psi \geqq 0$ beschränkt. Ferner schließt man gelegentlich auch Zugspannungen $\sigma_v > 0$ aus, doch wollen wir solches höchstens unmittelbar bei den Anwendungen beachten, hier aber die allgemeine Zulässigkeitsbedingung (1.3/106) mit (1.3/107) zugrunde legen.

Sie oder ihre Erweiterungen regieren weite Bereiche der *Boden-* und *Felsmechanik* bzw. der *Kontinuumsmechanik körniger („granularer") Medien.* So kann man $k$ als Haftspannung zwischen den Körnern deuten, die nach Beginn einer Bewegung in Gleitreibung übergeht, oder als Scherfestigkeit eines noch massiven Felsgesteins, das nach deren Überschreitung (gegebenenfalls längs vorhandener Fugen) bricht und dann erst einen granularen Zustand annimmt. Beides legt nahe, $k$ im Laufe der Deformation als absinkend anzunehmen (*Entfestigung*). Oft, so zum Beispiel bei trockenem Sand, rechnet man von vornherein mit $k = 0$ (*kohäsionsloses* Verhalten [151]).

O. Mohr (1835—1918, vgl. [110]) schrieb die Zulässigkeitsbedingung (1.3/106) für den *ebenen Formänderungszustand* (*I/II*-Hauptebene) als Fließbedingung um. Zu eben diesem Zweck tragen wir die „Grenzgeraden" $|\tau_v| = -\sigma_v \tan \Psi + k$ in der $\tau_v,\sigma_v$-Ebene von Bild 1.19a an. Sie schließen den Bereich der zulässigen Spannungszustände ein. Diese werden durch Mohrsche Kreise repräsentiert (vgl. Anhang, Bild A.6). *Grenzspannungszustände*, welche die Fließbedingung (1.3/106) mit Gleichheit für wenigstens eine Richtung $v$ erfüllen, gehören wie gezeichnet zu Mohrschen „Grenzkreisen". Diese berühren die Grenzgeraden, und zwar unter den „Grenzwinkeln"

$$\alpha_g = \pm \left( \frac{\pi}{4} - \frac{\Psi}{2} \right). \qquad (1.3/108)$$

So gesehen stellen die Grenzgeraden *Einhüllende* aller Grenzkreise dar. Eine schon auf Mohr zurückgehende Verallgemeinerung oder auch die oben erwähnte mögliche Einschränkung $\sigma_v \leqq 0$ bezieht sich auf gekrümmte bzw. abgewinkelte Einhüllende.

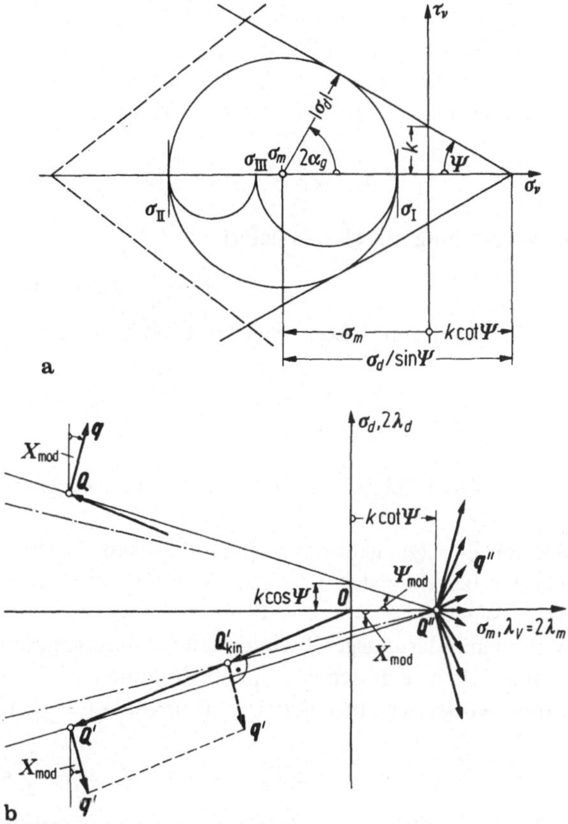


**Bild 1.19.** Zum Coulomb-Mohrschen Fließgesetz.
**a** Grenzgeraden ——————— für $\Psi \geqq 0$, ——————— für $\Psi < 0$; Mohrscher Grenzkreis für $\Psi > 0$, $\sigma_I > \sigma_{II}$; Mohrsche (Halb-)Kreise für $\sigma_I > \sigma_{III} > \sigma_{II}$. $\alpha_g$ Grenzwinkel.
**b** ——————— statischer Fließort für $\Psi \geqq 0$, $\Psi_{mod} \geqq 0$; —·—·—·— kinematischer Fließort für $0 \leqq X_{mod} \leqq \Psi_{mod}$. $Q, Q', Q''$ Punkte bzw. Vektoren der generalisierten Spannungen. $q, q', q''$ Vektoren der zugehörigen Formänderungsgeschwindigkeiten. $q'$ zum Beispiel ist Auswärtsnormale des kinematischen Fließortes im Durchstoßpunkt $Q'_{kin}$ des Vektors zum Spannungspunkt $Q'$

Für den Grenzkreis liest man

$$-\sigma_m + k \cot \Psi = \frac{|\sigma_d|}{\sin \Psi}$$

ab, woraus die *Coulomb-Mohrsche Fließbedingung*

$$g(\sigma_m, \sigma_d) = |\sigma_d| + \sigma_m \sin \Psi = k \cos \Psi \qquad (1.3/109)$$

in der normierten Darstellung $g = L$ mit (1.2/49), (1.2/51), $L = k \cos \Psi$ als generalisierter Fließgrenze und (vgl. Anhang, Gln. (A.2/36))

$$\left.\begin{aligned}
Q_1 &= \sigma_m = \frac{1}{2}(\sigma_I + \sigma_{II}) = \frac{1}{2}(\sigma_1 + \sigma_2), \\
Q_2 &= \sigma_d = \frac{1}{2}(\sigma_I - \sigma_{II}) = \pm\sqrt{\left(\frac{\sigma_1 - \sigma_2}{2}\right)^2 + \tau^2}
\end{aligned}\right\} \qquad (1.3/110)$$

als generalisierten Spannungen folgt. $\sigma_m$ charakterisiert den Mittelpunkt, $\sigma_d$ den (vorzeichenbehafteten) Radius des jeweils betrachteten Mohrschen Kreises; $\sigma_1 = \sigma_{11}$, $\sigma_2 = \sigma_{22}$ und $\tau = \sigma_{12} = \sigma_{21}$ stellen die Spannungen in einem beliebig gegen die Hauptachsen $I$, $II$ gedrehten Koordinatensystem 1, 2 dar. Die Identität

$$\frac{1}{2}(\sigma_I + \sigma_{II})(\lambda_I + \lambda_{II}) + \frac{1}{2}(\sigma_I - \sigma_{II})(\lambda_I - \lambda_{II}) = \sigma_I\lambda_I + \sigma_{II}\lambda_{II}$$

in Verbindung mit (1.3/2) liefert

$$\Lambda = 2\lambda_m\sigma_m + 2\lambda_d\sigma_d \tag{1.3/111}$$

als Formänderungs-Leistungsdichte, so daß nach (1.2/7)

$$\left.\begin{array}{ll} q_1 = 2\lambda_m = \lambda_V & \text{mit} \quad \lambda_m = \frac{1}{2}(\lambda_I + \lambda_{II}) = \frac{1}{2}(\lambda_1 + \lambda_2), \\[2ex] q_2 = 2\lambda_d & \text{mit} \quad \lambda_d = \frac{1}{2}(\lambda_I - \lambda_{II}) = \pm\sqrt{\left(\frac{\lambda_1 - \lambda_2}{2}\right)^2 + \varkappa^2} \end{array}\right\} \tag{1.3/112}$$

die zu $Q_1$, $Q_2$ gehörigen generalisierten Formänderungsgeschwindigkeiten sind. Hierbei beziehen sich $\lambda_1 = \lambda_{11}$, $\lambda_2 = \lambda_{22}$, $\varkappa = \lambda_{12} = \lambda_{21}$ wieder auf gedrehte Achsen 1, 2. Wegen $\lambda_{33} = \lambda_{III} = 0$ (ebene Formänderung) und (1.3/48) läßt sich $q_1$ als Volumenänderungsgeschwindigkeit („Dilatanzgeschwindigkeit") $\lambda_V$ deuten.

Bild 1.19b zeigt den zur Fließbedingung (1.3/109) gehörigen Fließort im Zustandsraum, wobei der „modifizierte" Reibwinkel $\Psi_{\text{mod}}$ über

$$\tan\Psi_{\text{mod}} = \sin\Psi, \qquad -\frac{\pi}{4} < \Psi_{\text{mod}} < \frac{\pi}{4} \tag{1.3/113}$$

definiert ist. Wir wollen hier genauer vom „statischen" Fließort sprechen.

Würde nun die Normalitätsregel als Fließregel gelten (vgl. geometrisches Fließgesetz in Abschnitt 1.2.4), so müßte

$$X_{\text{mod}} = \Psi_{\text{mod}}, \qquad X = \Psi \tag{1.3/114}$$

erfüllt sein, wobei die „Dilatanzwinkel" $X$ und $X_{\text{mod}}$ zunächst formal eingeführt sind und untereinander analog (1.3/113) über

$$\tan X_{\text{mod}} = \sin X, \qquad -\frac{\pi}{2} < X < \frac{\pi}{2}, \qquad -\frac{\pi}{4} < X_{\text{mod}} < \frac{\pi}{4} \tag{1.3/115}$$

zusammenhängen.

Ein solches Fließgesetz wurde 1952 von Drucker und Prager formuliert [37]. Es trifft nach Roscoe gelegentlich für sehr große Formänderungen (dann wohl mit $X = \Psi \to 0$) zu [534], doch ist selbst dies keinesfalls sicher. Denn die auf S. 38/39 als Begründung festgestellte Analogie zwischen Stabwerken und dem Kristallgitter von Metallen läßt sich anschaulich kaum auf granulare Haufwerke übertragen. Experimente an einem *ebenen*, aus parallelen zylindrischen Stahlnadeln zusammengesetzten kohäsionslosen Material unter rotationssymmetrischer Scherbeanspruchung [285] zeigen in der Tat deutliche Abweichungen von der Normalenregel, während die Spannungspunkte für sich sauber auf dem durch die Coulomb-Mohrsche Fließbedingung bestimmten *statischen* Fließort liegen (Bild 1.20). Man kann hier zusätzlich einen „kinematischen" Fließort $h(Q) = $ const einführen, zum Beispiel durch $h(Q) = |\sigma_d| + \sigma_m \sin X = k \cos X$ (vgl. (1.3/109)) oder allgemeiner mittels einer gemäß (1.2/57) *homogenen* Funktion $h$, auf welchem der Vektor der Formänderungsgeschwindigkeiten $q$ senkrecht steht derart, daß $h(Q)$ statt $g(Q)$ als *Fließpotential* in die Fließregel (1.2/52) einzusetzen

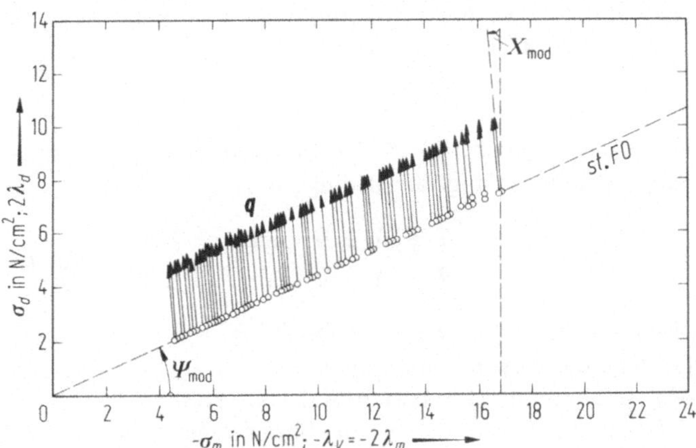



**Bild 1.20.** Statischer Fließort (st. *FO*), Vektoren $q$ der generalisierten Formänderungsgeschwindigkeiten sowie modifizierte Reibungs- und Dilatanzwinkel $\Psi_{\text{mod}}$, $X_{\text{mod}}$ für ein „ebenes" granulares Material aus parallel angeordneten Stahlnadeln nach [285]. Relative Dichte $\varrho_{\text{rel}} = 0,82$

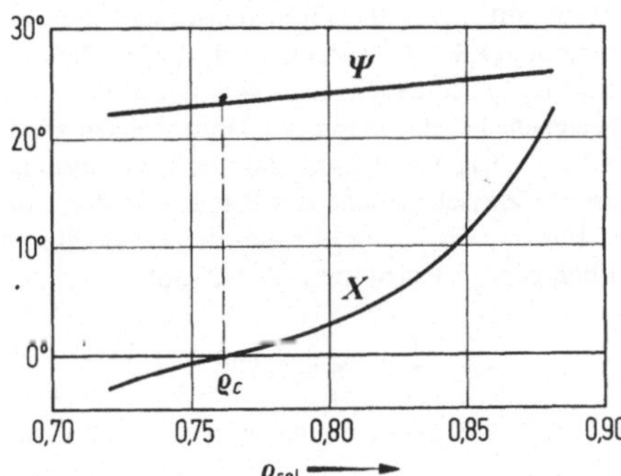



**Bild 1.21.** Abhängigkeit des Reibwinkels $\Psi$ und des Dilatanzwinkels $X$ von der relativen Dichte $\varrho_{\text{rel}}$ nach [285], Material wie in Bild 1.20. $\varrho_c$ Kritische Dichte

wäre. Dies hat Melan, später Radenković vorgeschlagen [535] und gleichzeitig die dann *ungültigen* Extremalsätze der Standardplastizität (Abschnitt 1.3.3) verallgemeinert — vgl. auch [42]. $\Psi$ und $X$ bzw. $X_{\text{mod}}$ hängen im wesentlichen von der Dichte $\varrho$ des Materials ab, hier speziell von der *relativen Dichte* $\varrho_{\text{rel}}$ als Verhältnis des eigentlichen Feststoffvolumens der Körner zum Gesamtvolumen des Haufwerks (Bild 1.21). Für die „kritische" relative Dichte $\varrho_c$ gilt $X = X_{\text{mod}} = 0$; bei ihr verformt sich das Material inkompressibel ($\lambda_V = 0$, Bild 1.19b). Standardplastizität (1.3/114) stellt sich annähernd für hohe Dichten $\varrho_{\text{rel}} \to 1$ ein.

Man erkennt für das untersuchte Material: Bei Ausgangsdichten $\varrho_{\text{rel}} > \varrho_c$ folgt nach Bild 1.21 mit Bild 1.20 $\lambda_V > 0$, also *Auflockerung*. Für $\varrho_{\text{rel}} < \varrho_c$ hat man *Verdichtung*, so daß in beiden Fällen während der Deformation $\varrho_{\text{rel}}$ gegen $\varrho_c$ strebt: *Große Formänderungen verlaufen annähernd inkompressibel.*

Aus Bild 1.19 liest man bei gegebenen Dilatanzwinkel $X_{\text{mod}}$ bzw. $X$ über (1.3/115) zunächst für die Punkte $Q$ und $Q'$ (ohne den Fächer bei $Q''$) die Fließregel

$$\lambda_V = 2\,|\lambda_d|\sin X, \qquad \sigma_d \lambda_d \geqq 0 \quad \text{für} \quad \sigma_m \sin \Psi < k \cos \Psi \qquad (1.3/116)$$

ab, deren erster Ausdruck gleichzeitig die *kinematische Zulässigkeitsbedingung* für solche Formänderungs-Geschwindigkeitszustände darstellt. Zulässigkeit bedeutet jetzt naturgemäß *keine* Inkompressibilität mehr! Als plastische Dissipations-Leistungsdichte $\Lambda$ ergibt sich über (1.3/111), (1.3/109) und (1.3/116) wegen $\lambda_V = 2\lambda_m$

$$\Lambda = 2\,|\lambda_d|\,\{k\cos\Psi - \sigma_m(\sin\Psi - \sin X)\}\,. \tag{1.3/117}$$

Da je nach Vorzeichen $\Psi \gtreqless 0$ Spannungswerte von $\sigma_m \to \mp \infty$ bis $\sigma_m = k\cot\Psi$ zulässig sind, verlangt die Bedingung $\Lambda \geq 0$ ferner

$$\begin{aligned}\Psi \geq X \geq 0 \quad\text{falls}\quad \Psi \geq 0 \\ \Psi \leq X \leq 0 \quad\text{falls}\quad \Psi \leq 0\end{aligned} \quad \text{und}\quad k > 0\,, \tag{1.3/118}$$

also insbesondere $X = \Psi = 0$, falls $\Psi = 0$: Beim Trescaschen Stoffgesetz als Sonderfall *muß* die Normalitätsregel gelten. Für $k = 0$ entfällt die Forderung $X \geq 0$ bzw. $X \leq 0$. Damit ist (1.3/118) in Bild 1.21 erfüllt.

In Abschn. 2.4 werden wir die Beziehungen (1.3/116), (1.3/117) auch auf *Geschwindigkeits-Sprungflächen* verallgemeinern (vgl. (2.4/5a—c)).

Wir wollen jetzt das Coulomb-Mohrsche Fließgesetz nach dem Vorbild von Shield [99] für den 3-dimensionalen Hauptspannungszustand formulieren und dabei auch die oben weggelassene Spitze bei $Q''$ (Bild 1.19b) mit einbeziehen. Zunächst betrachten wir wie bisher die *I/II*-Hauptebene als Fließebene mit $\lambda_{III} = 0$. Damit dann nicht etwa in der *I/III*- oder der *III/II*-Ebene die Zulässigkeitsbedingung (1.3/106) verletzt wird, dürfen die dortigen Mohrschen Kreise nicht die Grenzgeraden von Bild 1.19a schneiden. Dies verlangt offensichtlich $\sigma_I \geq \sigma_{III} \geq \sigma_{II}$, eine Ungleichung, die man durch geeignete Numerierung der Hauptachsen stets erzwingt. Man könnte übrigens ähnlich wie in [517, Ziff. 9.3.3.1] nachweisen, daß die Coulombsche Zulässigkeitsbedingung (1.3/106) dann auch für jede andere Zwischenebene des Raumes besteht, die keine Hauptebene ist.

Für $\sigma_I > \sigma_{III} > \sigma_{II}$, wenn die Fließbedingung also nur in der *I/II*-Ebene erfüllt wird, führt die Fließregel (1.3/116) mit (1.3/112) auf

$$\lambda_I = \frac{\lambda_V}{2} + \lambda_d = \lambda_d(\sin X + 1)\,, \qquad \lambda_{III} = 0\,, \qquad \lambda_{II} = \frac{\lambda_V}{2} - \lambda_d = \lambda_d(\sin X - 1)\,,$$

worin $\lambda_d \geq 0$ als beliebiger Proportionalitätsfaktor anzusehen ist. Man erkennt

$$\lambda_I \geq 0\,, \qquad \lambda_{III} = 0\,, \qquad \lambda_{II} \leq 0$$

wie in Trescas Fließregel (1.3/54a), jetzt jedoch statt (1.3/54d) kombiniert mit der Bedingung (1.3/116) selbst, die wir wegen der vorstehenden Relationen in der Form

$$\lambda_V = \lambda_I + \lambda_{II} + \lambda_{III} = (|\lambda_I| + |\lambda_{II}| + |\lambda_{III}|)\sin X \tag{1.3/119}$$

schreiben. Vertauschung der Achsen *III* und *II* bzw. *III* und *I*, also Übergang zu $\sigma_I > \sigma_{II} > \sigma_{III}$ bzw. $\sigma_{III} > \sigma_I > \sigma_{II}$, ändert an (1.3/119) nichts, ergibt aber bei Überlagerung der $\lambda_I$, $\lambda_{II}$, $\lambda_{III}$ mit den obigen Werten jetzt $\lambda_I \geq 0$, $\lambda_{III} \leq 0$, $\lambda_{II} \leq 0$ für $\sigma_I > \sigma_{II} = \sigma_{III}$ bzw. $\lambda_I \geq 0$, $\lambda_{III} \geq 0$, $\lambda_{II} \leq 0$ für $\sigma_I = \sigma_{II} > \sigma_{III}$, das sind die Gleichungen (1.3/54b, c) von Trescas Fließregel. Anstelle der Inkompressibilitätsbedingung (1.3/54d) ist dann (1.3/119) die Bedingung für *kinematische Zulässigkeit*, immer noch vorausgesetzt, daß vorläufig der Spannungszustand an der Spitze $Q''$ des Fließortes von Bild 1.19b, d. h.

$$\sigma_I = \sigma_{II} = \sigma_{III} = k\cos\Psi\,, \tag{1.3/120}$$

ausgeschlossen wird.

*Dann stellen die Beziehungen (1.3/54a, b, c) als Fließregel, die Fließbedingung (1.3/109) mit (1.3/110) und die Zulässigkeitsbedingung (1.3/119) das Fließgesetz dar.*

An der Spitze (1.3/120) selbst können alle Achsen *I*, *II*, *III* ausgetauscht werden, so daß die Fließregel (1.3/54a, b, c) als Einschränkung entfällt. Dabei entstehen die Vektoren $q''$ des Fächers bei $Q''$ (Bild 1.19b) anschaulich durch Überlagerung eines beliebigen, auf den angrenzenden Seiten des Fließortes zulässigen Vektors $q$, $q'$ mit einem beliebig horizontal gerichteten ($q_1 = \lambda_V'' \neq 0$, $q_2 = 2\lambda_d'' = 0$) derart, daß $\lambda_V'' \geq 0$ für $X > 0$, $\lambda_V'' \leq 0$ für $X < 0$, wogegen $\lambda_V''$ für $X = 0$ entfällt. Wenn wir dementsprechend zu (1.3/116) und als Konsequenz zu (1.3/119) $\lambda_v'' \gtreqless 0 = |\lambda_d''|$ addieren, so erhalten wir insgesamt

$$\left.\begin{aligned}\lambda_v &\geq 2|\lambda_d| \sin X \quad \text{für} \quad X \geq 0 , \\ \lambda_v &\leq 2|\lambda_d| \sin X \quad \text{für} \quad X \leq 0 \end{aligned}\right\} \tag{1.3/121a}$$

in der Ebene bzw.

$$\left.\begin{aligned}\lambda_v &= \lambda_I + \lambda_{II} + \lambda_{III} \geq (|\lambda_I| + |\lambda_{II}| + |\lambda_{III}|) \sin X \quad \text{für} \quad X \geq 0 , \\ \lambda_v &= \lambda_I + \lambda_{II} + \lambda_{III} \leq (|\lambda_I| + |\lambda_{II}| + |\lambda_{III}|) \sin X \quad \text{für} \quad X \leq 0 \end{aligned}\right\} \tag{1.3/121b}$$

im Raum: Als *Fließregel* für die Spitze (1.3/120) und gleichzeitig als *allgemeine kinematische Zulässigkeitsbedingung*. Sie schließt (1.3/116) bzw. (1.3/119) ein.

Weitere Informationen über die Plastomechanik granularer Medien entnimmt man u. a. einem Buch von Salençon [38]. Es sei nochmals darauf hingewiesen, daß die Extremalsätze von Abschnitt 1.3.3 so nur für *standard-plastisches* Material $X = \Psi$ gelten.

# 2 Einige geschlossene Lösungen und deren Erweiterungen

Geschlossene Lösungen der Grundgleichungen starrplastischer (sowie erst recht: elastisch-plastischer) Materialien existieren nur für einfache geometrische Formen und für mathematisch leicht beschreibbares Werkstoffverhalten (z. B.: idealplastisch). Wir beginnen mit Torsions-, Zug- bzw. Druckbeanspruchungen gerader Stäbe oder Rohre und wenden uns dann den Biegevorgängen zu. Dies eröffnet uns schließlich den Übergang zum Tiefziehen, Rohrziehen und zu ähnlichen Umformvorgängen dünnwandiger Körper, wobei auch Ansätze für Hochgeschwindigkeitsumformung sowie für anisotrope Metalle gestreift werden.

## 2.1 Zug-, Druck- und Torsionsbeanspruchung gerader Stäbe mit Voll- und Hohlquerschnitten

### 2.1.1 Torsion von Rundstäben und Kreiszylindern

Der Torsionsversuch erlaubt bei duktilem Material sehr große Formänderungen ohne Instabilitäten oder Bruch und wird deshalb gern zur Ermittelung von Kaltfließkurven [166—168, 541] und Warmfließkurven [172, 625] der Metalle herangezogen. Hecker mißt den Bauschinger-Effekt [2]; dort findet der Leser weitere Literatur. Wie bei Metallen üblich, setzen wir *Inkompressibilität* voraus.

Bild 2.1 zeigt das Prinzip einer Versuchsanordnung. Die Probe, an den Enden zum Zwecke einer festen Einspannung verstärkt („Einspannköpfe"), wird von der linken Klemmbacke gegen Drehung festgehalten, während das rechte Spannfutter mittels eines Antriebes (Drehwinkel $\beta_A$, Torsionsmoment $M$) umläuft.

Wir beschränken uns hier auf *zylindrische* Hohl- oder Vollproben (Außenradius $b$, Innenradius $a$; ggf. $a = 0$) konstanter Werkstoffzusammensetzung und Temperatur $\vartheta$; ferner setzen wir neben dieser *Homogenität* vorerst auch *Isotropie* voraus. Dementsprechend erwarten wir ein Zylindrischbleiben der Probe sowie keine Längenänderung oder radiale Verformung; $a$, $b$ und die Meßlänge $l$ sind fest. Wir führen Zylinderkoordinaten $r$, $\psi$, $z$ ein ($z$ Zylinderachse) und beziehen den Drehwinkel $\beta$ der Querschnitte $z = $ const, $0 \leqq z \leqq l$, auf die Drehung des Anfangsquerschnittes — setzen also $\beta = 0$ für $z = 0$. Entsprechend wird der maximale Drehwinkel $\beta_l$ am Ende $z = l$ der Meßstrecke ermittelt; er kann wegen der deformierbaren Ein-

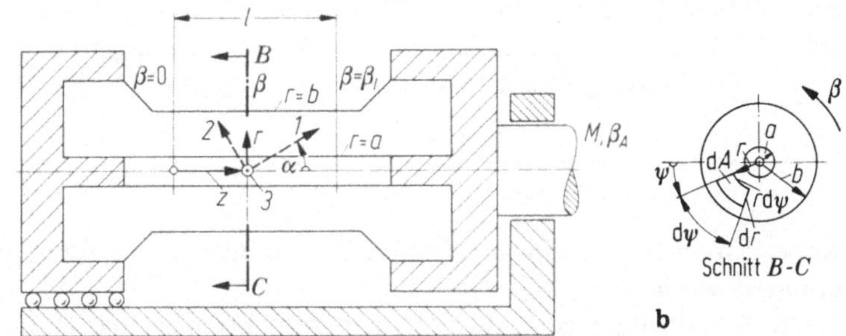



**Bild 2.1.** Prinzip einer Versuchsanordnung zur Torsion von Hohl- bzw. Vollzylindern. Zylinderkoordinaten $r$, $\psi$, $z$.
**a** Meßlänge $l$; Drehwinkel $\beta$ der Querschnitte gegen denjenigen bei $z = 0$, Torsionsmoment $M$, unbehinderte Längenänderung. $1$, $2$, $3$: Orthotropiehauptachsen eines beliebigen Punktes *vor* der Stabachse $z$, Neigung $\alpha$ gegen die Stabrichtung. Die Orthotropieachse $3$ weist zum Betrachter hin.
**b** Probenquerschnitt, Innenradius $a$, Außenradius $b$, Flächenelement $dA = r\,d\psi\,dr$

spannung geringfügig von $\beta_A$ abweichen. Die Drehung wird dann linear mit $z$ anwachsen,

$$\beta = \frac{z}{l}\,\beta_l\,. \tag{2.1/1}$$

Dies bestätigt sich bei geeignet gewählter Meßlänge tatsächlich experimentell genügend genau [167, 168, 2], während die infolge unvermeidlicher Anisotropieen sich ändernde Probenlänge [174] sogar dann zu großen Längsspannungen führen kann, wenn die Längsverformung geometrisch vernachlässigbar klein bleibt. Jene Spannung wird durch die freie Verschieblichkeit z. B. der linken Probeneinspannung verhindert (Bild 2.1 a).

Entsprechend (2.1/1) haben wir $\dot{\beta} = \frac{z}{l}\,\dot{\beta}_l$ für die Drehwinkelgeschwindigkeiten fester Querschnitte $\frac{z}{l} = \text{const}$ und finden $v_\psi = r\dot{\beta} = r\frac{z}{l}\,\dot{\beta}_l$ als Umfangsgeschwindigkeit eines Probenteilchens im Abstand $r$ von der Achse.

Wir setzen *Rotationssymmetrie*, also Unabhängigkeit aller Größen vom *Azimutalwinkel* $\psi$ voraus. Dann beträgt die *Torsionsschergeschwindigkeit* $\varkappa = \varkappa_{z\psi} = \varkappa_{\psi z}$ als einzige nicht-verschwindende Formänderungskomponente gerade

$$\varkappa = \frac{1}{2}\frac{\partial v_\psi}{\partial z} = \frac{1}{2}\frac{r}{l}\,\dot{\beta}_l\,. \tag{2.1/2}$$

(vgl. Anhang, Gl. (A.2/21)). Die Gleichgewichtsbedingungen (A.2/20) sind bei Abwesenheit von Volumenkräften (d. h. insbesondere Vernachlässigung von Trägheitskräften und des Eigengewichtes) erfüllt, wenn allein die *Torsionsschubspannung* $\tau = \tau_{z\psi} = \tau_{\psi z}$ als von 0 verschiedene Spannungskoordinate auftritt, sofern $\tau$ (wie aufgrund der Symmetrien zu erwarten) nur vom Radius $r$ abhängt. Der Spannungs- und Deformationszustand entspricht dann als Sonderfall demjenigen (1.3/59) des *ebenen Fließens* von Abschnitt 1.3.4.4, obschon hier eigentlich kein solcher Vorgang stattfindet. Doch bleiben alle aus (1.3/59) gezogenen Schlußfolgerungen gültig, insbesondere die Fließbedingung (1.3/63) in der Form

$$|\tau| = k(\bar{\varkappa}, \bar{\gamma}) \tag{2.1/3}$$

bei isothermen oder adiabaten Umformungen mit entsprechenden Werten der Scherfließgrenze $k$ (vgl. (1.3/68)). Die *Vergleichsschergeschwindigkeit* $\bar{\varkappa}$ und die *Vergleichsscherung* $\bar{\gamma}$ erhält man über (1.3/65), (1.3/67b) und $\bar{\gamma}_0 = 0$ zu

$$\bar{\varkappa} = |\varkappa| = \frac{1}{2}\frac{r}{l}\,|\dot{\beta}_l|\,, \qquad \bar{\gamma} = \int_0^t \bar{\varkappa}\,\mathrm{d}t = \frac{1}{2}\frac{r}{l}\,|\beta_l|\,, \qquad (2.1/4)$$

wobei $\bar{\gamma}$ speziell für *einsinnige* Torsion $\dot{\beta}_l > 0$ oder $\dot{\beta}_l < 0$ (ohne Vorzeichenumkehr) ermittelt wurde.

Die Scherfließgrenze $k$, aus der man zum Beispiel über (1.3/62) mit (1.3/67a, c) auch einachsige Fließkurven $Y(\bar{\lambda}, \bar{\varphi})$ bestimmen kann, läßt sich nicht unmittelbar messen. Zugänglich ist allein das Torsionsmoment. Dessen Betrag $|M|$ entsteht durch Aufsummieren der Momente $|\tau|\,\mathrm{d}A \cdot r$, welche von den an den Querschnitts-Flächenelementen $\mathrm{d}A = r\,\mathrm{d}\psi\,\mathrm{d}r$ (Bild 2.1b) angreifenden Schubkräften $|\tau|\,\mathrm{d}A$ erzeugt werden:

$$|M| = \int_{r=a}^{b} \int_{\psi=0}^{2\pi} |\tau|\,r^2\,\mathrm{d}\psi\,\mathrm{d}r = 2\pi \int_a^b r^2 k\,(\bar{\varkappa}, \bar{\gamma})\,\mathrm{d}r\,. \qquad (2.1/5)$$

$|M|$ rechnen wir nun in die auf den Außenradius als Hebelarm bezogene mittlere Schubspannungsgröße

$$\hat{\tau} = \frac{|M|}{\pi b\,(b^2 - a^2)} \qquad (2.1/6a)$$

um und führen die im Versuch sofort ablesbaren Parameter

$$\bar{\varkappa}_b = \frac{1}{2}\frac{b}{l}\,|\dot{\beta}_l|\,, \qquad \bar{\gamma}_b = \frac{1}{2}\frac{b}{l}\,|\beta_l|\,, \qquad c = \frac{a}{b} \qquad (2.1/6b)$$

ein: $\bar{\varkappa}_b$, $\bar{\gamma}_b$ sind die Werte von $\bar{\varkappa}$, $\bar{\gamma}$ (vgl. (2.1/4)) am Probenrand $r = b$, und das Radienverhältnis $c$ verschwindet für den Vollzylinder. Substitution von $\xi = r/b$ liefert dann mit (2.1/5)

$$\hat{\tau}(\bar{\varkappa}_b, \bar{\gamma}_b, c) = \frac{2}{1 - c^2} \int_c^1 \xi^2 k\,(\xi\bar{\varkappa}_b, \xi\bar{\gamma}_b)\,\mathrm{d}\xi \qquad (2.1/7)$$

in Abhängigkeit von den drei Parametern (2.1/6b). Wir setzen $\hat{\tau}$ als gemessen voraus und können dann durch (leider mehr oder minder fehlerbehaftete) numerische oder graphische Differentiation die Ableitungen $\partial\hat{\tau}/\partial\bar{\varkappa}_b$, $\partial\hat{\tau}/\partial\bar{\gamma}_b$, $\partial\hat{\tau}/\partial c$ ermitteln, die wir damit ebenfalls als bekannt annehmen. Ihre Formeln lauten nach (2.1/7)

$$\left.\begin{aligned} \frac{\partial\hat{\tau}}{\partial\bar{\varkappa}_b} &= \frac{2}{1 - c^2} \int_c^1 \xi^2\,\frac{\partial k}{\partial\bar{\varkappa}_b}\,\mathrm{d}\xi\,, \qquad \frac{\partial\hat{\tau}}{\partial\bar{\gamma}_b} = \frac{2}{1 - c^2} \int_c^1 \xi^2\,\frac{\partial k}{\partial\bar{\gamma}_b}\,\mathrm{d}\xi\,, \\[2ex] \frac{\partial\hat{\tau}}{\partial c} &= \frac{2c}{1 - c^2}\,[\hat{\tau} - ck\,(c\bar{\varkappa}_b, c\bar{\gamma}_b)]\,. \end{aligned}\right\} \qquad (2.1/8)$$

Wenn wir $k = k(\bar\varkappa, \bar\gamma)$ für $\bar\varkappa = \xi\bar\varkappa_b$, $\bar\gamma = \xi\bar\gamma_b$ nach $\xi$ differenzieren, so erhalten wir über die Kettenregel der Differentialrechnung

$$\frac{\mathrm{d}k}{\mathrm{d}\xi} = \frac{\partial k}{\partial\bar\varkappa}\frac{\mathrm{d}\bar\varkappa}{\mathrm{d}\xi} + \frac{\partial k}{\partial\bar\gamma}\frac{\mathrm{d}\bar\gamma}{\mathrm{d}\xi} = \bar\varkappa_b\frac{\partial k}{\partial\bar\varkappa} + \bar\gamma_b\frac{\partial k}{\partial\bar\gamma}, \quad \text{also wegen} \quad \frac{\mathrm{d}\bar\varkappa}{\mathrm{d}\bar\varkappa_b} = \frac{\mathrm{d}\bar\gamma}{\mathrm{d}\bar\gamma_b} = \xi$$

auch

$$\frac{\mathrm{d}k}{\mathrm{d}\xi} = \frac{1}{\xi}\left(\bar\varkappa_b\frac{\partial k}{\partial\bar\varkappa}\frac{\mathrm{d}\bar\varkappa}{\mathrm{d}\bar\varkappa_b} + \bar\gamma_b\frac{\partial k}{\partial\bar\gamma}\frac{\mathrm{d}\bar\gamma}{\mathrm{d}\bar\gamma_b}\right) = \frac{1}{\xi}\left(\bar\varkappa_b\frac{\partial k}{\partial\bar\varkappa_b} + \bar\gamma_b\frac{\partial k}{\partial\bar\gamma_b}\right). \qquad (2.1/9)$$

Nun integrieren wir die Identität $\dfrac{\mathrm{d}}{\mathrm{d}\xi}(\xi^3 k) = 3\xi^2 k + \xi^3\dfrac{\mathrm{d}k}{\mathrm{d}\xi}$ von $c$ bis 1 über $\xi$ und beachten (2.1/9), (2.1/8) sowie (2.1/7). Dann finden wir

$$k(\bar\varkappa_b, \bar\gamma_b) - c^3 k(c\bar\varkappa_b, c\bar\gamma_b) = \frac{1-c^2}{2}\left[3\hat\tau + \bar\varkappa_b\frac{\partial\hat\tau}{\partial\bar\varkappa_b} + \bar\gamma_b\frac{\partial\hat\tau}{\partial\bar\gamma_b}\right],$$

oder mit (2.1/8)

$$k(\bar\varkappa_b, \bar\gamma_b) = \frac{3-c^2}{2}\hat\tau + \left[\bar\varkappa_b\frac{\partial\hat\tau}{\partial\bar\varkappa_b} + \bar\gamma_b\frac{\partial\hat\tau}{\partial\bar\gamma_b} - c\frac{\partial\hat\tau}{\partial c}\right]\frac{1-c^2}{2}. \qquad (2.1/10)$$

Aus dieser Gleichung kann man die Scherfließkurve $k = k(\bar\varkappa, \bar\gamma)$ (wo vereinfacht $\bar\varkappa$ statt $\bar\varkappa_b$, $\bar\gamma$ statt $\bar\gamma_b$ geschrieben wurde) mittels der gemessenen bezogenen Größe $\hat\tau$ und ihrer Ableitungen ausrechnen, und zwar auch, wie Stüwe und Turck erkannten [168], falls sich die Probenlänge

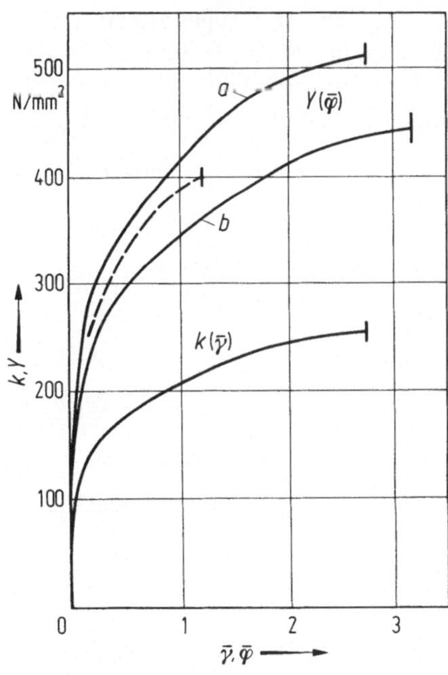


**Bild 2.2.** Scherfließkurve $k(\bar\gamma)$ nach [2], umgerechnet auf Fließkurven $Y(\bar\varphi)$ im einachsigen Zug/Druck-Versuch: **a** nach Tresca; **b** nach Lévy-Huber-v. Mises-Hencky.
Gestrichelt: Direkt gemessene Zug-Druck-Fließkurve nach [541]. Material: E-Kupfer, Temperatur: $\vartheta = 20\,°\mathrm{C}$

ändert. Für Vollproben $c = 0$ und reine Kaltverfestigung $k = k(\bar{\gamma})$ wurde (2.1/10) von Ludwik und Scheu [166] aufgestellt. Rossard und Blain [177] erweiterten die Beziehung um das Geschwindigkeitsglied; Sautter, Kochendörfer und Dehlinger [178] sowie Hecker [2] entwickelten Formeln für Hohlzylinder. Schließlich berücksichtigte Hecker den hier weggelassenen Bauschinger-Effekt.

Bild 2.2 zeigt eine gemessene Kalt-Scherfließkurve [2, 1. Teil, Bild 6]. Die Fließkurven $a$ und $b$ stellen Umrechnungen nach Tresca bzw. Huber-Lévy-v. Mises-Hencky über (1.3/62), (1.3/67c) dar. Die daneben wiedergegebene direkt im Zug/Druck-Versuch ermittelte Fließkurve für E-Kupfer (Krause [541]) liegt genau dazwischen — ein weiterer Hinweis auf prinzipiell unvermeidbare Fehlerschranken sowie darauf, daß keines der beiden benutzten Fließgesetze a priori besser oder schlechter ist.

### 2.1.2 Längenänderung bei der Torsion anisotroper Stäbe

Selbst ein anfangs isotroper metallischer Rundstab erfährt im Laufe der Verdrehung eine *anisotrope Verfestigung* mit der Konsequenz, daß er dann unter reiner Torsionsbeanspruchung auch seine Länge ändert [169, 276, 558]. Ein ähnlicher Effekt wird im elastisch-plastischen Bereich gelegentlich sogar isotrop erklärt [170]. Rose und Stüwe [174] wiesen jedoch experimentell nach, daß die Anisotropie als Ursache überwiegt: Durch geeignete Vorgabe von *Texturen*, nämlich kristallographischer Vorzugsorientierungen im Metallgefüge, kann man die Art der Längenänderung (Verlängerung, Verkürzung) beliebig steuern.

Dies zeigt auch die folgende, auf Hill zurückgehende Betrachtung (vgl. [17]). Wir setzen *rotationssymmetrische Orthotropie* voraus derart, daß die Orthotropieachse *3* eines jeden Punktes, der nicht auf der Stabachse liegt, radial gerichtet ist, während die *1*-Achse mit der Stabachsrichtung $z$ einen in der ganzen Probe konstanten Winkel $\alpha$ einschließt (Bild 2.1). Neben der allein wirkenden Schubspannung $\tau = \tau_{z\psi}$ und der zugehörigen Schergeschwindigkeit $\varkappa = \varkappa_{z\psi}$ interessieren wir uns jetzt speziell auch für die Dehngeschwindigkeit $\lambda = \lambda_{zz}$.

Über die im Anhang gegebene Gleichung (A.2/29) erhalten wir die Transformationskoeffizienten des *1,2*-Koordinatensystems gegen die $z,\psi$-Richtungen[1] zu

$$e_{1z} = e_{z1} = \cos\alpha , \qquad e_{1\psi} = e_{\psi 1} = \cos(90° - \alpha) = \sin\alpha ,$$

$$e_{2z} = e_{z2} = -\cos(90° - \alpha) = -\sin\alpha , \qquad e_{2\psi} = e_{\psi 2} = \cos\alpha .$$

Dann liefert (A.2/32) die Spannungen $\sigma_1 = \sigma_{11}$, $\sigma_2 = \sigma_{22}$, $\tau_{12} = \sigma_{12}$ im gedrehten System:

$$\sigma_1 = 2e_{1z}e_{1\psi}\tau = (\sin 2\alpha)\,\tau ,$$

$$\sigma_2 = 2e_{2z}e_{2\psi}\tau = -(\sin 2\alpha)\,\tau ,$$

$$\tau_{12} = (e_{1z}e_{2\psi} + e_{1\psi}e_{2z})\,\tau = (\cos 2\alpha)\,\tau .$$

Über (1.3/78a) folgen die Formänderungsgeschwindigkeiten

$$\lambda_1 = \Lambda\tau\,[2K + J]\sin 2\alpha ,$$

$$\lambda_2 = -\Lambda\tau[2K + H]\sin 2\alpha ,$$

$$\varkappa_{12} = \Lambda\tau N \cos 2\alpha .$$

---

[1] Die Umfangsrichtung $\psi$ deckt sich im betrachteten Punkt *vor* der Stabachse mit der gezeichneten, auf einen anderen Punkt bezogenen *r*-Richtung.

Rücktransformation auf die $z,\psi$-Richtungen gibt

$$\lambda = \lambda_{zz} = e_{z1}e_{z1}\lambda_1 + e_{z2}e_{z2}\lambda_2 + 2e_{z1}e_{z2}\varkappa_{12} \,,$$

$$\varkappa = \varkappa_{z\psi} = e_{z1}e_{\psi1}\lambda_1 + e_{z2}e_{\psi2}\lambda_2 + (e_{z1}e_{\psi2} + e_{z2}e_{\psi1})\,\varkappa_{12} \,,$$

also nach Ausrechnung den Quotienten

$$\frac{\lambda}{\varkappa} = \frac{\left[(2K + J - N)\cos^2\alpha - (2K + H - N)\sin^2\alpha\right]\sin 2\alpha}{\left(2K + \dfrac{J + H}{2}\right)\sin^2 2\alpha + N\cos^2 2\alpha} \,. \qquad (2.1/11\,\text{a})$$

Er beschreibt das Verhältnis von Dehnungs- und Schergeschwindigkeit, bei zeitlich konstanten Koeffizienten $K$, $J$, $H$, $N$ und konstantem Winkel $\alpha$ also auch das Verhältnis von Dehnung und Scherung, als Funktion des Neigungswinkels $\alpha$ (positiv in Scherrichtung) zwischen der Stabachse und der ersten Orthotropie-Hauptachse.

Offenbar sind je nach den Größenrelationen der Koeffizienten untereinander beiderlei Vorzeichen möglich, wobei man den Nenner zumindest unter der verschärften Voraussetzung (1.3/80) als positiv annehmen darf. Zu Beginn ($\alpha = 0$) gilt $\lambda = 0$, hingegen

$$\frac{\lambda}{\varkappa} \approx 2\alpha\left(\frac{2K + J}{N} - 1\right) \quad \text{für} \quad \alpha \ll 1. \qquad (2.1/11\,\text{b})$$

Hills Vermutung $\alpha \to 45°$ basiert auf der Annahme, daß die Orthotropieachsen mit den Hauptrichtungen der Formänderung (-sgeschwindigkeit) zusammenfallen, vernachlässigt aber, daß sich die materiellen Partikel ihrerseits drehen. Jedenfalls erkennt man

$$\frac{\lambda}{\varkappa} = \frac{J - H}{4K + J + H} \quad \text{für} \quad \alpha = \frac{\pi}{4}. \qquad (2.1/11\,\text{c})$$

Ein transversal-isotropes Material behält natürlich wegen (1.3/92) seine Länge ungeändert bei.

Setzt man die Werkstoffdaten von Tabelle 1.2 (S. 62) in (2.1/11 b, c) ein, so folgt $\lambda/\varkappa \approx -0{,}133\alpha$ bzw. $\lambda/\varkappa = 0{,}105$ für MSt37K oder AlMg2,3; hier steht einer Stauchung für $\alpha \ll 1$ eine Dehnung bei $\alpha = \pi/4$ gegenüber. Anders für den sogenannten Stahl B:

$$\frac{\lambda}{\varkappa} \approx 0{,}672\alpha \quad \text{bzw.} \quad \frac{\lambda}{\varkappa} = 0{,}011$$

bedeutet in jedem Fall eine Dehnung.

### 2.1.3 Isotropes Rohr unter kombinierter Beanspruchung

Das längs seiner Meßlänge homogene kreiszylindrische Rohr von Bild 2.1 werde jetzt nicht nur tordiert (Drehwinkel $\beta$, Moment $M$), sondern auch gleichmäßig gedehnt und aufgeweitet. Wir folgen der auf starrplastischen Werkstoff bezogenen Darstellung von Panarelli und Hodge [542]. Speziellere Belastungsfälle, teils elastisch-plastisch, teils mit finitem Stoffgesetz oder unter Berücksichtigung der Temperatur, sind in [543—548] durchgerechnet.

Unter Beachtung der Rotationssymmetrie, mit $\lambda = \dot{l}/l$ (vgl. (1.1/4)) als vorgegebener Dehnungsgeschwindigkeit des Rohres und mit $u = u(r, t)$ als Radialgeschwindigkeit der Werkstoffteilchen erhalten wir aus (A.2/21) bzw. (2.1/2) die Formänderungsgeschwindigkeiten

$$\lambda_r = \frac{\partial u}{\partial r}, \qquad \lambda_\psi = \frac{u}{r}, \qquad \lambda_z = \lambda, \qquad \varkappa_{z\psi} = \varkappa = \frac{1}{2}\frac{r}{l}\dot{\beta}_l. \qquad (2.1/12)$$

Sie erfüllen, um zulässig zu sein (vgl. Ende von Abschnitt 1.3.4.1), die Inkompressibilitätsbedingung (1.3/22), d. h. $\dfrac{\partial u}{\partial r} + \dfrac{u}{r} + \lambda = 0$. Es folgt $\dfrac{\partial(ur)}{\partial r} = -\lambda r$ und damit

oder
$$\left.\begin{aligned}
ur - \dot{b}b &= -\frac{\lambda}{2}(r^2 - b^2)\\[2mm]
ur - \dot{a}a &= -\frac{\lambda}{2}(r^2 - a^2)\,,
\end{aligned}\right\} \tag{2.1/13}$$

wobei
$$\dot{a} = u(a,\,t)\,,\qquad \dot{b} = u(b,\,t) \tag{2.1/14}$$

die Radialgeschwindigkeiten der Rohrinnen- bzw. Außenwand darstellen. Nach (2.1/13) ist davon nur *eine* neben $\beta_l$ und $\lambda$ unabhängig vorgebbar. Diese drei Größen charakterisieren wir durch unabhängige Parameter

$$m = 1 + 2\frac{\lambda_b}{\lambda}\,,\qquad n = \frac{\varkappa_b}{\lambda} \tag{2.1/15a}$$

mit

$$\lambda_b = \frac{\dot{b}}{b} = (\lambda_\psi)_{r=b}\,,\qquad \varkappa_b = \frac{1}{2}\frac{b}{l}\,\beta_l = (\varkappa)_{r=b}\,,\qquad c = \frac{a}{b} \tag{2.1/15b}$$

(vgl. (2.1/6b)), wobei $\lambda_b$, $\varkappa_b$ neben $\lambda$ die Formänderungsgeschwindigkeiten der Wandaußenseite repräsentieren. Der *ungedehnte* Zylinder geht in die folgenden Betrachtungen nur als Grenzfall $|m| \to \infty$ oder $|n| \to \infty$ ein. Mit der dimensionslosen Radialkoordinate

$$\xi = \frac{r}{b}\,,\qquad c \leqq \xi \leqq 1 \tag{2.1/15c}$$

sowie der Kettenregel $\dfrac{\partial}{\partial r} = \dfrac{\partial}{\partial \xi} \cdot \dfrac{\mathrm{d}\xi}{\mathrm{d}r} = \dfrac{1}{b}\dfrac{\partial}{\partial \xi}$ folgt aus (2.1/12), (2.1/13), (2.1/15 a, b, c)

$$\left.\begin{aligned}
u &= \frac{b}{2}\lambda\left[\frac{m}{\xi} - \xi\right]\,,\qquad & \varkappa_{z\psi} = \varkappa = \lambda n\xi\,,\\[2mm]
\lambda_r &= -\frac{\lambda}{2}\left[\frac{m}{\xi^2} + 1\right]\,,\qquad \lambda_\psi = \frac{\lambda}{2}\left[\frac{m}{\xi^2} - 1\right]\,,\qquad & \lambda_z = \lambda\,.
\end{aligned}\right\} \tag{2.1/16}$$

Nunmehr entscheiden wir uns für die Anwendung des Lévy-Huber-v. Misesschen Fließgesetzes, da es für $\varkappa \neq 0$ zu umständlich wäre, die für das Trescasche Fließgesetz erforderlichen Hauptformänderungsgeschwindigkeiten auszurechnen. Im Sonderfall $\varkappa \equiv 0$ wäre freilich Tresca einfacher[2].

Die Vergleichs-Formänderungsgeschwindigkeit (1.3/58a) lautet wegen (2.1/16)

$$\bar{\lambda} = |\lambda|\left|\sqrt{1 + \frac{1}{3}\left(\frac{m^2}{\xi^4} + 4n^2\xi^2\right)}\right|\,. \tag{2.1/17}$$

---

[2] Die am Ende von [517, Ziff. 9.3.3.4] angefügte Bemerkung, daß Tresca im allgemeinen gar keine Lösung erlaube, geht von einer zu einschränkenden Formulierung dieses Fließgesetzes aus.

Ihre Integration entsprechend (1.3/58 b) zur Vergleichs-Formänderung $\bar{\varphi}$ läßt sich für wandernde Werkstoffteilchen in der Regel nur numerisch durchführen. Lediglich im Grenzfall reiner Rohraufweitung $\lambda \to 0$, $\varkappa_b \to 0$ existiert ein geschlossener Ausdruck, der später in (2.3/5) direkt hergeleitet wird, jedoch beim Übergang zum hier verwendeten Fließgesetz gemäß (1.3/67c) noch mit dem Faktor $\dfrac{2}{\sqrt{3}}$ zu versehen ist. Jedenfalls nehmen wir an, daß im betrachteten Zeitraum $t$ die Fließgrenze $Y = Y(\xi)$ als Funktion des Radius gegeben sei, und schreiben dann die Gleichgewichtsbedingungen (A.2/20) hin. Wenn unter den vorliegenden Gegebenheiten lediglich Spannungen $\sigma_r$, $\sigma_\psi$, $\sigma_z$, $\tau = \tau_{z\psi}$ auftreten, die allein von $r$ abhängen, so bleibt bei verschwindenden Volumenkräften nur noch die Gleichung

$$\frac{1}{r}\left[\frac{\partial(r\sigma_r)}{\partial r} - \sigma_\psi\right] = \frac{\partial\sigma_r}{\partial r} - \frac{\sigma_\psi - \sigma_r}{r} = 0 \qquad (2.1/18)$$

zu erfüllen. Man integriert sie bei spannungsfreiem Außenrand $(\sigma_r)_{r=b} = 0$ mittels der Fließregel (1.3/57) sowie der Beziehungen (2.1/16), (2.1/17), (2.1/15c) wegen $\sigma_\psi - \sigma_r = \sigma'_\psi - \sigma'_r$ (vgl. (1.3/15)) wie folgt[3]:

$$\sigma_r = \frac{2}{3}\int_b^r Y\frac{\lambda_\psi - \lambda_r}{r\bar{\lambda}}\,dr = -\frac{2}{\sqrt{3}}\operatorname{sgn}(\lambda m)\int_\xi^1 \frac{Y\,d\xi}{\xi\left|\sqrt{1 + 3\dfrac{\xi^4}{m^2} + 4\left(\dfrac{n}{m}\right)^2\xi^6}\right|}. \qquad (2.1/19)$$

Hiermit folgen die anderen Spannungskoordinaten über die Fließregel (1.3/57) zu

$$\left.\begin{aligned}
\sigma_\psi &= \sigma_r + (\sigma_\psi - \sigma_r) = \sigma_r + (\sigma'_\psi - \sigma'_r) = \sigma_r + \frac{2}{3}Y\frac{\lambda_\psi - \lambda_r}{\bar{\lambda}}, \\[2mm]
\sigma_z &= \sigma_r + (\sigma_z - \sigma_r) = \sigma_r + (\sigma'_z - \sigma'_r) = \sigma_r + \frac{2}{3}Y\frac{\lambda_z - \lambda_r}{\bar{\lambda}}, \\[2mm]
\tau &= \frac{2}{3}Y\frac{\varkappa}{\bar{\lambda}},
\end{aligned}\right\} \qquad (2.1/20)$$

worin man (2.1/16) substituieren kann.

Schließlich summieren wir mittels der Flächenelemente $dA = r\,dr\,d\psi$ von Bild 2.1 die Kräfte $\sigma_z\,dA$ zur Gesamtzugkraft $F$ bzw. die Momente $\tau r\,dA$ zum Gesamt-Torsionsmoment $M$ auf und erhalten wegen (2.1/15c)

$$\left.\begin{aligned}
F &= \int^A \sigma_z\,dA = \int_{\psi=0}^{2\pi}d\psi\int_{r=a}^b r\sigma_z\,dr = 2\pi b^2\int_c^1 \xi\sigma_z\,d\xi, \\[2mm]
M &= \int^A r\tau\,dA = \int_{\psi=0}^{2\pi}d\psi\int_{r=a}^b r^2\tau\,dr = 2\pi b^3\int_c^1 \xi^2\tau\,d\xi,
\end{aligned}\right\} \qquad (2.1/21)$$

---

[3] $\operatorname{sgn} x = +1$ für $x > 0$, $-1$ für $x < 0$, $0$ für $x = 0$.

woraus wir analog (2.1/6a) mit $A = \pi(b^2 - a^2)$ als Querschnittsfläche die „mittleren" Zug- bzw. Schubspannungen

$$\hat{\sigma} = \frac{F}{A} = \frac{2}{1 - c^2} \int_c^1 \xi \sigma_z \, \mathrm{d}\xi, \qquad\qquad (2.1/22\,\mathrm{a})$$

$$\hat{\tau} = \frac{M}{bA} = \frac{2}{1 - c^2} \int_c^1 \xi^2 \tau \, \mathrm{d}\xi \qquad\qquad (2.1/22\,\mathrm{b})$$

berechnen. Aus (2.1/19) folgt schließlich der Innendruck

$$\hat{p} = (-\sigma_r)_{r=a} . \qquad\qquad (2.1/22\mathrm{c})$$

Alle Gleichungen lassen sich elementar im wesentlichen für die Spezialfälle $Y = \text{const}$ und $m, n \to \infty$ (keine Dehnung) bzw. $n = 0$ (keine Torsion) auswerten. Wir beschränken uns auf den letzten (vgl. Bild 5.32) und erhalten aus $(2.1/19)^4$

$$\frac{\sqrt{3}\,\sigma_r}{Y} = \mathrm{sgn}\,(m\lambda) \, \ln \frac{\xi^2 [1 + \sqrt{1 + (3/m^2)}]}{1 + \sqrt{1 + (3\xi^4/m^2)}}, \qquad\qquad (2.1/23)$$

also wegen (2.1/22c) zunächst

$$\frac{\hat{p}}{Y} = \frac{1}{\sqrt{3}} \, \mathrm{sgn}\,(m\lambda) \, \ln \frac{1 + \sqrt{1 + (3c^4/m^2)}}{c^2 [1 + \sqrt{1 + (3/m^2)}]} . \qquad\qquad (2.1/24)$$

Gleichung (2.1/22a) ergibt[5] über (2.1/20), (2.1/16), (2.1/17) mit $\xi^2 = x$

$$\hat{\sigma} = \frac{1}{1 - c^2} \int_{c^2}^1 \sigma_z \, \mathrm{d}x = \frac{Y}{1 - c^2} \frac{\mathrm{sgn}\,(m\lambda)}{\sqrt{3}} \int_{c^2}^1 \left\{ \ln \frac{x[1 + \sqrt{1 + (3/m^2)}]}{1 + \sqrt{1 + (3x^2/m^2)}} + \frac{1 + (3x/m)}{\sqrt{1 + (3x^2/m^2)}} \right\} \mathrm{d}x,$$

$$\frac{\hat{\sigma}}{Y} = \frac{\mathrm{sgn}\,(m\lambda)}{\sqrt{3}(1 - c^2)} \left[ c^2 \ln \frac{1 + \sqrt{1 + (3c^4/m^2)}}{c^2 [1 + \sqrt{1 + (3/m^2)}]} + m \{\sqrt{1 + (3/m^2)} - \sqrt{1 + (3c^4/m^2)}\} \right].$$

$$(2.1/25)$$

Bild 2.3 zeigt einige Ergebnisse nach [542]. Wenn man $\hat{\sigma}$ und $\hat{p}$ als generalisierte Spannungen auffaßt, mit denen das Rohr zu beaufschlagen ist, damit es plastisch fließt, dann stellen die Kurven von Bild 2.3 für jedes feste Radienverhältnis $c$ den oberen Teil eines (*generalisierten*) *Fließortes* dar.

## 2.1.4 Torsion von Stäben mit beliebigen Vollquerschnitten

Werfen wir abschließend einen Blick auf die Torsion gerader nicht-kreiszylindrischer Stäbe (vgl. [9, 17, 171, 173, 175, 176]) und beschränken uns dabei auf den

---

[4] Der Leser prüfe die Integration am schnellsten durch Differentiation sowie anhand der Randbedingung $\sigma_r = 0$ für $\xi = 1$.

[5] Prüfung der Integration am einfachsten durch Differentiation nach $c$ mit (2.1/24) und mit $\hat{\sigma} = 0$ für $c = 1$.

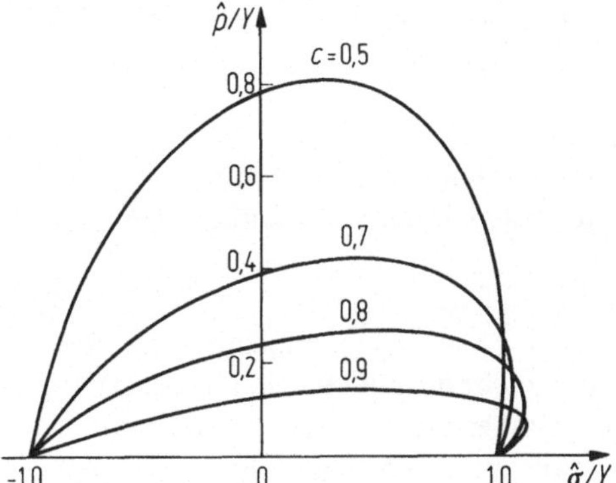


**Bild 2.3.** Generalisierte Fließorte: Innendruck $\hat{p}$ über Längszug $\hat{\sigma}$ bei Rohren mit verschiedenen Radienverhältnissen $c$, hier nur für $\hat{p} \geqq 0$

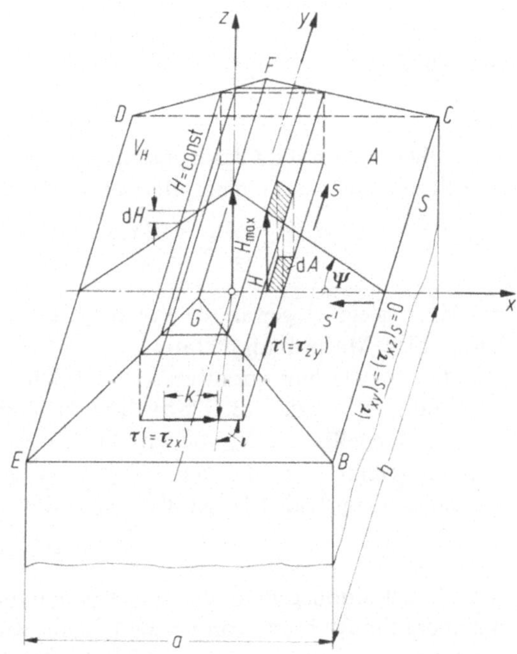


**Bild 2.4.** Stabquerschnitt *EBCD*, Flächeninhalt *A*, Rand *S*, Abmessungen $b \geqq a$, kartesische Koordinaten *x, y, z*, Achsabstand *r*.
$\tau$ resultierende Schubspannung, *k* Scherfließgrenze. $H = \text{const}$: Schubspannungstrajektorien im Querschnitt, gleichzeitig Höhenlinien im „Spannungshügel" *EBCDFG*. *s, s'* Bogenlängen längs und quer zu den Schubspannungstrajektorien, $\Psi$ Böschungswinkel des Spannungshügels, $V_H$ Volumen des Spannungshügels

Anfangszustand[6] sowie auf *isotropes starrplastisches* Material mit *einfach zusammenhängenden* Querschnitten (d. h.: ohne Löcher — Bild 2.4 zeigt als Beispiel einen Rechteckquerschnitt *EBCD*), in denen wir anders als zuvor *kartesische Koordinaten x, y* einführen. Wie bisher sollen die Spannungen und Formänderungsgeschwindig-

---

[6] Übertragung auf große Formänderungen ist möglich.

keiten, dann also auch die Scherfließgrenze $k$, nicht von $z$ abhängen. Diese sei gemäß

$$k = k(x, y) \qquad (2.1/26)$$

ortsvariabel (oder konstant) vorgegeben. Wir versuchen, wie beim Rundstab ohne Normalspannungen auszukommen,

$$\sigma_x \equiv 0\,, \qquad \sigma_y \equiv 0\,, \qquad \sigma_z \equiv 0\,, \qquad (2.1/27)$$

wobei $\sigma_z \equiv 0$ eine unbehinderte *Verwölbung* der Querschnitte zuläßt, sofern sich eine solche ausbilden will. Dies darf dementsprechend auch durch die Einspannbacken des Stabes nicht verhindert werden.

Aus den Gleichgewichtsbedingungen (A.2/17a) folgt bei Vernachlässigung der Volumenkräfte wegen $\partial\tau_{zx}/\partial z = \partial\tau_{zy}/\partial z = 0$ sofort $\partial\tau_{xy}/\partial x = \partial\tau_{xy}/\partial y = 0$, also $\tau_{xy} = $ const, und weil das $x,y$-Koordinatensystem stets irgendwo mit der $x$-Achse oder der $y$-Achse normal zum spannungsfrei vorausgesetzten Querschnittsrand $S$ steht (Bild 2.4):

$$\tau_{xy} \equiv 0\,. \qquad (2.1/28\,\text{a})$$

Schließlich liefern die Gleichgewichtsbedingungen (A.2/17a) $\partial\tau_{xz}/\partial x + \partial\tau_{yz}/\partial y = 0$, eine Beziehung, welche man offenbar stets durch den Ansatz

$$\tau_{xz} = \frac{\partial H(x, y)}{\partial y}\,, \qquad \tau_{yz} = -\,\frac{\partial H(x, y)}{\partial x} \qquad (2.1/28\,\text{b})$$

mit einer geeignet gewählten Potentialfunktion $H$ („Spannungsfunktion") erfüllen kann. Der Mathematikliteratur (z. B. [20, Bd. IV]) entnimmt man, daß jener Ansatz für (wie hier vorausgesetzt) einfach zusammenhängende Querschnitte auch notwendig ist, so daß (2.1/28b) die vollständige Lösung der Gleichgewichtsbedingungen darstellt. $\tau_{xz}$, $\tau_{yz}$ bilden die $x,y$-Koordinaten des resultierenden Schubspannungsvektors $\tau$ mit der Länge $\tau = |\tau|$. Er repräsentiert eine reine Scherbeanspruchung. Daher lautet die Fließbedingung in jedem Fall

$$\tau = k\,, \qquad (2.1/29)$$

weil $k$ definitionsgemäß die Scherfließgrenze darstellt. Kurven im Querschnitt, die überall in Richtung von $\tau$ laufen, heißen *Schubspannungstrajektorien*. Eine solche ist der freie Rand $S$, weil von außen keine Schubspannungen am Stab angreifen. Wählen wir nun z. B. die $y$-Achse parallel zu einer Schubspannungstrajektorie, so daß $\mathrm{d}y = \mathrm{d}s$ lokal deren Bogenlänge $s$ und $-\mathrm{d}x = \mathrm{d}s'$ die dazu senkrecht einwärts gemessene Bogenlänge $s'$ definiert, dann erhalten wir $\tau = \tau_{yz}$, $\tau_{xz} = 0$ und wegen (2.1/28b) $\partial H/\partial y = \partial H/\partial s = 0$, $-\partial H/\partial x = \partial H/\partial s' = \tau$; d. h.

$$H = \text{const}\ \textit{längs}\,, \qquad \partial H/\partial s' = \tau\ \textit{quer einwärts} \qquad (2.1/30\,\text{a})$$

zu den Schubspannungstrajektorien. Da es in (2.1/28b) auf einen konstanten Summanden nicht ankommt, dürfen wir normieren:

$$H = 0\ \textit{am Rande S}\,. \qquad (2.1/30\,\text{b})$$

Man kann $H$ senkrecht über dem Querschnitt als Fläche (*Spannungshügel*, in Bild 2.4 dachförmig) auftragen und mit querschnittsparallelen Niveauebenen $H = $ const schneiden. Es ergeben sich geschlossene *Höhenlinien* $H$ = const, deren Projektionen auf den Querschnitt wegen (2.1/30a) gerade die Schubspannungstrajektorien darstellen. Der Tangens des dazu senkrecht einwärts (in „Fallrichtung") gemessenen Böschungswinkels $\Psi$ gleicht der Schubspannung $\tau$ selbst.

Da in bezug auf den Koordinatenursprung und im Hinblick auf den *positiven Drehsinn* (von der $z$-Pfeilspitze gesehen: links herum) die Koordinate $\tau_{yz}$ am Hebelarm $x$ und $\tau_{xz}$ am Hebelarm $-y$ angreift, erhalten wir das Gesamt-Torsionsmoment[7]

$$M = \int\limits^{A} [x\tau_{yz} - y\tau_{xz}] \, \mathrm{d}A \, .$$

(2.1/28b) und die Produktregel der Differentialrechnung liefern

$$M = -\int\limits^{A} \left[ x\frac{\partial H}{\partial x} + y\frac{\partial H}{\partial y} \right] \mathrm{d}A = -\int\limits^{A} \left[ \frac{\partial(Hx)}{\partial x} + \frac{\partial(Hy)}{\partial y} \right] \mathrm{d}A + 2\int\limits^{A} H \, \mathrm{d}A \, .$$

Das erste Integral der rechten Seite läßt sich beim Rechteckquerschnitt von Bild 2.4 wegen

$$\int\limits^{A} \ldots \mathrm{d}A = \int\limits_{-a/2}^{a/2} \mathrm{d}x \int\limits_{-b/2}^{b/2} \mathrm{d}y \ldots = \int\limits_{-b/2}^{b/2} \mathrm{d}y \int\limits_{-a/2}^{a/2} \mathrm{d}x \ldots$$

zu

$$-\int\limits_{-b/2}^{b/2} (Hx)_{-a/2}^{a/2} \, \mathrm{d}y - \int\limits_{-a/2}^{a/2} (Hy)_{-b/2}^{b/2} \, \mathrm{d}x = 0$$

umformen, da $H$ auf dem Rand $x = \pm a/2$, $y = \pm b/2$ verschwindet. Entsprechendes kann man für beliebige Ränder $S$ mittels des Gaußschen Integralsatzes (vgl. [20, Bd. IV]) zeigen. So bleibt

$$M = 2\int\limits^{A} H \, \mathrm{d}A = 2V_{H} \tag{2.1/31}$$

mit $V_{H}$ als Volumen unter dem Spannungshügel. Resultierende Scherkräfte $\int\limits^{A} \tau_{zx} \, \mathrm{d}A$, $\int\limits^{A} \tau_{zy} \, \mathrm{d}A$ verschwinden ähnlich wie oben.

Bis jetzt ist die Spannungshügel-Betrachtung noch unabhängig vom Stoffverhalten. Prandtl (1903) interpretierte sie für *elastische* Stäbe als sogenannte *Seifenhaut-*Analogie, auf die wir hier nicht eingehen (vgl. [17]). Die folgende Deutung im *starrplastischen* Bereich als *Sandhügel*-Analogie stammt von Nádai 1923 [179]; sie läßt sich auf elastisch-plastisches Verhalten erweitern (vgl. [9]). Wenn man reibungsfreies Abrollen ausschließt, so rutschen Körper von einer schiefen Ebene so lange ab, wie deren Neigung den Reibwinkel $\Psi$ übersteigt. Also muß eine durch Aufschaufeln und Abrutschen entstandene (trockene)) Sandhaufen-Oberfläche in Fallrichtung gerade den Böschungswinkel $\Psi$ besitzen. Deutet man dementsprechend in Bild 2.4 für $H \geqq 0$, d. h. $M \geqq 0$ den Spannungshügel als Sandhaufen, dessen Gewicht in negativer $z$-Richtung wirke, so folgt geometrisch

$$H = \text{const } \textit{längs} \, , \qquad \frac{\partial H}{\partial s'} = \tan \Psi \quad \textit{quer einwärts}$$

---

[7] Hier entgegen (2.1/5) vorzeichenbehaftet.

einer Höhenlinie, wo $s'$ die senkrecht nach innen gezählte Bogenlänge im Querschnitt darstellt. Ein Vergleich mit (2.1/30) ergibt wegen (2.1/29)

$$\mu = \tan \Psi = k(x, y) \tag{2.1/32}$$

mit $\mu$ als Reibwert des Sandes analog (1.3/107).

Das „Dach" von Bild 2.4 bildet sich über dem Rechteckquerschnitt $(a \leqq b)$ für $k = \text{const}$ (idealplastischer Stab) aus. Die zur eingezeichneten Höhenlinie $H = \text{const}$ gehörige ebene Schnittfläche hat den Inhalt

$$A_H = (a - 2H \cot \Psi)(b - 2H \cot \Psi) = \left(a - \frac{2}{\mu} H\right)\left(b - \frac{2}{\mu} H\right),$$

und das Dachvolumen folgt als Summe der Dachscheiben (Höhe d$H$, siehe Bild 2.4) zu

$$V_H = \int\limits_0^{H_{max}} A_H \, dH = ab \, (H_{max}) - \frac{1}{\mu}(a + b)(H_{max})^2 + \frac{4}{3\mu^2}(H_{max})^3 .$$

Nach Einsetzen von

$$H_{max} = \frac{a}{2} \tan \Psi = \frac{a}{2} \mu$$

findet man mit (2.1/32) und (2.1/31) das Torsionsmoment

$$M = \frac{a^2}{2}\left(b - \frac{a}{3}\right) k; \qquad b \geqq a . \tag{2.1/33}$$

Wir wollen noch den sich bei der starrplastischen Torsion einstellenden Geschwindigkeitszustand

$$u = v_x , \qquad v = v_y , \qquad w = v_z$$

untersuchen und finden aufgrund der Lévy-v. Misesschen Gleichungen[8] (1.3/57) mit (1.3/15), (2.1/27), (2.1/28) sowie mit den Verträglichkeitsbeziehungen (A.2/16)

$$\left.\begin{aligned} \lambda_x = \frac{\partial u}{\partial x} = 0, \qquad \lambda_y &= \frac{\partial v}{\partial y} = 0, \qquad \lambda_z = \frac{\partial w}{\partial z} = 0; \\[2mm] \varkappa_{xy} = \frac{1}{2}\left(\frac{\partial u}{\partial y} + \frac{\partial v}{\partial x}\right) &= 0; \\[2mm] \frac{\varkappa_{xz}}{\varkappa_{yz}} = \frac{\dfrac{1}{2}\left(\dfrac{\partial u}{\partial z} + \dfrac{\partial w}{\partial x}\right)}{\dfrac{1}{2}\left(\dfrac{\partial v}{\partial z} + \dfrac{\partial w}{\partial y}\right)} &= -\frac{\partial H/\partial y}{\partial H/\partial x} . \end{aligned}\right\} \tag{2.1/34}$$

Die ersten drei Gleichungen zeigen, daß $u$, $v$, $w$ nur wie folgt von den kartesischen Ortskoordinaten abhängen: $u = u(y, z)$, $v = v(x, z)$, $w = w(x, y)$. Da aber die Formänderungsgeschwindigkeiten $\lambda_{jk}$, insbesondere $\varkappa_{xz}$, $\varkappa_{yz}$ *nicht* von $z$ abhängen sollen,

---

[8] Alle isotropen Fließregeln führen hier zum gleichen Ergebnis, weil die Richtungen der resultierenden Schergeschwindigkeit und Schubspannung übereinstimmen.

müssen $u$, $v$ wegen der letzten beiden Gleichungen (2.1/34) *lineare* Funktionen von $y$, $z$ bzw. $x$, $z$ sein:

$$u = u_0 - \omega_0'y + u_0'z - \omega'yz \,, \qquad v = v_0 + \omega_0'x + v_0'z + \omega'xz \,;$$

$$u_0,\, v_0,\, u_0',\, v_0',\, \omega_0',\, \omega' = \text{const} \,.$$

Die jeweils ersten Glieder bedeuten eine seitliche Starrkörperverschiebung, die zweiten wegen ihrer Orthogonalität zum Radiusvektor $(x, y)$ eine Starrkörperdrehung, die dritten eine beliebige konstante Neigungsgeschwindigkeit der Stabachse. Alles dies kann durch entsprechende Einspannung der Stabenden ausgeschlossen werden, so daß lediglich

$$u = -\omega'yz \,, \qquad v = \omega'xz \,, \qquad w = w(x, y) \tag{2.1/35a}$$

bleibt. Auch hier beschreiben $u$, $v$ eine starre Drehung um die Achse, jetzt jedoch mit $\omega'z$ statt oben $\omega_0'$ als Koeffizient, und für die resultierende Geschwindigkeit $U = \sqrt{u^2 + v^2}$ folgt mit $r = \sqrt{x^2 + y^2}$ als Achsabstand die Beziehung $U = (\omega'z)\, r$.

*Demnach rotiert jeder Stabquerschnitt $z = const$ als eine in ihrer Ebene starre Scheibe mit der längs $z$ linear anwachsenden Winkelgeschwindigkeit $\omega = \omega'z$ um ihre Achse, darf sich aber in Achsrichtung über die ganze Stablänge konstant verwölben. Auf der Achse $x = y = 0$ erwartet man $\tau_{xz} = \tau_{yz} = 0$; sie gehört wegen (2.1/28b) also zum Gipfel (Maximum) eines überall stetig differenzierbaren („glatten") Spannungshügels.*

Für $z = l$ erhält man mit den Bezeichnungen von Bild 2.1a gerade

$$\omega' = \dot{\beta}_l/l \,. \tag{2.1/35b}$$

Schließlich gibt uns die letzte Gleichung (2.1/34) bei vorausbestimmter Spannungsfunktion $H$ eine Differentialgleichung

$$\frac{\partial H}{\partial x}\left(-\omega'y + \frac{\partial w}{\partial x}\right) + \frac{\partial H}{\partial y}\left(\omega'x + \frac{\partial w}{\partial y}\right) = 0 \tag{2.1/36}$$

für die *Wölbfunktion $w$*, die sich im allgemeinen nicht geschlossen integrieren läßt.

Jedoch erweist sie sich als *hyperbolisch* (vgl. Anhang Abschnitt A.3)[9]. Die Matrizen $A$, $B$, $N$ in (A.3/2) werden zu Zahlen $A = \partial H/\partial x = -\tau_{yz}$, $B = \partial H/\partial y = \tau_{xz}$, $N = -\omega'(y\tau_{yz} + x\tau_{xz})$, und die Richtungsdeterminante (A.3/9) verschwindet für *charakteristische Winkel* $\chi$ (gemessen gegen die $y$-Achse, vgl. Bild A.7), die der Bedingung

$$A \cos \chi - B \sin \chi = -(\tau_{yz} \cos \chi + \tau_{xz} \sin \chi) = 0$$

genügen. Die charakteristische Richtung $(\sin \chi, \cos \chi)$ steht also senkrecht auf dem Schubspannungsvektor $\tau = (\tau_{xz}, \tau_{yz})$, und dementsprechend werden (die Projektionen der) *Fallinien* des Spannungshügels zu *Charakteristiken*. Längs ihrer besteht eine zu (2.1/36) äquivalente *charakteristische Gleichung*, die nach Wahl einer beliebigen Zahl $\gamma \neq 0$ aus (A.3/17) folgt, wenn man etwa die Bezugsrichtung $(\sin \chi^0, \cos \chi^0)$ parallel zur Spannungstrajektorie wählt und $\chi = \chi^0 - 90°$ setzt: $\tau\, \partial w/\partial s' = -\omega'(x\tau_{xz} + y\tau_{yz})$, oder

$$\frac{\partial w}{\partial s'} = -\omega'r \cos \iota \tag{2.1/37}$$

---

[9] Eine andere Herleitung von Gl. (2.1/37) ergibt sich unmittelbar aus (2.1/36), wenn man dort das $x,y$-System parallel bzw. orthogonal zur Spannungstrajektorie dreht.

mit $r = \sqrt{x^2 + y^2}$ als Achsabstand, $s'$ als einwärts gezählte Bogenlänge der Charakteristik und $\iota$ als Winkel des vom Ursprung ausgehenden Radiusvektors mit der im Drehsinn durchfahrenen Schubspannungstrajektorie (Bild 2.4). Wäre nun der Spannungshügel im wesentlichen *glatt* und besäße einen eindeutigen (spitzen) Gipfel, so könnte man von diesem ausgehend (2.1/37) *eindeutig* integrieren, wobei der vorzugebende Gipfelwert $w_0$ lediglich eine Starrkörper-Längsgeschwindigkeit ausdrückt und insofern bedeutungslos ist.

Anders in unserem Beispiel des Rechteckquerschnittes von Bild 2.4. Hier muß man Anfangswerte längs aller „Dachkanten" *EG, BG, CF, DF, GF* kennen, weil erst dann die von jenen ausgehenden Fallinien das ganze „Dach" einfach überdecken. Nun handelt es sich bei den Dachkanten zwar um Unstetigkeitslinien der Spannungen $\tau_{zx}$, $\tau_{zy}$, nicht jedoch um Charakteristiken, so daß bei stetig vorausgesetzter Wölbgeschwindigkeit $w$ auch deren Ableitungen $\partial w/\partial x$, $\partial w/\partial y$ stetig sein müssen. Nach (2.1/34) mit (2.1/35a) bedeutet das *Stetigkeit* der Schergeschwindigkeiten $\varkappa_{zx}$, $\varkappa_{zy}$, die mit *unstetigen* Spannungen (etwa gemäß der Fließregel (1.3/57)) nur im Fall $\varkappa_{zx} = \varkappa_{zy} = 0$ verträglich sind:

$$\frac{\partial w}{\partial x} = \omega' y \,, \qquad \frac{\partial w}{\partial y} = -\omega' x \qquad \text{längs } EG,\ BG,\ CF,\ DF,\ GF\,. \tag{2.1/38}$$

In jedem der vier durch die unterschiedlichen „Dachschrägen" bestimmten Quadranten von Bild 2.4 gilt entweder $\partial H/\partial x = 0$ oder $\partial H/\partial y = 0$, wegen (2.1/36) also je eine der Beziehungen (2.1/38) oder

$$\left.\begin{array}{l} w = w_1 - \omega' xy \text{ in } EBG \text{ und } DFC \\ w = w_2 + \omega' xy \text{ in } FGBC \text{ und } DEGF\,, \end{array}\right\} \tag{2.1/39a}$$

mit noch unbekannten, bereichsweise verschiedenen Hilfsfunktionen $w_1(x)$, $w_2(y)$. (2.1/38) liefert

$$\frac{dw_1(x)}{dx} = 2\omega' y\,, \qquad \frac{dw_2(y)}{dy} = -2\omega' x \qquad \text{längs } EG,\ BG,\ CF,\ DF,\ GF\,.$$

Spezifiziert man hierin die rechten Seiten durch $x = 0$ längs $GF$ sowie $|y| = \dfrac{b - a}{2} + |x|$ oder $|x| = |y| - \dfrac{b - a}{2}$ längs $EG, BG, CF, DF$, so erhält man wegen[10] $y = |y|\, \mathrm{sgn}\, y$, $x = |x|\, \mathrm{sgn}\, x$ nach Integration mit dem willkürlichen Anfangswert $w = w_0 = 0$ für $x = y = 0$, also mit $w_1(0) = w_2(0) = = 0$:

$$\left.\begin{array}{l} w_1 = \omega'\, \mathrm{sgn}\, y(|x| + b - a)\, x \quad \text{für} \quad 0 \leqq |x| \leqq \dfrac{a}{2}\,, \\[3mm] w_2 = 0 \quad \text{für} \quad -\dfrac{b - a}{2} \leqq y \leqq \dfrac{b - a}{2}\,, \\[3mm] w_2 = -\omega'\, \mathrm{sgn}\, x\, \mathrm{sgn}\, y \left(|y| - \dfrac{b - a}{2}\right)^2 \quad \text{für} \quad |y| \geqq \dfrac{b - a}{2}\,. \end{array}\right\} \tag{2.1/39b}$$

Längs des „Dachfirstes" $FG$ gilt $w = 0$, längs der anderen „Dachkanten" $w = \omega'\, \mathrm{sgn}\, y\, \dfrac{b - a}{2}\, x$, so daß $w$ insgesamt stetig ist.

Die Potentialfunktion $H$ wurde oben über die Sandhügel-Analogie anschaulich ermittelt. Dies wird für $k \neq$ const bzw. für allgemeinere Konturen kaum noch möglich sein. Um auch für $H$ eine Differentialgleichung zur analytischen oder numerischen Integration zu erhalten, setzen wir die resultierende Schubspannung $\tau = \sqrt{\tau_{zx}^2 + \tau_{zy}^2}$ mit (2.1/28b) in die Fließbedingung (2.1/29) ein. Dies liefert eine unter dem Namen „Eikonalgleichung" in der physikalischen Optik bekannte Beziehung (vgl. [549, Bd. IV]) auch für die Spannungsfunktion, nämlich

$$\left(\frac{\partial H}{\partial x}\right)^2 + \left(\frac{\partial H}{\partial y}\right)^2 = k^2\,.$$

---

[10] Vgl. Fußnote 3, S. 81.

Sie eröffnet eine zweite Analogie: Die Spannungstrajektorien $H = \text{const}$ lassen sich als *Wellenflächen*, die (Projektionen der) Fallinien als *Lichtstrahlen* in einem möglicherweise optisch inhomogenen Medium mit dem örtlichen Brechungsindex $k$ deuten [171].

## 2.2 Biegen

### 2.2.1 Einführung

Bild 2.5 (nach [180, 181, 187]) zeigt Prinzipskizzen einiger technischer Biegeverfahren von Metallen. Die Zeichenebene liegt senkrecht zur Biegeachse. Beim Blechbiegen wird man wegen der in Achsrichtung großen Werkstoffausdehnung und der dann im allgemeinen unvermeidlichen seitlichen Fließbehinderung mit *ebener Formänderung* in der Zeichenebene (*Fließebene*) rechnen können. Als komplementären Grenzfall darf man das *Hochkantbiegen* (Oehler [180]) ansehen: Die Werkstoffbreite in Achsrichtung ist so gering, daß sich über jene keine Spannungen aufbauen, und es liegt dann in der Zeichenebene ein *ebener Spannungszustand* vor. Allgemeinere Biegevorgänge sind einer strengen mathematischen Behandlung bei

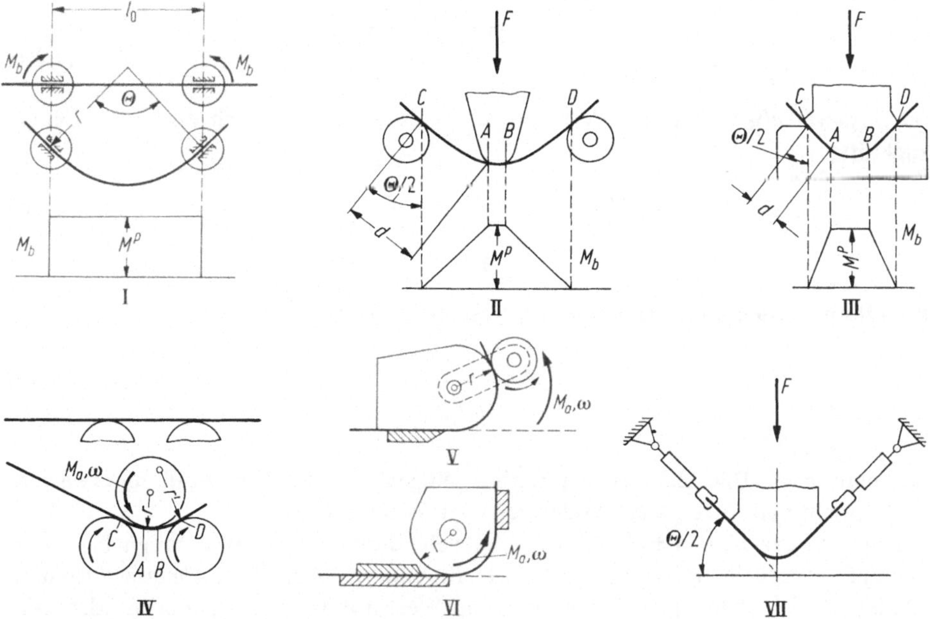

**Bild 2.5.** Die wichtigsten technischen Biegeverfahren, teilweise mit daruntergezeichnetem Biegemomentenverlauf $M_b$.

$M^P$ erforderliches Moment für starrplastisches Biegen. $M_a$ Antriebsmoment; $\omega$ Antriebswinkelgeschwindigkeit. $A$, $B$, $C$, $D$ Angriffspunkte von Einzelkräften; $A$, $B$ ggf. Fließgelenke; $F$ Stempelkraft. $r$, $r'$ Krümmungsradien vor und nach elastischem Rückfedern, $\Theta$ Biegewinkel.
*I* freies Biegen ohne Formwerkzeug; *II* freies Biegen über einen Stempel; *III* Biegen im Gelenk; *IV* Biegewalzen; *V* Biegen um feste Formscheibe („Biegescheibe") mittels Schwenkarm; *VI* Biegen mittels schwenkbarer Biegescheibe; *VII* Streckbiegen (Streckziehen)

großen Formänderungen noch kaum zugänglich. Auch beschränken wir uns vorwiegend auf starrplastisches Material, obschon die elastische *Rückfederung* hier für die Endform wichtig ist und abgeschätzt werden muß.

Grundlegend für das Folgende ist die Biegung durch reine Momentenbeanspruchung; bei ihr erreicht das *Biegemoment* $M_b$ überall gleichzeitig den für plastische Umformung erforderlichen Wert $M^P$, so daß der Stab bzw. das Blech eine Kreisform (Krümmungsradius $r$) annimmt (Bild 2.5-I). Bei Biegung über kreisförmige Stempel (Bilder 2.5-II, III) erwarten wir annähernd analoge Verhältnisse, obschon hier zusätzlich eine über $\widehat{AB}$ verteilte Quer-Streckenlast auftreten kann (*Querkraftbiegung*), von der wir absehen. Möglicherweise wird auch in jedem Augenblick nur bei zwei (ihre Lage ändernden) „Punkten" $A$, $B$ umgeformt, die man (wandernde) *Fließgelenke* nennt und die in Wirklichkeit Linien senkrecht zur Bildebene repräsentieren.

Mit $F$ als *Stempelkraft*, zwei senkrecht zum Material angreifenden Reaktionen $F'$ sowie zugehörigen Reibkräften $K = \mu F'$ ($\mu$: Reibwert) in den Punkten $C$ und $D$ erhält man wegen

$$F = 2\left(F'\cos\frac{\Theta}{2} + \mu F'\sin\frac{\Theta}{2}\right)$$

zunächst genähert $M^P = F'd$, also

$$F = 2\left(\cos\frac{\Theta}{2} + \mu\sin\frac{\Theta}{2}\right)\frac{M^P}{d} \tag{2.2/1}$$

($\Theta$ *Biegewinkel*), wobei der Wert von $M^P$ selbst noch zusätzlich durch die Längszugkräfte

$$K = \mu F' = \frac{\mu F}{2\left(\cos\dfrac{\Theta}{2} + \mu\sin\dfrac{\Theta}{2}\right)} = \mu\,\frac{M^P}{d} \tag{2.2/2}$$

beeinflußt werden kann. In der Regel wesentlich höhere Längszüge

$$K = \frac{F}{2\sin\dfrac{\Theta}{2}} \tag{2.2/3}$$

hat man nach Bild 2.5-VII bei seitlich eingespanntem Werkstoff zu erwarten; man spricht vom *Streckbiegen* oder gar vom *Streckziehen*.

Beim *Biegewalzen* (Bild 2.5-IV; Antrieb durch Oberwalze möglichst ohne Schlupf; eventuelle Fließgelenke bei $A$, $B$) und bei den *Biegescheiben*-Verfahren (Bilder V, VI) wird pro Zeiteinheit ein Werkstoffabschnitt gebogen, der zum Zentriwinkel $\dot\Theta = \omega$ gehört, so daß die Umformleistung $M^P\dot\Theta = M^P\omega$ aufzubringen ist. Das Antriebsmoment $M_a$ liefert andererseits die Leistung $M_a\omega$, so daß bei Vernachlässigung von Reibverlusten

$$M_a = M^P \tag{2.2/4}$$

folgt. Reibkräfte einer vorausbestimmbaren Größe $K$ treten besonders in der unteren Werkstofführung von Bild 2.5-VI auf, durch die das Material mit der

Geschwindigkeit $\omega r$ ($r$ Scheibenradius) gezogen wird. So ergibt die Leistungsbilanz das Antriebsmoment

$$M_a = M^P + Kr \, . \tag{2.2/5}$$

In den Formeln (2.2/1—5) wurde u. a. die Werkstoffdicke nicht spezifiziert bzw. vernachlässigt, so daß bei Bedarf exaktere Rechnungen anhand der Maschinen- und Werkzeugkonstruktionsdaten durchzuführen sind (Zünkler [184, 185], Oehler [180, 186, 187]).

Wir wenden uns der theoretischen Ermittelung von $M^P$ zu.

### 2.2.2 Blechbiegen (ebenes Fließen)

Wir betrachten den statischen Biegevorgang eines isotropen Bleches entsprechend Bild 2.6 und wählen die dort festgelegten Bezeichnungen. Zusätzlich zur Momenten-beanspruchung $M^P$ lassen wir den örtlich konstanten, etwa durch die Werkzeuge von Bild 2.5 ausgeübten Innendruck $\hat{p} \geq 0$ zu, der aus Gleichgewichtsgründen durch eine Längszugkraft $K$ kompensiert werden muß. Wir erwarten die Belastung der Blechquerschnitte $\psi = $ const unabhängig vom *Azimutalwinkel* $\psi$ des gewählten Polarkoordinatensystems $r$, $\psi$, wobei

$$a \leqq r \leqq b \, , \qquad -\frac{\Theta}{2} \leqq \psi \leqq \frac{\Theta}{2} \, , \tag{2.2/6}$$

gilt. Wenn die Scherfestigkeit $k$ für isotropes ebenes Fließen (Abschnitt 1.3.4.4) ebenfalls nicht von $\psi$ abhängt, dann muß das Blech wie gezeichnet eine Kreisform

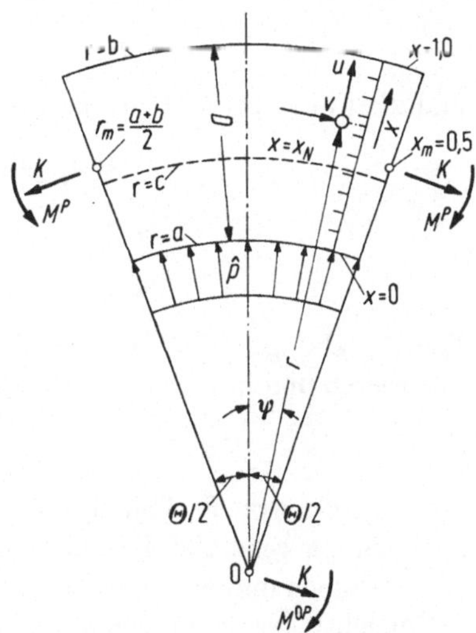


**Bild 2.6.** Ebenes kreisförmiges Biegen eines Bleches oder Stabes unter (auf die Querschnittsmitte $r_m$ bezogener) Momentenbelastung $M^P$, Längskraft $K$ und örtlich konstantem Innendruck $\hat{p}$. Ge-zeichnet ist die Symmetrieebene (*Biegeebene*) $z = 0$. $r$, $\psi$: Polarkoordinaten mit Zentrum 0; $z$ Ko-ordinate senkrecht zur Zeichenebene nach hinten; $\Theta$ Biegewinkel; $r = a$, $b$, $c$ (bzw. $x = 0$, 1, $x_N$) Radien des Innenrandes, Außenrandes und der neutralen Faser. $D = b - a$ Dicke des Stabes oder Bleches; $h$ Breite senkrecht zur Biegeebene. $x = (r - a)/D$, $\delta = D/b$. $u$, $v$ Werkstoffgeschwindig-keiten radial und azimutal. $M^{0P}$ Biegemoment bezogen auf das Zentrum 0

annehmen. Wir wollen die äußeren Lasten ferner so aufzubringen suchen, daß die Querschnitte eben bleiben (Jacob Bernoullische Hypothese). Die Radialgeschwindigkeit der Werkstoffelemente $u = u(r)$ hängt dann nur vom Radius ab, während die Azimutalgeschwindigkeit $v = v(r, \psi)$ ein Drehen der ebenen Querschnitte $\psi = \mathrm{const}$ beschreibt. Ihre Winkelgeschwindigkeit $\dot\psi = v/r$ darf von $\psi$, aber nicht von $r$ abhängen und verschwindet aus Symmetriegründen für $\psi = 0$. Hingegen müssen die Formänderungsgeschwindigkeiten $\lambda_r = \lambda_{rr}, \lambda_\psi = \lambda_{\psi\psi}, \varkappa = \lambda_{r\psi} \equiv 0$ ebenso wie die Belastungen Funktionen nur von $r$ sein, woraus über (A.2/21) $\dot\psi = \mathrm{const} \cdot \psi =$

$$= \frac{\dot\Theta}{\Theta}\, \psi \quad (\Theta \text{ Biegewinkel}) \text{ und schließlich}$$

$$\lambda_r = \frac{\mathrm{d}u}{\mathrm{d}r}\,, \qquad \lambda_\psi = \frac{\dot\Theta}{\Theta} + \frac{u}{r} \tag{2.2/7}$$

als Haupt-Formänderungsgeschwindigkeiten folgen. Bei isotropem, in $\psi$-Richtung homogenem Werkstoff ergeben sich dann auch $\sigma_r = \sigma_{rr}$, $\sigma_\psi = \sigma_{\psi\psi}$ als Hauptspannungen und unabhängig von $\psi$. Sie erfüllen die Gleichgewichtsbedingungen, von denen hier wie in (2.1/18) bei Vernachlässigung von Volumenkräften lediglich

$$\frac{\mathrm{d}\sigma_r}{\mathrm{d}r} = \frac{1}{r}(\sigma_\psi - \sigma_r) \tag{2.2/8}$$

übrig bleibt, während die Hauptspannung $\sigma_z$ senkrecht zur Zeichenebene je nachdem, welche Theorie man zugrunde legt, bestimmte oder beliebige Werte zwischen $\sigma_r$ und $\sigma_\psi$ annimmt. Die Fließbedingung (1.3/61) lautet

$$\sigma_r - \sigma_\psi = 2k\,, \quad \text{wenn} \quad \sigma_r > \sigma_\psi\,, \tag{2.2/9a}$$

$$\sigma_\psi - \sigma_r = 2k\,, \quad \text{wenn} \quad \sigma_\psi > \sigma_r\,, \tag{2.2/9b}$$

und die Fließregel (1.3/64) dann wegen $\bar\varkappa \geqq 0$ nur noch

$$\lambda_r + \lambda_\psi = 0\,; \tag{2.2/10}$$

$$\lambda_r \geqq 0\,, \qquad \lambda_\psi \leqq 0 \quad \text{wenn} \quad \sigma_r > \sigma_\psi\,, \tag{2.2/11a}$$

$$\lambda_r \leqq 0\,, \qquad \lambda_\psi \geqq 0 \quad \text{wenn} \quad \sigma_\psi > \sigma_r\,. \tag{2.2/11b}$$

Die Beziehungen (2.2/7) bis (2.2/11) lassen sich bei gegebenen Randbedingungen integrieren und besitzen für ideal-plastisches Material

$$k = \mathrm{const} \tag{2.2/12}$$

die folgende, von R. Hill [17] stammende geschlossene Lösung. An ihr werden wir auch einige generelle Besonderheiten starrplastischer Materialien (im Gegensatz zu elastischen und elasto-plastischen) erkennen.

Zunächst existieren genau zwei Gleichungen (2.2/8), (2.2/9a oder b) für zwei unbekannte Spannungen $\sigma_r$, $\sigma_\psi$, so daß man diese vorab ohne Kenntnis der kinematischen Größen ermitteln möchte — wenigstens dann, wenn die erforderlichen Spannungs-Randbedingungen vorliegen. Sie lauten in unserem Fall (Bild 2.6)

$$\left.\begin{array}{ll} \sigma_r = 0 & \text{für} \quad r = b\,, \\ \sigma_r = -\hat p & \text{für} \quad r = a\,. \end{array}\right\} \tag{2.2/13}$$

Man spricht in Analogie zu den Begriffen der elementaren Statik (vgl. Abschn. 1.2.1) von einem *statisch bestimmten* Problem.

Nun liefert (2.2/8) mit (2.2/9)

$$\frac{d\sigma_r}{dr} =: \mp \frac{2k}{r}\,,$$

so daß

$$\sigma_r = -2k \ln r + m\,; \qquad \sigma_\psi = \sigma_r - 2k \tag{2.2/14a}$$

und

$$\sigma_r = 2k \ln r + n\,; \qquad \sigma_\psi = \sigma_r + 2k \tag{2.2/14b}$$

für $m, n = $ const beides mögliche Lösungen sind, die man unter Beachtung der Randbedingungen (2.2/13) so zusammenstückeln darf, daß $\sigma_r$ stetig bleibt. Da zwei Randbedingungen vorliegen, sind in der Regel auch *mindestens* zwei Lösungsanteile erforderlich. Aber keine statische Bedingung verbietet, öfters zu stückeln — *und so ist die rein statische Lösung trotz der „statischen Bestimmtheit" vieldeutig*! Erst die Kinematik wird Eindeutigkeit erzwingen.

Im übrigen tritt an allen Kreisen $r = c$, wo zwei Lösungsanteile (2.2/14a, b) stetig bezüglich $\sigma_r$ ineinander übergehen und die wir *neutrale Fasern* nennen, ein Sprung in $\sigma_\psi$ auf. *Generell sind bei starrplastischen Medien also Sprünge von Spannungen zulässig* (natürlich nur von solchen Komponenten, die nicht selbst auf die Sprungfläche wirken. Dies galt bereits an den Ecken der Schubspannungstrajektorien in Bild 2.4). Wir gehen hierauf in Abschnitt 5.2.2.4 genauer ein.

Da der Werkstoff weder aufreißen noch sich selbst durchdringen darf, ist die Radialgeschwindigkeit $u$ stetig in $r$. Dies folgt wegen (2.2/7) auch für $\lambda_\psi$, und (2.2/11a, b) liefert dann an jeder neutralen Faser

$$\lambda_r = \lambda_\psi = 0 \quad \text{für} \quad r = c\,. \tag{2.2/15}$$

Man erhält wegen (2.2/7)

$$u = -r\frac{\dot\Theta}{\Theta} \quad \text{für} \quad r = c\,. \tag{2.2/16}$$

Wenn wir $c$ kennten, hätten wir dann eine Anfangsbedingung für $u$ zur Lösung der aus (2.2/10) mit (2.2/7) folgenden Differentialgleichung

$$0 = \frac{du}{dr} + \frac{u}{r} + \frac{\dot\Theta}{\Theta} = \frac{1}{r}\left\{\frac{d(ur)}{dr} + r\frac{\dot\Theta}{\Theta}\right\}\,;$$

$$\frac{d(ur)}{dr} = -r\frac{\dot\Theta}{\Theta}\,.$$

Sie läßt sich mittels (2.2/16) eindeutig zu

$$u = -\frac{1}{2r}\frac{\dot\Theta}{\Theta}(r^2 + c^2) < 0 \tag{2.2/17}$$

integrieren, und man findet die Blechdicken-Änderungsgeschwindigkeit

$$\dot D = (u)_{r=b} - (u)_{r=a} = -\frac{1}{2}\frac{\dot\Theta}{\Theta}\left[1 - \frac{c^2}{ab}\right]D\,. \tag{2.2/18}$$

(2.2/17) ergibt mit (2.2/7), (2.2/10)

$$\lambda_r = -\lambda_\psi = \frac{du}{dr} = \frac{1}{2} \frac{\dot{\Theta}}{\Theta} \left( \left[ \frac{c}{r} \right]^2 - 1 \right). \qquad (2.2/19)$$

Für $\dot{\Theta} > 0$ fällt also $\lambda_r$ monoton mit wachsendem $r$, $\lambda_\psi$ steigt, und (2.2/15) kann nur für einen einzigen Radius $r = c$ bestehen:

*Die neutrale Faser $c$ ist eindeutig. Im Fall $\dot{\Theta} > 0$ gilt*

*für* $r < c$: $\lambda_r > 0$, $\lambda_\psi < 0$;
*für* $r > c$: $\lambda_r < 0$, $\lambda_\psi > 0$.

*Die Fasern $r = $ const werden also im „unteren" Blechbereich gestaucht, im „oberen" gedehnt* (Bild 2.6).

Dieses anschauliche qualitative kinematische Ergebnis erlaubt nun, die Spannungen *quantitativ eindeutig* zu fixieren. Da zwei unabhängige Randbedingungen (2.2/13) vorliegen, benötigt man in der Tat beide Lösungszweige (2.2/14), so daß im allgemeinen $a < c < b$ vorauszusetzen ist. Wegen (2.2/11) hat man dann für $r < c$, insbesondere für $r = a$, die obere Lösung (2.2/14a), und für $r > c$ einschließlich $r = b$ die untere. So erhalten wir durch Anpassung von $m$, $n$ an die Randbedingungen (2.2/13)

$$\left. \begin{array}{ll} \sigma_r = -2k \ln \dfrac{r}{a} - \hat{p}; & \sigma_\psi = \sigma_r - 2k \quad \text{für} \quad a \leqq r < c; \\[3mm] \sigma_r = -2k \ln \dfrac{b}{r}; & \sigma_\psi = \sigma_r + 2k \quad \text{für} \quad c < r \leqq b. \end{array} \right\} \qquad (2.2/20)$$

Und Gleichsetzen von $\sigma_r$ für $r = c$ liefert die momentane Lage der neutralen Faser

$$c = \sqrt{ab} \exp \left( -\frac{\hat{p}}{4k} \right). \qquad (2.2/21)$$

Sie stimmt wegen $u(c) \not\equiv \dot{c}$ in der Regel nicht mit einer materiellen Werkstoffaser überein, definiert also auch keine insgesamt ungedehnte Faser und unterscheidet sich somit grundsätzlich von der neutralen Faser bei kleiner elastischer Biegung. Wir schließen aus (2.2/18):

*Bei Biegung mit Innendruck ($\hat{p} > 0$) nimmt die Blechdicke ab. Sie bleibt ohne Innendruck ($\hat{p} = 0$) konstant.*

Bei großem Innendruck $\hat{p} \geqq 2k \ln b/a$ könnte formal $c \leqq a$ auftreten. Dann wird das Blech überwiegend gestreckt und kaum noch gebogen; es liegt der Fall des *Streckziehens* (Bild 2.5-VII) vor. Hier gilt nur der untere Spannungszustand

(2.2/20), und damit wird $\hat{p} = (-\sigma_r)_{r=a}$ nicht mehr frei wählbar, sondern nimmt den Maximalwert

$$\hat{p}_{\max} = 2k \ln \frac{b}{a} \qquad (2.2/22\,\text{a})$$

an. Entsprechend könnte, wenn auch Innen*zug* zugelassen würde, die neutrale Faser den äußeren Blechrand $b$ erreichen. Der zugehörige Maximalzug, also Minimaldruck, lautet

$$\hat{p}_{\min} = -2k \ln \frac{b}{a} . \qquad (2.2/22\,\text{b})$$

Für *reines Momentenbiegen* $\hat{p} = 0$, $c = \sqrt{ab}$ gilt offenbar $a < c < b$. Bild 2.7 zeigt einen typischen Spannungsverlauf.

Wir berechnen die Zugkraft $K$ auf die Blechquerschnitte bei konstanter *Blechbreite* (gemessen senkrecht zur Biegeebene)

$$h = \text{const} \qquad (2.2/23)$$

und erhalten mit (2.2/8) bzw. (2.1/18) sowie (2.2/13)

$$K = h \int_a^b \sigma_\psi \, \mathrm{d}r = h \int_a^b \frac{\mathrm{d}(r\sigma_r)}{\mathrm{d}r} \, \mathrm{d}r = ah\hat{p} . \qquad (2.2/24)$$

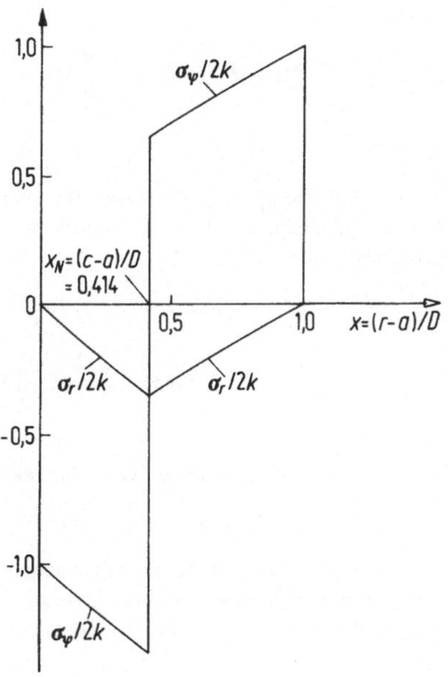



**Bild 2.7.** Radialspannung $\sigma_r$ und Azimutalspannung $\sigma_\psi$ über dem Querschnitt eines starr-idealplastisch gebogenen Bleches (vgl. Bild 2.6). $\hat{p} = 0$ (kein Innendruck), $\delta = D/b = {}^1\!/_2$

Ferner folgt mit (2.2/20), (2.2/21) das auf den Punkt 0 bezogene plastische Moment $M^{OP}$ zu [11]

$$M^{OP} = h \int_a^b r\sigma_\psi \, \mathrm{d}r = h \left\{ \int_a^c r\sigma_\psi \, \mathrm{d}r + \int_c^b r\sigma_\psi \, \mathrm{d}r \right\} =$$

$$= \frac{1}{2} \hat{p} a^2 h + \frac{hk}{2} \left[ a^2 + b^2 - 2ab \exp\left( -\frac{\hat{p}}{2k} \right) \right].$$

Es läßt sich mit (2.2/24) und $M^P = M^{OP} - K(a + b)/2$ auf die Blech-Mittelfaser $r_m = \frac{1}{2} (a + b)$ transformieren:

$$M^P = -\frac{1}{2} \hat{p} abh + \frac{hk}{2} \left[ a^2 + b^2 - 2ab \exp\left( -\frac{\hat{p}}{2k} \right) \right]. \qquad (2.2/25)$$

Bei fehlendem Innendruck $\hat{p} = 0$ folgt unabhängig von der Bezugsfaser

$$K \equiv 0 , \qquad M^P \equiv \frac{hD^2}{2} k . \qquad (2.2/26\,\mathrm{a})$$

Hier hat man wegen (2.2/12), (2.2/21), (2.2/18) zusätzlich

$$c = \sqrt{ab} , \qquad D = \mathrm{const} , \qquad M^P = \mathrm{const} . \qquad (2.2/26\,\mathrm{b})$$

Wir wollen nun neben dem positiven formal auch negativen Innendruck $\hat{p}$ zulassen oder, was bis auf die gegenüber (2.2/24) um $-\hat{p}Dh = -K\dfrac{D}{a}$ geänderte, also mit $\left(1 - \dfrac{D}{a}\right)$ multiplizierte Längszugkraft praktisch auf dasselbe hinauskommt[12], einen *Außendruck* $-\hat{p}$. Dann definiert (2.2/25), etwa mit den generalisierten Lasten

$$Q_1 = \frac{a}{D} \frac{\hat{p}}{2k} = \frac{K}{2Dhk} , \qquad Q_2 = \frac{M^P}{2D^2 hk} \qquad (2.2/27)$$

(wo $K$ nach (2.2/24) eingesetzt ist) den oberen Ast eines erkennbar konvexen *generalisierten Fließortes*

$$\left. \begin{aligned} f(Q_1, Q_2) &= Q_2 + \frac{1}{2} \frac{b}{D} Q_1 - \frac{1}{4} \left\{ \left( \frac{a}{D} \right)^2 + \left( \frac{b}{D} \right)^2 - 2 \frac{a}{D} \frac{b}{D} \exp\left( -\frac{D}{a} Q_1 \right) \right\} , \\ \frac{b}{D} &= 1 + \frac{a}{D} \end{aligned} \right\} \qquad (2.2/28\,\mathrm{a})$$

derart, daß wie üblich $f \leqq 0$ (zum Beispiel für $Q_1 = Q_2 = 0$) zulässige Beanspruchungen beschreibt. Da eine Umkehr der Lasten *Rückbiegung* hervorruft, müssen wir den Fließort durch einen punktsymmetrischen unteren Ast ergänzen. Er bekommt dann entsprechend (2.2/22a, b) bei $(Q_1)_{\max} = \frac{a}{D} \ln \frac{b}{a}$ sowie bei $(Q_1)_{\min} = -\frac{a}{D} \ln \frac{b}{a}$ Ecken (Bild 2.8a). Wenn man die Reihenentwicklung

$$\exp\left( -\frac{D}{a} Q_1 \right) = 1 - \frac{D}{a} Q_1 + \frac{1}{2} \left( \frac{D}{a} Q_1 \right)^2 + \ldots$$

---

[11] Bei der Ausrechnung wird die leicht durch Differentation zu prüfende Formel $\int \xi \ln \xi \, \mathrm{d}\xi = \dfrac{\xi^2}{2} \left( \ln \xi - \dfrac{1}{2} \right)$ verwendet.

[12] Um die Äquivalenz zu erkennen, denke man sich den ganzen Körper zusätzlich unter allseitig gleichem hydrostatischen Druck $-\hat{p}$ gesetzt, der den Spannungsdeviator (1.3/15), also das Fließkriterium (1.3/23), die Fließregel (1.3/24) und damit die Umformung als solche nicht beeinflußt.

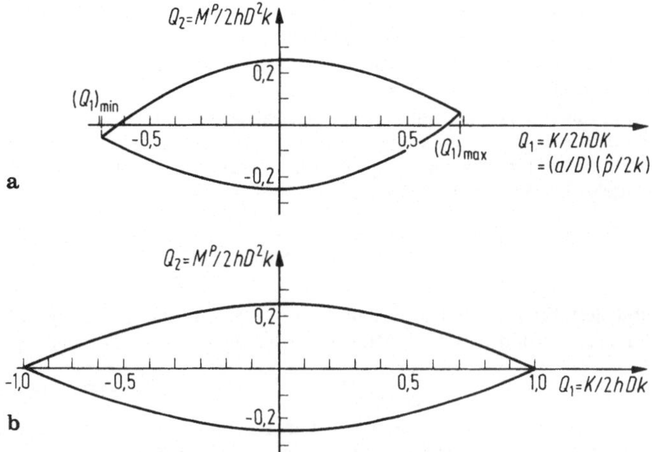


**Bild 2.8.** Generalisierter Fließort für ein starr-idealplastisches Blech unter Biegemomenten- und Innendruckbelastung.
**a** $\delta = D/b = {}^1/_2$; **b** gerades Blech $\delta = 0$

einsetzt, so erhält man im Grenzfall des geraden Bleches $\delta = (b - a)/b \to 0$, d. h. $a/b \to 1$, $D/a \to 0$ den Fließort von Bild 2.8 b:

$$f(Q_1, Q_2) = Q_2 + \left(\frac{Q_1}{2}\right)^2 - \frac{1}{4} = 0. \tag{2.2/28 b}$$

Nach Bild 2.6 beträgt die Umformleistung $P = \hat{p}u(a)\, a\Theta h + Kr_m\dot{\Theta} + M^P\dot{\Theta}$. Setzt man hierin $r_m = {}^1/_2(a + b)$, $\hat{p}$ nach (2.2/24) und $u$ für $r = a$ nach (2.2/17) ein, so folgt mit (2.2/27) die auf das Blechvolumen $V = hDr_m\Theta = {}^1/_2hD(a + b)\,\Theta$ bezogene mittlere Leistungsdichte $\Lambda_m$ in dimensionsloser Form zu

$$\Lambda'_m = \frac{\Lambda_m}{2k} = Q_1q_1 + Q_2q_2 ,$$

wenn man unter Beachtung von (2.2/18)

$$\left. \begin{aligned} q_1 &= -\frac{b}{r_m} \cdot \frac{\dot{D}}{D}, \\[2mm] q_2 &= \frac{\dot{\Theta}}{\Theta}\frac{D}{r_m} \end{aligned} \right\} \tag{2.2/29}$$

als *generalisierte Geschwindigkeiten* einführt. Tatsächlich leitet man dann bei Vorwärtsbiegung unmittelbar aus (2.2/28) mit (2.2/18), (2.2/21), (2.2/27) die Gültigkeit der Normalitätsregel (1.2/43) her, und Entsprechendes folgt für Rückbiegung.

So entsteht ein *generalisiertes Fließgesetz* für Längskraftbiegung. Die Aufstellung derartiger generalisierter Theorien ist ein in der Plastomechanik auch bei anderen Beanspruchungsarten häufig geübter Brauch, obschon man den zugehörigen Fließort in vielen Fällen kurzerhand errät statt herleitet und dann nur zu mehr oder weniger guten Näherungsansätzen gelangt. Generalisierte Fließorte traten bereits in Abschnitt 2.1.3 (Bild 2.3) auf; sie entsprechen den auf S. 25 diskutierten *reduzierten* Fließorten.

Wenden wir uns jetzt dem Biegen von verfestigendem Werkstoff zu. Hier muß man die Grundgleichungen (2.2/7) bis (2.2/11) insgesamt numerisch integrieren, obschon Teillösungen wie (2.2/17) bis (2.2/19), (2.2/24) in geschlossener Form erhalten bleiben. Man denkt sich nun die Biegung in kleinen (Rechen-)Schritten $\Delta\Theta$ durchgeführt. Wenn man dann aufgrund von Anfangswerten und/oder vorangegangenen Rechnungen für einen bestimmten erreichten Winkel $\Theta$ die Scherfestigkeit $k = k(r)$ als Funktion des Radius $r$ kennt, so integriert man die Gleichgewichtsbedingung (2.2/8) mit (2.2/9a, b), ausgehend von den Randbedingungen (2.2/13), über $r$ numerisch (z. B. ihrerseits in kleinen Rechenschritten $\Delta r$ für $\Theta = $ const) und erhält die beiden Hälften des Verlaufes der Spannungen $\sigma_r$, $\sigma_\psi$ ähnlich Bild 2.7; ihr rechnerischer Schnittpunkt definiert die neutrale Faser $c$. Die Längskraft $K$ folgt wie in (2.2/24) exakt, das Moment $M^{OP}$ bzw. $M^P$ jedoch wieder durch numerische Integration von $hr\sigma_\psi$ bzw. $h(r - r_m)\,\sigma_\psi$ über $r$. Dann bestimmt man für jede gewünschte (Schritt-)Stelle $r$ mittels (2.2/19) gemäß (1.3/65), (1.3/67b) den Zuwachs[13]

$$\Delta\bar\gamma = \bar\varkappa\,\Delta t = \frac{1}{2}\left|\frac{\Delta\Theta}{\Theta}\left[\left(\frac{c}{r}\right)^2 - 1\right]\right|$$

und liest für die neue Verteilung $\bar\gamma + \Delta\bar\gamma$ der (ebenen) Vergleichs-Formänderung aus der Fließkurve (z. B. Bild 2.2) die Festigkeitsverteilung $k$ des neuen Biegezustandes $\Theta + \Delta\Theta$ ab. Sie ist den

Radien $r + u\,\Delta t = r - \dfrac{1}{2r}\dfrac{\Delta\Theta}{\Theta}(r^2 + c^2)$ (vgl. (2.2/17)) zugeordnet, die gleichzeitig die neue Lage

des gekrümmten Bleches samt seiner Begrenzungen im Polarkoordinatensystem fixieren. Da dieses jedoch den geraden Anfangszustand ausschließt, wählt man statt $r$, $\Theta$ besser die schon zuvor benutzten Koordinaten

$$\left.\begin{array}{c} x = \dfrac{r - a}{D}, \qquad \delta = \dfrac{D}{b} \quad\text{mit}\quad D = b - a, \\[2mm] 0 \leqq x \leqq 1, \qquad 0 \leqq \delta < 1. \end{array}\right\} \tag{2.2/30}$$

Bild 2.9a, b zeigt Ergebnisse von Proksa [188] für *lineare Verfestigung*[14]

$$k = k_0(1 + \Gamma\bar\gamma), \qquad k_0, \Gamma = \text{const} > 0, \tag{2.2/31}$$

die gut mit Messungen von Wolter [189] übereinstimmen. Man erkennt, daß das Biegemoment $M^P$ zunächst infolge der Verfestigung ansteigt, dann aber wegen der sich verringernden Blechdicke wieder abnimmt — ein Wechselspiel zwischen Geometrie und Werkstoffverhalten, wie es uns auch später begegnen wird. Die zum maximalen Moment gehörige Biegung kann man als *Stabilitätsgrenze* ansehen; bei ihr werden sich, wie in Abschnitt 1.1 beim Zugstab beschrieben, lokale Einschnürungen bilden, an denen sich das Blech „punktweise" weiterbiegt (*stationäre Fließgelenke*) und (mit späterer Rißbildung an der Oberfläche) abknickt.

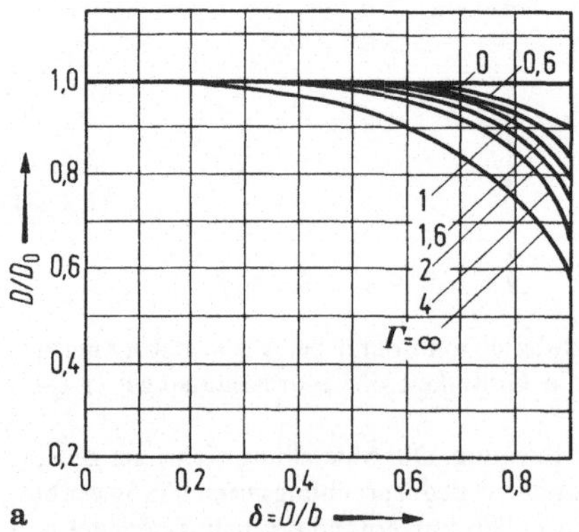


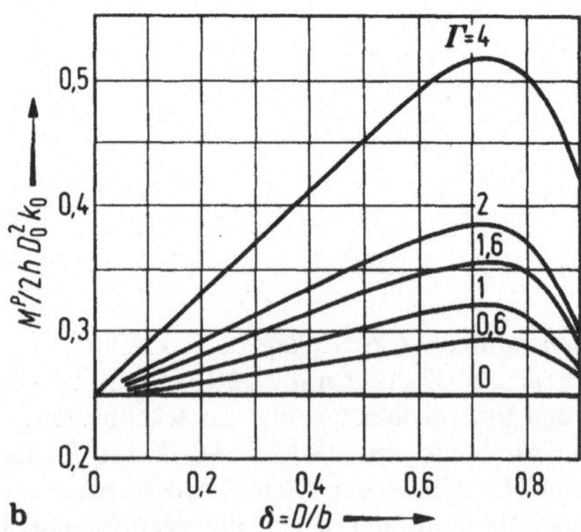


**Bild 2.9.** Dicke $D$ und Moment $M^P$ beim Biegen ohne Innendruck ($\hat p = 0$) eines Bleches aus linear verfestigendem Werkstoff (nach Proksa). $D_0$: Anfangsdicke; $\Gamma$: Verfestigungskoeffizient

---

[13] Bei geschwindigkeitsabhängigem Werkstoffverhalten wäre $\bar\varkappa$ selbst von Interesse.

[14] Sogar unter qualitativer Berücksichtigung des Bauschinger-Effektes, der sich aber in den Ergebnissen quantitativ kaum auswirkt.

Die elastisch-plastische Blechbiegung behandeln de Boer [190] sowie Bruhns/Thermann [192] ohne und Bruhns [191] mit Verfestigung. Oehler stellt Biegemomentenverläufe für verschiedene technische Werkstoffe zusammen [202]. Einen nahezu vollständigen Überblick der Literatur zur Blechbearbeitungstechnologie findet man bei Gentzsch [228].

*Anisotropie*, jedenfalls *Orthotropie* mit Achsen in $r$- und $\psi$-Richtung, hat keinen wesentlichen Einfluß. Denn ebene Formänderung $\lambda_z \equiv 0$ läßt sich mit jeder der drei Fließregeln (1.3/99a, b, c) vereinbaren. Man muß dort wegen $\lambda_r + \lambda_\psi = 0$ im ersten Fall $z$ mit *III* identifizieren, im zweiten $z$ mit *II* oder *III*, im dritten $z$ mit *I* oder *III*, so daß stets $z \triangleq III$ wählbar ist. *I*, *II* entsprechen in irgendeiner Reihenfolge den Richtungen von $r$ bzw. $\psi$, und $Y_I$, $Y_{II}$, $Y_{III}$ bzw. $Y_r$, $Y_\psi$, $Y_z$ seien die drei einachsigen Fließgrenzen. Wegen $\lambda_I + \lambda_{II} = 0$ beziehen sich dann die Gleichungen (1.3/99a, b, c) auf bzw. $Y_I = Y_{II}$, $Y_I \geqq Y_{II}$, $Y_I \leqq Y_{II}$, und die Fließbedingung (1.3/97) geht in die oben benutzte „isotrope" (2.2/9a, b) über, wenn man einfach

$$k = \frac{1}{2} \max{(Y_I, Y_{II})} = \frac{1}{2} \max{(Y_r, Y_\psi)}$$

setzt [330]. Ähnliches, jedoch mit anderer Formel, erhält man nach Hills Fließgesetz (1.3/78a, b) [550].

### 2.2.3 Rückfederung und Restspannungen

Die beim starrplastischen Werkstoff vernachlässigte, in Wirklichkeit aber vorhandene Elastizität [358] läßt das Blech nach Wegnahme der Biegelasten um einen Winkel $\Delta\Theta^E$ *zurückfedern*. Selbst wenn $\Delta\Theta^E$ klein ist, kann der Federweg der Blechenden (z. B. *C*, *D* in Bild 2.5) groß werden, so daß die Rückfederung in bezug auf die *Formgenauigkeit* berücksichtigt werden muß. Wenn wir uns auf kleine elastische Verformungen, insbesondere auf kleine Verhältnisse $\Delta\Theta^E/\Theta$ beschränken, spielt es keine Rolle, ob $\Theta$ den Biegezustand vor oder nach der Rückfederung bezeichnet, und wir können zunächst global feststellen, daß die Biegewerkzeuge immer für den *Gesamtwinkel*

$$\Theta_{\mathrm{ges}} = \Theta^P + \Delta\Theta^E \approx \left(1 + \frac{\Delta\Theta^E}{\Theta}\right)\Theta^P \tag{2.2/32}$$

auszulegen sind ($\Theta^P$ Gewünschter Biegewinkel der Endform). Weitere Literatur s. [228].

Für die Theorie beschränken wir uns auf reine Momentenbiegung ohne Innendruck und folgen Proksa [188][15]. Ausgangspunkt sind die Verträglichkeitsbeziehungen (2.2/7); sie garantieren, daß die Formänderungsgeschwindigkeiten aus einem Geschwindigkeitsfeld $u$, $v$ herleitbar sind. Durch Differentiation von $r\lambda_\psi$ nach $r$ in der zweiten Gleichung (2.2/7) und Substitution der ersten eliminiert man $u$ und erhält die folgende einzige *Kompatibilitätsbedingung*

$$\frac{\mathrm{d}(r\lambda_\psi)}{\mathrm{d}r} = \frac{\dot{\Theta}}{\Theta} + \lambda_r \, . \tag{2.2/33}$$

Sie reicht für die Verträglichkeit (2.2/7) auch hin: Wenn man nämlich $u = r\left(\lambda_\psi - \dfrac{\dot{\Theta}}{\Theta}\right)$ *definiert* und (2.2/33) beachtet, so folgt (2.2/7).

Bei kleinen elastischen Verschiebungsfeldern gelten wegen (A.2/6) für den Verformungstensor $\varepsilon_{jk}$ ganz entsprechende Verträglichkeitsbedingungen. Würde nun

---

[15] Sehr viel schwieriger lassen sich Restspannungen in gebogenen Kreisplatten berechnen [267].

der dem plastischen Formänderungszustand überlagerte elastische $\varepsilon_{jk}^E$ aus einem eigenen Verschiebungsfeld herleitbar, d. h. *kompatibel* sein, so müßten die einzigen beiden durch die Hauptspannungen $\sigma_r$, $\sigma_\psi$ hervorgerufenen, wegen der Kreis- und Belastungssymmetrien nur von $r$ abhängigen Verformungskoordinaten $\varepsilon_r^E$, $\varepsilon_\psi^E$ analog (2.2/33) die Kompatibilitätsbedingung

$$\frac{\mathrm{d}(r\varepsilon_\psi^E)}{\mathrm{d}r} = \frac{\Delta\Theta^E}{\Theta} + \varepsilon_r^E \qquad (2.2/34)$$

erfüllen. Hierin substituiert man die Hookeschen Stoffgleichungen

$$\varepsilon_r^E = \frac{1+v}{E}\left[(1-v)\,\sigma_r - v\sigma_\psi\right],$$

$$\varepsilon_\psi^E = \frac{1+v}{E}\left[(1-v)\,\sigma_\psi - v\sigma_r\right],$$

(vgl. [517, Gl. (9.1/22)]) für ebene, isotrope elastische Deformation und erhält

$$r\left[(1-v)\frac{\mathrm{d}\sigma_\psi}{\mathrm{d}r} - v\frac{\mathrm{d}\sigma_r}{\mathrm{d}r}\right] + (\sigma_\psi - \sigma_r) = \frac{E}{1+v}\frac{\Delta\Theta^E}{\Theta} \qquad (2.2/35)$$

($E$ Elastizitätsmodul; $v$ elastische Querzahl). Diese Beziehung wird von den Spannungen des starrplastischen Zustandes, z. B. für ideal-plastischen Werkstoff (2.2/20), sicher nicht erfüllt — es ergäbe sich vielmehr in der Regel eine von $r$ abhängige rechte Seite. Notwendige Konsequenz: Die überlagerten elastischen Deformationen verletzen (2.2/34), sind also *inkompatibel* und damit nicht aus einem Verschiebungsfeld entstanden. Auch lassen sie sich dann durch elastisches Rückfedern zwar modifizieren, aber nicht vollständig abbauen; denn zum Rückfedern gehört ja ein elastischer Verschiebungszustand. Es bleiben also inkompatible Deformationen, d. h. Eigenspannungen 1. Art übrig: die sogenannten *Restspannungen*.

Zu ihrer überschlägigen Ermittlung legen wir folgendes Modell zugrunde: Der starrplastische Spannungszustand $\sigma_{jk}$ (z. B. Bild 2.7) entspreche im wesentlichen auch dem Spannungszustand bei elastisch-plastischer Biegung — wegen Abweichungen insbesondere nahe der neutralen Faser siehe [193] — und gehöre zu einem überlagerten *inkompatiblen elastischen* Verzerrungsfeld $\varepsilon_{jk}^0$.

Um das von den Spannungen $\sigma_{jk}$ hervorgerufene Biegemoment $M^P$ zu entfernen (*Entlastung*), überlagern wir ein negatives Moment $-M^E$, dessen Betrag $M^E$ gerade $M^P$ gleicht. Die zu $M^E$ gehörigen als linear-elastisch vorausgesetzten Deformationen seien $\varepsilon_{jk}^E$, ihre Spannungen $\sigma_{jk}^E$. Da dann das Superpositionsprinzip gilt, bleibt zum Schluß das Verzerrungsfeld

$$\varepsilon_{jk}^R = \varepsilon_{jk}^0 - \varepsilon_{jk}^E \qquad (2.2/36\,\text{a})$$

und das Restspannungsfeld

$$\sigma_{jk}^R = \sigma_{jk} - \sigma_{jk}^E \qquad (2.2/36\,\text{b})$$

übrig, so, als ob wir einfach „elastische" und „plastische" Spannungen überlagert hätten, obgleich nach (1.1/14) nur Formänderungen superponiert werden dürfen. In Wahrheit spielt sich jedoch der Vorgang nach Ende der plastischen Umformung, also *ganz* im linear-elastischen Bereich ab — vorausgesetzt natürlich, daß die Rückfederung nicht ihrerseits den Werkstoff replastifiziert.

Schließlich lassen wir das Blech *nicht frei* zurückfedern, sondern denken uns starre Platten mit den Randquerschnitten $\psi = \pm\Theta/2$ in Bild 2.6 derart verbunden, daß alle *Querschnitte eben bleiben* müssen, radiale Dehnungen aber nicht behindert werden. Kurz: Wir erzwingen die Gültigkeit der Bernoullischen Hypothese (vgl. S. 92) und dürfen damit hinsichtlich $\sigma_r^E$, $\sigma_\psi^E$ von den Gleichungen (2.2/34) bzw. (2.2/35) ausgehen.

Das durch Platten erzwungene und das freie Rückfederungs-Spannungsfeld $\sigma_{jk}^E$ ergeben an den Endquerschnitten das gleiche Moment $M^E = -M^P$, sie sind dort also *statisch gleichwertig*. Man darf dann aufgrund eines wenigstens in der Elastomechanik weitgehend anerkannten, allgemein jedoch unbewiesenen *Prinzips von de St. Venant* hoffen, daß sie in einer Mindestentfernung von den Endquerschnitten, die deren Abmessung $D$ entspricht, auch annähernd punktweise übereinstimmen. Dies wurde speziell für die Restspannungen beim Rückfedern von de Boer und Bruhns anhand einer genaueren (numerischen) Rechnung bestätigt [193]; eine entsprechende Annahme liegt auch den üblichen Eigenspannungs-Meßverfahren durch Werkstoffabtragung zugrunde (vgl. [196]).

Weiters nehmen wir neben der ebenen plastischen auch eine *ebene elastische* Verformung an, was bekanntlich

$$\sigma_z = v(\sigma_r + \sigma_\psi)$$

erfordert, vgl. [517, Gl. (9.1/18)] und für $v \neq \,^1/_2$ mit dem ebenen Fließen nach Abschnitt 1.3.4.4, falls überhaupt, nur aufgrund des Trescaschen Stoffgesetzes verträglich ist.

Nun zur Rechnung selbst. Substitution von $\sigma_\psi^E - \sigma_r^E$ aus der (unabhängig vom Stoffverhalten gültigen) Gleichgewichtsbedingung (2.2/8) in (2.2/35) liefert

$$r\,\frac{\mathrm{d}(\sigma_r^E + \sigma_\psi^E)}{\mathrm{d}r} = \frac{E}{1 - v^2}\,\frac{\Delta\Theta^E}{\Theta}$$

oder nach Integration mit irgendeiner Konstanten $m$

$$\sigma_r^E + \sigma_\psi^E = \frac{E}{1 - v^2}\,\frac{\Delta\Theta^F}{\Theta}\,(m + \ln r)\,.$$

Subtraktion von der Gleichgewichtsbedingung (2.2/8) ergibt

$$2\sigma_r^E + r\,\frac{\mathrm{d}\sigma_r^E}{\mathrm{d}r} = \frac{1}{r}\,\frac{\mathrm{d}(r^2\sigma_r^E)}{\mathrm{d}r} = \frac{E}{1 - v^2}\,\frac{\Delta\Theta^E}{\Theta}\,(m + \ln r)\,,$$

und Integration mit der Randbedingung $\sigma_r^E = 0$ für $r = a$ (kein Innendruck)[16]

$$r^2\sigma_r^E = \frac{E}{2(1 - v^2)}\,\frac{\Delta\Theta^E}{\Theta}\left\{\left(m - \frac{1}{2}\right)(r^2 - a^2) + r^2 \ln r - a^2 \ln a\right\}.$$

$m$ wird schließlich aus der zweiten Randbedingung $\sigma_r^E = 0$ für $r = b$ ermittelt und dann $\sigma_\psi$ aus der Gleichgewichtsbedingung (2.2/8) bestimmt. Dies liefert entsprechend Bild 2.10

$$\left.\begin{aligned}
\sigma_r^E &= \frac{E}{2(1 - v^2)}\,\frac{\Delta\Theta^E/\Theta}{b^2 - a^2}\left\{\frac{a^2b^2}{r^2}\ln\frac{b}{a} - b^2\ln\frac{b}{r} - a^2\ln\frac{r}{a}\right\}, \\[2ex]
\sigma_\psi^E &= \frac{E}{2(1 - v^2)}\,\frac{\Delta\Theta^E}{\Theta}\left\{1 - \frac{1}{b^2 - a^2}\left[\frac{a^2b^2}{r^2}\ln\frac{b}{a} + b^2\ln\frac{b}{r} + a^2\ln\frac{r}{a}\right]\right\},
\end{aligned}\right\}$$

$$(2.2/37)$$

---

[16] Vgl. Fußnote 11, S. 96.

woraus man das Biegemoment

$$M^E = h \int_a^b r\sigma_\psi \, dr = \frac{\Delta\Theta^E}{\Theta} \frac{Eh}{8(1-v^2)} (b^2 - a^2) \left\{ 1 - \left[ \frac{2ab \ln \frac{b}{a}}{b^2 - a^2} \right]^2 \right\} \quad (2.2/38)$$

ermittelt.

Mit den Endabmessungen $a$, $b$, dem Biegemoment $M^P = -M^E$ sowie den Elastizitätskennzahlen $E$, $v$ liest man die Größe der bezogenen Rückfederung $\Delta\Theta^E/\Theta$ aus (2.2/38) ab und gewinnt dann aus (2.2/37) bzw. Bild 2.10 mit (2.2/36b) die innere Restspannungsverteilung. Sie stimmt nach [188] gut mit von Schwark [194] gemessenen Werten überein, und zwar weitgehend unabhängig vom angewandten Biegeverfahren.

Als ein Beispiel betrachten wir ideal-plastisches Blech $k = $ const mit den Spannungen $\sigma_r$, $\sigma_\psi$ nach Bild 2.7 und dem konstanten Biegemoment $M^P = \frac{hD^2}{2} k$, $D = $ const (vgl. (2.2/26a, b)). (2.2/38) liefert für $D/b = {}^1/_2$

$$\frac{\Delta\Theta^E}{\Theta} = 9{,}2(1 - v^2)\frac{k}{E},$$

d. h. für $k = 200$ N/mm², $E = 11{,}6 \cdot 10^4$ N/mm², $v = 0{,}35$ (Kupfer) beispielsweise

$$\frac{\Delta\Theta^E}{\Theta} \approx 1{,}4 \cdot 10^{-2}.$$

Die Restspannungen sind in Bild 2.11 unabhängig vom speziellen Werkstoff wiedergegeben. Radiale Restspannungen dürfen vernachlässigt werden, während die azimutalen erhebliche Werte erreichen und nahe der schraffierten Spitze hier sogar die Fließbedingung (2.2/9a, b) verletzen: Rückfederung

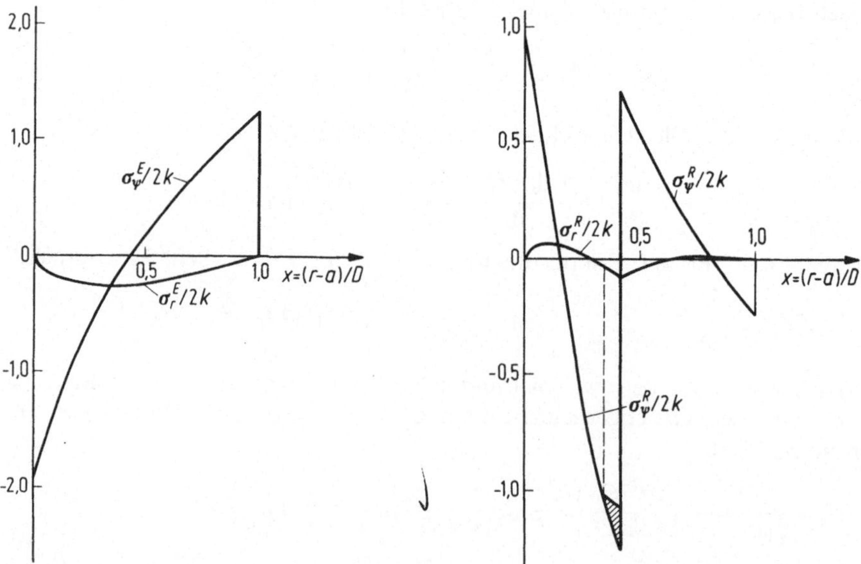


**Bild 2.10.** Spannungen bei elastischer Weiterbiegung eines kreisförmig plastisch vorgebogenen Bleches. $k$ Scherfließgrenze, $M^E = {}^1/_2 D^2 hk$ Biegemoment entsprechend dem Moment $M^P$ bei ideal-plastischer Umformung. $\delta = D/b = {}^1/_2$.

**Bild 2.11.** Restspannungen im Innern eines ideal-plastisch gebogenen Bleches; $\delta = D/b = {}^1/_2$. Im schraffierten Bereich von $\sigma_\psi$ wird die Fließbedingung verletzt (Teil-Replastifizierung)

kann also entgegen der Voraussetzung zu (wahrscheinlich geringem, hier gerade die Spannungsspitze abbauendem) plastischen *Rückfließen* führen — eine Tatsache, die von manchen Autoren [195, 203] wiederholt festgestellt, von anderen [193] aber prinzipiell zurückgewiesen wird; vgl. auch [394].

Im übrigen haben die Restspannungen nahe den Blechrändern das umgekehrte Vorzeichen wie die zur plastischen Biegung gehörigen von Bild 2.7. Der unter Zug stehende Innenrand ist bei späterer Rückbiegung oder Schwingbeanspruchung rißgefährdet.

### 2.2.4 Hochkantbiegen (ebener Spannungszustand)

Bild 2.6 stellt jetzt nicht einen senkrecht zur Biegeebene sehr (im Grenzfall: unendlich) breiten Körper dar, sondern einen ursprünglich rechteckigen Stab geringer Anfangsbreite $h_0 =$ const mit der Anfangsdicke $D_0$ (Bild 2.12a). Wie Experimente zeigen (Kochendörfer, Hagedorn und Krieger [199, 200]), nimmt der Querschnitt im Laufe der Biegung die Gestalt von Bild 2.12b an, wobei die leicht gekrümmte Innen- und Außenkontur ohne großen Fehler durch geradlinige Begrenzungen $r = a$, $r = b$ ersetzt werden darf. Entsprechend setzen wir voraus, daß „Streifen" $r_0 =$ const (Anfangszustand, ggf. $r_0 \rightarrow \infty$) in ebenso gerade Streifen $r =$ const übergehen, deren Breite $h = h(r)$ längs der Querschnittsdicke variiert. Über die vergleichsweise geringe Breite $h$ werden sich vom Rand her nur geringe Spannungen aufbauen, die wir vernachlässigen (ebener Spannungszustand). Auch dies ist nach [199, 200] gerechtfertigt, sogar für Stäbe mit anfänglichem Quadratquerschnitt ($h_0 = D_0$).

Dennoch ist eine zusätzliche Näherung erforderlich. Weil nämlich die Stabkontur nicht geradlinig parallel zu den Richtungen von $r$ oder $z$ verläuft, braucht die Schubspannung $\tau_{zr}$ nicht zu verschwinden. Obschon sie klein sein wird, kann wegen der geringen Breite $h$ ihre Ableitung $\partial\tau_{zr}/\partial z \approx \Delta\tau_{zr}/h$ große Werte annehmen ($\Delta\tau_{zr}$ Differenz der Randwerte von $\tau_{zr}$) und geht dann als Zusatzterm in die Gleichgewichtsbedingung (2.2/8) ein. Um dies zu vermeiden, verstehen wir alle Spannungen als *Mittelwerte über die Breite h* und haben es dann wie zuvor nur mit den Hauptspannungen $\sigma_r$, $\sigma_\psi$ zu tun. Am schraffierten Streifen von Bild 2.12 greifen

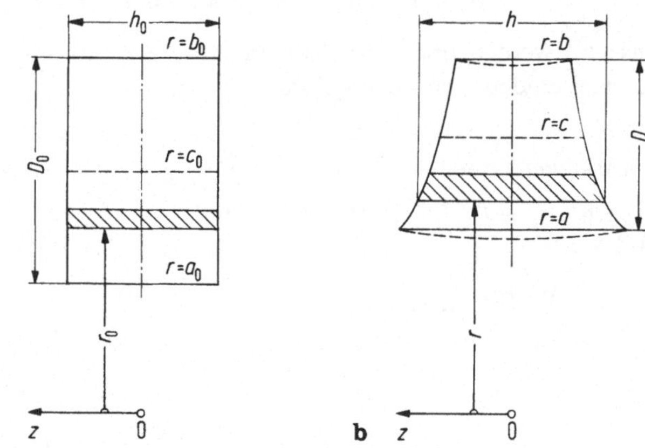


**Bild 2.12.** Querschnitte eines Hochkant-Biegestabes mit schraffierten „Streifen" $r =$ const. **a** Im Anfangszustand: Indizes $o$. **b** Während der Biegung: Gekrümmte Innen- und Außenseiten (gebrochene Linien) werden durch Geradenstücke $r = a$, $b$ angenähert.
$D$ Querschnittsdicke, $h = h(r)$ Breite, $c$ neutrale Faser

vorn und hinten bzw. oben und unten die Kräfte $h\sigma_r$, $h\sigma_\psi$ (pro Längeneinheit, gemessen auf der radialen und azimutalen Begrenzung) an, die wir statt der Spannungen $\sigma_r$, $\sigma_\psi$ selbst ins Gleichgewicht setzen müssen. Dies gibt analog (2.2/8) bzw. (2.1/18)

oder

$$\left.\begin{array}{c} \dfrac{\mathrm{d}}{\mathrm{d}r}(h\sigma_r) = \dfrac{h\sigma_\psi - h\sigma_r}{r} \\[3mm] h\sigma_\psi = \dfrac{\mathrm{d}}{\mathrm{d}r}(rh\sigma_r)\,. \end{array}\right\} \qquad (2.2/39)$$

Die Formänderungsgeschwindigkeiten entnehmen wir (2.2/7), doch müssen wir sie um die Komponente der Streifendehnung in $z$-Richtung ergänzen. Homogene Streifenformänderung vorausgesetzt, gibt dies mit (1.1/4)

$$\lambda_r = \mathrm{d}u/\mathrm{d}r\,, \qquad \lambda_\psi = \dot{\Theta}/\Theta + u/r\,, \qquad \lambda_z = \dot{h}/h\,; \qquad (2.2/40)$$

die Ableitung $\dot{h}$ bezieht sich auf wandernde Werkstoffstreifen. Auch die Größen (2.2/40) sind als Mittelwerte über die Streifenbreite zu verstehen; Schergeschwindigkeiten bleiben außer Betracht. Schließlich gilt für Metalle die Bedingung der Volumenkonstanz (1.3/48), d. h.

$$\frac{\dot{h}}{h} = -\left[\frac{\dot{\Theta}}{\Theta} + \frac{u}{r} + \frac{\mathrm{d}u}{\mathrm{d}r}\right] = -\frac{\dot{\Theta}}{\Theta} - \frac{1}{r}\frac{\mathrm{d}(ur)}{\mathrm{d}r}\,. \qquad (2.2/41)$$

Die restlichen Gleichungen des Stoffgesetzes formulieren wir wahlweise nach der Theorie von Tresca bzw. nach der Theorie von Lévy-Huber-v. Mises [198], wobei wir jetzt die einachsige Fließgrenze $Y$ einsetzen und vom Blechbiegen die eindeutige Existenz einer neutralen Faser übernehmen. Wir gehen ferner von den in Bild 2.7 manifestierten Größenrelationen

$$\left.\begin{array}{ll} \sigma_\psi < \sigma_r < 0 \quad \text{für} \quad a < r < c \quad (\text{,,Stauchzone``}) \\[2mm] \sigma_r < 0 < \sigma_\psi \quad \text{für} \quad c < r < b \quad (\text{,,Dehnungszone``}) \end{array}\right\} \quad (2.2/42)$$

aus und werden finden, daß dieser Ansatz zumindest für die Theorie nach Tresca zu einer eindeutigen Lösung führt.

---

| | |
|---|---|
| *Theorie von Tresca* | *Theorie von Lévy-Huber-v. Mises* |

*Theorie von Tresca*

Wegen $\sigma_z \equiv 0$ liefert (2.2/42) mit (1.3/53)

$$\left.\begin{array}{ll} \sigma_\psi = -Y \quad \text{für} \quad a < r < c\,, \\[2mm] \sigma_\psi - \sigma_r = Y \quad \text{für} \quad c < r < b\,. \end{array}\right\}$$

$$(2.2/43\,\mathrm{T})$$

*Theorie von Lévy-Huber-v. Mises*

Wegen $\sigma_z \equiv 0$ liefert (2.2/42) mit (1.3/56b)

$$\left.\begin{array}{l} \sigma_\psi = \dfrac{\sigma_r}{2} - \left|\sqrt{Y^2 - \dfrac{3}{4}\sigma_r^2}\right| \\[4mm] \qquad\qquad \text{für} \quad a < r < c\,, \\[4mm] \sigma_\psi = \dfrac{\sigma_r}{2} + \left|\sqrt{Y^2 - \dfrac{3}{4}\sigma_r^2}\right| \\[4mm] \qquad\qquad \text{für} \quad c < r < b\,. \end{array}\right\}$$

$$(2.2/43\,\mathrm{M})$$

Die Fließregel (1.3/54a) lautet mit (2.2/40) über (2.2/41) hinaus

$$h \geqq 0, \qquad \frac{\mathrm{d}u}{\mathrm{d}r} \equiv 0 \quad \text{für} \quad a < r < c,$$

$$h \equiv 0, \qquad \frac{\mathrm{d}u}{\mathrm{d}r} \leqq 0 \quad \text{für} \quad c < r < b.$$

$$(2.2/44\,\mathrm{T})$$

Die Fließregel (1.3/57) lautet mit (1.3/15), (2.2/40) über (2.2/41) hinaus

$$\frac{\dfrac{u}{r} + \dfrac{\dot\Theta}{\Theta}}{\mathrm{d}u/\mathrm{d}r} = \frac{2\sigma_\psi - \sigma_r}{2\sigma_r - \sigma_\psi} \quad \text{und}$$

$$\frac{u}{r} + \frac{\dot\Theta}{\Theta} \leqq 0 \quad \text{für} \quad a < r < c,$$

$$\frac{u}{r} + \frac{\dot\Theta}{\Theta} \geqq 0 \quad \text{für} \quad c < r < b.$$

$$(2.2/44\,\mathrm{M})$$

Formelmäßig geschlossene Integrale existieren in der Regel weder für die linken noch für die rechten Gleichungen, so daß man auf analytische Näherungen (Gaydon [197] nach Lévy-Huber-v. Mises für idealplastischen Werkstoff $Y = $ const) oder numerische Lösungen ([198] mit Verfestigung, später auch [201, 217, 357]) angewiesen ist. Bei großen Biegewinkeln kann es passieren, daß die Lévy-Huber-v. Mises-Theorie überhaupt kein Integral mehr besitzt [198]. Das mag mit Instabilitäten (*Biegeknicken*), aber auch mit einem inadequaten mathematischen Ansatz (z. B. (2.2/42)) zusammenhängen.

Für die Theorie nach Tresca lassen sich immerhin Teile der Lösungen formelmäßig ausdrücken. Wenn für einen gewissen Biegezustand $\Theta$ die Festigkeitsverteilung $Y$ über $r$ sowie die Abmessungen $a$, $b$, $h(r)$ bekannt sind, so folgt die Radialspannung $\sigma_r$ aus (2.2/39) mit (2.2/43T) für *reines Momentenbiegen* (kein Innendruck) zu

$$h\sigma_r = -\frac{1}{r} \int_a^r hY\,\mathrm{d}r \leqq 0 \quad (a \leqq r < c),$$

$$h\sigma_r = -\int_r^b \frac{hY}{r}\,\mathrm{d}r \leqq 0 \quad (c < r \leqq b).$$

$$(2.2/45)$$

Das erste Integral fällt, das zweite steigt monoton mit $r$; beide sind negativ und verschwinden für $r = a$ bzw. $r = b$. Also existiert ein eindeutiger Schnittpunkt $r = c$ beider Verläufe. Man erhält diese *neutrale Faser* (numerisch) durch Gleichsetzen der Ausdrücke (2.2/45). Ebenfalls numerisch folgt das Biegemoment

$$M^P = \int_a^b r\sigma_\psi h\,\mathrm{d}r.$$

$$(2.2/46)$$

Für den Übergang zwischen Stauch- und Dehnungszone findet man wieder die kinematische Randbedingung (2.2/16) und damit wegen (2.2/44T), (2.2/41) eindeutig

$$u(r, \Theta) = -c\,\frac{\dot\Theta}{\Theta} = \text{const} \quad \text{für} \quad a \leqq r \leqq c,$$

$$u(r, \Theta) = -\frac{1}{2}\,\frac{\dot\Theta}{\Theta}\left(r + \frac{c^2}{r}\right) \quad \text{für} \quad c \leqq r \leqq b;$$

$$(2.2/47)$$

die zweite Formel entspricht (2.2/17) des Blechbiegens. Man entnimmt die Änderung der Stabdicke zu

$$\dot D = \dot b - \dot a = u(b, \Theta) - u(a, \Theta) = -\frac{1}{2}\,\frac{\dot\Theta}{\Theta}\,\frac{(b - c)^2}{b} < 0;$$

$$(2.2/48)$$

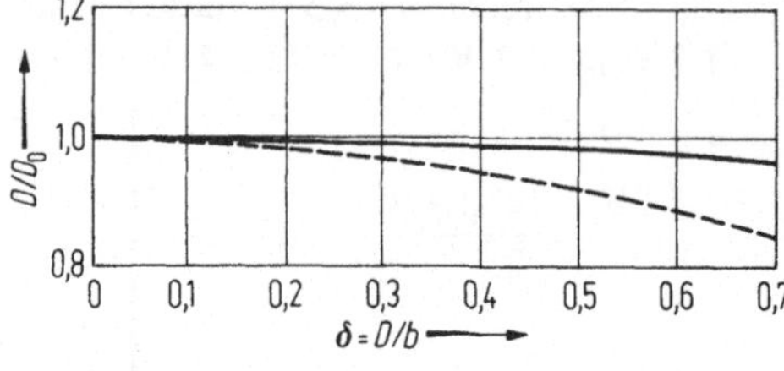

**Bild 2.13.** Numerisch ermittelte Dickenänderung beim ideal-plastischen Biegestab ohne Innendruck [198]. ——————— Theorie nach Lévy-Huber-v. Mises, ————— Theorie nach Tresca

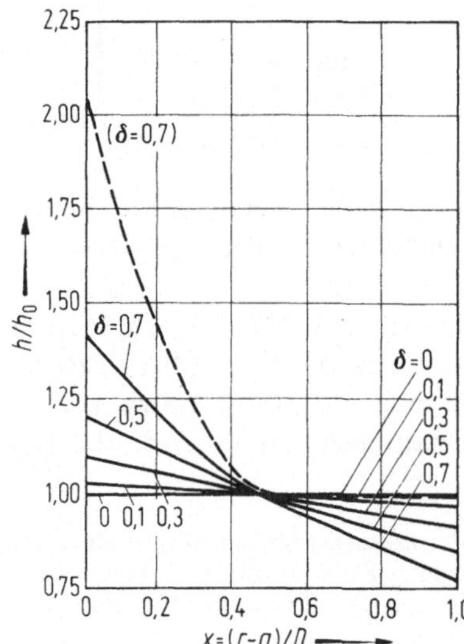

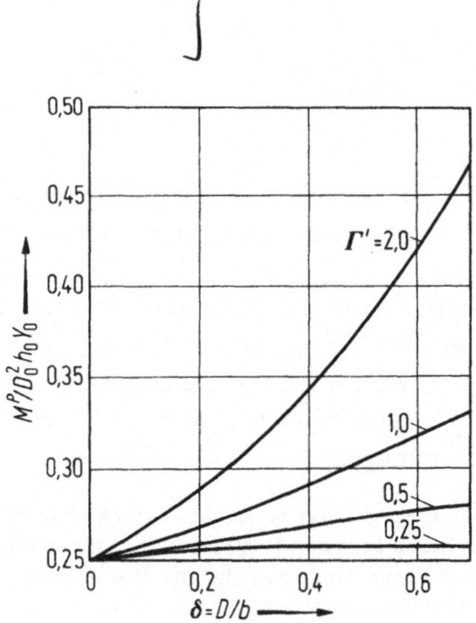

**Bild 2.14.** Querschnittskonturen des ideal-plastischen Biegestabes bei verschiedenen Biegezuständen $\delta = D/b$ ohne Innendruck [198]. ——————— Theorie nach Lévy-Huber-v. Mises, ————— Theorie nach Tresca

**Bild 2.15.** Biegemomente $M^P$ des Stabes bei verschiedenen Biegezuständen $\delta$ ohne Innendruck. Lineare Arbeitsverfestigung $Y = Y_0 + \Gamma'\Phi$; $\Phi$ Arbeitsdichte, $\Gamma = $ const.

*der Stab wird also ständig (und im Gegensatz zum Blechbiegen auch für idealplastischen Werkstoff) dünner* (Bild 2.13 [217, 198]). *Diese Dickenabnahme, ebenso wie die Stabkontur nach Bild 2.14, erweisen sich als vom Verfestigungsgesetz nahezu unabhängig.* Auch hier haben wir einen Gegensatz zum Blechbiegen; Bild 2.9 a.

Nach Tresca, (2.2/44T), bleibt die Stabdicke im äußeren, noch nicht von der neutralen Faser überstrichenen Dehnungsbereich durchweg konstant. Experimente bestätigen stattdessen gut die Lösung nach Lévy-Huber-v. Mises [199, 200][17].

Beide Theorien liefern sowohl für die Spannungen als auch für die Biegemomente (Bild 2.15) nahezu identische Resultate. Es wurde mit *linearer Arbeitsverfestigung*

$$Y = Y_0 + \Gamma'\Phi, \qquad \Gamma' = \text{const} \tag{2.2/49}$$

gerechnet, wo die Arbeitsdichte $\Phi$ nach (1.1/22) definiert ist. Mit $\bar{\varphi}$ als Vergleichsformänderung folgt $\dfrac{dY}{d\bar{\varphi}} = \Gamma'\dfrac{d\Phi}{d\bar{\varphi}} = \Gamma'Y$, welche Differentialgleichung die einfache Lösung

$$Y = Y_0 \exp\left(\Gamma'\bar{\varphi}\right) = Y_0\left(1 + \Gamma'\bar{\varphi} + \frac{1}{2}[\Gamma'\bar{\varphi}]^2 + \dots\right) \tag{2.2/50}$$

---

[17] Dies kann auch eine Folge des bei Experimenten stets vorhandenen dreiachsigen Spannungszustandes sein.

besitzt. Zwar ist dieser Verlauf nach oben gekrümmt und daher für Metalle wenig realistisch (vgl. Bild 1.2), doch stimmen er und die *lineare Verfestigung* (2.2/31) mit $\Gamma = \Gamma'$ wegen (1.3/67c) in erster Näherung überein, so daß auch die Bilder 2.15, 2.9 b verglichen werden dürfen. Man sieht, daß beim Hochkantbiegen und bei *kleiner Verfestigung* die durch das Momentenmaximum definierte Instabilität *eher* als beim Blechbiegen, im Falle *großer Verfestigung* jedoch (wenn überhaupt) *später* auftritt. Hier ist das Stabbiegen wohl mehr durch das zuvor erwähnte Biegeknicken gefährdet.

### 2.2.5 Ergänzungen

Während für das Blech unter Längskraft und Biegemoment der generalisierte Fließort von Bild 2.8 für beliebige Biegezustände $\delta$ aufgestellt werden konnte, beziehen sich die zahlreichen veröffentlichten generalisierten Fließorte des Balkens unter Biegemoment und Querkraft-, Längskraft- sowie Torsionsbelastung (vgl. [9, 204—211]) meist auf kleine, oft allerdings elastisch-plastische Deformationen. Nach Drucker [206] gilt z. B.

$$\frac{M_b}{M^P} = 1 - \left(\frac{Q_b}{Q^P}\right)^4 \tag{2.2/51}$$

für einen Balken, der durch ein Biegemoment $M_b$ gemeinsam mit einer Querkraft $Q_b$ plastifiziert wird. $M^P$, $Q^P$ sind als Materialkonstanten diejenigen Werte von $M_b$ und $Q_b$, die *für sich allein* zum Plastifizieren ausreichen. Nun wird in den Anwendungen nach Bild 2.5 meist die Querkraft $Q_b$ gleichzeitig mit dem Biegemoment $M_b$ durch Kräfte $F'$ (z. B. Reaktionen in den Punkten $C$ und $D$) erzeugt, die in großem Abstand $d$ von der Biegezone angreifen. Dies sei am Modell von Bild 2.16 verdeutlicht. Wenn $F'$ so groß ist, daß an der Einspannung allein durch das Biegemoment $M_b = F'd$ plastisches Fließen erzeugt wird, so haben wir nach Bild 2.15 für den geraden Träger $\delta = 0$: $F'd = M^P = {}^1\!/_4 D_0^2 h_0 Y_0$ oder $F' = {}^1\!/_4 (D_0^2/d) h_0 Y_0$. Diese Kraft erzeugt auch die konstante Querkraft

$$Q_b = \frac{1}{4}\frac{D_0^2}{d} h_0 Y_0 \;.$$

$Q^P$ läßt sich hingegen nur grob schätzen. Größenordnungsgemäß wird $Q^P$ der kritischen Schubspannung (Scherfließgrenze) $k \approx Y_0/2$ (vgl. (1.3/62)) bzw. der auf die Stabquerschnittsfläche $D_0 h_0$ wirkenden zugehörigen Kraft

$$Q^P \approx \frac{1}{2} D_0 h_0 Y_0$$

entsprechen, so daß

$$\frac{Q_b}{Q^P} \approx \frac{1}{2}\frac{D_0}{d} \ll 1 \tag{2.2/52}$$

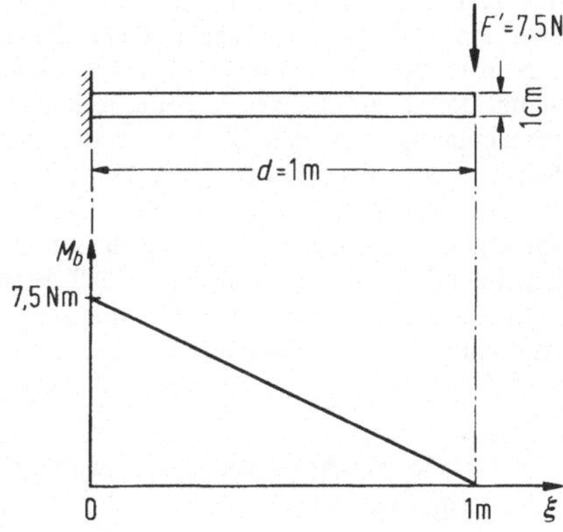


**Bild 2.16.** Einseitig eingespannter gerader Balken mit senkrechter Einzelkraft $F'$ am Ende. $d = 1$ m, $D_0 = 1$ cm, $h_0 = 3$ mm

gilt, wenn nur der Kraftangriff weit genug von der Biegezone entfernt liegt. In diesem Fall darf $(Q_b/Q^P)^4$ und wegen (2.2/51) der Querkrafteinfluß überhaupt vernachlässigt werden.

Hiervon ausgehend wollen wir $F'$ im Beispiel von Bild 2.16 weiter erhöhen und punktweise die zugehörige Biegelinie konstruieren, wobei die Richtung von $F'$ stets senkrecht zum Balken bleiben möge. Es werde

$$\delta = D/b \ll 1 \qquad\qquad (2.2/53)$$

vorausgesetzt und der Balken als Linie angesehen, die durch den Außenradius $b$ repräsentiert sei[18] und ihre Länge nicht ändert. Tatsächlich wird der Außenradius des Biegebalkens stets gedehnt, der Innenradius $r = a$ jedoch gestaucht, so daß irgendwo zwischen $a$ und $b$ eine *ungelängte Faser* $c'$ (i. a. $c \neq c'$) existiert, die wir wegen (2.2/53) vereinfacht mit der Außenfaser $b$ identifizieren.

Ferner setzen wir ebenen Spannungszustand und die in Bild 2.16 gegebenen Zahlenwerte in Verbindung mit

$$Y_0 = 90\ \text{N/mm}^2\,, \qquad \Gamma' = 1$$

entsprechend der linearen Arbeitsverfestigung von Bild 2.15 voraus; sie gehören zu einer bestimmten Aluminiumlegierung. Dann erreicht das Biegemoment $M_b$ den kritischen Wert genau 10 cm von der Einspannung entfernt; dieser Biegebereich wurde in Bild 2.17 vergrößert herausgezeichnet und in gleichabständige Punkte $i = 0, 1, \ldots, 10$ unterteilt. Nach Tabelle 2.1 und den Bildern 2.13[19], 2.15, 2.16 berechnen wir $\delta = D/b$, $D$ sowie schließlich den Krümmungsradius $b$ der Außenfaser (Punkte $1', \ldots, 9', 10'$), die aus Kreisbögen um ihre Krümmungsmittelpunkte $O_i$ konstruiert wird.

**Tabelle 2.1**

| $i$ | $\dfrac{M_b}{h_0 D_0^2 Y_0}$ | $\delta = \dfrac{D}{b}$ | $\dfrac{D}{\text{mm}}$ | $\dfrac{b}{\text{mm}}$ |
|---|---|---|---|---|
| 10 | 0,250 | 0 | 10,0 | $\infty$ |
| 9 | 0,252 | 0,028 | 10,0 | 357 |
| 8 | 0,255 | 0,064 | 10,0 | 156,2 |
| 7 | 0,258 | 0,104 | 10,0 | 96,2 |
| 6 | 0,261 | 0,132 | 9,99 | 75,5 |
| 5 | 0,264 | 0,160 | 9,98 | 62,3 |
| 4 | 0,266 | 0,182 | 9,98 | 54,8 |
| 3 | 0,269 | 0,212 | 9,97 | 47,0 |
| 2 | 0,272 | 0,244 | 9,95 | 40,8 |
| 1 | 0,275 | 0,278 | 9,94 | 35,7 |
| 0 | 0,278 | 0,304 | 9,93 | 32,6 |

Dies wäre eine erste Approximation. Jetzt müßte man die Biegemomentenlinie (Bild 2.16) erneut, und zwar für den gebogenen Balken ermitteln. Hieraus ergäbe sich eine zweite Approximation usf. Der Computer erlaubt beliebige Genauigkeit.

Nun einige Worte zur *dynamischen Balkenbiegung* (Trägheitskräfte). Theorien beschränken sich in der Regel auf kleine Deformationen und idealplastisches Material [218—220]; sie liefern bei vernachlässigbarer Stabdicke in der Regel punktförmige Biegezonen (wandernde und ruhende *Fließgelenke*). Experimente [220, 221, 222] bestätigen dies mit Einschränkungen; Hall, Al-Hassani und Johnson [223] betrachten auch sehr große Formänderungen. In [226, 249] wird geschwindigkeitsabhängiges Materialverhalten zugelassen. Allgemein sei für Probleme der Dynamik auf Cristescus Lehrbuch [227] sowie auf Johnson [282] verwiesen.

Eine strenge Theorie großer dynamischer Formänderungen gibt es noch nicht, jedoch kann man Abschätzungen vornehmen [224, 225, 42].

---

[18] Für bessere Approximationen wähle man statt $b$ den Mittelradius $r_m = {}^1/_2(a + b)$.

[19] Ausgezogene Linie.

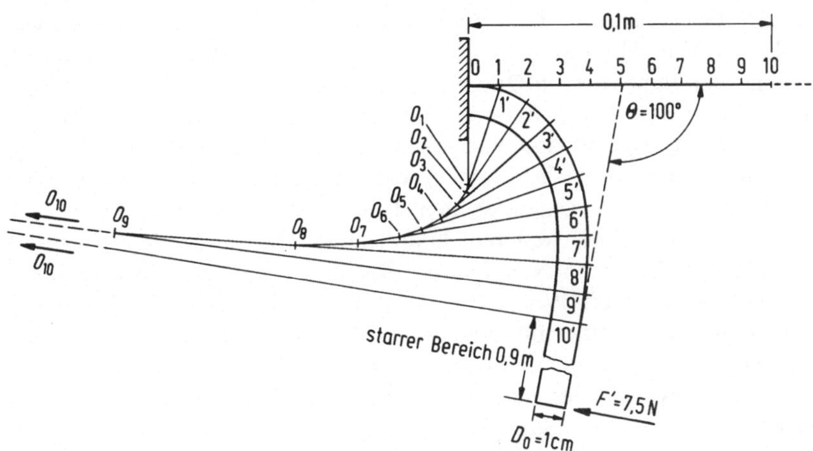

**Bild 2.17.** Plastische Balkenzone zu Bild 2.16. Der gebogene Balken wurde konstruiert aus Kreisen um die Krümmungsmittelpunkte $O_0 \ldots O_{10}$ der Punkte $i = 0 \ldots 10$ bzw. $i = 0' \ldots 10'$ bei ungelängter Außenfaser

Weitere Probleme im Zusammenhang mit der Balkenbiegung ergeben sich u. a. bei anisotropen Werkstoffen [214], beim Auftreten von Streckenlasten [215, 216] oder bei speziellen Anwendungen wie dem Zusammendrücken eines Kreisringes durch zwei diametrale Kräfte [213].

## 2.3 Axialsymmetrische Umformung von Blech und dünnwandigen Hohlprofilen

### 2.3.1 Tiefziehen

Bild 2.18a zeigt das Schema eines *Tiefziehvorganges* „im Anschlag", d. h. im ersten Umformschritt. Ein rundes Blech (*Ronde, Platine*) wird mittig auf den *Ziehring ZR* gelegt, vom *Blechhalter (Faltenhalter) BL* mit (hier möglichst geringer) Kraft $F_{BL}$

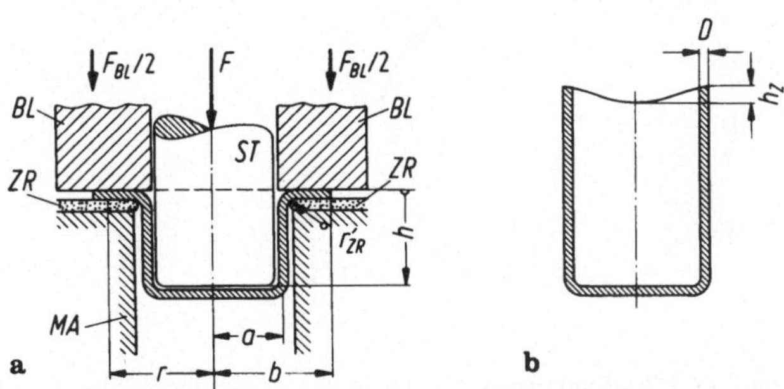

**Bild 2.18. a** Prinzip des Tiefziehens (Napfziehens). *ST* Stempel, *h* Stempelweg, *MA* Ziehmatrize mit eingearbeitetem Ziehhol, *ZR* Ziehring, $r'_{ZR}$ Krümmungsradius, *BL* Blechhalter, *a* mittlerer Napfradius, annähernd Innenradius des Ziehringes, *b* Außenradius der Ronde, *r* laufender Radius. *F* Stempelkraft, $F_{BL}$ Blechhalterkraft.
**b** Gezogener Napf. *D* Wandstärke, $h_z$ Zipfelhöhe

waagerecht geführt und dann durch den vertikal nach unten bewegten *Stempel ST* in das *Ziehhol* (Hohlraum in der *Matrize MA*) „gezogen". So entsteht als Ziehprodukt der Napf von Bild 2.18 b; man spricht auch vom *Napfziehen.* Im Gegensatz zu einem ebenen Biegen unter Stempeldruck (Bild 2.5-II, III) handelt es sich hier um Biegevorgänge mit doppelter Krümmung (insbesondere am Ziehring *ZR*, aber auch am Bodenansatz des Napfes) kombiniert mit einer vorherigen Umformung der nach innen gezogenen ebenen Ronde, möglicherweise einer Dehnung der Napfwand und einer weiteren Umformung im Napfboden — insgesamt also nun einen recht komplexen Prozeß, für den eine Gesamtlösung nur numerisch versucht werden kann (Woo [246], Moritoki und Takeyama [247], Kaftanoglu [622]). Man zieht auch Näpfe mit Löchern im Boden [248] oder wählt andere Stempelformen [246, 247]; manchmal kommt es nur darauf an, einen Lochrand $r = a$ durch *Ab-* oder *Umkanten* des innen überstehenden Materials um den Ziehring *ZR* zu entschärfen [385]. Der Stempel darf sogar deformierbar sein [232], insbesondere aus einer Flüssigkeit mit oder ohne zwischengeschalteter elastischer Haut bestehen: *hydrostatisches* Tiefziehen [326]. Wir beschränken uns zunächst auf den statischen Vorgang. Seine Technologie wird u. a. in [229, 231, 238] beschrieben; Literaturüberblicke findet man in [228, 230].

Als erstes betrachten wir die Umformung des ebenen Teils der Blechronde zwischen Blechhalter und Ziehring. Ihr anfänglicher Außenradius war $b_0$; als Innenradius $a$ wählen wir überschlägig den zur Blechmittelfaser im Napf gehörigen. Der Werkstoff sei isotrop. Dann wird die Ronde kreisförmig bleiben (Sektor IV in Bild 2.19) und im Verlauf der Zeit $t$ verschiedene Außenradien $b = b(t)$ durchlaufen. Ebenso verformen sich ringförmige Blechelemente vom Anfangsradius $r_0$ in ebensolche mit dem Radius $r(t)$.

Wir beschränken uns der Einfachheit halber auf das Trescasche Stoffgesetz. Hill [17] stellt eine Näherungsrechnung nach Lévy-Huber-v. Mises daneben.

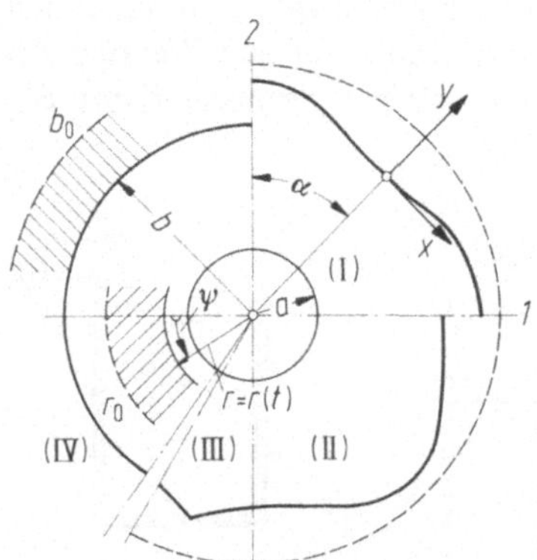


**Bild 2.19.** Blechronde beim Tiefziehen (Anfangsradius $b_0$) nach Bild 2.18. $a$ Innenradius; $b$ Außenradius; $r = r(t)$ Radius eines mit der Zeit $t$ wandernden Ringelementes (Anfangslage $r_0$). *1* Walzrichtung des Ausgangsbleches, *2* Querrichtung; $\psi$ Azimutalwinkel.
Sektor *I*: Zipfelbildung in 0°/90°-Lage, bezogen auf den Zentriwinkel α. $y$, $x$ kartesisches radial-azimutal-Koordinatensystem in beliebigen Randpunkten. Sektor *II*: Zipfelbildung in Diagonallage (speziell: 45°/135°-Lage). Sektor *III*: Zipfel mit (anfänglicher) Spitze. Sektor *IV*: Keine Zipfelbildung; schraffierte Kreisringe bei konstanter Blechdicke flächengleich

Die Radialspannung $\sigma_r$ und die Azimutalspannung $\sigma_\psi$ sind Hauptspannungen, und zwar erwartet man $\sigma_r \geq 0$ als Zug (radiales Hereinziehen der Ronde) und $\sigma_\psi \leq 0$ als Druck (Verkürzung der Umfangsfasern $r = r(t)$). Der Blechhalter kann nur Druck übertragen sowie möglicherweise eine Reibschubspannung, die wir vorerst ebenso wie die Reibung am Ziehring vernachlässigen. Jener Blechhalterdruck muß die mittlere Hauptspannung repräsentieren; denn andernfalls wäre $\sigma_\psi$ Mittelspannung, und wegen (1.3/54a) zusammen mit $\lambda_\psi = u/r$ ($u = u(r)$: Radialgeschwindigkeit; vgl. (2.1/12)) folgert man $\lambda_\psi \equiv 0$, $u \equiv 0$: Keine Umformung. Wir haben so das dem Tiefziehtechniker bekannte Ergebnis gefunden, wonach *zu hoher Blechhalterdruck den Vorgang auch bei minimaler Reibung blockiert.*

Also gehen wir von $\sigma_r$, $\sigma_\psi$ als extremalen Hauptspannungen aus. (1.3/54a) liefert dann mit (1.1/4) $\lambda_D = \dot{D}/D = 0$, also *konstante Blechstärke*

$$D = D_0 = \text{const}; \tag{2.3/1}$$

ein zwar überschlägig richtiges [181], sonst aber stark vereinfachtes Resultat[20]. Als Konsequenz liegt der mathematisch besonders einfache Fall *ebener Formänderung* vor.

Die Fließbedingung (1.3/53) mit der Gleichgewichtsbedingung (2.2/8) ergibt wegen des freien Außenrandes $(\sigma_r)_{r=b} = 0$ sofort die Spannungsverteilung

$$\sigma_r = \int_r^b \frac{Y}{r}\, dr, \qquad \sigma_\psi = \sigma_r + Y, \tag{2.3/2}$$

woraus am Innenrand $r = a$ die *Ziehspannung*

$$\sigma_a = (\sigma_r)_{r=a} = \int_a^b \frac{Y}{r}\, dr \tag{2.3/3}$$

folgt. Sie ist bei Vernachlässigung der Anteile von Reibung und Blechbiegung ein erstes Maß für die Stempelkraft $F$; mit $2\,\pi\,aD_0$ als Ronden-Innenringfläche erhält man

$$F_a = 2\,\pi\,aD_0\sigma_a. \tag{2.3/4a}$$

Für ideal-plastischen Werkstoff $Y = \text{const}$ entsteht

$$F_a = 2\,\pi\,aD_0 Y \ln\frac{b}{a}; \tag{2.3/4b}$$

die Ziehkraft $F \approx F_a$ fällt dann mit abnehmendem Rondendurchmesser im Laufe eines Ziehvorganges monoton ab.

Anders bei Kaltverfestigung oder Geschwindigkeitsabhängigkeit. Mit $u = \dot{r}(t) \leq 0$ und $\lambda_\psi = u/r = \dot{r}/r$ für einen wandernden Ring $r = r(t)$ hat man wegen (1.3/54a), (1.3/55a) $\bar{\lambda} = |\lambda_\psi| = -\dot{r}/r$, also wegen (1.3/55b) mit $\bar{\varphi}_0 = 0$ die Vergleichsformänderung $\bar{\varphi} = \ln(r_0/r)$. Da die Blechdicke konstant bleibt, müssen in Bild 2.19, Sektor IV, die schraffierten, von $b$ bzw. $r$ überstrichenen Ringflächen gleichen

---

[20] Die Rechnung nach Lévy-Huber-v. Mises liefert zwar qualitativ richtiger eine zunehmende Blechdicke $D$, doch kommt sie gegenüber dem Experiment etwa um das Doppelte zu groß heraus [327]. Siehe hierzu (2.3/19) und nachfolgenden Text.

Inhalt $\pi(b_0^2 - b^2) = \pi(r_0^2 - r^2)$ besitzen, der ebenfalls dem durch den Innenring $r = a$ gezogenen Flächeninhalt (gemäß Bild 2.18a annähernd: $2\pi ah$) gleicht. Zeit-differentiation liefert $-2\pi b\dot{b} = -2\pi r\dot{r} = 2\pi a\dot{h}$, und man erhält

$$\left.\begin{array}{l} \bar{\lambda} = -\dfrac{b\dot{b}}{r^2} = \dfrac{a\dot{h}}{r^2}, \\[3mm] \bar{\varphi} = \dfrac{1}{2}\ln\left[1 + \dfrac{b_0^2 - b^2}{r^2}\right] = \dfrac{1}{2}\ln\left[1 + \dfrac{2ah}{r^2}\right]. \end{array}\right\} \qquad (2.3/5)$$

Hierüber kann man $Y$ zum Beispiel aus den Kurven von Bild 1.2 ablesen und in (2.3/2), (2.3/3) einsetzen. Diese Beziehungen und (2.3/5) gelten übrigens auch für das Aufweiten von Rohren (Radien $a$, $b$) unter reinem Innendruck $\hat{p}$, wenn $\sigma_a$ durch $-\hat{p}$, $h$ durch $-\dot{a}$, $2ah$ durch $a_0^2 - a^2$ und $\bar{\lambda}$, $\bar{\varphi}$ durch ihre Beträge ersetzt werden.

Die bereits von Siebel und Pomp [233] im Jahre 1929 vorgeschlagene, für die von ihnen benutzten sogenannten Flußstähle $A$ und $B$ (Bild 2.20) bei verschiedenen Rondenabmessungen damals auch durchgeführte numerische Integration, heute auf Digitalrechnern bei erhöhter Genauigkeit problem-los, liefert dann die theoretischen Kurven von Bild 2.21. Sie sind über dem Stempelweg $h$ (Bild 2.18a) aufgetragen, der infolge der Blechbiegung an Ziehring und Napfboden (Krümmungsradius bei Siebel und Pomp: $r_{ZR} = 5$ mm) nicht mit der radial eingezogenen Blechlänge am Innenrand der Ronde übereinstimmt. Solche geometrischen Korrekturen werden in [233] erläutert.

Im Vergleich mit den Experimenten erkennt man dreierlei: Erstens besitzt die Ziehkraft wegen der überlagerten Werkstoffverfestigung im Gegensatz zur ideal-plastischen Approximation (2.3/4b)

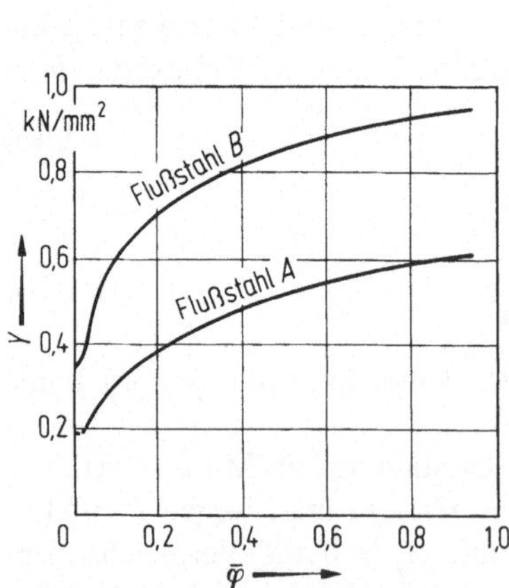


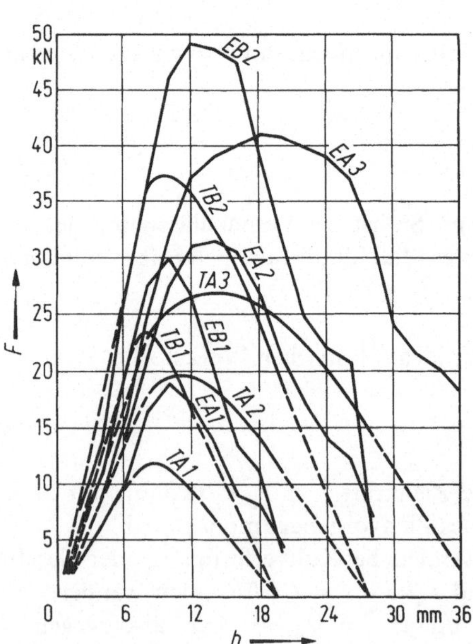


**Bild 2.20.** Fließkurven zweier Flußstahlsorten nach Siebel und Pomp
**Bild 2.21.** Theoretische Ziehkräfte $F$ im Vergleich mit gemessenen Kräften nach Siebel und Pomp. Gestrichelte Kurventeile sind geschätzt. $T$ theoretisch, $E$ experimentell. $A$, $B$ Flußstähle nach Bild 2.20. Anfangs-Außenradius für Kurven $1$: $b_0 = 30$ mm; $2$: $b_0 = 35$ mm; $3$: $b_0 = 40$ mm. Innenradius $a = 20{,}5$ mm; Anfangs-Blechdicke $D_0 = 1$ mm; $h$ Stempelweg

ein ausgeprägtes Maximum. Zweitens stimmen qualitative Kurvenform als auch horizontale Lage des Maximums theoretisch und experimentell befriedigend überein. Drittens sind die experimentellen Kräfte um 20 bis 40 % höher als die theoretischen — ein offensichtlicher Effekt der vernachlässigten Biege- und Reibanteile. Wenn man also dementsprechnd einen *Kraftwirkungsgrad* $\eta$ einführt, so gäbe

$$F = \frac{F_a}{\eta} \quad \text{mit} \quad \eta = 0{,}7 \dots 0{,}8 \tag{2.3/6}$$

hier zufriedenstellende Werte.

Eine etwas genauere, aber immer noch genäherte Rechnung erfordert zunächst, daß man zu $F_a$ den Reibanteil $F_R = 2\pi a D_0 \sigma_R$ am Blechhalter hinzufügt. $\sigma_R = (\sigma_r)_{r=a}$ gehört zu einer überlagerten Spannungsverteilung $\sigma_r \equiv \sigma_\psi$, welche die bisherigen Resultate (2.3/2), (2.3/3) nicht beeinflußt und aus der radialen Gleichgewichtsbedingung $0 = p_r + \mathrm{d}\sigma_r/\mathrm{d}r$ (vgl. (A.2/20)) folgt, wenn man $p_r = 2\mu F_{BL}/\pi(b^2 - a^2)\, D_0$ als auf das Volumen $\pi(b^2 - a^2)\, D_0$ bezogene Reibkraft $2\mu F_{BL}$ einsetzt ($F_{BL}$ Blechhalterkraft; $\mu$ konstanter Reibwert an der Blechober- und Unterseite). Integration von $a$ bis $b$ mit $(\sigma_r)_{r=b} = 0$ liefert

$$F_R = 4\mu\, \frac{a}{a+b}\, F_{BL} \, . \tag{2.3/7a}$$

Ferner sieht man die Biegung um den Ziehring als idealplastisch mit der Formänderungsfestigkeit $Y_a$ am Innenradius $r = a$ an und setzt dort annähernd ebene Umformung (d. h. $D_0/a \ll 1$) sowie Gleichheit der ungelängten Biegefaser mit der Blechmittelfaser voraus. Ein Blechstück, das sich gerade zu $90° = \pi/2$ um den Ziehring krümmt, hat dann die Länge

$$l = \left(r'_{ZR} + \frac{D_0}{2}\right) \frac{\pi}{2}$$

(Bild 2.18a) . Bei reiner Biegung[21] wird an ihm wegen (1.3/62) die Arbeit

$$M^P \frac{\pi}{2} = \left(\frac{2\pi a D_0^2}{4}\, Y_a\right) \frac{\pi}{2}$$

geleistet, wobei in (2.2/26a, b) der Ronden-Innenumfang $2\pi a$ für die Blechbreite steht. In unserem Fall greift am Blech nur eine Zugkraft $F'_R$ an, welche die Arbeit $F'_R l = F'_R(r'_{ZR} + D_0/2)\,\pi/2$ ergibt. Gleichsetzen der Arbeiten liefert $F'_B = \dfrac{\pi a D_0^2}{2\left(r'_{ZR} + \dfrac{D_0}{2}\right)}\, Y_a$ . Das Blech wird nun gleich hinter dem Ziehring wieder gerade gebogen. So haben wir

$$F_B = 2F'_B = \frac{\pi a D_0^2}{r'_{ZR} + \dfrac{D_0}{2}}\, Y_a \tag{2.3/7b}$$

als Kraftanteil der Biegung. Er wird von entsprechenden Reaktionskräften am Ziehring im Gleichgewicht gehalten und steigt im Laufe eines Tiefziehvorganges mit $Y_a$ an. Für ideal-plastischen Werkstoff bliebe $F_B$ jedoch konstant; $F_B$ ist für dünne Bleche $D_0 \ll r'_{ZR}$ zu vernachlässigen. $F_a + F_B + F_R$ stellt die soweit um den Reib- und Biegeanteil ergänzte Ziehkraft dar.

Schließlich sehen wir die zusätzliche Reibung beim Ziehen um den Ring stark vereinfachend als Seilreibung an; die Kraft erhöht sich dabei nach Euler bekanntlich um den Faktor $\exp[\mu(\pi/2)]$ (vgl. [7]). So kommen wir zu der im wesentlichen von Beisswänger (vgl. [229]) angegebenen Näherungsformel

$$F = (F_a + F_B + F_R) \exp\left(\mu \frac{\pi}{2}\right) \tag{2.3/8}$$

für die Stempelkraft beim Napfziehen in Verbindung mit (2.3/3), (2.3/4) und (2.3/7a, b). Sie präzisiert (2.3/6).

---

[21] Annahme: Die Biege*arbeit* ist annähernd unabhängig vom überlagerten Längszug, wenn man die Blechdehnung während der Biegung vernachlässigt.

Von den zahlreichen beim Tiefziehen möglichen Störeinflüssen und ihren unerwünschten Wirkungen (*Tiefziehfehlern*) streifen wir nur wenige.

**(a) Bodenreißer.** Zur Ziehkraft $F$ nach (2.3/8) und der Material-Querschnittsfläche $A = 2\pi\,aD$ gehört eine Spannung, die als einachsiger Zug die Fließgrenze in der Napfwand (Bild 2.18) erreichen kann:

$$(Y)_{\text{Wand}} = \frac{F}{A} = \frac{F}{2\pi aD}.\tag{2.3/9}$$

Wenn dabei die Grenz-Gleichmaßdehnung $\varphi_G$ (mit der Subtangente $l$) in der Fließkurve überschritten wird (Bild 1.3), so schnürt die Wand ein und reißt. Dies geschieht vor allem nahe dem Napfboden, wo der Werkstoff durch die zusätzliche Biegung noch höher beansprucht ist. Für den dort mehrachsigen Spannungszustand, auch teilweise für anisotropen Werkstoff, vgl. u. a. [232, 234—237, 242, 284, 609].

**(b) Faltenbildung und Blechhalterkraft.** Das Blech steht im ebenen Teil der Ronde unter azimutalem Druck $\sigma_\psi < 0$. Es liegt dann die Gefahr einer *Knickinstabilität*, hier der Ausbildung radialer Blech-*Falten* vor, wie man sie vom Knickstab der elementaren Elastomechanik kennt. Sie zu unterdrücken ist der überwiegende Zweck des sonst nur störenden Blech- oder *Falten*halters.

Die Entstehung von Falten kann für isotrope Bleche befriedigend genau als elastisches Phänomen (Elastizitätsmodul $E$) erklärt werden; Ausnahmen hängen mit der unten zu besprechenden anisotropen Zipfelbildung zusammen [241]. Geckeler [239] berechnet die inzwischen als untere Schranke erkannte (vgl. [241]) Faltenzahl zu

$$n = \frac{1{,}65}{2}\,\frac{b + a}{b - a}.\tag{2.3/10}$$

Bei einem vorgegebenen maximalen Spiel $2d$ zwischen dem Blech und dem Faltenhalter bzw. dem Ziehring schätzt Siebel [240] den erforderlichen Blechhalterdruck zu

$$Q \leqq (0{,}3 \ldots 0{,}4)\,Y_0\,\frac{d}{D_0}\tag{2.3/11}$$

ab. Er liegt für alle praktischen Fälle wegen $d \ll D_0$ weit unterhalb der Anfangs-Fließgrenze $Y_0$.

**(c) Anisotropie und Zipfelbildung.** Der Napf von Bild 2.18b ist zwar zylindrisch, also faltenlos gezogen. Doch besitzt sein oberer Rand rechts und links je einen *Zipfel* der Höhe $h_z$. Dazwischen liegen Einbuchtungen, kurz: *Täler*. Ursache der Zipfel ist die Anisotropie (Orthotropie) des gewalzten Bleches. Statt der 2 Zipfel von Bild 2.18b treten in den meisten Fällen 4 Zipfel auf, wobei die Walzrichtung und die orthogonale Querrichtung der Blechebene bzw. Ronde aus Symmetriegründen entweder Zipfel oder Einbuchtungen repräsentieren (Bild 2.19, Sektor I bzw. Sektor II). Obschon im Endzustand vorwiegend abgerundete Zipfelprofile zu beobachten sind, wäre es denkbar, daß auch spitze Zipfel existieren oder sich wenigstens ganz zu Anfang bilden (Sektor III) und im Laufe der Umformung wieder abrunden. Bei Messing beobachtet man gelegentlich 6 Zipfel; man vergleiche die zusammenfassende Darstellung von Wassermann und Grewen [244, 131]. Hug [245] berichtet bei Aluminium auch über 8 Zipfel.

Plastomechanische Analysen gehen meist vom Anfangsstadium der noch homogenen, kreisförmigen Ronde aus und betrachten dort speziell den Außenrand $r = b = b_0$. Hier herrscht einachsiger Spannungszustand $\sigma_\psi \neq 0$, $\sigma_r = 0$, so daß man die $\psi$- und $r$-Richtungen mit $x$ bzw. $y$ in Bild 1.17a identifiziert. $\alpha$ hat dann abgesehen vom Drehsinn die gleiche Bedeutung wie in Bild 2.19, und die $z$-Richtung wird als „Dickenrichtung $D$" apostrophiert, deren Formänderungsgeschwindigkeit bzw. Formänderung gemäß (1.1/4) durch

$$\lambda_D = \frac{\dot{D}}{D}, \qquad \varphi_D = \ln\frac{D}{D_0}\tag{2.3/12}$$

($D_0$ Anfangsdicke) definiert sind. Dann kann man den $r$-Wert[22] $\hat{r} = \hat{r}(\alpha)$ gemäß (1.3/85) einführen und hat

$$\hat{r} = \frac{\lambda_r}{\lambda_D} \quad \text{für} \quad r = b = b_0 \ . \tag{2.3/13}$$

Hill (vgl. [17]) postuliert nun, daß an solchen Stellen des Umfangs, wo sich Zipfel oder Täler zu bilden beginnen, die Schergeschwindigkeit $\varkappa_{r\psi}$ verschwinde. Seine Resultate werden jedoch für den hier zugrunde liegenden ebenen Spannungszustand keineswegs durch vollständige, über den gesamten Umformprozeß erstreckte numerische Lösungen von Mannl [451] bestätigt.

Sowerby und Johnson [395] geben ein vollständiges numerisches Lösungsfeld nur für die Anfangsphase, allerdings unter der Voraussetzung ebenen Fließens, das sich aufgrund von Hills Stoffgesetz noch nicht einmal im einfachen Sonderfall der transversalen Isotropie (gleiche Fließgrenze $Y$ in allen Richtungen der Blechebene, $Y_D$ in Dickenrichtung) mit dem ebenen Spannungszustand vereinbaren läßt. Auch hierfür liegen lediglich numerische Lösungen vor [242, 243, 614]. Sawczuk-Ivlevs Fließregel (1.3/99a) liefert für transversale Isotropie $Y_I = Y_{II} = Y$ wegen $\lambda_I + \lambda_{II} = -\lambda_{III} = -\lambda_D$ allerdings in der Tat $\lambda_D \equiv 0$, d. h. ebenes Fließen

$$\frac{D}{D_0} \equiv 1 \ , \tag{2.3/14}$$

und die Fließbedingung (1.3/97) geht in die Trescasche (1.3/53) über, so daß gar kein Unterschied mehr zur isotropen Lösung besteht [330]. Transversale Isotropie erklärt eben die Zipfelbildung grundsätzlich nicht.

Mannl [451] konnte keinerlei *einfache* Hypothese bestätigen, mit welcher etwa über (2.3/12), (2.3/13) umfassende Näherungsvoraussagen zur Zipfelbildung möglich wären. Am besten geht es noch, wenn man die Änderung in Umfangsrichtung der ohnehin kleinen Umfangsgeschwindigkeit $v$ gegenüber der Radialgeschwindigkeit $u$ vernachlässigt und die Gültigkeit von (2.3/13) auch für das Ronden*innere* postuliert (mit $\alpha = {}^3/_2\pi - \psi$ als Zentriwinkel); denn dann kommt die *Lage* der Zipfel und Täler, auch die *Unterscheidung* zwischen beiden einigermaßen richtig heraus, nicht aber das *Höhenverhältnis* verschiedener Zipfel zueinander.

Mannl folgend setzen wir *überall*

$$\frac{\partial v}{\partial \psi} \ll u \ , \qquad \frac{\lambda_r}{\lambda_D} \approx \hat{r}(\alpha) \tag{2.3/15}$$

und erhalten im Hinblick auf (A.2/21) exakt bzw. genähert

$$\lambda_r = \frac{\partial u}{\partial r}, \qquad \lambda_\psi = \frac{u}{r} = \frac{\dot{r}}{r}, \qquad \varphi_\psi = \ln\frac{r}{r_0}, \tag{2.3/16}$$

wo die Formänderung $\varphi_\psi$ durch Zeitintegration von $\lambda_\psi$ über wandernde Radien $r = r(t)$ definiert sei, deren Anfangswert $r_0$ ist.

Zunächst liefert (2.3/13) mit der Imkompressibilität $\lambda_r + \lambda_\psi + \lambda_D = 0$ die Beziehung $\lambda_r = -\hat{r} \times (\lambda_r + \lambda_\psi)$, wegen (2.3/16) also die Differentialgleichung

$$\frac{\partial u}{\partial r} + \frac{\hat{r}}{1 + \hat{r}}\frac{u}{r} = 0 \ .$$

Sie besitzt das Integral

$$u = u_a\left(\frac{a}{r}\right)^{\hat{r}}, \qquad \hat{\hat{r}} = \frac{\hat{r}}{1 + \hat{r}}, \tag{2.3/17}$$

---

[22] $\hat{r}$ nicht mit dem laufenden Radius $r$ verwechseln!

worin $-u_a = -(u)_{r=a} \approx \dot{h}$ die über den Umfang des Ziehringes $r = a$ konstante Ziehgeschwindigkeit bedeutet (Bild 2.18a). Man erwartet Zipfel bzw. Täler dort, wo $u$ in Abhängigkeit von $\alpha = {}^3/_2\pi - \psi$ betragsmäßig minimal bzw. maximal wird, wegen $a/r < 1$ also dort, wo $\hat{r}$ und wegen $\hat{r} = 1 - 1/(1 + \hat{r})$ auch der $r$-Wert $\hat{r}$ maximale bzw. minimale Werte annimmt. Er lautet nach Hills Fließgesetz (vgl. (1.3/89))

$$\hat{r} = \frac{2K\cos^2 2\alpha + \left[N - \dfrac{J+H}{2}\right]\sin^2 2\alpha}{(J+H) + (J-H)\cos 2\alpha} = \frac{\left\{K + \dfrac{1}{2}\left[N - \dfrac{J+H}{2}\right]\right\} + \left\{K - \dfrac{1}{2}\left[N - \dfrac{J+H}{2}\right]\right\}\cos 4\alpha}{(J+H) + (J-H)\cos 2\alpha}$$

$$(2.3/18)$$

und hat im allgemeinen die Periode $\pi$, erklärt also zumindest zwei Zipfel und zwei Täler in (Orthotropie-)*Achslage* $\alpha = 0°, 90°, 180°, 270°$ (vgl. Bild 2.18b). Für $J = H$ liegt aber im allgemeinen sogar die Periode $\pi/2$ vor; dies entspricht 4 gleichhohen Zipfeln und Tälern jeweils entweder in *Achslage* oder in *Diagonallage* ($\alpha = 45°, 135°, 225°, 315°$ — siehe Bild 2.19, Sektor *I* bzw. Sektor *II*). Also werden auch noch für gewisse Paarungen $J \neq H$ der Anisotropiekoeffizienten 4 Zipfel und Täler auftreten, freilich mit unterschiedlichen Höhen und verschobenen Diagonallagen. Dies ist im einzelnen nach zahlenmäßiger Auswertung der Bedingungsgleichung $d\hat{r}/d\alpha = 0$ zu diskutieren. Man erkennt, daß hier mehr als 4 Zipfel und Täler nicht möglich sind.

6, 8 oder gar mehr Zipfel lassen sich natürlich durch Anwendung allgemeinerer Fließgesetze mit zusätzlichen freien Parametern erklären [389], vielleicht aber auch dadurch, daß man stattdessen neben abgerundeten Konturen solche mit (anfänglichen) Spitzen erlaubt (Bild 2.19, Sektor *III*). Wir können die Existenz solcher Lösungen nicht beweisen. Falls sie aber vorhanden wären, so müßte an den Spitzzipfeln bzw. Tälern die Schergeschwindigkeit $\varkappa_{r\psi}$ unstetig sein, wegen stetiger Umfangsspannung $\sigma_\psi$ in (1.3/90) also die Leistungsdichte $\Lambda$. Hingegen fordern wir aufgrund des Werkstoffzusammenhaltes die Stetigkeit von $u$, d. h. auch von $\lambda_r = \partial u/\partial r$, als Funktion von $\alpha$. Sie bedingt nach (1.3/88) $\lambda_r = 0$, also

$$\cos 4\alpha = -\frac{2K + \left[N - \dfrac{J+H}{2}\right]}{2K - \left[N - \dfrac{J+H}{2}\right]},$$

und erlaubt je nach den Parameterkonstellationen bis zu 4 weitere Zipfel und Täler. Diese gehören übrigens wegen (2.3/18) im allgemeinen zu verschwindenden $r$-Werten $\hat{r} = 0$.

Eine weitere Näherung folgt aus (2.3/15) und der Inkompressibilität $\lambda_r + \lambda_\psi + {}+ \lambda_D = 0$ zu $\hat{r}\lambda_D = -(\lambda_\psi + \lambda_D)$. Integration ergibt $\hat{r}\varphi_D = -(\varphi_\psi + \varphi_D)$, und man erhält wegen (2.3/12), (2.3/16) die Blechdickenverteilung

$$\frac{D}{D_0} = \left(\frac{r_0}{r}\right)^{\frac{1}{1+\hat{r}}}.$$

$$(2.3/19)$$

Danach wird bei Zipfeln ($\hat{r}$ maximal) die Blechstärke $D$ minimal, bei Tälern maximal. Dies entspricht der praktischen Erfahrung.

Quantitative Messungen von Shawki [327] am Blechrand $r = b, r_0 = b_0$, wo (2.3/19) wegen (2.3/13) bestmöglich stimmt, bestätigen jedoch nicht unbedingt die Formel (2.3/18). Vielmehr scheint $\hat{r}$ dort zwischen $\infty$ (Zipfel) und 1 (Täler) zu schwanken — ein insofern bezeichnendes Resultat, als für einen transversal (oder insgesamt) isotropen Werkstoff der $r$-Wert $\hat{r} = \infty$ gemäß (2.3/14) hier das Fließgesetz nach Sawczuk-Ivlev/Tresca repräsentiert, $\hat{r} = 1$ wegen (1.3/86) aber dasjenige nach Hill bzw. Lévy-Huber-v. Mises. Offenbar stellt es sich wieder heraus, daß beide Arten von Theorien die Experimente von zwei Seiten her einschließen, so daß keine als die bessere bezeichnet werden kann. Dies wird noch deutlicher, wenn man Shawkis Meßresultate für isotropes Blech heranzieht. Sie liegen, bei nur geringen Schwankungen über dem Umfang, ziemlich mittig zwischen beiden Vorhersagen.

### 2.3.2 Ziehen durch konische Matrizen

Bild 2.22a zeigt das Ziehen eines dünnwandigen Rohres. Es kann sich auch um den zweiten Bearbeitungsgang eines im Anschlag gezogenen Napfes handeln (Tiefziehen im *Weiterschlag*). Wir verweisen auf die in Abschnitt 2.3.1 zitierte technische Literatur; für Ansätze zum Rohrziehen vgl. [280]. Ein ähnlicher Vorgang ist in Bild 2.22b dargestellt und heißt *Einziehen*, obschon er unter Stempeldruck von oben vor sich geht.

Erste und grundlegende theoretische Untersuchungen stammen von Swift [259]. Sie gehen ebenso wie alle folgenden vom „ebenen" Spannungszustand in der Rohrwand, d. h. von kleinen Wandstärken aus. Die wohl vollständigste Theorie einschließlich anisotroper Verfestigung liefert Szczepiński [250]; er bezieht sich auf das Lévy-Huber-v. Misessche Fließgesetz und wertet numerisch aus. Während die zugehörige Fließregel in der Literatur häufig Anwendung findet, linearisiert man gern das Fließkriterium [255—257, 259], so daß es mehr oder minder dem Trescaschen gleicht. Erweiterungen auf nicht-konische, „ballige" Matrizen geben [251—254]; anisotrope Werkstoffe untersuchen [260, 330]. Fogg [258] sowie Chung und Swift [393] stellen technische Anwendungen in den Vordergrund, berücksichtigen die Wandkrümmungen (Radien $r_a'$, $r_b'$) beim Ein- und Auslauf des Werkstoffes zur konischen Bahn und vergleichen ihre Rechnungen mit Experimenten.

Wir wollen das Trescasche Fließgesetz oder seine Verallgemeinerung zugrunde legen und verweisen daneben auf die im Anhang (Bild A.5) gegebenen stoffunabhängigen Relationen betreffend *Geometrie* (A.2/22), *Verträglichkeit* (A.2/25) sowie das *Gleichgewicht* (A.2/26), hier mit $\vartheta = \Theta = $ const, $R = \infty$.

Zurück zu Bild 2.22c. Indem wir den Druck $p$ und die Reibschubspannung $\mu p$ (Reibwert $\mu \geqq 0$) am Werkzeug in die Blechmitte verlegen und als Volumenkräfte auffassen, erhalten wir aus (A.2/22), (A.2/25) sowie mit $p = Dp_D$, $\mu p = Dp_s$ aus (A.2/26)

$$\lambda_D = \frac{\dot{D}}{D}, \qquad \lambda_s = \frac{\mathrm{d}v}{\mathrm{d}s}, \qquad \lambda_\psi = \frac{v}{s} = \frac{\dot{s}}{s}; \qquad (2.3/20)$$

$$\left.\begin{aligned}
\sigma_D &= 0, \\[1ex]
p + D \cot \Theta \frac{\sigma_\psi}{s} &= 0, \\[1ex]
\mu p + \frac{\mathrm{d}(D\sigma_s)}{\mathrm{d}s} + \frac{D}{s}(\sigma_s - \sigma_\psi) &= 0,
\end{aligned}\right\} \qquad (2.3/21)$$

worin $s$ die Bogenlänge des Rohrmeridians (gemessen auf der Mittelfläche), $D$ die Wandstärke, $\Theta$ den halben Kegelöffnungswinkel, $\lambda_D$, $\lambda_s$, $\lambda_\psi$ die über die Wanddicke gemittelten drei Hauptformänderungsgeschwindigkeiten und $\sigma_D$, $\sigma_s$, $\sigma_\psi$ die entsprechenden mittleren Hauptspannungen darstellen. $v = \dot{s}$ repräsentiert die ebenfalls gemittelte Geschwindigkeit der Wand-Mittelflächenpunkte in Richtung des Meridians.

Nach Elimination von $p$ folgt aus (2.3/21) die Gleichgewichtsbedingung

$$0 = \frac{\mathrm{d}(D\sigma_s)}{\mathrm{d}s} + \frac{D}{s}(\sigma_s - [1 + \mu \cot \Theta] \, \sigma_\psi). \qquad (2.3/22)$$

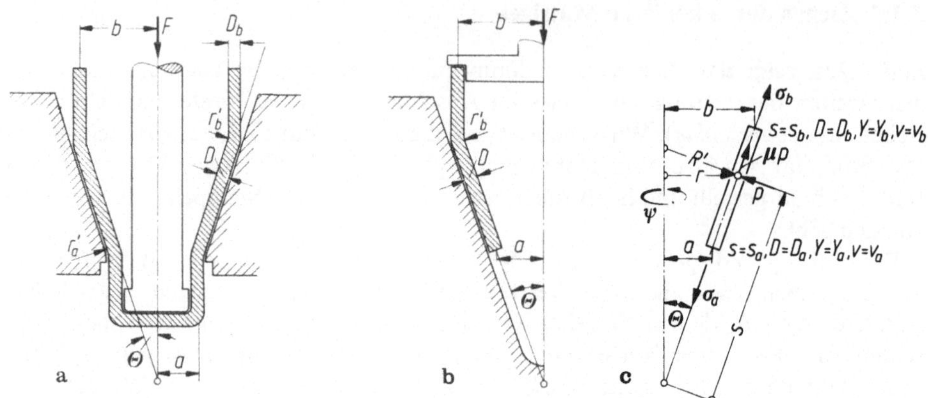



**Bild 2.22. a** Ziehen eines dünnwandigen Rohres. **b** Einziehen eines dünnwandigen Rohres unter Druck. **c** Konische Werkstoffzone. $p$ Wanddruck, $\mu$ Wandreibwert, $\sigma_s$ Längsspannung, $v$ Längsgeschwindigkeit

Von ihr sind allein die Lösungen $p \geqq 0$, wegen (2.3/21) also $\sigma_\psi \leqq 0$ interessant (Druck in Umfangsrichtung). Wir werden unten erkennen, daß dann nur die Formänderungsgeschwindigkeit $\lambda_\psi$ negativ ist und damit wegen der Inkompressibilität $\lambda_D + \lambda_\psi + \lambda_s = 0$ betragsmäßig ein Maximum darstellt. So erhalten wir mit $v = \dot{s}$ für ein wanderndes Werkstoffteilchen $s = s(t)$ sowie nach (1.3/55a, b) die Vergleichsformänderungsgeschwindigkeit $\bar{\lambda}$ und die Vergleichsformänderung $\bar{\varphi}$ zu

$$\bar{\lambda} = |\lambda_\psi| = \left|\frac{v}{s}\right| = -\frac{v}{s} = -\frac{\dot{s}}{s}; \qquad \bar{\varphi} = \bar{\varphi}_b - \int_{s_b}^{s} \frac{ds}{s} = \bar{\varphi}_b + \ln\frac{s_b}{s}, \qquad (2.3/23)$$

wobei gegebenenfalls eine Vorverformung $\bar{\varphi}_b$ infolge Biegung am Einlauf in den konischen Bereich zu berücksichtigen ist. $\bar{\varphi}$ muß für den instationären Beginn des Vorganges, wo noch nicht alle Werkstoffteilchen jenen Einlauf passiert haben, modifiziert werden. Jedenfalls erlaubt (2.3/23) wenigstens für die stationäre Ziehphase, die Verteilung der Fließgrenze $Y$ als Funktion von $s$ zu ermitteln und danach als gegeben anzusehen. Bei geschwindigkeitsabhängigem Material muß man $\bar{\lambda}$ zuvor als Funktion von $s$ spezifizieren.

**(a) Ziehen** (Bild 2.22a). In Längsrichtung wird Zug, in azimutaler Richtung soll Druck vorherrschen. So erwarten wir

$$\sigma_s > 0, \qquad \sigma_D = 0, \qquad \sigma_\psi < 0 \quad \text{für} \quad s_a < s < s_b, \qquad (2.3/24)$$

d. h. nach (1.3/54a) für isotropes Material oder sogar allgemeiner nach (1.3/99a, d) mit $Y_I = Y_{II} = Y$ für nur *transversal* isotropes Material:

$$\lambda_s > 0, \qquad \lambda_D = 0, \qquad \lambda_\psi < 0. \qquad (2.3/25)$$

Daraus folgt wegen (2.3/20) eine *konstante Wandstärke*

$$D = D_b = \text{const}, \qquad (2.3/26)$$

wo $D_b$ die Einlaufdicke (nach der Biegung) repräsentiert.

Dieses generell sicher allzu einfache Ergebnis (horizontale Gerade, Bild 2.23c) entspricht bei Stahl St35 der experimentellen Erfahrung für mitteldicke Rohre $D_b/b = 0{,}25 \dots 0{,}32$ [212]. Für dickwandigere Rohre nimmt die Wandstärke ab, für dünnwandigere zu. Da sich unsere Theorie im

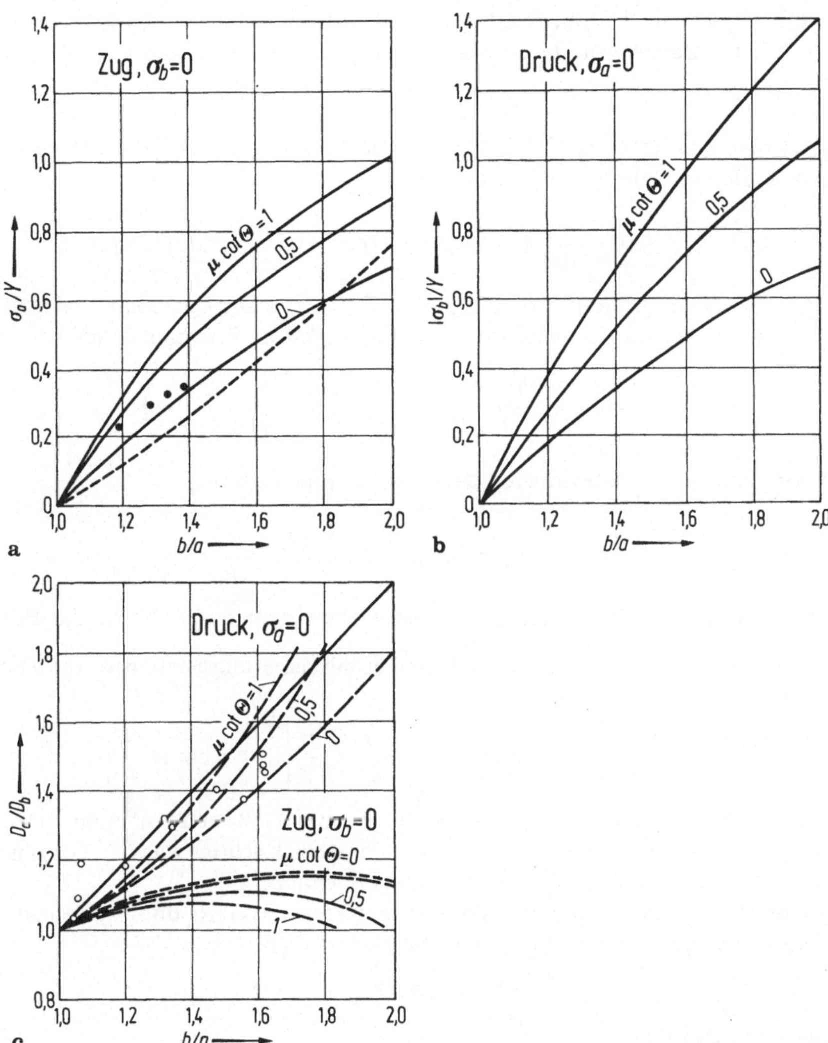



**Bild 2.23.** Spannungen und Wanddickenänderungen zu Bild 2.22 für $Y = $ const.
———————— theoretisch (Tresca), --------------- theoretisch (Lévy-Huber-v. Mises, reibungsfrei [250, 257]), —————— theoretisch (linearisierter Ansatz [259]), ●●●●●●●●● Meßpunkte ([258] reibungsfrei. Vorverfestigtes 70/33-Messing. $Y \approx 700$ N/mm$^2 \approx$ const. $\sigma_a = F/2\pi aD$), ○○○○○○○○○○ Meßpunkte ([329], AlMg-Rohre, $D_a = 1,2$ mm. Lokale Erwärmung der Umformzone)

Idealfall auf $D_b/b \to 0$ bezieht, kommen die nach anderen Stoffgesetzen ermittelten Kurven in Bild 2.23 c der Praxis *tendenzmäßig* näher als das Trescasche, doch lassen sich kaum *quantitative* Schlüsse ziehen. Im Gegenteil: Legt man $\Theta = 25°$ sowie, von Vater und Kron [212] allerdings nur indirekt angegeben, $\mu = 0,05$ zugrunde, so wären in Bild 2.23 c die Kurven $\mu \cot \Theta = 0,11 \approx 0$ maßgebend, während Versuche mit dünnestmöglichen Rohren $D_b/b = 0,052$ eher den Kurven für $\mu \cot \Theta \geqq 0,5$ entsprechen. Wieder scheint es, als ob die Praxis *mitten zwischen* den Voraussagen nach verschiedenen Fließgesetzen liegt. Und im Hinblick auch auf dickwandige Rohre trifft Tresca sogar besser zu.

Die Trescasche Fließbedingung (1.3/53) oder allgemeiner die Sawczuk-Ivlevsche (1.3/97) für transversale Isotropie $Y_I = Y_{II} = Y$ lautet wegen (2.3/24)

$$\sigma_s - \sigma_\psi = Y \, . \tag{2.3/27}$$

Setzt man hieraus $\sigma_\psi$ in (2.3/22) ein, so entsteht wegen (2.3/26) die lineare gewöhnliche Differentialgleichung 1. Ordnung

$$0 = \frac{\mathrm{d}\sigma_s}{\mathrm{d}s} + \frac{1}{s} \left( -\mu[\cot \Theta] \, \sigma_s + [1 + \mu \cot \Theta] \, Y \right) , \tag{2.3/28}$$

die stets mit der Anfangsbedingung $\sigma_s = \sigma_b$ bei $s = s_b$ formelmäßig oder numerisch eindeutig zu lösen ist. Für idealplastischen Werkstoff $Y = \mathrm{const}$ gilt[23]

$$\frac{\sigma_s}{Y} = \left[ 1 + \frac{\tan \Theta}{\mu} \right] \left[ 1 - \left( \frac{s}{s_b} \right)^{\mu \cot \Theta} \right] + \frac{\sigma_b}{Y} \left( \frac{s}{s_b} \right)^{\mu \cot \Theta} , \tag{2.3/29}$$

worin man $\dfrac{s}{s_b} = \dfrac{r}{b}$ substituieren darf, und woraus man

$$\sigma_a = (\sigma_s)_{s = s_a} \quad \mathrm{mit} \quad \frac{s_a}{s_b} = \frac{a}{b} \tag{2.3/30}$$

abliest. Für $\mu \cot \Theta = \mu/\tan \Theta \ll 1$ entwickelt man $(s/s_b)^{\mu \cot \Theta}$ in die Potenzreihe $1 + \mu \cot \Theta \ln \dfrac{s}{s_b} + \ldots$ nach $\mu \cot \Theta$ und erhält näherungsweise bzw. für $\mu \cot \Theta = 0$ streng

$$\frac{\sigma_s}{Y} = - \left[ \mu \cot \Theta + 1 \right] \ln \frac{s}{s_b} + \frac{\sigma_b}{Y} \left[ 1 + \mu \cot \Theta \, \frac{s}{s_b} \right] . \tag{2.3/31}$$

Die Ergebnisse in Bild 2.23a stimmen gut mit Meßwerten überein, obschon die Biegeanteile am Ein- und Auslauf noch nicht berücksichtigt wurden. Hingegen liegen Swifts Resultate zu hoch ([259], nicht eingezeichnet).

Übrigens liefert die globale Volumenkonstanz, wonach durch jeden materiellen Rohrquerschnitt $s = \mathrm{const}$ gleichviel Werkstoff fließen muß,

$$2\pi r D v = 2\pi a D_a v_a = 2\pi b D_b v_b \, , \tag{2.3/32}$$

wegen (2.3/26) also

$$v = \frac{a}{r} v_a = \frac{a}{s \sin \Theta} v_a \, ,$$

so daß man nun auch die Vergleichs-Formänderungsgeschwindigkeit $\bar{\lambda}$ in (2.3/23) als Ortsfunktion spezifiziert hat.

**(b) Einziehen unter Druck** (Bild 2.22b). Statt (2.3/24) erwarten wir jetzt Druck auch in Längsrichtung, d. h. $\sigma_s < 0$, $\sigma_D = 0$, $\sigma_\psi < 0$. Am freien Ende $s = s_a$ gilt ferner $\sigma_s = 0$, also $\sigma_s = \sigma_D$. Dies führt zum Ansatz

$$\sigma_\psi < \sigma_s < \sigma_D = 0 \quad \mathrm{für} \quad s_a < s < s_b \, , \tag{2.3/33}$$

der durch die nachstehende Lösung gerechtfertigt wird. Dabei legen wir wieder transversale Isotropie zugrunde, jedoch mit einem *konstanten* Verhältnis der Fließ-

---

[23] Prüfung durch Einsetzen in (2.3/28).

grenzen $Y$ in der (Mittel-)Fläche der Rohrwand und $Y_D$ senkrecht dazu [330]. Nach Vergleich von (2.3/33) mit (1.3/96) setzen wir also $Y_I = Y_D$, $Y_{II} = Y_{III} = Y$, und führen gemäß (1.3/101), (1.3/102)

$$\Omega = Y/Y_D = \text{const} \quad \text{mit} \quad 0 < \Omega \leqq 2 \tag{2.3/34}$$

ein. Dann liefert die Fließbedingung (1.3/97)

$$\sigma_\psi = (1 - \Omega)\,\sigma_s - Y\,, \tag{2.3/35}$$

und die Fließregel (1.3/99 a) lautet nach Zeitintegration wegen (2.3/20)

$$\varphi_D + \Omega\varphi_\psi = 0\,; \qquad \varphi_D = \ln \frac{D}{D_b} \geqq 0\,, \qquad \varphi_\psi = \ln \frac{s}{s_b}\,.$$

Hieraus ergibt sich die Blechdickenverteilung

$$\frac{D}{D_b} = \left(\frac{s_b}{s}\right)^\Omega = \left(\frac{b}{r}\right)^\Omega, \tag{2.3/36}$$

und speziell im isotropen Fall $\Omega = 1$ für $s = s_a$, $r = a$ die Gerade von Bild 2.23 c. Sie liegt ebenso wie Swifts Resultate [259] im Streubereich der Meßwerte [329].

Einsetzen von (2.3/36) und (2.3/35) in (2.3/22) ergibt nach einiger elementarer Umrechnung die Differentialgleichung

$$0 = \frac{\mathrm{d}}{\mathrm{d}(s/s_b)}\left(\left[\frac{s}{s_b}\right]^{(\Omega-1)\,\mu\cot\Theta}\sigma_s\right) + \left[1 + \mu\cot\Theta\right] Y \left(\frac{s}{s_b}\right)^{(\Omega-1)\,\mu\cot\Theta-1},$$

die sich mit irgendeinem Anfangswert $\sigma_s = \sigma_a$ für $s = s_a$ stets, zumindest numerisch, eindeutig integrieren läßt. Für idealplastischen Werkstoff $Y = \text{const}$ und $\mu = \text{const}$, $\Omega \neq 1$ erhält man sofort

$$\frac{-\sigma_s}{Y} = \left[\frac{s_a}{s}\right]^{(\Omega-1)\,\mu\cot\Theta}\left(\frac{-\sigma_a}{Y}\right) + \frac{1 + \mu\cot\Theta}{(\Omega-1)\,\mu\cot\Theta}\left(1 - \left[\frac{s_a}{s}\right]^{(\Omega-1)\,\mu\cot\Theta}\right). \tag{2.3/37a}$$

Aus der Reihenentwicklung $\left[\dfrac{s_a}{s}\right]^x = 1 + x\ln\dfrac{s_a}{s} + \dots$ folgt im Grenzfall $x \to 0$ die *isotrope* Druckverteilung

$$\frac{-\sigma_s}{Y} = \frac{-\sigma_a}{Y} + (1 + \mu\cot\Theta)\ln\left[\frac{s}{s_a}\right] \quad \text{für} \quad \Omega = 1\,. \tag{2.3/37b}$$

Beide Gleichungen wird man in der Regel mit dem Anfangswert $\sigma_a = 0$ (freies Rohrende) benutzen. Sie liefern speziell den Einziehdruck

$$|\sigma_s|_{s=s_b} = (-\sigma_s)_{s=s_b} \quad \text{für} \quad \frac{s}{s_a} = \frac{s_b}{s_a} = \frac{b}{a}$$

und versagen, falls entgegen der Voraussetzung (2.3/33), dann insbesondere am Einlauf $s = s_b$, in Verbindung mit (2.3/35) $\sigma_\psi > \sigma_s$ herauskommen sollte — d. h.

$$-\Omega\sigma_s > Y\,.$$

Für $0 < \Omega \leqq 1$ wäre dann schon vor dem Einlauf die Fließbedingung unzulässig überschritten, so daß kein Einziehen stattfindet. Für $\Omega > 1$ müßte man nahe dem Einlauf mit dem Ansatz $\sigma_D > \sigma_\psi \geqq \sigma_s$ weiterrechnen.

Übrigens folgt aus (2.3/32) mit (2.3/36) sofort

$$v = \frac{b}{r}\,\frac{D_b}{D}\,v_b = \left(\frac{r}{b}\right)^{\Omega-1} v_b = \left(\frac{s}{s_b}\right)^{\Omega-1} v_b\,,$$

so daß man wiederum die Vergleichsformänderungsgeschwindigkeit $\bar{\lambda}$ in (2.3/23) als Ortsfunktion spezifiziert hat.

Die Ergebnisse (2.3/37b) liegen höher als die des Ziehens (Bild 2.23b), stimmen aber für kleine Werte $\mu \cot \Theta$ gemäß (2.3/31) mit jenen überein.

**(c) Ein- und Auslaufbiegung, Anfangswerte.** Aus den Randspannungen $\sigma_a$, $\sigma_b$ ermittelt man zunächst die am konischen Bereich angreifenden Kräfte

$$F_a = 2\pi a \sigma_a \quad \text{bzw.} \quad F_b = 2\pi b \sigma_b\,. \tag{2.3/38}$$

Ferner leitet man analog (2.3/7b) überschlägig die Biegekräfte

$$\left.\begin{aligned}
F_{Ba} &= \frac{\pi a D_a^2}{r_a' + \dfrac{D_a}{2}}\,Y_a\,,\\[2ex]
F_{Bb} &= \frac{\pi b D_b^2}{r_b' + \dfrac{D_b^2}{2}}\,Y_b
\end{aligned}\right\} \tag{2.3/39}$$

her (Bezeichnungen s. Bild 2.22)[24] und ermittelt dann die für (2.3/29) bzw. (2.3/31) vorzugebende Anfangsspannung $\sigma_b$ sowie über (2.3/38) die Stempelkraft $F$ des Rohrziehens aus

$$\left.\begin{aligned}
\sigma_b &= \frac{\exp \mu\Theta}{2\pi b}\,F_{Bb}\,,\\[1.5ex]
F &= (F_a + F_{Ba})\exp \mu\Theta\,,
\end{aligned}\right\} \tag{2.3/40}$$

wo entsprechend (2.3/8) wieder vereinfacht *Seilreibung*[25] angesetzt wurde. Beim Einziehen unter Druck nähert man die Stempelkraft durch

$$\sigma_a = 0\,, \qquad F = (|F_b| + F_{Bb})\exp \mu\Theta \tag{2.3/41}$$

an.

## 2.3.3 Streckziehen

Unter *Streckziehen* wollen wir den zum Streckbiegen (Bild 2.5-VII) ähnlichen, hier axialsymmetrischen Vorgang mit überwiegender Längszugbeanspruchung des Materials verstehen und uns auf *kugelförmige* Stempel (Radius $a$) beschränken; wegen anderer Stempelformen vgl. [554]. Wir orientieren uns an Bild 2.24, verwenden die dort niedergelegten Bezeichnungen und betrachten ein genügend dünnes Blech, so daß wie im letzten Abschnitt ein Membranspannungszustand $\sigma_s$, $\sigma_\psi$, $\sigma_D = 0$ der Mittelfläche in Längs-, Umfangs- und Dickenrichtung zugrundegelegt werden darf.

Die bisher über das Fließgesetz nach Lévy-Huber-v. Mises entwickelten numerischen Integrationsverfahren [250—252, 263] bzw. deren Verallgemeinerungen auf transversale Isotropie und Anisotropie [262, 264, 553] sind aufwendig. Chakrabarty [261] gibt eine anschauliche geschlossene Lösung für isotropes Material an,

---

[24] Der Krümmungsradius $r_b'$ stellt sich von selbst ein und ist nicht im voraus bekannt [258].

[25] Das spiegelt die vorliegenden Verhältnisse äußerst grob wieder, da der gekrümmte Rohrteil gar nicht unbedingt am Werkzeug anliegt. Für genauere Abschätzungen siehe [258, 393].

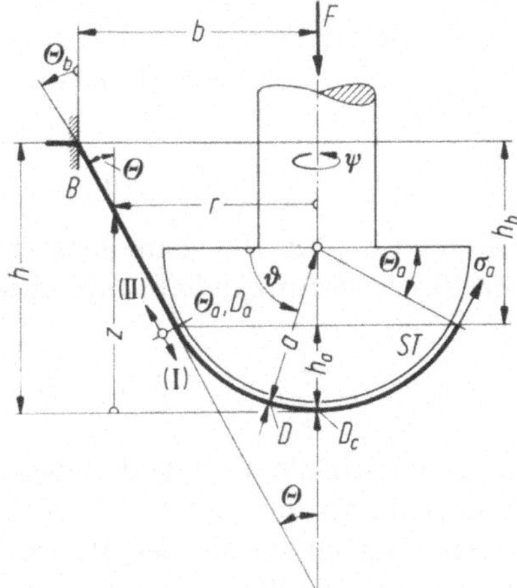

**Bild 2.24.** Axialsymmetrisches Streckziehen über einen kugelförmigen Stempel *ST*, Stempelradius *a* (bis Blechmitte), freier Rondenradius *b*. *I*: Blechzone, am Stempel anliegend; *II*: freie Blechzone

muß sich aber analog [266] auf ein ganz spezielles (unrealistisches) Verfestigungsverhalten[26] und auf eine reibungsfreie Stempeloberfläche beschränken. Doch macht er erstmals deutlich, daß die im Längsschnitt von Bild 2.24 gemessene *meridionale* Blechkrümmung der am Stempel anliegenden Zone I und der freien Zone II unterschiedliches Vorzeichen besitzt: Dort hat das Blech die Form einer sogenannten *Kettenfläche*. Am Ablösepunkt des Bleches ($\vartheta = \Theta_a$) wird die Krümmung unstetig.

Wir wenden wieder das mathematisch einfachere Trescasche Fließgesetz an [557] und gelangen so zu einer Theorie, die für beliebiges isotropes Verfestigungsverhalten, sogar bei geschwindigkeitsabhängigem Werkstoff, leicht numerisch integrierbar ist. Darüberhinaus liefert sie im reibungsfreien Fall stets, hingegen bei vorhandener Reibung wenigstens für idealplastisches Material sogar geschlossene Lösungsformeln. Hierzu betrachten wir eine homogene Ronde konstanter Anfangsdicke $D_0$ mit dem Radius *b*, die am Rand *B* fest eingespannt sei. Dort darf sie während der Umformung wie in Bild 2.24 gezeichnet abkanten; denn wegen des vorausgesetzten Membranspannungszustandes vernachlässigen wir alle Biegemomente. Ferner sehen wir den Stempel als ruhend an und denken uns stattdessen die Einspannung *B* vertikal nach oben verschoben. Dann erwarten wir überall eine seitliche (radiale) Werkstoffgeschwindigkeitskomponente $\dot{r} > 0$ und gleichzeitig eine Blechdehnung in Längsrichtung (Bogenlänge *s*, Krümmungsradius *R* — vgl. Anhang: Bild A.5); wegen der Volumenkonstanz $\lambda_D + \lambda_s + \lambda_\psi = 0$ und (A.2/25) also

$$\lambda_\psi = \frac{\dot{r}}{r} > 0\,, \qquad \lambda_s = \frac{dv}{ds} + \frac{u}{R} > 0\,, \qquad \lambda_D = \frac{\dot{D}}{D} = -(\lambda_\psi + \lambda_s) < 0\,, \qquad (2.3/42)$$

worin $\lambda_\psi$, $\lambda_s$, $\lambda_D$ die Formänderungsgeschwindigkeiten in Umfangs-, Längs- bzw. Dickenrichtung und *u, v* die Werkstoffgeschwindigkeiten normal zu bzw. längs der im Bild 2.24 gezeichneten Meridiankurve des Bleches darstellen. Jene Vermutung über die Vorzeichen in (2.3/42) müßte am Endergebnis der folgenden Rechnung

---

[26] $Y = Y_0\,e^{\bar\varphi}$; dies entspricht nach (2.2/49), (2.2/50) einer *linearen Arbeitsverfestigung* mit dem Koeffizienten $\Gamma' = 1$.

exakt überprüft werden. Wegen ihrer Offensichtlichkeit verzichten wir jedoch darauf. Jedenfalls ist (2.3/42) mit der Fließregel (1.3/54c) verträglich und bedeutet wegen (1.3/53) in Verbindung mit dem vorausgesetzten ebenen Spannungszustand $\sigma_D = 0$:

$$\sigma_s = \sigma_\psi = Y, \qquad \sigma_D = 0. \tag{2.3/43}$$

Damit liegt schon die Spannungsverteilung fest. Über (1.3/55a, b) und (2.3/42) folgen die Vergleichsformänderungsgeschwindigkeit $\bar\lambda$ und die Vergleichsformänderung $\bar\varphi$ zu

$$\bar\lambda = |\lambda_D| = -\frac{\dot D}{D}, \qquad \bar\varphi = \ln\frac{D_0}{D}, \tag{2.3/44}$$

so daß auch die Formänderungsfestigkeit $Y$ bestimmt werden kann, sobald die Kinematik bekannt ist.

Nun wenden wir uns der Blechzone $I$ zu (Bild 2.24) und setzen mit $p$ als Normaldruck auf den Stempel und $\mu$ als konstantem Reibwert in die Gleichgewichtsbedingungen (A.2/26) $Dp_D = -p$ und $Dp_s = -\mu p$ ein. Ferner beachten wir

$$r = a\cos\vartheta, \qquad R = -a, \qquad R' = a, \tag{2.3/45}$$

worin $R$, $R'$ die Haupt-Krümmungsradien des Blechs darstellen (vgl. auch Bild A.5 sowie (A.2/22)). Dies gibt für die Blechzone $I$ wegen (2.3/43) zunächst

$$p = 2\frac{D}{a}Y, \tag{2.3/46}$$

alsdann unter Berücksichtigung von $ds = -a\,d\vartheta$

$$\frac{d(DY)}{d\vartheta} + 2\mu DY = 0. \tag{2.3/47}$$

Diese Differentialgleichung läßt sich etwa in Verbindung mit der Fließkurve des Materials und (2.3/44) numerisch integrieren. Für idealplastischen Werkstoff $Y = \text{const}$ folgt sofort

$$D = D_c \exp\left[2\mu\left(\frac{\pi}{2} - \vartheta\right)\right]; \tag{2.3/48}$$

diese Lösung gilt jedoch für $\mu = 0$ ganz allgemein, weil sich aus $D = D_c$ und (2.3/44) stets $d\bar\lambda/d\vartheta = 0$, $d\bar\varphi/d\vartheta = 0$, also $dY/d\vartheta = 0$ ergibt. $D_c$ repräsentiert hier für $\mu \neq 0$ die minimale Blechdicke. Am Pol des Stempels $\vartheta = \pi/2$ besitzt das Blech eine punktförmige Kerbe. Bei verfestigendem oder gar geschwindigkeitsabhängigem Werkstoff mag eine numerische Rechnung diese Einschnürung etwas neben dem Pol liefern [264], wo sie auch experimentell gefunden wird (vgl. [261]).

Mit $u = 0$, $v = -a\dot\vartheta(t)$ für ein wanderndes Werkstoffelement $\vartheta = \vartheta(t)$ bildet man die totale Ableitung

$$\dot D = \frac{\partial D}{\partial t} + \frac{\partial D}{\partial \vartheta}\,\dot\vartheta = \left[\dot D_c + 2\mu\frac{D_c}{a}v\right]\exp\left[2\mu\left(\frac{\pi}{2} - \vartheta\right)\right],$$

also

$$\lambda_D = \frac{\dot D}{D} = \frac{\dot D_c}{D_c} + 2\mu\frac{v}{a}, \tag{2.3/49}$$

und aus (2.3/42) erhalten wir wegen $\mathrm{d}s = -a\,\mathrm{d}\vartheta$, (2.3/45) sowie der Volumenkonstanz $\lambda_s + \lambda_\psi + \lambda_D = 0$ die Differentialgleichung

$$\mathrm{d}\left(\frac{v}{a}\right)\Big/\mathrm{d}\vartheta - (\tan\vartheta + 2\mu)\frac{v}{a} - \frac{\dot{D}_c}{D_c} = 0.$$

Ihre Lösung mit der Anfangsbedingung $v = 0$ für $\vartheta = \pi/2$ lautet

$$\frac{v}{a} = \frac{-1}{1 + 4\mu^2}\frac{\dot{D}_c}{D_c}\frac{2\mu\cos\vartheta - \sin\vartheta + \exp\left[-2\mu\left(\frac{\pi}{2} - \vartheta\right)\right]}{\cos\vartheta}; \qquad (2.3/50)$$

sie legt das Geschwindigkeitsfeld in Zone $I$ fest, sobald $\dot{D}_c/D_c$ bekannt ist.

Für Zone $II$ (Bild 2.24) setzen wir in den Gleichgewichtsbedingungen (A.2/26) $p_D = p_s = 0$ und erhalten aus der letzten wegen (2.3/43), (A.2/22) sowie mit $\Theta$ statt $\vartheta$

$$R = R' = \frac{r}{\cos\Theta}. \qquad (2.3/51)$$

Aus der zweiten folgt $DY = \mathrm{const}$ über $\Theta$, und dies ist mit

$$D \equiv D_a = D_c \exp\left[2\mu\left(\frac{\pi}{2} - \Theta_a\right)\right] = \mathrm{const}, \qquad Y = \mathrm{const} \qquad (2.3/52)$$

verträglich[27] — mit dem ersten Teil der Formel wegen (2.3/44), $\bar{\varphi} = \mathrm{const}$, $\bar{\lambda} = \mathrm{const}$ stets, während der zweite aus (2.3/48) für idealplastisches Material oder für reibungsfreie Stempeloberflächen übernommen wurde. Andernfalls müßte man einen numerisch ermittelten Wert substituieren. Jedenfalls besitzt das Blech in der „Freizone" $II$ überall die gleiche, nur *zeitlich* veränderliche Stärke. Im reibungsfreien Fall gilt dasselbe wegen (2.3/48) auch in der Zone $I$, das heißt

$$D \equiv D_c, \quad \text{wenn} \quad \mu = 0. \qquad (2.3/53)$$

Nun ein Hinweis auf die *Differentialgeometrie*; vgl. [265]. Man weiß, daß $R' = r/\cos\Theta$ den (Haupt-)Krümmungsradius des Bleches für die Richtung senkrecht zur Zeichenebene von Bild 2.24 bzw. A.5 darstellt. (2.3/51) bedeutet dann, daß die beiden *Hauptkrümmungen* in jedem Punkt *entgegengesetzt gleich* sind. Dann liegt eine sogenannte *Minimalfläche* vor, d. h. eine Fläche geringsten Flächeninhalts, wie sie z. B. von frei gespannten Seifenhäuten angenommen wird. (2.3/51) definiert speziell eine axialsymmetrische Minimalfläche; diese heißt *Katenoid*, *Alysseid* oder *Kettenfläche*, da sie durch Rotation der *Kettenlinie* (einer *Zykloide*) um die $z$-Achse entsteht. Ihre untenstehende Gleichung (2.3/54a, b) erhalten wir allerdings auch ohne diese Vorkenntnisse unmittelbar aus (2.3/51).

Mit (A.2/22) folgt

$$\frac{1}{R} = \frac{\mathrm{d}\Theta}{\mathrm{d}s} = \frac{\mathrm{d}\Theta}{\mathrm{d}r}\frac{\mathrm{d}r}{\mathrm{d}s} = \sin\Theta\frac{\mathrm{d}\Theta}{\mathrm{d}r},$$

---

[27] Für $D \neq \mathrm{const}$ müßte wegen (2.3/44) wieder die vorerwähnte (unrealistische) Fließkurve $Y = Y_0\,\mathrm{e}^{\bar{\varphi}}$ vorausgesetzt werden, vgl. Fußnote 26, S. 123.

also nach (2.3/51) die Differentialgleichung $dr/r = \tan \Theta \, d\Theta$. Integration mit der Anfangsbedingung $\Theta = \Theta_a$ für $r = r_a = a \cos \Theta_a$ (vgl. (2.3/45)) liefert

$$r = a \, \frac{\cos^2 \Theta_a}{\cos \Theta} \, . \tag{2.3/54a}$$

Wegen (A.2/22) folgt ferner

$$dz = dr \cot \Theta = a \, \frac{\cos^2 \Theta_a}{\cos \Theta} \, d\Theta \, ,$$

und nach Integration mit $z = h_a$ für $\Theta = \Theta_a$,

$$z = h_a + a \cos^2 \Theta_a \ln \frac{\tan \left( \dfrac{\pi}{4} - \dfrac{\Theta_a}{2} \right)}{\tan \left( \dfrac{\pi}{4} - \dfrac{\Theta}{2} \right)} \, . \tag{2.3/54b}$$

(2.3/54a, b) repräsentiert die gesuchte Form des Bleches in Parameterdarstellung. Mit $\Theta = \Theta_b$ als Tangentenneigung an der Einspannung $B$ und $h_a = a(1 - \sin \Theta_a)$ (Bild 2.24) kommt der Stempelweg (Eindringtiefe)

$$h = a \left\{ 1 - \sin \Theta_a + \cos^2 \Theta_a \ln \frac{\tan \left( \dfrac{\pi}{4} - \dfrac{\Theta_a}{2} \right)}{\tan \left( \dfrac{\pi}{4} - \dfrac{\Theta_b}{2} \right)} \right\} \tag{2.3/55a}$$

heraus. $\Theta = \Theta_b$ erhält man für $r = b$ aus (2.3/54a) über

$$\cos \Theta_b = \frac{a}{b} \cos^2 \Theta_a \, . \tag{2.3/55b}$$

Nun ist noch $D_c$ offen. Wir ermitteln diese Größe aus der globalen Volumenkonstanz

$$V = \int_0^{s_b} D \cdot 2\pi r \, ds = \pi b^2 D_0 \, ,$$

wo rechts das Anfangsvolumen der Ronde steht und links über das zum Bogenlängenelement $ds$ der Meridiankurve gehörige Rotationsflächenelement $2\pi r \, ds$ ($2\pi r$ zugehöriger horizontaler Kreisumfang) summiert wird, dessen Volumen $D \cdot 2\pi r \, ds$ beträgt. Aufspalten in die Zonen $I$ und $II$ ergibt mit $s_a$, $s_b$ als entsprechende Grenz-Bogenlängen

$$\frac{2}{b^2} \left[ \int_0^{s_a} \frac{D}{D_0} r \, ds + \int_{s_a}^{s_b} \frac{D}{D_0} r \, ds \right] = 1 \, .$$

In das erste Integral setzen wir (2.3/48), (2.3/45) sowie $ds = -a \, d\vartheta$, in das zweite (2.3/52), (2.3/54a), $ds = R \, d\Theta$ gemäß (A.2/22) sowie (2.3/51) ein und erhalten

$$2 \frac{D_c}{D_0} \left( \frac{a}{b} \right)^2 \left\{ \int_{\vartheta_a}^{\pi/2} \exp \left[ 2\mu \left( \frac{\pi}{2} - \vartheta \right) \right] \cos \vartheta \, d\vartheta \right.$$

$$\left. + \exp \left[ 2\mu \left( \frac{\pi}{2} - \Theta_a \right) \right] \cos^4 \Theta_a \int_{\Theta_a}^{\Theta_b} \frac{d\Theta}{\cos^3 \Theta} \right\} = 1 \, .$$

Durch Differentiation z. B. nach der Untergrenze $\Theta_a$ überprüft man, daß das erste Integral den Wert

$$\int_{\vartheta_a}^{\pi/2} \exp\left[2\mu\left(\frac{\pi}{2}-\vartheta\right)\right] \cos\vartheta \, d\vartheta$$
$$= \frac{1}{1+4\mu^2}\left\{1 + (2\mu\cos\Theta_a - \sin\Theta_a)\exp\left[2\mu\left(\frac{\pi}{2}-\Theta_a\right)\right]\right\}$$

besitzt, während das zweite

$$\int_{\vartheta_a}^{\Theta_b} \frac{d\Theta}{\cos^3\Theta} = \frac{1}{2}\left[\frac{\sin\Theta_b}{\cos^2\Theta_b} - \frac{\sin\Theta_a}{\cos^2\Theta_a} + \frac{1}{2}\ln\left(\frac{1+\sin\Theta_b}{1-\sin\Theta_b}\frac{1-\sin\Theta_a}{1+\sin\Theta_a}\right)\right]$$

ergibt. Wenn man (2.3/55 b) beachtet, so folgt schließlich nach goniometrischer Umformung

$$\frac{D_c}{D_0} = \frac{1}{2}\left(\frac{b}{a}\right)^2 \left\{\frac{1}{1+4\mu^2} + \exp\left[2\mu\left(\frac{\pi}{2}-\Theta_a\right)\right]\left[\frac{2\mu\cos\Theta_a-\sin\Theta_a}{1+4\mu^2}\right.\right.$$
$$\left.\left. + \frac{1}{2}\left(\left[\frac{b}{a}\right]^2\sin\Theta_b - \cos^2\Theta_a\sin\Theta_a + \cos^4\Theta_a\ln\frac{\tan\left(\frac{\pi}{4}-\frac{\Theta_a}{2}\right)}{\tan\left(\frac{\pi}{4}-\frac{\Theta_b}{2}\right)}\right)\right]\right\}^{-1} .$$

$$(2.3/55\,\mathrm{c})$$

Die Stempelkraft $F$ entnehmen wir Bild 2.24, indem wir dort den senkrechten Anteil $\sigma_a\cos\Theta_a$ der Längsspannung im Ablösepunkt des Bleches mit der Fläche $D_a\cdot 2\pi r_a$ multiplizieren und (2.3/43), (2.3/52) sowie (2.3/45) beachten, zu

$$\left.\begin{aligned} \frac{F}{2\pi a D_0 Y_a} &= \frac{D_a}{D_0}\cos^2\Theta_a = \frac{D_c}{D_0}\exp\left[2\mu\left(\frac{\pi}{2}-\Theta_a\right)\right]\cos^2\Theta_a, \\ Y_a &= (Y)_{\vartheta=\Theta_a}, \end{aligned}\right\} \quad (2.3/55\,\mathrm{d})$$

wobei in der oberen Zeile der rechtsstehende Ausdruck für idealplastischen Werkstoff oder einen reibungsfreien Stempel gilt. Anderenfalls wäre $D_a/D_0$ numerisch zu ermitteln. Die Formeln (2.3/55 a—d) beschreiben in Abhängigkeit vom Parameter $\Theta_a$ den Kraftverlauf beim Streckziehvorgang. Die noch fehlende Geschwindigkeitsverteilung $u$, $v$ in der Zone *II* folgt aus der letzten Gleichung (2.3/42) in Verbindung mit den ersten beiden sowie mit (2.3/51) und (A.2/24); wir verzichten auf die Herleitung.

Ein Vergleich der vorstehenden einfachen Theorie mit experimentellen Ergebnissen (Bild 2.25) zeigt zufriedenstellende Übereinstimmung — jedenfalls gleicht der theoretische Kraftverlauf fast vollständig dem nicht eingezeichneten viel aufwendiger numerisch ermittelten von Kaftanoglu und Alexander [262]; er gibt sogar die Lage des Kraftmaximums (und damit den im Versuch beobachteten Beginn des Abreißens) etwas besser wieder.

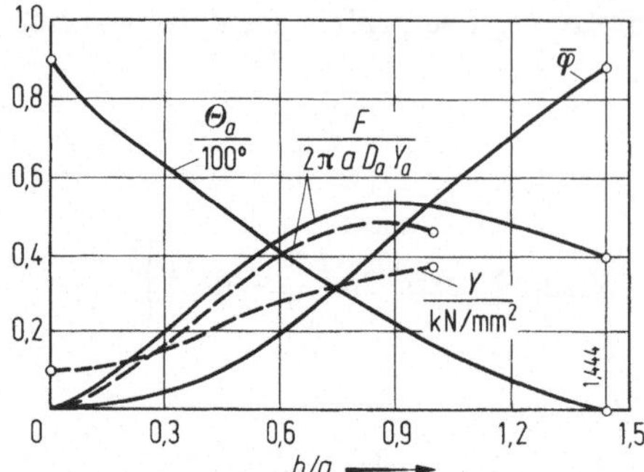

**Bild 2.25.** Streckziehen nach Bild 2.24; Auswertung für $b/a = 1,1$; $\mu = 0$. ——————— theoretisch, ————— experimentell für einen isotropen Kupferwerkstoff ([262], dort Bilder 9, 10, 19, umgerechnet mit $D_0 = 1,219$ mm entsprechend SWG 18 [181]; $a = 16,52$ mm) bei minimaler Reibung.

### 2.3.4 Hydrostatisches Abstrecken

Wir betrachten ein *freies* Abstrecken (Bild 2.26a), bei welchem das am Rand fest eingespannte[28] Blech ohne ein die Form vorschreibendes Werkzeug allein (z. B. über eine Flüssigkeit, also *hydromechanisch*, mit oder ohne elastisches Zwischenmedium) durch Innendruck $p$ umgeformt wird [228, 230, 232]. Beim *statischen* Vorgang sei die eingezeichnete Trägheitskraft $\varrho\ddot{z}$ vernachlässigt ($\varrho$ Werkstoffdichte); es gelte

$$p = \text{const} \tag{2.3/56}$$

über die Blechoberfläche, und wir legen wieder das Trescasche Stoffgesetz zugrunde (Ross und Prager [401]). Andere theoretische Lösungen gehen meist von der Lévy-Huber-v. Misesschen Theorie aus und beschränken sich auf spezielle Fließkurven (Hill [266], vgl. Fußnote 26, S. 123, und Fußnote 27, S. 125) oder nehmen numerischen Aufwand in Kauf [250—252, 263]. Storåkers [402] benutzt Henckys Gleichungen (1.3/35).

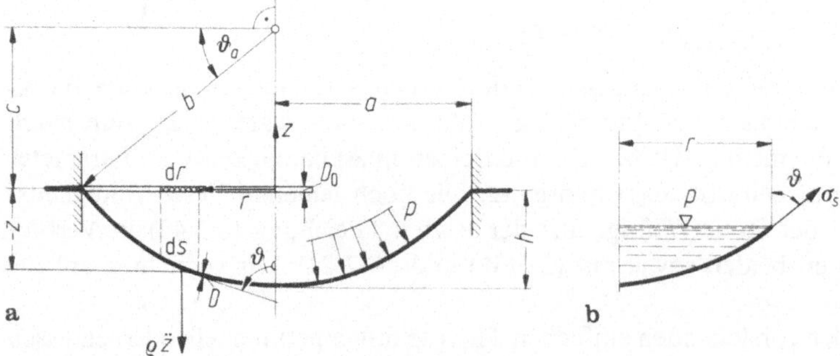

**Bild 2.26.** Freies axialsymmetrisches Streckziehen unter Innendruck $p$ und/oder dynamischer Trägheitskraft $\varrho\ddot{z}$. $\varrho$ Werkstoffdichte, $\ddot{z} > 0$ vertikale Verzögerung

---

[28] Andernfalls liegt *hydrostatisches Tiefziehen* vor, das hinsichtlich der Kräfte in Abschnitt 2.3.1 annähernd mit erfaßt wird.

Wir übernehmen hier für isotropen Werkstoff anschaulich die bereits in (2.3/42) niedergelegten Vorzeichen $\lambda_\psi > 0$, $\lambda_s > 0$, $\lambda_D < 0$ der Formänderungsgeschwindigkeiten, die wir später im Nachtrag rechnerisch verifizieren. $\bar\lambda$ und $\bar\varphi$ folgen dann aus (2.3/44), die Spannungen aus (2.3/43), und mit den „Volumenkräften" $p_s = 0$, $p_D = -p/D$ liefert die zweite Gleichgewichtsbedingung (A.2/26) wie auf S. 125

$$D = \text{const}, \qquad Y = \text{const} \tag{2.3/57}$$

im ganzen Blech. Denken wir uns auf dieses den Druck $p$ mittels einer idealen gewichtslosen Flüssigkeit übertragen, so greift er bei gegebenem Radius $r$ (Bild 2.26 b) über der Kreisfläche $\pi r^2$ an und steht mit der vertikalen Komponente $\sigma_s \cos\vartheta$ der Längsspannung, die auf die Ringfläche $2\pi r D$ wirkt, im Gleichgewicht: $2\pi r\sigma_s D\cos\vartheta =$ $= \pi r^2 p$ oder

$$\sigma_s = \frac{1}{2}\frac{r}{\cos\vartheta}\frac{p}{D} = \frac{1}{2}R'\frac{p}{D} \tag{2.3/58}$$

(vgl. (A.2/22). Man hätte diese Beziehung auch aus (A.2/26) herleiten können. Jedenfalls liefert sie mit der letzten Gl. (A.2/26), $p_D = -p/D$ und $\sigma_s = \sigma_\psi$ sofort

$$R = -R' = \frac{-r}{\cos\vartheta}, \tag{2.3/59}$$

also die Gleichheit beider Flächenkrümmungen von innen her gesehen: *Die Form des Bleches entspricht einer Kugelkalotte*[29].

Dieses Ergebnis gleicht demjenigen aus Hills Näherung [266], doch nur in Achsnähe Woos oder Storåkers numerischen Resultaten, die ihrerseits mit Experimenten von Mellor übereinstimmen [263, 402] — mag sein, daß dort die Anisotropie vorherrscht [335]. Aus ihr läßt sich in der Tat eine Abnahme der Blechkrümmung nach außen vorhersagen [330]. Sie hängt sicher auch von der vernachlässigten Biegesteifigkeit ab.

Mit $b$ als zeitlich variablem Kugelradius und $h$ als Abstrecktiefe erkennt man nach Bild 2.26 wegen $b^2 = a^2 + (b - h)^2$

$$b = \frac{1}{2h}(a^2 + h^2). \tag{2.3/60}$$

Der Flächeninhalt der Kugelkalotte beträgt $2\pi bh$ (vgl. [274]), ihr Blechvolumen also $2\pi bhD$, und dieses muß dem Ronden-Ausgangsvolumen $\pi a^2 D_0$ gleichen. So erhalten wir wegen (2.3/60) aus (2.3/44)

$$\left.\begin{aligned}
\frac{D_0}{D} &= 2\frac{b}{a}\frac{h}{a} = 1 + \left[\frac{h}{a}\right]^2, \\[2mm]
\bar\varphi &= \ln\frac{D_0}{D} = \ln 2\frac{b}{a}\frac{h}{a} = \ln\left(1 + \left[\frac{h}{a}\right]^2\right), \\[2mm]
\bar\lambda &= \dot{\bar\varphi} = 2\frac{\dfrac{h}{a}}{1 + \left[\dfrac{h}{a}\right]^2}\frac{\dot h}{a}.
\end{aligned}\right\} \tag{2.3/61}$$

---

[29] Storåkers behauptet, daß noch andere Lösungen existieren [403, S. 30].

Hiermit kann man die Formänderungsfestigkeit anhand der Werkstoffdaten festlegen. Schließlich liefert (2.3/58) wegen (2.3/59), (2.3/43) mit $R = -b$ (vgl. Bilder 2.26a sowie A.5) und (2.3/60), (2.3/61) den zur Umformung erforderlichen hydrostatischen Druck[30]

$$p = 2 \frac{D}{b} Y = \frac{4Dh}{a^2 + h^2} Y$$

bzw.

$$p = 4 \frac{D_0}{a} \frac{\dfrac{h}{a}}{\left(1 + \left[\dfrac{h}{a}\right]^2\right)^2} Y. \tag{2.3/62}$$

Er steigt als Funktion von $h/a$ zunächst an, kann aber ähnlich der Stempelkraft in Bild 2.25 ein Maximum erreichen und danach wieder absinken (voraussichtliche *Instabilität* mit späterem *Abreißen*, vgl. (1.1/23)). Beispielsweise für idealplastischen Werkstoff $Y \equiv$ const findet man diese Grenze der homogenen Umformung (*Gleichmaßdehnung*) aus $\mathrm{d}p/\mathrm{d}[h/a] = 0$ zu

$$\left(\frac{h}{a}\right)_G = \frac{1}{\sqrt{3}} ; \qquad \left(\frac{p}{Y}\right)_G = \frac{3}{4} \sqrt{3} \frac{D_0}{a}. \tag{2.3/63}$$

*Nachtrag* [557]: Um den Ansatz $\lambda_\psi > 0$, $\lambda_s > 0$, $\lambda_D < 0$ zu rechtfertigen, gehen wir von der Kugelgestalt in Bild 2.26 aus und schreiben $r = b \cos \vartheta$, $z = c - b \sin \vartheta$, wo $R = -b(t)$ die (örtlich, nicht zeitlich) konstante Meridiankrümmung und $c(t)$ die $z$-Koordinate des Krümmungsmittelpunktes darstellen. Differentiation nach $t$ für einen wandernden Punkt $r = r(t)$, $z = z(t)$ gibt $\dot{r} = \dot{b} \cos \vartheta - b\dot{\vartheta} \sin \vartheta$, $\dot{z} = \dot{c} - \dot{b} \sin \vartheta - b\dot{\vartheta} \cos \vartheta$, also nach Projektion auf die Normale bzw. die Tangente am Kreis die Geschwindigkeiten (vgl. Bild A.5)

$$u = -\dot{r} \cos \vartheta + \dot{z} \sin \vartheta = \dot{c} \sin \vartheta - \dot{b} ,$$
$$v = \dot{r} \sin \vartheta + \dot{z} \cos \vartheta = \dot{c} \cos \vartheta - b\dot{\vartheta} .$$

Aus (A.2/25) erhält man mit $\mathrm{d}s = -b\,\mathrm{d}\vartheta$ und $r = b \cos \vartheta$ die Formänderungsgeschwindigkeiten

$$\lambda_D = \frac{\dot{D}}{D} ,$$
$$\lambda_s = -\frac{1}{b}\left(\frac{\mathrm{d}v}{\mathrm{d}\vartheta} + u\right) = \frac{\dot{b}}{b} + \frac{\mathrm{d}\dot{\vartheta}}{\mathrm{d}\vartheta} ,$$
$$\lambda_\psi = \frac{\dot{r}}{r} = \frac{\dot{b}}{b} - \dot{\vartheta} \tan \vartheta .$$

Die Inkompressibilitätsbedingung

$$\lambda_D + \lambda_s + \lambda_\psi = 0$$

liefert dann die gewöhnliche Differentialgleichung in $\vartheta$

$$\frac{\mathrm{d}\dot{\vartheta}}{\mathrm{d}\vartheta} - \dot{\vartheta} \tan \vartheta + \left(2 \frac{\dot{b}}{b} + \frac{\dot{D}}{D}\right) = 0,$$

welche unter der Anfangsbedingung $\dot{\vartheta} = 0$ für $\vartheta = 90°$ $(r = 0)$ das eindeutige Integral[31]

$$\dot{\vartheta} = \left(2 \frac{\dot{b}}{b} + \frac{\dot{D}}{D}\right) \frac{1 - \sin \vartheta}{\cos \vartheta} = \left(2 \frac{\dot{b}}{b} + \frac{\dot{D}}{D}\right) \tan \left(45° - \frac{\vartheta}{2}\right)$$

---

[30] Ein vergleichbares Ergebnis $p = p(h)$ fehlt bei Woo [263].
[31] Prüfung durch Einsetzen.

besitzt. Nach (2.3/60), (2.3/61) folgt

$$\frac{\dot{b}}{b} = -\frac{\dot{h}}{h}\frac{1-\left(\frac{h}{a}\right)^2}{1+\left(\frac{h}{a}\right)^2}, \qquad \frac{\dot{D}}{D} = -\bar{\lambda} = -\frac{\dot{h}}{h}\frac{2\left(\frac{h}{a}\right)^2}{1+\left(\frac{h}{a}\right)^2}.$$

Für zunehmende Napftiefe $\dot{h}/h > 0$ und solange

$$\frac{h}{a} < 1 \tag{2.3/64}$$

besteht, gilt also $\dot{b}/b < 0$, $\dot{D}/D < 0$, $\dot{\vartheta} \leqq 0$. Einsetzen von $\dot{\vartheta}$ in $\lambda_s$, $\lambda_\psi$ liefert schließlich

$$\lambda_s = \frac{1 - \sin\vartheta}{\cos^2\vartheta}\left\{-(1-\sin\vartheta)\frac{\dot{b}}{b} - \frac{\dot{D}}{D}\right\} > 0 \quad \text{für} \quad r \neq 0 \quad \text{stets,}$$

$$\lambda_\psi = \frac{1 - \sin\vartheta}{\cos^2\vartheta}\left\{(1-\sin\vartheta)\frac{\dot{b}}{b} - \sin\vartheta\frac{\dot{D}}{D}\right\} > 0 \quad \text{für} \quad r \neq 0 \quad \text{und} \quad \sin\vartheta \approx 1,$$

d. h. $\lambda_\psi > 0$ zunächst nahe der Achse $r = 0$. Zum Rande hin (fallende $\dot{\vartheta}$) nimmt die geschweifte Klammer von $\lambda_\psi$ ebenfalls ab und erreicht den Wert 0 wegen $\dot{r} = 0$ außen an der Einspannung, so daß außer an dieser oder im Pol $r = 0$ in der Tat die Vorzeichenvermutung (2.3/42) gilt. Voraussetzung ist lediglich (2.3/64). Wenn sie verletzt wird, ist die Grenze (2.3/63) der Gleichmaßdehnung ohnehin schon überschritten.

### 2.3.5 Membran unter Stoßbelastung

Bei der freien Umformung nach Bild 2.26a wirke nicht mehr *ständig* ein statischer Druck $p$. Vielmehr betrachten wir den Grenzfall einer extrem kurzen, *stoßartigen* Druckeinwirkung, die dem Blech eine anfängliche Vertikalgeschwindigkeit

$$w_0(r) = w(r, 0) > 0 \tag{2.3/65}$$

erteilt, während sich der weitere Geschwindigkeitszustand

$$w(r, t) = -\dot{z}(r, t) \geqq 0 \tag{2.3/66}$$

allein aufgrund der wirkenden Trägheitskräfte einstellt, von denen hier die Vertikalkomponente $\varrho\ddot{z}$ eingezeichnet ist ($\varrho$ Dichte). Da wir eine verzögerte Umformung erwarten, setzen wir

$$\ddot{z} \geqq 0 \tag{2.3/67a}$$

voraus sowie eine wie bisher konvexe Blechgestalt

$$\frac{1}{R} = \frac{d\vartheta}{ds} = \frac{d\vartheta}{dr}\frac{dr}{ds} = \sin\vartheta\frac{d\vartheta}{dr} \leqq 0 \tag{2.3/67b}$$

(vgl. (A.2/22) und Bild A.5).

Der Literatur [390, 396] folgend gehen wir wie bisher vom Trescaschen Fließgesetz aus und zeigen, daß der Ansatz

$$\lambda_s \geqq 0, \qquad \lambda_\psi \equiv 0, \qquad \lambda_D \leqq 0 \tag{2.3/68}$$

und entsprechend (vgl. (1.3/52—54))

$$Y \equiv \sigma_s \geqq \sigma_\psi \geqq \sigma_D \equiv 0 \tag{2.3/69}$$

*zumindest für nicht zu große Umformungen* eine in sich geschlossene strenge Lösung repräsentiert. $Y$ kann dabei wieder über den Vergleichsgrößen $\bar{\lambda}$, $\bar{\varphi}$ nach (2.3/44) abgelesen werden.

(A.2/25) liefert zunächst $\dot{r} \equiv 0$: Die Werkstoffteilchen bewegen sich *ausschließlich vertikal*, $w$ ist die einzig maßgebliche Geschwindigkeit und $\dot{w} = -\ddot{z}$ die einzig maßgebliche Beschleunigung (Verzögerung). $r$ hängt nicht von $t$ ab, so daß die Ableitungen nach $r$ und $t$ vertauscht werden dürfen. Aus der Gleichheit der in Bild 2.26 zu d$r$ bzw. d$s$ gehörigen Volumenelemente bzw. Schnittflächen $D_0\,\mathrm{d}r = D\,\mathrm{d}s$ folgt mit $\mathrm{d}r = \mathrm{d}s \sin \vartheta$

$$\frac{D}{D_0} = \sin \vartheta \; . \tag{2.3/70}$$

Für ein konvexes Blech nimmt also die Dicke *von innen nach außen ab*. Experimente liefern das Gegenteil [271−273, 551]. Ob dieselbe Diskrepanz auch bei Anwendung des Fließgesetzes von Lévy-Huber-v. Mises-Hencky besteht, kann mangels einer strengen einschlägigen Lösung gegenwärtig nicht beurteilt werden. Vermutlich hängt der Widerspruch eher mit dem vom Fließgesetz unabhängigen Membranansatz zusammen. Dieser erlaubt nämlich durchaus den durch (2.3/70) vorausgesagten unstetigen Sprung der Blechdicke von $D_0$ auf $D$ an der Einspannstelle $r = a$, während ein solcher selbst bei dünnem Blech in der Praxis ausgeschlossen ist. Ähnliches gilt, wenn auch weniger einschneidend, für den knickhaften Übergang zwischen freiem und eingespanntem Material.

In die Gleichgewichtsbedingungen (A.2/26) setzen wir (2.3/70) sowie die Trägheitskräfte $p_s = -\varrho \ddot{z} \cos \vartheta$, $p_D = -\varrho \ddot{z} \sin \vartheta$ ein und erhalten wegen (2.3/67b) mit $\mathrm{d}r = \mathrm{d}s \sin \vartheta$ sowie (2.3/69)

$$\left.\begin{aligned}
-\varrho \ddot{z} \sin \vartheta - Y \frac{\mathrm{d}\vartheta}{\mathrm{d}r} \sin \vartheta + \sigma_\psi \frac{\cos \vartheta}{r} &= 0 \, , \\[2mm]
-\varrho \ddot{z} \cos \vartheta + \frac{\mathrm{d}(Y \sin \vartheta)}{\mathrm{d}r} + (Y - \sigma_\psi) \frac{\sin \vartheta}{r} &= 0 \, .
\end{aligned}\right\} \tag{2.3/71}$$

Unter den Voraussetzungen (2.3/67a, b), d. h. $\ddot{z} \gtreqqless 0$ und $\mathrm{d}\vartheta/\mathrm{d}r \lesseqqgtr 0$, sowie bei verfestigendem oder idealplastischem Werkstoff $\mathrm{d}Y/\mathrm{d}\bar{\varphi} \geqq 0$ mit (2.3/44) und (2.3/70) folgt aus der zweiten Beziehung (2.3/71) — wenigstens solange $\vartheta \geqq 0$ gilt (d. h.: keine seitliche Ausbauchung der Membran) — sofort $Y - \sigma_\psi \geqq 0$. Multiplikation der ersten Gleichung (2.3/71) mit $\cos \vartheta$, der zweiten mit $\sin \vartheta$ und Subtraktion liefert ferner

$$\sigma_\psi = \frac{\mathrm{d}}{\mathrm{d}r} (r Y \sin^2 \vartheta) \tag{2.3/72}$$

und damit wegen des radialen Anwachsens von $r Y$ wenigstens für $\sin \vartheta \approx 1$, d. h. für nicht zu große Umformungen, $\sigma_\psi \geqq 0$. Zusammen mit $Y - \sigma_\psi \geqq 0$ rechtfertigt dies den Ansatz (2.3/69), (2.3/68) wenigstens für kleine (jedoch endliche) Formänderungen und vielleicht sogar bis in den Bereich größerer Formänderungen hinein.

Substitution von (2.3/72) in die erste Gleichung (2.3/71) ergibt schließlich nach einfacher Zwischenrechnung die einzige partielle Differentialgleichung zur Bestimmung der Gestalt des umgeformten Bleches

$$\frac{\partial}{\partial r} (r Y \sin 2\vartheta) = 2 \varrho r \frac{\partial^2 z}{\partial t^2} \; . \tag{2.3/73}$$

Sie läßt sich numerisch integrieren.

Der Einfachheit halber beschränken wir uns hier angenähert auf idealplastischen Werkstoff $Y \equiv \mathrm{const}$ und setzen für nicht zu große Umformungen $\vartheta \approx \pi/2$ voraus (vgl. Bild 2.26), d. h.

$$\sin 2\vartheta \approx 2\left(\frac{\pi}{2} - \vartheta\right) \approx 2 \cot \vartheta, \text{ also wegen (A.2/22)}$$

$$\sin 2\vartheta \approx 2\frac{\partial z}{\partial r} \quad \text{für} \quad Y \equiv \mathrm{const}, \tag{2.3/74}$$

und erhalten aus (2.3/73) zunächst

$$\frac{\partial}{\partial r}\left(r\frac{\partial z}{\partial r}\right) = \frac{\varrho}{Y} r \frac{\partial^2 z}{\partial t^2}. \tag{2.3/75}$$

Hiervon suchen wir ein Integral über den Produktansatz

$$z(r, t) = -Z(\xi)\, h(t), \qquad \xi = \frac{r}{a}, \tag{2.3/76}$$

wobei wir die Randbedingungen

$$Z(0) = 1, \quad \left(\frac{\mathrm{d}Z}{\mathrm{d}\xi}\right)_{\xi=0} = 0, \quad Z(1) = 0, \quad h(0) = 0 \tag{2.3/77}$$

fordern. Damit erreichen wir, daß die Tangente im Pol $\xi = 0$ waagerecht ist und daß $h = h(t)$ die augenblickliche Tiefe des verformten Bleches darstellt (Bild 2.26). Substitution von (2.3/76) in (2.3/75) gibt wegen $\dfrac{\partial}{\partial r} = \dfrac{1}{a}\dfrac{\partial}{\partial \xi}$

$$\frac{\dfrac{\mathrm{d}}{\mathrm{d}\xi}\left(\xi\dfrac{\mathrm{d}Z}{\mathrm{d}\xi}\right)}{\xi Z(\xi)} = \frac{\varrho a^2}{Y} \frac{\dfrac{\mathrm{d}^2 h(t)}{\mathrm{d}t^2}}{h(t)}. \tag{2.3/78}$$

Die linke Seite hängt nicht von $t$, die rechte nicht von $\xi$ ab, so daß beide Seiten gleich einer Konstanten sind, die wir $\dfrac{-\varrho\pi^2 a^2}{4t_p^2 Y}$ benennen; $t_p = \mathrm{const}$. Dann liefert die rechte Seite von (2.3/78)

$$\ddot{h} + \left(\frac{\pi}{2t_p}\right)^2 h = 0$$

mit der sofort erkennbaren Lösung

$$h(t) = \frac{2t_p}{\pi} w_{00} \sin \frac{\pi}{2}\frac{t}{t_p}, \tag{2.3/79}$$

welche gemäß (2.3/77) $h(0) = 0$ erfüllt. Nach (2.3/65), (2.3/66) stellt hierin $w_{00} = w_0(0) = (\dot{h})_{t=0}$ die Anfangsgeschwindigkeit in der Blechmitte,

$$w_0(r) = w_{00} Z(\xi) \tag{2.3/80}$$

das anfängliche Geschwindigkeitsprofil und $t_p$ als (halbe) *Periode* der „Schwingung" den Zeitpunkt der Maximaldurchsenkung $h_{\max}$, also die Umformdauer dar. Es folgt

$$h_{\max} = h(t_p) = \frac{2t_p}{\pi} w_{00}. \tag{2.3/81}$$

Die linke Seite von (2.3/78) führt auf die Differentialgleichung

$$\xi\left(\frac{\mathrm{d}^2 Z}{\mathrm{d}\xi^2} + c^2 Z\right) + \frac{\mathrm{d}Z}{\mathrm{d}\xi} = 0; \quad c^2 = \frac{\varrho}{Y}\left(\frac{\pi a}{2t_p}\right)^2.$$

Sie besitzt die den Randbedingungen $Z(0) = 1$, $(\mathrm{d}Z/\mathrm{d}\xi)_{\xi=0} = 0$ genügende Lösung[32]

$$Z(\xi) = J_0(c\xi), \quad c = \frac{\pi a}{2t_p}\sqrt{\frac{\varrho}{Y}}, \tag{2.3/82}$$

---

[32] Der mit Bessel-Funktionen vertraute Leser verifiziere durch Einsetzen. Andernfalls vgl. [278, 279].

wo $J_0$ die Bessel-Funktion 0-ter Ordnung ihres Argumentes darstellt und den Tafeln[33] entnommen werden kann. Hieraus liest man auch für die zweite Randbedingung $Z(1) = 0$ oder $J_0(c) = 0$ als Forderung $c = 2{,}405$ ab und findet die *nicht von der Tiefe* $h_{max}$ *abhängige* Umformdauer

$$t_p = 0{,}653a \sqrt{\frac{\varrho}{Y}}\,, \tag{2.3/83}$$

so daß im Rahmen dieser Näherung $h_{max}$ nach (2.3/81) direkt proportional der Anfangsgeschwindigkeit oder der Wurzel aus der kinetischen Anfangsenergie $T_{kin}$ wird.

Wir ermitteln diese abschließend, indem wir das Volumen $2\pi r\, dr \cdot D_0$ des in Bild 2.26 schraffierten Ronden-Ringelementes mit der kinetischen Energiedichte $(\varrho/2)\, w_0^2$ multiplizieren und von $r = 0$ bis $r = a$ integrieren. Dies gibt wegen (2.3/80), (2.3/82) und $r = a\xi$

$$T_{kin} = \pi\varrho D_0 \int\limits_0^a r w_0^2 \, dr = \pi\varrho D_0 a^2 w_{00}^2 \int\limits_0^1 \xi[J_0(c\xi)]^2 \, d\xi\,.$$

Das Integral in unbestimmter Form lautet nach [279]

$$\frac{\xi^2}{2}\left\{[J_0(c\xi)]^2 - J_{-1}(c\xi)\, J_{+1}(c\xi)\right\}\,,$$

wobei die Bessel-Funktionen $v$-ter Ordnung $J_v$ ($v = 0, \pm1, \pm2 \dots$) allgemein $J_{-v} = (-1)^v J_v$ erfüllen. Hiermit folgt nach Einsetzen der Integralgrenzen wegen $c = 2{,}405$ aus den Tafeln [279]

$$T_{kin} = 0{,}423\varrho D_0 a^2 w_{00}^2\,. \tag{2.3/84}$$

Bei gegebener Energie $T_{kin}$ findet man $w_{00}$ sowie gemäß (2.3/83), (2.3/81) die Umformdauer und die Maximaldurchsenkung.

Bild 2.27 zeigt einen Vergleich mit Experimenten von Johnson, Poynton, Singh und Travis [273]. Es handelt sich um *Hochgeschwindigkeitsumformung*, wo der Anfangsstoß zum Beispiel durch

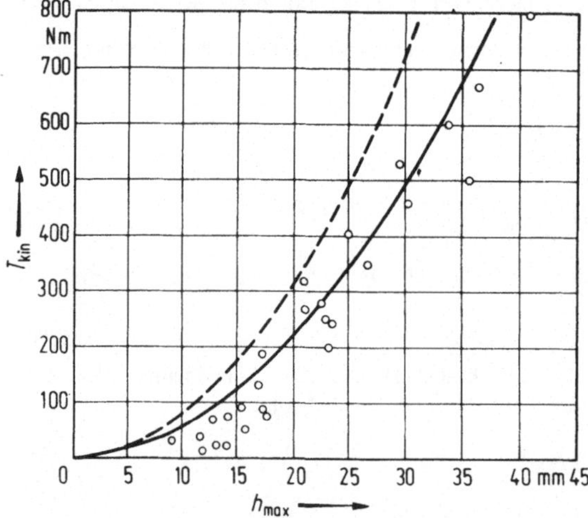


**Bild 2.27.** Kinetische Anfangsenergie $T_{kin}$ und maximale Durchsenkung $h_{max}$ beim hydrodynamischen Explosiv-Abstrecken einer Stahlblechronde. $\varrho = 8{,}00 \cdot 10^{-9}$ N $\cdot$ s²/mm⁴, $a = 76{,}2$ mm, $D_0 = 0{,}9144$ mm.
ooooooooooooooooo aus experimentell ermittelten Formänderungen anhand der Fließkurve errechnet [273, Bilder 9, 3], ——————— theoretisch mit $Y = 245$ N/mm² (minimale Formänderungsfestigkeit für $\bar\varphi = 0$), —————— theoretisch mit $Y = 350$ N/mm² (Mittelwert der Formänderungsfestigkeit für $0 \leqq \bar\varphi \leqq 0{,}15$)

---

[33] z. B. [279].

Explosion einer Sprengladung vermittels eines Übertragungsmediums (wie Wasser) eingeleitet werden kann [228, 269, 270]. Unsere Auswertung zeigt befriedigende Übereinstimmung (Fließkurve siehe [273, Bild 3]). Systematisch untersuchte Endformen des Bleches fallen selbst bei unterschiedlichen Anfangsprofilen der Geschwindigkeit gut mit numerischen Vorhersagen aus (2.3/73) zusammen [551]. Als Umformdauer kommt im Beispiel von Bild 2.27

$$t_p = 0{,}238 \cdot 10^{-3}\,\text{s} \quad \text{für} \quad Y = 350\,\text{N/mm}^2\,,$$
$$t_p = 0{,}285 \cdot 10^{-3}\,\text{s} \quad \text{für} \quad Y = 245\,\text{N/mm}^2$$

heraus. Auch dies liegt im richtigen Rahmen. So bleibt allein die sich falsch ergebende Blechdickenverteilung (2.3/70) als wesentliches Manko der Theorie. Hinsichtlich der Umformung von Platten vgl. [610].

## 2.4 Rotationssymmetrisches ebenes Fließen eines körnigen Materials

Als Beispiel für die Anwendung des Coulomb-Mohrschen Fließgesetzes betrachten wir ein rotationssymmetrisch zwischen konzentrischen Kreisringen $r = a$, $r = b$ ($b > a$) angeordnetes körniges Material, das durch simultane Drehung und Aufweitung bzw. Schrumpfung der Ringe verformt wird (Bild 2.28). Dabei möge es an den Ringen haften. Eine entsprechende Anordnung mit *starr* gegeneinander drehenden Ringen wird in der Rheologie als Couette-Viskosimeter[34] bezeichnet und zur Messung der Zähigkeit von inkompressiblen Fluiden benutzt. Entsprechend ermittelt man die Kenngrößen des körnigen Mediums anhand einer *verallgemeinerten Couette-Strömung* mit lediglich starrem Innenring [285]. Mögliche weitere Anwendungen beziehen sich auf das *Rühren* oder *Bohren* in Sand bzw. Felsgestein.

Wir lehnen uns an die in [515] gegebene Theorie an[35] und bezeichnen mit $u = u(r)$, $v = v(r)$ die Radial- bzw. Umfangsgeschwindigkeiten der Körner sowie mit $\sigma_r = \sigma_r(r)$, $\sigma_\beta = \sigma_\beta(r)$, $\tau_{r\beta} = \tau = \tau(r)$ die Radial-, Umfangs- und Schubspannungsverteilungen, wobei wegen der vorausgesetzten Rotationssymmetrie keine Ab-

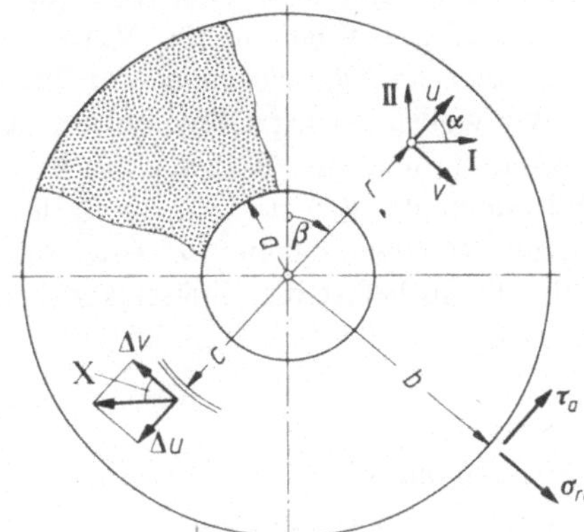


**Bild 2.28.** Körniges Material zwischen zwei konzentrischen Ringen $r = a$, $r = b$. Mögliche Sprunglinie der Geschwindigkeiten $u$, $v$ bei $r = c$. $\Delta u$, $\Delta v$ Geschwindigkeitssprünge. *I, II* Spannungs-Hauptrichtungen

---

[34] Maurice Fr. A. Couette (1858—1943).
[35] Dort allgemeiner ein Cosserat-Kontinuum (Eigendrehung der Körner berücksichtigt), aber von vornherein Gleichheit der Reib- und Dilatanzwinkel angesetzt.

hängigkeit vom Umfangswinkel $\beta$ besteht[36]. Dann errechnen sich die radialen und azimutalen Formänderungsgeschwindigkeiten $\lambda_r = \lambda_r(r)$, $\lambda_\beta = \lambda_\beta(r)$ bzw. die Schergeschwindigkeit $\varkappa_{r\beta} = \varkappa = \varkappa(r)$ aus den im Anhang zusammengestellten *Verträglichkeitsbedingungen* (A.2/21) zu

$$\lambda_r = \frac{du}{dr}, \qquad \lambda_\beta = \frac{u}{r}, \qquad \varkappa = \frac{r}{2}\frac{d(v/r)}{dr}, \qquad (2.4/1)$$

während die *Gleichgewichtsbedingungen* (A.2/20) bei verschwindenden Volumenkräften hier

$$\left.\begin{aligned}\frac{d(r\sigma_r)}{dr} - \sigma_\beta &= r\frac{d\sigma_r}{dr} + \sigma_r - \sigma_\beta = 0\,,\\[2mm]\frac{d(r\tau)}{dr} + \tau &= \frac{1}{r}\frac{d(r^2\tau)}{dr} = 0\end{aligned}\right\} \qquad (2.4/2)$$

lauten. Mit $\alpha$ als Winkel zwischen der Richtung $I$ der *größeren* Hauptspannung $\sigma_I$ und dem Radiusvektor (Bild 2.28) sowie mit den in (1.3/110) gegebenen Spannungsinvarianten $\sigma_d$, $\sigma_m$ übernehmen wir die Gleichungen des Mohrschen Kreises (A.2/35) sinngemäß[37] in der Form

$$\left.\begin{aligned}\sigma_r &= \sigma_m + \sigma_d \cos 2\alpha\\\sigma_\beta &= \sigma_m - \sigma_d \cos 2\alpha\\\tau &= \sigma_d \sin 2\alpha\end{aligned}\right\} \quad \text{mit}\quad \sigma_d \geqq 0\,. \qquad (2.4/3)$$

Entsprechend erhält man über (1.3/112)

$$\left.\begin{aligned}\lambda_r &= \frac{1}{2}\lambda_V + \lambda_d \cos 2\alpha\\[2mm]\lambda_\beta &= \frac{1}{2}\lambda_V - \lambda_d \cos 2\alpha\\[2mm]\varkappa &= \lambda_d \sin 2\alpha\end{aligned}\right\} \quad \text{mit}\quad \lambda_d \geqq 0\,, \qquad (2.4/4)$$

wobei *Isotropie*, also Gleichheit der Winkel $\alpha$ in (2.4/3), (2.4/4) vorausgesetzt wurde. $\lambda_d \geqq 0$ folgt aus der Voraussetzung $\sigma_d \geqq 0$ wegen (1.3/116), und $\lambda_V$ stellt die *Volumendehngeschwindigkeit (Dilatanzgeschwindigkeit)* dar.

Wir wollen noch prüfen, ob auf gewissen Kreisen $r = c$ (Bild 2.28) Geschwindigkeitssprünge $\Delta u$, $\Delta v$ (gemessen beim Fortschreiten radial auswärts) zulässig sind. Für kleine $dr$, aber $du \to \Delta u \neq 0$, $dv \to \Delta v \neq 0$ werden gemäß (2.4/1) die Formänderungsgeschwindigkeiten $\lambda_r \to \Delta u/dr$, $\varkappa \to {}^1\!/_2(\Delta v/dr)$ groß gegen $\lambda_\beta$, so daß $\lambda_\beta$ wegfällt. Dann liefert die Zulässigkeitsbedingung (1.3/116) mit (1.3/112) im Grenzfall $dr \to 0$

$$\Delta u = |\sqrt{(\Delta u)^2 + (\Delta v)^2}|\sin X\,. \qquad (2.4/5\,\mathrm{a})$$

Der *nach außen positiv* gemessene *Dilatanzwinkel $X$* hat also gerade die in Bild 2.28 dargestellte Bedeutung als *Neigungswinkel des resultierenden Sprungvektors gegen die Sprungfläche $r = c$*. Reine Scherunstetigkeiten sind im Gegensatz zu inkompressi-

---

[36] Bezeichnung $\beta$ statt $\psi$, um Verwechslungen mit dem Reibwinkel $\Psi$ zu vermeiden.
[37] Beachte die Koordinatenrichtung von $\beta$!

blem Material für $X \neq 0$ unzulässig und können nur im Sonderfall $X = 0$ auftreten. Daneben erkennt man

$$\frac{\Delta u}{\Delta v} = \tan X\,; \qquad\qquad (2.4/5\,\mathrm{b})$$

die *Flächenleistungsdichte* $\Lambda_v = \Lambda\,\mathrm{d}r$ pro Einheit der Sprungfläche ergibt sich aus (1.3/117), (1.3/112) als Grenzwert wie oben zu

$$\Lambda_v = |\sqrt{(\Delta u)^2 + (\Delta v)^2}|\,\{k\cos\Psi - \sigma_m(\sin\Psi - \sin X)\} = \frac{|\Delta v|}{\cos X}\times$$

$$\times\,\{k\cos\Psi - \sigma_m(\sin\Psi - \sin X)\}\,. \qquad\qquad (2.4/5\,\mathrm{c})$$

Zurück zum eigentlichen Problem. Die zweite Gleichgewichtsbedingung (2.4/2) läßt sich sofort integrieren und ergibt mit einer geeigneten Integrationskonstanten $B$

$$\tau = \frac{B}{r^2}\,. \qquad\qquad (2.4/6)$$

(2.4/3) und die Fließbedingung (1.3/109) liefern für $\sigma_d \geqq 0$

$$\sigma_d = \frac{\tau}{\sin 2\alpha}\,, \qquad \sigma_m = k\cot\Psi - \frac{\sigma_d}{\sin\Psi}\,, \qquad\qquad (2.4/7)$$

wo $\Psi$ den *inneren Reibwinkel* und $k \geqq 0$ die *Kohäsion* darstellt. Errechnet man hieraus über (2.4/3) die Spannungen $\sigma_r$, $\sigma_\beta$ und berücksichtigt (2.4/6), so liefert die erste Gleichgewichtsbedingung (2.4/2) eine gewöhnliche Differentialgleichung 1. Ordnung für $r$ als Funktion des Parameters $\alpha$. Wir schreiben sie der Einfachheit halber nur für ideal-plastischen Werkstoff $\Psi = \mathrm{const}$, $k = \mathrm{const}$ hin:

$$\frac{\mathrm{d}r}{\mathrm{d}\alpha} = r\,\frac{\sin\Psi - \cos 2\alpha}{\sin 2\alpha}\,. \qquad\qquad (2.4/8\,\mathrm{a})$$

Zwei weitere solche Differentialgleichungen erhalten wir nach Bildung von $\lambda_r/\lambda_\beta$ bzw. $\varkappa/\lambda_\beta$ über (2.4/1), (2.4/4), die Fließregel (1.3/116) mit $\dfrac{\mathrm{d}}{\mathrm{d}\alpha} = \left(\dfrac{\mathrm{d}}{\mathrm{d}r}\right)\dfrac{\mathrm{d}r}{\mathrm{d}\alpha}$ und (2.4/8a):

$$\frac{\mathrm{d}u}{\mathrm{d}\alpha} = u\,\frac{\sin\Psi - \cos 2\alpha}{\sin X - \cos 2\alpha}\,\frac{\sin X + \cos 2\alpha}{\sin 2\alpha}\,, \qquad\qquad (2.4/8\,\mathrm{b})$$

$$\frac{\mathrm{d}(v/r)}{\mathrm{d}\alpha} = \frac{2u}{r}\,\frac{\sin\Psi - \cos 2\alpha}{\sin X - \cos 2\alpha}\,. \qquad\qquad (2.4/8\,\mathrm{c})$$

Ihre Verallgemeinerung auf ortsabhängige Materialkenngrößen findet man in [515]. Die Differentialgleichungen (2.4/8) lassen sich bei gegebenen Anfangswerten eindeutig integrieren vorausgesetzt, daß die Nenner nicht verschwinden — also insbesondere, falls $\alpha \neq 0$, $\alpha \neq \pm\pi/2$. Das reine Aufweiten unter Innen- bzw. Außendruck (dickwandiges Rohr, vgl. Abschn. 2.1.3) ist demnach ausgeschlossen und wird am Ende nachgetragen.

Im besonders einfachen Beispiel zusammenfallender Reib- und Dilatanzwinkel mit

$$X = \Psi \geqq 0 \qquad\qquad (2.4/9)$$

lauten die geschlossenen Integrale[38] von (2.4/8)

$$r = RF(|\alpha|)\,, \qquad u = UG(|\alpha|)\,, \qquad \frac{v}{r} = C - \frac{U}{R}\,\mathrm{sgn}\,\alpha\cos 2\alpha\,, \left.\begin{array}{c}\\\\\end{array}\right\} \quad (2.4/10)$$

$$R,\,U,\,C = \mathrm{const}\,, \quad .\ R > 0\,,$$

wo

$$F(|\alpha|) = [(\tan|\alpha|)^{\sin\Psi}/\sin 2|\alpha|]^{1/2}\,,$$

$$G(|\alpha|) = [(\tan|\alpha|)^{\sin\Psi}\sin 2|\alpha|]^{1/2} = \left[F\left(\frac{\pi}{2} - |\alpha|\right)\right]^{-1}. \left.\begin{array}{c}\\\\\end{array}\right\} \quad (2.4/11)$$

Diese Funktionen sind in Bild 2.29 wiedergegeben. Wegen $G \geqq 0$ für $0 \leqq |\alpha| \leqq \dfrac{\pi}{2}$, $\Psi \geqq 0$ und $G(0) = G\left(\dfrac{\pi}{2}\right) = 0$ muß $G$ ein Maximum $G_{\max}$ bei $|\alpha|_{\max}$, also $F$ ein Minimum $F_{\min}$ bei $|\alpha|_{\min}$ besitzen. $\mathrm{d}G/\mathrm{d}\,|\alpha| = 0$ liefert $|\alpha|_{\max} = \dfrac{\pi}{4} + \dfrac{\Psi}{2}$, nach (2.4/11) folgt $|\alpha|_{\min} = \dfrac{\pi}{4} - \dfrac{\Psi}{2}$, und es gilt

$$G_{\max} = F_{\min}^{-1} = \{(1 - \sin\Psi)^{1-\sin\Psi}\,(1 + \sin\Psi)^{1+\sin\Psi}\}^{1/4}\,. \qquad (2.4/12)$$

Die Spannungen erhält man nun über (2.4/6), (2.4/7), (2.4/3) mit (2.4/10), (2.4/11) sowie der Forderung $\sigma_d \geqq 0$ zu

$$\tau = \frac{B}{r^2} = \mathrm{sgn}\,\alpha\,\frac{|B|}{r^2}\,,$$

$$\sigma_r = \frac{k}{\sin\Psi}\left\{\cos\Psi - \frac{|B|}{kR^2}\,H_r(|\alpha|)\right\}\,, \qquad\qquad (2.4/13\mathrm{a})$$

$$\sigma_\beta = \frac{k}{\sin\Psi}\left\{\cos\Psi - \frac{|B|}{kR^2}\,H_\beta(|\alpha|)\right\}\,,$$

wo die Hilfsfunktionen

$$H_r(|\alpha|) = \frac{1 - \sin\Psi\cos 2|\alpha|}{(\tan|\alpha|)^{\sin\Psi}}\,, \qquad H_\beta(|\alpha|) = \frac{1 + \sin\Psi\cos 2|\alpha|}{(\tan|\alpha|)^{\sin\Psi}} \qquad (2.4/13\mathrm{b})$$

ebenfalls in Bild 2.29 gezeigt sind. Im Granzfall $\Psi \to 0$ streben $H_r$, $H_\beta$ gegen 1. $\sigma_r$, $\sigma_\beta$ bleiben nur dann endlich, wenn auch

$$\frac{B}{kR^2} = 1 \quad \text{für} \quad \Psi = 0 \qquad\qquad (2.4/14\mathrm{a})$$

gilt. Und (2.4/13) liefert mit der l'Hospitalschen Grenzwertregel sowie

$$B' = -k\left[\mathrm{d}\left(\frac{|B|}{kR^2}\right)\Big/\mathrm{d}\Psi\right]_{\Psi=0} \quad \text{als neuer Integrationskonstanten}$$

$$\tau = (\mathrm{sgn}\,\alpha)\,k\left(\frac{R}{r}\right)^2\,,$$

$$\sigma_r = B' + k\{\ln\tan|\alpha| + \cos 2|\alpha|\}\,, \left.\begin{array}{c}\\\\\end{array}\right\} \quad \text{für} \quad \Psi = 0\,. \qquad (2.4/14\mathrm{b})$$

$$\sigma_\psi = B' + k\{\ln\tan|\alpha| - \cos 2|\alpha|\}$$

---

[38] Prüfung durch Einsetzen. $\mathrm{sgn}\,\alpha = +1$ für $\alpha > 0$, $-1$ für $\alpha < 0$, $0$ für $\alpha = 0$.

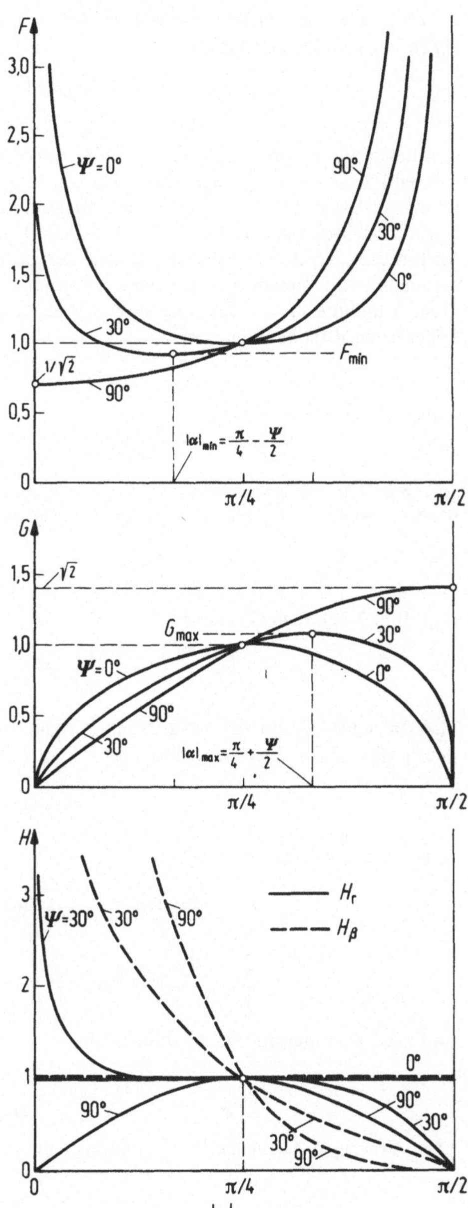



**Bild 2.29.** Lösungsfunktionen zum Problem von Bild 2.28 für standard-idealplastisches Material und starren Innenring. $X = \Psi =$ = const: innerer Dilatanz- bzw. Reibwinkel, $k = $ const $\geqq 0$: Kohäsion

Dies entspricht der von Nadai für die verallgemeinerte Couette-Strömung eines plastischen Metalls gefundenen Lösung [15, Gl. (36—37)]. (2.4/10) bleibt erhalten; (2.4/11) lautet einfach

$$F(|\alpha|) = \frac{1}{\sqrt{\sin 2|\alpha|}}, \qquad G(|\alpha|) = \sqrt{\sin 2|\alpha|} \quad \text{für} \quad \Psi = 0. \qquad (2.4/14\,\text{c})$$

Wir wenden uns wieder dem Fall $\Psi \neq 0$ zu und wollen die Integrationskonstanten anhand vorgegebener Randbedingungen

$$\left.\begin{array}{ll} u_a = 0 , & v_a > 0 \quad \text{bei} \quad r = a , \\[1mm] v_b = 0 , & p_b = -\sigma_{rb} > 0 \quad \text{bei} \quad r = b \end{array}\right\} \qquad (2.4/15)$$

ermitteln. Sie gehören zur verallgemeinerten Couette-Strömung mit *starr* drehendem Innenring, während der Außenring wegen des variablen Volumens nur in Umfangsrichtung festgehalten werden kann, sich aber radial verformen darf. Hier schreiben wir den Außendruck $p_a$ vor.

$u_a = 0$ würde nach (2.4/10), (2.4/11) $U = 0$, $u \equiv 0$, $v/r = C = v_b/b = 0$, also überhaupt keine Verformung ergeben. Daher muß eine Geschwindigkeitsunstetigkeit auftreten. Weil die Beanspruchung zum Innenring hin wächst, vermuten wir sie dort bei $r = a$ und werden erkennen, daß diese Annahme in der Tat eine sinnvolle Lösung liefert. Aus (2.4/5b) in Verbindung mit (2.4/9) folgen neue Randbedingungen

$$\hat{u}_a = |\Delta v| \tan \Psi , \qquad \hat{v}_a = v_a - |\Delta v| > 0 , \qquad (2.4/16a)$$

wobei wir anschaulich

$$\hat{v}_a \gtreqless 0 , \qquad v_a > 0 , \qquad \Delta v < 0 \qquad (2.4/16b)$$

ansetzen. Dementsprechend erwarten wir $\tau_a < 0$, und da die Unstetigkeitszone als innere Reibfläche zu einem Grenzwinkel $\alpha_g$ nach (1.3/108) gehört, wegen (2.4/13), (1.3/107) auch

$$\alpha < 0 , \qquad \alpha_a = -\left(\frac{\pi}{4} - \frac{\Psi}{2}\right) = -|\alpha|_{\min} \qquad (2.4/16c)$$

(vgl. Bild 2.29). (2.4/11) liefert

$$R = \frac{a}{F(|\alpha_a|)} = \frac{a}{F_{\min}} , \qquad R = \frac{b}{F(|\alpha_b|)} , \qquad (2.4/17a)$$

also zunächst $R$ und bei bekanntem $R$ dann $|\alpha_b|$, obschon den letzten Wert vorerst noch zweideutig (Bild 2.29). Es folgt gemäß (2.4/15), (2.4/10)

$$C = -\frac{U}{R} \cos 2\alpha_b , \qquad (2.4/17b)$$

ferner mit (2.4/16), (2.4/11)

$$\frac{\hat{u}_a}{a} = \frac{|\Delta v| \tan \Psi}{a} = \frac{U}{R} \frac{G(|\alpha_a|)}{F(|\alpha_a|)} = \frac{U}{R} \sin 2|\alpha_a| = \frac{U}{R} \cos \Psi ,$$

$$\frac{\hat{v}_a}{a} = \frac{v_a - |\Delta v|}{a} = C + \frac{U}{R} \cos 2\alpha_a = \frac{U}{R} [\sin \Psi - \cos 2\alpha_b] ,$$

und nach Elimination von $\Delta v$ schließlich

$$\frac{U}{R} = \frac{\sin \Psi}{1 - \sin \Psi \cos 2\alpha_b} \frac{v_a}{a} . \qquad (2.4/17c)$$

Den vorherigen Ausdruck für $\hat{v}_a/a$ kann man wegen (2.4/16b, c), auch in der Gestalt

$$0 \leq \frac{\hat{v}_a}{a} = \frac{U}{R} [\cos 2\alpha_a - \cos 2\alpha_b] \qquad (2.4/17d)$$

schreiben. Für einen positiven Reibwinkel $\Psi > 0$ erhält man dann $U/R > 0$ wegen (2.4/17c), sowie $|\alpha_a| < |\alpha_b|$ wegen (2.4/17d). Damit liegt nun $\alpha_b < 0$ in (2.4/17a) eindeutig fest. Entsprechend findet man $|\alpha_a| > |\alpha_b|$ für $\Psi < 0$ und $|\alpha_a| = |\alpha_b|$ für $\Psi = 0$. Im letzten Fall folgt formal $a = b$; die plastische Zone konzentriert sich allein auf die Unstetigkeitsfläche $r = a$ am Innenring.

Schließlich bestimmt der gemäß (2.4/15) vorgegebene Außendruck $p_a$ über (2.4/13) die Konstante $|B|$.

Man erwartet, daß die relative Materialdichte $\varrho_{\text{rel}}$ im Laufe der Verformung gegen ihren kritischen Wert $\varrho_c$ strebt (vgl. S. 71 und Bild 1.21). Also müßte sich in der ortsfesten Unstetigkeitsfläche („Bruchzone") mit ihrer im Idealfall unendlich großen Deformation schon gleich nach Beginn

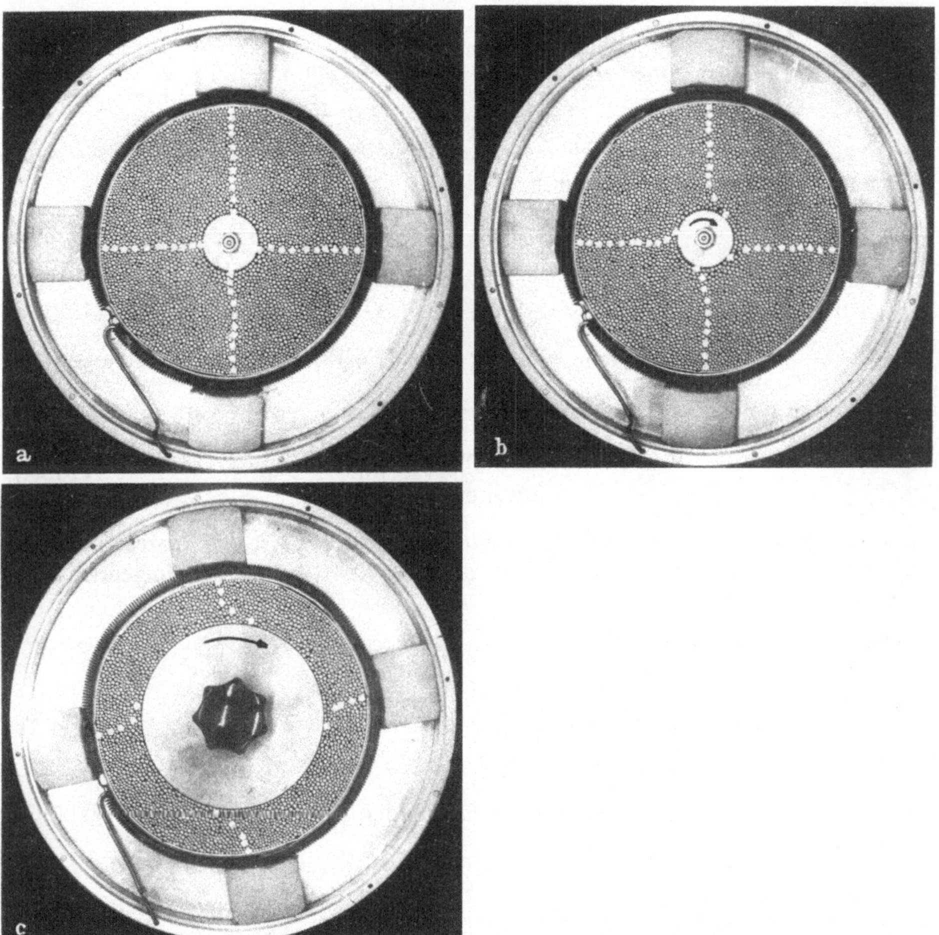

**Bild 2.30.** Verallgemeinerte Couette-Strömung (starr drehender Innenring, nicht drehender Außenring) eines aus parallelen Rundstäbchen zusammengesetzten „ebenen" körnigen Materials [515]. Rundstäbchen (Stahlnadeln) ungeschmiert, Länge 19,3 mm, gleichgewichtige Mischung der Nadeldurchmesser 2 mm, 2,5 mm, 3 mm. Außenradius $b \approx 185$ mm.
**a** Anfangszustand, radiale Nadelreihe weiß markiert, $b/a = 5$; **b** Kerndrehung 90°, $b/a = 5$; **c** Kerndrehung 90°, $b/a = 1,5$

$\Psi = X = 0$ einstellen: Nach nur geringer Anfangsverformung der ganzen Ringzone „erstarrt" diese, und anschließend findet lediglich noch eine (unstetige) *Scherung* am Innenring statt. Dies wird im *qualitativen* Versuch bestätigt (Bild 2.30), wo die Bruchzone am Innenring natürlich keine ideale Fläche sein kann, sondern eine Querausdehnung besitzt, die erfahrungsgemäß 5 bis 10 Korndurchmesser beträgt. Der *quantitative* Versuch ergibt freilich Unterschiede zwischen dem Dilatanzwinkel $X$ und dem Reibwinkel $\Psi$, die sich abhängig von der relativen Dichte auch örtlich ändern. Hierfür sind die Grundgleichungen (2.4/8) neu zu formulieren und im allgemeinen numerisch zu integrieren [285].

Wir tragen jetzt den oben ausgeschlossenen Fall reinen *Aufweitens* bzw. *Schrumpfens* der Kreisringe ohne (Relativ-)Drehung nach. Hier sind $\sigma_r$, $\sigma_\beta$ Hauptspannungen und $\lambda_r$, $\lambda_\beta$ Hauptformänderungsgeschwindigkeiten. (2.4/4) liefert mit (1.3/116)

$$\lambda_r + \lambda_\beta = |\lambda_r - \lambda_\beta| \sin X ,$$

wegen (2.4/1) also

$$\frac{d(ur)}{dr} = \iota\,\frac{ur}{r} = \iota u\,, \qquad \iota = \frac{\mp 2 \sin X}{1 \mp \sin X}\,. \tag{2.4/18}$$

Hierin gelten die oberen Vorzeichen — oder die unteren + entsprechend den oberen oder unteren Ungleichheitszeichen in

$$\lambda_r - \lambda_\beta \gtreqless 0\,, \qquad \sigma_r - \sigma_\beta \gtreqless 0\,; \tag{2.4/19}$$

diese sind für die Formänderungsgeschwindigkeiten und die Spannungen wegen $\lambda_d \sigma_d \geq 0$ (vgl. (1.3/116)) sowie wegen (1.3/110), (1.3/112) dieselben. Aus (1.3/116) folgt $\lambda_V = \frac{1}{r}\frac{d(ur)}{dr} \gtreqless 0$ je nachdem ob $X \gtreqless 0$. (2.4/18) liefert daher analoge Vorzeichenregeln für die Radialgeschwindigkeit, nämlich

$$u \gtreqless 0 \qquad \begin{matrix}\text{Schrumpfen}\\ \text{Aufweiten}\end{matrix} \qquad \text{für} \quad X \geq 0 \tag{2.4/20}$$

oder umgekehrt für $X < 0$. So kann man allein von der Art des Prozesses her die Vorzeichen bzw. die $\gtreqless$-Beziehungen in (2.4/18), (2.4/19) und den folgenden Formeln fixieren.

Die Fließbedingung (1.3/109) führt auf

$$\left.\begin{aligned} \sigma_\beta &= (1 - \iota')\,\sigma_r + k'\iota'\,,\\[2mm] \iota' &= \frac{\mp 2 \sin \Psi}{1 \mp \sin \Psi}\,, \qquad k' = k \cot \Psi \end{aligned}\right\} \tag{2.4/21}$$

und liefert mit der ersten Gleichgewichtsbedingung (2.4/2) eine Bestimmungs-Differentialgleichung für die Spannungen.

Im Fall $\Psi = $ const lautet diese beispielsweise

$$\frac{d\sigma_r}{dr} + \frac{\iota'}{r}(\sigma_r - k') = 0$$

und besitzt das Integral

$$\sigma_r = k' + (\hat\sigma_r - k')\left(\frac{\hat r}{r}\right)^{\iota'} \quad \text{für} \quad \Psi = \text{const},$$

wobei $\hat\sigma_r$ einen an irgendeinem Radius $r = \hat r$ (im allgemeinen: $\hat r = a$ oder $\hat r = b$) vorzuschreibenden Anfangswert darstellt. Er muß natürlich auch der Bedingung (2.4/19), wegen (2.4/21) also

$$\iota'(\hat\sigma_r - k') \gtreqless 0$$

genügen.

(2.4/18) läßt sich elementar für $X = $ const integrieren und ergibt mit irgendeinem Anfangswert $\hat u$ bei $\hat r$, der seinerseits (2.4/20) genügt,

$$u = \hat u\left(\frac{r}{\hat r}\right)^{\iota - 1} \quad \text{für} \quad X = \text{const}.$$

# 3 Elementare Plastizitätstheorie

Die elementare Plastizitätstheorie („Streifenmethode") wurde von Siebel im Jahre 1925 aufgestellt und auf das Walzen von Blechen angewandt [559]. Kármán behandelte das gleiche Problem [560] (mit etwas anderem, nämlich Coulombschen Reibgesetz) und wurde deshalb indirekt von Siebel des Plagiats beschuldigt [579][1]. Sachs übertrug das Vorgehen 1927 auf das Drahtziehen [561], Siebel gemeinsam mit Pomp 1928 auf das Stauchen [562], und Siebel veröffentlichte eine erste zusammenfassende Monographie [563] im Jahre 1932. Noch heute stellt die elementare Theorie wegen ihrer Einfachheit ein brauchbares und gern benutztes Werkzeug zur Analyse von metallischen Umformprozessen dar, dessen Mangel an Strenge ausgeglichen wird durch Flexibilität. So kann man ohne besondere Mühe die Verfestigung oder gar die Geschwindigkeitsabhängigkeit des Werkstoffes in die Rechnung einbeziehen, ebenso kinetische Effekte oder elastische Verformungen der Werkzeuge. Auch dient die elementare Theorie gelegentlich als Basis für Prozeßoptimierungen.

Da die elementare Theorie sehr ausführlich mit vielen Literaturverweisen im Lehrbuch [517] dargestellt wird, genügt hier ein kurzer Abriß, der sich an eine Vortragsreihe [565] anlehnt. Wir bauen die Methode anhand des Stauchvorgangs als Beispiel auf, behandeln dann das Drahtziehen sowie das Blechwalzen und gehen schließlich auf ein gebirgsmechanisches Problem ein [575].

## 3.1 Stauchen und Schmieden

Ein starrplastischer Metallblock rechteckigen Längsschnittes wird gemäß Bild 3.1a zwischen starren parallelen Platten gestaucht. Selbst wenn dies mit konstanter Werkzeuggeschwindigkeit $|\dot{h}| = \text{const}$ geschieht[2], werden Materialteilchen, die nicht auf der Achse $x = 0$ liegen, seitlich beschleunigt; denn wenn die Platten aufeinandertreffen, also nach endlicher Zeit, müßten jene Teilchen unendlich weit zur Seite ausgewichen sein. Wir beziehen daher die seitlichen Trägheitskräfte mit in die Theorie ein, während senkrechte Trägheitskräfte außer bei Stoß- und Wellenvorgängen (Abschnitt 5.1.3.2) im allgemeinen vernachlässigbar klein bleiben [434]. Ferner beschrän-

---

[1] Siebel wiederholt Teile seiner ersten Arbeit jetzt in der Zeitschrift, wo v. Kármán veröffentlichte, ohne seinerseits diesen zu zitieren. Das Zitat wurde von der Schriftleitung hinzugefügt.

[2] Eigentlich nur bei hydraulischen Pressen, $|\dot{h}| < 1$ m/s. Bei anderen Maschinen sinkt $|\dot{h}|$ im allgemeinen monoton auf 0 ab.

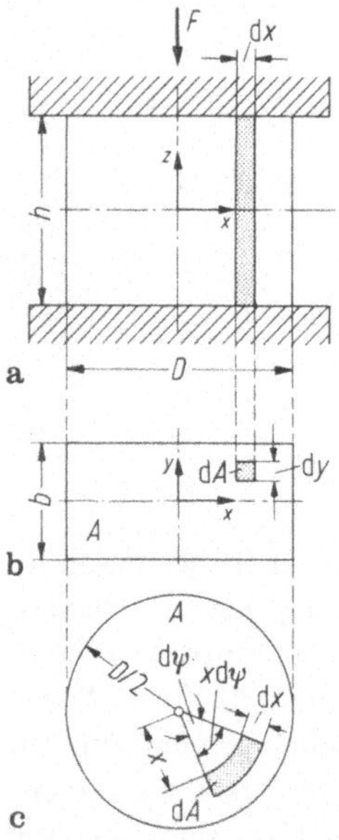

**Bild 3.1. a** Stauchen eines Blockes mit rechteckigem Längsschnitt zwischen starren parallelen Platten. Stauchkraft $F$. Schraffierter „Streifen". **b** Rechteckquerschnitt, Fläche $A = Db$. **c** Kreisquerschnitt, Fläche $A = \pi D^2/4$. Der „Streifen" repräsentiert jetzt eine „Röhre"

ken wir uns auf ebenes (Bild 3.1b) oder axialsymmetrisches Fließen (Bild 3.1c), wobei im Fall von Bild 3.1b, sofern nicht $b$ groß gegen $D$ ist, reibungsfreie seitliche Führungen bei $y = \pm b/2$ anzubringen wären. Weitere Hinweise findet man in [517], eine Zusammenstellung der technischen Literatur in [380, 381]. Das Handbuch von Lange und Meyer-Nolkemper [603] behandelt alle Aspekte des *Gesenkschmiedens*.

Die Hauptannahme der elementaren Theorie lautet nun wie folgt: Werkstoffstreifen $x =$ const der Dicke $dx$ gehen bei der Umformung wieder in parallele Werkstoffstreifen über; der Probenlängsschnitt von Bild 3.1a bleibt also rechteckig. Dies setzt zwar geringe Reibung an den Werkzeugen voraus, doch darf man erfahrungsgemäß die elementare Theorie auch für größere Reibwerte anwenden. Einige theoretische Gründe hierfür findet man in [566].

Wir gehen also z. B. bei ebener Umformung $\lambda_y \equiv 0$ von Formänderungsgeschwindigkeiten $\lambda_x$, $\lambda_z$ aus, deren erste nicht von $z$ und deren zweite nicht von $x$ abhängt. (A.2/16) liefert mit $u$, $w$ als Werkstoffgeschwindigkeiten in $x$- bzw. $z$-Richtung sowie mit der Inkompressibilität (1.3/22) wegen $\lambda_y \equiv 0$

$$\lambda_x = \frac{\partial u}{\partial x}, \qquad \lambda_z = \frac{\partial w}{\partial z}, \qquad \lambda_x + \lambda_z = 0, \tag{3.1/1a}$$

also $\lambda_x = -\lambda_z =$ const. Dann führt die Integration von (3.1/1a) mit den Randbedingungen $u = w = 0$ für $x = z = 0$ und $w = \dot{h}/2$ für $z = h/2$ ( $\dot{} = d/dt$) auf

$$u = -\frac{\dot{h}}{h}x, \qquad w = \frac{\dot{h}}{h}z. \tag{3.1/1b}$$

Entsprechend erhält man bei axialsymmetrischer Umformung, wo „Streifen" eigentlich „Röhren" der Wandstärke $dx$ sind und $x$ den laufenden Radius bezeichnen soll, über (A.2/21) und (1.3/22)

$$\lambda_x = \frac{\partial u}{\partial x}, \qquad \lambda_\psi = \frac{u}{x}, \qquad \lambda_z = \frac{\partial w}{\partial z}; \qquad \lambda_x + \lambda_\psi + \lambda_z = 0 \qquad (3.1/2\,\mathrm{a})$$

sowie

$$u = -\frac{1}{2}\frac{\dot h}{h}x, \qquad w = \frac{\dot h}{h}z. \qquad (3.1/2\,\mathrm{b})$$

In beiden Fällen stellt $\lambda_z$ die betragsmäßig größte Formänderungsgeschwindigkeit dar, so daß man bei Anwendung des Trescaschen Stoffgesetzes[3] gemäß (1.3/55a, b) die folgenden Ausdrücke für die Vergleichs-Formänderungsgeschwindigkeit $\bar\lambda$ und die Vergleichs-Formänderung $\bar\varphi$ erhält:

$$\bar\lambda = |\lambda_z| = -\frac{\dot h}{h}, \qquad \bar\varphi = \bar\varphi_0 + \ln\frac{h_0}{h}; \qquad \dot h \leqq 0 \qquad (3.1/3)$$

mit $\bar\varphi_0$, $h_0$ als Anfangswerten zur Zeit $t = 0$ (Stauchbeginn). Es liegt nahe, auch die Vorverformung $\bar\varphi_0$, soweit überhaupt vorhanden, als unabhängig vom Ort zu postulieren und die Temperatur $\vartheta$, falls sie berücksichtigt werden muß, durch einen Mittelwert $\bar\vartheta$ über die Streifenhöhe zu ersetzen. Dies führt gemäß (1.1/16) zu einer über die ganze Streifen- beziehungsweise Röhrenhöhe $h$ konstanten einachsigen Fließgrenze

$$\bar Y = Y(\bar\lambda, \bar\varphi, \bar\vartheta), \qquad (3.1/4)$$

die wir wie $\bar\lambda$, $\bar\varphi$ beim Schmieden in jedem Augenblick sogar über die ganze Probe als konstant ansehen. Anders die nach (A.2/7) über (A.2/16) beziehungsweise (A.2/21) sowie mittels (3.1/1b), (3.1/2b) gebildete Leistungsdichte $\Lambda$, doch ersetzt man sie wenigstens durch einen Mittelwert über $h$ und erhält wegen $\lambda_x = \mathrm{const}$, $\lambda_z = \mathrm{const}$

$$\bar\Lambda = \bar\sigma_x\lambda_x + \bar\sigma_z\lambda_z \qquad (3.1/5\,\mathrm{a})$$

bei ebener sowie

$$\bar\Lambda = \bar\sigma_x\lambda_x + \bar\sigma_\psi\lambda_\psi + \bar\sigma_z\lambda_z \qquad (3.1/5\,\mathrm{b})$$

bei axialsymmetrischer Umformung. Dementsprechend führt man im Sinne einer weiteren Grundannahme die Spannungsmittelwerte $\bar\sigma_x$, $\bar\sigma_\psi$, $\bar\sigma_z$ als generalisierte Spannungen ein und bezieht alle Grundgleichungen der elementaren Theorie auf diese generalisierten Größen. Bei gleichem Reibgesetz an beiden Platten $z = \pm h/2$ verschwinden die Mittelwerte der Schubspannungen aus Symmetriegründen, so daß $\bar\sigma_x$, $\bar\sigma_\psi$, $\bar\sigma_z$ als generalisierte *Hauptspannungen* anzusehen sind.

Beginnen wir mit dem Fließgesetz. Bei Axialsymmetrie liefert (3.1/2a) mit (3.1/2b) wegen $\dot h \leqq 0$ zunächst $\lambda_x = \lambda_\psi \geqq 0$, $\lambda_z \leqq 0$, wegen (1.3/54c) also

$$\bar\sigma_x = \bar\sigma_\psi \geqq \bar\sigma_z \qquad (3.1/6)$$

---

[3] Nur bei *ebenem* Fließen würden andere inkompressible Stoffgesetze ähnlich einfache Resultate liefern.

und wir erhalten die Fließbedingung (1.3/53) in der Form

$$\bar{\sigma}_x - \bar{\sigma}_z = \bar{Y}. \tag{3.1/7}$$

Sie gilt wegen (1.3/54a) mit $\lambda_y \equiv 0$ offenbar auch bei ebener Umformung.
Beim Gleichgewicht wollen wir die horizontale Trägheitskraft

$$p_x = -\varrho a_x \tag{3.1/8}$$

als Volumenkraft zulassen, in welcher $\varrho$ die konstante Werkstoffdichte und $a_x$ die
Beschleunigung der Teilchen in $x$-Richtung darstellen. Zeitliche Differentiation von
(3.1/1b) beziehungsweise (3.1/2b) ergibt mit $\dot{x} = u$

$$a_x = \dot{u} = (2\dot{h}^2 - h\ddot{h})\frac{x}{h^2} \tag{3.1/9a}$$

bei ebener und

$$a_x = \dot{u} = \left(\frac{3}{4}\dot{h}^2 - \frac{1}{2}h\ddot{h}\right)\frac{x}{h^2} \tag{3.1/9b}$$

bei axialsymmetrischer Umformung. Wenn wir jetzt im ersten Fall die Gleichgewichtsbedingungen (A.2/17a) von $-h/2$ bis $h/2$ über $z$ integrieren, so erhalten wir
wegen $p_y = p_z = \tau_{xy} = \tau_{yx} = 0$, $\bar{\tau}_{zx} = 0$ sowie mit

$$\tau = (-\tau_{zx})_{z=h/2} = (\tau_{zx})_{z=-h/2} \tag{3.1/10}$$

als Reibschubspannung an den Platten nach Division durch $h$

$$\left.\begin{array}{l} \dfrac{\partial\bar{\sigma}_x}{\partial x} - 2\dfrac{\tau}{h} + p_x = 0 \,, \\[3mm] \dfrac{\partial\bar{\sigma}_y}{\partial y} = 0 \,, \qquad (\sigma_z)_{z=h/2} - (\sigma_z)_{z=-h/2} = 0 \,, \end{array}\right\} \tag{3.1/11}$$

wobei wieder die Symmetrie um die Mittelebene $z = 0$ beachtet wurde. Hauptsächlich
ist nur die erste Gleichung (3.1/11) von Interesse, die wegen (3.1/6) in derselben
Form auch aus den axialsymmetrischen Gleichgewichtsbedingungen (A.2/20) folgt.
Man kann sie über (3.1/8), (3.1/9a, b) vermittels der Größen

$$\xi = \frac{x}{D/2}, \qquad \delta = \frac{D}{h} \tag{3.1/12}$$

und

$$v = \frac{\varrho}{\bar{Y}}\left(\dot{h}^2 - \frac{1}{2}h\ddot{h}\right) \tag{3.1/13a}$$

bei *ebenem Fließen* beziehungsweise

$$v = \frac{\varrho}{2\bar{Y}}\left(\frac{3}{4}\dot{h}^2 - \frac{1}{2}h\ddot{h}\right) \tag{3.1/13b}$$

bei *Axialsymmetrie* auch in der dimensionslosen Gestalt

$$\frac{\mathrm{d}(\bar{\sigma}_x/\bar{Y})}{\mathrm{d}\xi} - \delta\frac{\tau}{\bar{Y}} = \frac{\xi}{2}v\delta^2 \tag{3.1/14}$$

schreiben, worin $\xi$ als einzige unabhängige Variable auftritt[4] und $\bar{Y}$ gemäß (3.1/4) als konstant angesetzt wurde.

Schließlich fehlt noch ein Reibgesetz. Nach Coulomb möchte man $|\tau| = \mu\,|\bar{\sigma}_z|$ mit $\mu \geq 0$ als Gleit-Reibwert wählen, weil die gemittelte Spannung $\bar{\sigma}_z$ definitionsgemäß im Streifen konstant und daher gleichzeitig Normalspannung an den Platten ist. Dies beschränkt sich natürlich auf *Druck*übertragung

$$\bar{\sigma}_z \leqq 0\,.\tag{3.1/15a}$$

Andererseits läßt das Trescasche Fließgesetz keine Schubspannungen zu, welche die (gemittelte) Scherfließgrenze $\bar{k} = \bar{Y}/2$ übersteigen (vgl. Ende von Abschnitt 1.3.4.2). Sollte formal das Produkt $\mu\,|\bar{\sigma}_z|$ größer als $\bar{Y}/2$ werden, so reduziert man nach Schroeder und Webster [568] (1949) oder Unksow (1948, vgl. [567]) am einfachsten $\tau$ auf den höchstzulässigen Wert $\bar{Y}/2$ und spricht von *Haftreibung*. Vorstellungsmäßig bildet sich die Reibschicht dann nicht zwischen dem Probenwerkstoff und den Werkzeugen aus, sondern direkt angrenzend im Werkstoff selbst, weil sich dort die *innere* konstante Reibung $|\tau| = \bar{k}$ einfacher überwinden läßt als die *äußere* Coulombsche. Dies gibt bei einem „positiven" Materialfluß, d. h. bei einer Werkstoff-Relativbewegung gegenüber dem Werkzeug in *positiver* $x$-Richtung, wegen (3.1/10) und Bild 3.1a gerade $\tau \geq 0$, also

$$\tau = \begin{cases} \mu p & \text{für} \quad |\mu p| < \bar{Y}/2 \quad (\textit{Gleitreibung})\,, \\ \bar{Y}/2 & \text{sonst} \ (\textit{Haftreibung})\,, \end{cases}\tag{3.1/15b}$$

wobei hier $p = -\bar{\sigma}_z$ den vom Werkzeug übertragenen Druck darstellt. (3.1/7), (3.1/14) und (3.1/15a, b) stellen 3 Gleichungen zur Ermittlung der 3 wesentlichen Spannungen $\bar{\sigma}_x$, $\bar{\sigma}_z$ und $\tau$ dar.

Durch Einsetzen erkennt man, daß[5] für $\mu = \text{const} \geqq 0$

$$\left. \begin{aligned} -\frac{\bar{\sigma}_z}{\bar{Y}} &= \left[1 + \frac{\nu}{2\mu}\left(\delta - \frac{1}{\mu}\right)\right]\exp\{\mu\delta\,(1-\xi)\} + \frac{\nu}{2\mu}\left(\frac{1}{\mu} - \delta\xi\right) \\ &\qquad\qquad\qquad\qquad\qquad\qquad\text{für}\ \ \bar{\xi} < \xi \leqq 1\,, \\ -\frac{\bar{\sigma}_z}{\bar{Y}} &= c + \frac{\delta}{2}\,(\bar{\xi} - \xi)\left[1 + \frac{\delta}{2}\,\nu(\bar{\xi} + \xi)\right] \qquad \text{für}\ \ 0 \leqq \xi \leqq \bar{\xi} \end{aligned}\right\}\tag{3.1/16}$$

ein Integral darstellt, dessen erste Formel *Gleitreibung* repräsentiert (1. Zeile in Gl. (3.1/15b)), während die zweite zur Haftreibung (2. Zeile in Gl. (3.1/15b)) gehört. Darin sind $c$, $\bar{\xi}$ bzw. die zu $\bar{\xi}$ über (3.1/12) gehörige Koordinate $\bar{x}$ noch freie Konstanten;

$$\bar{\xi} = \frac{\bar{x}}{D/2}\,; \qquad \left(-\frac{\bar{\sigma}_z}{\bar{Y}}\right)_{\xi=\bar{\xi}} = c\,.\tag{3.1/17}$$

---

[4] Daher jetzt die *gewöhnliche* Ableitung $d/d\xi$ statt der partiellen $\partial/\partial\xi$.

[5] $\exp\{\ldots\} = e^{\{\ldots\}}$.

Solange (3.1/15a) richtig ist, folgt aus (3.1/15b) $\tau \geqq 0$, und (3.1/14) garantiert einen in $\zeta$ anwachsenden Verlauf von $\bar{\sigma}_x/\bar{Y}$. Durch die Randbedingung $\bar{\sigma}_x/\bar{Y} = 0$ am freien Rand $x = D/2$, d. h. $\zeta = 1$, erhält man also $\bar{\sigma}_x/\bar{Y} \leqq 0$ für $0 \leqq \zeta \leqq 1$, und wegen (3.1/7) folgt nun wiederum (3.1/15a). Es genügt also, $(\sigma_x)_{\zeta=1} = 0$ beziehungsweise gemäß (3.1/7)

$$\left(-\frac{\bar{\sigma}_z}{\bar{Y}}\right)_{\zeta=1} = 1 \tag{3.1/18}$$

zu fordern. In der ersten Beziehung (3.1/16) ist dies bereits geschehen.

$\bar{x}$ beziehungsweise nach (3.1/17) $\bar{\zeta}$ möge die Übergangsstelle von der Gleit- zur Haftreibung beschreiben, an der $\bar{\sigma}_x$ und nach (3.1/7) auch $\bar{\sigma}_z$ stetig sein muß. Indem wir vorläufig $\zeta'$ statt $\bar{\zeta}$ einführen, liefert die Forderung $-\mu\bar{\sigma}_z/\bar{Y} = {}^1/_2$ gemäß (3.1/15b) mit dem ersten Ausdruck (3.1/16) die Bedingung

$$\left[2\mu + v\left(\delta - \frac{1}{\mu}\right)\right] \exp\{\mu\delta(1 - \zeta')\} + v\left(\frac{1}{\mu} - \delta\zeta'\right) = 1 \tag{3.1/19}$$

sowie mit dem zweiten Ausdruck (3.1/16) $c = 1/(2\mu)$. (3.1/19) ist in der Regel numerisch aufzulösen. Da die linke Seite für $\zeta' \to \pm \infty$ alle Werte zwischen $-\infty$ und $\infty$ annimmt, existiert *wenigstens eine* Wurzel $\zeta'$, deren Eindeutigkeit wir nicht allgemein untersuchen wollen. Für eine *statische* Betrachtungsweise $\varrho \to 0$ folgt jedoch in Verbindung mit (3.1/13a, b) tatsächlich eindeutig

$$\zeta' = 1 - \frac{1}{\mu\delta}\ln\frac{1}{2\mu} \quad \text{für} \quad v = 0\,. \tag{3.1/20}$$

Hieraus sowie allgemein anhand von (3.1/19) erkennt man

$$\zeta' = 1 \quad \text{für} \quad \mu = \frac{1}{2}\,. \tag{3.1/21}$$

Für $\zeta' \geqq 1$ existiert überhaupt keine *Gleitzone* (Zone mit Gleitreibung am Werkzeug), so daß die Randbedingung (3.1/18) allein von der zweiten Lösungsgleichung (3.1/16) erfüllt werden muß. Wir wählen dann die Grenzkoordinate $\bar{\zeta}$ formal gleich 1 und erhalten $c = 1$. Kommt hingegen $\zeta' < 0$ als Lösung von (3.1/19) heraus, und dies gilt nach (3.1/20) für $\mu < {}^1/_2$ vor allem bei schlanken Proben $\delta \ll 1$, so existiert keine Haftzone, und der Wert von $c$ spielt keine Rolle. Dementsprechend setzen wir

$$\bar{\zeta} = \begin{cases} 1 & \text{für} \quad \zeta' \geqq 1\,, \quad \text{d. h.} \quad \mu \geqq \dfrac{1}{2}\,, \\[2mm] \zeta' & \text{für} \quad 0 < \zeta' < 1\,, \\[2mm] 0 & \text{für} \quad \zeta' \leqq 0 \end{cases} \tag{3.1/22}$$

sowie

$$c = \begin{cases} 1 & \text{für} \quad \zeta' \geqq 1\,, \quad \text{d. h.} \quad \mu \geqq \dfrac{1}{2}\,, \\[2mm] \dfrac{1}{2\mu} & \text{sonst, falls} \quad \mu > 0\,, \end{cases} \tag{3.1/23}$$

und haben mit (3.1/16) eine vollständige Druckverteilung für $\mu > 0$ gefunden. Bild 3.2 zeigt ein Beispiel. Das Anwachsen des Druckes infolge Reibbehinderung zur

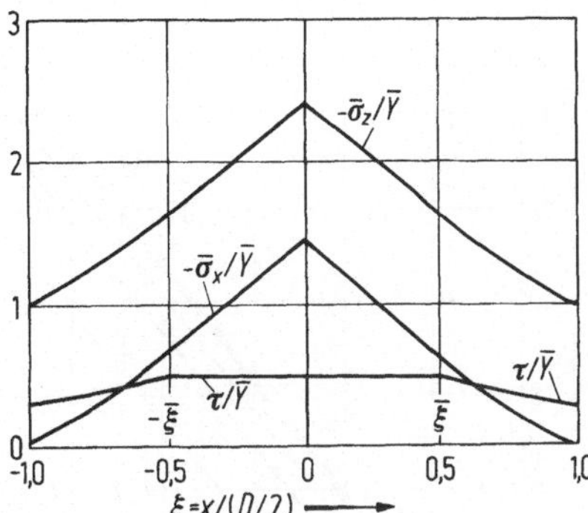


**Bild 3.2.** Spannungsverteilung (*Reibhügel*) beim statischen Stauchen nach Bild 3.1. $v = 0$, $\delta = 3,33$, $\mu = 0,3$

Achse $\xi = 0$ hin (d. h., entgegen der Werkstoffbewegung) nennt man auch *Reibhügel*. Er ist charakteristisch für derartige Vorgänge und verschwindet bei reibungsfreien Platten; denn dann liegt natürlich der einachsige Spannungszustand $-(\bar{\sigma}_z/\bar{Y}) \equiv$ $\equiv 1, \bar{\sigma}_x \equiv \tau \equiv 0$ vor.

Die Stauchkraft $F = \int\limits^{A}(-\bar{\sigma}_z)\,\mathrm{d}A$ mit den Flächen $A$ bzw. den Flächenelementen $\mathrm{d}A = \mathrm{d}x\,\mathrm{d}y$ (Bild (3.1 b) und $\mathrm{d}A = x\,\mathrm{d}\psi\,\mathrm{d}x$ (Bild 3.1 c) beziehen wir auf $A$ und erhalten so den mittleren Druck $\hat{p}$ gemäß

$$\hat{p} = \frac{F}{A} = \frac{\bar{Y}}{D/2}\int\limits_{0}^{D/2}\left(-\frac{\bar{\sigma}_z}{\bar{Y}}\right)\mathrm{d}x = \bar{Y}\left[\int\limits_{0}^{\bar{\xi}}\left(-\frac{\bar{\sigma}_z}{\bar{Y}}\right)\mathrm{d}\xi + \int\limits_{\bar{\xi}}^{1}\left(-\frac{\bar{\sigma}_z}{\bar{Y}}\right)\mathrm{d}\xi\right]$$

bei ebenem Fließen beziehungsweise

$$\hat{p} = \frac{F}{A} = \frac{\bar{Y}}{\pi D^2/4}\int\limits_{\psi=0}^{2\pi}\int\limits_{x=0}^{D/2}\left(-\frac{\bar{\sigma}_z}{\bar{Y}}\right)x\,\mathrm{d}x\,\mathrm{d}\psi = 2\bar{Y}\left[\int\limits_{0}^{\bar{\xi}}\left(-\frac{\bar{\sigma}_z}{\bar{Y}}\right)\xi\,\mathrm{d}\xi + \int\limits_{\bar{\xi}}^{1}\left(-\frac{\bar{\sigma}_z}{\bar{Y}}\right)\xi\,\mathrm{d}\xi\right]$$

bei Axialsymmetrie. Einsetzen von (3.1/16) liefert nach elementarer, obschon etwas mühsamer Umrechnung für $\mu > 0$

$$\frac{\hat{p}}{\bar{Y}} = \bar{\xi}\left(c + \frac{\delta}{4}\bar{\xi} + v\frac{\delta^2}{6}\bar{\xi}^2\right) + \left[1 + \frac{v}{2\mu}\left(\delta - \frac{1}{\mu}\right)\right]\frac{1}{\mu\delta}\left[\exp\{\mu\delta(1 - \bar{\xi})\} - 1\right] +$$
$$+ \frac{v}{4\mu^2}(1 - \bar{\xi})[2 - \mu\delta(1 + \bar{\xi})] \qquad \text{(ebene Umformung)}, \qquad (3.1/24\,\mathrm{a})$$

$$\frac{\hat{p}}{\bar{Y}} = \bar{\xi}^2\left(c + \frac{\delta}{6}\bar{\xi} + v\frac{\delta^2}{8}\bar{\xi}^2\right) + \left[1 + \frac{v}{2\mu}\left(\delta - \frac{1}{\mu}\right)\right]\frac{2}{\mu\delta}\left[\left(\bar{\xi} + \frac{1}{\mu\delta}\right)\exp\{\mu\delta(1 - \bar{\xi})\} -\right.$$
$$\left.- \left(1 + \frac{1}{\mu\delta}\right)\right] +$$
$$+ \frac{v}{2\mu^2}(1 - \bar{\xi})\left[1 + \bar{\xi} - \frac{2}{3}\mu\delta(1 + \bar{\xi} + \bar{\xi}^2)\right] \qquad \text{(Axialsymmetrie)}. \qquad (3.1/24\,\mathrm{b})$$

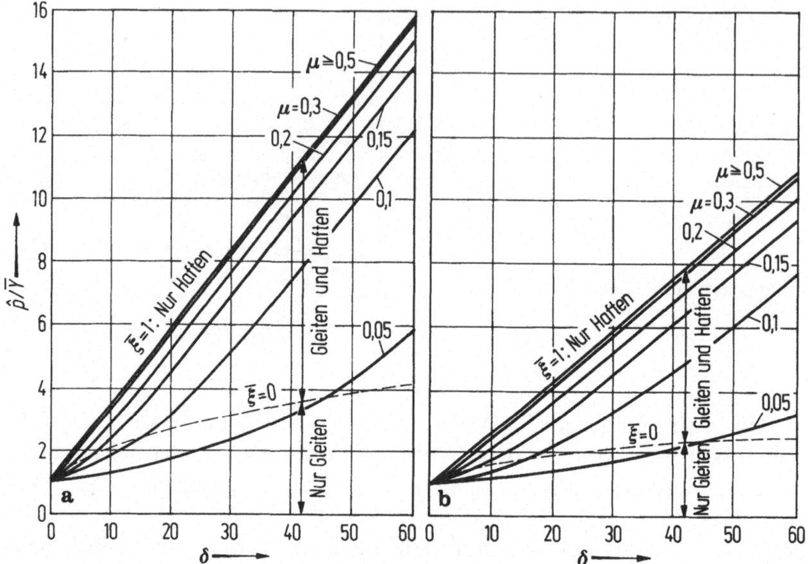

**Bild 3.3.** Mittlerer Stauchdruck $\hat{p}$ beim statischen Stauchen nach Bild 3.1; $v = 0$. **a** Ebene Umformung. **b** Axialsymmetrische Umformung

Bild 3.3 zeigt einige durch Experimente gut bestätigte Ergebnisse [569]. Für gewisse Grenzfälle vereinfachen sich die Gleichungen (3.1/24a, b) erheblich, und zwar zunächst für schlanke Proben bei mäßiger Reibung, genauer: $\delta \ll 1$ für $\mu < {}^1/_2$. Wir entwickeln hierzu

$$\exp\{\mu\delta(1 - \bar{\xi})\} = 1 + \mu\delta(1 - \bar{\xi}) + \frac{1}{2}\mu^2\delta^2(1 - \bar{\xi})^2 + \frac{1}{6}\mu^3\delta^3(1 - \bar{\xi})^3 + \dots$$

in eine Potenzreihe und lassen alle höheren Potenzen von $\delta$ weg. Dementsprechend beachten wir, daß schon in der Grund-Differentialgleichung (3.1/14), also auch in der Folge alle $v$-Glieder unter den Tisch fallen, und finden wegen (3.1/20) ($\xi' < 0$) sowie (3.1/22) ($\bar{\xi} = 0$)

$$\left.\begin{aligned}\frac{\hat{p}}{\bar{Y}} &= 1 + \frac{1}{2}\mu\delta + \dots \quad \text{(ebenes Fließen)}\,, \\[2mm] \frac{\hat{p}}{\bar{Y}} &= 1 + \frac{1}{3}\mu\delta + \dots \quad \text{(Axialsymmetrie)}\,.\end{aligned}\right\} \tag{3.1/25}$$

Hierin ist im Gegensatz zu (3.1/24a, b) unmittelbar auch der Grenzfall $\mu = 0$ enthalten. Für große Reibung ($\mu \geq {}^1/_2$, $\bar{\xi} = 1$) hat man ähnlich wie oben wegen (3.1/23)

$$\left.\begin{aligned}\frac{\hat{p}}{\bar{Y}} &\approx 1 + \frac{\delta}{4}\left(1 + \frac{2}{3}v\delta\right) \quad \text{(ebenes Fließen)}\,, \\[2mm] \frac{\hat{p}}{\bar{Y}} &= 1 + \frac{\delta}{6}\left(1 + \frac{3}{4}v\delta\right) \quad \text{(Axialsymmetrie)}\,.\end{aligned}\right\} \tag{3.1/26}$$

Die zweite Gleichung (3.1/25) stammt bereits von Siebel und Pomp [562]. Da die Beziehungen (3.1/25) für $\mu = {}^1/_2$ und $v = 0$ in (3.1/26) übergehen, stellen sie mit diesen zusammen schon eine brauchbare Approximation der Gesamtkurven von Bild 3.3 dar.

Zu Beginn eines Schmiedeprozesses wird auf die Probe vom in der Regel frei fallenden Hammerbären als Werkzeug stoßartig kinetische Energie übertragen. Dies erhöht gegenüber einer statischen Betrachtungsweise die Anfangsstauchkraft, doch können Aussagen hierüber erst später im Zusammenhang mit plastischen Wellen gemacht werden (Abschnitt 5.1.3.2). Unmittelbar nach diesem *Aufsetzstoß*

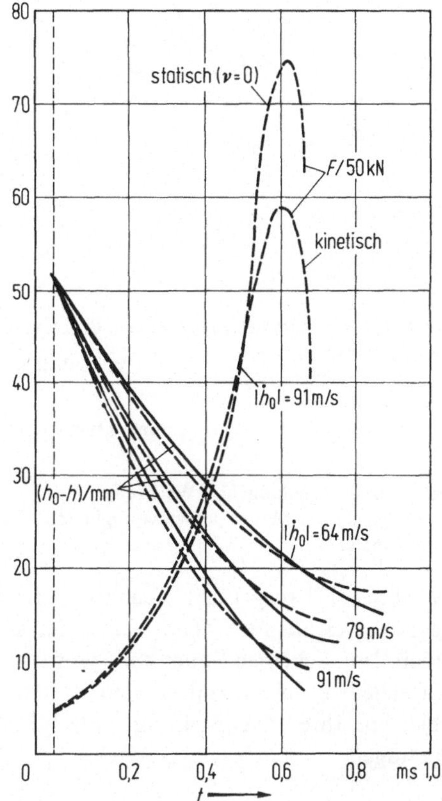


**Bild 3.4.** Stauchkraft $F$ und Probenhöhe $h$ als Funktionen der Zeit $t$ beim axialsymmetrischen Schmieden. Anfangswerte $h_0 = 52{,}5$ mm, $D_0 = 44{,}1$ mm. Werkstoff: Stahl C15 (vgl. Bild 1.2., jedoch Temperatur $\vartheta = 1100 \dots 1150\,^\circ$C). $\mu = 0{,}15$; Bärmasse: $10{,}4$ N s$^2$/m. ————— theoretisch durch numerische Integration der Bewegungsdifferentialgleichung des starren Bärs, ————— experimentell

liegt wenigstens im Fall des Hochgeschwindigkeitsschmiedens[6] eine große Stauchgeschwindigkeit $|\dot{h}|$ vor, so daß man in (3.1/13) $v > 0$ erwartet, gemäß (3.1/26) also immer noch eine Stauchkraftüberhöhung gegenüber dem statischen Fall. Sie ist nach Bild 3.4 (entnommen aus [434]) jedoch gering. Dagegen vermindert sich die Spitzenstauchkraft erheblich, weil gegen Ende des Vorganges die Werkzeuge zum Stillstand kommen ($\dot{h} = 0$), aber einer großen Verzögerung ausgesetzt waren ($\ddot{h} > 0$), so daß (3.1/13) $v < 0$ liefert. Offenbar hat sich jetzt die in der Probe gespeicherte kinetische Energie verbraucht und dabei zur Umformarbeit beigetragen, also die Umformung erleichtert. Dies bedeutet geringere Werkzeug-Maximalbeanspruchung beim Hochgeschwindigkeitsschmieden vorausgesetzt, daß die Stauchkraftüberhöhung beim Aufsetzen des Bärs nicht jenen Gewinn wieder wettmacht.

## 3.2 Ziehen von Draht und metallischen Rundstäben

Der Ziehvorgang ist in Bild 3.5 dargestellt. Wir beschränken uns auf starre kegelförmige Düsen als Werkzeug sowie auf eine statische Betrachtungsweise. Näheres

---

[6] Im allgemeinen: $|\dot{h}_0| \geqq 20$ m/s.

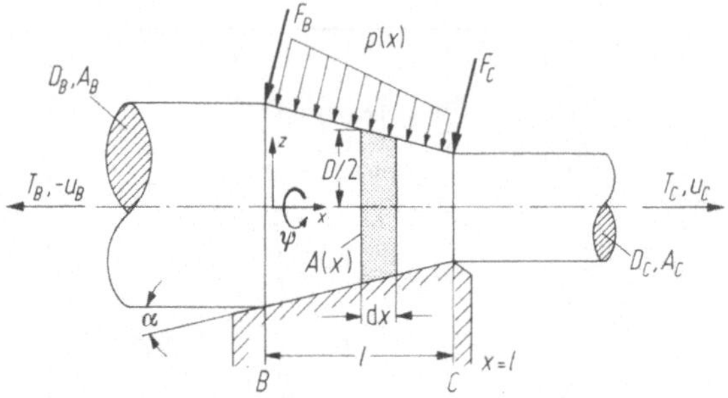

**Bild 3.5.** Axialsymmetrisches Ziehen durch eine konische Düse.

$B$ Eintrittsquerschnitt $\Big\}$ des Werkstoffes (Draht, Stange)
$C$ Austrittsquerschnitt

$A$ Querschnittsfläche
$D$ Durchmesser $\Big\}$ einer Querschnitts-,,Scheibe" (schraffiert)
$dx$ Dicke

$p(x)$ Druckverteilung am Werkzeug; $F_B$, $F_C$ Einzelkräfte (als Streckenlasten über den Umfang verteilt); $u_B$, $u_C$ Materialgeschwindigkeiten; $T_B$, $T_C$ Brems- und Ziehspannung; $z$, $\psi$, $x$ Zylinderkoordinaten

wird in [517] ausgeführt. Technische Literatur findet man in [377—379, 382]. Wieder geht die elementare Theorie von der kinematischen Annahme aus, daß ,,Streifen", hier also ,,Scheiben" quer zur Symmetrieachse der Hauptbewegungsrichtung, wieder in Scheiben umgeformt werden, so daß insbesondere die Materialquerschnitte eben bleiben. Ihre Fläche $A$, ihr Durchmesser $D$ und ihr Umfang $b$ an der Stelle $x$ betragen

$$A = \frac{\pi}{4} D^2\,, \qquad D = D_B - 2x \tan \alpha\,, \qquad b = \pi D\,, \qquad (3.2/1)$$

wo $D_B$ den Eintrittsdurchmesser des Rundmaterials in die Düse und $\alpha$ den (halben) *Düsenöffnungswinkel* darstellen. Im allgemeinen liegt die *Ziehgeschwindigkeit* $u_C$ fest. Bei Inkompressibilität fließt durch jeden Querschnitt das gleiche Volumen, also

$$Au = A_B u_B = A_C u_C \qquad (3.2/2)$$

mit $u$, $u_B$, $u_C$ als Werkstoffgeschwindigkeiten in $x$-Richtung an den Stellen $x$, $B$, $C$ und $A_B$, $A_C$ als Querschnittsflächen bei $B$ beziehungsweise $C$.

Jede ,,Scheibe" wird beim Durchlaufen der Düse einachsig homogen gedehnt. Dies entspricht kinematisch dem einachsigen Zugversuch (Bild 1.1), dessen Vergleichs-Formänderungsgeschwindigkeit $\bar\lambda$ betragsmäßig gleich der einachsigen Längs-Dehngeschwindigkeit $\lambda = \lambda_x$ war (vgl. (1.1/15)). Daher haben wir wegen (A.2/16a), (3.2/1) und (3.2/2)

$$\bar\lambda = |\lambda_x| = \left|\frac{\partial u}{\partial x}\right| = 4 u_C \tan \alpha \, \frac{D_C^2}{D^3}\,. \qquad (3.2/3a)$$

Gemäß (1.3/55b) und mit $\bar\varphi_0 = \bar\varphi_B$ als möglicher Vorverformung des Werkstoffes am Eintrittsquerschnitt $B$ folgt die Vergleichsformänderung $\bar\varphi$ über $dx = \dot x\, dt = u\, dt$ zu

$$\bar\varphi = \bar\varphi_B + \int\limits_{t_0}^{t} \bar\lambda\, dt = \bar\varphi_B + \int\limits_{0}^{x} \frac{\bar\lambda}{u}\, dx = \bar\varphi_B + \int\limits_{0}^{x} \frac{4 \tan \alpha}{D}\, dx\,,$$

wobei (3.2/1) berücksichtigt wurde. Hiernach kann man $dD = -2 \, dx \tan \alpha$ substituieren und erhält

$$\bar{\varphi} = \bar{\varphi}_B - 2 \int_{D_B}^{D} \frac{dD}{D} = \bar{\varphi}_B + \ln \left( \frac{D_B}{D} \right)^2 = \bar{\varphi}_B + \ln \frac{A_B}{A} \,. \tag{3.2/3b}$$

Dies hätte man auch unmittelbar aus (1.1/8b) mit (1.1/17), (1.1/7) gefunden. Jedenfalls dürfen wir nun bei gegebener Mitteltemperatur $\vartheta$ über dem Scheibenquerschnitt wegen (3.1/4) die einachsige mittlere Fließgrenze der „Scheiben" $\bar{Y} = \bar{Y}(x)$ als bekannte Ortsfunktion voraussetzen. Beispielsweise wählen wir analog (2.2/31)[7] eine *lineare Verfestigung*

$$\bar{Y} = \bar{Y}_B (1 + \Gamma [\bar{\varphi} - \bar{\varphi}_B]); \qquad \Gamma = \text{const} \geqq 0 \,. \tag{3.2/4}$$

Die Fließregel (1.3/54) führt ähnlich Abschnitt 3.1 auf die Fließbedingung (3.1/7), wobei der elementaren Theorie entsprechend Mittelspannungen $\bar{\sigma}_x$, $\bar{\sigma}_z$, $\bar{\sigma}_\psi$ eingehen. $\bar{\sigma}_z$ ist definitionsgemäß wieder im Querschnitt konstant, darf also am Scheibenrand angetragen werden. Statt aber die Gleichgewichtsbedingung (3.1/11) formal zu übernehmen, wollen wir sie für den vorliegenden Fall anschaulich herleiten und betrachten Bild 3.6, worin $p = p(x)$ den vom Werkzeug übertragenen Normaldruck und $\tau$ die Reibschubspannung bei *positiver* Bewegung des Werkstoffes relativ zur Düsenwandung darstellt — also in positiver $x$-Richtung, wie es dem Ziehen nach Bild 3.5 entspricht. $\tau$ genügt dem Reibgesetz (3.1/15b) für *Gleitreibung* (1. Zeile), wegen des geneigten Scheibenrandes aber natürlich nicht mehr der Beziehung (3.1/10).

Die Horizontalkräfte $A\bar{\sigma}_x$ und $A\bar{\sigma}_x + d(A\bar{\sigma}_x)$ auf die Scheibenflächen werden vom Scheibenrand her durch die Umfangkräfte $(\tau \cos \alpha + p \sin \alpha) \, b \, ds$ ausbalanciert. Dies liefert wegen $dx = ds \cos \alpha$

$$\frac{d(A\bar{\sigma}_x)}{dx} = (\tau + p \tan \alpha) \, b \,. \tag{3.2/5}$$

Demgegenüber erhält man das radiale Gleichgewicht für ein Dreieckselement am Scheibenrand[8] unter der Bedingung

$$\bar{\sigma}_z = \tau \tan \alpha - p \,. \tag{3.2/6}$$

Hieraus folgt mit $\tau = \mu p$, (3.2/5) und (3.1/7) die gewöhnliche Differentialgleichung 1. Ordnung für die Längsspannung $\bar{\sigma}_x$:

$$\frac{d(A\bar{\sigma}_x)}{dx} = \frac{\mu + \tan \alpha}{1 - \mu \tan \alpha} \, b (\bar{Y} - \bar{\sigma}_x) \,. \tag{3.2/7}$$

Ersetzt man $dx$ gemäß (3.2/1) durch

$$dA = \frac{\pi}{2} D \, dD = -\pi \tan \alpha \, D \, dx = -b \tan \alpha \, dx$$

---

[7] Zur Umrechnung vgl. (1.3/62), (1.3/67c).

[8] $b$ stellt hierfür nicht den ganzen Umfang dar, sondern nur ein infinitesimales Teilstück desselben.

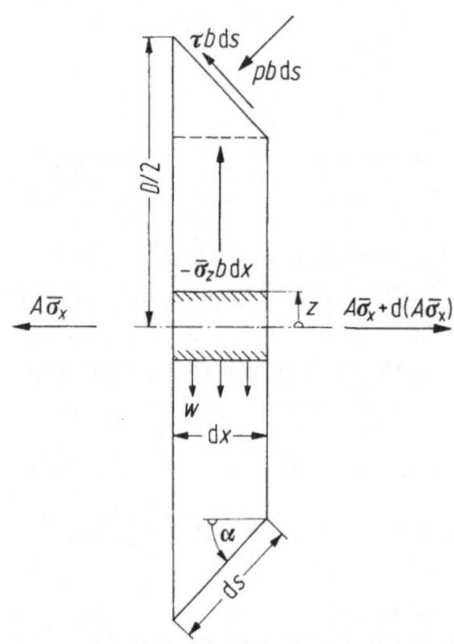

**Bild 3.6.** Kräfte und Spannungen an der „Scheibe" von Bild 3.5 bei „positiver" Bewegung relativ zum Werkzeug. $b = b(x)$ ist die Umfangslänge, $A = A(x)$ der Inhalt der Stirnfläche. Schraffiert: Teilscheibe vom Radius $z$, Radialgeschwindigkeit $w = \dot{z}$

und führt den Reibwinkel $\Psi$ wie in (1.3/107) durch

$$\mu = \tan \Psi \tag{3.2/8}$$

ein, so geht (3.2/7) in $\dfrac{\mathrm{d}(A\bar{\sigma}_x)}{\mathrm{d}A} = \dfrac{\tan(\Psi + \alpha)}{\tan \alpha}\,[\bar{\sigma}_x - Y]$ oder wegen (3.2/3b), (3.2/4) in

$$\frac{\mathrm{d}\bar{\sigma}_x}{\mathrm{d}A} = \frac{1}{A}\left\{c\bar{\sigma}_x - (1 + c)\,\bar{Y}_B\left[1 + \Gamma\,\ln\frac{A_B}{A}\right]\right\} \tag{3.2/9}$$

über, worin jetzt (anders als in (3.1/23))

$$c = \frac{\tan(\Psi + \alpha)}{\tan \alpha} - 1 \quad \text{für} \quad \alpha > 0\,, \qquad \Psi + \alpha < \frac{\pi}{2} \tag{3.2/10}$$

abgekürzt wurde. Offenbar unterliegt der Düsenöffnungswinkel $\alpha$ gewissen Beschränkungen, damit Ziehen ohne Bruch des Materials möglich ist. Mit $(\bar{\sigma}_x)_{x=0} = \bar{\sigma}_B$ als Vorspannung am Düseneintritt besitzt (3.2/9) das Integral[9]

$$\bar{\sigma}_x = \bar{\sigma}_B\left(\frac{A}{A_B}\right)^c + \bar{Y}_B\,\frac{1 + c}{c}\left\{\Gamma\,\ln\frac{A_B}{A} + \left(1 - \frac{\Gamma}{c}\right)\left[1 - \left(\frac{A}{A_B}\right)^c\right]\right\} \tag{3.2/11}$$

(Davis und Dokos [570]). Für kleine Reibung $c \to 0$ liefert die Entwicklung

$$\left(\frac{A}{A_B}\right)^c = 1 + c\,\ln\frac{A}{A_B} + \frac{c^2}{2}\left(\ln\frac{A}{A_B}\right)^2 + \dots$$

$$\bar{\sigma}_x = \bar{\sigma}_B\left[1 - c\,\ln\frac{A_B}{A}\right] + \bar{Y}_B(1 + c)\left(\ln\frac{A_B}{A}\right)\left[1 + \frac{\Gamma}{2}\,\ln\frac{A_B}{A}\right], \tag{3.2/12}$$

---

[9] Prüfung durch Einsetzen.

worin für $\Gamma = 0$ (*idealplastischer* Werkstoff) die Sachssche Formel aus dem Jahre 1927 enthalten ist [561]. Schließlich folgt die von der Düse übertragene Druckverteilung $p(x)$ aus (3.1/7) und (3.2/6) mit $\tau = \mu p$ in der Form

$$p = \frac{\bar{Y} - \bar{\sigma}_x}{1 - \mu \tan \alpha}.$$
(3.2/13)

$\bar{\sigma}_B$ als Vorspannung am Eintritt $B$ und $\bar{\sigma}_C$ am Austritt stimmen noch nicht mit einem möglicherweise vorhandenen *Bremszug* $T_B$ bzw. der *Ziehspannung* $T_C$ überein, weil an den Werkstoffknickstellen bei $B$ und $C$ (Bild 3.5) über den Umfang als Streckenlast verteilte Einzelkräfte $F_B$, $F_C$ übertragen werden, die der elementaren Theorie eigentlich nicht zugänglich sind. Nimmt man aber modellgerecht an, daß sich jene Knickstellen als Unstetigkeitszonen der Radialgeschwindigkeit $w = \dot{z}$ über die ganzen Querschnitte $B$, $C$ bemerkbar machen und daß der Geschwindigkeitssprung $\Delta w$ aufgrund des Geschwindigkeitsfeldes der elementaren Theorie entsteht, so lassen sich zumindest die für das folgende wichtigen Horizontalkomponenten $F'_B$, $F'_C$ von $F_B$, $F_C$ wie folgt ermitteln [572, 573].

Wir gehen von der schraffierten Teilscheibe in Bild 3.6 aus, deren Volumen $dV = \pi z^2\, dx$ konstant bleibt. Daher erhalten wir

$$\frac{(dV)^{\cdot}}{dV} = 2\,\frac{\dot{z}}{z} + \frac{(dx)^{\cdot}}{dx} = 2\,\frac{w}{z} + \lambda_x = 0$$

und wegen (3.2/3a) mit $\lambda_x > 0$

$$w = -\frac{z}{2}\,\lambda.$$
(3.2/14)

An beiden Knickstellen $B$, $C$ gilt jeweils an einer Seite (eintretender bzw. austretender starrer Strang) $w = 0$, so daß die Differenz beider Seiten $\Delta w$ dem oben ermittelten Wert $w$ entspricht: $|\Delta w| = \frac{z}{2}\,\lambda$. Ein solcher Geschwindigkeitssprung bedeutet eine unendlich große, also jedenfalls maximale Schergeschwindigkeit, zu der die maximale Schubspannung $\tau_{\max} = \bar{k} = \bar{Y}/2$ gehört, wo $\bar{k}$ die zu $\bar{Y}$ gehörige Scherfließgrenze (1.3/62) darstellt. Gemäß (A.2/15) findet man die Scherleistungsdichte $\Lambda_v = \frac{\bar{Y}}{2}\,|\Delta w| = \frac{1}{4}\,\bar{Y}\lambda z$, die mit dem Flächenelement $dA = z\,d\psi\,dz$ von Bild 3.1c[10] über den ganzen Querschnitt zu integrieren ist. Dies gibt die innere Flächenleistung

$$P_i = \int\limits_{\psi=0}^{2\pi} \int\limits_{z=0}^{D/2} \frac{1}{4}\,\bar{Y}\lambda z^2\, d\psi\, dz = \frac{\pi}{48}\,\bar{Y}\lambda D^3.$$
(3.2/15)

Mit $F$ als Betrag der längs des Umfanges summierten Einzelkraft und deren axialer Komponente $F'$ wird gegen die Werkstoffgeschwindigkeit $u$ im Querschnitt die äußere Leistung $P_a = F'u$ erbracht, und die Gleichheit $P_a = P_i$ liefert wegen (3.2/1), (3.2/2), (3.2/3a)

$$F' = \frac{\bar{Y}}{48}\,\frac{\lambda}{u}\,\pi D^3 = \frac{\pi}{12}\,D^2 \bar{Y} \tan \alpha.$$

---

[10] Hier $z$ statt $x$

Wenn man nun diese horizontale Kraftkomponente auf die Querschnittsfläche

$A = \dfrac{\pi}{4} D^2$ bezieht, so ergibt sie den gesuchten Betrag des Spannungssprunges $|\Delta\bar{\sigma}_x|$

zu

$$|\Delta\bar{\sigma}_x| = \frac{1}{3}\,\bar{Y}\tan\alpha\,. \tag{3.2/16}$$

Er wirkt sich stets als *zusätzlicher* Ziehwiderstand aus und verknüpft daher die Größen $\bar{\sigma}_B$, $\bar{\sigma}_C$ von (3.2/12) mit der Bremsspannung $T_B$ bzw. der Ziehspannung $T_C$ von Bild 3.5 gemäß

$$\bar{\sigma}_B = T_B + \frac{1}{3}\,\bar{Y}_B\tan\alpha\,, \qquad T_C = \bar{\sigma}_C + \frac{1}{3}\,\bar{Y}_C\tan\alpha\,. \tag{3.2/17}$$

Hierin bedeuten $\bar{\sigma}_B$, $\bar{\sigma}_C$ die Werte von $\bar{\sigma}_x$ und $\bar{Y}_B$, $\bar{Y}_C$ die Werte von $\bar{Y}$ an den Querschnitten $B$ $(x = 0)$ oder $C$ $(x = l)$.

Bild 3.7 zeigt Versuchsergebnisse von Linicus [571] im Vergleich zur theoretischen Voraussage (3.2/12) in Verbindung mit (3.2/17), welche zunächst $\bar{\sigma}_C = (\bar{\sigma}_x)_{x=l}$ für $A = A_C$ und dann die *Ziehspannung* $T_C$ liefert. Der Verfestigungskoeffizient $\Gamma$ wurde aus der in [571] mitgelieferten Fließkurve des benutzten Messingwerkstoffes dadurch ermittelt, daß man jene für jeden untersuchten *Ziehgrad* $|\varepsilon_C| = \dfrac{A_B - A_C}{A_B}$ beziehungsweise für die zugehörige Formänderung $\bar{\varphi}_C = \ln\dfrac{1}{1 - |\varepsilon_C|}$ nach Augenmaß durch eine Gerade annäherte, während man $\bar{Y}_B$, $\bar{Y}_C$ der wahren Fließkurve entnahm. Dies ergab die Rechenwerte von Tabelle 3.1. Man erkennt in Bild 3.7 eine innerhalb des experimentellen Streubereiches zufriedenstellende Übereinstimmung.

**Tabelle 3.1.** Rechengrößen für Bild 3.7

| $|\varepsilon_C|$ | Linearisierte Fließkurve | | Wahre Fließkurve | |
|---|---|---|---|---|
| | $\bar{Y}_B/(\mathrm{N/mm^2})$ | $\Gamma$ | $\bar{Y}_B/(\mathrm{N/mm^2})$ | $\bar{Y}_C/(\mathrm{N/mm^2})$ |
| 0,1 | 160 | 10,1 | 150 | 325 |
| 0,2 | 170 | 7,7 | 150 | 440 |
| 0,3 | 190 | 5,8 | 150 | 545 |
| 0,4 | 200 | 4,6 | 150 | 630 |
| 0,5 | 215 | 3,7 | 150 | 700 |
| 0,6 | 230 | 3,0 | 150 | 760 |

## 3.3 Walzen von Blech

Bild 3.8 zeigt eine Prinzipskizze. Das Blech (Anfangsdicke $h_B$) tritt von rechts her in den *Walzspalt* der Länge $l$ ein; zu ihm gehört der *Walzwinkel* $\alpha_B$ und der *Walzgrad* (auch: die *Stichabnahme*)

$$|\varepsilon_C| = \frac{h_B - h_C}{h_B}\,. \tag{3.3/1}$$

Das in seiner Dicke reduzierte Blech (Enddicke $h_C$) verläßt den Walzspalt an der linken Seite. Es kann dort insbesondere beim *Bandwalzen*, bei welchem der bandförmige Blechwerkstoff gleichzeitig durch mehrere Bearbeitungsmaschinen läuft, einem *Bandzug* $T_C$ unterliegen, der beispielsweise vom nachfolgenden *Walzgerüst*

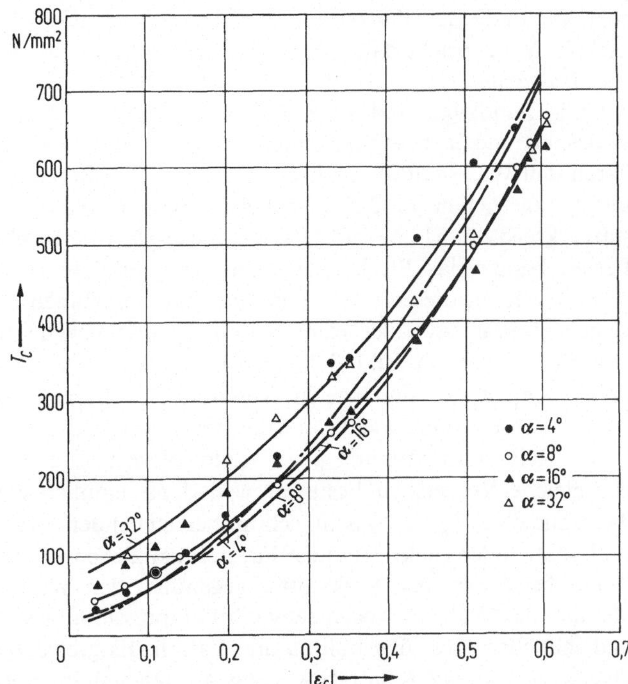

**Bild 3.7.** Berechnete Ziehspannung, Ausgangsdaten nach Tabelle 3.2, im Vergleich zu Meßwerten beim Drahtziehen nach Bild 3.1. Reibwert $\mu = 0{,}06$. Ziehgrad $|\varepsilon_C| = (A_B - A_C)/A_B$; Werkstoff Messing Ms63

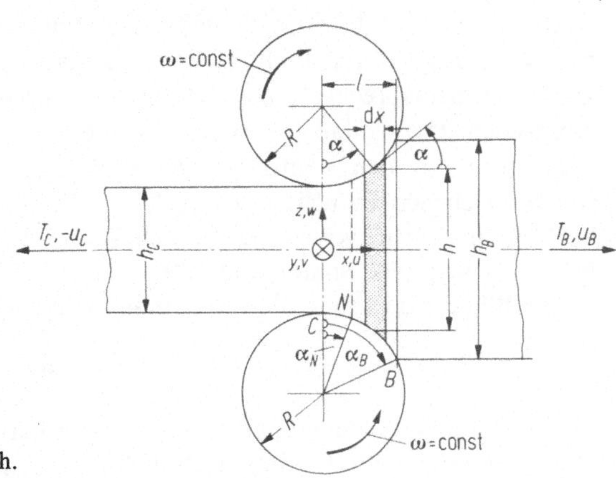

**Bild 3.8.** Symmetrisches Walzen von Blech.

$B$ Eintrittsquerschnitt  
$C$ Austrittsquerschnitt $\Big\}$ des Werkstoffes  
$N$ *neutraler* Querschnitt  

$x$, $y$, $z$ kartesische Koordinaten; $u$, $v \equiv 0$, $w$ zugehörige Werkstoffgeschwindigkeiten; $\alpha$ Polarwinkel

$R$ Radius $\Big\}$ der starren Walzen  
$\omega$ Winkelgeschwindigkeit  

$h$ Streifenhöhe („Streifen": schraffiert), $T_B$ *Bremszug*spannung, $T_C$ *Haspelzug*spannung, $b$ konstante Blechbreite senkrecht zur Bildebene

oder am Ende der *Walzstraße* von der *Haspel* ausgeübt wird, die das Band aufwickelt. Man spricht daher auch vom *Haspelzug* bzw. beim Bandzug am Eintritt $B$ vom *Bremszug*.

Beide Bandzüge sind klein gegen die sonstige Beanspruchung des Bleches im Walzspalt und insbesondere allein nicht in der Lage, jenes wie beim Ziehvorgang durch den Walzspalt als „Düse" umzuformen. Hierzu müssen vielmehr die Walzen selbst angetrieben werden (Winkelgeschwindigkeit $\omega$ = const); wir setzen sie als starr, kreiszylindrisch und als *symmetrisch* zur Blechmitte angeordnet voraus. Ferner besitze das Blech eine genügend große Breite $b$ senkrecht zur Bildebene, so daß man in dieser *ebene Formänderung* annehmen darf. Entsprechend den allgemeinen Prämissen der elementaren Theorie gehen „Streifen" in dazu parallele „Streifen" über (in Bild 3.8 schraffiert); Walzgutquerschnitte bleiben eben und parallel. $\bar{\sigma}_x$, $\bar{\sigma}_y$, $\bar{\sigma}_z$ sind wie in Abschnitt 3.1 die generalisierten Spannungen, und das Fließgesetz führt wieder auf die Fließbedingung (3.1/7).

Die Reibschubspannung $\tau$ zwischen Werkstoff und Walzen darf nicht überall das gleiche Vorzeichen besitzen, weil dann nämlich entgegen der Voraussetzung die Bandzüge $T_B$, $T_C$ allein schon bei stehenden Walzen das Blech durch den Walzspalt (oder rückwärts aus ihm heraus) ziehen könnten. Mit $\tau$ ändert auch die Relativbewegung des Werkstoffes gegenüber den Werkzeugen ihr Vorzeichen. Da nämlich das Walzgut wegen seiner Inkompressibilität von rechts nach links dünner und schneller wird, überholt es die Walzen. Es gibt dann genau einen „neutralen" Querschnitt $N$ *ohne* Relativbewegung, an welchem die horizontale Bandgeschwindigkeit $u < 0$ betragsmäßig mit der Horizontalprojektion der Walzenumfangsgeschwindigkeit $\omega R$ übereinstimmt:

$$-u_N = \omega R \cos \alpha_N \, . \tag{3.3/2}$$

Rechts nahe dem Eintritt $B$ bleibt der Werkstoff zurück (*Nachlaufzone* $\alpha > \alpha_N$); relativ zu den Walzen fließt er nach rechts in positive $x$-Richtung (*positive* Bewegung). Dementsprechend herrscht in der *Voreilzone* ($\alpha < \alpha_N$) *negative* Bewegung. Abgesehen davon, daß die Walzen keine ebenen Platten sind, so daß auch keine Symmetrie um den neutralen Querschnitt besteht, liegen ähnliche Verhältnisse wie beim ebenen Stauchen vor (Bilder 3.1a, b). Deshalb erwarten wir auch beim Walzen eine Druckverteilung ähnlich Bild 3.2 mit einem *Reibhügel*, dessen Spitze bei $x_N$, $\alpha_N$ liegt (vgl. später Bild 3.9).

Aus Bild 3.8 liest man die geometrischen Beziehungen

$$x = R \sin \alpha \, , \qquad h = h_C + 2R(1 - \cos \alpha) \, , \qquad A = hb \tag{3.3/3}$$

ab, wo $A$ den Flächeninhalt des Walzgutquerschnittes an der Stelle $x$ bedeutet. Die Inkompressibilität verlangt ähnlich (3.2/2), jetzt mit (3.3/2), die Bedingung

$$uh = u_B h_B = u_C h_C = u_N h_N = -\omega R \{h_C + 2R(1 - \cos \alpha_N)\} \cos \alpha_N \, , \tag{3.3/4}$$

so daß die Geschwindigkeitsverteilung $u$ ebenso wie die Ein- und Austrittsgeschwindigkeiten $u_B$, $u_C$ bekannt wären, wenn dies für die Lage $\alpha_N$ des neutralen Querschnittes zuträfe. Da man ihn erst aus den Gleichgewichtsbedingungen finden wird, ergibt sich hier eine Rückkoppelung zwischen Statik und Kinematik des Prozesses.

Wie im Anschluß an (3.2/3b) ausgeführt, kann man die Vergleichsformänderung in der dortigen Form direkt herleiten und mit (3.3/3) entsprechend hier übernehmen:

$$\bar{\varphi} = \bar{\varphi}_B + \ln \frac{h_B}{h} \,. \tag{3.3/5a}$$

Die Vergleichs-Formänderungsgeschwindigkeit $\bar{\lambda}$ folgt dann durch Differentiation nach der Zeit $t$ für ein wanderndes Werkstoffelement unter Berücksichtigung der Kettenregel

$$\dot{h} = \frac{\partial h}{\partial x}\,\dot{x} + \frac{\partial h}{\partial t} = \frac{\partial h}{\partial x}\,\dot{x} = 2(\tan \alpha)\,u$$

zu

$$\bar{\lambda} = -\frac{\dot{h}}{h} = -2\,\frac{u}{h}\tan \alpha = 2\,\frac{|u|}{h}\tan \alpha \,. \tag{3.3/5b}$$

Dies legt bei bekannter (mittlerer) Temperaturverteilung $\vartheta$ gemäß (3.1/4) auch die Verteilung der Fließgrenze $\bar{Y}$ abhängig von $x$ bzw. $\alpha$ fest, und zwar bei geschwindigkeitsunabhängigem Material (reine *Kaltverfestigung*) gemäß (3.3/5a) von vornherein, während jedenfalls bei *Geschwindigkeitsabhängigkeit* über (3.3/5b) auch $\alpha_N$ eingeht, so daß wieder eine Rückkoppelung mit der Spannungsverteilung besteht.

Die Gleichgewichtsbedingungen (3.2/5), (3.2/6) lassen sich unmittelbar übertragen, wenn man beachtet, daß die Größe $b$ in Bild 3.6 den gesamten „Scheiben"-Umfang bedeutete, hier also sinngemäß durch die *doppelte* Breite $2b$ (gemessen oben *und* unten am „Streifen") zu ersetzen ist. Ferner unterscheiden wir zwischen Gleit- und Haftreibung an den Walzen entsprechend der ersten und zweiten Zeile in (3.1/15b). Jene Gleichung gilt für *positive* Bewegung (*Nachlaufzone*); für *negative* Bewegung (*Voreilzone*) ist das Vorzeichen von $\tau$ umzukehren. So erhalten wir statt (3.2/7) jetzt nach Einführung eines *Reibwinkels* $\Psi$ über (3.2/8)

(a) für *Gleitreibung*:

$$\frac{\mathrm{d}(h\bar{\sigma}_x)}{\mathrm{d}x} = 2[\bar{\sigma}_x - \bar{Y}]\tan (\alpha \pm \Psi)\,, \tag{3.3/6a}$$

(b) für *Haftreibung*:

$$\frac{\mathrm{d}(h\bar{\sigma}_x)}{\mathrm{d}x} = 2\left\{ \pm \frac{\bar{Y}}{2}(1 + \tan^2 \alpha) - [\bar{\sigma}_x - \bar{Y}]\tan \alpha \right\}\,, \tag{3.3/6b}$$

worin sich das obere Vorzeichen jeweils auf die *Nachlaufzone* $\alpha_N < \alpha \leqq \alpha_B$, das untere auf die *Voreilzone* $0 \leqq \alpha < \alpha_N$ bezieht.

Die Integration dieser gewöhnlichen Differentialgleichungen 1. Ordnung ist selbst für *idealplastischen* Werkstoff $\bar{Y} = $ const nicht mehr geschlossen möglich. Während man früher analytische Näherungslösen aufstellte (sogenannte *Walztheorien*), greift man heute von vornherein auf Digitalrechner — oder Analogrechnerprogramme [574] zurück und kann nun ein beliebiges Verfestigungsverhalten von $\bar{Y}$ ebenso wie Geschwindigkeitsabhängigkeiten oder Temperatureinflüsse mit einbeziehen, ganze Walzstraßen betrachten sowie Walzvorgänge nach Zahl und Auslegung der *Stiche*[11], d. h. der *Stichpläne* optimieren (vgl. [564]). Für jeden einzelnen Stich muß man dabei getrennt

---

[11] Ein „Stich" ist das einmalige Durchlaufen eines Walzspaltes mit zugehöriger „Stichabnahme" $|\varepsilon_C|$.

die Nachlauf- und die Voreilzone programmieren sowie die jeweiligen Anfangswerte $\bar{\sigma}_x = \bar{\sigma}_B$ am Eintritt, $\bar{\sigma}_x = \bar{\sigma}_C$ am Austritt beachten. Am Eintritt liegt wieder eine Knickstelle (Geschwindigkeitsunstetigkeit) vor; die entsprechend (3.2/16) herzuleitende Formel lautet bei ebener Formänderung [572]

$$|\Delta\sigma_x| = \frac{1}{4}\,\bar{Y}\tan\alpha\,.\tag{3.3/7}$$

Hieraus folgen analog (3.2/17) die Anfangswerte $\bar{\sigma}_B$, $\bar{\sigma}_C$ zu

$$\bar{\sigma}_B = T_B + \frac{1}{4}\,\bar{Y}_B\tan\alpha_B\,,\qquad \bar{\sigma}_C = T_C\,.\tag{3.3/8}$$

Bild 3.9 zeigt ein Beispiel aus dem Lehrbuch [517], in welchem der Leser weitere Einzelheiten findet, sowie ein einer Arbeit von Lueg [581] entnommenes Beispiel zum *Kaltwalzen* (Raumtemperatur), wo man im allgemeinen mit kleinen Reibwerten und Gleitreibung rechnet. Der Unterschied zwischen $-\bar{\sigma}_z = \bar{Y} - \bar{\sigma}_x$ (vgl. (3.1/7)) und dem normal auf die Walzenoberfläche wirkenden Druck $p$, den man hier über (3.2/13) ermittelt[12], ist bei den üblicherweise kleinen Walzwinkeln $\alpha_B$ vernachlässigbar gering. Auch der Scheranteil (3.3/7) spielt dann in (3.3/8) praktisch keine Rolle. Somit schneiden sich die beiden zur Nachlaufzone ($\alpha_N < \alpha \leq \alpha_B$) und zur Voreilzone ($0 \leq \alpha < \alpha_N$) gehörigen

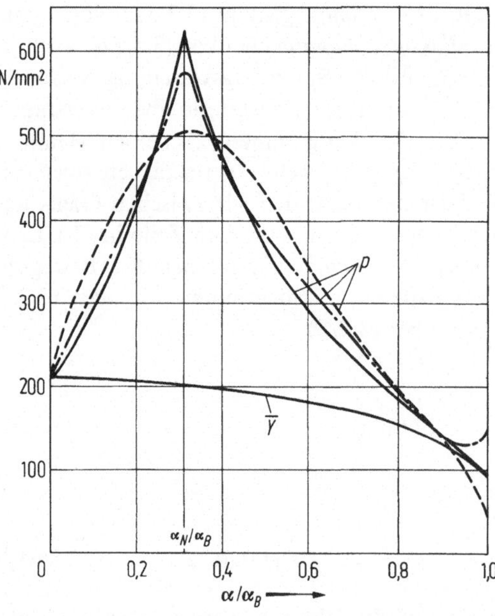


**Bild 3.9.** Normaldruckverteilung $p$ auf die Walzen abhängig vom Polarwinkel $\alpha$. $\alpha_B$ Walzwinkel; $\alpha_N$ gehört zum neutralen Querschnitt. Die einachsige Fließgrenze $\bar{Y}$ wurde aus einer gemessenen Fließkurve von Aluminium unter der Annahme reiner Kaltverfestigung ermittelt.
———————— $p$ nach elementarer Theorie, — — — — — $p$ experimentell
Daten: $h_B = 2$ mm, $h_C = 1$ mm, $|\varepsilon_C| = 50\%$, $\mu = 0,18$, $b = 30,0 \ldots 30,1$ mm, $R = 90$ mm, $\alpha_B =$ $= 6,05°$, $T_B = T_C = 0$. —·—·—·— $p$ nach Finite-Elemente-Rechnung, *qualitativ* aus einem in [287] mit anderen Daten behandelten Beispiel übertragen (Stahl C15 ähnlich Bild 1.2a, Verfestigungsgesetz $Y = Y_0(1 + 2,48\,\bar{\varphi} - 2,17\,\bar{\varphi}^2)$. $h_C/R = 0,00364$, $\mu = 0,1$, $|\varepsilon_C| = 30\%$), wobei das Verhältnis zum jeweiligen Druck der elementaren Theorie gewahrt und die Bereiche $0 \leq \alpha/\alpha_B \leq \alpha_N/\alpha_B$ sowie $\alpha_N/\alpha_B \leq \alpha/\alpha_B \leq 1$ durch lineare Streckung angepaßt wurden

---

[12] Für die Voreilzone (negative Bewegung) $\mu$ durch $-\mu$ ersetzen!

Zweige von $p$ scheinbar ebenso wie $\bar\sigma_x$ am neutralen Querschnitt, obschon $p$ gemäß dem Vorzeichenwechsel im Nenner von (3.2/13) bei $\alpha_N$ eigentlich springt. Exakt ermittelt man $\alpha_N$ als Schnittstelle beider Zweige von $\bar\sigma_x$.

Die Übereinstimmung der experimentellen und theoretischen Druckverläufe in Bild 3.9 ist zufriedenstellend, wenn man die starken Vereinfachungen der elementaren Theorie und die experimentellen Schwierigkeiten einer verläßlichen Druckmessung bedenkt. Sie wird erfahrungsgemäß noch besser für integrale Größen wie *Walzkraft* oder Walzen-*Antriebsmoment* [574].

Die vertikale *Walzkraft F* muß über die Walzen aufgebracht werden, um das Walzgut für die Umformung im Walzspalt ausreichend zusammenzupressen. Man erhält sie als Resultierende des *vertikalen* Gegendruckes $|\bar\sigma_z|$ gemäß Bild 3.8 sowie mit (3.3/3), (3.1/7) aus

$$F = b \int_0^l (-\bar\sigma_z)\,\mathrm{d}x = bR \int_0^{\alpha_B} (-\bar\sigma_x + \bar Y)\cos\alpha\,\mathrm{d}\alpha\ . \qquad (3.3/9)$$

Zur Ermittelung des *Antriebsmomentes M* um beide Walzenachsen geht man insbesondere bei vorhandenen Bandzügen statt direkt von $\bar\sigma_z$ besser von der Schubspannung $\tau$ aus und hat mit $\alpha_N$ als Winkel des neutralen Querschnittes gemäß Bild 3.9

$$M = b \int_{\alpha=0}^{\alpha_B} (R\tau)\,\mathrm{d}(R\alpha) = bR^2 \left\{ -\int_0^{\alpha_N} |\tau|\,\mathrm{d}\alpha + \int_{\alpha_N}^{\alpha_B} |\tau|\,\mathrm{d}\alpha \right\}, \qquad (3.3/10\,\mathrm{a})$$

worin gemäß (3.1/15a, b) in Verbindung mit (3.2/6)

$$|\tau| = \begin{cases} \dfrac{\mu(-\bar\sigma_z)}{1 \mp \mu\tan\alpha} & \text{für } \textit{Gleitreibung}\ , \\[2ex] \dfrac{\bar Y}{2} & \text{für } \textit{Haftreibung} \end{cases} \qquad (3.3/10\,\mathrm{b})$$

einzusetzen ist. Das obere Vorzeichen gilt wie bisher in der *Nachlaufzone* $\alpha_N < \alpha \leqq \alpha_B$, das untere in der *Voreilzone* $0 \leqq \alpha < \alpha_N$, und die vorliegende elementare Theorie darf nur für positiven Nenner angewendet werden. Bei der erforderlichen numerischen Auswertung von (3.3/10a) ist vor allem nahe $\alpha_N$ auf Genauigkeit zu achten, da die zwei Integrale erfahrungsgemäß annähernd gleich groß sind.

Eine ausführliche Darstellung findet man neben [517] auch im Lehrbuch [580]. Da wir das Walzen vom Standpunkt der *Schrankenverfahren* (Kapitel 4) nicht mehr behandeln, sei bereits hier auf entsprechende Literatur verwiesen [373, 375, 585, 586]. In [376, 512] (vgl. auch [384]) wird so die *Breitung*, in [154][13] — besser in [565] — speziell der Zusammenhang mit der elementaren Theorie behandelt, und [613] liefert einen Schrankenansatz für das *Rohrwalzen*.

## 3.4 Gebirgsschlag

Die folgende Anwendung der elementaren Theorie bezieht sich primär auf den Steinkohlebergbau „unter Tage", wo die Kohle schichtartig bis zu mehreren Metern Dicke („Mächtigkeit") in sogenannten *Flözen* angeordnet ist. Wir betrachten in Bild 3.10 nur ein horizontales Flöz, das von ebenfalls horizontalen *bergmännischen*

---

[13] Fehler bei der unteren Schranke!

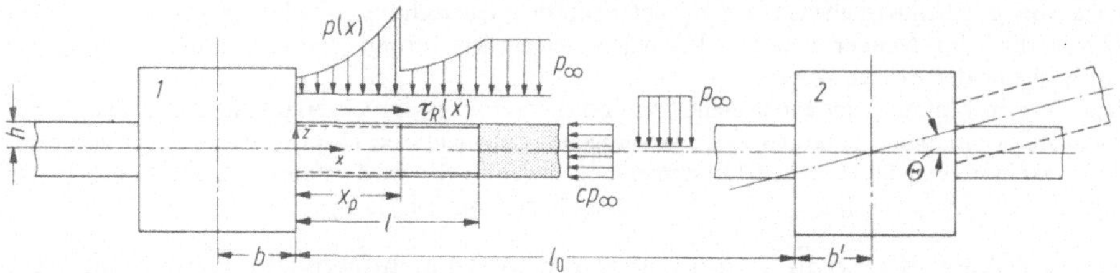

**Bild 3.10.** Bergmännische Hohlräume (*Strebe, Strecken*) *1, 2* durchschneiden im Abstand $l_0$ ein horizontales Flöz.

$p$ Normaldruck $\quad\}$ zwischen Flöz und Nebengestein.
$\tau_R$ Reibschubspannung

$p_\infty$, $cp_\infty$ ($c = $ const $> 0$) Durch die Hohlräume ungestörte vertikale und horizontale Gebirgsdrücke (*Primärdrücke*),

$l$ „aktive" Flözlänge $\quad\}$ zu Hohlraum *1*.
$x_p$ gebrochene („plastische") Flözlänge

$\Theta$ möglicher Flözneigungswinkel. $b$, $b'$ Halbe Hohlraumweiten. $h$ (Halbe) Flöz-„Mächtigkeit"


*Hohlräumen* durchschnitten wird: *Strecken*, die dem Materialtransport dienen, oder *Streben*, von denen aus der Abbau der Kohle vorangetrieben wird. Im letzten Fall entfernt man das Flözmaterial von der einen Seite her, während das über dem auf der anderen Seite bereits abgebauten Flöz liegende *Nebengestein* („Hangendes") entweder nach gewisser Zeit von selbst hereinbricht oder aber künstlich durch Füllmaterial abgestützt wird. Auf diese Weise verschiebt sich das Streb als Hohlraum infolge des Abbaus seitlich zu sich selbst. Es grenzt abbauseitig an die Front (den *Stoß*) des Flözes, an der Gegenseite jedoch an anderes Gesteinsmaterial, so daß vom Material her eine unsymmetrische Situation vorliegt. Anders die Strecke. Sie verbleibt lange Zeit unverändert und ist in der Regel beidseitig von Flözkohle umgeben. Falls diese sich genügend weit ins Gebirgsinnere ausdehnt, kann man von einer symmetrischen Situation sprechen. Nur diese werde hier untersucht.

Wenn nun das obere und untere Nebengestein (*Hangendes* bzw. *Liegendes*) der Kohle sehr fest im Vergleich zu dieser ist und sich zumindest der vertikale Gebirgsdruck $p_\infty$ über eine kritische Grenze $p_k$ hinaus erhöht (z. B. durch Druckumlagerungen infolge anderweitigen Abbaus, oder durch tektonische Veränderungen in der Erdrinde), so kann ein *Gebirgsschlag mit Flözvorschub* (auch: *translatorischer* Gebirgsschlag) auftreten. Plötzlich, ohne besondere Vorwarnung, schießt das Flöz (in der symmetrischen Situation: von beiden Seiten her) in den Hohlraum hinein und zerstört Leben ebenso wie Material. Er verschließt eine Strecke evtl. auf mehrere hundert Meter Länge, so daß man im Querschnitt von Bild 3.10 von *ebener Formänderung* ausgehen darf. Wenn man eine so verschlossene Strecke nachträglich wieder *auffährt*, um den Ort des Geschehens zugänglich zu machen, so bietet sich etwa der Anblick von Bild 3.11 (nach Bräuner [576]).

Oberirdisch werden Gebirgsschläge von den Meßgeräten (*Seismographen*) wie kleine *Erdbeben* registriert. Es besteht also die Möglichkeit, daß durch einen ähnlichen Mechanismus auch andere Erdbeben entstehen.

Voruntersuchungen [577] haben gezeigt, daß der Gebirgsschlag als rein elastisches Phänomen nicht verstanden werden kann. Vielmehr muß man wenigstens bereichsweise brechendes bzw. innerlich mehr oder minder fein gebrochenes Material vor-

**Bild 3.11.** Querschnitt einer Strecke nach einem von beiden Seiten symmetrischen Gebirgsschlag. Im Vordergrund wurde die Strecke wieder „aufgefahren" (aufgegraben) und mit einem neuen „Ausbau" versehen (Holzbalken als Stützen). Dahinter, in die Mitte gedrückt und zerstört, Reste des früheren Ausbaus nebst Maschinenteilen. Man beachte das kompakte Aussehen der freigelegten Flözkohle

aussetzen, das allerdings nach dem Schlag im Hohlraum wieder zusammenbäckt und so den Eindruck eines massiven Blockes vermittelt (Bild 3.11). Beim Brechen wird die innere *Kohäsion k* $\geq$ 0 überwunden; alsdann herrscht innere *Gleitreibung* $\mu$ mit dem zugehörigen *Gleitreibwinkel* $\Psi$ gemäß (1.3/107). Insofern liegt es nahe, für den Beginn des Schlages in der gebrochen-„plastischen" Zone das Coulomb-Mohrsche Fließgesetz zugrunde zu legen (Abschnitt 1.3.6). Der dynamische Vorgang *nach* Auslösung des Schlages wird nicht untersucht. *Anisotropie* infolge der inneren Kohleschichtung oder, wie der Gebirgsmechaniker viel treffender sagt, die *Tropie* der Kohle ebenso wie deren (starke) *Inhomogenität* bleiben zur Vereinfachung ebenfalls außer Betracht.

Wir folgen der Darstellung [575] in verkürzter Form und gehen von der *Streifentheorie* ähnlich wie beim Stauchvorgang aus (Abschnitt 3.1). Ferner sei der Abstand $l_0$ der beiden Hohlräume in Bild 3.10 so groß, daß dazwischen noch eine (nahezu) ungestörte Zone $x > l$ existiert, deren Vertikal- und Horizontaldrücke $p_\infty$, $cp_\infty$ ($c = $ const $> 0$) nicht durch das Auffahren der Hohlräume beeinflußt wurden. Wir setzen $p_\infty$ als räumlich konstant und gegeben voraus. Zeitlich hängen $p_\infty$ sowie $c$ von anderweitigen bergmännischen Arbeiten oder von tektonischen Einflüssen ab. Größenordnungsmäßig erhält man $p_\infty$ als hydrostatischen Druck: Mittleres spezifisches Gewicht $\gamma$ des Gebirgskörpers über dem Flöz mal Abstand des Flözes von der Erdoberfläche, also dessen „Teufe" $H$ —

$$p_\infty \approx \gamma H . \tag{3.4/1}$$

$c$ liegt im Mittel in der Größenordnung 1. Dies ist allerdings umstritten.

Modellgemäß muß die ungestörte Flözzone nach wie vor am Nebengestein haften. Umgekehrt hängen Druckänderungen mit elastisch-plastischen oder, für *starr-*

*plastisches* Material, mit plastischen Deformationen zusammen. Diese bedeuten aber nach der *Streifentheorie* eine Verformung der *Streifen*, insbesondere also deren Verschiebung gegen das als starr vorausgesetzte Nebengestein. Dementsprechend nehmen wir selbst für den statischen, ungefährlichen, also *vorkritischen* Flözzustand an, daß nach Auffahren des Hohlraumes (z. B. 1 in Bild 3.10) minimale Bewegungen der Kohle zu jenem hin stattgefunden haben, und zwar längs der gestörten *aktiven* Zone („aktive" Flözlänge $l$). Dabei war die *äußere* Reibung (zwischen Flöz und Nebengestein) zu überwinden, die wir jetzt analog zur inneren Reibung (1.3/106) und in Verallgemeinerung von (3.1/15b) wieder *gleichzeitig* aus einem Haftglied (*Adhäsion*) $\bar{k} \geqq 0$ und einer *Gleitreibung* (Koeffizient

$$\bar{\mu} = \tan \bar{\Psi}, \qquad 0 \leqq \bar{\Psi} < \frac{\pi}{2}, \tag{3.4/2}$$

$\bar{\Psi}$ *äußerer Reibwinkel*) zusammensetzen:

$$\tau_R = p \tan \bar{\Psi} + \bar{k} \geqq 0. \tag{3.4/3}$$

Hierin bedeuten $\tau_R$ die äußere Reibschubspannung und $p$ den (unbekannten) Normaldruck in der *aktiven* Zone $0 \leqq x \leqq l$. $\tau_R$ ersetzt $\tau$ in der (ersten) Gleichgewichtsbedingung der Streifentheorie (3.1/11), wegen der jetzt vorliegenden *negativen* Bewegung des Flözmaterials gegenüber dem Nebengestein jedoch mit umgekehrtem Vorzeichen:

$$\frac{\mathrm{d}\bar{\sigma}_x}{\mathrm{d}x} + \frac{\tau_R}{h} = 0. \tag{3.4/4}$$

Hierbei wurde statisches Verhalten mit vernachlässigbarem Volumenkraftanteil zugrunde gelegt und beachtet, daß $h$ die *halbe* Flözmächtigkeit darstellt im Gegensatz zur gesamten Probenhöhe in Bild 3.1.

Die resultierende Druckkraft $F = \int\limits_0^l p(x)\,\mathrm{d}x$ pro (senkrecht zur Bildebene 3.10 gemessener) Flözbreite „1" hat *vor* Auffahren des Hohlraumes (konstanter Druck $p_\infty$) auch über dessen halbe Breite $b$ gewirkt:

$$F = (b + l)\, p_\infty. \tag{3.4/5}$$

*Nach* dem Auffahren wird in Bild 3.10 der gesamten Reibkraft am Hangenden $\int\limits_0^l \tau_R\,\mathrm{d}x = F \tan \bar{\Psi} + \bar{k}l$ (vgl. (3.4/3)) vom Gegendruck $cp_\infty$ am rechten Ende der aktiven Zone das Gleichgewicht gehalten:

$$F \tan \bar{\Psi} + \bar{k}l = cp_\infty h.$$

Einsetzen von (3.4/5) ergibt sofort *unabhängig vom Stoffverhalten des Flözes* die *aktive Länge $l$* in der Gestalt

$$\frac{l}{h} = \frac{c - \dfrac{b}{h} \tan \bar{\Psi}}{\dfrac{\bar{k}}{p_\infty} + \tan \bar{\Psi}}. \tag{3.4/6}$$

Man erkennt, daß wenigstens für sehr weite Hohlräume

$$\frac{b}{h} \geqq c \cot \Psi \qquad (3.4/7)$$

wegen $l/h \leqq 0$ keine Gebirgsschlaggefahr mehr besteht. Dies entspricht der bergmännischen Erfahrung.

Wir wenden uns jetzt dem Stoffverhalten zu und denken uns den ungestörten Gebirgsdruck $p_\infty$ von 0 beginnend langsam anwachsend. Zunächst ist das Flöz rein elastisch. Dann breiten sich gebrochen-„plastische" Bereiche aus: In Bild 3.10 teilt sich gemäß [575] die aktive Zone $0 \leqq x \leqq l$ in die *plastische* $0 \leqq x < x_p$ und die *elastische* $x_p < x \leqq l$ mit einem charakteristischen Drucksprung bei $x_p$ auf. Wir wollen diesen Übergangszustand hier nicht weiter untersuchen, sondern statt dessen folgende *Hypothese* aufstellen: Solange in der aktiven Zone ein elastischer Bereich existiert, bestehen noch Festigkeitsreserven, und der Druck $p_\infty$ darf weiter steigen. Erst wenn die ganze aktive Zone in den plastischen Zustand übergegangen ist, liegt der *kritische Gebirgsdruck* $p_\infty = p_k$ vor, bei welchem Schläge ausgelöst werden können.

Wir dürfen also, um $p_k$ zu ermitteln, *starrplastisch* rechnen und benutzen die Fließbedingung (1.3/109) mit (1.3/110), wobei im Sinne der elementaren Theorie die über die Flözmächtigkeit gemittelten Hauptspannungen $\bar{\sigma}_z = -p$, $\bar{\sigma}_x$ eingehen. Ferner erwarten wir Formänderungsgeschwindigkeiten $\lambda_x \geqq 0$ (Dehnung) sowie $\lambda_z \leqq 0$ (Stauchung). Dies liefert wegen (1.3/116) mit (1.3/112) $\bar{\sigma}_x \geqq \bar{\sigma}_z$, also

$$(\bar{\sigma}_x + p) + (\bar{\sigma}_x - p) \sin \Psi = 2k \cos \Psi \, ;$$

$$\bar{\sigma}_x = \frac{2k \cos \Psi - p(1 - \sin \Psi)}{1 + \sin \Psi} \, . \qquad (3.4/8)$$

Bei vernachlässigter Flözinhomogenität stellen die Materialparameter $\Psi$, $k$ ebenso wie $\bar{\Psi}$, $\bar{k}$ konstante Mittelwerte dar. Dann führt die Gleichgewichtsbedingung (3.4/4) wegen (3.4/8) und (3.4/3) auf die folgende Differentialgleichung 1. Ordnung in $p/k$:

$$\frac{d(p/k)}{d\xi} = \frac{1 + \sin \Psi}{1 - \sin \Psi} \left\{ \frac{p}{k} k_2 \tan \Psi + k_1 \right\}, \qquad (3.4/9)$$

worin die folgenden dimensionslosen Größen eingeführt wurden:

$$\xi = \frac{x}{h}, \qquad k_1 = \frac{\bar{k}}{k}, \qquad k_2 = \frac{\bar{\mu}}{\mu} = \frac{\tan \bar{\Psi}}{\tan \Psi} \, . \qquad (3.4/10)$$

Am Flözstoß $x = 0$, $\xi = 0$ herrscht keine Längsspannung: $\bar{\sigma}_x = 0$. Dies ergibt über (3.4/8) die Anfangsbedingung

$$\frac{p}{k} = \frac{2 \cos \Psi}{1 - \sin \Psi} \quad \text{für} \quad \xi = 0 \, . \qquad (3.4/11)$$

Mit ihr und unter Beachtung von

$$\left. \begin{aligned} \frac{1 + \sin \Psi}{1 - \sin \Psi} &= \cot^2 \frac{1}{2}\left(\frac{\pi}{2} - \Psi\right) = \tan^2 \frac{1}{2}\left(\frac{\pi}{2} + \Psi\right), \\ \frac{\cos \Psi}{1 - \sin \Psi} &= \cot \frac{1}{2}\left(\frac{\pi}{2} - \Psi\right) = \tan \frac{1}{2}\left(\frac{\pi}{2} + \Psi\right) \end{aligned} \right\} \qquad (3.4/12)$$

besitzt (3.4/9) das eindeutige Integral[14]

$$\frac{p}{k} = -\frac{k_1}{k_2}\cot\Psi + \left[\frac{k_1}{k_2}\cot\Psi + 2\cot\frac{1}{2}\left(\frac{\pi}{2} - \Psi\right)\right]\exp\left\{\xi k_2\tan\Psi\cot^2\frac{1}{2}\left(\frac{\pi}{2} - \Psi\right)\right\}.$$

(3.4/13)

Über (3.4/8) folgt die zugehörige Horizontaldruckverteilung. Wir wollen sie nur für den Querschnitt $x = l$, d. h. $\xi = l/h$ hinschreiben, der bei *kritischem Druck* $p_\infty = p_k$ das rechte Ende der plastischen Zone in Bild 3.10 repräsentiert, so daß dort $\bar\sigma_x = -cp_\infty = -cp_k$ gilt:

$$-c\,\frac{p_k}{k} = \tan\frac{1}{2}\left(\frac{\pi}{2} - \psi\right)\left[2 - \left(\frac{p}{k}\right)_{\xi = \frac{l}{h}}\tan\frac{1}{2}\left(\frac{\pi}{2} - \psi\right)\right],$$

$$0 = c\,\frac{p_k}{k}\cot\frac{1}{2}\left(\frac{\pi}{2} - \Psi\right) +$$

$$+ \left[2 + \frac{k_1}{k_2}\cot\Psi\tan\frac{1}{2}\left(\frac{\pi}{2} - \Psi\right)\right]\left[1 - \exp\left\{\frac{l_k}{h}k_2\tan\Psi\cot^2\frac{1}{2}\left(\frac{\pi}{2} - \Psi\right)\right\}\right],$$

(3.4/14)

worin jetzt die zum *kritischen Druck* $p_k$ gehörige aktive Länge $l$ als *kritische Länge* $l_k$ bezeichnet wurde. Natürlich genügen $l_k$, $p_k$ auch der Beziehung (3.4/6), so daß

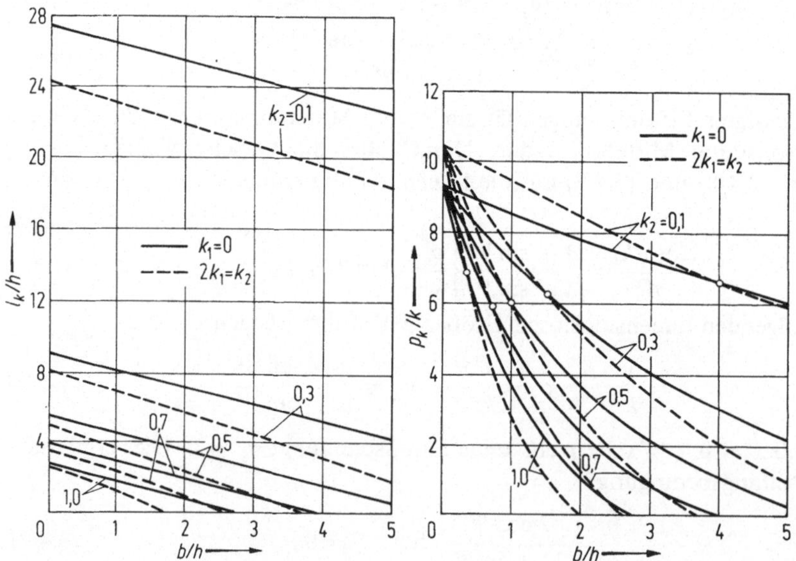


**Bild 3.12.** Kritische Gebirgsdrücke $p_\infty = p_k$ und zugehörige kritische Längen $l_k$ in Abhängigkeit von der (halben) Hohlraumweite $b$ und den Reibparametern $k_1$, $k_2$ bei einer isotropen Verteilung des Primärdruckes ($c = 1$). Innerer Reibwinkel $\Psi = 20°$. Die Kohäsion von Kohle beträgt etwa $k = 350\ \mathrm{N\,cm^2}$, und der Druckbereich $p_k/k = 0\ldots 10$ entspricht im Ruhrgebiet Teufen $H = 0\ldots 1500$ m

---

[14] Prüfung durch Einsetzen.

zwei allerdings transzendente Gleichungen für beide Unbekannte vorliegen, die man ohne besondere Schwierigkeiten *numerisch* auflöst.

Bild 3.12 mit Daten nach [577, 578] zeigt einige Ergebnisse. Im Zusammenhang mit (3.4/10) erkennt man: Je höher der erforderliche kritische Druck zur Auslösung eines Gebirgsschlages, d. h.: je enger der Hohlraum oder je geringer die äußere Reibung ist, desto größere kritische Längen liegen vor, desto mehr Flözmaterial wirkt also mit, und desto gefährlicher ist das Ereignis. Banaler ausgedrückt: Gebirgsschläge können je nach Reibverhältnissen oder Hohlraumgröße in verschiedenen Teufen auftreten, doch diejenigen in größeren Teufen sind die gefährlicheren.

Nachdem einmal der Schlag ausgelöst wurde, dürfte die äußere Reibung vorwiegend in reine Gleitreibung übergehen, also $k_1 = 0$ gelten. Man springt dann von den gebrochenen Linien in Bild 3.12b auf die ausgezogenen. Interessant sind die markierten Schnittpunkte. Links von ihnen sinkt beim Übergang der erforderliche kritische Druck ab, der Schlag findet also erst recht statt. Rechts der Schnittpunkte hingegen stabilisiert sich der Zustand. Insofern wären nur die kleinen Hohlraumweiten links der Schnittpunkte bedroht — eine Aussage, welche die frühere (3.4/7) noch verschärft.

Vorkritische oder kritische Druckverteilungen gemäß Bild 3.10 gehören zu einer drohenden Flözinstabilität, nämlich dem translatorischen Gebirgsschlag. Ob bzw. wie lange sie schon vorher auftreten oder ob man sie auch unter unkritischen Verhältnissen messen kann, ist ebenso ungeklärt wie die Frage nach ihrer Verfälschung infolge deformierbaren Nebengesteins bzw. eines räumlich nicht konstanten Primärdruckes.

# 4 Schrankenverfahren und verwandte Methoden

Die Extremalsätze starr-plastischer Körper und Strukturen von Abschnitt 1.3.3 bzw. Abschnitt 1.2.5 erlauben unter bestimmten Bedingungen, die mit plastischen Formänderungen verbundenen Dissipationsleistungen, Kräfte oder Momente durch obere bzw. untere Schranken („nach oben" bzw. „nach unten") abzuschätzen. Oft reichen die so auf einfache Weise ermittelten Näherungsresultate für technische Belange aus. Doch lassen sie sich erforderlichenfalls durch geeignete numerische Methoden verbessern. Grundvoraussetzung ist stets, daß überhaupt (wenigstens) eine strenge Lösung besteht. Sie läßt sich mangels spezifischer mathematischer Existenzsätze in der Regel nur *vermuten*, nicht beweisen — es sei denn, man kenne sie explizit. Dann freilich erübrigt sich die Benutzung der Schrankenverfahren.

Ein allgemeiner Überblick der gängigen Extremalsätze, ihrer Anwendungen und Erweiterungen findet sich in [42]. Wie man sie praktisch handhabt, zeigte prinzipiell bereits Abschnitt 1.2.5, vgl. insbesondere das Beispiel auf S. 36 ff. Es wird auch im Zusammenhang mit den folgenden Beispielen klar, dessen erstes wir als Muster besonders ausführlich erörtern (Abschnitt 4.1.1). Dabei beschränken wir uns auf quasi-statische Formänderungen (Trägheitskräfte vernachlässigt). Für Anwendungen auf die Plastokinetik vgl. [42, 289, 360].

## 4.1 Trennvorgänge in Metallen

### 4.1.1 Lochen, Stanzen und Schneiden;
### Traglast einer Platte auf gelochtem Fundament

Wir beginnen mit dem *Stanz-* oder *Lochvorgang*, wie er in Bild 4.1a schematisch dargestellt ist, und benutzen die dort festgelegten Bezeichnungen. Zu Beginn des Prozesses, wenn der (starre) Stempel $St$ mit seiner Unterseite voll auf der Blechoberfläche aufsetzt ($s = 0$), ist die Geometrie des noch unverformten Bleches bekannt. Wir nehmen konstante Dicke $h$ und hinreichend große allseitige Ausdehnung in der Blechebene an.

Um den *Satz von der oberen Schranke* anzuwenden, muß man zuerst ein *zulässiges Geschwindigkeitsfeld* $u^*$ (horizontal), $v^*$ (vertikal) finden, wobei die für Metalle gültige *Zulässigkeitsbedingung* einfach die *Inkompressibilität* darstellt (vgl.

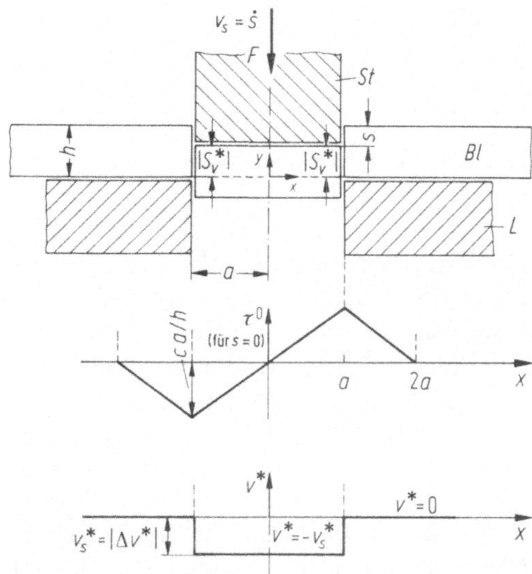


**Bild 4.1** Stanzen bzw. Lochen (schematisch). *Bl* Blech bzw. Ausgangsmaterial, Dicke *h*. *L* (gelochte) Auflageplatte, Tisch. *St* Stempel, seitliche Abmessung bzw. Radius *a*, Stempelweg *s*. *F* Stempelkraft, $v_S$ Stempelgeschwindigkeit, *c* Spannungsparameter. $\sigma_x^0 \equiv 0$, $\sigma_y^0$, $\tau^0$ erratener Spannungszustand; $S_v^*$ erratene Sprungflächen (Höhe $\Delta h$); $u^* \equiv 0$, $v^*$ erratener Geschwindigkeitszustand

Ende von Abschnitt 1.3.4.1). Das wahrscheinlich einfachste solche Geschwindigkeitsfeld lautet (vgl. [386] und Bild 4.1 c)

in *x*-Richtung (horizontal): $u^* \equiv 0$,

in *y*-Richtung (vertikal):
$$v^* = \begin{cases} -v_S^* = \text{const} < 0 & \text{unter dem Stempel}, \\ 0 & \text{seitlich daneben} \end{cases} \quad (4.1/1)$$

($v_S^*$ Stempelgeschwindigkeit des erratenen Zustandes — sie darf mit $v_S$ zusammenfallen, braucht dies aber nicht).

$u^*$, $v^*$ entsprechen dem unverformten Herausgleiten der Blechscheibe unter dem Stempel aus dem umgebenden, starr bleibenden Blech und lassen erkennbar das Volumen konstant. Die Umformung konzentriert sich auf vertikale *Sprungflächen* $S_v^*$ des Inhalts

mit
$$\left.\begin{array}{l} |S_v^*| = \Delta h\, l_U \\[2mm] \Delta h = h - s \end{array}\right\} \quad (4.1/2)$$

($l_U$ Rand- (Umfangs-) Länge des Stanzloches. Im betrachteten ersten Augenblick gilt $s = 0$, $\Delta h = h$). (4.1/2) liefert dann für das starr bleibende Blech die innere *Dissipationsleistungsdichte* $\Lambda^* \equiv 0$, während an der Scherfläche gemäß (1.3/44) die Flächenleistungsdichte $\Lambda_v^* = kv_S^*$ erzeugt wird. Hierin bedeutet *k* die anfangs konstant vorgegebene *Scherfließgrenze*; denn bei einer reinen Scherung muß die zugehörige Schubspannung $\tau^*$ definitionsgemäß der Beziehung $|\tau^*| = k$ genügen. (1.3/45) gibt dann wegen verschwindender Volumenkräfte $p \equiv 0$ die *innere Scheinleistung* des zulässigen Geschwindigkeitsfeldes zu

$$P^* = \Lambda_v^* |S_v^*| = kv_S^* \,\Delta h\, l_U \,,$$

während die *Scheinleistung der wahren äußeren Lasten* gegen das zulässige Geschwindigkeitsfeld unmittelbar hingeschrieben werden kann:

$$P_* = F v_S^* \quad (F \text{ wahre Stempelkraft}) .$$

Aus dem *Satz von der oberen Schranke* (1.3/39) finden wir sofort

$$F \leqq k l_U \, \Delta h = k |S_v^*| \quad \text{für} \quad s = 0 , \qquad \Delta h = h . \tag{4.1/3}$$

Die Verläßlichkeit dieser Abschätzung werden wir später mittels des Satzes von der unteren Schranke bestätigen. Da sie sich als gut erweist, liegt die (allgemein kaum beweisbare) Vermutung nahe, daß das erratene Geschwindigkeitsfeld $u^*$, $v^*$ seinerseits dem unbekannten wahren nahekommt. Ob und wieweit allerdings auch in strengen Lösungen solche unstetigen Geschwindigkeitsfelder auftreten dürfen, wird erst in Abschnitt 5.2.2.4 diskutiert. *Falls* der Näherungscharakter zutrifft, kann man mittels $u^*$, $v^*$ die Form des angestanzten Bleches in späteren Stadien $s > 0$ entsprechend Bild 4.1 bestimmen. Aber es handelt sich um eine *unkontrollierte Näherung*. Dasselbe gilt dann für Formel (4.1/3), so daß sich deren Obere-Schranken-Charakter nur mehr erhoffen statt garantieren läßt. Dies werde durch die „genäherte Ungleichung"

$$F \lessgtr k l_U \, \Delta h = k l_U (h - s) \quad \text{für} \quad s \geqq 0 \tag{4.1/4}$$

ausgedrückt. Auch $k$, infolge der Verfestigung vergrößert, kann bestenfalls *grob* abgeschätzt werden. Wir müssen hierzu ein Spiel $\Delta a$ zwischen Stempelkante und Lochrand im Tisch $L$ zulassen, über welche Distanz wir die (wahre) Schergeschwindigkeit $\varkappa_{xy} = \dfrac{1}{2} \dfrac{\partial v}{\partial x} \approx \dfrac{1}{2} \dfrac{\Delta v}{\Delta a} = \dfrac{1}{2} \dfrac{\dot{s}}{\Delta a}$ gleichmäßig verteilt annehmen (vgl. (1.3/5) mit (1.3/8)). Als einzige nichtverschwindende Komponente der Formänderungsgeschwindigkeiten bestimmt sie etwa nach Trescas Fließgesetz wie in (1.3/67a) mit (1.3/65) die Vergleichs-Formänderungsgeschwindigkeit $\bar{\lambda} = \dfrac{1}{2} \dfrac{\dot{s}}{\Delta a}$ und die Vergleichs-Formänderung bei verschwindender Vorverformung $\bar{\varphi} = \int_{t_0}^{t} \bar{\lambda} \, dt$ gemäß (1.3/55b) zu

$$\bar{\varphi} = \frac{1}{2} \frac{s}{\Delta a} . \tag{4.1/5}$$

Damit lautet (4.1/4), jetzt als Näherungsbeziehung ohne erwiesenen Schrankencharakter gedeutet,

$$F \approx k(\bar{\varphi}) \left[ 1 - 2 \frac{\Delta a}{h} \bar{\varphi} \right] l_U h , \tag{4.1/6a}$$

wozu nach Tresca (vgl. (1.3/62)) bei reiner Kaltverfestigung[1]

$$k(\bar{\varphi}) = \frac{1}{2} Y(\bar{\varphi}) \tag{4.1/6b}$$

den Fließkurven zu entnehmen wäre.

---

[1] Analog: $k = {}^1/_2 \, Y(\bar{\lambda}, \bar{\varphi})$ bei geschwindigkeitsabhängigem Werkstoff.

Nur sind diese wegen der beim Lochen auftretenden hohen Werte $\bar{\varphi} \gg 1$ (vgl. (4.1/5); $\Delta a \ll h$) vorher zu extrapolieren. Dabei scheint sich hier wie übrigens auch später beim Spanen [304] eine überraschende Regel zu bestätigen, wonach *adiabate Kaltfließkurven* $Y(\bar{\varphi})$ *für* $\bar{\varphi} > 1$ *mit sehr geringem Anstieg bzw. nahezu horizontal verlängert werden dürfen.*

Verfestigung und Entfestigung durch Erwärmung kompensieren einander — manchmal fällt $Y$ sogar ab (vgl. auch Bild 1.2a).

Im vorliegenden Fall würde (4.1/6a) mit $k = $ const eine linear abfallende Kraft $F(\bar{\varphi})$ liefern, deren Maximum

$$F_{\max} \approx khl_U \tag{4.1/7}$$

bei $\bar{\varphi}_0 = 0$ liegt. In Wahrheit gilt $\bar{\varphi}_0 > 0$, da die Fließkurve bei kleinen Werten $\bar{\varphi}$ ansteigt, jedoch jedenfalls $\bar{\varphi}_0 \ll \bar{\varphi}_{\max} \approx \dfrac{1}{2}\dfrac{h}{\Delta a}$.

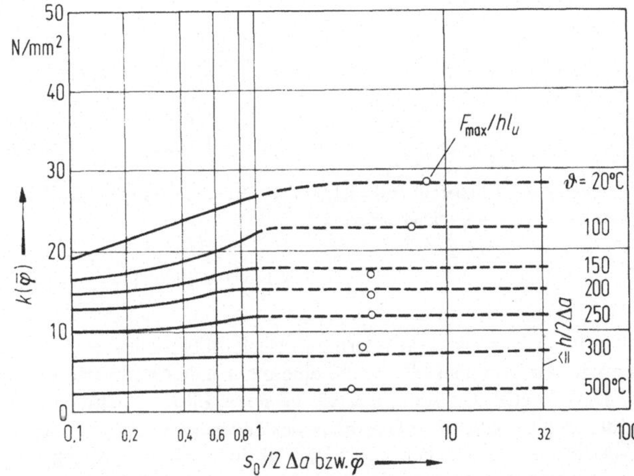


**Bild 4.2.** Fließkurven von Aluminium für die Trescasche Scherfließgrenze $k(\bar{\varphi}) = {}^1/_2\,Y(\bar{\varphi})$ bei geringer Formänderungsgeschwindigkeit $\bar{\lambda} = \bar{\varphi} < 10^{-3}\,\mathrm{s}^{-1}$. $\vartheta$ Temperatur. ——————— gemessen nach [298, Fig. 10] für $0 \leqq \bar{\varphi} \leqq 1$. --------------- extrapoliert nahezu waagerecht, $k \approx$ const. ooooooooooo Meßwerte von $F_{\max}/hl_U$ über ${}^1/_2\,(s_a/\Delta a)$ nach [298, Fig. 13] beim langsamen ($\bar{\lambda} \approx 10^{-3}\,\mathrm{s}^{-1}$) Lochen von Aluminium-Blech. $F_{\max}$ maximale Stempelkraft, $s_0$ zugehöriger Stempelweg, $l_U$ Umfang des Stanzloches, $h$ Blechdicke (Bild 4.1), $\Delta a$ Spiel des Stempels

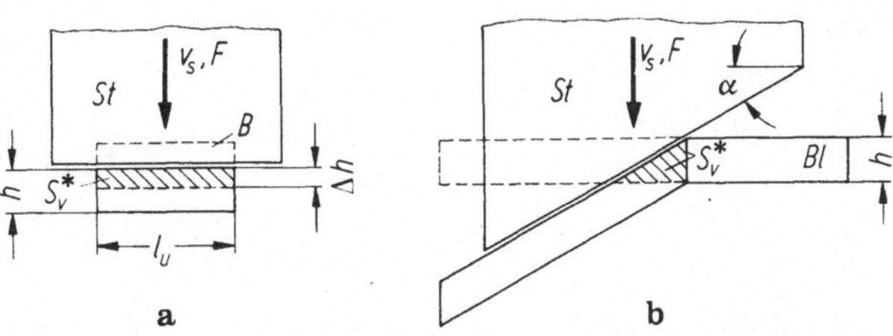


**Bild 4.3.** Idealisierte Scherschneidvorgänge, Bezeichnungen wie in Bild 4.1. Blick vom abgeschnittenen Teil her in Stangen- bzw. Blechrichtung. **a** Stangenschneiden, Kröpfen, Abgraten in einer Presse. $l_U$ Schnittlänge. **b** Blechschneiden in einer Schere. Die momentane erratene Sprungfläche $S_v^*$ besteht aus dem schraffierten Dreieck und dessen rechter vertikaler Begrenzungsebene. Der Messerwinkel $\alpha$ kann konstant oder veränderlich sein

Diese Verhältnisse werden durch Bild 4.2 im Vergleich mit Experimenten von Slater und Johnson [298] recht gut bestätigt. Doch sind deren gemessene Verläufe $F = F(\bar\varphi)$ selbst im abfallenden Bereich entgegen (4.1/6a, b) nicht linear; sie werden vielmehr von dynamischen, mit unserer Plasto*statik* nicht erklärbaren Schwankungen überlagert.

Bild 4.3 zeigt Prinzipskizzen zweier weiterer Scher-Schneidvorgänge, von denen der erste (Bild 4.3a) durch dieselben Ansätze wie oben beschrieben werden kann, wenn man $l_v$ als Schnittlänge deutet. Allerdings dürfte sich jetzt das abzutrennende Teil auch *biegen*, so daß der erratene Geschwindigkeitszustand weniger genau und die Näherung (4.1/3) bzw. (4.1/4), (4.1/6) weniger gut ist — es sei denn, man spannt den hinteren Teil der Stange am Tisch durch einen *Niederhalter* fest (entsprechend dem Blechhalter beim Tiefziehen, Bild 2.18) sowie den abzuschneidenden Teil am Schneidwerkzeug durch einen *Gegenhalter*. Von beiden wird heute abgeraten [305]. Die Schneidkanten von Tisch und Stempel (*Stößel*) sind in der Regel als *Messer* ausgebildet.

Im *ziehenden* Schneidvorgang nach Bild 4.3b wird das abgetrennte Blechteil von der Messerkante schräg nach unten gedrückt. Wenn dies auf einer senkrecht zur Zeichenebene gemessenen Breite $b$ geschieht, so setzt sich die eingezeichnete erratene Scherfläche aus zwei Anteilen zusammen, deren Inhalte durch

$$|S_v^*| = \frac{1}{2}\, h^2 \cot\alpha \;\; + \;\; hb$$

$$\underbrace{\phantom{\frac{1}{2}\, h^2 \cot\alpha}}_{\substack{\text{schraffiertes}\\ \text{Dreieck}}} \quad \underbrace{\phantom{hb}}_{\substack{\text{vertikale rechte}\\ \text{Begrenzungsebene}}}$$

gegeben sind. Entsprechend (4.1/3) folgt für die Stempel-(Stößel-)Kraft jetzt unter der Voraussetzung $k = \text{const}$ (geeigneter Mittelwert!)

$$F \leqq k\,|S_v^*| = khb\left(1 + \frac{1}{2}\,\frac{h}{b}\,\cot\alpha\right) \tag{4.1/8}$$

— sofern $\alpha = \text{const}$, und sofern das Blech im betrachteten Augenblick genau die Form von Bild 4.3b besitzt. Andernfalls stellt (4.1/8) eine nicht näher definierte Näherung analog (4.1/4) dar.

Die Kinetik der Schneidvorgänge nach Bild 4.3 wird von Organ und Mellor [306] diskutiert. Zünkler [307] gibt einen Überblick des *Scher-Schneidens* im Gegensatz zum eigentlichen *Messer-* oder *Kneifschnitt*, bei welchem das Material durch einen eindringenden *Keil* (s. Bild 5.6) zertrennt wird. Für einen entsprechenden *Schrägschnitt* vgl. [611]; weitere Literatur s. [228].

Bis jetzt gingen wir vom *Obere-Schranken-Theorem* aus. Nun wollen wir wenigstens die Formel (4.1/3) für das Lochen bzw. Stanzen nach Bild 4.1 mittels des Untere-Schranken-Satzes absichern, so daß auch die ähnlich hergeleiteten Beziehungen (4.1/4), (4.1/6a), (4.1/8) im Sinne von Näherungsformeln an Glaubwürdigkeit gewinnen. Zur Vereinfachung setzen wir *ebenes Fließen* parallel der $x,y$-Ebene, also das Stanzen eines Parallelstreifens voraus und erraten die Schubspannungsverteilung (Bild 4.1b)

$$\tau^0 = \tau_{xy}^0 = \begin{cases} c\,\dfrac{x}{h} & \text{für} \quad -a \leqq x \leqq a \\[2ex] c\left(2\dfrac{a}{h} - \dfrac{x}{h}\right) & \text{für} \quad a \leqq x \leqq 2a \\[2ex] -c\left(\dfrac{x}{h} + 2\dfrac{a}{h}\right) & \text{für} \quad -2a \leqq x \leqq -a \end{cases} \tag{4.1/9a}$$

sowie

$$\tau^0 \equiv 0 \quad \text{für} \quad |x| > 2a\,; \tag{4.1/9b}$$

c > 0 bedeutet einen noch freien Parameter[2]. Offenbar ist die Schubspannung $\tau^0$ auch an den Spannungs-Knickstellen $x = \pm a$, $x = \pm 2a$ stetig.

Wir wollen nun die Normalspannungen $\sigma_x^0$, $\sigma_y^0$ so „erraten", daß möglichst *keine* zugehörigen Volumenkräfte $p_x^0$, $p_y^0$ auftreten, weil diese in der zu ermittelnden Scheinleistung $P^0$ (vgl. (1.3/43)) gegen das unbekannte *wahre* Geschwindigkeitsfeld $u$, $v$ Arbeit leisten und so einen nicht auswertbaren Beitrag liefern würden. Also setzen wir die statischen Gleichgewichtsbedingungen (1.3/7a) in der Form

$$\left. \begin{aligned} \frac{\partial \sigma_x^0}{\partial x} + \frac{\partial \tau^0}{\partial y} &= -p_x^0 = 0 \, , \\[2mm] \frac{\partial \tau^0}{\partial x} + \frac{\partial \sigma_y^0}{\partial y} &= -p_y^0 = 0 \end{aligned} \right\} \tag{4.1/10}$$

an; sie gelten, wenn man

$$\left. \begin{aligned} \sigma_x^0 &\equiv 0 \quad \text{überall}\,, \\ \sigma_y^0 &\equiv 0 \quad \text{für} \quad |x| > 2a \end{aligned} \right\} \tag{4.1/11a}$$

sowie

$$\sigma_y^0 = \begin{cases} -c\,\dfrac{y}{h} & \text{für} \quad -a \leqq x \leqq a \\[3mm] c\left(\dfrac{y}{h} - 1\right) & \text{für} \quad a < |x| \leqq 2a \end{cases} \tag{4.1/11b}$$

wählt. Das Schnittprinzip an den Flickstellen $x = \pm a$, $x = \pm 2a$ erfordert dort die Stetigkeit von $\sigma_x^0$; sie ist wegen $\sigma_x^0 \equiv 0$ gewährleistet. $\sigma_y^0$ darf (wie $\sigma_y$ beim Biegen, vgl. (2.2/20)) in $x$ unstetig sein, da $\sigma_y^0$ nicht *auf* die Schnittflächen $x = $ const wirkt, sondern parallel zu diesen. Wir erwähnen ferner, daß $\sigma_y^0$ an der freien Blechoberfläche $y = h$ für $|x| > a$ verschwindet, also dort wieder keine (unauswertbaren) Arbeitsbeträge gegen das unbekannte *wahre* Geschwindigkeitsfeld erzeugt.

Die *Zulässigkeitsbedingung* für die Spannungen $\sigma_x^0$, $\sigma_y^0$, $\tau^0$ bei ebener Formänderung lautet gemäß (1.2/51) im Vergleich zur Fließbedingung (1.3/63)

$$(\sigma_x^0 - \sigma_y^0)^2 + 4\tau^{0^2} \leqq 4k^2 \tag{4.1/12}$$

mit $k$ als Scherfließgrenze. Wegen $\sigma_x^0 \equiv 0$ ist hierzu notwendig und hinreichend, daß (4.1/12) auch für die *Maximalbeträge* $|\hat{\sigma}_y^0|$, $|\hat{\tau}^0|$ der Spannungen gilt, $|\hat{\sigma}_y^0|^2 + 4|\hat{\tau}^0|^2 \leqq 4k^2$, und (4.1/9), (4.1/11) liefern $|\hat{\sigma}_y^0| = c$, $|\hat{\tau}^0| = c\,\dfrac{a}{h}$ (vgl. Bild 4.1).

So finden wir als *größtzulässigen* und damit hier *optimalen* Parameter $c$ den Wert

$$c = \frac{2k}{\sqrt{1 + 4\left(\dfrac{a}{h}\right)^2}}\,. \tag{4.1/13}$$

Er führt nämlich zur größten und damit besten (*optimalen*) unteren Leistungsschranke.

Die für $s = 0$ gebildeten *anfänglichen* äußeren (Schein)Leistungen $P$, $P^0$ nach

---

[2] Samson [386] errät ein anderes Spannungsfeld.

(1.3/42), (1.3/43) enthalten infolge der wahren Stempelbewegung zunächst die Glieder

$$P^0 = \left(\sigma_y^0\right)_{\substack{y=h \\ -a \leqq x \leqq a}} (-v_s)\, al_U\,, \qquad P = Fv_S\,, \tag{4.1/14}$$

wobei $l_U/2$ hier die Breite von Blech und Stempel senkrecht zur Bildebene, also $al_U$ die untere Stempelfläche darstellt. Weitere Terme $\int\limits^{S} \tau^0 u\, dS, \int\limits^{S} \tau u\, dS$ können entstehen, wenn sich die Blechoberfläche $S$ in $x$-Richtung verschiebt, das Blech also zum Beispiel in den *Schnittspalt* $x = \pm a$ hineingezogen wird. Wir wollen eine solche seitliche Bewegung vernachlässigen. Dies bedeutet exakt, daß zusätzliche *Niederhalter* seitlich vom Stempel oben sowie *Gegenhalter* im Loch des Tisches von unten auf das Blech drücken und es überall außer am Schnittspalt selbst fest einspannen; es bestehe also *Haftreibung* zwischen allen Werkzeug- und Blechoberflächen. Eine ähnliche Wirkung wie Nieder- und Gegenhalter übt auch ein hoher Flüssigkeitsdruck aus [309].

Dann folgt sofort aus (4.1/14), (4.1/11 b), (4.1/13) und dem Satz von der unteren Schranke (1.3/40)

$$\frac{2\dfrac{a}{h}}{\sqrt{1 + \left(2\dfrac{a}{h}\right)^2}}\, kl_U h \leqq F\,,$$

also gemeinsam mit (4.1/3), (4.1/2) für den Anfangszustand $s = 0$, $\Delta h = h$ sowie für ebene Formänderung

$$\frac{2\dfrac{a}{h}}{\sqrt{1 + \left(2\dfrac{a}{h}\right)^2}} \leqq \frac{F}{kl_U\, \Delta h} \leqq 1\,. \tag{4.1/15 a}$$

Wir erwarten eine näherungsweise Gültigkeit dieser beidseitigen Abschätzung auch beim Stanzen nach Bild 4.1 *ohne* Nieder- und Gegenhalter oder Flüssigkeitsdruck; sie läßt sich auf $\Delta h \neq h$ ($s \neq 0$) übertragen und in ähnlicher Form auf axialsymmetrische Probleme erweitern.

Im Regelfall dünner Bleche $a/h \to \infty$ steht auf der linken Seite von (4.1/15a) ebenfalls 1. (4.1/3) als *Gleichung* bzw. (4.1/4) und die dort anschließenden Überlegungen sind dann neben ihrer experimentellen Korrektheit auch theoretisch nahezu richtig, *ohne daß sie eine strenge Lösung des Problems repräsentieren.*

Wir wollen jetzt umgekehrt das System von Bild 4.1a als *Traglastproblem* in dem Sinne deuten, daß eine über dem gelochten Fundament $L$ liegende Abdeckplatte $Bl$ eine im ungünstigsten Fall gerade auf das Loch drückende vorgegebene *Traglast F* aushalten soll, ohne sich plastisch zu verformen. Dies ist in Anbetracht der Ungleichung (4.1/15a) nur dann gesichert, wenn die *untere Schranke* nicht überschritten wird,

$$\frac{F}{kl_U\, \Delta h} \leqq \frac{2\dfrac{a}{h}}{\sqrt{1 + \left(2\dfrac{a}{h}\right)^2}}\,. \tag{4.1/15 b}$$

Bei derartigen Traglastproblemen ist also im allgemeinen die untere Schranke „sicher". Anders bei Umformproblemen wie dem Stanzen. Um den Vorgang bestimmt durchführen zu können, muß man die Maschine so auslegen, daß ihre verfügbare Kraft $F$ die obere Schranke überschreitet, so daß nunmehr diese als „sicher" anzusehen ist:

$$\frac{F}{kl_U\,\Delta h} \geqq 1 \, . \qquad\qquad (4.1/15\,\mathrm{c})$$

Wir verweisen auf ähnliche Betrachtungen in Abschnitt 1.2.5.

Natürlich setzten wir wie stets in diesem Buch ein plastisch *duktiles* (oder *bildsames*) Material voraus, bei welchem keine *Sprödbrüche* auftreten. Diese genügen nicht nur anderen Gesetzen [520], sondern verhindern etwa beim Stanzen wegen ihrer unkontrollierten Ausbreitung auch einen genauen Schnitt. Dennoch müssen wir auf eine wichtige bruchmechanische Größe eingehen: die *spezifische Oberflächenenergie* $\Pi$ eines festen Körpers. Sie ist erforderlich, um eine freie Oberfläche der Größe 1 zu erzeugen, und beträgt bei Raumtemperatur (vgl. [520])

$$\Pi \approx 10^{-4}\ldots 10^{-3}\ \mathrm{N/mm}\, .$$

Wir fragen, ob ihr Beitrag $\Pi l_U\,\Delta h$ zur Bildung der ganzen Trennfläche von Bild 4.1a in die Größenordnung der von uns errechneten Arbeit $F\,\Delta h$ kommt, wobei wir genähert beide Seiten von (4.1/15a) gleich 1 setzen. Dies ergäbe beispielsweise gemäß Bild 4.2 mit $k \approx 20\ldots 30\ \mathrm{N/mm^2}$

$$\Delta h \approx \Pi/k \approx 3\cdot 10^{-6}\ldots 5\cdot 10^{-5}\ \mathrm{mm}\, ,$$

ist also bei üblichen Blech- oder Plattendicken voll zu vernachlässigen und bezieht sich höchstens auf kleine oder beginnende *Anrisse*.

### 4.1.2 Spanen

Neben der *spanlosen* Werkstoffbearbeitung, den eigentlichen *mechanischen Umformvorgängen* Walzen, Schmieden, Pressen, Tiefziehen etc., dient die *spangebende* Bearbeitung dazu, die Oberflächen (meist massiver) Werkstücke auf vorgeschriebene Konturen zu bringen. Dies geschieht durch *Abtragen* überflüssigen Materials meist in Form von *Spänen*, verursacht also Werkstoffverluste, erlaubt aber eine hohe Bearbeitungsgenauigkeit. Wegen technischer Einzelheiten verweisen wir auf Lehrbücher [310, 311] oder Bibliographien [312]; Wetton [321] stellt Arbeiten über den interessanten, von der Plastomechanik noch kaum erschlossenen Grenzfall pulveriger Späne zusammen, die an kleinen, körnigen, statistisch verteilten „Werkzeugen" entstehen: das *Schleifen* und *Fräsen*. Wir wollen Temperatureffekte [320], elastische Formänderungen sowie Anisotropie [322] beiseite lassen und uns wie zuvor auf die (Quasi-)Statik beschränken, obschon darauf hingewiesen wird [317], daß Spangebung eigentlich immer einen kinetischen Vorgang darstellt [318, 319] — sei es vom Werkstoff, sei es von der Maschine her (*Rattern* des Werkzeugs).

Geometrisch einfachstes Beispiel ist das *Hobeln* (Bild 4.4 mit Erläuterungen und Bezeichnungen). Ein keilförmig parallel im Abstand $h$ (*Spantiefe*) zur Oberfläche eindringendes Werkzeug (*Meißel, Schneidstahl*) schneidet den Span $SP$ von der ebenen Schnittfläche $SF$ ab, der nach seiner Umlenkung eine von $h$ im allgemeinen verschiedene Dicke $H$ besitzt. Dabei ist es im hier ausschließlich betrachteten *stationären* Zustand prinzipiell belanglos, ob sich der Werkstoff nach rechts oder das Werkzeug nach links mit der *Schnittgeschwindigkeit* $v_S = \mathrm{const}$ bewegt. Die parallel zu $v_S$

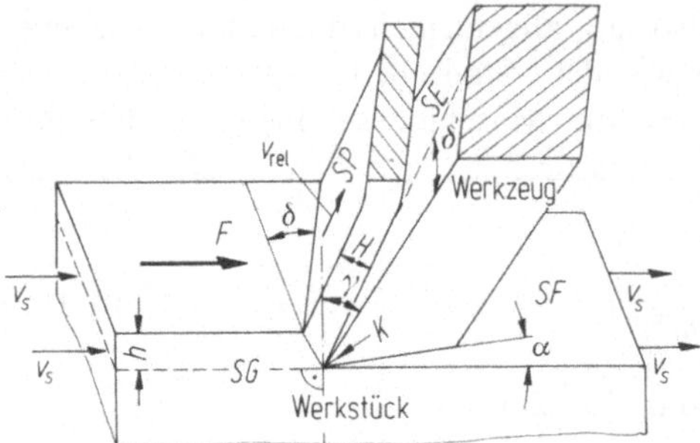


**Bild 4.4.** Spanvorgang Hobeln. Die vorderen Aufrißflächen von Werkzeug und Werkstück, nicht vom Span *SP*, liegen parallel zur Bildebene. *SE* Schneidebene (des Werkzeugs),
*SF* Schnittfläche (des Werkstückes)    }
*SG* Schnittfuge (im Werkstück gedacht)  } senkrecht zur Bildebene
*K*   Schneidkante des Werkzeuges (in *SF* bzw. *SG*).
$\gamma$ Spanwinkel, $\alpha$ Freiwinkel, $\delta$ Neigungswinkel (des Werkzeuges), $\delta'$ Winkel des abfließenden Spans auf der Schneidebene.
$v_S$ Schnittgeschwindigkeit, $h$ Spantiefe, $H$ Spandicke, $F$ Schnittkraft.
$v_{rel}$ Geschwindigkeit des abfließenden Spans relativ zur Schneidebene *SE*

gemessene *Schnittkraft F* greift aus Gleichgewichtsgründen sowohl am Werkstück als auch am Werkzeug an.

Wir stellen uns Bild 4.4 als einen Ausschnitt aus einer senkrecht zur Bildebene sehr weit — im Grenzfall unendlich — ausgedehnten Anordnung vor. Dies ist bei kleiner Spantiefe $h$ und Spandicke $H$ sicher eine brauchbare Näherung; durch die Bildebene wird das Werkzeug für $\delta \neq 0$ dann schräg abgeschnitten. Im Sonderfall $\delta = 0$ (*orthogonales* Hobeln) fließt der Span aus Symmetriegründen parallel zur Bildebene ab ($\delta' = 0$); es liegt *ebene Formänderung* vor.

Bei hinreichend dünnem Span darf man sicher auch Krümmungen der Schnittfläche vernachlässigen. Dann lassen sich die Ergebnisse für das Hobeln näherungsweise unmittelbar auf andere Spanvorgänge wie zum Beispiel das *Drehen* (auf der Drehbank) übertragen; vgl. Bild 4.5. Hierzu gehört insbesondere das *orthogonale* Drehen $\delta = \delta' = 0$. Technische Einzelheiten findet man in [299]. So bildet sich an der Schneidebene *SE* des Werkzeuges über der *Schneide K* bei zu geringer Schnittgeschwindigkeit eine *Aufbauschneide* aus, das ist ein klumpenförmiger Ansatz aus abgeriebenem und verschweißtem Spanmaterial, der die Schnittgenauigkeit verringert, von Zeit zu Zeit abplatzt und theoretisch nur schwer berechnet werden kann [302]. Bei zu spröden Werkstoffen wird die Bruchgrenze überschritten: der Span spaltet sich unkontrolliert entlang der Schnittfuge *SG* ab (*Reißspan*); Ungenauigkeiten sind die Folge. Lamellenartig zusammengeschobener *Scherspan* entsteht bei zu

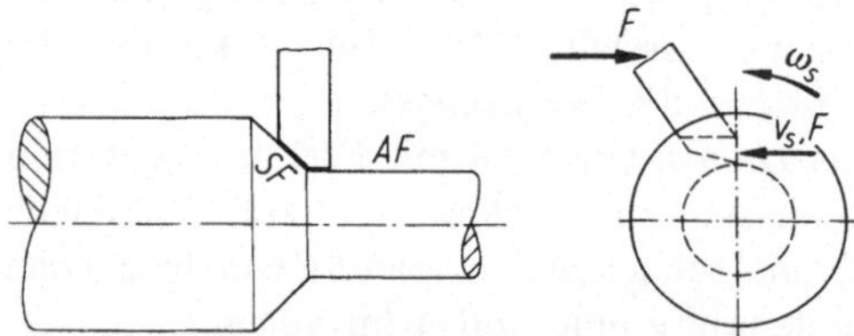


**Bild 4.5.** Abdrehen eines rotierenden Teils, Winkelgeschwindigkeit $\omega_s$, Schnittgeschwindigkeit $v_s$, Schnittkraft $F$. Das Werkzeug (Schneidstahl, Schnittmeißel) arbeitet hier mit zwei Schneidkanten (Schneiden) gleichzeitig auf der *Schnittfläche SF* und der *Arbeitsfläche AF*

kleinen *Spanwinkeln* $\gamma$. Wir beschränken uns auf den regulären Fließspan von Bild 4.4 und verweisen im übrigen auf die Schlußbetrachtungen von Abschnitt 4.1.1.

Nun zurück zum Hobeln (mit ruhendem Werkzeug) als Modell auch anderer Spanprozesse. Vereinfacht sei nur das orthogonale Hobeln (ebenes Fließen, $\delta = \delta' = 0$) untersucht. Wir setzen vorläufig idealplastisches Material konstanter Scherfließgrenze $k$ voraus. Bild 4.6a zeigt eine Fließebene.

Entsprechend der experimentellen Erfahrung und, wie wir später sehen, weitgehend in Übereinstimmung mit den Ergebnissen der Theorie setzen wir den Span als Parallelstreifen an, der sich, beginnend bei der Schneide $K$, längs $AK$ scharf vom ungestörten Restmaterial abwinkelt. Diese grundlegende geometrische Näherung geht auf Ernst und Merchant [301] zurück.

Da die (gedachte) Schnittfuge $SG$ in der Spantiefe $h$ unter der ungestörten Werkstoffoberfläche $JDA$ verläuft und $H$ die (senkrecht zu $KB$ gemessene) Dicke des abgewinkelten Spans darstellt (Bild 4.4), erkennt man im Falle $\psi \geqq 45°$ nach Bild 4.6a zunächst folgende geometrischen Relationen:

$$\left.\begin{aligned}
&|AK| \sin \psi = h, \qquad |AK| \cos (\psi - \gamma) = H, \\[2mm]
&|AC| = \frac{1}{\sqrt{2}} |AK| = \frac{h}{\sqrt{2} \sin \psi}, \qquad \sphericalangle DCA = \sphericalangle CK(SG) = \psi - 45°, \\[2mm]
&|JE| = |DC| = |AC| \cos (\psi - 45°) = \frac{h}{\sqrt{2}} \frac{\cos (\psi - 45°)}{\sin \psi}.
\end{aligned}\right\} \quad (4.1/16)$$

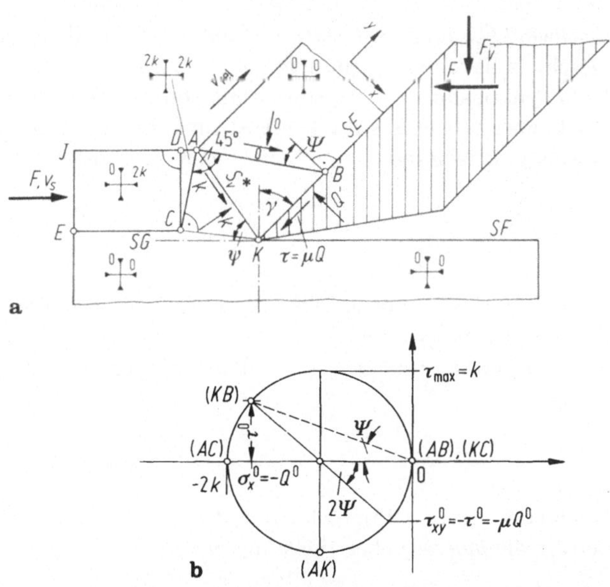


**Bild 4.6.** Orthogonales Hobeln $\delta = \delta' = 0$; Bezeichnungen vgl. Bild 4.4. Ebene Formänderung. Schnittkraft $F$, Vertikalkraft $F_V$ pro Breite 1. $\Psi$ Reibwinkel an der Schneidebene $SE$, $\mu = \tan \Psi$ zugehöriger Reibwert. $Q$, $\tau$ Normaldruck und Schubspannung längs $KB$; $k$ Scherfließgrenze.
**a** Aufriß: $\gamma > \Psi$. Erratene Sprungfläche $S_v^*$ längs $AK$, Neigungswinkel $\psi$. Einfache Spannungspfeile am Dreieck $AKB$, daneben Hauptspannungs-Doppelpfeilkreuze. **b** Mohrscher Spannungskreis zum Viereck $ACKB$

$\psi = \sphericalangle AK(SG)$ bleibt vorläufig unbekannt und seine Beziehung zum gezeichneten Winkel $\Psi$ oder dessen Deutung unbeachtet.

Der Normaldruck $Q$ und die Schubspannung $\tau = \mu Q$ ($\mu$ Reibwert) zwischen Werkzeug und Span ergeben die horizontalen und vertikalen Komponenten

$$Q_H = Q \cos \gamma + \mu Q \sin \gamma \,, \qquad Q_V = -Q \sin \gamma + \mu Q \cos \gamma \,.$$

Hieraus folgen nach Integration über die Schneidebene $SE$ unter der Voraussetzung $\mu = $ const die *Schnittkraft F*, die *Vertikalkraft $F_V$* und die *Reibkraft $F_R$* zu

$$\left.\begin{aligned}
F &= F_v(\cos \gamma + \mu \sin \gamma) = F_v \frac{\cos (\Psi - \gamma)}{\cos \Psi} \,, \\[2mm]
F_V &= F_v(- \sin \gamma + \mu \cos \gamma) = F_v \frac{\sin (\Psi - \gamma)}{\cos \Psi} \,, \\[2mm]
F_R &= \mu F_v = F_v \tan \Psi \,,
\end{aligned}\right\} \qquad (4.1/17)$$

wobei die *Normalkraft $F_v$* zum *Normaldruck Q* gehört. Sämtliche Kräfte werden *pro Breite 1* (die sich senkrecht zur Bildebene erstreckt) gemessen. Der durch $\mu = \tan \Psi$ analog (3.2/8) definierte konstante Reibwinkel $\Psi \geqq 0$ habe, wie gesagt, vorerst nichts mit dem Winkel $\Psi$ in Bild 4.6a zu tun.

Wir beginnen jetzt mit einer Obere-Schranken-Abschätzung und „erraten", wiederum nach dem Vorbild von Ernst und Merchant [301], ein *zulässiges*, das heißt *volumentreues* Geschwindigkeitsfeld (vgl. Ende von Abschnitt 1.3.4.1) wie folgt: *Der Span bewege sich mit konstanter Relativgeschwindigkeit $v_{rel}^* > 0$ starr und parallel zur Schneidebene des Werkzeuges, das Restmaterial mit ebenfalls konstanter Schnittgeschwindigkeit $v_S^* > 0$ starr horizontal.* $v_{rel}^*$ und $v_S^*$ entsprechen also den wahren Geschwindigkeiten $v_{rel}$ und $v_S$, ohne notwendig mit ihnen übereinzustimmen. Die Volumenkonstanz ist gewährleistet, sofern ebensoviel Material in die *Scherebene AK* hinein — wie aus ihr herausströmt. Daher stimmen die beidseitig berechneten Normalgeschwindigkeiten $v_S^* \sin \psi$ bzw. $v_{rel}^* \sin (90° - [\psi - \gamma])$ überein[3]:

$$v_{rel}^* = v_S^* \frac{\sin \psi}{\cos (\psi - \gamma)} \,. \qquad (4.1/18)$$

Parallel zur Scherebene $AK$ ergibt sich ein *Geschwindigkeitssprung* als Differenz der Parallelgeschwindigkeiten $v_S^* \cos \psi$ bzw. $-v_{rel}^* \cos (90° - [\psi - \gamma])$ in der Größe $\Delta v^* = v_S^* \cos \psi + v_{rel}^* \sin (\psi - \gamma)$, also wegen (4.1/18) zu

$$\Delta v^* = v_S^* \frac{\cos \gamma}{\cos (\psi - \gamma)} \,. \qquad (4.1/19)$$

Nach (1.3/44), (1.3/45), (4.1/16) und mit $k$ als Schubspannung längs der Scherebene beträgt die *innere* (Scher-)Leistung *pro Breite 1*

$$P^* = k \, |AK| \, |\Delta v^*| = kh \frac{\cos \gamma}{\sin \psi \, |\cos (\psi - \gamma)|} v_S^* \,.$$

---

[3] Wegen (4.1/16) ist die globale Volumenkonstanz $v_S^* h = v_{rel}^* H$ gewährleistet.

Die *äußere* Leistung $P_*$ der *wahren* Kräfte gegen das *erratene* Geschwindigkeitsfeld ergibt sich über (4.1/17), (4.1/18) unmittelbar aus den Oberflächenkräften $F$ (auf *JE*) sowie $F_v$ und $F_R$ (auf *SE*) *pro Breite 1* zu

$$P_* = Fv_S^* - F_R v_{rel}^* = Fv_S^* \left\{ 1 - \frac{\sin \Psi}{\cos (\Psi - \gamma)} \frac{\sin \psi}{\cos (\psi - \gamma)} \right\} ;$$

man beachte, daß entgegen mancher in der Literatur geäußerten Meinung, die Reibung bisher keine besonderen Schwierigkeiten bereitet. Aus dem *Satz von der oberen Schranke* (1.3/39) erhalten wir schließlich die Abschätzung

$$F \leqq kh \frac{\cos \gamma}{\sin \psi \cos (\psi - \gamma)} \left\{ 1 - \frac{\sin \Psi}{\cos (\Psi - \gamma)} \frac{\sin \psi}{\cos (\psi - \gamma)} \right\}^{-1} . \qquad (4.1/20)$$

Hierin ist der Winkel $\psi$ ein noch unbekannter Parameter, und es liegt nahe, z. B. die rechte Seite von (4.1/20) durch geeignete Wahl von $\psi$ zu optimieren. Solche und ähnliche Vorgehensweisen finden sich, beginnend bei Ernst und Merchant [301], in zahlreichen Arbeiten [308, 314, 315], obschon sie kaum begründet werden können: Änderung von $\psi$ bedeutet nämliche Änderung der Span*geometrie*, die aber für die Anwendung aller Extremalsätze als *vorgegeben* und damit *unveränderlich* zu betrachten ist.

Wir suchen einen anderen Weg und wenden uns dem *Untere-Schranken-Satz* zu. Nach Lee und Shaffer [302] „erraten" wir ein (von eventuellen Eigenspannungen abgesehen) *möglichst realistisches* „zulässiges" Spannungsfeld $\sigma_{jk}^0$ wie folgt.

Wir gehen vom *frei* abfließenden Span aus, dessen Spannungen im oberen Teil verschwinden (Bild 4.6a). Alsdann führen wir ein Dreieck *AKB* mit *konstantem* Spannungszustand $\sigma_x^0$, $\sigma_y^0$, $\tau_{xy}^0$ ein, dessen oberer Rand *AB* spannungsfrei sein und damit dem Ursprung $(AB) \triangleq 0$ im Mohrschen Kreis (Bild 4.6b; vgl. allgemein hierzu Bild A.6) entsprechen muß. Sein Radius gleiche der maximalen Schubspannung $\tau_{max} = k$, so daß $\sigma_{max}^0 = 0$, $\sigma_{min}^0 = -2k$ und folglich die ebene Fließbedingung (1.3/63), also erst recht die *Zulässigkeitsbedingung für Spannungen* (1.2/51) erfüllt ist. Die Ebene *AK* möge eine *Scherebene* wie bei der Obere-Schranken-Lösung sein; sie gehört dann zum Punkt $(AK)$ im Kreis, und $\sphericalangle KAB$ im Dreieck beträgt (wie gezeichnet) 45°. Wegen $\tau^0/Q^0 = \mu = \tan \Psi$ findet man den der Dreiecksseite *KB* entsprechenden Kreispunkt $(KB)$ auf der gestrichelten Geraden. Der Mittelpunktswinkel beträgt $2\Psi$, also der Winkel zwischen *AB* und der Senkrechten zu *KB* in Bild 4.6a gerade $\Psi$. *Dadurch erst wird der Reibwinkel $\Psi$ als geometrischer Winkel bei B in die Betrachtung eingeführt.*

Über *AK* hinaus setzen Lee und Shaffer [302] ihr Spannungsfeld nicht fort; es ist also *unvollständig*. Doch lassen sich jetzt schon experimentelle Vergleiche ziehen. Bild 4.6a liefert nämlich

$$\psi = 45° - (\Psi - \gamma) . \qquad (4.1/21)$$

Diese Beziehung wird nach Bild 4.7 [300] jedenfalls besser erfüllt als die entsprechende von Ernst und Merchant [301], zumindest für $\Psi - \gamma \geqq 0$. Daher wollen wir sie von nun an als gültig voraussetzen. Gemessene *Schnittkräfte* streuen meist zu stark, als daß sie für eine verläßliche Überprüfung geeignet wären, doch findet sich gelegentlich der Hinweis [313], daß sie keine der Theorien bestätigen.

[407] folgend vervollständigen wir das Lee und Shaffersche Spannungsfeld, und

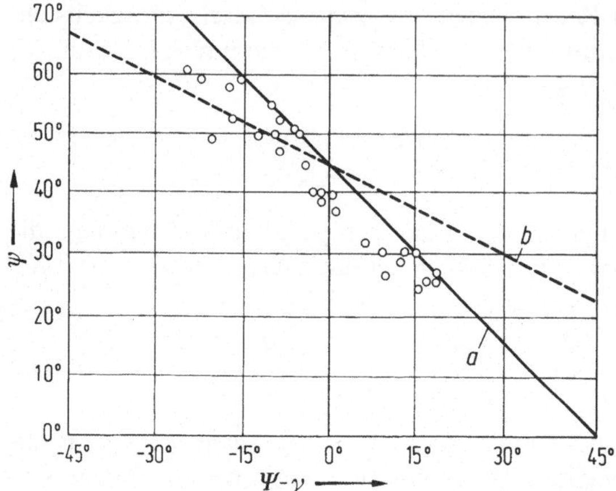



**Bild 4.7.** Experimente zum orthogonalen Abdrehen (Bezeichnungen s. Bild 4.6) im Vergleich mit der Theorie. ∘∘∘∘∘∘∘∘∘∘∘ Meßwerte von Ota, Shindo und Fukuoka [300]. **a** ——·——— $\psi + \Psi - \gamma =$ $= 45°$ (Lee and Shaffer [302]), **b** —————— $\psi + {}^1/_2(\Psi - \gamma) = 45°$ (Ernst and Merchant [301])

zwar zunächst durch Ergänzung des Dreiecks *AKB* zum Viereck *ACKB* (Bild 4.6a), wobei sich die Spannungen zu *AC* und *CK* aus (*AC*) und (*KC*) im Mohrschen Kreis (Bild 4.6b) ergeben. Unterhalb der Linie *ECK(SF)* in Bild 4.6a darf daher der Gesamt-Spannungszustand 0 angesetzt werden; im Viereck *JECD* und im Dreieck *DCA* gelten die gezeichneten Hauptspannungskreuze. Die Differenz beider Hauptspannungen übersteigt betragsmäßig nirgends den Wert $2k$, so daß die Fließbedingung (1.3/61) niemals verletzt, also die *Zulässigkeit* des Spannungsfeldes überall gewahrt wird. Das Spannungskreuz des hydrostatischen Zustandes $2k$ im Dreieck *DAC* darf übrigens beliebig gedreht werden, und längs *EC, CD, AC* springen die dazu parallelen Spannungen. Auf *DA* wirkt im Gegensatz zur wahren Randbedingung der Normaldruck $2k$. Wir kommentieren dies später.

Um jetzt die äußeren Leistungen $P$, $P^0$ direkt mittels der Oberflächenkräfte $F$, $F_v$, $F_R$ des wahren bzw. $F^0$, $F_v^0$, $F_R^0$ des erratenen Spannungsfeldes (*pro Breite 1*) zu bilden, setzen wir näherungsweise für das wahre Geschwindigkeitsfeld

$$v_{rel} \approx \textit{räumlich const}, \qquad v_S \approx \textit{räumlich const} \quad \text{für} \quad \mu \neq 0 \qquad (4.1/22)$$

voraus, wie dies für das erratene Feld $v_{rel}^*$, $v_S^*$ galt. Eine solche Zusatzannahme erweist sich im reibungsfreien Fall $\mu = 0$ wenigstens dann als überflüssig, wenn die Strecke *DA* verschwindet (s. unten), so daß nun in der Tat die Reibung gewisse Schwierigkeiten bereitet. Es folgt über (1.3/12) $P^0 = F^0 v_S - F_R^0 v_{rel}$, $P = F v_S - F_R v_{rel} > 0$ mit $F > 0$, $F^0 > 0$, $v_S > 0$, und da (4.1/17) auch für $F^0$, $F_R^0$ bzw. (4.1/18) für $v_{rel}$, $v_S$ gilt,

$$P = F v_S \left\{ 1 - \frac{\sin \Psi}{\cos (\Psi - \gamma)} \frac{\sin \psi}{\cos (\psi - \gamma)} \right\} > 0,$$

$$P^0 = F^0 v_S \left\{ 1 - \frac{\sin \Psi}{\cos (\Psi - \gamma)} \frac{\sin \psi}{\cos (\psi - \gamma)} \right\} > 0.$$

Hiernach liefert der *Satz von der unteren Schranke* (1.3/40)

$$F^0 \leqq F \,.\tag{4.1/23}$$

Über (4.1/16), (4.1/21) und Bild 4.6a erhält man daher

$$F^0 = 2k\,|JE| = \sqrt{2}\,hk\,\frac{\cos(\Psi - \gamma)}{\sin\psi}\tag{4.1/24}$$

als untere Schranke der Schnittkraft $F$ pro Breite 1, wobei zumindest für $\Psi \neq 0$ die Näherung (4.1/22) verwendet wurde.

Überraschenderweise führt nun (4.1/21) mit (4.1/24), (4.1/23) und (4.1/20) auf zwei *zusammenfallende Schranken*, so daß pro Breite 1 für $k = \text{const}$

$$F = \frac{2kh}{1 - \tan(\Psi - \gamma)} > 0\tag{4.1/25}$$

folgt: exakt im reibungsfreien Fall $\Psi = \mu = 0$ mit $|DA| = 0$ (s. unten), als wahrscheinlich gute Näherung für $\mu \neq 0$ oder $|DA| \neq 0$.

Aufgrund dieses Ergebnisses stellen wir die Frage, ob nicht vielleicht unsere zwei erratenen Felder zu einer vollständigen exakten Lösung des Problems gehören.

In den beiden kinematisch *starren* Bereichen JAKE und dem Span oberhalb $AK$ verschwinden die erratenen Formänderungsgeschwindigkeiten und erfüllen so mit dem erratenen zulässigen Spannungsfeld sicher die Fließregel (1.3/64), wobei $\bar{\varkappa} = 0$ gilt. Auf die *Scherfläche AK* selbst wirkt die maximale Schubspannung $k$, und diese Paarung erfüllt ebenfalls die Fließregel (1.3/64) mit $\sigma_1 = \sigma_2$, $\lambda_1 = \lambda_2 = 0$. Also ist das Stoffgesetz überall gültig.

Lediglich die Spannungsrandbedingungen werden nach Bild 4.6a verletzt, weil hier über die Strecke $DA$ der Rand-Normaldruck $2k$ wirkt.

Bild 4.6a bezieht sich wegen (4.1/21) auf $\Psi - \gamma = 45° - \psi < 0$. Hierfür handelt es sich bei der vorstehenden Lösung also um keine vollständige. Da nämlich der Randdruck beim wirklichen Hobeln entfällt, kann man sich vorstellen, daß dann längs $DA$ ein *gekrümmter Übergang* in den Span vorliegt.

Anders für $\Psi - \gamma = 45° - \psi \geqq 0$. Jetzt kehrt sich wegen $\sphericalangle\,DCA \leqq 0$ in (4.1/16) das Dreieck $DCA$ um: Die Spitze wandert nach oben und die Seite $DA$ nach unten. Kein *äußerer* Druck ist erforderlich; dieser wird vielmehr vom darunterliegenden Material als *innerer* Druck nach oben aufgebracht:

*Für $\Psi - \gamma \geqq 0$ ist die vorstehende Lösung vollständig und exakt*. Die von anderen Autoren angegebenen, meist unvollständigen (z. B. Gleitlinien-)Lösungen erweisen sich daher als überflüssig [316]. Wie schon erwähnt zeigt auch Bild 4.7 die bessere Übereinstimmung mit Versuchen für $\Psi - \gamma \geqq 0$.

Wir berechnen nun über (4.1/17) auch die *Vertikalkraft* des Werkzeuges. Mit (4.1/25) ergibt sich *pro Breite 1*

$$F_V = F\,\tan(\Psi - \gamma) = \frac{2kh}{\cot(\Psi - \gamma) - 1}\,;\tag{4.1/26}$$

sie wechselt erwartungsgemäß mit $\Psi - \gamma$ das Vorzeichen.

Da die vorstehende Schrankenlösung viele Charakterzüge einer exakten Lösung trägt, darf man hoffen, daß sie *näherungsweise* auch für verfestigenden Werkstoff $k = k(\bar{\varphi})$ gilt. In der Tat zeigen Messungen, daß die Scherfläche $AK$ nahezu erhalten bleibt oder sich nur geringfügig räumlich zu einer Umformzone aufbläht; Fließkurven sind erforderlichenfalls entsprechend Bild 4.2 fast waagerecht zu extrapolieren [304, 313]. Und man hat wie auf S. 170

$$\bar{\lambda} = \frac{1}{2}\left|\frac{\Delta v}{\Delta a}\right|,$$

wo die fiktive Dicke $\Delta a$ der Scherebene $AK$ gleich dem Weg eines mit der Normalgeschwindigkeit $v_S \sin\psi$ in einem geeigneten Zeitintervall $\Delta t$ durchtretenden Teilchens gesetzt wird: $\Delta a = v_S \sin\psi\,\Delta t$. Mit (4.1/19), (4.1/21) folgt

$$\bar{\lambda} = \frac{1}{2}\frac{\cos\gamma}{\cos(\psi-\gamma)\sin\psi\,\Delta t} = \frac{\cos\gamma}{\Delta t\,[\cos(2\Psi-\gamma)+\sin\gamma]},$$

also die Vergleichsformänderung (1.1/15) bei verschwindender Vorverformung zu

$$\bar{\varphi} = \bar{\lambda}\,\Delta t = \frac{\cos\gamma}{\sin\gamma + \cos(2\Psi-\gamma)}. \qquad (4.1/27)$$

Über ihr kann $k$ aus der Fließkurve abgelesen und in (4.1/25) eingesetzt werden.

## 4.2 Zug- und Druckumformung von Metallen

### 4.2.1 Strang- und Fließpressen mit rechtwinkligem Block-Aufnehmer

Ein hier zylindrischer oder quaderförmiger *Metallblock* (*Rohling*) wird in einen gefäßartigen Block-*Aufnehmer* (*Rezipienten*) *Rp* gebracht (Bild 4.8), dessen Wände wir ebenso wie den die Last aufbringenden *Stempel St* und die gelochte *Matrize Ma* bzw. die *Schließplatte Pl* als starr ansehen. Infolge der Stempelbewegung wird der nutzbare Aufnehmerraum verkleinert, so daß der Werkstoff entweder *vorwärts* als Strang *I* (Bild 4.8a) oder *rückwärts* als *Rohr* bzw. *Hülse I* (Bild 4.8b) herausfließt. Weitere technische Literaturhinweise finden sich in [377, 378, 379], Fließkurven zugehöriger Stähle in [600]. Der *Extrusions*vorgang bei Kunststoffen besitzt eine ähnliche Endphase. Wir beschränken uns auf den axialsymmetrischen Fall. Einige Ergebnisse für ebene Umformung werden zitiert (siehe auch [346]). Ferner setzen wir die Gestalt des plastischen Körpers als bekannt voraus. Sie wird weit-

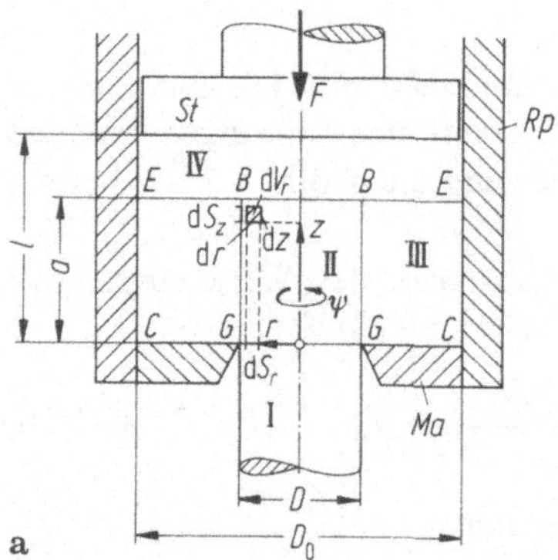
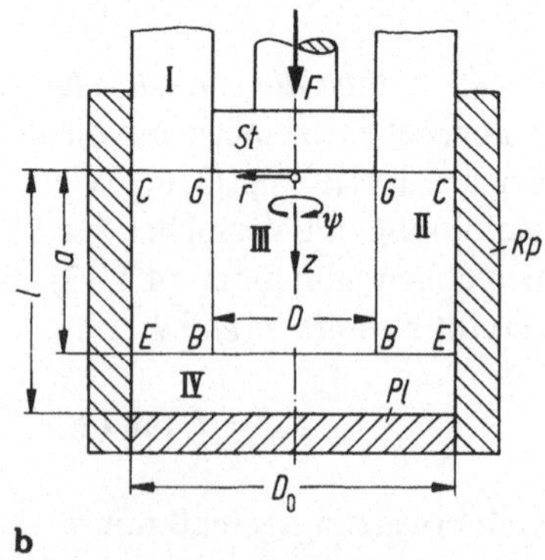

**Bild 4.8.** Axialsymmetrisches Strang- und Fließpressen. *St* Stempel, *Rp* Aufnehmer (Rezipient), *Ma* Matrize, *Pl* Schließplatte, *F* Stempelkraft, *l* Stempelabstand. Zoneneinteilung *I—IV*; freier Parameter *a*. **a** Vorwärtsstrangpressen. **b** Rückwärtsfließpressen

gehend durch den als starr angenommenen Aufnehmer und die Matrize vorbestimmt. Ob der Strang bzw. die Hülse *I* freilich in der Tat *übergangslos* zylindrisch austritt, scheint zweifelhaft. Und hierin liegt die (nach allgemeiner Auffassung jedoch geringe) Unsicherheit des Rechenansatzes.

Wir denken den Werkstoff in die Zonen *I—IV* eingeteilt und erraten zunächst ein *zulässiges Spannungsfeld* im $r,\psi,z$-Polarkoordinatensystem nach Tabelle 4.1, wobei wir $a = l$ voraussetzen, so daß Zone *IV* entfällt. Dann ist das Spannungsgleichgewicht (vgl. Anhang (A.2/20)) sicher mit verschwindenden Volumenkräften $p = 0$ erfüllt, sofern

$$k = \text{const}\,, \qquad \tau_{jk}^0 \equiv 0 \qquad (j, k = r, \psi, z)\,. \tag{4.2/1}$$

**Tabelle 4.1.** Zulässige Spannungen beim Strang- und Fließpressen nach Bild 4.8

| Zone | *I* | *II* | *III* |
|---|---|---|---|
| $\sigma_r^0 \equiv \sigma_\psi^0$ | 0 | $-2k$ | $-2k$ |
| $\sigma_z^0$ | 0 | 0 | $-4k$ |

An den Unstetigkeitsflächen *GB*, *GC* bleibt die *auf diese* wirkende Komponente $\sigma_r^0$ bzw. $\sigma_z^0$ stetig, wie es das Schnittprinzip verlangt. Schließlich gelte Tresca's Fließbedingung (1.3/53) mit (1.3/62), und damit ist die Zulässigkeit gemäß (1.2/51) für $L = k$ in gewissem Sinne sogar *optimal* — nämlich mit Gleichheits- statt Ungleichheitszeichen — nachgewiesen. Die äußeren Leistungen (1.3/42), (1.3/43) betragen mit $|v_S|$ als Stempelgeschwindigkeit und

$$A_0 = \frac{\pi}{4}\,D_0^2\,, \qquad A = \frac{\pi}{4}\,D^2 \tag{4.2/2}$$

als Querschnittsflächen zu $D_0$ bzw. $D$, sofern an der Stempeloberfläche sowie an Aufnehmer- und Matrizenwand *keine Reibung* oder keine Relativgeschwindigkeit des Werkstoffes besteht (*Haftreibung*), offenbar

$$\left.\begin{aligned} P^0 &= 4k(A_0 - A)\,|v_S| \\[2mm] P\ &= F\,|v_S| \end{aligned}\right\} \quad \text{beim \emph{Strangpressen}}$$

und

$$\left.\begin{aligned} P^0 &= 4kA\,|v_S| \\[2mm] P\ &= F\,|v_S| \end{aligned}\right\} \quad \text{beim \emph{Rückwärtsfließpressen}}\,.$$

Dann liefert der Satz von der *unteren Schranke* (1.3/40) die in beiden Fällen gleiche Abschätzung für den geeignet gemittelten dimensionslosen Werkzeugdruck[4]

$$\hat{Q} = \frac{F}{2kA_0} \tag{4.2/3a}$$

---

[4] Stempeldruck beim Strangpressen, Druck auf die Schließplatte beim Rückwärtsfließpressen.

als Funktion des *Umformgrades*

$$|\varepsilon| = \begin{cases} \dfrac{A_0 - A}{A_0} & \text{beim Strangpressen,} \\[2ex] \dfrac{A}{A_0} & \text{beim Rückwärtsfließpressen,} \end{cases} \tag{4.2/3 b}$$

nämlich

$$\hat{Q} \geqq 2\,|\varepsilon|\,. \tag{4.2/4}$$

Bei unserem einfachen Ansatz spielt es keine Rolle, ob Reibungsfreiheit oder Haftreibung besteht. Die *untere Schranke* $2\,|\varepsilon|$ ist bei *idealplastischem* Werkstoff $k = $ const stets richtig, aber wahrscheinlich nur bei verschwindender Reibung brauchbar. Auch geht der Stempelabstand $l$ nicht ein.

Offenbar erhält man beim *ebenen Fließen* (große Breite $b$ des Werkstoffblockes senkrecht zur Bildebene) die gleichen Formeln. Nur sind statt (4.2/2) die Flächen

$$A_0 = bD_0\,, \qquad A = bD \tag{4.2/5}$$

einzusetzen.

Wir wollen jetzt eine *obere Schranke* zunächst für das *Vorwärtsstrangpressen* mit *idealplastischem Werkstoff* sowie *reibungsfreien Werkzeugen* konstruieren und ein möglichst einfaches Geschwindigkeitsfeld erraten, bei welchem $r$, $\psi$, $z$ Hauptrichtungen definieren, d. h. die Schergeschwindigkeiten $\varkappa_{jk}^*$ verschwinden:

$$k = \text{const}\,, \qquad \mu = 0\,, \qquad \varkappa_{jk}^* \equiv 0 \tag{4.2/6}$$

**Tabelle 4.2.** Zulässige Werkstoff- und Formänderungsgeschwindigkeiten beim Strangpressen nach Bild 4.8a. $\bar{\lambda}^* = |\lambda_j^*|_{\max}$: Vergleichs-Formänderungsgeschwindigkeit.

| Zone | I | II | III | IV |
|---|---|---|---|---|
| $u^* = v_r^*$ | 0 | $-|v_S^*|\,\dfrac{r}{2a}\left[\left(\dfrac{D_0}{D}\right)^2 - 1\right]$ | $-\dfrac{|v_S^*|}{8}\,\dfrac{D_0^2}{ar}\left[1 - \left(\dfrac{r}{D_0/2}\right)^2\right]$ | 0 |
| $v^* = v_z^*$ | $-\left(\dfrac{D_0}{D}\right)^2 |v_S^*|$ | $-|v_S^*|\left\{\left(\dfrac{D_0}{D}\right)^2 - \dfrac{z}{a}\left[\left(\dfrac{D_0}{D}\right)^2 - 1\right]\right\}$ | $-|v_S^*|\,\dfrac{z}{a}$ | $-|v_S^*|$ |
| $\lambda_r^* = \dfrac{\partial u^*}{\partial r}$ | 0 | $-\dfrac{|v_S^*|}{2a}\left[\left(\dfrac{D_0}{D}\right)^2 - 1\right]$ | $\dfrac{|v_S^*|}{2a}\left[\left(\dfrac{D_0/2}{r}\right)^2 + 1\right]$ | 0 |
| $\lambda_\psi^* = \dfrac{u^*}{r}$ | 0 | $-\dfrac{|v_S^*|}{2a}\left[\left(\dfrac{D_0}{D}\right)^2 - 1\right]$ | $-\dfrac{|v_S^*|}{2a}\left[\left(\dfrac{D_0/2}{r}\right)^2 - 1\right]$ | 0 |
| $\lambda_z^* = \dfrac{\partial v^*}{\partial z}$ | 0 | $\dfrac{|v_S^*|}{a}\left[\left(\dfrac{D_0}{D}\right)^2 - 1\right]$ | $-\dfrac{|v_S^*|}{a}$ | 0 |
| $\bar{\lambda}^*$ | 0 | $\dfrac{|v_S^*|}{a}\left[\left(\dfrac{D_0}{D}\right)^2 - 1\right]$ | $\dfrac{|v_S^*|}{2a}\left[\left(\dfrac{D_0/2}{r}\right)^2 + 1\right]$ | 0 |

($\mu$ Reibwert). Die letzte Forderung ebenso wie die Volumenkonstanz $\lambda_r^* + \lambda_\psi^* + \lambda_z^* = 0$ als Zulässigkeitsbedingung (vgl. Ende von Abschnitt 1.3.4.1 sowie (1.3/48)) wird wegen (A.2/21) durch den in Tabelle 4.2 gegebenen Ansatz für die zulässigen Geschwindigkeiten $u^* = v_r^*, v^* = v_z^*, v_\psi^* \equiv 0$ erfüllt. Er garantiert zudem die Randbedingungen $v^* = -|v_S^*|$ ($|v_S^*|$ fiktive Stempelgeschwindigkeit) für $z = l$, $v^* = 0$ längs $GC$, $u^* = 0$ für $r = D_0/2$ und für $r = 0$. Der Strang bewegt sich starr axial ($u^* \equiv 0$ in Zone $I$), und die Volumenkonstanz an den Sprungflächen $EB$, $BB$, $GG$ bzw. $GB$ wird durch die Gleichheit der jeweiligen Geschwindigkeits-Normalkomponente $v^*$ bzw. $u^*$ in den angrenzenden Zonen gewährleistet. $a$ stellt einen vorläufig willkürlich gewählten freien Parameter dar; $a \leqq l$.

Zur Auswertung der Leistungsintegrale in (1.3/45), wobei die Leistungsdichte $\Lambda^*$ nach (1.3/38) sowie $L = Y = 2k$ (vgl. (1.3/62)) und $\bar{\lambda}^* = |\lambda_j^*|_{\max}$ nach (1.3/55a) einzusetzen ist, beginnen wir mit der Integration in Umfangsrichtung $0 \leqq \psi \leqq 2\pi$. Dann gelangen wir bei gegebenem Radius $r$ zu Ringelementen der Umfangslänge $2\pi r$, mit dem schraffierten Flächenanteil (Bild 4.8a) d$r$ d$z$ also zu Ringvolumina

$$\mathrm{d}V_r = 2\pi r\, \mathrm{d}r\, \mathrm{d}z \; . \tag{4.2/7}$$

Dies liefert die inneren Leistungsanteile $P_J^*$, $J = I \dots IV$, der einzelnen Zonen wegen $k = \mathrm{const}$ und (4.2/2), (4.2/3b) zu

$$P_I^* = P_{IV}^* = 0 \, ,$$

$$P_{II}^* = \int\limits_{r=0}^{D/2} \int\limits_{z=0}^{a} 2k\, \frac{|v_S^*|}{a}\left[\left(\frac{D_0}{D}\right)^2 - 1\right] \cdot 2\pi r\, \mathrm{d}r\, \mathrm{d}z = 2kA_0\,|v_S^*|\,|\varepsilon| \, ,$$

$$P_{III}^* = \int\limits_{r=D/2}^{D_0/2} \int\limits_{z=0}^{a} 2k \cdot \frac{|v_S^*|}{2a}\left[\left(\frac{D_0/2}{r}\right)^2 + 1\right] \cdot 2\pi r\, \mathrm{d}r\, \mathrm{d}z = kA_0|v_S^*|\left\{|\varepsilon| + \ln\frac{1}{1-|\varepsilon|}\right\} \cdot$$

Mit den analog (4.2/7) gebildeten Ringflächenelementen

$$\mathrm{d}S_r = 2\pi r\, \mathrm{d}r \, , \qquad \mathrm{d}S_z = 2\pi r\, \mathrm{d}z \tag{4.2/8}$$

(vgl. Bild 4.8a) finden wir die Flächenleistungsanteile $\int\limits^{S_v^*} \Lambda_v^*\, \mathrm{d}S_v^*$ von (1.3/45) auf den Sprungflächen $EB$, $GG$, $BB$ bzw. $GB$, wenn wir für $\Delta v^*$ in (1.3/44) hier die Differenz der beidseitigen Parallelgeschwindigkeiten, also $\Delta u^*$ bzw. $\Delta v^*$ nach Tabelle 4.2 einsetzen und für die dagegen Arbeit leistende Spannung $T_S^*$ wie bisher die auf Scherflächen wirksame maximale Schubspannung $k$. Dann erhalten wir mit $u_j^*$, $v_j^*$ als Geschwindigkeiten in den Zonen $J = I \dots IV$

$$\mathrm{P}_{GG}^* = \int\limits_{r=0}^{D/2} k\,|u_I^* - u_{II}^*|_{z=0} \cdot 2\pi r\, \mathrm{d}r = 2\pi k \int\limits_{0}^{D/2} |v_S^*|\,\frac{r}{2a}\left[\left(\frac{D_0}{D}\right)^2 - 1\right] r\, \mathrm{d}r = \frac{k}{6}\,A_0|v_S^*|\,\frac{D}{a}\,|\varepsilon| \, ,$$

$$P_{EB}^* = \int\limits_{r=D/2}^{D_0/2} k\,|u_{III}^* - u_{IV}^*|_{z=a} \cdot 2\pi r\, \mathrm{d}r = 2\pi k \int\limits_{D/2}^{D_0/2} \frac{|v_S^*|}{8}\,\frac{D_0^2}{ar}\left[1 - \left(\frac{r}{D_0/2}\right)^2\right] r\, \mathrm{d}r =$$

$$= \frac{k}{3}\,A_0|v_S^*|\,\frac{D}{a}\left\{\frac{1}{\sqrt{1-|\varepsilon|}} - 1 - \frac{|\varepsilon|}{2}\right\} \, ,$$

$$P_{BB}^* = \int\limits_{r=0}^{D/2} k\,|u_{II}^* - u_{IV}^*|_{z=a} \cdot 2\pi r\,\mathrm{d}r = 2\pi k \int\limits_{0}^{D/2} |v_S^*|\,\frac{r}{2a}\left[\left(\frac{D_0}{D}\right)^2 - 1\right] r\,\mathrm{d}r =$$

$$= \frac{k}{6}\,A_0 |v_S^*|\,\frac{D}{a}\,|\varepsilon|\,,$$

$$P_{GB}^* = \int\limits_{z=0}^{a} k\,|v_{III}^* - v_{II}^*|_{r=D/2}\cdot 2\pi\,\frac{D}{2}\,\mathrm{d}z = D\pi k \int\limits_{0}^{a} |v_S^*|\left(\frac{D_0}{D}\right)^2\left(1 - \frac{z}{a}\right)\mathrm{d}z = 2kA_0\,|v_S^*|\,\frac{a}{D}\,.$$

Addition sämtlicher Anteile ergibt die gesamte innere Scheinleistung des erratenen Geschwindigkeitsfeldes

$$P^* = kA_0\,|v_S^*|\left\{3\,|\varepsilon| + \ln\frac{1}{1-|\varepsilon|} + \frac{1}{6}\frac{D}{a}\left[2\left(\frac{1}{\sqrt{1-|\varepsilon|}} - 1\right) + |\varepsilon|\right] + \frac{2}{D/a}\right\}.$$

Verglichen mit der nach Bild 4.8a erkennbaren äußeren Scheinleistung der wahren Kraft $F$ gegen die fiktive Stempelgeschwindigkeit $|v_S^*|$, nämlich $P_* = F\,|v_S^*|$, gibt dies aufgrund des Satzes (1.3/39) von der *oberen Schranke* die folgende obere Abschätzung des dimensionslosen mittleren Stempeldruckes bei reibungsfreien Werkzeugen

$$\hat{Q} = \frac{F}{2kA_0} \leqq \frac{3}{2}\,|\varepsilon| + \ln\frac{1}{\sqrt{1-|\varepsilon|}} + \frac{1}{12}\frac{D}{a}\left[2\left(\frac{1}{\sqrt{1-|\varepsilon|}} - 1\right) + |\varepsilon|\right] + \frac{1}{D/a}\,. \qquad (4.2/9)$$

Sie gilt für *jeden Parameterwert $D/a$*, solange $a \leqq l$. Daher dürfen wir hoffen, durch Minimierung der rechten Seite erstens eine *optimale Schranke*, zweitens aber auch einen optimalen Ausdruck für $a$ zu finden und damit vielleicht die Ausdehnung der eigentlichen Umformzone abzuschätzen. Hierzu gibt Differentiation nach $D/a$ und Nullsetzen der Ableitung

$$\left(\frac{a}{D}\right)_{\mathrm{opt}} = \sqrt{\frac{1}{12}\left[2\left(\frac{1}{\sqrt{1-|\varepsilon|}} - 1\right) + |\varepsilon|\right]}\,. \qquad (4.2/10)$$

Nach Substitution rechts in (4.2/9) folgt optimal

$$\left.\begin{aligned}\hat{Q} \leqq \frac{3}{2}\,|\varepsilon| + \ln\frac{1}{\sqrt{1-|\varepsilon|}} + \sqrt{\frac{1}{3}\left[2\left(\frac{1}{\sqrt{1-|\varepsilon|}} - 1\right) + |\varepsilon|\right]}\\[4pt]\text{solange}\quad (a/D)_{\mathrm{opt}} \leqq l/D\,.\end{aligned}\right\} \qquad (4.2/11)$$

Bild 4.9 vergleicht die oberen und unteren Schranken (4.2/11) bzw. (4.2/4) mit Meßwerten, die schon in [517, Bild 7.5] herangezogen wurden, sowie mit der elementar-theoretischen Kurve von [517, Bild 7.5][5]. Die obere Schranke stimmt hier ausgezeichnet mit den experimentellen Ergebnissen überein, während die elementare Auswertung höher tendiert. Sie läßt sich ebenfalls verbessern [345].

---

[5] Abschnitt 7.2.2 von [517] ist wie folgt zu korrigieren: In den Ausdrücken $\mathrm{d}Q/\mathrm{d}x$ und $\mathrm{d}q/\mathrm{d}x$ auf S. 76 muß richtig $\pi k_f$ statt $k_f/2$ stehen. Die eckigen Klammern in (7.2/3), (7.2/7) lauten $\left[1 + \dfrac{1}{\sin 2\alpha}\right]$, und $8\pi$ in (7.2/4a), (7.2/5), (7.2/8b) sowie der Formel für $l/D_1$ ist immer durch 4 zu ersetzen. Entsprechend hat man Bild 7.5 zu modifizieren.

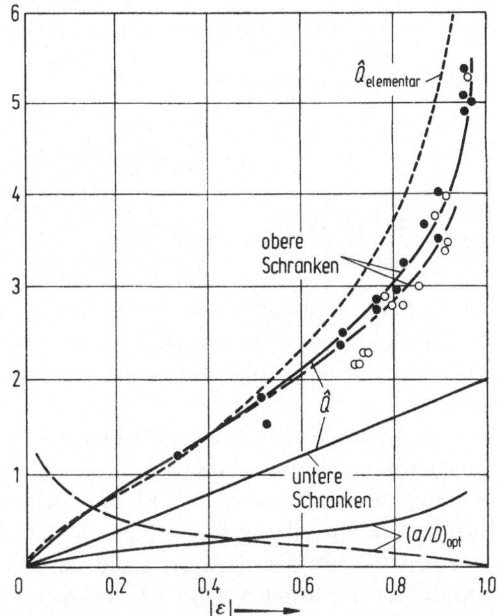


**Bild 4.9.** Stationäres reibungsfreies Strang- und Fließpressen nach Bild 4.8 für verschiedene Umformgrade $|\varepsilon|$. $\hat{Q}$ bezogener mittlerer Werkzeugdruck, $(a/D)_{opt}$ „optimierte" bezogene Ausdehnung der Umformzone. Theoretische Näherungen von $\hat{Q}$ und zugehörige Werte $(a/D)_{opt}$: ============ Vorwärtsstrangpressen, ========== Rückwärtsfließpressen. Obere-Schranken-Lösungen (4.2/10), (4.2/11), (4.2/12a, b); Untere-Schranken-Lösung (4.2/4); elementare Theorie nach [517, Bild 7.5] (korrigiert). Meßwerte von $\hat{Q}$ mehrerer Autoren nach [290, Bild 113]: ●●●●●●●●●● Vorwärtsstrangpressen, ○○○○○○○○○○ Rückwärtsfließpressen

Hingegen sind die nach (4.2/10) berechneten *optimalen* Ausdehnungen $a$ der plastischen Umformzone durchweg zu klein — ein Hinweis darauf, daß man aus der Qualität *integraler* Größen (Kräfte u. dgl.) nicht ohne weiteres auf die Qualität der zugrunde liegenden *lokalen* Größen (zulässige Spannungs- oder Geschwindigkeitsfelder) schließen darf [354]. Später ergibt sich eine Teilverbesserung (S. 189).

Das erratene zulässige Geschwindigkeitsfeld zum Vorwärtsstrangpressen (Tabelle 4.2) läßt sich im wesentlichen durch einfache Vorzeichenumkehr auf das Rückwärtsfließpressen (Bild 4.8b) übertragen. Statt des austretenden Stranges haben wir dann den eintretenden Stempel, wogegen der Stempel von Bild 4.8a in die Schließplatte von Bild 4.8b übergeht. Die inneren Leistungen $P_J^*$ ($J = I \dots IV$) bleiben abgesehen von der Vertauschung $P_{II} \leftrightarrow P_{III}$ zunächst ungeändert; die Scherleistung $P_{GG}^*$ entfällt wegen der vorausgesetzten äußeren Reibungsfreiheit. Stattdessen hat man eine neue Scherleistung $P_{GC}^*$ aufzunehmen, die der zuvor berechneten $P_{EB}^*$ gleicht. Wegen (4.2/3b) ist der Umformgrad $|\varepsilon|$ durch $1 - |\varepsilon|$ zu ersetzen, der Stempel in Bild 4.8b leistet Arbeit gegen die Relativgeschwindigkeit zur Schließplatte. Sie entspricht der Relativgeschwindigkeit zwischen Stempel und Strang in Bild 4.8a, also der Differenz $\dfrac{A_0}{A} |v_S^*| - |v_S^*| = \left(\dfrac{A_0}{A} - 1\right) |v_S^*| = \dfrac{1 - |\varepsilon|}{|\varepsilon|} |v_S^*|$

mit $|\varepsilon|$ in der neuen Bedeutung. Daher ergibt sich die äußere Scheinleistung

$P_* = F\dfrac{1 - |\varepsilon|}{|\varepsilon|}\,|v_S^*|$ , und eine analoge Auswertung wie beim Vorwärtsstrangpressen
liefert mit (4.2/3a) nun

$$\left(\frac{a}{D}\right)_{\text{opt}} = \sqrt{\frac{1}{12}\left[4\left(\frac{1}{\sqrt{|\varepsilon|}} - 1\right) - 1 + |\varepsilon|\right]}\,, \qquad (4.2/12\,\text{a})$$

$$\hat{Q} \leqq \frac{|\varepsilon|}{1 - |\varepsilon|}\left\{\frac{3}{2}(1 - |\varepsilon|) + \ln\frac{1}{\sqrt{|\varepsilon|}} + \sqrt{\frac{1}{3}\left[4\left(\frac{1}{\sqrt{|\varepsilon|}} - 1\right) - 1 + |\varepsilon|\right]}\right\}. \qquad (4.2/12\,\text{b})$$

Hier liegt die obere Schranke des bezogenen Werkzeugdruckes[6] geringfügig niedriger
als für das Vorwärtsstrangpressen, so wie es auch die Experimente anzudeuten
scheinen (Bild 4.9). Näheres sowie weitere Beispiele findet man bei Johnson und
Kudo [290].

Zurück zum Vorwärtsstrangpressen (Bild 4.8 a). Wenn der Werkstoff an den Werkzeugen (Stempel, Aufnehmer, Matrize) *haftet*, so geht der Stempelabstand *l* als Reib-
länge in die Rechnung ein, und es existiert keine von *l* unabhängige „stationäre"
Lösung wie im reibungsfreien Fall. Daher setzen wir jetzt $a \equiv l$, so daß die Scher-
zone EBBE mit der Stempelfläche zusammenfällt, und müssen dem vorherigen
Ansatz Scherleistungen $P_{EC}^*$, $P_{CG}^*$ hinzufügen. $P_{CG}^*$ gleicht $P_{EB}^*$, während $P_{EC}^*$ über
Tabelle 4.2 folgt:

$$P_{EC}^* = \int\limits_{z=0}^{a} k\,|v_{III}^*|_{r = D_0/2}\, 2\pi\,\frac{D_0}{2}\,\mathrm{d}z = k\pi D_0 a\,|v_S^*|\int\limits_0^1 \frac{z}{a}\,\mathrm{d}\left(\frac{z}{a}\right) = 2kA_0\,|v_S^*|\,\frac{a}{D}\sqrt{1 - |\varepsilon|}\,.$$

Dies liefert wie früher, doch mit $a = l$

$$\hat{Q} \leqq \frac{3}{2}\,|\varepsilon| + \ln\frac{1}{\sqrt{1 - |\varepsilon|}} + \frac{1}{3}\,\frac{D}{l}\left(\frac{1}{\sqrt{1 - |\varepsilon|}} - 1\right) + \frac{l}{D}\left(\sqrt{1 - |\varepsilon|} + 1\right). \qquad (4.2/13)$$

Die rechte Seite läßt sich mangels freier Parameter nicht mehr optimieren. Bild 4.10
gibt ihren Verlauf für $|\varepsilon| = 0{,}5$ wieder.

Auch beim *reibungsfreien* Vorwärtsstrangpressen beginnt ein *instationärer*, nicht
mehr optimierbarer Verlauf, wenn der Stempel in Bild 4.8 a die Ebene EBBE überschreitet. Für ihn setzen wir (ebenso wie bei der Untere-Schranken-Lösung (4.2/4), die
als solche für alle Stempelabstände gilt) $a \equiv l$. Gegenüber früher entfallen die Sprunglinien *EB*, *BB*, und die restlichen zuvor ermittelten Scheinleistungen geben als
Summe

$$P^* = (P_{II}^* + P_{III}^* + P_{GG}^* + P_{GB}^*)_{a=l} = 2kA_0\,|v_S^*|\left\{\frac{3}{2}\,|\varepsilon| + \ln\frac{1}{\sqrt{1 - |\varepsilon|}} + \frac{|\varepsilon|}{12}\,\frac{D}{l} + \frac{l}{D}\right\}.$$

Wie oben beträgt die fiktive äußere Stempelleistung $P_* = F\,|v_S^*|$, und so erhalten wir
mit (4.2/3a) die folgende *instationäre* obere Abschätzung des bezogenen Stempeldruckes

$$\hat{Q} = \frac{F}{2kA_0} \leqq \frac{3}{2}\,|\varepsilon| + \ln\frac{1}{\sqrt{1 - |\varepsilon|}} + \frac{l}{D} + \frac{|\varepsilon|}{12\,\dfrac{l}{D}}\,. \qquad (4.2/14)$$

---

[6] Siehe Fußnote 4, S. 183.

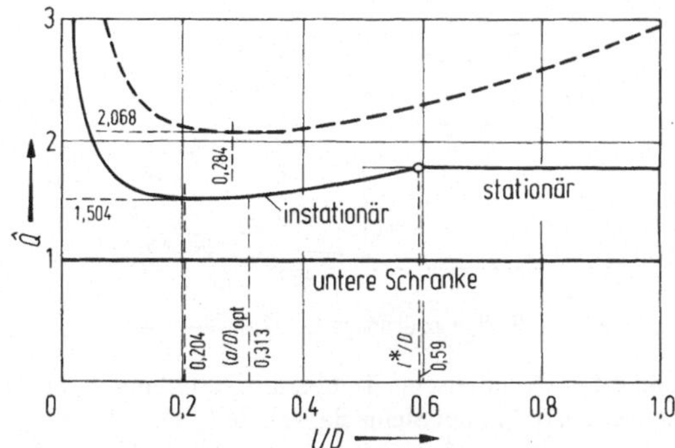


**Bild 4.10.** Schranken für den bezogenen Stempeldruck $\hat{Q}$ als Funktion des Stempelabstandes $l$ beim Vorwärtsstrangpressen (Bild 4.8a). Umformgrad: $|\varepsilon| = 0,5$. ———— reibungsfreie Werkzeugoberflächen, — — — — Haften an den Werkzeugen

Sie ist für den Umformgrad $|\varepsilon| = 0,5$ ebenfalls in Bild 4.10 eingetragen sowie mit den stationären Schranken (4.2/4), (4.2/11) verglichen und erweist sich sogar über den mutmaßlichen Gültigkeitsbereich $l/D \leqq (a/D)_{opt}$ hinaus als kleiner, d. h. günstiger als die stationäre obere Schranke. Wir verlegen daher den Übergangspunkt $l^*/D$ zwischen beiden Schranken nach rechts in den Schnitt der zugehörigen Kurven und registrieren, daß wenigstens insoweit eine fast auf das Doppelte vergrößerte Umformzone herauskommt — vgl. S. 187.

Man stellt sich vor, daß im instationären Bereich bis zum Anschlag $l = 0$ des Stempels an die Matrize der sogenannte *Preßrest* unter ungünstigen kinematischen Bedingungen umgeformt werden muß und ist dort in der Tat an unendliche Kräfte zu glauben geneigt, wie sie die obere Schranke liefert. Hingegen läßt sich die vorhergehende *Druckminderung* und das *Minimum* durch das abnehmende Blockvolumen interpretieren. Dieses Absinken mit deutlichem Übergangspunkt wird durchaus experimentell bestätigt, wogegen meist kein erheblicher Kraftanstieg vor dem Stempelanschlag mehr erscheint [290] — so, als ob hier die untere Schranke verläßlicher wäre.

Alle entwickelten Beziehungen gelten für den *frei* austretenden Strang. Unterliegt er stattdessen einer (nicht allzu großen) Widerstandskraft $F_W$, so überlagert man diese als mittleren, die Formänderung nicht beeinflussenden Druck $F_W/A$ bzw. $F_W/(A_0 - A)$ (Vorwärts- bzw. Rückwärtspressen, Bild 4.8) und erhält als zusätzlichen Werkzeugkraft-Anteil die Größen $(F_W/A) A_0$ bzw. $F_W A_0(A_0 - A)$. Sie ergeben für $\hat{Q}$, Gl. (4.2/3a), die Zuschläge $F_W/2kA$ bzw. $F_W/2k(A_0 - A)$, falls wie oben $k = \text{const}$ angenommen wird.

Für genauere Rechnungen als bisher empfiehlt es sich, statt gar keines oder nur eines einzigen freien Parameters $a$ eine Vielzahl $a_1, \dots, a_n$ einzuführen und so — mit erheblich größerem Aufwand — einen anpassungsfähigeren Ansatz aufzustellen, den man durch geeignete Wahl der $a_j$ optimiert. Murota, Jimma und Kato [348] schlagen einen *Iterationsprozeß* zur Ermittlung von Spannungen und Geschwindigkeiten vor. Wenn man diese genau genug kennt, kann man über eine zeitliche Folge von Rechenschritten numerisch auch die (Vergleichs-)Formänderungen oder gar die Temperaturverteilungen annähern und dabei von einem realistischen Werkstoffverhalten ausgehen, bei welchem die Fließgrenze $Y = Y(\bar{\lambda}, \bar{\varphi}, \vartheta)$ nicht konstant zu sein braucht [287]. Freilich bekommt man das Reibverhalten außer in den Grenzfällen der Reibungsfreiheit und des Haftens so noch nicht in den Griff. Hierzu bedient man sich besser eines von Kolarov [349] begründeten, von Steck [351] an die Umformtechnik angepaßten sowie von Adler und Dalheimer u. a. auf Strangpreßprobleme angewandten Verfahrens [347, 350], das nicht von den bekannten Extremalsätzen ausgeht, sondern sich *künstliche* Extremalprobleme als Optimierungsgrundlage schafft. Letztlich handelt es sich bei diesem rechnerisch sehr mühsamen Vorgehen um die mathematische Methode der *gewichteten Restgrößen* [352]. Numerische Auswertungen werden heute oft standardmäßig mittels *Finiter Elemente* vorgenommen, auf die wir in Abschnitt 4.4 kurz eingehen und die je nach Aufwand auch weitere Nebeneffekte zu berechnen gestatten [291, 293, 462].

Bild 4.11 zeigt *Isothermen* nach einem Rechenbeispiel von Dalheimer [347], das nach Angaben des Verfassers gut durch Messungen bestätigt wird. Auch wegen der Wärmeleitung spielt die

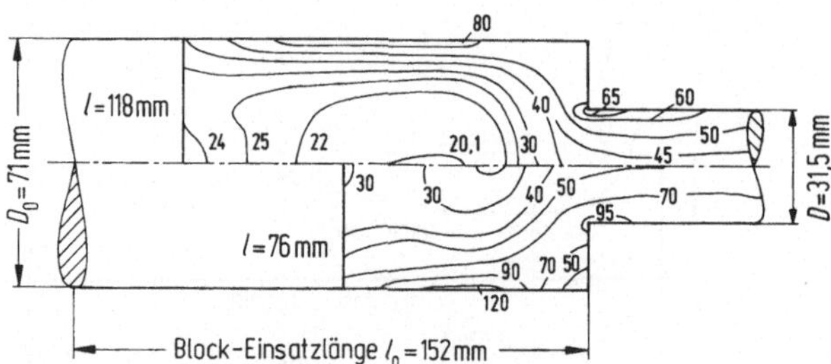



**Bild 4.11.** Rechnerische Temperaturverteilung beim Vorwärtsstrangpressen von Blei nach Dalheimer [347] für zwei Stempelabstände *l*; Bezeichnungen wie in Bild 4.8 a. Dargestellt sind Isothermen mit angegebener Temperatur $\vartheta$ in °C bei einer konstanten Block-Einsatztemperatur $\vartheta_0 = 20$ °C. Wärmeleitung ist im Material, nicht im Werkzeug berücksichtigt. Stempelgeschwindigkeit $|v_S| = 31{,}5$ mm/s, Umformgrad $|\varepsilon| = 0{,}5$. Haftreibung

Stempelgeschwindigkeit $|v_S|$ eine Rolle. Allerdings hat der Autor experimentell statt mathematisch ermittelte Grenzkurven zu den starren, erfahrungsgemäß in den Matrizenecken vorhandenen *toten* Werkstoffzonen eingeführt (Abschnitt 5.2.3.2, Bild 5.23b, c, d) und über diese *nicht* optimiert. Dennoch erforderte sein Ansatz selbst auf einem großen Digitalrechner unverhältnismäßig lange Rechenzeiten und konvergierte nur bedingt befriedigend. Solche Erfahrungen rechtfertigen stark vereinfachte Prozeduren wie etwa Schrankenlösungen gemäß Bild 4.8a, b, die bei von vornherein beschränkter Genauigkeit eine Auswertung von Hand ermöglichen. Lange [353] ermittelt dementsprechend u. a. formelmäßig eine Temperatur*längs*verteilung unter der Annahme, daß sie quer konstant sei.

Zum Vergleich seien abschließend einige analog herleitbare Obere-Schranken-Ergebnisse für das *ebene* Vorwärts-Strangpressen zitiert [346]. Wenn der Umformgrad $|\varepsilon|$ gemäß (4.2/3b) mit (4.2/5) definiert wird, so ergibt sich für den entsprechend (4.2/3a) gebildeten mittleren dimensionslosen Stempeldruck $\hat{Q}$ jetzt statt (4.2/10), (4.2/11), (4.2/14)

$$\left(\frac{a}{D}\right)_{\text{opt}} = \frac{1}{2}\sqrt{|\varepsilon|\,(1-|\varepsilon|)\,(2-|\varepsilon|)}\,,$$

$$\hat{Q} \leq 2|\varepsilon| + \sqrt{\frac{1}{1-|\varepsilon|} - (1-|\varepsilon|)} \quad \text{(stationär)},$$

$$\hat{Q} \leq 2|\varepsilon| + \frac{1}{2}\frac{l}{D} + \frac{|\varepsilon|}{8\frac{l}{D}} \quad \text{(instationär)}.$$

$$(4.2/15)$$

### 4.2.2 Ziehen und Pressen durch Düsen

Allgemeine Bemerkungen zum *Draht-* und *Stangenziehen* findet der Leser in Abschnitt 3.2 zusammen mit Bild 3.5. Wir wollen hier gleichzeitig den *Strangpreßvorgang* durch konische Matrizenöffnungen mit behandeln und orientieren uns für axialsymmetrische *konische* Düsen (u. a. [336, 337, 338, 341, 356, 588]) an Bild 4.12. Ballige bzw. nicht-axialsymmetrische Düsen werden in [339, 340, 344, 587, 593] untersucht, Trägheitskräfte in [359] zugelassen. Schranken für das *Rohrziehen* findet der Leser in [342, 343, 624, 626].

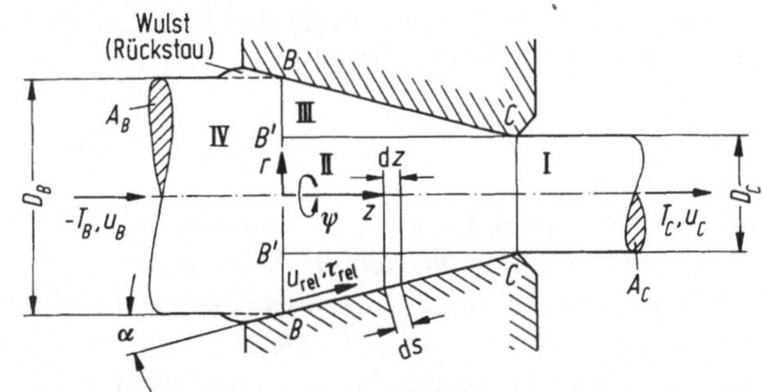


**Bild 4.12.** Drahtziehen (hier: $T_B = 0$) bzw. Strangpressen ($T_C = 0$) durch eine konische Düse. $r$, $\psi$, $z$ Zylinderkoordinaten. $|T_B| = -T_B$ mittlerer Preßdruck, $T_C$ mittlere Ziehspannung, $u_{\text{rel}}$ Relativgeschwindigkeit $\Big\}$ des Werkstoffes gegen die Düsenwand $\tau_{\text{rel}}$ Schubspannung
Weitere Bezeichnungen vgl. Bild 3.5

Beim Pressen verwendet man im Gegensatz zum Ziehen auch große *Düsenwinkel* $\alpha$ und hat dementsprechend große Kräfte am Werkzeug, so daß Haftreibung auftreten kann. Hingegen lassen wir den links an die Düse anschließenden Aufnehmer und seine etwaigen Reibeinflüsse außer Betracht. Wie in Abschnitt 4.2.1 besteht eine gewisse Unsicherheit hinsichtlich der vorgegebenen, außerhalb der Düse eigentlich unbekannten Werkstoffkontur. Insbesondere bleiben *Wulstbildungen* durch Rückstau am Düseneintritt unberücksichtigt. Auch setzen wir vereinfacht wieder *idealplastisches* Material $k = $ const voraus.

Wir beginnen mit einem erratenen zulässigen Hauptspannungsfeld entsprechend Tabelle 4.1 (S. 183), zu dem jetzt freilich eine Wand-Schubspannung $\tau_{\text{rel}}^0 = $ const gehört. Demzufolge lautet der Satz (1.3/40) von der unteren Schranke mit (1.3/42), (1.3/43) hier

$$A_C T_C u_C - A_B T_B u_B - \int^S \tau_{\text{rel}} u_{\text{rel}} \, \mathrm{d}S \geqq (A_B - A_C)\, 4k u_B - \int^S \tau_{\text{rel}}^0 u_{\text{rel}} \, \mathrm{d}S \quad (4.2/16)$$

($A_B$, $A_C$, $S$ Düseneintritts-, Austritts- und Mantelfläche). (4.2/16) kann nicht ausgewertet werden, weil im Gegensatz zu $\tau_{\text{rel}}^0$ im allgemeinen $\tau_{\text{rel}}$ und $u_{\text{rel}}$ unbekannt sind. Im Falle der *Haftreibung* gilt jedoch $u_{\text{rel}} \equiv 0$; dann haben wir mit der Volumenkonstanz $u_B A_B = u_C A_C$ und dem Umformgrad

$$|\varepsilon| = 1 - \frac{A_C}{A_B} \quad (4.2/17)$$

$$\frac{T_C - T_B}{2k} \geqq 2\,|\varepsilon| \quad (4.2/18\,\text{a})$$

analog (4.2/4). Die störenden Integrale in (4.2/16) verschwinden übrigens auch im Falle $\tau_{\text{rel}} \equiv 0$ (*Reibungsfreiheit*), falls zudem $\tau_{\text{rel}}^0 \equiv 0$ gilt. Dies bedeutet einen allseitig gleichen erratenen Spannungszustand in Zone *III*, so daß $\sigma_z^0$ in der zugehörigen Spalte von Tabelle 4.1 durch $-2k$ zu ersetzen ist. Die *Zulässigkeitsbedingung* (1.2/51) in Verbindung mit Trescas Fließbedingung (1.3/53) sowie (1.3/62) gilt dann sicher, obschon wenig optimal, da ihre linke Seite verschwindet. Und (4.2/16) liefert mit $2k$ statt $4k$ bei Reibungsfreiheit

$$\frac{T_C - T_B}{2k} \geq |\varepsilon| \, . \qquad (4.2/18\,\text{b})$$

Im Gegensatz zu (4.2/4) wird die untere Schranke (4.2/18a, b) also von der Reibung beeinflußt. Coulombsche Reibung läßt sich allerdings nicht ohne weiteres erfassen.

Um jetzt ein zulässiges Geschwindigkeitsfeld $v_r^*$, $u^* = v_z^*$ zu erraten, orientieren wir uns an der *elementaren Theorie* und nehmen wie beim *Scheibenmodell* (Bild 3.5) an, daß Werkstoffquerschnitte $z = $ const eben bleiben. Dies liefert mit (3.2/3a) und $z$ statt $x$ die Vergleichs-Formänderungsgeschwindigkeit

$$\bar{\lambda}^* = u_C^* \, \frac{4 \dfrac{\tan \alpha}{D_C}}{(D/D_C)^3} \, . \qquad (4.2/19)$$

Ferner gilt

$$u_{\text{rel}}^* = \frac{u^*}{\cos \alpha} \, . \qquad (4.2/20)$$

Wir errechnen die zu (1.3/45), (1.3/38) für $L = Y = 2k$ erforderlichen Leistungsintegrale und beginnen bei der gemeinsamen Zone *II/III*. Mit den Ringvolumina (4.2/7) (vgl. Bild 4.8a) und (4.2/19) folgt

$$P_{II/III}^* = \int\limits_{z=0}^{l} \int\limits_{r=0}^{D/2} 2\bar{\lambda}^* k \, dV_r = 16\pi k u_C^* \frac{\tan \alpha}{D_C} \int\limits_{0}^{l} \frac{dz}{(D/D_C)^3} \int\limits_{0}^{D/2} r \, dr \, ,$$

immer wie vorausgesetzt für idealplastischen Werkstoff $Y = 2k = $ const. Die Auswertung liefert wegen (3.2/1), d. h. $dD = -2 \tan \alpha \, dz$, sowie (4.2/2), (4.2/17)

$$P_{II/III}^* = 4k A_C u_C^* \ln \frac{D_B}{D_C} = 2k A_C u_C^* \ln \frac{1}{1 - |\varepsilon|} \, .$$

Die Scherleistungen an den Geschwindigkeits-Sprungflächen *CC*, *BB* zu den starren Zonen in Bild 4.12 wurden de facto bereits früher entsprechend (3.2/15) ermittelt und lauten wegen $\bar{Y} = 2k$ sowie (4.2/19) in beiden Fällen

$$P_{CC}^* = P_{BB}^* = \frac{2}{3} k A_C u_C^* \tan \alpha \, .$$

Schließlich erhalten wir unter der Bedingung des Werkstoffhaftens an der Düsenmantelfläche $S$ mit $dS = \pi D \, ds = \pi D \dfrac{dz}{\cos \alpha}$ als Mantel-Ringflächenelement sowie mit $\tau_{\text{rel}}^* = k$ als (maximaler) Schubspannung in der Scherfläche über (4.2/20), (3.2/2) und wieder wegen $dD = -2 \tan \alpha \, dz$ die Scheinleistung

$$P_{BC}^* = \int\limits^{S} k u_{\text{rel}}^* \, dS = 2k A_C u_C^* \frac{\ln \dfrac{1}{1 - |\varepsilon|}}{\sin 2\alpha} \, .$$

Die Scheinleistung $P_*$ der wahren äußeren Kräfte gegen das erratene Geschwindigkeitsfeld enthält sicher die Anteile

$$P_* = T_C A_C u_C^* - T_B A_B u_B^* = 2k A_C u_C^* \frac{T_C - T_B}{2k}$$

nach Bild 4.12, wobei die Inkompressibilität $u_B^* A_B = u_C^* A_C$ benutzt wurde. Vom Mantel her gibt es bei verschwindender Reibung wegen $\tau_{rel} \equiv 0$, bei Haften wegen der dann als verschwindend zu erratenden Relativgeschwindigkeit keine Zusatzglieder[7]. Bei Coulombscher Reibung treten Zusatzterme auf, die man nur in Sonderfällen nutzbar auswerten kann — etwa, wenn man (anders als hier) $u_{rel}^* = $ const längs des Mantels erraten hätte [149]. Allgemeiner empfiehlt es sich, statt des Coulombschen ein anderes, von Siebel (1925, [559]) vorgeschlagenes Reibgesetz in der Gestalt

$$|\tau_R| = 2\bar{\mu}k , \qquad 0 \leqq \bar{\mu} \leqq \frac{1}{2} \tag{4.2/21}$$

anzuwenden, worin $\tau_R$ die Reibschubspannung, $k$ die Scherfestigkeit und $\bar{\mu}$ einen (konstanten) *Ersatz-Reibwert* darstellt. $\bar{\mu} = 0$ entspricht $\tau_R = 0$, also der Reibungsfreiheit $\mu = 0$ im üblichen Sinne. $\bar{\mu} = {}^1/_2$ bedeutet $|\tau_R| = k$, also maximale Schubspannung, und ist wie mehrfach ausgeführt mit einer inneren Scher-Unstetigkeitszone des Materials direkt unter der Werkzeugoberfläche verträglich, während an dieser selbst die Werkstoffteilchen haften (*Haftreibung*). Hierzu gehörte in der elementaren Theorie etwa beim Beispiel des Stauchens (vgl. (3.1/21) ff.) auch der Reibwert $\mu = {}^1/_2$, so daß $\mu$ und $\bar{\mu}$ einander in den Grenzfällen der Reibungsfreiheit und (gelegentlich) des Haftens gleichen. Man darf hoffen, daß $\bar{\mu}$ unter Gleitreibbedingungen allgemein wenigstens eine *Näherung* für $\mu$ darstellt oder daß (4.2/21) als Reibgesetz ähnlich gut oder schlecht wie das ohnehin nur beschränkt gültige Coulombsche ist.

Unter dieser Voraussetzung erlaubt nun das Siebelsche Reibgesetz eine in vielen Fällen einfachere Anwendbarkeit. Denn die rechte Seite von (4.2/21) hängt nicht von der Normalspannung ab und kann daher als *Materialkenngröße* angesehen werden, insbesondere als Scherfließgrenze $\bar{k}$ einer infinitesimal dünnen Werkstoffschicht direkt am Werkzeug. In ihr gilt $|\tau_R| = \bar{k}$; sie darf als Scher-Unstetigkeitszone aufgefaßt werden so, als ob im vorher beschriebenen Sinne Haftreibung vorläge. Folglich genügt es, die *innere* Leistung $P_{BC}^*$ mit $\bar{k} = 2\bar{\mu}k$ anzusetzen,

$$P_{BC}^* = 4\bar{\mu}k A_C u_C^* \frac{\ln \dfrac{1}{1 - |\varepsilon|}}{\sin 2\alpha} , \qquad 0 \leqq \bar{\mu} \leqq \frac{1}{2}$$

zu schreiben und auf *äußere* Reibglieder ganz zu verzichten. Dann liefert der *Satz von der oberen Schranke* (1.3/39)

$$P_* \leqq P_{II/III}^* + P_{CC}^* + P_{BB}^* + P_{BC}^*$$

oder

$$\frac{T_C - T_B}{2k} \leqq \left[ 1 + \frac{2\bar{\mu}}{\sin 2\alpha} \right] \ln \frac{1}{1 - |\varepsilon|} + \frac{2}{3} \tan \alpha . \tag{4.2/22}$$

---

[7] $u_{rel}^* \neq 0$ stellt jetzt die Geschwindigkeits*unstetigkeit* zur Wand hin dar; man schriebe besser $\Delta u_{rel}^*$ statt $u_{rel}^*$.

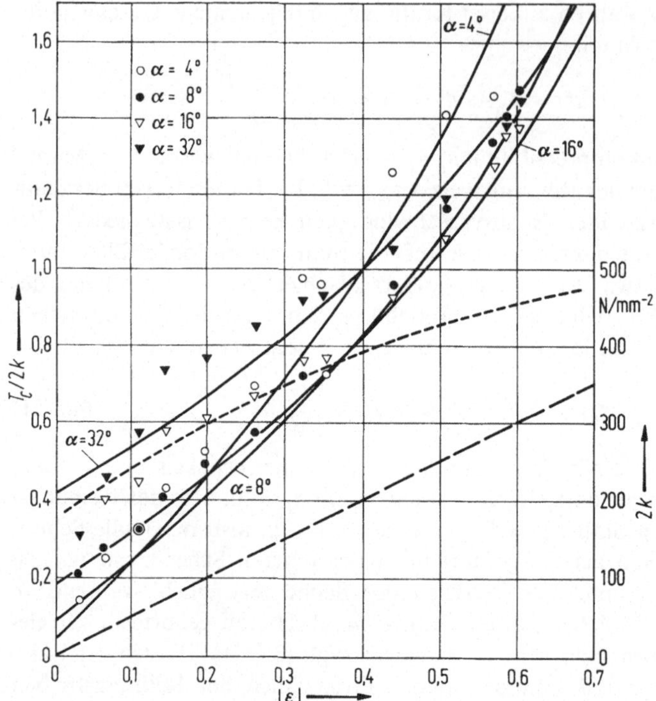


**Bild 4.13.** Schranken der bezogenen Ziehspannung $T_C$ ($T_B = 0$) im Vergleich mit Meßwerten von Linicus wie in Bild 3.7. Deren Umrechnung über eine mittlere Fließgrenze $2k = {}^1\!/_2(\bar{Y}_B + \bar{Y}_C)$ nach Tabelle 3.1. ——————— obere Schranke (4.2/22) (Gleitreibung, $\bar{\mu} = 0,06$), —————— untere Schranke (4.2/18b), ‑‑‑‑‑‑‑‑‑‑‑‑‑‑ $2k$

Bild 4.13 zeigt einen Vergleich mit Experimenten von Linicus [571], die schon in Bild 3.7 verwendet wurden. Während die untere Schranke wegen des unrealistisch erratenen Spannungsfeldes zu tief liegt, vermittelt die obere Schranke eine qualitativ und quantitativ vernünftige Näherung. Dies ist umso bemerkenswerter, als die Meßwerte des *verfestigenden* Messingwerkstoffes mit einer recht willkürlichen mittleren Fließgrenze $k$ auf das hier zugrunde liegende *idealplastische* Verhalten umgerechnet wurden. Man hätte $k$ ebensogut um $30\%$ größer wählen und so in der Tat auch den Obere-Schranken-Charakter wahren können.

### 4.2.3 Stauchen und Schmieden

Der Ablauf des Vorgangs wurde kurz in Abschnitt 3.1 umrissen. Schrankenmethoden für ebenes Fließen behandelt [589]. Für axialsymmetrische Hohlproben vgl. [362, 364–367, 371, 587], für rhombische Proben [590]; allgemeine numerische Verfahren sind in [351] beschrieben.

Wir betrachten hier das statische Stauchen eines Rechteckprismas nach Bild 3.1 (räumliche Umformung). Der einachsige zulässige Spannungszustand $\sigma_z^0 = -Y$ liefert bei von $z$ unabhängiger einachsiger Fließgrenze $Y$ sofort die triviale untere Schranke der Stauchkraft $F$,

$$F \geqq \int\limits^{A} Y\,\mathrm{d}A = A\bar{Y}, \qquad\qquad (4.2/23)$$

wo $A$ die Stirnfläche der Probe bzw. deren Inhalt und $\bar{Y}$ einen Mittelwert von $Y$ darstellt. Im Falle *idealplastischen* Werkstoffes folgt

$$\frac{F}{AY} \geq 1 , \quad \text{wenn} \quad Y = \text{const} . \tag{4.2/24}$$

Für eine genauere Abschätzung sei auf [369, 370] verwiesen.

Die Mehrzahl der veröffentlichten Arbeiten (u. a. [361—363, 365—371], dem Wesen nach auch [364, 372]) geht vom Satz der *oberen Schranke* aus, dem auch wir uns jetzt zuwenden. Selbst die *elementare Theorie* (Abschnitt 3.1) besitzt hier Obere-Schranken-Charakter [154].

Wir setzen wieder *idealplastischen* Werkstoff in Verbindung mit dem Trescaschen Fließgesetz, also insbesondere $Y = 2k = \text{const}$ voraus (vgl. (1.3/62)) und legen Siebelsche Reibung (4.2/21) mit $\bar{\mu}$ als Ersatz-Reibwert zugrunde. Dann erraten wir für das Prisma von Bild 3.1 in Anlehnung an [363] das sehr einfache räumliche Geschwindigkeitsfeld

$$u^* = \frac{\dot{D}}{D} x , \quad v^* = \frac{\dot{b}}{b} y , \quad w^* = \frac{\dot{h}}{h} z \tag{4.2/25}$$

in $x,y,z$-Richtung, woraus nach (A.2/16) die Haupt-Formänderungsgeschwindigkeiten ortsunabhängig zu

$$\lambda_x^* = \frac{\dot{D}}{D}, \quad \lambda_y^* = \frac{\dot{b}}{b}, \quad \lambda_z^* = \frac{\dot{h}}{h} \tag{4.2/26}$$

folgen (*homogener* Formänderungszustand). Die Inkompressibilitätsbedingung (1.3/48) als einzige *Zulässigkeitsbedingung* (vgl. Ende von Abschnitt 1.3.4.1) lautet

$$\lambda_x^* + \lambda_y^* + \lambda_z^* = \frac{\dot{D}}{D} + \frac{\dot{b}}{b} + \frac{\dot{h}}{h} = 0 ; \tag{4.2/27}$$

bei gegebener Stauchgeschwindigkeit

$$|\dot{h}| = -\dot{h} > 0 \tag{4.2/28}$$

sind also $\dot{b}$ und $\dot{D}$ voneinander abhängig. Da wir zudem bei *isotropem* Material

$$\dot{b} \geq 0 , \quad \dot{D} \geq 0 \tag{4.2/29}$$

(Ausdehnung des Querschnitts in allen Richtungen) erwarten, stellt wegen (1.3/55a)

$$\bar{\lambda}^* = |\lambda_j^*|_{\text{max}} \doteq |\lambda_z^*| = -\frac{\dot{h}}{h} \tag{4.2/30}$$

die Vergleichs-Formänderungsgeschwindigkeit dar, und (1.3/38) mit (1.3/41) liefert wegen $A = bD$ (Probenstirnfläche)

$$P_V^* = \int\limits^V \Lambda^* \, dV = -2Ahk \, \frac{\dot{h}}{h} \tag{4.2/31}$$

als *Volumenanteil* der inneren Scheinleistung $P^*$. Daneben wird gemäß (1.3/44), (1.3/45) direkt an den beiden Bahnen die innere *Scherleistung*

$$P_S^* = 2 \int\limits^A \Lambda_v^* \, dA = 4\bar{\mu}k \int\limits_{x=-D/2}^{D/2} \int\limits_{y=-b/2}^{b/2} |\Delta v^*| \, dx \, dy$$

dissipiert (Scherfließgrenze $2\bar{\mu}k$ statt $k$, siehe (4.2/21)ff). Mit $|\Delta v^*| = |\sqrt{u^{*2} + v^{*2}}|$ als Betrag des Scher-Geschwindigkeitssprunges folgt wegen (4.2/25) bei Beschränkung auf nur einen Flächenquadranten sowie wegen $du^* = \dfrac{\dot{D}}{D}\,dx$, $dv^* = \dfrac{\dot{b}}{b}\,dy$

$$P_S^* = 16\bar{\mu}k\,\frac{A}{\dot{D}\dot{b}} \int\limits_{u^*=0}^{\dot{D}/2} \int\limits_{v^*=0}^{\dot{b}/2} \cdot \left|\sqrt{u^{*2} + v^{*2}}\right| du^*\,dv^* \,. \tag{4.2/32}$$

Die Richtigkeit des folgenden Integrationsergebnisses prüft man am einfachsten durch Differentiation nach $(\dot{D}/2)$, $(\dot{b}/2)$ und formales Einsetzen der Werte $\dot{D}/2 = 0$ bzw. $\dot{b}/2 = 0$, für die das Integral (Inhalt der geschweiften Klammer) verschwinden muß:

$$P_S^* = 16\bar{\mu}k\,\frac{A}{\dot{D}\dot{b}} \left\{\frac{1}{6}\left(\frac{\dot{D}}{2}\right)^3 \left[\left(\frac{\dot{b}}{\dot{D}}\right)^3 \operatorname{arsh}\frac{\dot{D}}{\dot{b}} + \operatorname{arsh}\frac{\dot{b}}{\dot{D}} + 2\frac{\dot{b}}{\dot{D}}\sqrt{1 + \left(\frac{\dot{b}}{\dot{D}}\right)^2}\right]\right\}. \tag{4.2/33}$$

$P^* = P_S^* + P_V^*$ ergibt dann mit (4.2/31) und $P_* \leqq P^*$, wenn die äußere Scheinleistung gemäß (1.3/43) bei verschwindenden Volumenkräften gerade $P_* = -F\dot{h}$ beträgt und (4.2/27), (4.2/28) beachtet wird:

$$\frac{F}{2kA} \leqq 1 + \frac{\bar{\mu}}{2}\,\delta\beta\,, \tag{4.2/34}$$

wo

$$\delta = \frac{D}{h}\,, \qquad \beta = \frac{1}{3}\,\frac{\dot{D}/\dot{b}}{1 + (D/b)(\dot{b}/\dot{D})} \left[\left(\frac{\dot{b}}{\dot{D}}\right)^3 \operatorname{arsh}\frac{\dot{D}}{\dot{b}} + \operatorname{arsh}\frac{\dot{b}}{\dot{D}} + 2\frac{\dot{b}}{\dot{D}}\sqrt{1 + \left(\frac{\dot{b}}{\dot{D}}\right)^2}\right]. \tag{4.2/35}$$

Dieses Ergebnis findet sich ähnlich bei Andresen [361]. Es führt im Falle des ebenen Fließens $\dot{b}/\dot{D} \to 0$ auf $\beta = 1$, also exakt auf die Formeln (3.1/25) bzw. (3.1/26) der elementaren Theorie ($v = 0$), deren Obere-Schranken-Charakter in diesem Sinne deutlich wird. Für quadratische Querschnitte $b/D = 1$ erwartet man $\dot{b}/\dot{D} = 1$ und erhält $\beta = 0{,}765$ [363]. Allgemein wird sich $\dot{b}/\dot{D}$ als bisher freier Parameter aus der Forderung nach einer minimalen oberen Schranke (4.2/34) ergeben. Hierzu liefert die Bedingung $d\beta/d(\dot{b}/\dot{D}) = 0$ wegen (4.2/26)[8]

$$\frac{\lambda_y}{\lambda_x} = \frac{\dot{b}}{\dot{D}}\,\frac{D}{b} = \frac{2\left(\dfrac{\dot{b}}{\dot{D}}\right)^3 \operatorname{arsh}\dfrac{\dot{D}}{\dot{b}} - \operatorname{arsh}\dfrac{\dot{b}}{\dot{D}} + \dfrac{\dot{b}}{\dot{D}}\sqrt{1 + \left(\dfrac{\dot{b}}{\dot{D}}\right)^2}}{-\left(\dfrac{\dot{b}}{\dot{D}}\right)^3 \operatorname{arsh}\dfrac{\dot{D}}{\dot{b}} + 2\operatorname{arsh}\dfrac{\dot{b}}{\dot{D}} + \dfrac{\dot{b}}{\dot{D}}\sqrt{1 + \left(\dfrac{\dot{b}}{\dot{D}}\right)^2}}\,,$$

woraus man $\dfrac{D}{b}$ als Funktion von $\dot{b}/\dot{D}$ berechnen kann. So lassen sich mit $\dot{D}/\dot{b}$ als Parameter und über (4.2/35) die Schaubilder 4.14 konstruieren. Sie ergeben erwartungsgemäß ebenes Fließen $\lambda_y/\lambda_x = 0$ für $b/D \to \infty$ und allseits gleiche Quer-

---

[8] Für die sich ergebenden Optimalwerte werden die Sterne * weggelassen.

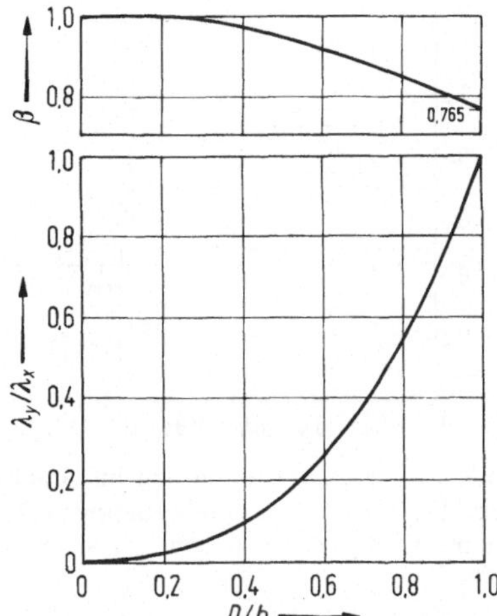

**Bild 4.14.** Verhältnis der Querschnittsdehnungsgeschwindigkeiten $\lambda_x$, $\lambda_y$ sowie Parameter $\beta$ in (4.2/34) zum Stauchvorgang nach Bild 3.1

schnittsaufweitung $\lambda_y/\lambda_x = 1$ bei quadratischen Proben $b/D = 1$; im ersten Grenzfall wird der mittlere Stauchdruck maximal ($\beta = 1$), im zweiten minimal ($\beta = 0{,}765$). Vertauschung von $b$ mit $D$ und gleichzeitig $\dot{b}$ mit $\dot{D}$ ändert die Ergebnisse nicht.

Unser erratenes zulässiges Geschwindigkeitsfeld (4.2/25) führt Rechtecke in Rechtecke über, man kann formal also in kleinen aufeinanderfolgenden zeitlichen Stauchschritten $\Delta h = \dot{h}\,\Delta t$ ($\Delta t$ Zeitzuwachs) einen ganzen Stauchvorgang verfolgen und erkennt an Bild 4.14, daß sich die schmalere Prismenkante stets stärker dehnt, so daß asymptotisch die Quadratform angestrebt wird. Dies ist aber insofern falsch, als unser erratenes Geschwindigkeitsfeld nur eine grobe Näherung darstellt. Die Prismenberandungen werden sich krümmen, so daß eigentlich bereits ab zweitem Zeitschritt undere Formeln gelten. Erfahrungsgemäß bleibt hierdurch die *Stauchkraft* als integrale Größe fast unbeeinflußt. Will man aber genauere Informationen über die Änderung der *Probenform* ableiten, so muß man kinematische Ansätze mit mehr freien Parametern einführen und die Rechnung numerisch durchziehen. Ergebnisse von Andresen [361] werden experimentell sehr gut bestätigt [383]; nach ihnen scheint schließlich (bis auf Störungen an den Ecken) die Kreis- bzw. Ellipsenform herauszu-

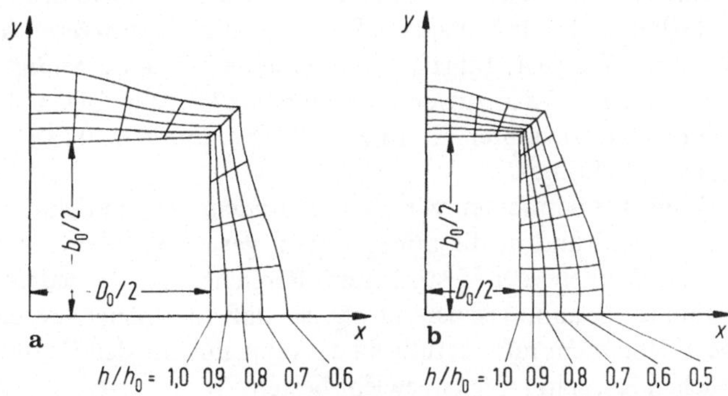


**Bild 4.15.** Querschnittszunahme beim Stauchen einer anfangs prismatischen Probe mit Rechteckquerschnitt (vgl. Bild 3.1); Bewegungstrajektorien einzelner Randteilchen eingezeichnet (Andresen [288, 361]). $h_0$, $b_0$, $D_0$ Anfangsabmessungen; konstante Fließgrenze (idealplastischer Werkstoff) $k = $ const; Haftreibung an den Platten.
**a** $b_0/D_0 = 1$; $\delta_0 = D_0/h_0 = 8$. **b** $b_0/D_0 = 2$; $\delta_0 = D_0/h_0 = 8$

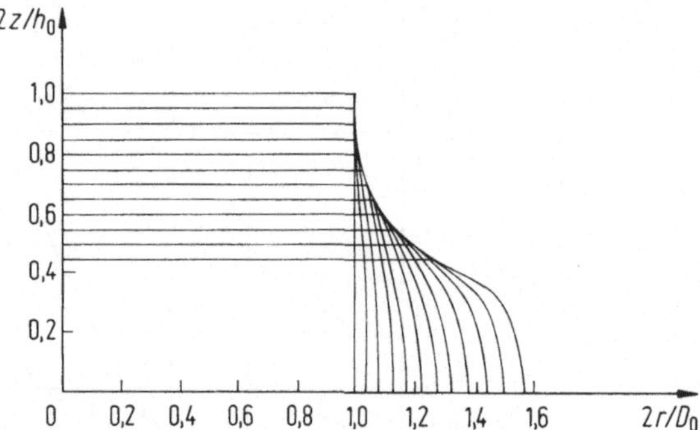

**Bild 4.16.** Konturveränderung im Axialschnitt beim Stauchen (Bild 3.1) einer anfangs kreiszylindrischen Probe (Anfangsabmessungen $D_0$, $h_0$; Augenblickshöhe $h$; Radialkoordinate $r$ statt $x$). Konstante Fließgrenze $k = $ const; Haftreibung an den Platten (Andresen [362]). $\delta_0 = D_0/h_0 = 1$

kommen (Bild 4.15). Die Ausbauchung der Probenkontur in Längsschnitten wurde nur für das axialsymmetrische Stauchen berechnet [371]; Andresens auf einem numerischen Vielparameter-Ansatz beruhende Ergebnisse [362] gibt auszugsweise Bild 4.16 wieder. Auch hier ist der Einfluß auf die *Stauchkraft* (verglichen mit den Formeln der elementaren Theorie) gering.

## 4.3 Traglastprobleme bei körnigem Material

Es folgen zwei charakteristische Beispiele. Weitere findet der Leser u. a. in [592].

### 4.3.1 Rechteckfundament auf „gewichtlosem" Untergrund

Der starre Stempel $St$ in Bild 4.17a, z. B. ein Rechteckfundament, belaste die ebene Oberfläche $JABK$ des darunter liegenden Halbraumes, dessen Materialverhalten durch das Coulombsche Fließkriterium und die assoziierte Fließregel beschrieben werde (Abschnitt 1.3.6). Nur in Verbindung mit der letzten lassen sich die Schrankensätze rechtfertigen. Sollte, wie bei realen Böden häufig, der *Dilatanzwinkel X* kleiner als der *innere Reibwinkel $\Psi$* sein, so wird man diesen im Endergebnis vorsichtshalber durch $X$ ersetzen, falls dies zu einer *sichereren* Abschätzung (hier: zu einer *kleineren* Traglast) führt[9]. Aus demselben Grunde genügt es, nur den *Satz von der unteren Schranke* anzuwenden (siehe S. 175). Wir folgen einer Arbeit von Shield [99] mit örtlich konstanten Parametern $\Psi \geqq 0$ und $k > 0$ (*Kohäsion*). Variable Parameter untersucht [591].

Zunächst betrachten wir *ebene Formänderung* im Schnitt von Bild 4.17a und teilen den Untergrund in die angegebenen, geradlinig begrenzten, durch die beiden noch freien Winkel $\alpha$, $\beta$ festgelegten Bereiche ein. In jedem herrsche ein *konstanter* erratener Spannungszustand $\sigma_{jk}^0$, so daß die Gleichgewichtsbedingungen (A.2/17a) *ohne* Volumenkräfte erfüllt sind, wenn nur an den Trennebenen zwischen den Bereichen beidseitig Gleichgewicht besteht.

---

[9] Begründung anhand der verallgemeinerten Schrankensätze von Radenković [535] (vgl. [42]) möglich. — Nach [628] spielt bei Traglastproblemen der Unterschied zwischen $X$ und $\Psi$ ohnehin kaum eine Rolle.

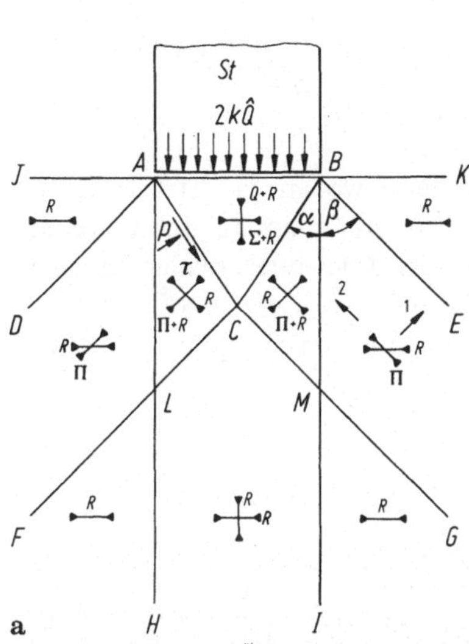
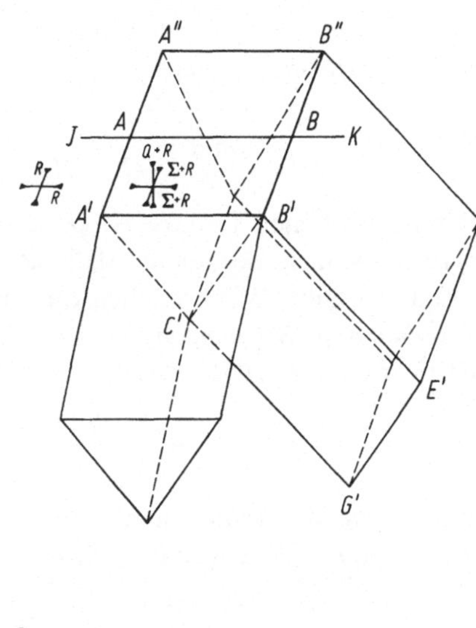

**Bild 4.17.** Maximal zulässiger mittlerer Druck $2k\hat{Q}$ eines Stützpfeilers (Stempels) *St* auf körnigem Untergrund. $\Sigma$, $Q$, $R$, $\Pi$ sind die in den gezeichneten Bereichen nacheinander aufgebrachten und überlagerten einachsigen Drücke mit Pfeilkreuzen analog Bild 4.6.

$p$ Normaldruck $\quad\big\}\quad$ auf *AC* bzw. *BC*
$\tau$ Schubspannung

**a** Ebene Formänderung: Streifenstütze *AB* auf Halbraumoberfläche *JK*; **b** Übertragung auf räumliche Formänderung; Rechteckstempel über $A'B'B''A''$

Die erratenen Spannungen $\sigma^0_{jk}$ bezeichnen wir als Drücke kurz mit $\Sigma$, $Q$, $R$, $\Pi$ und bringen sie durch Überlagerung *nacheinander* wie folgt auf: Zunächst einen allseitig gleichen konstanten Horizontaldruck $R$ im ganzen Halbraum — er steht generell im Gleichgewicht. Alsdann einen vertikalen Druck derselben Größe $R$ lediglich im Vertikalstreifen *ABIH* senkrecht unter dem Stempel — er wirkt parallel zu den Streifengrenzen *AH* und *BI*, steht also wieder überall im Gleichgewicht. Schließlich überlagern wir die schräg wirkende Druckspannung $\Pi$ in den Streifen *GCBE*, *DACF* parallel zu den Grenzlinien *BE*, *CG* bzw. *AD*, *CF*, so daß auch über diese hinaus Gleichgewicht gewährleistet ist. Allerdings erweist es sich nun als nötig, im Dreieck *ACB* zusätzliche Drücke $\Sigma$ (horizontal), $Q$ (vertikal) aufzubringen, damit auch an den Grenzen *AC*, *BC* Gleichgewicht besteht. Hierzu berechnen wir den nur durch $\Pi$ bzw. nur durch $Q$ und $\Sigma$ erzeugten Druck $p$ sowie die zugehörige Schubspannung $\tau$ auf die Trennebene *AC* erst vom Streifen *DACF*, dann vom Dreieck *ACB* her mittels des Mohrschen Kreises von Bild A.6 oder besser mittels der entsprechenden vorzeichenunabhängigen Formeln (A.2/35) zu

$$p = \frac{\Pi}{2}[1 - \cos 2(\alpha + \beta)], \qquad \tau = -\frac{\Pi}{2}\sin 2(\alpha + \beta)$$

bzw.

$$p = \frac{\Sigma + Q}{2} + \frac{\Sigma - Q}{2}\cos 2\alpha, \qquad \tau = \frac{\Sigma - Q}{2}\sin 2\alpha .$$

Elimination von $p$, $\tau$ liefert nach geeigneter Auflösung die einzigen verbleibenden *Gleichgewichtsbedingungen*

$$\tan \alpha = \frac{\Pi \sin \beta \cos \beta}{Q - \Pi \cos^2 \beta}, \qquad \Sigma = \frac{\Pi Q \sin^2 \beta}{Q - \Pi \cos^2 \beta} . \qquad (4.3/1)$$

Die noch offenen Drücke $\Pi$, $Q$, $R$ sowie den Winkel $\beta$ wollen wir jetzt möglichst *optimal* wählen dergestalt, daß sich eine gute, also *große* untere Schranke der Traglast ergibt. Wir erreichen dies durch Streben nach Gleichheit beider Seiten in der *Zulässigkeitsbedingung* (1.2/51). So folgt für die Bereiche *JAD*, *KBE*, *GMI* und *FLH* aus der *Fließbedingung* (1.3/109) über (1.3/110) mit $\sigma_I = 0$, $\sigma_{II} = -R \leqq 0$

$$R = \frac{2k \cos \Psi}{1 - \sin \Psi} = 2k \tan \frac{1}{2} \left( \frac{\pi}{2} + \Psi \right) . \qquad (4.3/2)$$

Entsprechend erhält man für die Bereiche *BCM*, *ACL* wegen $\sigma_I = -R$, $\sigma_{II} = -(\Pi + R)$ sowie $\Pi \geqq 0$, $R \geqq 0$ und (4.3/2), (3.4/12)

$$\Pi = 2 \frac{k \cos \Psi + R \sin \Psi}{1 - \sin \Psi} = 2k \frac{\cos \Psi}{1 - \sin \Psi} \cdot \frac{1 + \sin \Psi}{1 - \sin \Psi} = 2k \tan^3 \frac{1}{2} \left( \frac{\pi}{2} + \Psi \right) . \qquad (4.3/3)$$

Im Bereich *EBMG* oder *DALF* definieren $\Pi$, $R$ wegen der schrägen Überlagerung keine Hauptspannungen mehr. Bezeichnet man die Richtung von $\Pi$ mit 2 und die dazu senkrechte Richtung mit 1, so ist zunächst der einachsige Druck $R$ über den Mohrschen Kreis (Bild A.6) oder die zugehörigen Formeln (A.2/35) auf die 1,2-Richtungen zu transformieren. Nach Superposition von $\Pi$ ergeben sich die Zugspannungen $\sigma_1$, $\sigma_2$ und die Schubspannung $\tau_{12}$ gemäß

$$\sigma_1 = -\frac{R}{2} (1 + \cos 2\beta) ,$$

$$\sigma_2 = -\frac{R}{2} (1 - \cos 2\beta) - \Pi ,$$

$$\tau_{12} = \frac{R}{2} \sin 2\beta .$$

Über (4.3/2) folgt dann aus der Fließbedingung (1.3/109) wegen (1.3/110) die von 0 verschiedene Lösung

$$\Pi = \frac{4k(\sin \Psi + \cos 2\beta)}{\cos \Psi(1 - \sin \Psi)} ,$$

zusammen mit (4.3/3) also

$$\cos 2\beta = \frac{1}{2} (1 + \sin^2 \Psi) . \qquad (4.3/4)$$

Der Druckzustand $\sigma_I = \sigma_{II} = -R$ in *HLCMI* erfüllt allerdings die Fließbedingung (1.3/109) nicht, wohl aber die entsprechende Zulässigkeitsbedingung (1.2/51) (mit $L = k \cos \Psi$). Hingegen können wir (1.3/109), (1.3/110) wieder im Dreieck *ABC* befriedigen, wenn wir $\sigma_I = -(Q + R)$, $\sigma_{II} = -(\Sigma + R)$ einsetzen und, um eine *optimale* (das heißt: *hohe*) Schranke des Stempeldruckes $Q + R$ zu erzielen,

$$Q \geqq \Sigma \qquad (4.3/5)$$

verlangen. Diese Forderung liefert

$$(Q - \Sigma) - (Q + \Sigma + 2R) \sin \Psi = 2k \cos \Psi \,,$$

wobei die linke Seite für $Q = \Sigma > 0$, $\Psi \geq 0$ wegen (4.3/2) nicht-positiv, für $Q \to \infty$ wegen (4.3/1) aber beliebig groß wird. Somit besteht für eine gewisse Lösung $Q$ unter der Bedingung (4.3/5) in der Tat Gleichheit beider Seiten. Man erhält sie über (4.3/1), (4.3/2), (4.3/3) und (4.3/4) in der Gestalt

$$Q = 2k \tan^3 \frac{1}{2}\left(\frac{\pi}{2} + \Psi\right)\left\{1 + \frac{1}{4}(1 + \sin \Psi)\left[\sin \Psi + \sqrt{4 + \sin^2 \Psi}\right]\right\},$$

wenn man die *größere* von beiden Wurzeln der sich bei der Ausrechnung ergebenden quadratischen Gleichung wählt. So kommt nach Bild 4.17 schließlich der auf $2k$ bezogene dimensionslose Stempeldruck

$$\hat{Q} = \frac{Q + R}{2k} = \tan \frac{1}{2}\left(\frac{\pi}{2} + \Psi\right) \times$$

$$\times \left(\tan^2 \frac{1}{2}\left(\frac{\pi}{2} + \Psi\right)\left\{1 + \frac{1}{4}(1 + \sin \Psi)\left[\sin \Psi + \sqrt{4 + \sin^2 \Psi}\right]\right\} + 1\right)$$

$$(4.3/6)$$

heraus. Er stellt eine *untere Schranke* des *mittleren* wirklichen Stempeldruckes dar, weil er gemäß (1.3/40) gegen die wahre Stempelbewegung eine eher zu kleine Arbeit leistet. Dies gilt zunächst für einen reibungsfreien Stempel, aber natürlich erst recht für einen reibungsbehafteten. Die Güte der Annäherung läßt sich für den Grenzfall $\Psi = 0$ durch Vergleich mit einer später auf andere Weise zu entwickelnden *Obere-Schranken-Lösung* nach Prandtl [294] abschätzen, die, wie in Abschnitt 5.2.3.3 ausgeführt, sogar zu einem strengen Resultat führt. Es lautet nach (5.2/77) $\hat{Q} = 1 + \pi/2 = 2{,}507 \dots$ im Vergleich mit $\hat{Q} = 2{,}500$ gemäß (4.3/6). Wie bei Shield [99] angegeben, liefert (4.3/6) selbst für große Winkel $\Psi$ noch gute bis zufriedenstellende untere Approximationen.

Die hier berechnete untere Schranke besitzt den großen Vorteil, daß sie unmittelbar auch für *räumliche Rechteckstempel* gilt. Um dies einzusehen, braucht man lediglich die Bereiche konstanten Spannungszustandes von Bild 4.17a in räumliche Prismen umzuwandeln, von denen Bild 4.17b einige als Beispiel wiedergibt. Bild 4.17a läßt sich dann etwa als Schnitt $JK$ von Bild 4.17b deuten. Der Druck $\Pi$ wirkt längs der schrägen Prismen, während $R$ und $\Sigma$ jetzt horizontale, nach allen Seiten gleiche Druckverteilungen darstellen. Dadurch erreicht man, daß die senkrecht auf die Schnittebene von Bild 4.17a wirkende Spannung $\sigma_{III}$ überall mit einer gezeichneten Normalspannung innerhalb der Ebene zusammenfällt, folglich *zwischen* den Hauptspannungen $\sigma_I$, $\sigma_{II}$ als *extremalen* Normalspannungen[10] dieser Ebene liegt und somit die Zusatzbedingung $\sigma_I \geqq \sigma_{III} \geqq \sigma_{II}$ des räumlichen Spannungszustandes erfüllt (vgl. Ende von Abschnitt 1.3.6). An der Rechnung selbst ändert sich nichts.

### 4.3.2 Abstützung eines bergmännischen Hohlraumes

Ein bergmännischer Hohlraum mit Rechteckquerschnitt $ABCD$ (Bild 4.18, vgl. auch Abschnitt 3.4), dessen obere Begrenzung $AB$ eine Horizontale quer zur Schwerkraft bildet, wird in der Regel innerlich durch den sogenannten *Ausbau* gegen das Herein-

---

[10] Siehe Mohrscher Kreis, Bild A.6.

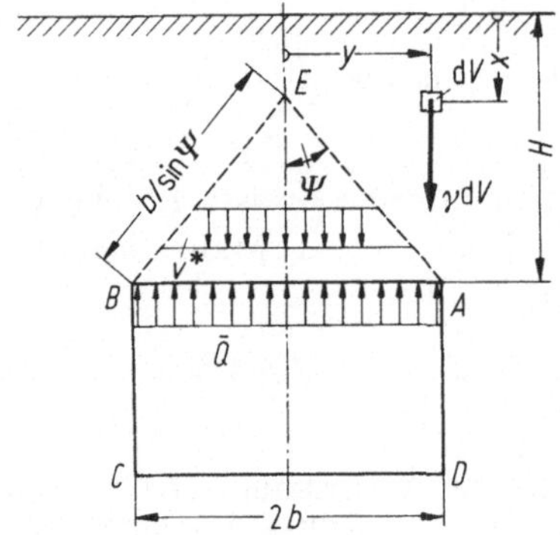

**Bild 4.18.** Mittlerer Stützdruck $\bar{Q}$ in einem bergmännischen Hohlraum $ABCD$. Erratenes zulässiges Geschwindigkeitsfeld $v^*$ im Dreieck $BEA$. Reibwinkel $\Psi$, spezifisches Gewicht $\gamma$ des Gebirgsmaterials. $H$ „Teufe" des Hohlraumes

brechen des *Hangenden* (Deckengestein) geschützt. Wir wollen hier den mittleren Stützdruck $Q$ des Ausbaus bei *ebener Formänderung* in der Bildebene abschätzen unter der Annahme, daß der Hohlraumboden (das *Liegende*) starr bleibe und somit keine Arbeit gegen den auf $CD$ wirkenden Gegendruck des Ausbaus leiste. Das Gestein rings um den Hohlraum genüge dem Coulombschen Stoffgesetz mit konstanten (mittleren) Parameterwerten $k$ (*Kohäsion*) und $\Psi$ (*Reibwinkel*). Ähnlich wie zu Anfang von Abschnitt 4.3.1 ausgeführt, müßte man $\Psi$ gegebenenfalls durch den (meist kleineren) Dilatanzwinkel $X$ ersetzen, sofern dies hier zu einem *höheren* berechneten Stützdruck $Q$ führt.

Im übrigen wollen wir uns mit groben, dafür einfach zu ermittelnden Schranken begnügen und verweisen hierzu sowie hinsichtlich gewisser Verschärfungen auf [150]. Daneben stellen wir einige Besonderheiten heraus, die sich bei Anwendung der Extremalsätze auf das vorliegende Problem ergeben:

(a) Der Stützdruck wirkt *entgegen* der (zu verhindernden) Gesteinsbewegung[11] und leistet *negative* Arbeit. Nach Vorzeichenumkehr liefert der Satz von der *unteren* Schranke daher eine *obere* (sichere) Abschätzung, der Satz von der *oberen* Schranke eine *untere* (unsichere).

(b) Es sind *Volumenkräfte* einzubeziehen, nämlich das als konstant vorausgesetzte (mittlere) spezifische Gewicht $\gamma > 0$ des Gebirgsmaterials; denn für $\gamma = 0$ wäre der Ausbau überflüssig.

Jetzt zur Rechnung selbst. Wie bei einer idealen Flüssigkeit steht der rein *hydrostatische* Druckzustand $\sigma_x^0 = \sigma_y^0 = -\gamma x$ mit dem Eigengewicht des Materials im Gleichgewicht. Er macht die linke Seite der Fließbedingung (1.3/109) zu Null oder negativ, ist also im Sinne von (1.2/51) *zulässig*, obschon keineswegs optimal, da er die Fließbedingung nirgendwo erfüllt. Folglich wird er, wie angekündigt, nur eine grobe Abschätzung liefern. Glücklicherweise heben sich im Satz von der unteren Schranke (1.3/40) beidseits die nach (1.3/42), (1.3/43) auftretenden Volumenintegrale heraus, da sie einander gleich sind: Der *zulässige erratene* ebenso wie der *wahre* Spannungszustand gehören zum gleichen Volumenkraftfeld, nämlich dem Eigengewicht des

---

[11] In der Bodenmechanik spricht man hier von einem *aktiven* Zustand, anderenfalls von einem *passiven*.

Gesteins. Es bleiben nur die Oberflächenleistungen (pro Breite 1 senkrecht zur Bild-ebene)

$$\int_{-b}^{b} (-Q^0\, v)\, \mathrm{d}y \;\leqq\; \int_{-b}^{b} (-Qv)\, \mathrm{d}y\,, \tag{4.3/7}$$

worin $v = v(y) \geqq 0$ die nach unten gemessene Geschwindigkeit des Hangenden im (zu verhindernden) Fall des Hereinbrechens, $Q = Q(y)$ die unbekannte (abzuschät-zende) Verteilung des erforderlichen Ausbaudruckes und

$$Q^0 = (-\sigma_x)_{x=H} = \gamma H \tag{4.3/8}$$

den erratenen zulässigen Ausbaudruck darstellen. Er erfüllt wegen (4.3/7)

$$Q^0 \int_{-b}^{b} v\, \mathrm{d}y \;\geqq\; \bar{Q} \int_{-b}^{b} v\, \mathrm{d}y\,, \quad \text{also} \quad Q^0 \geqq \bar{Q} \tag{4.3/9}$$

mit einem geeignet zu bildenden Mittelwert $\bar{Q}$ der Druckverteilung $Q$, dessen genaue Berechnung allerdings die Kenntnis der unbekannten *wirklichen* Geschwindigkeits-verteilung $v(y)$ voraussetzt. Immerhin kann man $\bar{Q}$ größenordnungsmäßig mit dem *mittleren erforderlichen Ausbaudruck* vergleichen, für den dann gemäß (4.3/9) der hydrostatische Druck $Q^0$ eine grobe und wahrscheinlich viel zu große, aber jeden-falls „sichere" obere Schranke darstellt: Ein nach ihr bemessener Ausbau ist be-stimmt standfest.

Als zulässiges Geschwindigkeitsfeld erraten wir innerhalb des durch den Reib-winkel $\Psi$ bestimmten Dreiecks $ABE$, sofern dieses noch ganz unter der Oberfläche $x = 0$ liegt ($b/\tan\Psi \leqq H$), die konstante, nach unten gerichtete Bewegung $v^* > 0$, während außerhalb des Dreiecks alle Geschwindigkeiten Null betragen mögen. Bis auf die Unstetigkeitslinien $BE$, $AE$ verschwinden die zugehörigen Formänderungs-geschwindigkeiten $\lambda_{jk}^*$ identisch, definieren also *starre* Zonen, die gemäß (1.3/116) (mit $X = \Psi$ [12]) stets zulässig sind.

Die Unstetigkeitslinien selbst dürfen bei kompressiblem Material *keine reinen Scherzonen* mehr sein, da eine linienförmig konzentrierte Volumenproduktion auch einen Sprung der Geschwindigkeits-Normalkomponente bedingt. Wir hatten die Zulässigkeitsbedingung (1.3/116) für jenen Grenzfall bereits in Abschnitt 2.4 ausge-wertet und die Bedingungen (2.4/5a) oder (2.4/5b) erhalten (vgl. Bild 2.28), wonach der Vektor des Geschwindigkeitssprunges für $\Psi = X$ mit der Sprungfläche gerade den Reibwinkel $\Psi$ einschließt. Dies wird in unserem Beispiel nach Bild 4.18 vom erratenen Geschwindigkeitsfeld $v^*$ offenbar erfüllt, so daß dieses insgesamt zulässig ist.

Eine innere Scheinleistung $P^*$ entsteht nur an den Unstetigkeitslinien $BE$, $AE$, und zwar liefert (1.3/45) mit (2.4/5c) für $\Psi = X$ pro Breite 1 (Bild 4.18)

$$P^* = (|BE| + |AE|)\, \Lambda_v^* = 2bk \cot\Psi\,.$$

Demgegenüber setzt sich die äußere Scheinleistung $P_*$ nach (1.3/43) aus den Bei-trägen des (hier wirklich *mittleren*) Stützdruckes $\bar{Q}$ und der Volumenkräfte $p_x = \gamma$ gegen das konstante Geschwindigkeitsfeld $v_y^* = v^* > 0$ zusammen:

$$P_* = -2b\bar{Q}v^* + |ABE|\, \gamma v^*\,,$$

---

[12] Nur dann ist die Gültigkeit der Extremalsätze gewährleistet; vgl. Ende von Abschnitt 1.3.6 bzw. Einleitung zu 4.3.1. Zur *sichereren* Lösung gehört hier der *größere* Druck.

wo

$$|ABE| = b^2 \cot \Psi$$

den Dreiecksinhalt bedeutet. So liefert $P_* \leqq P^*$, vgl. (1.3/39), die Abschätzung

$$Q^* \leqq \bar{Q} \tag{4.3/10}$$

mit

$$Q^* = \left(\frac{1}{2}\gamma b - k\right)\cot \Psi \tag{4.3/11}$$

als unterer (unsicherer) Schranke. Formal negative Werte bedeuten, daß hiernach gar kein Ausbau erforderlich wäre. Dies träfe bei angenommenen Parametern $\gamma = 2,5 \cdot 10^4 \, \text{N/m}^3$, $k = 10^7 \, \text{N/m}^2$ für Hohlräume zu, deren Weiten den Wert $2b = 1600$ m nicht übersteigen — eine weitaus zu optimistische Vorhersage. Also ist auch die Schranke (4.3/11) nur sehr grob.

Im Gebirge vor Auffahren des Hohlraumes bereits existierende, vom Eigengewicht unabhängige Eigenspannungen sowie lokale Abweichungen von den zugrundegelegten mittleren Werten $k$, $\Psi$ können die Ergebnisse zusätzlich verfälschen.


## 4.4 Numerische Methoden

Bereits in den früheren Kapiteln und Abschnitten ließen sich formelmäßig geschlossene Lösungen plastizitätstheoretischer Probleme nur unter besonders idealisierenden Bedingungen ermitteln. Darüber hinaus bedurfte es numerischer Vorgehensweisen, die sich meist unmittelbar auf den jeweiligen Anwendungsfall bezogen und allein im Zusammenhang mit diesem erläutert werden konnten. Jetzt wollen wir zusätzlich einige allgemeinere Verfahren vorstellen, mit denen man ganze Problemklassen erfaßt.

Die *Visioplastizität* schlägt eine Brücke zwischen Theorie und Experiment. Man mißt nach abgestuften Umformschritten die *Verformungszuwächse* anhand eingeritzter oder auf andere Weise in bzw. auf den Werkstoff gebrachter *Gitterraster*, gewinnt über das Fließgesetz die zugehörigen *Deviatorspannungen* $\sigma'_{jk}$ und integriert schließlich wenigstens eine der Gleichgewichtsbedingungen numerisch, um die noch fehlende *hydrostatische Spannung* $\sigma_h$ zu erhalten. Alsdann bestimmt man die *Spannungen* $\sigma_{jk}$ über (1.3/15). Die Visioplastizität geht auf E. G. Thomsen zurück; einen Überblick findet man in [583].

*Charakteristikenverfahren* stellen ein mathematisches Instrument zur numerischen Integration *hyperbolischer* Differentialgleichungssysteme dar. Wir gehen darauf im folgenden Kapitel sowie im Anhang ein (Abschnitt A.3).

Noch allgemeiner sind die eng mit dem Gegenstand des vorliegenden Kapitels zusammenhängenden *Variationsmethoden*. Sie erstrecken sich auf sämtliche Gebiete der Kontinuumsmechanik oder anderer Kontinuumstheorien, die sich durch Variationsprinzipe[13] charakterisieren lassen — also beispielsweise auch auf starr-plastische Medien, da zu ihnen die Extremalsätze (1.3/39), (1.3/40) gehören. Wir haben das numerische Vorgehen schon mehrfach anklingen lassen und wollen es jetzt am Beispiel des *Satzes von der oberen Schranke* wie folgt zusammenfassen:

Man errät ein zulässiges Geschwindigkeitsfeld $v_k^*$ abhängig von endlich vielen unabhängigen, freien Parametern $\eta_1 \ldots \eta_N$ und bestimmt diese so, daß (1.3/39) *optimal* erfüllt wird, also die Leistungsdifferenz $P^* - P_*$ ein Minimum annimmt. Hieraus folgt, sofern wenigstens einmalige ste-

---

[13] Ggf. künstliche, vgl. S. 189, auch [39].

tige Differenzierbarkeit besteht und die Parameter $\eta_1 \ldots \eta_N$ in einem offenen Bereich variiert werden dürfen, als notwendige Bedingung

$$\frac{\partial}{\partial \eta_j}\,(P^* - P_*) = 0\,, \qquad j = 1 \ldots N\,. \tag{4.4/1}$$

Sie liefert ebensoviele Gleichungen, wie es Unbekannte $\eta_j$ gibt; man findet diese durch (in der Regel: numerisches) Auflösen und hofft, mit ihnen auch ein optimales, das heißt ein der wahren Lösung nahekommendes Geschwindigkeitsfeld $v_j^*$ zu kennen. Probleme resultieren daraus, daß man etwa bei starrplastischem Material oft weder die Existenz einer solchen Lösung noch deren Eindeutigkeit garantieren kann.

In (4.4/1) sind bei der Differentiation sowohl die geometrische Gestalt des betrachteten Körpers als auch dessen Materialkenngrößen konstant zu halten, selbst wenn diese geschwindigkeitsabhängig sein sollten. Im letzten Fall muß man zusätzlich *iterieren*: Mittels der optimierten $v_j^*$ neue Materialkenngrößen bilden, anhand dieser wird (4.4/1) ansetzen, verbesserte $v_j^*$ ermitteln usw.

Um den zeitlichen Formänderungsablauf zu berechnen, geht man in kleinen Zeitschritten $\Delta t$ vor und bildet aus einem für $t = $ const gewonnenen *optimalen* Geschwindigkeitsfeld $v_j^*$ die Verschiebungszuwächse $\Delta u_j = v_j^* \, \Delta t$ sowie etwa den Zuwachs $\Delta \bar\varphi = \bar\lambda^* \, \mathrm{d}t$ der Vergleichs-Formänderung. Dies legt für den nächsten Zeitpunkt $t + \Delta t$ die neue Körperform sowie bei Kaltverfestigung die neuen Materialparameter fest und erlaubt so die hierauf bezogene neue Anwendung von (4.4/1). Etwas einfacher geht es bei *stationären* Vorgängen wie dem Ziehen (Bild 3.5) oder dem Walzen (Bild 3.8), wo zu jedem Zeitpunkt der *gleiche* Zustand besteht. Man legt numerisch, und zwar etwa durch Polygonzüge angenähert, die *Stromlinien* als Kurven fest, die in jedem Punkt in Richtung des (optimierten) Geschwindigkeitsvektors $v^*$ weisen. Längs ihrer integriert man gemäß (1.1/15) numerisch die über $v_j^*$ gebildete Vergleichs-Formänderungsgeschwindigkeit $\bar\lambda^*$ und erhält die Vergleichsformänderung

$$\bar\varphi = \bar\varphi_B + \int\limits_{t_0}^{t} \bar\lambda^* \, \mathrm{d}t = \bar\varphi_B + \int\limits_{0}^{s} \frac{\bar\lambda^*}{|v^*|}\, \mathrm{d}s \tag{4.4/2}$$

mit $\mathrm{d}s = |v^*|\, \mathrm{d}t$ als Bogenlängenelement längs der Stromlinie. Die Bogenlänge $s$ wird vom Beginn der plastischen Zone an gezählt, und $\bar\varphi_B$ stellt die dort gültige Vorverformung dar (z. B. $\bar\varphi_B = 0$). *Iterationen* sind erforderlich, wenn die ermittelten Verteilungen von $\bar\varphi$, $\lambda^*$ ihrerseits wieder die Materialparameter beeinflussen.

Das Geschwindigkeitsfeld $v_j^*$ muß in der Regel *Nebenbedingungen* wie die *Zulässigkeitsbedingung* oder gewisse Randbedingungen erfüllen, die man meist zweckmäßig von vornherein durch den Ansatz erfüllt dergestalt, daß sie für *alle* Parameter $\eta_k$ automatisch gelten. Man kann sie aber stattdessen auch über sogenannte *Euler-Lagrange-Multiplikatoren* in die Bedingung (4.4/1) einführen (Erläuterungen und Beweise vgl. [22]). Dies hat bereits Markov [469] speziell für die Zulässigkeitsbedingung, also bei Metallen (vgl. Ende von Abschnitt 1.3.4.1) für die *Inkompressibilitätsbedingung* (1.3/22) getan. Mit $\lambda_V^*$ als Volumenänderungsgeschwindigkeit und $\sigma_h^*$ als zugehörigem *Multiplikator*

muß man den Integralen $P_*$, $P^*$ (vgl. (1.3/41)) in (4.4/1) noch das Volumenintegral $\int\limits^{V} \sigma_h^* \lambda_V^* \, \mathrm{d}V$ hinzufügen, wobei $\sigma_h^*$ als zusätzliche unbekannte Ortsfunktion aufzufassen und mitzuvariieren, also selbst als von den Parametern $\eta_j$ abhängig anzusetzen ist:

$$\frac{\partial}{\partial \eta_j}\left( P^* - P_* + \int\limits^{V} \sigma_h^* \lambda_V^* \, \mathrm{d}V \right) = 0\,. \tag{4.4/3}$$

Der Nachteil, nämlich die höhere Zahl von unbekannten Funktionen, wird durch gewisse Vorteile ausgeglichen. Um dies einzusehen, bedarf es der folgenden Interpretation von $\sigma_h^*$: Ließe man Volumenänderungen zu, so ergäbe nach (1.3/18) $P^* + \int\limits^{V} \sigma_h^* \lambda_V^* \, \mathrm{d}V$ statt allein $P^*$ die gesamte innere (Schein-)Leistung, worin $\sigma_h^*$ die (wirkliche) hydrostatische Spannung darstellt. Also darf man den Parameter $\sigma_h^*$ in (4.4/3), wo ja in der Tat das Volumen mitvariiert wird, ebenfalls als *hydrostatische Spannung* deuten.

Ihre Verteilung kommt nun aus (4.4/3) automatisch mit heraus. Man kann dann auch die *Spannungen* $\sigma_{jk}$ gemäß (1.3/15) ermitteln, sofern man nur den Spannungs*deviator* $\sigma_{jk}'$ kennt. Dieser

aber folgt bei inkompressiblen Metallen im allgemeinen schon durch Auflösen der Fließregel
(1.3/24), wenn deren linke Seite den aus den optimalen Geschwindigkeiten $v_j^*$ gebildeten Formänderungsgeschwindigkeiten $\lambda_{jk}^*$ gleichgesetzt wird. Kurz: Die Spannungen sind, wenngleich indirekt,
einbezogen. Dementsprechend lassen sich auch *Spannungsrandbedingungen* berücksichtigen.

Zur Aufstellung der von den Parametern $\eta_1 \ldots \eta_N$ abhängigen Geschwindigkeiten $v_j^*$ benutzt man
heute fast standardmäßig die auf große elektronische Rechenanlagen zugeschnittene *Methode der
Finiten Elemente* („*MFE*"). Wir verweisen auf das Lehrbuch von Zienkiewicz [582], in welchem
elastische, plastische und andere Stoffe behandelt werden, sowie auf verschiedene Übersichtsartikel
[78, 295—297, 617—619] speziell für plastisches, visko-plastisches und elasto-plastisches Material;
weitere Literatur zum letzten ist im Zusammenhang mit Gl. (1.3/34) zitiert. Die nachstehenden
Ausführungen über *starr-plastischen Werkstoff* lehnen sich den Untersuchungen von Lung, Klie und
Mahrenholtz [287, 292, 620] an.

Dort wählt man *Dreieckselemente 0—1—2* (Bild 4.19), die paarweise zu Vierecken zusammengesetzt rasterförmig die Fließebene eines Körpers bei *ebener Formänderung* überdecken (Beispiel:
Bild 4.20). Wir besprechen hier gleich die *räumliche* Verallgemeinerung, nämlich *Tetraederelemente
0—1—2—3* (Bild 4.19). Die Spaltenmatrizen

$$x = \begin{pmatrix} x_1 \\ x_2 \\ x_3 \end{pmatrix}, \qquad \overset{k}{x} = \begin{pmatrix} \overset{k}{x}_1 \\ \overset{k}{x}_2 \\ \overset{k}{x}_3 \end{pmatrix}, \qquad v = \begin{pmatrix} v_1 \\ v_2 \\ v_3 \end{pmatrix}, \qquad \overset{k}{v} = \begin{pmatrix} \overset{k}{v}_1 \\ \overset{k}{v}_2 \\ \overset{k}{v}_3 \end{pmatrix}, \tag{4.4/4}$$

kurz *Vektoren*, repräsentieren die kartesischen Koordinaten der vom Ursprung aus gezählten Ortsvektoren zu einem beliebigen Punkt $x$ des Tetraeders bzw. zu dessen Ecken $\overset{k}{x}$ ($k = 0, 1, 2, 3$) sowie
die zugehörigen Punktgeschwindigkeiten $v$ in $x$ oder $\overset{k}{v}$ in $\overset{k}{x}$. Ferner betrachten wir die quadratische
Matrix

$$X = (X_{jk}) = (\overset{1}{x} - \overset{0}{x}, \overset{2}{x} - \overset{0}{x}, \overset{3}{x} - \overset{0}{x}), \tag{4.4/5}$$

die durch Nebeneinandersetzen der Spalten $\overset{1}{x} - \overset{0}{x}$, $\overset{2}{x} - \overset{0}{x}$, $\overset{3}{x} - \overset{0}{x}$ entsteht[14]. Sie spannen als
*geometrische* Vektoren das Tetraeder auf, dessen Volumen (vgl. [513])

$$V = \frac{1}{2} \det X \neq 0 \tag{4.4/6}$$

als nichtverschwindend vorausgesetzt werde. Dann kann man die *Kehrmatrix*

$$X^{-1} = (\overset{-1}{X}_{jk}) = \frac{1}{2V}(X^{jk}) \tag{4.4/7}$$

bilden, worin $X^{jk}$ die *Adjunkte* (A.1/8) zum Element $X_{jk}$ von $X$ darstellt. Definitionsgemäß gilt
(vgl. (A.1/14—16))

$$\sum_l \overset{-1}{X}_{jl}(\overset{k}{x}_l - \overset{0}{x}_l) = \sum_l \overset{-1}{X}_{jl} X_{lk} = \delta_{jk} = \begin{cases} 1 & \text{für} \quad j = k, \\ 0 & \text{für} \quad j \neq k \end{cases} \tag{4.4/8}$$

mit $\delta_{jk}$ als Kronecker-Symbol.

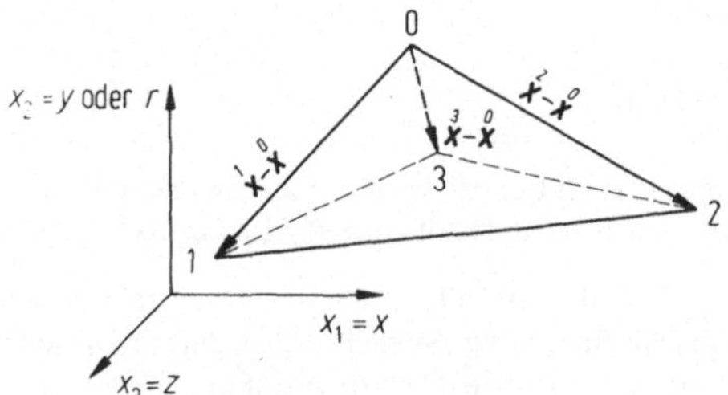


**Bild 4.19.** Räumliches Tetraederelement *0-1-2-3* bzw. ebenes Dreieckselement *0-1-2*
in kartesischen Koordinaten. $\overset{k}{x}$ Ortsvektor vom Koordinatenursprung zum Eckpunkt $k$

---

[14] Bezeichnungen und Formeln der Matrizenalgebra sind im Anhang, Abschnitt A.1.1, zusammengestellt.

Der „einfachste" Ansatz für ein nicht-konstantes ortsabhängiges Geschwindigkeitsfeld $v^* = v^*(x)$ im Tetraeder ist *linear*. Hier legen die Eckgeschwindigkeiten $\overset{k}{v}{}^*$ den ganzen Verlauf $v^*(x)$ der Geschwindigkeiten im Inneren *eindeutig* fest, so daß die Geschwindigkeiten angrenzender Tetraeder *stetig* ineinander übergehen, sofern nur die Eckgeschwindigkeiten übereinstimmen. Offenbar gilt

$$v_k^*(x) = \overset{0}{v}{}_k^* + \sum_{j,\,l=1}^{3} \left( \overset{j}{v}{}_k^* - \overset{0}{v}{}_k^* \right) \overline{X}_{jl}^{1} \left( x_l - \overset{0}{x}_l \right) ; \tag{4.4/9}$$

denn dieser Ansatz ist linear, und wegen (4.4/8) gilt wie gefordert $v_k^*(\overset{p}{x}) = \overset{p}{v}{}_k^*$ ($p = 0, 1, 2, 3$). Die zugehörigen Formänderungsgeschwindigkeiten (A.2/16b) sind im Tetraeder konstant; sie lauten

$$\lambda_{jk}^* = \frac{1}{2} \left( \frac{\partial v_j^*}{\partial x_k} + \frac{\partial v_k^*}{\partial x_j} \right) = \frac{1}{2} \sum_{l=1}^{3} \left\{ \left( \overset{l}{v}{}_j^* - \overset{0}{v}{}_j^* \right) \overline{X}_{lk}^{1} + \left( \overset{l}{v}{}_k^* - \overset{0}{v}{}_k^* \right) \overline{X}_{lj}^{1} \right\} . \tag{4.4/10}$$

Dementsprechend wird auch der momentane räumliche Verlauf der Materialparameter, etwa die einachsige Fließgrenze $Y = Y(x)$, durch einen im Tetraeder konstanten Mittelwert $\overline{Y}$ ersetzt. Da die Vergleichs-Formänderungsgeschwindigkeit $\overline{\lambda}^*$ bei geschwindigkeitsunabhängigem oder *normiert*-geschwindigkeitsabhängigem Material (vgl. (1.2/57)) eine *homogene* Funktion $\overline{\lambda}^* = \overline{g}(\lambda_{jk}^*)$ der Formänderungsgeschwindigkeiten ist — Beispiele liefern je nach Fließkriterium die Gleichungen (1.3/55a) oder (1.3/58a) — so hat man wegen (1.2/57), (1.1/20), (4.4/10), (4.4/7)

$$P^* = \sum_V \overline{Y}\overline{\lambda}^* V = \sum_V \overline{Y}\overline{g}(\pi_{jk}^*) \tag{4.4/11}$$

als *obere Scheinleistung* von (1.3/41), worin $\sum_V$ die Summation über alle Tetraeder des Netzes ausdrückt und $\pi_{jk}^*$ dem Ausdruck

$$\pi_{jk}^* = V\lambda_{jk}^* = \frac{1}{4} \sum_{l=1}^{3} \left\{ \left( \overset{l}{v}{}_j^* - \overset{0}{v}{}_j^* \right) X^{lk} + \left( \overset{l}{v}{}_k^* - \overset{0}{v}{}_k^* \right) X^{lj} \right\} \tag{4.4/12}$$

entspricht. Dies gilt für *stetige* Geschwindigkeitsfelder. Unstetigkeiten lassen sich nur mit Mühe einbauen [627], wodurch der Vergleich mit geschlossenen strengen Lösungen erschwert wird, die häufig solche Unstetigkeiten enthalten.

Bei Überdeckung des betrachteten Körpers mit Tetraederelementen nach Bild 4.19 wird die Oberfläche (einschließlich der Begrenzungsflächen gegenüber den nicht einbezogenen Materialbe

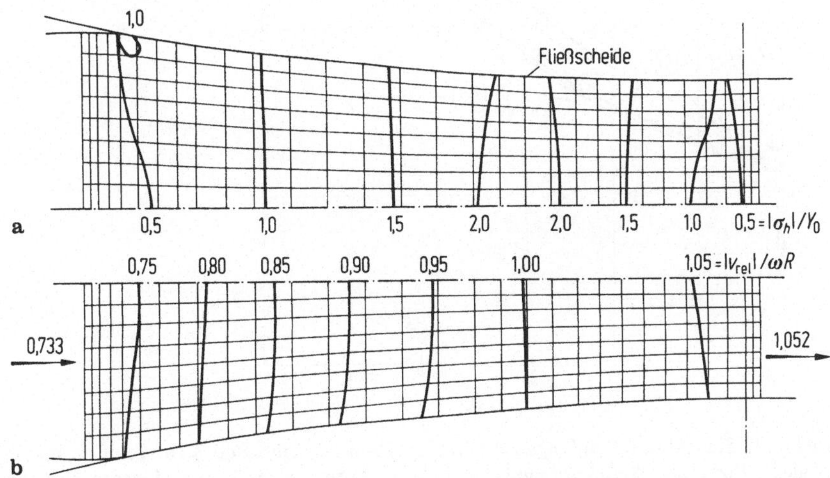


**Bild 4.20.** Finites Elementenraster im Walzspalt (vgl. Bild 3.8); keine Bandzüge. Daten wie zur strichpunktierten Druckverteilung in Bild 3.9. Jedes Viereckselement aus 2 Dreiecken aufgebaut (nicht gezeichnet). **a** Linien konstanten hydrostatischen Druckes $|\sigma_h|$. **b** Linien konstanter resultierender Werkstoffgeschwindigkeit $|v_{res}|$

reichen) durch dreieckige Tetraederseiten polyederartig angenähert. Auf diesen Dreiecksflächen $1-2-3$ des Inhalts $S$ ersetzt man die wirklichen Oberflächenspannungen $T_j$ durch konstante Mittelwerte $\bar{T}_j$ und erhält z. B. unter Benutzung von

$$\bar{v}^* = \frac{1}{3} \sum_{j=1}^{3} \overset{j}{v}^* \tag{4.4/13}$$

als mittlerer Werkstoffgeschwindigkeit auf der Seite $1-2-3$ bei vernachlässigten Volumenkräften die Scheinleistung $P_*$ gemäß (1.3/43) zu

$$P_* = \frac{1}{3} \sum_{S} \left( S \sum_{j.\,k=1}^{3} \bar{T}_k \overset{j}{v}_k^* \right), \tag{4.4/14}$$

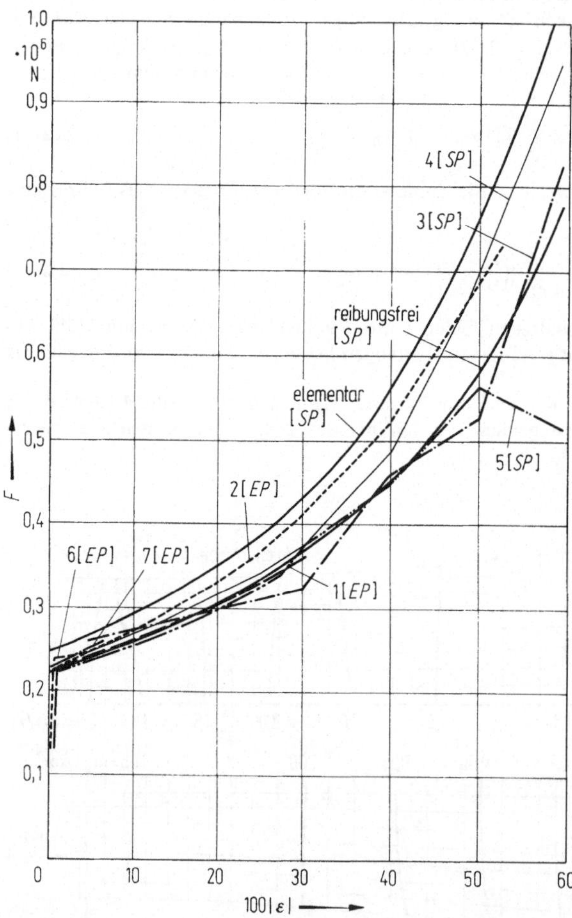


**Bild 4.21.** Stauchkraft $F$ anfangs zylindrischer Proben gemäß Bild 3.1a, c mit an den Platten haftendem Werkstoff. Anfangsabmessungen $D_0 = 20$ mm, $h_0 = 30$ mm. Lineare Verfestigung $Y = Y_0(1 + \Gamma\bar{\varphi})$; $Y_0 = 700$ N/mm², $\Gamma = {}^3/_7$. Stauchgrad $|\varepsilon| = (h_0 - h)/h_0$. Vergleich der Ergebnisse verschiedener Finite-Elemente-Rechnungen ($1\ldots6$) mit der elementaren Theorie und mit dem reibungsfrei-zylindrischen Stauchen. [SP] starr-plastisches Material, [EP] elastisch-plastisches Material

wo $\sum\limits_{S}$ die Summation über alle Oberflächenelemente symbolisiert. Schließlich geht das letzte Glied von (4.4/3) wegen (1.3/22), (4.4/10), (4.4/7) in

$$\int \overset{V}{\sigma_h^* \lambda_V^*} = \sum_V V \bar\sigma_h^* \lambda_V^* = \frac{1}{2} \sum_V \left\{ \bar\sigma_h^* \sum_{j,k} \left( \overset{k}{v_j^*} - \overset{0}{v_j^*} \right) X^{kj} \right\} \tag{4.4/15}$$

über, worin $\bar\sigma_h^*$ die mittlere hydrostatische Spannung auf dem jeweiligen Tetraeder darstellt.

Mit (4.4/11), (4.4/12), (4.4/14) und (4.4/15) gewinnt das zu differenzierende Funktional in (4.4/3) die Gestalt einer im allgemeinen nichtlinearen Funktion der Eckpunktgeschwindigkeiten aller Tetraeder. *Diese selbst* bzw. deren sämtliche Koordinaten sowie zusätzlich zu jedem Element die hydrostatische Spannung $\sigma_h^*$ wählt man nun in fortlaufender Numerierung als freie Parameter $\eta_1 \ldots \eta_N$, soweit sie nicht direkt oder indirekt durch Randbedingungen festliegen. Das daraus entstehende nichtlineare Gleichungssystem (4.4/3) muß numerisch aufgelöst werden. Wir verzichten hier auf Einzelheiten der computergerechten Aufbereitung, weisen jedoch darauf hin, daß der Rechenaufwand stark mit der gewünschten Genauigkeit ansteigt.

Bei *ebener Formänderung* entfällt die dritte Koordinate der Vektoren (4.4/4) und die dritte Spalte der Matrix (4.4/5); Summationen sind nur über die Indizes 1, 2 zu erstrecken. Tetraeder werden Dreiecke (*0—1—2* in Bild 4.19), ihre Volumina $V$ Flächeninhalte $A$ und ihre Seitenflächen $S$ zu Längen $s$ (Punktabstände $|1—2|$ in Bild 4.19). Für *axialsymmetrische Probleme* (Achse $x$, Radius $r$ in Bild 4.19) vergleiche man die Literatur [292]. Andresen berechnet hierzu den *Kegelstauchversuch* [96] (Stauchen ähnlich Bild 3.1, jedoch mit kegelförmigen Platten zur Elimination der Reibung).

Bild 4.20 zeigt Ergebnisse von Lung [287] für das Walzen analog Bild 3.8, welche die elementare Streifentheorie zu rechtfertigen scheinen (Abschnitt 3.3). Auch die Fließscheide und die Druckverteilung auf die Walzen kommen fast identisch heraus (qualitativ: Bild 3.9), wobei der Wiederanstieg nahe dem Einlauf anschaulich eher unglaubhaft erscheint. Dies wirft eine prinzipielle Frage auf: Wie verläßlich sind numerische Verfahren, die man ihres Aufwandes wegen nicht mehr unabhängig kontrollieren kann?

Matsubara und Kudo führen eine während der Niederschrift dieses Textes noch nicht abgeschlossene hochinteressante Erhebung durch [584]. Sie forderten Wissenschaftler verschiedener Nationen auf, mit *deren eigenen* Finite-Elemente-Programmen nach genau festgelegten Regeln das axialsymmetrische Stauchen entsprechend Bild 3.1a, c zu berechnen: Der Werkstoff möge an den (starren) Stauchbahnen haften; es soll das Fließgesetz von Lévy-Huber-v. Mises gelten. Bild 4.21 zeigt einige Vergleichsresultate von 6 beteiligten Forschergruppen. Da man nicht zu entscheiden vermag, welche der Lösungen besser oder welche schlechter ist, kann man trotz des zugrunde liegenden immensen numerischen Aufwandes keinen Fortschritt gegenüber der einfachen, in Ansatz und Rechnung nachprüfbaren elementaren Theorie erkennen[15]. Auch erscheint es unwahrscheinlich (obschon nicht streng widerlegbar), daß die bei Haftreibung ermittelte Stauchkraft $F$ im Laufe des Prozesses unter diejenige des ideal-reibungsfreien Vorgangs sinkt. Andere, hier nicht reproduzierte Vergleichskurven — so für die Spannungen — streuen sogar noch erheblich stärker.

Es wäre empfehlenswert, derartige Vergleichsrechnungen auch für andere Anwendungsbereiche der Finite-Elemente-Methode durchzuführen.

---

[15] Inzwischen vorgelegte Ergebnisse [616] weiterer Forschergruppen verbreiterten das Streufeld zunächst noch mehr, doch ließ es sich nach Absprache unter den Beteiligten sowie Revision der Ergebnisse dann wieder etwas verringern.

# 5 Charakteristikenverfahren

Eine Anzahl wichtiger Probleme und Problemgruppen der Plastizitätstheorie führt auf lineare, partielle, hyperbolische Differentialgleichungssysteme, die sich systematisch mittels der sogenannten *Charakteristikenverfahren (Massausche Gitterkonstruktion)* integrieren lassen. Während die zugehörigen mathematischen Grundlagen im Anhang zusammengestellt sind (Abschnitt A.3), wenden wir uns hier den Anwendungen auf die Kinetik des schlanken Stabes sowie auf das ebene und axialsymmetrische Fließen zu. Vollständige Lösungen sind nur in einfachen Fällen möglich und erlauben dort zusätzliche Einsichten in die Struktur des Problems. Dagegen scheint es heute, als ob einige der früher bevorzugten Charakteristikenmethoden den auf Schrankenverfahren basierenden Näherungen (Kapitel 4) zumindest hinsichtlich des numerischen Aufwandes unterlegen seien. Gelegentlich ordnen sie sich ihnen sogar unter.

## 5.1 Plastokinetik des Einzelstabes

### 5.1.1 Grundlagen

Die Plastokinetik wurde etwa gleichzeitig während der zweiten Hälfte des Zweiten Weltkrieges in den USA von Th. v. Kármán [408] (1942), in England von G. I. Taylor, in der UdSSR von K. A. Rachmatulin und in Italien von F. Mazzoleni (1943) begründet. Offenbar galten die Untersuchungen der drei ersten Forscher als kriegswichtig — hängen sie doch eng mit dem bis heute noch häufig untersuchten Auftreffen eines Projektils auf ein Hindernis bzw. ein anderes Projektil zusammen (u. a. [424, 425]). In der Tat wurden sie erst nach Kriegsende der Allgemeinheit zugänglich gemacht (u. a. [409, 410, 411]). Mazzoleni hingegen befaßte sich von Anfang an mit dem zivilen Schmieden und veröffentlichte als Erster [412].

Statt auf die zahlreichen seitdem erschienenen Arbeiten einzeln hinzuweisen, wollen wir lediglich zusammenfassende Berichte von Kolsky, Prager, Craggs, Hopkins, Symonds, Lee und Clifton [414—419, 422], im deutschen Schrifttum von Bollenrath und Troost [413] zitieren. 1967 erschien die erweiterte englischsprachige Ausgabe eines rumänischen Handbuches (1958) von Cristescu [227] über die gesamte Plastodynamik (vgl. auch [420]). Johnson stellt technische Anwendungen in den Vordergrund [282]; in [421] werden metallphysikalische Aspekte untersucht.

Wir beschränken uns hier auf einachsige Spannungszustände. Zwar kann man die Theorie näherungsweise auf seitliche Kräfte erweitern [227, 429—431], doch sind

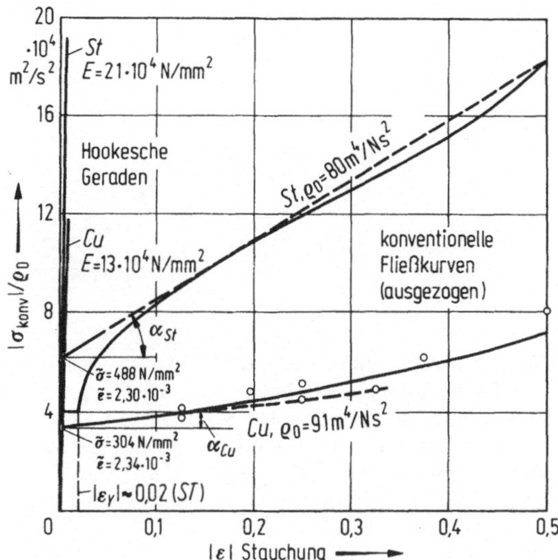



**Bild 5.1.** Konventionelle, auf Anfangsdichte $\varrho_0$ bezogene Kaltfließkurven (Raumtemperatur $\vartheta = 20\,°\mathrm{C}$) für Stahl C15 (nach Bühler und Schack; umgerechnet aus Bild 1.2a) und Elektro-Kupfer ungeglüht; Stauchversuch. $E$ Elastizitätsmodul. ∘∘∘∘∘∘∘∘∘∘∘∘ eigene Meßpunkte; $|\varepsilon_\gamma|$ natürliche Streckgrenzenverformung bei Stahl; $\bar{\sigma}$, $\bar{\varepsilon}$ Grenzspannung und Grenzverformung einer Pseudo-Streckgrenze, definiert als Schnittpunkt der Hookeschen Geraden mit den gestrichelten Näherungsgeraden der zugehörigen Fließkurven.

Die Näherungsgeraden gelten etwa in den Intervallen $0{,}05 \leqq |\varepsilon| \leqq 0{,}5$ (St) bzw. $0 \leqq |\varepsilon| \leqq 0{,}2$ (Cu) und sind gleichzeitig Tangenten bei $|\varepsilon| = 0{,}16$ (St) bzw. $|\varepsilon| = 0$ (Cu)

geschlossene oder zumindest geschlossen diskutierbare dreidimensionale Lösungen für die Plastokinetik des (geraden) Einzelstabes nicht bekannt.

Die *Statik* des Einzelstabes (Bild 1.1) wird als bekannt vorausgesetzt; an ihm ermittelt oder interpretiert man die einachsigen Fließkurven (Kapitel 1). Doch empfiehlt es sich für diesen Abschnitt, in *konventionellen* Spannungs-Verformungs-Diagrammen $\sigma_{\mathrm{konv}}$ über $\varepsilon$ aufzutragen, wo $\sigma_{\mathrm{konv}}$ die auf den *Anfangs*querschnitt $A_0$ (Zeit $t_0 = 0$) bezogene Längszugkraft $F$ und $\varepsilon$ die auf die *Anfangs*länge $l_0$ bezogene Dehnung $\Delta l$ darstellt (vgl. (1.1/1), (1.1/2)). In Bild 5.1 wird aus später ersichtlichen Gründen $\sigma_{\mathrm{konv}}$ noch durch die anfängliche Werkstoffdichte $\varrho_0$ dividiert und über der *Gesamtverformung* (elastischer plus plastischer Anteil) aufgetragen, obschon sich dadurch bei großen Formänderungen praktisch nichts ändert. $E$ bezeichnet den Elastizitätsmodul, $Y$ die einachsige Fließgrenze. In Bild 5.1 folgt die Kurve für Stahl C15 bei Vernachlässigung der elastischen Volumenänderung[1] über die Umrechnungsformeln (1.1/5), (1.1/17), (1.1/10), (1.1/13) in der Gestalt

$$|\sigma_{\mathrm{konv}}| = \frac{Y}{1 + \varepsilon}, \qquad \varphi = \ln(1 + \varepsilon), \qquad \lambda = \frac{\dot{\varepsilon}}{1 + \varepsilon} \qquad (5.1/1)$$

---

[1] Sie liegt in der gleichen Größenordnung wie die plastische. Man muß entgegen der Gepflogenheit also entweder *beide* berücksichtigen oder *beide* weglassen (s. S. 11, dort insbesondere Fußnote 8).

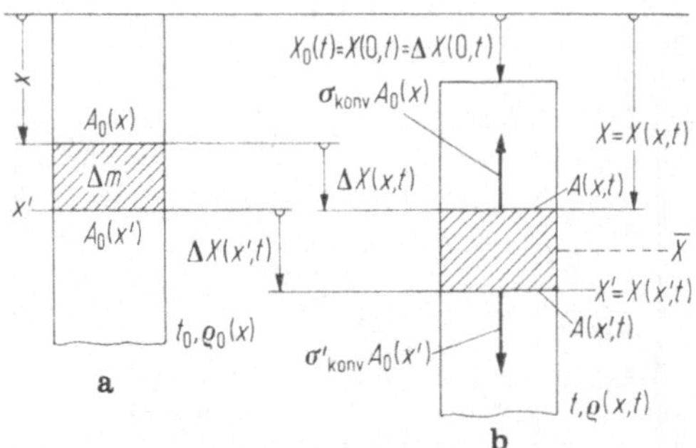

**Bild 5.2. a** Stab zum Anfangszeitpunkt $t_0$, Anfangskoordinate $x$, Stabelement der Masse $\Delta m$ schraffiert. Anfangsquerschnitt $A_0(x)$, Dichte $\varrho_0(x)$. **b** Stab zum Zeitpunkt $t \geqq t_0$. Verschobenes Stabelement mit angreifenden Kräften. Anfangskoordinate $x$ (*mitgeführte* oder *Lagrangesche* Koordinaten) bzw. Momentankoordinaten $X$ (*raumfeste, ruhende* oder *Eulersche* Koordinaten). Momentanquerschnitt $A$, Dichte $\varrho$

aus der entsprechenden adiabaten[2] Kalt-Fließkurve in Bild 1.2a (Raumtemperatur $\vartheta = 20\ ^\circ\text{C}$), während die Kurve für ungeglühtes Elektrokupfer auf der Prüfmaschine des Instituts für Technische Mechanik und Festigkeitslehre der Universität Karlsruhe aufgenommen wurde[3]. Geschwindigkeitseinflüsse spielen unter den Bedingungen des Hochgeschwindigkeitsschmiedens bei Raumtemperatur, auf die dieser Abschnitt zielt, praktisch keine Rolle [428]. Doch sollte man bei noch höheren Beanspruchungsgeschwindigkeiten von speziell gemessenen dynamischen Fließkurven ausgehen [424—427, 433, 435—440]. Campbell gibt einen Überblick [423].

Nunmehr wenden wir uns der Stabkinetik zu und betrachten Bild 5.2. $x$ sei die zum Anfangszeitpunkt $t_0 = 0$ vom oberen Ende aus gezählte Längskoordinate; sie wird den selben Stabquerschnitten auch während und nach der Umformung zugeordnet, *wandert* also sozusagen *mit* („Lagrangesche" Betrachtungsweise[4]). Der Stab darf zunächst anfangs inhomogen sein, so daß der Querschnitt $A_0(x)$, die Dichte $\varrho_0(x)$, die Temperatur $\vartheta_0(x)$ ebenso wie die Vorspannung $\sigma_{\text{konv}0}(x)$ oder der Elastizitätsmodul $E(x)$ i. a. vom Ort $x$ abhängen. $A(x, t)$, $\varrho(x, t)$, $\vartheta(x, t)$, $\sigma_{\text{konv}}(x, t)$ sowie (ungeändert) $E(x)$ seien die entsprechenden Größen zum späteren Zeitpunkt $t \geqq t_0$. Hierbei folgt $\sigma_{\text{konv}}(x, t)$ gemäß

$$\sigma_{\text{konv}} = \sigma_{\text{konv}}(x, \dot{\varepsilon}, \varepsilon) \tag{5.1/2}$$

aus den wegen der zugelassenen Inhomogenität möglicherweise von Punkt zu Punkt unterschiedlichen, also von $x$ abhängigen, adiabaten[5] Spannungs-Verformungs-Diagrammen des einachsigen Zug- oder Druckversuches. Richtungsumkehr werde vorläufig ausgeschlossen.

Zum Zeitpunkt $t$ seien die ursprünglich bei $x$, $x'$ (Bild 5.2a) gelegenen Querschnitte um die Längen $\Delta X(x, t)$, $\Delta X(x', t)$ in $x$-Richtung nach $X(x, t)$, $X' = X(x', t)$

---

[2] Im Hinblick auf dynamische Kurzzeitvorgänge.
[3] Herrn J. Zachmann sei für seine Unterstützung gedankt.
[4] Diese Benennung ist möglicherweise historisch ungerechtfertigt.
[5] D. h.: die Temperatur geht nicht mehr explizite ein.

                                                                 

verschoben (Bild 5.2b); $X$, $X'$ als im raumfesten System gemessene zeitveränderliche Koordinaten materieller Stabquerschnitte werden auch nach Euler benannt[6]. Es gilt

$$X = X(x, t) = x + \Delta X(x, t), \qquad X' = X(x', t) = x' + \Delta X(x', t);$$
$$\Delta X(x, t_0) = 0, \qquad \Delta X(0, t) = X(0, t) = \Delta X_0(t) . \qquad (5.1/3)$$

mit $\Delta X_0(t)$ als zeitlicher Verschiebung des (oberen) Stabendes. Die Geschwindigkeit eines festen Stabquerschnittes $x = \text{const}$ während seiner Wanderung wird durch seine Zeitableitung bei festem $x$ definiert, also durch den *partiellen* Differentialquotienten

$$v(x, t) = \frac{\partial \, \Delta X(x, t)}{\partial t}, \qquad (5.1/4\,\text{a})$$

insbesondere

$$v(0, t) = v_0(t) = \frac{\mathrm{d}\Delta X_0(t)}{\mathrm{d}t}. \qquad (5.1/4\,\text{b})$$

Betrachten wir jetzt als Stab im Sinne von Bild 1.1 nur das schraffierte Stabelement in Bild 5.2, so folgt $l_0 = x' - x$, $l = X' - X$ und mit (1.1/2), (5.1/3) die Formänderung

$$\varepsilon = \frac{l - l_0}{l_0} = \frac{\Delta X(x', t) - \Delta X(x, t)}{x' - x}.$$

Der Differenzenquotient strebt für $x' \to x$ gegen die partielle Ableitung von $\Delta X$ nach $x$. Da ferner das schraffierte Stabelement zwischen zwei festen Querschnitten $x = \text{const}$, $x' = \text{const}$ gemessen wird, ist die Dehnungsgeschwindigkeit $\dot{l} = \frac{\partial}{\partial t}[\Delta X(x', t) - \Delta X(x, t)]$ ebenfalls als *partielle* Ableitung aufzufassen. Dies gibt mit (1.2/2) im Grenzfall $x' \to x$ den lokalen Wert der Formänderungsgeschwindigkeit $\dot{\varepsilon} = \frac{\dot{l}}{l_0}$, und wir haben wegen (5.1/3), (5.1/4)

$$\varepsilon(x, t) = \frac{\partial \, \Delta X(x, t)}{\partial x}, \qquad \dot{\varepsilon} = \frac{\partial v(x, t)}{\partial x} = \frac{\partial^2 \, \Delta X(x, t)}{\partial x \, \partial t}. \qquad (5.1/5)$$

Die über (1.1/1) und Bild 5.2b ermittelte Gesamtkraft $\sigma'_{\mathrm{konv}} A_0(x') - \sigma_{\mathrm{konv}} A_0(x)$ erzeugt nach dem Newtonschen Grundgesetz „Kraft $=$ Masse $\times$ Beschleunigung" eine Beschleunigung des Stabelement-Schwerpunktes $\bar{X}$. Im Grenzfall $x' \to x$ fällt $\bar{X}$ mit $X$ zusammen; die Beschleunigung lautet $\partial^2 X / \partial t^2 = \partial^2 \, \Delta X / \partial t^2$. So ergibt das Newtonsche Grundgesetz wegen $\Delta m \approx \varrho_0 A_0(x' - x)$ nach Division durch $x' - x$ im Grenzfall $x' \to x$

$$\varrho_0(x) \, A_0(x) \frac{\partial^2 \, \Delta X(x, t)}{\partial t^2} = \frac{\mathrm{d}[\sigma_{\mathrm{konv}} A_0(x)]}{\mathrm{d}x} \qquad (5.1/6)$$

(*Bewegungsgleichung* des *infinitesimalen* Stabelementes), vorausgesetzt, daß die auftretenden Ableitungen existieren.

---

[6] Vgl. Fußnote 4, S. 212.

(5.1/2) liefert mit der Kettenregel der Differentialrechnung

$$\frac{\mathrm{d}\sigma_{\mathrm{konv}}}{\mathrm{d}x} = \frac{\partial\sigma_{\mathrm{konv}}}{\partial x} + \frac{\partial\sigma_{\mathrm{konv}}}{\partial\dot\varepsilon}\cdot\frac{\partial\dot\varepsilon}{\partial x} + \frac{\partial\sigma_{\mathrm{konv}}}{\partial\varepsilon}\cdot\frac{\partial\varepsilon}{\partial x}\,.$$

So erhält man mit (5.1/6) nach Einsetzen von (5.1/5) die partielle Differentialgleichung zweiter Ordnung [432]

$$\frac{\partial^2\Delta X}{\partial t^2} - \frac{1}{\varrho_0}\left[\frac{\partial\sigma_{\mathrm{konv}}}{\partial\dot\varepsilon}\frac{\partial\dot\varepsilon}{\partial x} + \frac{\partial\sigma_{\mathrm{konv}}}{\partial\varepsilon}\frac{\partial\varepsilon}{\partial x}\right] = \frac{\mathrm{d}A_0/\mathrm{d}x}{\varrho_0 A_0}\sigma_{\mathrm{konv}} + \frac{1}{\varrho_0}\frac{\partial\sigma_{\mathrm{konv}}}{\partial x} \qquad (5.1/7)$$

zur Bestimmung der Verschiebung $\Delta X = \Delta X(x, t)$. Sie wird meist *Wellengleichung* genannt und ist unter den das jeweils betrachtete Problem bestimmenden Randbedingungen zu integrieren.

(5.1/7) kann man mit (5.1/4a), (5.1/5) auch in der Gestalt

$$\left.\begin{array}{c}\dfrac{\partial v}{\partial t} - \left(\dfrac{1}{\varrho_0}\dfrac{\partial\sigma_{\mathrm{konv}}}{\partial\varepsilon}\right)\dfrac{\partial\varepsilon}{\partial x} - \left(\dfrac{1}{\varrho_0}\dfrac{\partial\sigma_{\mathrm{konv}}}{\partial\dot\varepsilon}\right)\dfrac{\partial\dot\varepsilon}{\partial x} = \dfrac{\mathrm{d}A_0/\mathrm{d}x}{\varrho_0 A_0}\sigma_{\mathrm{konv}} + \dfrac{1}{\varrho_0}\dfrac{\partial\sigma_{\mathrm{konv}}}{\partial x}\,, \\[3ex] \dfrac{\partial v}{\partial x} - \dfrac{\partial\varepsilon}{\partial t} = 0\,, \\[3ex] \dfrac{\partial\varepsilon}{\partial t} = \dot\varepsilon \end{array}\right\} \qquad (5.1/8)$$

als System von *drei* partiellen Differentialgleichungen *1. Ordnung* in *drei* Unbekannten $v$, $\varepsilon$, $\dot\varepsilon$ schreiben. Es ist *linear* (vgl. Anhang, Gl. (A.3/2)) und offenbar der Wellengleichung (5.1/7) bzw. den Grundgleichungen (5.1/4a), (5.1/5), (5.1/6) gleichwertig.

Die Herleitung sowohl von (5.1/7) als auch von (5.1/8) versagt jedoch, wenn auftretende Differentialquotienten nicht existieren, also insbesondere dann, wenn die Gesamtkraft $\sigma'_{\mathrm{konv}}A_0(x') - \sigma_{\mathrm{konv}}A_0(x)$ auf das Stabelement (Bild 5.2) im Grenzfall $x' \to x$ nicht verschwindet. Wegen $\Delta m \approx \varrho_0 A_0(x' - x) \to 0$ wird dann die Beschleunigung $\partial^2\Delta X/\partial t^2 = \partial v/\partial t$ ins Unendliche wachsen, so daß man mit einem *zeitlichen Sprung* der Geschwindigkeit rechnen muß. Er kann sich nicht in einem ganzen Stabbereich gleichzeitig vollziehen, weil hierzu unendliche Kräfte erforderlich wären. Vielmehr springt $v$ nur in einer Zone mit verschwindender Länge.

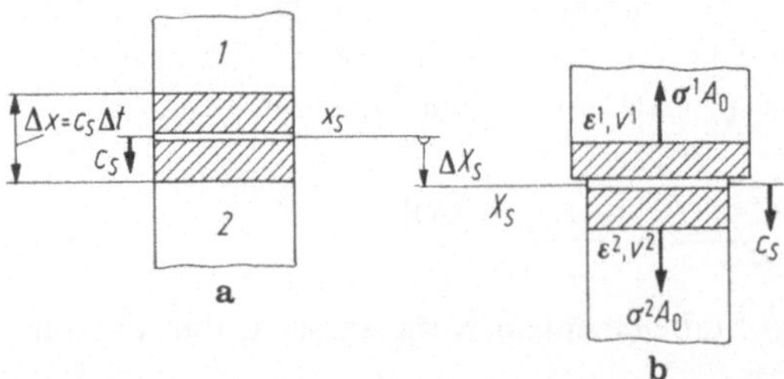


**Bild 5.3.** Wandernde Schockfront $S$. **a** $x_S$ mitgeführte oder Lagrangesche Koordinate; $c_S = \mathrm{d}x_S/\mathrm{d}t$. **b** $X_S$ raumfeste oder Eulersche Koordinate; $C_S = \mathrm{d}X_S/\mathrm{d}t$

Dann aber ändert sich $v$ sprunghaft auch gegen die Geschwindigkeit in den angrenzenden Stabquerschnitten, und dies bedeutet eine Unstetigkeit von $v$ über die Stablänge (d. h. in $x$). Demzufolge müssen wir *Sprünge* von *v längs der x-Achse* studieren. Eine solche isolierte Sprungstelle $x = x_S$ heißt *Schockfront* (Bild 5.3); wir nehmen an, daß sie sich mit einer bestimmten (ggf. verschwindenden) Geschwindigkeit $c_S$ in $x$-Richtung bewege (bzw. für $c_S < 0$ in umgekehrter Richtung):

$$x_S = x_S(t), \qquad c_S = \frac{dx_S}{dt}. \tag{5.1/9}$$

$x_S$, $c_S$ beziehen sich hier auf das *Anfangs*koordinatensystem $x$ (Bild 5.2a). Für die *Momentan*koordinaten $X$ (Bild 5.2b) gilt nach (5.1/3), der Kettenregel und (5.1/4a), (5.1/5)

$$\left.\begin{aligned}X_S(t) &= x_S(t) + \Delta X\,(x_S(t),\, t) = x_S + \Delta X_S, \\[2mm] C_S &= \frac{dX_S}{dt} = \frac{dx_S}{dt} + \left(\frac{\partial \Delta X}{\partial x}\right)_{x=x_S} \frac{dx_S}{dt} + \frac{\partial \Delta X_S}{\partial t} = (1 + \varepsilon_S)\,c_S + v_S\,.\end{aligned}\right\} \tag{5.1/10}$$

$C_S$ stellt die vom festen Raum her momentan beobachtbare Geschwindigkeit der Schockfront dar. $\varepsilon_S$ und $v_S$ als Formänderungen bzw. Geschwindigkeiten des *Werkstoffes* an der Schockfront werden unmittelbar vor bzw. hinter dieser unterschiedlich sein. Wegen der vorauszusetzenden Eindeutigkeit (d. h. hier: Stetigkeit) von $C_S$, $X_S$, $c_S$, $x_S$ folgt jedoch aus (5.1/10) mit $\varepsilon^1$, $v^1$, $\Delta X_1$ bzw. $\varepsilon^2$, $v^2$, $\Delta X_2$ als Werte von $\varepsilon_S$, $v_S$, $\Delta X_S$ unmittelbar *hinter* bzw. *vor* der Front

$$\Delta X_1 = \Delta X_2 \tag{5.1/11}$$

sowie $(1 + \varepsilon^1)\,c_S + v^1 = (1 + \varepsilon^2)\,c_S + v^2$, d. h.

$$(\varepsilon^1 - \varepsilon^2)\,c_S = v^2 - v^1\,. \tag{5.1/12}$$

(5.1/11), (5.1/12) heißen *Verträglichkeitsbedingungen*. Sie repräsentieren den *Werkstoffzusammenhang*: Das Material darf weder auseinanderreißen noch sich selbst durchdringen.

Eine weitere Beziehung folgt aus der Bewegungsgleichung (5.1/6), wenn man $v = \partial \Delta X / \partial t$ einsetzt und $\Delta t = \Delta x / c_S$ als diejenige Zeit definiert, in welcher die Schockfront das schraffierte Massenelement $\Delta m$ der Länge $\Delta x$ durchläuft (Bild 5.3a). Rückdeutung der Differentialquotienten als Differenzenquotienten[7] und Berücksichtigung der Tatsache, daß $\Delta m$ vor dem Durchlauf die Geschwindigkeit $v_2$, danach die Geschwindigkeit $v_1$ besitzt, liefert wegen (5.1/4a) mit Bild 5.3a, b bei stetig vorausgesetzter *Anfangs*dichte $\varrho_0$ und *Anfangs*fläche $A_0$

$$\varrho_0 c_S(v^1 - v^2) = \sigma^2 - \sigma^1\,. \tag{5.1/13}$$

Wann und ob überhaupt mit Schockfronten zu rechnen ist, wird später diskutiert.

---

[7] Aus denen ja (5.1/6) zuvor als Grenzfall hergeleitet wurde.

## 5.1.2 Geschwindigkeitsunabhängiger Werkstoff

### 5.1.2.1 Charakteristische Gleichungen

Wenn $\sigma_{\text{konv}}$ nicht von $\dot\varepsilon$ abhängt, reduzieren sich die differentiellen Grundgleichungen (5.1/8) auf

$$\left.\begin{aligned}
\frac{\partial v}{\partial t} - c^2 \frac{\partial \varepsilon}{\partial x} &= b, \\[2mm]
\frac{\partial v}{\partial x} - \frac{\partial \varepsilon}{\partial t} &= 0.
\end{aligned}\right\} \tag{5.1/14}$$

Hierin gilt mit $A_0 = A_0(x)$ als Anfangsquerschnitt, $\varrho_0 = \varrho_0(x)$ als Anfangsdichte und $\sigma_{\text{konv}} = \sigma_{\text{konv}}(x, \varepsilon)$ als konventioneller Spannung im Stab

$$\left.\begin{aligned}
c^2 &= [c(x, \varepsilon)]^2 = \frac{1}{\varrho_0} \frac{\partial \sigma_{\text{konv}}}{\partial \varepsilon}, \\[3mm]
b &= b(x, \varepsilon) = \frac{dA_0/dx}{\varrho_0 A_0} \sigma_{\text{konv}} + \frac{1}{\varrho_0} \frac{\partial \sigma_{\text{konv}}}{\partial x}.
\end{aligned}\right\} \tag{5.1/15}$$

Im elastischen Bereich (Hookesche Gerade) und zumindest in den Stauchdiagrammen von Bild 5.1 gilt $c^2 > 0$. Freilich ist beim Zugversuch $c^2 \leqq 0$ möglich; dies hängt mit dem Überschreiten der statischen Grenz-Gleichmaßdehnung $\varepsilon_G$ bzw. $\varphi_G$ zusammen (vgl. (1.1/23)). Wir wollen dies nicht weiter verfolgen. Stattdessen führen wir die Matrizen

$$z = \begin{pmatrix} v \\ \varepsilon \end{pmatrix}, \quad N = \begin{pmatrix} b \\ 0 \end{pmatrix}, \quad A = \begin{pmatrix} 0 & -c^2 \\ 1 & 0 \end{pmatrix}, \quad B = \begin{pmatrix} 1 & 0 \\ 0 & -1 \end{pmatrix} \tag{5.1/16}$$

ein und können so die Gleichungen (5.1/14) in der Form

$$A \frac{\partial z}{\partial x} + B \frac{\partial z}{\partial t} = N \tag{5.1/17}$$

schreiben. Dies entspricht der Matrixdarstellung (A.3/3) im Anhang mit $y = t$.

Der mit der Matrizenrechnung oder der Theorie solcher linearer partieller Differentialgleichungssysteme nicht vertraute Leser möge nun die Abschnitte A.1, A.3 des Anhangs studieren, auf die wir in der Folge verweisen. Nullsetzen der Richtungsdeterminante (A.3/9) führt mit (A.1/12) und (5.1/16) auf

$$\det \begin{pmatrix} -\sin \chi^j & -c^2 \cos \chi^j \\ \cos \chi^j & \sin \chi^j \end{pmatrix} = c^2 \cos^2 \chi^j - \sin^2 \chi^j = 0$$

mit der Lösung

und

$$\left.\begin{aligned}
\chi^1 &= \chi, \quad \chi^2 = -\chi \\[2mm]
\tan \chi &= c > 0; \quad 0 < \chi < \frac{\pi}{2} \ \text{ für } \ c^2 > 0,
\end{aligned}\right\} \tag{5.1/18}$$

so daß der *charakteristische Winkel* $\chi = \chi(x, \varepsilon)$ eindeutig festliegt. Die Gleichungen (A.3/10) lauten nach Division durch $\cos \chi^j \neq 0$ wegen (5.1/18)

$$-c\gamma_1^1 + \gamma_2^1 = 0 \qquad\qquad c\gamma_1^2 + \gamma_2^2 = 0$$
$$\text{bzw.}$$
$$-c^2\gamma_1^1 + c\gamma_2^1 = 0 \qquad\qquad -c^2\gamma_1^2 - c\gamma_2^2 = 0$$

mit den bis auf einen beliebigen Proportionalitätsfaktor eindeutigen Lösungszeilen

$$\gamma^1 = (1, c); \qquad \gamma^2 = (1, -c).$$

Aus (A.3/15) folgt

$$\det \gamma = \det \begin{pmatrix} 1 & c \\ 1 & -c \end{pmatrix} = -2c \neq 0,$$

so daß im Falle $c^2 > 0$ ein *hyperbolisches Problem* vorliegt. Es wird für $c^2 = 0$ parabolisch und für $c^2 < 0$ elliptisch. Nach (A.3/14) darf man $\chi^0 = 0$ wählen. Also lauten die *charakteristischen Gleichungen* (A.3/17) wegen (5.1/16) und $\sin \chi = \tan \chi / \sqrt{1 + \tan^2 \chi} = c / \sqrt{1 + c^2}$

$$\left.\begin{aligned}
\frac{dv}{ds_1} - c\,\frac{d\varepsilon}{ds_1} &= \frac{b}{\sqrt{1 + c^2}}, \\
\frac{dv}{ds_2} + c\,\frac{d\varepsilon}{ds_2} &= \frac{b}{\sqrt{1 + c^2}},
\end{aligned}\right\} \tag{5.1/19}$$

wo $s_1$, $s_2$ die Bogenlängen längs der beiden Charakteristikenscharen repräsentieren. $s_1$, $s_2$ hängen vom Achsmaßstab in der *x,t-Grundebene* ab und haben keine invariante physikalische Bedeutung.

### 5.1.2.2 Charakteristiken und Wellen

Zur anschaulichen Interpretation tragen wir die Stab-Längskoordinate $x$ und die Zeit $t$ in geeigneten Maßstäben als Abszisse bzw. Ordinate eines kartesischen Koordinatensystems der *x,t-Grundebene* auf (s. z. B. Bild 5.4) und denken uns das aus zwei Scharen (1-Schar, 2-Schar) aufgebaute *Charakteristikennetz* eingezeichnet, dessen Kurven (*Charakteristiken*) die Vertikale in jedem Punkt spiegelbildlich unter den durch (5.1/18) definierten Winkeln $\chi^1 = \chi$, $\chi^2 = -\chi$ schneiden; $\chi_1 \dots \chi_5$ seien irgend 5 angenommene Werte von $\chi$. Jede Charakteristik stellt eine Weg-Zeit Linie, also einen Bewegungsvorgang dar — jedoch in der Regel keine Bewegung materieller Stabquerschnitte. Vielmehr breiten sich längs Charakteristiken

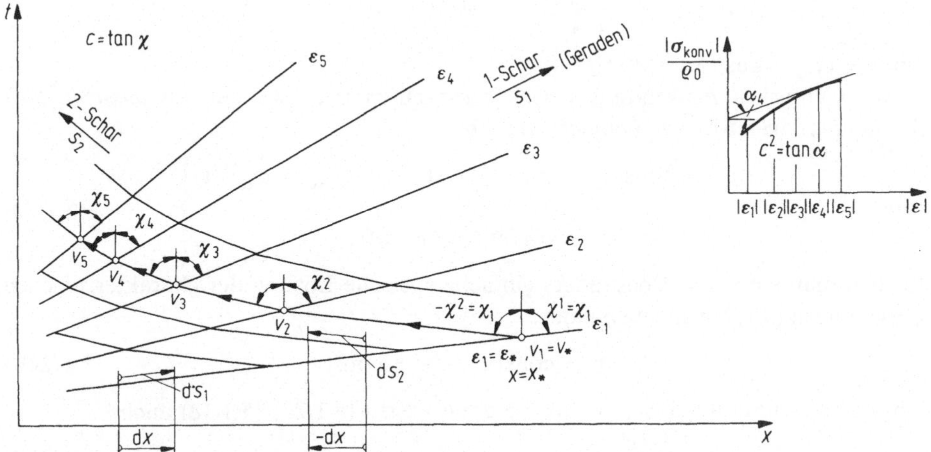


**Bild 5.4.** Charakteristikennetz (Bogenlängen $s_1$, $s_2$) in der *x,t*-Grundebene. Hier: 1-Geradenfeld zu einem anfangs zylindrischen homogenen Stab mit nach oben konvexem Spannungs-Verformungs-Diagramm. $\chi$ Neigungswinkel gegen die *t*-Achse; $c > 0$ Wellengeschwindigkeit; $\varepsilon_*$, $v_*$ Anfangswerte von Dehnung $\varepsilon$ bzw. Materialgeschwindigkeit $v$ bei $x = x_*$

u. a. *Störungen* aus (s. Abschnitt A.3.4), das sind (bei stetigen Verteilungen der Geschwindigkeiten $v$ und Dehnungen $\varepsilon$ im Stab) Unstetigkeiten der Ableitungen bzw. inkrementelle Zuwächse $\mathrm{d}v$, $\mathrm{d}\varepsilon$, die gewissermaßen auf dem vorhandenen Zustand $v$, $\varepsilon$ „entlangreiten" und ihn so verändern. Man spricht von inkrementellen[8] *Wellen*, sozusagen Signalen, welche Informationen über die Änderung des Deformationszustandes mit sich führen. Ihre Geschwindigkeit entspricht der Charakteristikenneigung gegen die $t$-Achse, also $(\pm) \tan \chi$, das ist nach (5.1/18), (5.1/15)

$$c(x, \varepsilon) = \sqrt{\frac{1}{\varrho_0} \frac{\partial \sigma_{\mathrm{konv}}}{\partial \varepsilon}} > 0 \tag{5.1/20}$$

(*Wellengeschwindigkeit*, im allgemeinen abhängig vom Stabquerschnitt und dessen Vorverformung). Längs jeder solchen Welle gelten die charakteristischen Gleichungen (5.1/19), die wir mit Bild 5.4 und $\mathrm{d}s_1 = \mathrm{d}x/\sin \chi$, $\mathrm{d}s_2 = -\mathrm{d}x/\sin \chi$ sowie $\sin \chi = \tan \chi/\sqrt{1 + \tan^2 \chi} = c/\sqrt{1 + c^2}$ umformen in

$$\left.\begin{aligned}
\mathrm{d}v - c\,\mathrm{d}\varepsilon &= \frac{b}{c}\,\mathrm{d}x \qquad \text{(längs der 1-Schar)}, \\[2ex]
\mathrm{d}v + c\,\mathrm{d}\varepsilon &= -\frac{b}{c}\,\mathrm{d}x \quad \text{(längs der 2-Schar)},
\end{aligned}\right\} \tag{5.1/21}$$

bzw. nach Integration längs einer Charakteristik bei vorgegebenen Anfangswerten $x_*$, $v_*$, $\varepsilon_*$

$$\left.\begin{aligned}
v &= v_* + \int_{\varepsilon_*}^{\varepsilon} c\,\mathrm{d}\varepsilon + \int_{x_*}^{x} \frac{b}{c}\,\mathrm{d}x \quad \text{(1-Schar)}, \\[2ex]
v &= v_* - \int_{\varepsilon_*}^{\varepsilon} c\,\mathrm{d}\varepsilon - \int_{x_*}^{x} \frac{b}{c}\,\mathrm{d}x \quad \text{(2-Schar)},
\end{aligned}\right\} \tag{5.1/22}$$

wo $b = b(x, \varepsilon)$ aus (5.1/15) folgt.

Als wichtigstes Anwendungsbeispiel betrachten wir von nun an *ausschließlich* den *anfangs zylindrischen, homogenen* Stab

$$\left.\begin{aligned}
\varrho_0 &= \text{const}, \qquad A_0 = \text{const}, \qquad \sigma_{\mathrm{konv}} = \sigma_{\mathrm{konv}}(\varepsilon) \\[1ex]
c &= c(\varepsilon), \qquad b \equiv 0,
\end{aligned}\right\} \tag{5.1/23}$$

mit

·für den man sofort eine besonders einfache spezielle Lösung der charakteristischen Gleichungen (5.1/21) angeben kann:

$$v = \text{const}, \qquad \varepsilon = \text{const} \tag{5.1/24a}$$

längs jeder Kurve der 1-Schar, für die dann wegen (5.1/23) (5.1/18) auch

$$c = \text{const}, \qquad \sigma_{\mathrm{konv}} = \text{const}, \qquad \chi = \text{const} \tag{5.1/24b}$$

---

[8] Im Unterschied zu sin- oder cos-(„harmonischen") Wellen, die hier keine besondere Bedeutung besitzen.

gilt: Es handelt sich um eine Geradenschar, zu der man die 2-Schar geometrisch nach Bild 5.4 konstruieren kann, indem man in jedem Punkt den Winkel $\chi$ an der Vertikalen spiegelt und dann annähernd geradlinig bis zum Schnitt mit der nächsten 1-Charakteristik fortschreitet, wo erneut gespiegelt wird. Wir sprechen vom *1-Geradenfeld*[9].

Zu allen 1-Charakteristiken (Bild 5.4) ist durch ihre Neigungen $\chi_1 \dots \chi_5$ wegen $c = \tan \chi$ zunächst die Wellengeschwindigkeit $c_1 \dots c_5$, dann über die Tangente an das Spannungs-Verformungs-Diagramm (vgl. (5.1/20)) auch die Dehnung $\varepsilon_1 \dots \varepsilon_5$ bzw. die Spannung $\sigma_{konv} = \sigma_{konv}(\varepsilon)$ bestimmt. Die Materialgeschwindigkeit $v$ ergibt sich aus der zweiten Gleichung (5.1/22) ($b = 0$) durch Integration längs der wie oben geometrisch näherungsweise ermittelten 2-Schar.

Hier noch die Berechnung der Wellengeschwindigkeit $c = c_p$ im plastischen Bereich, wenn nicht $\sigma_{konv}(\varepsilon)$, sondern die Fließkurve $Y(|\varphi|)$ gegeben ist. Wendet man das obere Vorzeichen für Stauchung $\varepsilon < 0$, $\varphi < 0$, $\sigma_{konv} < 0$, das untere für Dehnung $\varepsilon > 0$, $\varphi > 0$, $\sigma_{konv} > 0$ an, so folgt über (5.1/1)

$$\frac{\partial \sigma_{konv}}{\partial \varepsilon} = \mp \left\{ \frac{\partial Y/\partial |\varphi|}{1+\varepsilon} \cdot \frac{\mathrm{d}|\varphi|}{\mathrm{d}\varepsilon} - \frac{Y}{(1+\varepsilon)^2} \right\} = \frac{1}{(1+\varepsilon)^2} \left\{ \frac{\partial Y}{\partial|\varphi|} \pm Y \right\},$$

also wegen (5.1/20)

$$c_p = \frac{1}{1+\varepsilon} \sqrt{\frac{1}{\varrho_0}\left( \frac{\partial Y}{\partial|\varphi|} \pm Y \right)}. \tag{5.1/25}$$

Bei großen Formänderungen darf $\varphi$ gleich dem plastischen Anteil $\varphi^P$ gesetzt werden. Für kleine Formänderungen $|\varepsilon| \ll 1$ von Stahl gilt z. B. im natürlichen *Streckgrenzenbereich* (Bild 5.1) $Y = \sigma_Y \approx$ $\approx$ const, $\partial Y/\partial|\varphi| \ll \sigma_Y$. Dies liefert im Falle des Stauchens die Mazzolenische Näherung [412]

$$c_p \approx \sqrt{\frac{\sigma_Y}{\varrho_0}}; \qquad \sigma_Y = Y(|\varphi^P| = 0), \tag{5.1/26}$$

vgl. [432]. Tabelle 5.1 gibt Zahlenbeispiele im Vergleich mit der elastischen Wellengeschwindigkeit $c_e$ nach (5.1/27) sowie Näherungen von $c_p$ für „bilineares" Material (vgl. Abschnitt 5.1.2.4, Gl. (5.1/29)), bei welchem das Spannungs-Verformungs-Diagramm auch im plastischen Bereich durch eine Gerade approximiert wurde. Da dies offenkundig gut gelingt (Bild 5.1), kann man die zugehörige Wellengeschwindigkeit als verläßlich ansehen. Daneben besitzt die Mazzolenische Formel keine Bedeutung mehr; sie führt außer bei Stahl und zufällig bei Kupfer sogar zu größenordnungsmäßig falschen Resultaten.

### 5.1.2.3 Schockfronten

Im Beispiel von Bild 5.4 ist das Spannungs-Verformungs-Diagramm *nach oben konvex*; der Tangentenwinkel $\alpha$ und damit die Wellengeschwindigkeit *sinkt* mit wachsender Formänderung $|\varepsilon|$. Dies entspricht der natürlichen Stabbeanspruchung nach Bild 5.5: Größere Formänderungen folgen den kleineren nach; die Verformung wächst also an, was man bei dem vorausgesetzten *Belastungs*vorgang (i. a. Stauchung $\varepsilon \leqq 0$) auch erwarten muß. Anders, wenn wie z. B. bei Stahl C15 in Bild 5.1 ein *nach oben konkaver* Teil der Fließkurve vorhanden ist. Es könnte sich formal $c_5 > c_4$ einstellen, so daß die größere Formänderungsstufe $|\varepsilon_5|$ die kleinere $|\varepsilon_4|$ zu überholen versucht (Bild 5.6a). Dies ist bei Belastung sinnwidrig; vielmehr wird $|\varepsilon_4|$ von $|\varepsilon_5|$ ganz aufgesogen, und es schreitet nur noch die große Stufe $|\varepsilon_5|$ mit $c_5$ fort (Bild 5.6b). So kann sich ein Formänderungssprung $\Delta |\varepsilon|$, also eine Schockfront auftürmen

---

[9] Entsprechend definieren geradlinige 2-Charakteristiken das *2-Geradenfeld*.

**Tabelle 5.1.** Elastische und plastische Wellengeschwindigkeiten $c_e$, $c_p$ bei Raumtemperatur

| Werkstoff | $\dfrac{\varrho_0}{\text{N s}^2/\text{m}^4}$ | $\dfrac{E}{10^4\ \text{N/mm}^2}$ | $\dfrac{\sigma_Y}{\text{N/mm}^2}$ | $\dfrac{\tilde{\sigma}}{\text{N/mm}^2}$ | $10^3\,\tilde{\varepsilon}$ | $\dfrac{c_e}{\text{m/s}}$ | $\dfrac{c_p}{\text{m/s}}$ | |
|---|---|---|---|---|---|---|---|---|
| | | | | | | | Mazzoleni | bilinear |
| StC15 | 8 000 | 21,1 | 310 | 488 | 2,30 | 5120 | 197 $0 \leqq \lvert\varepsilon\rvert \leqq 0{,}02$ | 495 $(0{,}05 \leqq \lvert\varepsilon\rvert \leqq 0{,}5)$ |
| E-Cu* ungeglüht | 9 100 | 12,6 | 300 | 304 | 2,34 | 3700 | (182) | 222 $(0 \leqq \lvert\varepsilon\rvert \leqq 0{,}2)$ |
| E-Cu** geglüht | 9 100 | 13,0 | 80 | 80 | 0,615 | 3780 | (248) | 378 $(0 \leqq \lvert\varepsilon\rvert \leqq 0{,}6)$ |
| Al rein | 2 760 | 7,2 | 48 | 45 | 0,63 | 5110 | (132) | 370 $(0 \leqq \lvert\varepsilon\rvert \leqq 0{,}3)$ |
| Pb rein | 11 550 | 1,7 | 2 | 2 | 0,12 | 1212 | (17) | 74 $(0 \leqq \lvert\varepsilon\rvert \leqq 0{,}7)$ |
| Quellen | [566] | Cu**, St, Al, Pb nach [566], Cu*: gemessen (Bild 5.1) | St, Cu*: Bild 5.1 | Al, Cu**: [517, Bild 2.6] Pb: [290 Fig. 102] umgezeichnet analog Bild 5.1 für $\varepsilon < 0$ | (5.1/27) | | Gl. (5.1/26) | Gl. (5.1/29) |

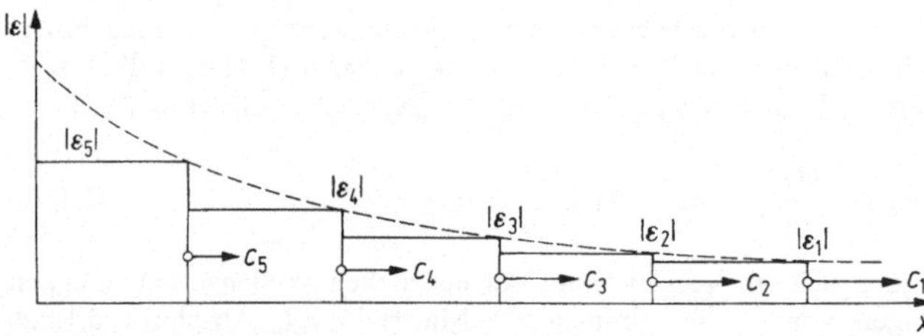

**Bild 5.5.** Am Stab fortschreitende Belastungswellen (Näherung durch Stufen $\lvert\varepsilon_j\rvert$, Wellengeschwindigkeiten $c_j$) in natürlicher Reihenfolge gemäß Bild 5.4 (gestrichelt: glatter Verlauf)

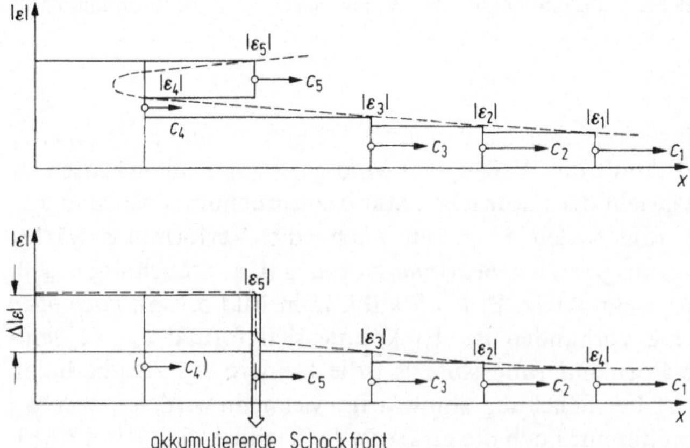


**Bild 5.6.** Am Stab fortschreitende Belastungswellen analog Bild 5.5, jedoch unnatürliche Reihenfolge $c_5 > c_4$.
**a** Formaler Verlauf, sinnwidrig; **b** Bildung einer akkumulierenden Schockfront, Sprung $\Delta\lvert\varepsilon\rvert$

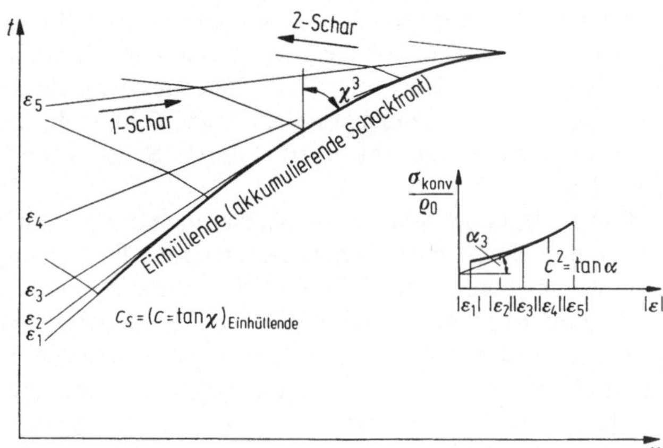



**Bild 5.7.** 1-Geradenfeld wie in Bild 5.4, jedoch mit nach oben konkavem Spannungs-Verformungs-Diagramm. Bildung einer akkumulierenden Schockfront mit wachsender Schock-Geschwindigkeit $c_S$

(*akkumulierende* Schockfront) auf dieselbe Weise, wie sich z. B. aus den Oberflächenwellen in seichtem Wasser die *Brecher* bilden.

Bei einem Werkstoff wie ungeglühtem E-Kupfer in Bild 5.1 verläuft das Spannungs-Dehnungsdiagramm im plastischen Bereich nirgendwo nach oben konvex; dort wird stets eine Schockfront auftreten, die der *Einhüllenden* zur 1-Schar im 1-Geradenfeld nach Bild 5.7 entspricht.

Für Schockfronten (Bild 5.3) gelten die Beziehungen (5.1/11—13), wo $c_S$ im obigen Fall dem Tangens des Neigungswinkels der Einhüllenden gleicht. Daneben gibt es Schockfronten, die mit einer lokal flüssigen oder gasförmigen Werkstoffphase verbunden sind und ganz andere Fortpflanzungsgeschwindigkeiten besitzen [227]. Sie spielen in den hier betrachteten umformtechnischen Anwendungen keine Rolle.

### 5.1.2.4 „Bilineares" Material

Wir wenden uns jetzt dem Grenzfall eines Materials mit linearem Spannungs-Verformungs-Diagramm zu, wie es beispielsweise durch die Hookesche Gerade im elastischen Bereich gegeben ist: $\sigma_{konv} = E\varepsilon$; $E = $ const (homogener Stab). (5.1/20) liefert eine konstante (elastische) Wellengeschwindigkeit

$$c_e = \sqrt{\frac{E}{\varrho_0}} = \text{const} > 0; \qquad (5.1/27)$$

es ist die bekannte einachsige *Schallgeschwindigkeit* im Stab. Für Zahlenbeispiele vgl. Tabelle 5.1 (S. 220). Wegen (5.1/18) bestehen beide Charakteristikenscharen aus parallelen Geraden, deren Neigungen

$$\chi_e = \arctan c_e \qquad (5.1/28)$$

gemäß $\quad = \chi_e$, $\chi^2 = -\chi_e$ von vornherein festliegen. Stellt man sich anschaulich den Grenzübergang zur Parallelität anhand von Bild 5.7 vollzogen vor, so wird auch die Schockfront zur Geraden: Elastische Charakteristiken können gleichzeitig Schockfronten mit bekannter Fortpflanzungsgeschwindigkeit $c_S = c_e = $ const repräsentieren. Freilich handelt es sich dann nicht mehr um akkumulierende Schockfronten, sondern um solche, die durch Schock-*Rand-* oder *Anfangsbedingungen* entstehen.

Bild 5.1 legt nun nahe, bereichsweise auch das plastische Spannungs-Verformungs-Diagramm durch eine Gerade zu ersetzen. Dies gelingt z. B. bei großen Formänderungen von Stahl C15 (Bild 5.1) praktisch innerhalb der ohnehin geringen Meß- und Reproduziergenauigkeit von 10 bis 20% (vgl. Abschnitt 1.1). Für ungeglühtes Elektrokupfer wurde der Formänderungsbereich bis $|\varepsilon| = 0{,}2$ approximiert. Es ergeben sich hypothetische Schnittpunkte mit den Hookeschen Geraden bei $|\sigma_{\mathrm{konv}}| = \tilde{\sigma}$, $|\varepsilon| = \tilde{\varepsilon}$ (Bild 5.1). Aus den gemessenen Neigungen $\alpha_{\mathrm{St}}$, $\alpha_{\mathrm{Cu}}$ folgen die plastischen Wellengeschwindigkeiten

$$c_p = \sqrt{\tan \alpha} = \text{const} > 0 \,, \tag{5.1/29}$$

und analog (5.1/28) findet man die ebenfalls konstante Neigung der Charakteristiken zu

$$\chi_p = \arctan c_p \,. \tag{5.1/30}$$

Sie ist im allgemeinen klein gegen $\chi_e$. Für Zahlenbeispiele vgl. Tabelle 5.1 (S. 220).

Werkstoffe, deren Spannungs-Verformungs-Diagramme modellmäßig durch 2 Geraden mit

$$\chi_e > \chi_p \tag{5.1/31}$$

ersetzt sind, wollen wir (wie schon in Abschnitt 5.1.2.2 erwähnt) *bilinear* nennen. Für den anfangs homogenen, zylindrischen Stab mit (5.1/23) und $c = c_e = $ const oder $c = c_p = $ const vergleichen wir jetzt die Zustände an zwei Stellen

$$x^2 > x^1 \,,$$

die beide in derselben zusammenhängenden elastischen oder plastischen Zone liegen. Wenn man dementsprechend $v_* = v^2$, $\varepsilon_* = \varepsilon^2$ und $v = v^1$, $\varepsilon = \varepsilon^1$ in die zweite Gleichung (5.1/22) einsetzt (vgl. Bild 5.4) bzw. $v_* = v^1$, $\varepsilon_* = \varepsilon^1$ und $v = v^2$, $\varepsilon = \varepsilon^2$ in die erste Gleichung (5.1/22), so erhält man

$$v^1 - v^2 = \mp c(\varepsilon^1 - \varepsilon^2) \,. \tag{5.1/32}$$

Das obere Vorzeichen gilt für die Integration längs einer 2-Charakteristik, also *beim Überschreiten von 1-Wellen* (*vorlaufenden* Wellen); das untere Vorzeichen *beim Überschreiten von rücklaufenden (2-)Wellen*. Insofern stimmt Gl. (5.1/32) mit derjenigen bei Schockfronten (5.1/12) überein. (5.1/20) liefert wegen der Linearität von $\sigma_{\mathrm{konv}}$ ferner

$$\varrho_0 c^2(\varepsilon^1 - \varepsilon^2) = \sigma^1 - \sigma^2 \,, \tag{5.1/33}$$

und dies ist wegen (5.1/32) mit (5.1/13) identisch. Daher gelten die Beziehungen (5.1/32), (5.1/33) beim Überqueren sowohl von inkrementellen Wellen als auch von Schockfronten, sofern die beidseitigen Zustände gleichzeitig plastisch oder gleichzeitig elastisch sind.

Man beachte, daß sich die hier zugrunde gelegte Bilinearität auf das *konventionelle* Spannungs-Verformungs-Diagramm bezieht und als gute Approximation gelten kann. Sie ist verschieden von der u. a. in (2.2/31) oder (3.2/4) benutzten „linearen Verfestigung", die oft weniger gut annähert.

### 5.1.3 Anwendungen

#### 5.1.3.1 Belastung und Entlastung des halb-unendlichen Stabes

Der halb-unendliche homogene Stab mit konstantem Anfangsquerschnitt $A_0 = \text{const}$, $0 \leq x < \infty$ werde an der Stirnseite $x = 0$ durch ein Werkzeug gezwungen, eine Längsbewegung mit vorgegebener Geschwindigkeit $v_0(t)$ $(t \geq 0)$ auszuführen, wobei für $t < 0$ der Ruhezustand $v_0 = 0$ bestehe. In der Prinzipskizze von Bild 5.8 sind mehrere diskret aufeinanderfolgende Zustände $t_j$, $v_j = v_0(t_j)$ $(j = 1 \dots 5)$ eingetragen. Während des eigentlichen *Belastungs*vorganges (anwachsende Werkzeuggeschwindigkeit für $t \leq t_4$) kommt man zunächst mit dem 1-Geradenfeld nach Bild 5.4 (bzw. Bild 5.7) aus, wobei hier alle zum elastischen Anfangsbereich $0 < \varepsilon \leq \varepsilon_e$ gehörigen Geraden wegen (5.1/27), (5.1/28) zu einer einzigen Schockfront (*elastische Front*) zusammenklappen. Die durch sie erzeugte Materialgeschwindigkeit $v_e$, Spannung $\sigma_e$ und Formänderung $\varepsilon_e$ sind wegen (5.1/32), (5.1/33) und $\sigma^2 = \varepsilon^2 = = v^2 = 0$, $\sigma^1 = \sigma_e$, $\varepsilon^1 = \varepsilon_e$, $v^1 = v_e$ durch

$$v_e = -c_e\varepsilon_e\,, \qquad \sigma_e = \varrho_0 c_e^2\varepsilon_e = -\varrho_0 v_e \qquad (5.1/34)$$

verknüpft. Hierbei darf die Pseudo-Streckgrenze (vgl. Bild 5.1) nicht überschritten werden:

$$|\sigma_e| < \tilde{\sigma}\,, \qquad |\varepsilon_e| < \tilde{\varepsilon}\,, \qquad |v_e| < \tilde{v}\,, \qquad (5.1/35\,\text{a})$$

wo

$$\tilde{\sigma} = \varrho_0 c_e^2\tilde{\varepsilon}\,, \qquad \tilde{v} = c_e\tilde{\varepsilon} \qquad (5.1/35\,\text{b})$$

die zu (5.1/34) analoge Beziehung zwischen der Grenzspannung $\tilde{\sigma}$, der Grenzformänderung $\tilde{\varepsilon}$ und der Grenzgeschwindigkeit $\tilde{v}$ darstellt.

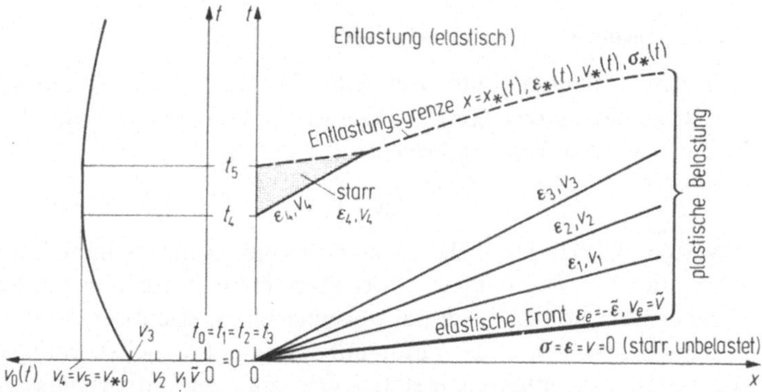


**Bild 5.8.** Charakteristikenfeld des an der Stirnseite $x = 0$ belasteten halb-unendlichen Stabes bei dort vorgegebener Materialgeschwindigkeit $v_0(t)$

Sofern nun die Werkzeug-Anfangsgeschwindigkeit (kurz: *Aufsetzgeschwindigkeit*) $v_3$ ihrerseits nicht größer als $\tilde{v}$ wäre, so dürfte man $v_e = v_3$ setzen und erhielte aus (5.1/34) die Werte von $\sigma_e$, $\varepsilon_e$ zu

$$\sigma_e = -\varrho_0 v_3 \,, \qquad \varepsilon_e = -v_3/c_e \,.$$

In Bild 5.8 wurde jedoch $v_3 \geqq \tilde{v}$, speziell sogar schon $v_1 > \tilde{v}$ vorausgesetzt. Dann folgt

$$|\sigma_e| = \tilde{\sigma} \,, \qquad |\varepsilon_e| = \tilde{\varepsilon} \,, \qquad |v_e| = \tilde{v} \,, \tag{5.1/36}$$

und bereits vom Zustand $v_1$, $\varepsilon_1$ an bildet sich bis zu $v_4$, $\varepsilon_4$ ein Fächer inkrementeller „plastischer" Charakteristiken analog zu Bild 5.4 aus, die freilich für den gesamten *Aufsetz*sprung $v \leqq v_3$ noch durch den Ursprung 0 laufen.

Zum Intervall $t_4 \leqq t \leqq t_5$ konstanter Werkzeuggeschwindigkeit gehört offenbar ein „starrer", d. h. sich nicht weiter deformierender Stabbereich konstanter Materialgeschwindigkeit $v_4 = v_5$ entsprechend dem punktierten Feld in Bild 5.8.

Für $t \geqq t_5$ sinkt die Werkzeuggeschwindigkeit $v_0(t)$ wieder ab, so daß der Stab entlastet wird. Ausgehend vom Werkzeug breitet sich ein elastischer *Entlastungsbereich* aus, dessen Grenze $x = x_*(t)$ zum plastischen Belastungsbereich (*Entlastungsgrenze*) in der Regel keine Welle sein dürfte — anschaulich gesprochen wüßte sie nämlich nicht, ob sie sich mit elastischer oder plastischer Wellengeschwindigkeit fortpflanzen soll. Dementsprechend läßt sie sich mathematisch nur aufwendig ermitteln [411, 441—443, 277]. Wir haben sie in Bild 5.8 lediglich qualitativ eingezeichnet und begnügen uns mit der Feststellung, daß im Sinne der Charakteristikentheorie genau ein *Umkehrproblem* vorliegt, dessen numerische Integration in Abschnitt A.3.3.5 beschrieben wird: Von unten her ist in Bild 5.8 nämlich das soeben konstruierte, von $x$ und $t$ abhängige flächenhafte Lösungsfeld vorgegeben, das wir im Sinne von Bild A.9d mit $\varepsilon_*(x, t)$, $v_*(x, t)$ bezeichnen (vgl. (A.3/23)), und auf der $t$-Achse als „Zielkurve" haben wir die ebenfalls vorgegebene Information $v = v_0(t)$, $t > t_5$.

Einfache Verhältnisse liegen nur im punktierten Starrbereich vor, wo aus $\varepsilon_* = \text{const}$, $v_* = \text{const}$ insbesondere auch längs der Entlastungsgrenze $d\varepsilon_* = 0$, $dv_* = 0$ folgt. Es ist also etwa die erste charakteristische Gleichung (5.1/21) ($b = 0$) erfüllt, und die Entlastungsgrenze fällt hier wirklich mit einer elastischen Welle zusammen.

### 5.1.3.2 Hochgeschwindigkeitsschmieden

Auf den schlanken Stab von Bild 5.9 treffe zum Anfangszeitpunkt $t_0 = 0$ ein frei fliegender *starrer Bär* (Werkzeug) der Masse $m_B$ mit der Aufsetzgeschwindigkeit $v_0(0)$. Er wird sofort abgebremst, so daß wir

$$v_0(t) < v_0(0) \quad \text{für} \quad t > 0 \tag{5.1/37}$$

erwarten. Es handelt sich um einen dynamischen Schmiedevorgang im Sinne von Abschnitt 3.1. Während wir dort aber letztlich nur den seitlichen Trägheitseinfluß untersuchten und Längsimpulse wegließen, konzentrieren wir uns nunmehr gerade auf diese und verzichten dafür auf laterale Trägheitswirkungen. Somit betrachten wir genau den entgegengesetzten Grenzfall wie zuvor; das wahre Verhalten wird zwischen beiden liegen. Immerhin können wir uns nun zwei damals offengebliebenen Fragen zuwenden, nämlich dem *Aufsetzstoß* zu Beginn des Vorganges mit seinem

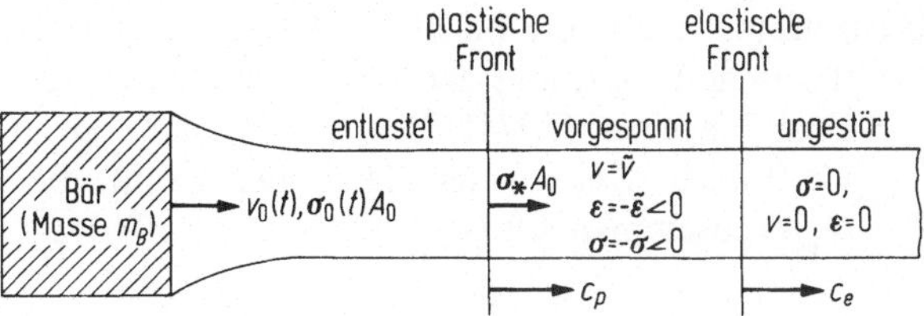



**Bild 5.9.** Der durch einen frei fliegenden Bär gestauchte halb-unendliche Stab aus „bilinearem" Werkstoff

vermuteten Kraftmaximum sowie der homogenen *Durchschmiedebarkeit* der Probe — Voraussetzung für die Anwendbarkeit der elementaren Theorie in Abschnitt 3.1.

Zur rechnerischen Vereinfachung setzen wir „bilinearen" Werkstoff voraus und machen dabei, wie Abschnitt 5.1.2.4 zeigte, höchstens geringfügige Fehler. In Bild 5.8 klappen dann gemäß (5.1/35a) alle zum elastischen Bereich

$$|\varepsilon| < \tilde{\varepsilon}, \qquad |\sigma_{\text{konv}}| < \tilde{\sigma} \tag{5.1/38}$$

gehörigen Charakteristiken in die *elastische* (Schock-)*Front* $\chi = \chi_e$, alle zum plastisch verfestigenden Bereich

$$|\varepsilon| > \tilde{\varepsilon}, \qquad |\sigma_{\text{konv}}| > \tilde{\sigma} \tag{5.1/39}$$

gehörigen Charakteristiken in die *plastische* (Schock-)*Front* $\chi = \chi_p$ mit $\chi_e > \chi_p$ (vgl. (5.1/31)), so daß zwischen beiden Fronten gerade der Grenzzustand

$$|\varepsilon| = \tilde{\varepsilon}, \qquad |\sigma_{\text{konv}}| = \tilde{\sigma}, \qquad v = \tilde{v} = c_e \tilde{\varepsilon} \tag{5.1/40}$$

besteht (vgl. (5.1/36) mit (5.1/35b)). Da wegen (5.1/37) sofort nach Auftreffen des Bärs bereits Entlastung einsetzt, rücken alle Zeitpunkte bis $t_5$ im Bild 5.8 gegen den Ursprung 0. Die Entlastungsgrenze springt sofort auf die plastische Front, kann sie aber nicht kreuzen (da diese definitionsgemäß zur Belastung gehört) und muß ihr dementsprechend unmittelbar folgen (Bild 5.10).

Wie schon in Abschnitt 5.1.3.1 ausgeführt, muß der Bär eine Mindest-Aufsetzgeschwindigkeit

$$v_0(0) > \tilde{v} = c_e \tilde{\varepsilon} \tag{5.1/41}$$

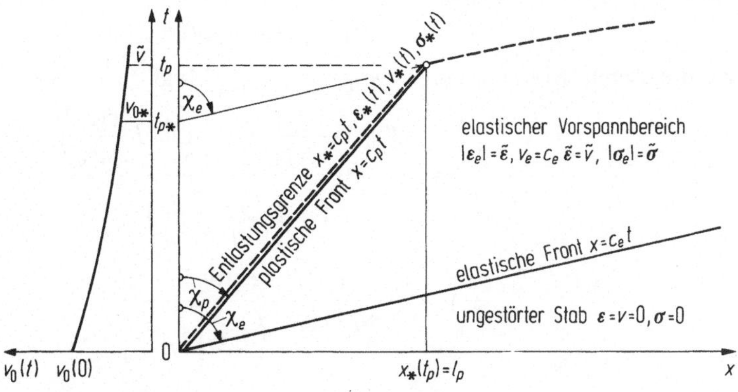



**Bild 5.10.** Charakteristische Ebene zu Bild 5.9

besitzen, um überhaupt plastische Verformungen hervorzurufen. Anderfalls entfiele die plastische Front, und der Stab verhielte sich rein elastisch.

Sofern hingegen (5.1/41) gilt, findet man aus (5.1/32), (5.1/33) sowie $\varepsilon < 0$, $\sigma_{\mathrm{konv}} < 0$ nach Kreuzen der plastischen Front, die hier mit der Entlastungsgrenze $x = x_*(t)$ zusammenfällt (vgl. Bilder 5.9, 5.10), wegen (5.1/36)

$$x_*(t) = c_p t\,, \qquad v_*(t) = \tilde{v} - c_p(\varepsilon_*(t) + \tilde{\varepsilon})\,, \quad \left.\begin{array}{c} \\ \\ \end{array}\right\}$$
$$\sigma_*(t) = -\tilde{\sigma} + \varrho_0 c_p^2(\varepsilon_*(t) + \tilde{\varepsilon}) = -\tilde{\sigma} + \varrho_0 c_p(\tilde{v} - v_*(t))\,. \qquad (5.1/42)$$

Der Geschwindigkeits- oder Formänderungssprung über die plastische Front hinweg wird mit verringerter Bärgeschwindigkeit abnehmen. Wenn er zu einem noch unbekannten Zeitpunkt $t_p$ ganz verschwindet, d. h. wenn

$$v_*(t_p) = \tilde{v}\,, \qquad \varepsilon_*(t_p) = -\tilde{\varepsilon}\,, \qquad \sigma_*(t_p) = -\tilde{\sigma}\,, \quad \left.\begin{array}{c} \\ \\ \end{array}\right\}$$
$$l_p = x_*(t_p) = c_p t_p \qquad (5.1/43)$$

gilt, dann ist auch die plastische Front „versiegt". Der weitere Entlastungsvorgang verläuft rein elastisch und soll nicht weiter betrachtet werden. $l_p$ als *Eindringtiefe* der plastischen Welle oder *Länge der Umformzone* spielt in der späteren Deutung eine wichtige Rolle.

Zu ihrer Berechnung setzen wir, einem Vorbild von Lee und Wolfe [444] folgend, vereinfacht *plastisch-starre* Entlastung $E \to \infty$ voraus, so daß die Charakteristiken hinter der Entlastungsgrenze gemäß (5.1/27), (5.1/28) in waagerechte Linien (gestrichelt in Bild 5.10) übergehen, längs denen dann wegen der Starrheit $\varepsilon \equiv \varepsilon_*$, $v \equiv v_*$ (aber nicht notwendig $\sigma_{\mathrm{konv}} \equiv \sigma_*$) gilt. Die Annahme $E \to \infty$, d. h. $c_e/c_p \to \infty$ ist wegen Tabelle 5.1 (S. 220), d. h. $c_e/c_p > 10$, innerhalb der ohnehin bestehenden Vernachlässigungen praktisch zulässig.

Alsdann gehen wir vom Newtonschen Grundgesetz „Kraft = Masse $\times$ Beschleunigung" aus und betrachten die gesamte erstarrte Masse einschließlich Bär hinter der plastischen Front $x_* = c_p t$, auf die in Bild 5.9 rechts die Kraft $\sigma_* A_0$ wirkt. Dies liefert mit (5.1/42) und $v_0 = v_*$ die gewöhnliche lineare Differentialgleichung 1. Ordnung

$$(m_B + A_0 \varrho_0 c_p t)\,\dot{v}_0 = A_0[-\tilde{\sigma} + \varrho_0 c_p(\tilde{v} - v_0(t))] \qquad (5.1/44)$$

für die Bärgeschwindigkeit $v_0(t)$, wo $\dot{} = \mathrm{d}/\mathrm{d}t$ die Zeitableitung darstellt. Es ist mit der Anfangsbedingung

$$(v_0/\tilde{v})_{t=0} = v_0(0)/\tilde{v} \qquad (5.1/45)$$

zu integrieren. Man erkennt[10] wegen $\tilde{\sigma} = \varrho_0 c_e \tilde{v}$ (vgl. (5.1/35b))

$$\frac{v_0}{\tilde{v}} = \frac{v_0(0)/\tilde{v} - \left(\dfrac{c_e}{c_p} - 1\right)\left(c_p t \left/ \dfrac{m_B}{A_0\varrho_0}\right.\right)}{1 + \left(c_p t \left/ \dfrac{m_B}{A_0\varrho_0}\right.\right)}\,, \qquad (5.1/46)$$

$$\left(\frac{v_0}{\tilde{v}}\right)^{\!\cdot} = -\frac{c_p}{m_B/A_0\varrho_0} \cdot \frac{v_0(0)/\tilde{v} + c_e/c_p - 1}{\left(1 + \left[c_p t \left/ \dfrac{m_B}{A_0\varrho_0}\right.\right]\right)^2}\,, \qquad (5.1/47)$$

---

[10] Prüfung durch Einsetzen in (5.1/44), (5.1/45).

woraus über das Newtonsche Grundgesetz $m_B \dot{v}_0 = -F$ für die Bärmasse $m_B$ sofort das zeitliche Abklingen der Stauchkraft $F(t) = |\sigma_0(t)|\, A_0$ folgt:

$$\frac{|\sigma_0(t)|}{\tilde{\sigma}} = \frac{c_p}{c_e} \frac{v_0(0)/\tilde{v} + c_e/c_p - 1}{\left(1 + \left[c_p t \Big/ \dfrac{m_B}{A_0 \varrho_0}\right]\right)^2}, \qquad (5.1/48)$$

worin $\sigma_0 = (\sigma_{\mathrm{konv}})_{x=0}$ gesetzt wurde. Schließlich erhält man aus (5.1/42), (5.1/46) nach Einsetzen von $x = x_* = c_p t$ die Restformänderungsverteilung im Stab über der Länge $x$; sie klingt ebenfalls ab und rechtfertigt somit die in Bild 5.9 angenommene Trichtergestalt:

$$-\varepsilon_* = \tilde{\varepsilon} + \frac{\tilde{v}}{c_p} \frac{\dfrac{v_0(0)}{\tilde{v}} - 1 - \dfrac{c_e}{c_p} \dfrac{x}{m_B/A_0 \varrho_0}}{1 + \dfrac{x}{m_B/A_0 \varrho_0}}. \qquad (5.1/49)$$

Bild 5.11 wertet die Gln. (5.1/49), (5.1/48) für ein praktisches Schmiedebeispiel aus und vergleicht sie mit numerischen Ergebnissen von Behrens [434], denen eine gemessene, nicht linearisierte Spannungs-Verformungs-Kurve zugrundeliegt. Für diese gibt es keine einzelne plastische Schockfront und dementsprechend keine klar definierte Eindringtiefe $l_p$, so daß kleine Restverformungen weit in den Stab hineinlaufen. Wenn man diese vernachlässigt, ist die Übereinstimmung (besonders auch bei der Stauchkraft) sehr gut und rechtfertigt die vereinfachte Betrachtung von „bilinearem" Material.

Die anfängliche Kraftspitze in Bild 5.11 b entspricht gerade dem *Aufsetzstoß* beim Schmieden; vgl. Abschnitt 3.1. Wir können jetzt die dort offengebliebene Größe des Kraftmaximums nachtragen und erhalten sie in dimensionsloser Form aus (5.1/48) für $t = 0$ zu

$$\frac{|\sigma_0(0)|}{\tilde{\sigma}} = \frac{|\sigma_0|_{\max}}{\tilde{\sigma}} = 1 + \frac{c_p}{c_e}\left(\frac{v_0(0)}{\tilde{v}} - 1\right). \qquad (5.1/50)$$

Nach Tabelle 5.1 (S. 220) gilt z. B. für Stahl C15 größenordnungsmäßig $c_p/c_e \approx 0{,}1$; $\tilde{v} = c_e \tilde{\varepsilon} \approx 12\,\mathrm{m/s}$. Maximale Aufsetzgeschwindigkeiten beim industriellen Hochgeschwindigkeitsschmieden überschreiten in der Regel nicht $v_0(0) = 100\,\mathrm{m/s}$, so daß $|\sigma_0|_{\max}/\tilde{\sigma} \le 1{,}8$ herauskommt. Mit den Daten von Bild 3.4 und $\tilde{\sigma} = 48{,}8\,\mathrm{N/mm^2}$ nach Tabelle 5.1 erhält man für das dortige Beispiel ($v_0(0) = 91\,\mathrm{m/s}$) $|\sigma_0|_{\max}/\tilde{\sigma} \approx 40$, so daß die Beanspruchung durch den Aufsetzstoß tatsächlich klein ist im Vergleich zur späteren kinetischen Maximallast, die ihrerseits durch kinetische Einflüsse gegenüber der statischen Maximallast herabgesetzt ist: Hochgeschwindigkeitsschmieden vermindert hier insgesamt die maximale Werkzeugbeanspruchung.

Nun zur *Durchschmiedbarkeit* eines Werkstückes endlicher Länge $l_0$. Es verhält sich für $l_p/l_0 \approx 1$, wenn die plastische Verformung (Eindringtiefe $l_p$) höchstens bis zum anderen Ende reicht, wie der halb-unendliche Stab und wird sich entsprechend Bild 5.11a oder Bild 5.9 *trichterförmig* deformieren. Hier kann von Durchschmiedung keine Rede sein (Bild 5.12a). Andere Autoren erklären die Trichtergestalt über thermische Einflüsse [612].

Für $1 < l_p/l_0$ erreicht die plastische Front das Probenende und wird dort reflektiert. Ohne daß wir die Reflexionsgesetze näher studieren, dürfen wir vermuten, daß die reflektierte Front z. B. für $l_p/l_0 \approx 2$ am vorderen Stabende schon wieder abgeklungen ist. Es wird sich also der aus dem Vorlauf resultierenden Trichterform der Probe jetzt ein Trichter vom anderen Ende her überlagern und eine *Vasengestalt* ergeben. Noch immer kann man kaum von Durchschmiedung sprechen (Bild 5.12b).

Diese wird man erst nach einem vielmaligen Hin- und Herlauf

$$\frac{l_p}{l_0} \gg 1 \qquad (5.1/51)$$

erwarten, wo die Trichtergestalt durch zahlreiche Überlagerungen einer homogenen Form weicht (z. B. einer durch die obere und untere Werkzeugreibung bedingten Tonne, Bild 5.12c).

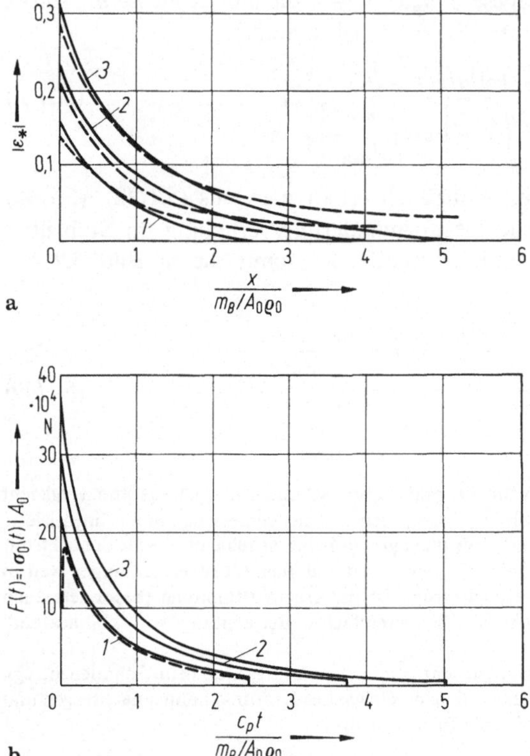

**Bild 5.11.** Stauchvorgang nach Bild 5.9 mit Bild 5.10, plastisch-starre Entlastung; E-Kupfer geglüht. ——————— „bilinearer" Werkstoff, ————— numerische Ergebnisse nach Behrens für wahres Spannungs-Verformungs-Diagramm. Materialdaten nach Tabelle 5.1; $\tilde{v} = c_e\tilde{\varepsilon} = 2{,}32$ m/s; Bärmasse $m_B = 1$ N s$^2$/m; Stabanfangsquerschnitt $A_0 = 780$ mm$^2$ = const; $(m_B/A_0\varrho_0) = 0{,}141$ m; $(m_B/c_pA_0\varrho_0) = 0{,}373$ ms.
Bäraufsetzgeschwindigkeiten $v_0(0)$, Eindringtiefen der plastischen Zonen $l_p$ und Stauchzeiten $t_p$; Kurven *1*: $v_0(0) = 60$ m/s, $l_p = 0{,}350$ m, $t_p = 0{,}926$ m s; Kurven *2*: $v_0(0) = 90$ m/s, $l_p = 0{,}530$ m, $t_p = 1{,}400$ m s; Kurven *3*: $v_0(0) = 120$ m/s, $l_p = 0{,}714$ m, $t_p = 1{,}888$ m s.
**a** Bleibende Formänderung $|\varepsilon_*|$ über der Stablänge $x$; **b** Stauchkraft $F(t)$ bzw. konventionelle Stauchspannung $|\sigma_0(t)|$ über der Zeit

$l_p$ folgt aus $\varepsilon_* = -\tilde{\varepsilon}$, $x = x_* = l_p$ (Gl. (5.1/43)) und (5.1/49) zu

$$l_p = \frac{m_B}{A_0\varrho_0}\frac{c_p}{c_e}\left(\frac{v_0(0)}{\tilde{v}} - 1\right) \tag{5.1/52}$$

[434, 390]. Die gute Übereinstimmung zwischen Theorie und Experiment [390][11] in Bild 5.12 (sogar für eigentlich nicht schlanke Stäbe) rechtfertigt wiederum das vereinfachte Rechnen mit „bilinearem" Material bei plastisch-starrer Entlastung. Dies zeigt sich auch bei Stabwerken [594, 595].

---

[11] Den Herren J. Zachmann und W. Mayer †, Institut für Technische Mechanik und Festigkeitslehre der Universität Karlsruhe, sei für die Durchführung gedankt.

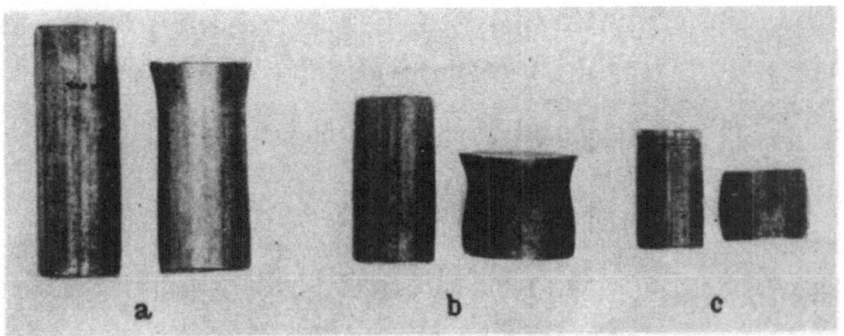

**Bild 5.12.** Stauchproben endlicher Anfangslänge $l_0$ (Anfangsfläche $A_0$) vor und nach dem Schmieden (Bärmasse $m_B$, Aufsetzgeschwindigkeit $v_0(0)$). Plastische Eindringtiefe $l_p$ berechnet. Werkstoff: Handelsübliches E-Kupfer ungeglüht; Daten s. Tabelle 5.1. $\tilde{v} = c_e \tilde{\varepsilon} = 8{,}66$ m/s; $c_e|c_p = 16{,}7$.
**a** $l_0 = 30$ mm; $A_0 = 78{,}5$ mm$^2$; $m_B = 33 \cdot 10^{-3}$ N s$^2$/m; $v_0(0) = 109$ m/s: $l_p/l_0 = 1{,}1$;
**b** $l_0 = 20$ mm; $A_0 = 78{,}5$ mm$^2$; $m_B = 33 \cdot 10^{-3}$ N s$^2$/m; $v_0(0) = 154$ m/s: $l_p/l_0 = 2{,}3$;
**c** $l_0 = 14$ mm; $A_0 = 50{,}3$ mm$^2$; $m_B = 96 \cdot 10^{-3}$ N s$^2$/m; $v_0(0) = 62{,}5$ m/s: $l_p/l_0 = 5{,}4$

## 5.2 Ebenes Fließen

### 5.2.1 Grundlagen

In der kartesischen $x, y$-Ebene (*Fließebene*) wirken die von der zu $x$, $y$ senkrechten Koordinate $z$ unabhängigen Spannungen $\sigma_x$, $\sigma_y$, $\tau = \tau_{xy}$; ferner lassen wir noch die ebenfalls von $z$ unabhängige Spannung $\sigma_z$ als von Null verschieden zu. Es möge sich der durch die Geschwindigkeiten $u = u(x, y)$, $v = v(x, y)$ in $x$- bzw. $y$-Richtung definierte ebene Fließzustand mit den Formänderungsgeschwindigkeiten (vgl. (1.3/8))

$$\lambda_x = \frac{\partial u}{\partial x}, \qquad \lambda_y = \frac{\partial v}{\partial y}, \qquad \varkappa = \varkappa_{xy} = \frac{1}{2}\left(\frac{\partial u}{\partial y} + \frac{\partial v}{\partial x}\right) \tag{5.2/1}$$

ausbilden; insbesondere gelte

$$\lambda_z \equiv \varkappa_{zx} \equiv \varkappa_{zy} \equiv 0. \tag{5.2/2}$$

Dies ist unter dem oben festgelegten Spannungszustand nach Abschnitt 1.3.4.4 sicher bei *isotropem* starrplastischen Werkstoff der Fall. Man kann es nach Abschnitt 1.3.5 aber auch bei *orthotropem* Material erwarten vorausgesetzt, daß die $z$-Achse überall eine Orthotropie-Achse darstellt. Allgemein wollen wir Anisotropie in dem Maße zulassen, daß der gegebene Spannungszustand stets ebenes Fließen gemäß (5.2/2) hervorruft, und sprechen dann von *ebener Anisotropie*. Das Fließkriterium

$$f(\sigma_x, \sigma_y, \tau) = g(\sigma_x, \sigma_y, \tau) - k, \tag{5.2/3}$$

bei welchem die im Sinne von (1.2/49) homogene Funktion $g$ in Verbindung mit der *Scherfließgrenze* $k$ eingeführt wird, darf dann 'z. B. über die Verteilung von $k$ auch ortsabhängig bzw. über die Verfestigung (d. h. zum Beispiel: Vergrößerung von $k$) zeitabhängig sein. Insoweit lassen wir eine Inhomogenität zu. Die Frage, ob und wie man von einem räumlichen Fließkriterium ausgehend die ebene Anisotropie charakterisieren und das zugehörige eingeschränkte Fließkriterium (5.2/3) ermitteln kann, wird systematisch in [450, 451] abgehandelt. Übrigens hängt die mathematische Gestalt von (5.2/3) bei anisotropem Material vom einmal gewählten Koordinatensystem $x, y$ ab.

Es empfiehlt sich, generalisierte Spannungen

$$\hat{\sigma} = \frac{1}{2}(\sigma_x - \sigma_y)\,, \qquad \sigma_m = \frac{1}{2}(\sigma_x + \sigma_y)\,, \qquad \tau \qquad (5.2/4)$$

und die entsprechend gebildeten Formänderungsgeschwindigkeiten

$$\hat{\lambda} = \frac{1}{2}(\lambda_x - \lambda_y)\,, \qquad \lambda_m = \frac{1}{2}(\lambda_x + \lambda_y)\,, \qquad \varkappa \qquad (5.2/5)$$

einzuführen. Sie bestimmen die ursprünglichen Größen eindeutig gemäß

$$\left.\begin{aligned}
\sigma_x &= \sigma_m + \hat{\sigma}\,, & \sigma_y &= \sigma_m - \hat{\sigma}\,, & \tau &= \tau \\[2mm]
\lambda_x &= \lambda_m + \hat{\lambda}\,, & \lambda_y &= \lambda_m - \hat{\lambda}\,, & \varkappa &= \varkappa
\end{aligned}\right\} \qquad (5.2/6)$$

und ergeben nach (1.3/4), (1.3/12) die zu dissipierende Leistungsdichte

$$\Lambda = 2(\hat{\lambda}\hat{\sigma} + \lambda_m\sigma_m + \varkappa\tau) \geqq 0\,, \qquad (5.2/7)$$

so daß im Hinblick auf (1.2/7) (mit $\Lambda$ statt $P$) die generalisierten Kräfte und Geschwindigkeiten

$$\boldsymbol{Q} = (\hat{\sigma}, \tau, \sigma_m)\,, \qquad \boldsymbol{q} = \begin{pmatrix} 2\hat{\lambda} \\ 2\varkappa \\ 2\lambda_m \end{pmatrix} \qquad (5.2/8)$$

definiert werden können. Die Zulässigkeits- bzw. Fließbedingung (1.2/39), (1.2/38) lautet dann mit (5.2/3)

$$g(\hat{\sigma}, \tau, \sigma_m) \leqq k \qquad (5.2/9)$$

bzw.

$$g(\hat{\sigma}, \tau, \sigma_m) = k\,. \qquad (5.2/10)$$

Diese stellt mit den Gleichgewichtsbedingungen (1.3/7a), wegen (5.2/6) also

$$\frac{\partial \sigma_m}{\partial x} + \frac{\partial \hat{\sigma}}{\partial x} + \frac{\partial \tau}{\partial y} = -p_x \qquad (5.2/11\,\text{a})$$

$$\frac{\partial \tau}{\partial x} + \frac{\partial \sigma_m}{\partial y} - \frac{\partial \hat{\sigma}}{\partial y} = -p_y \qquad (5.2/11\,\text{b})$$

($p_x, p_y$ Volumenkräfte), ein System von 3 Gleichungen in 3 Unbekannten $\hat{\sigma}, \tau, \sigma_m$ dar, das sich voraussichtlich bei *geeigneten Spannungsrandbedingungen* allein integrieren läßt. In diesem Sinne spricht man von *statischer Bestimmtheit* des ebenen Fließzustandes, obschon in nahezu allen technisch interessanten Anwendungen auch kinematische Randbedingungen vorliegen, die für die unmittelbare Integration unbrauchbar sind. Gelingt es aber, das „statische Teilproblem" (Ermittlung der Spannungsverteilung) für sich zu lösen, so kann man die „Kinematik" (Geschwindigkeitsfeld) als zweiten Schritt bestimmen. Jetzt erst lassen sich die eventuell vorliegenden kinematischen Randbedingungen überprüfen.

Die dargelegte statische Bestimmtheit vereinfacht trotz der Komplikation bei vorhandenen kinematischen Randbedingungen die Integration so stark, daß seit Massaus bzw. Kötters für die Bodenmechanik grundlegenden Arbeiten aus den Jahren 1900—1904 [405, 447] bzw. seit Henckys und Prandtls Untersuchungen 1923 [446, 294] für Metalle eine kaum überschaubar umfangreiche Literatur entstand. Johnson, Sowerby und Haddow [445] geben einen Überblick des homogenen, isotropen, inkompressiblen Falles, während Olszak, Rychlewski und Urbanowski [115] die Inhomogenität betonen. Untersuchungen zur Anisotropie sind neueren Datums (Booker and Davies [324], Rice [325], Sowerby und Johnson [452], Mannl [451]). Salençon [38] betrachtet bodenmechanische Anwendungen.

Freilich wird in jüngster Zeit immer deutlicher, daß die eventuell vorhandenen nicht-plastifizierten, im Sinne der starr-plastischen Näherung also *starren* Werkstoffzonen größere Schwierigkeiten bereiten als früher erwartet. Um sie zu ermitteln, müßte man *elastisch-plastisch* rechnen, und die starr-plastische „statische Bestimmtheit" bietet dann keine weiteren Vorteile. Elastisch-plastische Ansätze lassen sich in aller Regel nur auf Elektronenrechnern behandeln und verlangen einen so erheblichen numerischen Aufwand bei minimaler Anschaulichkeit bzw. Nachprüfbarkeit, daß bis heute nur wenige technisch bedeutsame Probleme großer Formänderungen numerisch gelöst wurden. Die hierfür unvermeidbare Methode der Finiten Elemente (*MFE*) wirft zudem Zweifel an ihrer Verläßlichkeit auf (vgl. Ende von Abschnitt 4.4, Bild 4.21). Daher kehrt man immer wieder zur starrplastischen Näherung zurück, muß nun aber die starren Zonen weitgehend erraten. Meist gelingt es sogar, sie in das Geschwindigkeitsfeld einzubauen. So hat man dann eine zumindest *kinematisch zulässige* Lösung vom „Obere-Schranken-Typ" gefunden (Kapitel 4), zu deren Konstruktion man allerdings den statischen Lösungsanteil gar nicht mehr benötigt. Er bedeutet, so gesehen, einen überflüssigen Aufwand, hat aber den Vorteil, in sich ein vollständiges Lösungsfeld zu repräsentieren. Daher besteht eine gewisse Hoffnung, daß solche Obere-Schranken-Lösungen besonders gute Näherungen liefern.

Anders, wenn es zusätzlich gelingt, in den starren Zonen ein zulässiges Spannungsfeld zu konstruieren, das die Spannungsfelder in den statisch bestimmten Teilbereichen fortsetzt. Dann findet man nämlich auch eine Untere-Schranken-Lösung, und beide Lösungen zusammen ergeben immerhin *ein* vollständiges starr-plastisches Lösungsfeld (über dessen Eindeutigkeit im allgemeinen keine Aussagen möglich sind). Diese für starr-plastische Körper optimale Situation lag in Abschnitt 4.1.2 beim Spanen vor; sie wird sich in der Folge leider nur ausnahmsweise wiederholen.

Die Bedeutung besonderer Integrationsmethoden für statisch bestimmte Probleme ist also eng begrenzt. Wir werden ihnen daher nur beschränkten Raum widmen, und zwar speziell unter dem Gesichtspunkt der Anschaulichkeit, die sich aus den auf inkompressible Werkstoffe (Metalle) anwendbaren Charakteristikenmethoden ergibt. Hier liegt der eigentliche Vorteil. Im übrigen verweisen wir auf die Literatur, insbesondere auf die bereits erwähnten Zusammenstellungen [445] für inkompressible und [38] für kompressible Materialien (Böden).

## 5.2.2 Gleitlinientheorie für inkompressibles Material

### 5.2.2.1 Charakteristische Gleichungen des Spannungszustandes

Wegen (1.3/22) und (5.2/2), (5.2/5) gilt

$$\lambda_m \equiv 0 \,. \tag{5.2/12}$$

Aufgrund der Fließregel (1.2/43) oder allgemeiner des geometrischen Fließgesetzes von Abschnitt 1.2.4 geht dann der Mittelwert $\sigma_m$ nicht mehr in die Stoffgleichungen ein, und wir brauchen nur noch einen zweidimensionalen Zustandsraum mit den generalisierten Größen

$$\begin{aligned}
\boldsymbol{Q} &= (Q_1, Q_2), \qquad \boldsymbol{q} = \begin{pmatrix} q_1 \\ q_2 \end{pmatrix}; \\
Q_1 &= \hat{\sigma}, \qquad Q_2 = \tau \quad \text{bzw.} \quad q_1 = 2\hat{\lambda}, \quad q_2 = 2\varkappa
\end{aligned} \right\} \tag{5.2/13}$$

zu betrachten. Sie sind bei den nun ebenfalls in der Ebene liegenden Fließorten *FO* (Bild 5.13) eingetragen. Der beliebige konvexe, den Ursprung umschließende, bei fehlendem Bauschinger-Effekt sogar punktsymmetrische, im allgemeinen anisotropes Werkstoffverhalten regierende Fließort von Bild 5.13b reduziert sich im isotropen Fall (ohne Bauschinger-Effekt) auf den Kreis von Bild 5.13a, der wegen $\sigma_x = \sigma_m + \hat{\sigma}$ offenbar dem um $\sigma_m$ nach links (in den Ursprung) verschobenen Mohrschen Spannungskreis von Bild A.6 entspricht. Insofern gibt $\alpha$ in Bild 5.13a, ebenso auch in Bild 5.13b, den entgegen dem Uhrzeigersinn gezählten Neigungswinkel der $x$-Achse gegen die $I_\sigma$-Achse (Richtung der maximalen Hauptspannung $\sigma_I$ in der Fließebene) an. $\psi$ bedeutet dementsprechend die Neigung der $x$-Achse gegen die $I_\lambda$-Achse (Richtung der maximalen Hauptformänderungsgeschwindigkeit $\lambda_I$ in der Fließebene). Da beide Hauptachsen bei *isotropem* Material zusammenfallen, muß dann in Bild 5.13a $\alpha = \psi$ gelten. Dies erkennt man ohnehin aufgrund der

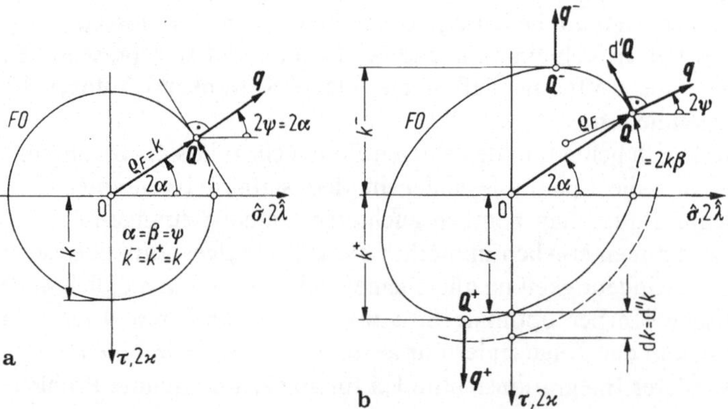


**Bild 5.13.** Fließorte *FO* im zweidimensionalen Zustandsraum. $\boldsymbol{Q} = (\hat{\sigma}, \tau)$, $\boldsymbol{q} = 2(\hat{\lambda}, \varkappa)$. $\varrho_F$ Krümmungsradius im Spannungspunkt $\boldsymbol{Q}$; $k$ Scherfließgrenze; $k^+$, $k^-$ maximale Schubspannungsbeträge. Die Spannungspunkte $\boldsymbol{Q}^+$, $\boldsymbol{Q}^-$ mit den Formänderungsgeschwindigkeiten $\boldsymbol{q}^+$, $\boldsymbol{q}^-$ beziehen sich auf den Fall, daß die Gleitrichtungen $\xi$, $\eta$ mit den Koordinatenachsen $x$, $y$ zusammenfallen. ––––– Fließort in benachbartem Körperpunkt. **a** Isotroper Werkstoff ohne Bauschinger-Effekt: Kreis; **b** Anisotroper Werkstoff ggf. mit Bauschinger-Effekt

Kreisgeometrie; denn $\boldsymbol{q}$ stellt nach der geometrischen Fließregel (Abschnitt 1.2.4) im Spannungspunkt $\boldsymbol{Q}$ eine Auswärtsnormale zum Fließort dar. Ferner gilt in Bild 5.13a $\alpha = \beta$, wo

$$l = 2k\beta \tag{5.2/14}$$

die Bogenlänge des Fließortes, gezählt von $\alpha = 0$ aus, bedeutet. Hiervon ausgehend definieren wir den Winkel $\beta$ formal auch für Bild 5.13b, wo wir nur *glatte* Fließorte (ohne Ecken) voraussetzen.

Bei Fortschreiten in der Fließebene um $\mathrm{d}x$, $\mathrm{d}y$ wird sich der Spannungszustand um $\mathrm{d}\boldsymbol{Q}$ ändern. In den statisch bestimmten plastischen Zonen, wo die Spitze von $\boldsymbol{Q}$ auf dem Fließort liegt, gilt

$$\mathrm{d}\boldsymbol{Q} = \mathrm{d}'\boldsymbol{Q} + \mathrm{d}''\boldsymbol{Q}, \tag{5.2/15}$$

wo $\mathrm{d}'\boldsymbol{Q}$ die Änderung bei festgehaltenem Fließort und $\mathrm{d}''\boldsymbol{Q}$ die Änderung infolge Vergrößerung oder Verkleinerung des Fließortes ($\mathrm{d}k$ in Bild 5.13b) bezeichnet. Da im letzten Fall wegen der Homogenität der Funktion $g$ nach (5.2/3) $g(\boldsymbol{Q}/k) = = 1 = \text{const}$ gilt, hat man $\mathrm{d}''(\boldsymbol{Q}/k) = 0$, also

$$\mathrm{d}''\boldsymbol{Q} = \mathrm{d}''\left(k\,\frac{\boldsymbol{Q}}{k}\right) = \boldsymbol{Q}\,\frac{\mathrm{d}''k}{k} = \boldsymbol{Q}\,\frac{\mathrm{d}k}{k}.$$

Hingegen liefert die Komponentenzerlegung von $\mathrm{d}'\boldsymbol{Q}$ bei einem glatten Fließort in Bild 5.13b wegen $|\mathrm{d}'\boldsymbol{Q}| = |\mathrm{d}'l|$

$$\mathrm{d}'\hat{\sigma} = -\mathrm{d}'l \sin 2\psi, \qquad \mathrm{d}'\tau = -\mathrm{d}'l \cos 2\psi.$$

Wir erhalten mit (5.2/15) sowie $\mathrm{d}'l = 2k\,\mathrm{d}\beta$ schließlich

$$\left.\begin{aligned} \mathrm{d}\hat{\sigma} &= -2k \sin 2\psi\,\mathrm{d}\beta + \hat{\sigma}\,\frac{\mathrm{d}k}{k}, \\[2mm] \mathrm{d}\tau &= -2k \cos 2\psi\,\mathrm{d}\beta + \tau\,\frac{\mathrm{d}k}{k}. \end{aligned}\right\} \tag{5.2/16}$$

Wenn man dies in die Gleichgewichtsbedingungen (5.2/11) einsetzt und die Abkürzungen

$$\left.\begin{aligned} \boldsymbol{A} &= \begin{pmatrix} 1 & -2k \sin 2\psi \\ 0 & -2k \cos 2\psi \end{pmatrix}, \\[3mm] \boldsymbol{B} &= \begin{pmatrix} 0 & -2k \cos 2\psi \\ 1 & 2k \sin 2\psi \end{pmatrix}, \\[3mm] \boldsymbol{N} &= -\begin{pmatrix} p_x + \dfrac{\hat{\sigma}}{k}\dfrac{\partial k}{\partial x} + \dfrac{\tau}{k}\dfrac{\partial k}{\partial y} \\[3mm] p_y + \dfrac{\tau}{k}\dfrac{\partial k}{\partial x} - \dfrac{\hat{\sigma}}{k}\dfrac{\partial k}{\partial y} \end{pmatrix}, \\[3mm] \boldsymbol{Z} &= \begin{pmatrix} \sigma_m \\ \beta \end{pmatrix} \end{aligned}\right\} \tag{5.2/17}$$

einführt, so erhält man das in $\sigma_m$, $\beta$ lineare partielle Differentialgleichungssystem erster Ordnung

$$A \frac{\partial Z}{\partial x} + B \frac{\partial Z}{\partial y} = N \,. \tag{5.2/18}$$

Es entspricht Gleichung (A.3/3) im Anhang. Wir wollen es daher mittels des dort hergeleiteten Kalküls umformen und bilden mit unbekanntem Winkel $\chi^j$ die Matrix

$$C^j = A \cos \chi^j - B \sin \chi^j = \begin{pmatrix} \cos \chi^j & 2k \sin (\chi^j - 2\psi) \\ -\sin \chi^j & -2k \cos (\chi^j - 2\psi) \end{pmatrix}. \tag{5.2/19}$$

Das Verschwinden ihrer Determinante

$$\det C^j = -2k \cos 2(\chi^j - \psi) \tag{5.2/20}$$

liefert nach (A.3/9) mit der Hilfsbezeichnung $\chi = \pi/4 - \psi$ zwei *charakteristische Winkel*

$$\chi^\xi = \psi + \frac{\pi}{4} = \frac{\pi}{2} - \chi \,, \qquad \chi^{\,\eta} = \psi - \frac{\pi}{4} = -\chi \,, \tag{5.2/21}$$

die sich veranschaulichen lassen, wenn man jetzt zusätzlich in Bild 5.13 b die *Normalitätsregel* des plastischen Fließens beachtet. Danach ist nämlich $\psi$ (analog zu $\alpha$ für die Spannungen) der Neigungswinkel des $x,y$-Systems gegen die Hauptachsen der Formänderungsgeschwindigkeiten, und gemäß Bild 5.14 (zusammen mit Bild A.7) halbieren wegen (5.2/21) die charakteristischen Richtungen den rechten Winkel zwischen den Achsen $I_\lambda$, $II_\lambda$ der maximalen/minimalen Haupt-Formänderungsgeschwindigkeiten. Sie entsprechen also aufgrund des zugehörigen Mohrschen Geschwindigkeitskreises (Bild A.6 bei Deutung der $S_{jk}$ als $\lambda_{jk}$) gerade den Richtungen der maximalen/minimalen Schergeschwindigkeiten. Für diese verschwinden wegen (5.2/12) die zugehörigen Dehngeschwindigkeiten. Daher finden wir mit der Numerierung nach Bild 5.14 den folgenden

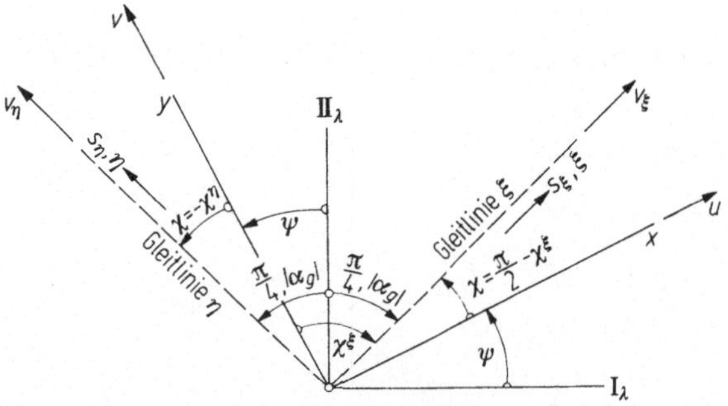


**Bild 5.14.** Orientierung der kartesischen $x,y$-Koordinaten und der Gleitlinienrichtungen zu den Achsen $I_\lambda$, $II_\lambda$ maximaler bzw. minimaler Hauptformänderungsgeschwindigkeiten.

$s_\xi$, $s_\eta$ Bogenlängen

$\xi, \eta$ (krummlinige) Koordinaten ⎱ längs der Gleitlinien $\xi$, $\eta$.

$v_\xi$, $v_\eta$ Geschwindigkeiten,

$u$, $v$ Geschwindigkeiten in den $x,y$-Richtungen; $|\alpha_g|$ Grenzwinkel ($\equiv \pi/4$ bei inkompressiblem Material)

**Satz 1.** *In jedem Punkt der Fließebene, wo die Fließbedingung erfüllt ist, gibt es zwei orthogonale charakteristische Richtungen, die mit den Richtungen reiner Scherung („Gleitrichtungen") oder, gleichbedeutend, verschwindender Dehngeschwindigkeiten zusammenfallen.[12] Dementsprechend bilden die Charakteristiken ein orthogonales Kurvennetz und heißen „Gleitlinien."*

Umgekehrt: Wenn die Charakteristiken nach *Satz 1* stets auch Gleitlinien sind, muß der Winkel $2\psi$ des Vektors $\boldsymbol{q}$ in Bild 5.13b die Normalenrichtung zum Fließort im Spannungspunkt beschreiben. Ob es sich dabei um eine *Auswärtsnormale* handelt, bleibt offen und ist gegebenenfalls gesondert zu prüfen — etwa über die Dissipationsbedingung $\Lambda \geqq 0$ (vgl. (1.3/12)).

Es ist interessant, daß so das statische Problem der Spannungsermittlung unmittelbar an die Kinematik angebunden wird. Im isotropen Fall fallen die Gleitlinien natürlich auch mit den Trajektorien der maximalen/minimalen Schubspannungen zusammen.

Wählt man $\chi^0 = \psi$, so folgt nach (5.2/20) $\det C^0 \neq 0$ und nach (5.2/21) auch $\sin(\chi^j - \chi^0) \neq 0$; $j = \xi, \eta$. Daher sind die Bedingungen (A.3/12), (A.3/14) erfüllt. (A.3/10) liefert mit (5.2/19) Bestimmungsgleichungen für die Eigenmatrizen $\gamma^j$ gemäß

$$\gamma^j C^j = \begin{pmatrix} \gamma_1^j \cos \chi^j - \gamma_2^j \sin \chi^j \\ 2k[\gamma_1^j \sin(\chi^j - 2\psi) - \gamma_2^j \cos(\chi^j - 2\psi)] \end{pmatrix} = 0; \qquad j = \xi, \eta\,.$$

Wir brauchen wegen $\det C^j = 0$, also der linearen Abhängigkeit der Zeilen, nur die zweite zu betrachten und lösen sie durch

$$\gamma^j = (\gamma_1^j, \gamma_2^j) = (\cos(\chi^j - 2\psi)\,, \qquad \sin(\chi^j - 2\psi)) \neq 0\,.$$

Nach (A.3/15) bilden wir über (5.2/21)

$$\gamma = \begin{pmatrix} \gamma^\xi \\ \gamma^\eta \end{pmatrix} = \begin{pmatrix} \cos \chi & \sin \chi \\ \sin \chi & -\cos \chi \end{pmatrix} \tag{5.2/22}$$

mit $\det \gamma = -1$. Somit ist auch die Bedingung (A.3/16) erfüllt und das vorliegende Problem als *hyperbolisch* erkannt. Die charakteristischen Gleichungen (A.3/17) lauten mit $\chi^0 = \psi$ und (5.2/17—22) sowie Bild 5.14

$$d_\xi \sigma_m - 2k\, d_\xi \beta = \{-p_\xi + k_\eta\}\, ds_\xi\,, \tag{5.2/23a}$$

$$d_\eta \sigma_m + 2k\, d_\eta \beta = \{-p_\eta + k_\xi\}\, ds_\eta\,, \tag{5.2/23b}$$

wobei

$$\left.\begin{aligned} k_\xi &= \left[\frac{\hat{\sigma}}{k}\sin \chi - \frac{\tau}{k}\cos \chi\right]\frac{\partial k}{\partial x} + \left[\frac{\tau}{k}\sin \chi + \frac{\hat{\sigma}}{k}\cos \chi\right]\frac{\partial k}{\partial y}\,, \\[2ex] k_\eta &= -\left[\frac{\tau}{k}\sin \chi + \frac{\hat{\sigma}}{k}\cos \chi\right]\frac{\partial k}{\partial x} + \left[\frac{\hat{\sigma}}{k}\sin \chi - \frac{\tau}{k}\cos \chi\right]\frac{\partial k}{\partial y}\,, \\[2ex] \chi &= \frac{\pi}{4} - \psi \end{aligned}\right\} \tag{5.2/23c}$$

---

[12] Sofern alle Formänderungsgeschwindigkeiten identisch verschwinden, sind die anhand des Fließkriteriums bzw. des Fließortes zu ermittelnden *möglichen* Gleitrichtungen maßgebend. *Einhüllende* von Gleitlinien als zusätzliche, feldbegrenzende Charakteristiken (vgl. S. 317, Bild A.10) nennen wir ebenfalls Gleitlinien. Sie gehören nicht zum Netz.

einzusetzen ist,

$$p_\xi = p_x \cos \chi + p_y \sin \chi, \qquad p_\eta = p_y \cos \chi - p_x \sin \chi \qquad (5.2/23\,\mathrm{d})$$

nach Bild 5.14 die Volumenkräfte in $\xi$- bzw. $\eta$-Richtung bedeuten und (5.2/23a) längs der $\xi$-Gleitlinie (Differential $\mathrm{d}_\xi$), (5.2/23b) längs der $\eta$-Gleitlinie (Differential $\mathrm{d}_\eta$) gilt. Der Zusammenhang von $\psi$, $\sigma$, $\alpha$ und $\tau$ mit $\beta$ folgt aus dem jeweils vorzugebenden Fließkriterium, z. B. anhand des Fließortes von Bild 5.13. Die Verteilung von $k$, $p_x$ und $p_y$ wird als bekannt vorausgesetzt. Dann lassen sich die Beziehungen (5.2/23a, b) bei geeigneten Anfangsbedingungen jedenfalls mittels der Massauschen Gitterkonstruktion (Abschnitt A.3.3) numerisch integrieren.

Speziell für *isotropes* Material *ohne Bauschinger-Effekt* liest man in Bild 5.13a: $\hat\sigma/k = \cos 2\psi$, $\tau/k = -\sin 2\psi$ ab und erhält aus (5.2/23c) über die später zu formulierenden Beziehungen (5.2/28)

$$k_\xi = \frac{\partial k}{\partial s_\xi}, \qquad k_\eta = \frac{\partial k}{\partial s_\eta} \quad \text{mit} \quad \beta = \psi = \frac{\pi}{4} - \chi \,.$$

Hierzu und in Verbindung mit $p_\xi = p_\eta = 0$ wurden die charakteristischen Gleichungen (5.2/28a, b) wohl zuerst von Kuznetzov bzw. von Christopherson, Oxley und Palmer (1958, [449, 598]) angegeben.

Für *homogene, volumenkraftfreie*, aber nicht notwendig isotrope Körper ($p_x \equiv\ \equiv p_y \equiv \partial k/\partial x \equiv \partial k/\partial y \equiv 0$) verschwinden die rechten Seiten von (5.2/23a, b). Es folgt $\sigma_m - 2k\beta = \text{const}$ längs $\xi$-Linien sowie $\sigma_m + 2k\beta = \text{const}$ längs $\eta$-Linien, oder

$$\left.\begin{aligned} \sigma_m - 2k\beta &= 4kh_1(\eta)\,, \\ \sigma_m + 2k\beta &= 4kh_2(\xi) \end{aligned}\right\} \qquad (5.2/24)$$

mit beliebigen, dimensionslosen, an die Anfangs- bzw. Randbedingungen anzupassenden Funktionen $h_1(\eta)$, $h_2(\xi)$.

Die Gleichungen (5.2/24) sind Sonderfälle von Beziehungen, die Booker und Davies (1972, [324]) für kompressible Werkstoffe herleiteten, und wurden danach unabhängig noch einmal von Rice (1973, [325]) bewiesen. Im klassischen isotropen Fall $\alpha = \beta$ ohne Bauschinger-Effekt (Bild 5.13a) stimmen sie mit den sogenannten Henckyschen Gleichungen (1923, [446]) überein und sollen daher auch hier diesen Namen behalten, obschon jene wiederum nur Sonderfälle entsprechender, für kompressibles granulares Material von Kötter (1903, [447]) und Massau (1878, veröffentlicht 1900—1904; vgl. [405]) entwickelter Beziehungen darstellen. Wir kommen auf diese später zurück (Abschnitt 5.2.4).

### 5.2.2.2 Charakteristische Gleichungen des Geschwindigkeitszustandes

Wir nehmen an, das statische Problem (Bestimmung der Spannungsverteilung mittels der Gleitlinien) sei gelöst und damit insbesondere auch die Verteilung des Gleitlinienwinkels $\chi = \chi(x, y)$ bekannt. Dann wenden wir uns in einem zweiten Schritt dem kinematischen Problem (Bestimmung der Geschwindigkeitsverteilung) zu. Hierfür steht die Fließregel (Normalitätsregel, Bild 5.13) zur Verfügung; wir verwenden sie in der durch *Satz 1*, Abschnitt 5.2.2.1, implizit gegebenen Form. Wenn z. B. in $\xi$-Richtung keine Dehnung auftreten soll, so darf die Geschwindigkeitsänderung ($\mathrm{d}u$, $\mathrm{d}v$) bei Fortschreiten längs $\xi$ keine Komponente in dieser Richtung besitzen. Dies bedeutet nach Bild 5.14

$$\mathrm{d}_\xi u \cos \chi + \mathrm{d}_\xi v \sin \chi = 0\,.$$

Eine analoge Gleichung folgt für die $\eta$-Gleitlinie, und wir erhalten zusammen

$$\left.\begin{aligned} d_\xi u \cos \chi + d_\xi v \sin \chi &= 0\,, \\ -d_\eta u \sin \chi + d_\eta v \cos \chi &= 0 \end{aligned}\right\} \qquad (5.2/25)$$

mit $d_\xi$, $d_\eta$ als Differentialen beim Fortschreiten längs der $\xi$- bzw. der $\eta$-Gleitlinie. Überraschenderweise stellt (5.2/25) bereits ein charakteristisches Gleichungssystem vom Typ (A.3/17) dar — nämlich ein lineares Differentialgleichungssystem, dessen einzelne Gleichungen quasi-gewöhnlich sind, indem sie Ableitungen nur nach *einer* der unabhängigen Variablen enthalten, und dessen Determinante nicht verschwindet (vgl. (A.3/19a, b)):

$$\det H \neq 0\,,$$

$$H = \begin{pmatrix} \cos \chi & \sin \chi \\ \sin \chi\,, & -\cos \chi \end{pmatrix}.$$

Damit liegt ein von vornherein auf Charakteristiken transformiertes hyperbolisches System vor, und wir haben

**Satz 2.** *Charakteristiken des kinematischen Problems sind wie beim statischen Problem die Gleitlinien.*

Nun läßt sich bei geeigneten Randbedingungen über die Integration von (5.2/25) auch das Geschwindigkeitsfeld ermitteln. Es erfüllt die in *Satz 1* (Abschnitt 5.2.2.1) implizit enthaltene Normalitätsregel des plastischen Fließens, ohne jedoch zu garantieren, daß es sich um eine *Auswärtsnormale* handelt. Dies ist nachträglich anhand der Dissipationsbedingung $\Lambda \geq 0$ (vgl. (1.3/12)) zu überprüfen. Hierzu folgt aus (5.2/7), (5.2/13) mit (5.2/12), (5.2/5), (5.2/1) und Bild 5.13

$$\Lambda = |Q| \left\{ \cos 2\alpha \left( \frac{\partial u}{\partial x} - \frac{\partial v}{\partial y} \right) - \sin 2\alpha \left( \frac{\partial u}{\partial y} + \frac{\partial v}{\partial x} \right) \right\} \geq 0\,. \qquad (5.2/26)$$

Diesen Ausdruck formen wir mit Bild 5.14, d. h.

$$ds_\xi = \cos \chi\, dx + \sin \chi\, dy\,, \qquad ds_\eta = -\sin \chi\, dx + \cos \chi\, dy\,, \qquad (5.2/27)$$

sowie

$$\left.\begin{aligned} \frac{\partial}{\partial x} &= \frac{\partial}{\partial s_\xi} \cdot \frac{ds_\xi}{dx} + \frac{\partial}{\partial s_\eta} \cdot \frac{ds_\eta}{dx} = \cos \chi \frac{\partial}{\partial s_\xi} - \sin \chi \frac{\partial}{\partial s_\eta}\,, \\ \frac{\partial}{\partial y} &= \frac{\partial}{\partial s_\xi} \cdot \frac{ds_1}{dy} + \frac{\partial}{\partial s_\eta} \cdot \frac{ds_\eta}{dy} = \sin \chi \frac{\partial}{\partial s_\xi} + \cos \chi \frac{\partial}{\partial s_\eta} \end{aligned}\right\} \qquad (5.2/28)$$

und unter Benutzung von (5.2/25) um. Dann erhalten wir die Bedingung

$$\Lambda = -|Q| \frac{\sin 2(\chi + \alpha)}{\cos \chi} \left( \frac{\partial v}{\partial s_\xi} + \frac{\partial u}{\partial s_\eta} \right) \geq 0\,.$$

Sie reduziert sich wegen (5.2/21) und der Konvexität des Fließortes (Bild 5.13), also

$$\sin 2(\chi + \alpha) = \cos 2(\psi - \alpha) \geq 0\,,$$

auf

$$\frac{\Lambda}{|Q| \cos 2(\psi - \alpha)} = \frac{-1}{\cos \chi} \left( \frac{\partial v}{\partial s_\xi} + \frac{\partial u}{\partial s_\eta} \right) \geq 0\,. \qquad (5.2/29)$$

Setzt man in (5.2/25), (5.2/29) gemäß Bild 5.14

$$u = v_\xi \cos \chi - v_\eta \sin \chi$$
$$v = v_\xi \sin \chi + v_\eta \cos \chi \tag{5.2/30}$$

ein, wo $v_\xi$, $v_\eta$ die Geschwindigkeiten in Richtung der Gleitlinien darstellen, so erhält man die Beziehungen von Hilda Geiringer (1930, [453])

$$d_\xi v_\xi - v_\eta \, d_\xi \chi = 0 \,,$$
$$d_\eta v_\eta + v_\xi \, d_\eta \chi = 0 \,, \tag{5.2/31}$$

sowie mit diesen die Bedingung von Prager [13][13]

$$\left.\begin{aligned}\frac{2\Lambda}{|Q| \cos 2(\psi - \alpha)} &= \frac{-1}{v_\xi v_\eta}\left(v_\xi \frac{\partial w^2}{\partial s_\xi} + v_\eta \frac{\partial w^2}{\partial s_\eta}\right) \geqq 0, \\ w^2 &= v_\xi^2 + v_\eta^2 \,. \end{aligned}\right\} \tag{5.2/32}$$

Rychlewski [454] diskutiert und verallgemeinert zahlreiche weitere Kriterien $\Lambda \geqq 0$. Das erste wurde wohl von Green [448] angegeben.

An Feldunstetigkeitsstellen ist die Bedingung $\Lambda \geqq 0$ gesondert zu prüfen, siehe Abschnitt 5.2.2.4.

### 5.2.2.3 Gleitliniennetze in der Fließ-, Spannungs- und Hodographenebene

Gleitliniennetze stellt man primär in der *Fließebene* (auch: *physikalische* Ebene) dar (Bild 5.15b). Sie bilden dort gemäß Bild 5.14 ein orthogonales Kurvennetz, längs dessen man krummlinige Koordinaten $\xi$, $\eta$ einführen kann (vgl. auch Bild A.11). Die Orientierung wählen wir wie bisher so, daß die $\eta$-Richtung durch Linksdrehung um 90° aus der $\xi$-Richtung und diese durch eine 45°-Linksdrehung aus der Richtung maximaler Haupt-Formänderungsgeschwindigkeit $I_\lambda$ hervorgeht.

Jedem Punkt $P$ der *Fließebene* ordnet man nach Prager [455] mittels der in $P$ wirkenden Spannungen $\sigma_x$, $\tau$ einen Punkt $P$ der *Spannungsebene* (Bild 5.15a) und nach Green [448] über die Geschwindigkeitskoordinaten $u^P$, $v^P$ einen Punkt $P$ der sogenannten *Hodographenebene* zu (Bild 5.15c). Wir wollen zunächst eine stetige Abhängigkeit der Spannungen und Geschwindigkeiten vom Ort in der Fließebene voraussetzen[14]. Dann ist die *Abbildung* auf die Spannungs- und Hodographenebene *eindeutig.*

Für die Umkehrung der Abbildungen kann man von vornherein keine Eindeutigkeit erwarten; denn derselbe Spannungs- oder Geschwindigkeitszustand mag durchaus in mehreren Punkten der Fließebene bestehen. Ferner bestimmt ein Punkt $P$ der Spannungsebene den vollständigen Spannungszustand nur *zweideutig.* Hierzu überlegen wir uns, daß wegen $\sigma_x = \sigma_m + \hat\sigma$ (vgl. (5.2/6)) die Spannungsebene durch Verschiebung um $\sigma_m$ (sowie zweckmäßig durch Umklappung) des Fließortes *FO* von Bild 5.13 erzeugt werden kann. Dann erhält man $\sigma_m$ aus dem Spannungspunkt $P$ in Bild 5.15a, indem man den verschobenen (und geklappten) Fließort hindurchlegt. Dies ist wegen der Konvexität auf genau zweierlei Weise möglich, und es kommen

---

[13] $v_\xi = 0$ und $v_\eta = 0$ kann durch Überlagerung einer Starrkörperbewegung vermieden werden, da diese den Wert von $\Lambda$ nicht ändert.

[14] Unstetigkeiten werden in Abschnitt 5.2.2.4 behandelt.

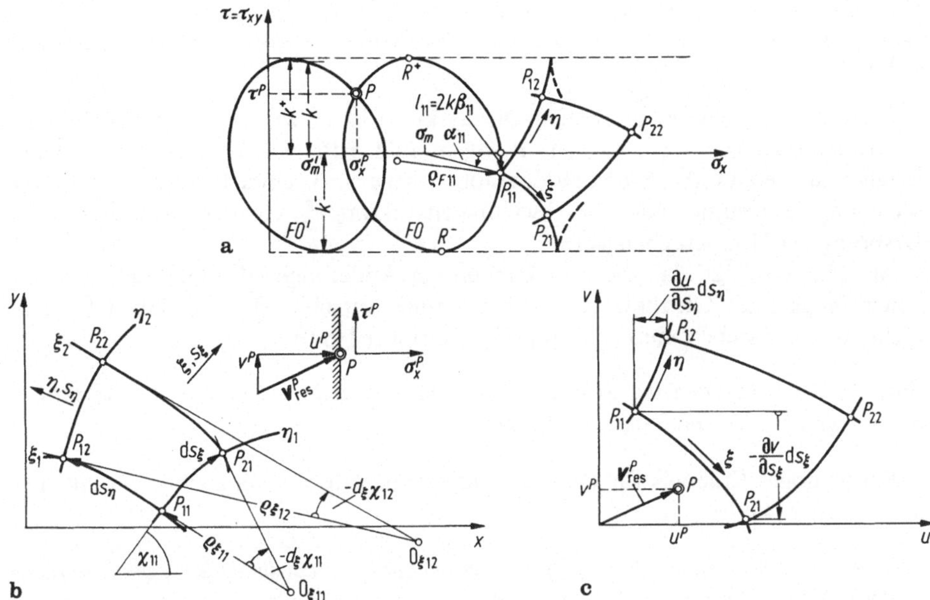

**Bild 5.15.** $\xi,\eta$-Gleitlinienmasche $P_{11}$, $P_{12}$, $P_{22}$, $P_{21}$ in verschiedenen Ebenen. Doppelindizierung, z. B. $P_{jk}$, bezieht sich auf den Maschenpunkt mit Koordinaten $\xi_j$, $\eta_k$. $\sigma_x^P$, $\tau^P$, $u^P$, $v^P$, $v_{\text{res}}^P$: Spannungen und Geschwindigkeiten im Punkt $P$.

**a** Spannungsebene (geklappte Mohr-Ebene); Beziehungen s. Bild 5.13 b. Zwei Fließorte *FO*, *FO'* zum gleichen Spannungspunkt $P$. Kinematische Erzeugung der Gleitlinien bei homogenem, volumenkraftfreiem Material durch horizontales Abrollen in $R^+$ bzw. $R^-$ einer um $F$ geschlungenen Raupenkette. Die Gleitlinien sind orthogonal zu denen der Fließebene.

**b** Fließebene. $\chi$ Gleitlinienwinkel; $s_\xi$, $s_\eta$ Bogenlängen; $0_\xi$, $0_\eta$ Krümmungsmittelpunkte; $\varrho_\xi$, $\varrho_\eta$ Krümmungsradien der $\xi$- bzw. $\eta$-Linien (positiv wenn, von $0_\xi$ bzw. $0_\eta$ ausgehend, gleiche Orientierung wie tangierende $\eta$- bzw. $\xi$-Gleitlinie).

**c** Hodographenebene. Die Gleitlinien sind stets orthogonal zu denen der Fließebene

zwei Werte $\sigma_m'$, $\sigma_m$ heraus[15], die zusammen mit $\sigma_x^P$, $\tau^P$ je einen Spannungszustand festlegen.

Durchfährt man die Punkte einer $\xi$- oder $\eta$-Gleitlinie in der Fließebene, so ergeben sich in der Spannungs- oder Hodographenebene Kurven, die wir dort ebenfalls als $\xi$- oder $\eta$-Gleitlinie bezeichnen. Sie bilden krummlinige Koordinaten, aufgrund deren die zugeordneten Punkte $P$ der drei Ebenen gleiche Werte $\xi$, $\eta$ erhalten. Die Bogenlängen $s_\xi$, $s_\eta$ beziehen sich *nur* auf die Fließebene.

Anhand einer genügend klein gewählten Netzmasche $P_{11}$, $P_{12}$, $P_{22}$, $P_{21}$, deren Seitenprojektionen in Bild 5.15c von erster Ordnung genau durch $(\partial u/\partial s_\eta)\,\mathrm{d}s_\eta$ bzw. $(\partial v/\partial s_\xi)\,\mathrm{d}s_\xi$ beschrieben und als solche abgegriffen werden können, prüft man nun von Fall zu Fall leicht die Zusatzbedingung (5.2/29) positiver Dissipation nach. Im Beispiel von Bild 5.15b, c gilt $(\partial v/\partial s_\xi)\,\mathrm{d}s_\xi < 0$, $(\partial u/\partial s_\eta)\,\mathrm{d}s_\eta > 0$, $|(\partial v/\partial s_\xi)\,\mathrm{d}s_\xi| > |(\partial u/\partial s_\eta)\,\mathrm{d}s_\eta|$, $\mathrm{d}s_\xi < \mathrm{d}s_\eta$, also $|\partial v/\partial s_\xi| > |\partial u/\partial s_\eta|$, d. h. $\partial v/\partial s_\xi + \partial u/\partial s_\eta < 0$. Da zudem $\cos\chi \approx \cos\chi_{11} > 0$ gilt, ist (5.2/29) erfüllt. In einem stetigen Feld, dessen Formänderungsgeschwindigkeiten $q$ nirgends verschwinden, behält gemäß Bild 5.13 (Konvexität von *FO*) $\Lambda = Qq$ das

---

[15] Man unterscheidet sie gelegentlich durch die Bezeichnungen „stark" oder „schwach", bei ähnlicher Fragestellung in der Bodenmechanik durch „aktiv" oder „passiv".

Vorzeichen stets bei. Hier braucht (5.2/29) nur an einer einzigen Stelle geprüft zu werden. Anders natürlich bei Unstetigkeiten, starren Zonen oder Linien verschwindender Formänderungsgeschwindigkeit!

Für die folgenden geometrischen Diskussionen ist es wichtig, die rechtwinkligen Koordinatenkreuze $\tau$, $\sigma_x$; $y$, $x$; $v$, $u$ wie in Bild 5.15 *parallel* anzuordnen. Dann erhält man den Punkt $P$ der Hodographenebene z. B. einfach durch Parallelverschiebung des resultierenden Geschwindigkeitsvektors $v_{res}^P$ von der Fließebene in den Ursprung der Hodographenebene.

Aus (5.2/25) folgt, daß die Projektionen der Änderungen der Punktgeschwindigkeiten längs einer Gleitlinie auf diese Gleitlinie verschwinden, so daß $dv_{res}^P$ senkrecht zu dieser stehen muß (Green [456], Geiringer [457]):

**Satz 3.** *Die Gleitlinien der Hodographenebene laufen in jedem Punkt senkrecht zu den entsprechenden Gleitlinien der Fließebene.*

Ein analoges Ergebnis für die Spannungsebene läßt sich nur eingeschränkt herleiten (Sauer [458]):

**Satz 4.** *Bei homogenem Werkstoff $k$ = const und verschwindenden Volumenkräften laufen die Gleitlinien der Spannungsebene in jedem Punkt senkrecht zu den entsprechenden Gleitlinien der Fließebene, sind also den Gleitlinien der Hodographenebene parallel.*

*Beweis*: Der Tangentenvektor an eine $\zeta$-Gleitlinie der Spannungsebene hat die Koordinaten $d_\zeta\sigma_x$, $d_\zeta\tau$ und besitzt auf die entsprechende $\zeta$-Gleitlinie der Fließebene (Neigung $\chi$) eine Projektion $d\sigma = d_\zeta\sigma_x \cos\chi + d_\zeta\tau \sin\chi$, deren Verschwinden man mittels (5.2/6), (5.2/16), (5.2/23a), (5.2/23c) und $\partial k/\partial x = \partial k/\partial y = p_x = p_y = 0$ wie folgt zeigt:

$$d\sigma = (d_\zeta\sigma_m + d_\zeta\hat\sigma)\cos\chi + d_\zeta\tau \sin\chi = 2k\,d_\zeta\beta[(1 - \cos 2\chi)\cos\chi - \sin 2\chi \sin\chi] = 0\,.$$

Die weiteren Betrachtungen werden sich wie in *Satz 4* auf homogenes, volumenkraftfreies Material beschränken. Dann kann man nach der ersten Henckyschen Gleichung (5.2/24) eine $\zeta$-Gleitlinie in der Spannungsebene von Bild 5.15a kinematisch wie folgt erzeugen: Man schiebe den Fließort um $\Delta\sigma_m = 2k\,\Delta\beta$ nach rechts und gleichzeitig den erzeugenden Punkt $P_{11}$, der ja stets auf dem Umfang des Fließortes liegen muß, um die Bogenlänge $2k\,\Delta\beta$ nach unten. Dies läßt sich nach Prager [455] sowie Chitkara und Collins [491] wegen (5.2/14) „mechanisieren", indem man um den seine Größe und (durch geeignete Führung) auch seine Standrichtung beibehaltenden Fließort eine Raupenkette geschlungen denkt, auf welcher der Punkt $P_{11}$ fest markiert ist und die auf der Geraden $\tau = -k^-$ um die Länge $\Delta l$ abrollt. Entsprechend erzeugt man $\eta$-Linien durch Abrollen auf der oberen Geraden $\tau = k^+$. Für kreisförmige Fließorte (isotroper Fall ohne Bauschinger-Effekt, vgl. Bild 5.13a) kann man auf die Kette verzichten und den Kreis selbst als Rad abrollen lassen. Dann entstehen bekanntlich *Zykloiden*.

Eine andere Konsequenz zieht man nach Auflösung der Henckyschen Gleichungen (5.2/24) gemäß

$$\sigma_m = 2k[h_2(\xi) + h_1(\eta)]\,, \tag{5.2/33a}$$

$$\beta = h_2(\xi) - h_1(\eta)\,. \tag{5.2/33b}$$

Es folgt nämlich für die den Punkten $P_{jk}$, Bild 5.15b, zugeordneten Werte $\beta_{jk} = h(\xi_j) - g(\eta_k)$ gerade

$$\left.\begin{array}{l} \beta_{22} - \beta_{21} = \beta_{12} - \beta_{11} \,, \\ \beta_{22} - \beta_{12} = \beta_{21} - \beta_{11} \,, \end{array}\right\} \qquad (5.2/34)$$

oder in Worten:

**Satz 5. (1. Henckyscher Satz** *für homogenes, volumenkraftfreies Material): In der Fließebene bleibt die Differenz der Winkel $\beta$ zwischen zwei Gleitlinien der einen Schar, gemessen an den Schnittpunkten mit einer Gleitlinie der anderen Schar, beim Durchlaufen der ersten Gleitlinien in allen Punkten gleich.*

Unter „Schar" wollen wir dabei die Gesamtheit aller $\xi$-Linien oder aller $\eta$-Linien verstehen.

Umgekehrt sei nun ein orthogonales Kurvennetz mit den Parametern $\xi$, $\eta$ gegeben, für das der 1. Henckysche Satz in bezug auf wenigstens eine Schar gilt, also zum Beispiel die $\xi$-Schar. Dann geht die erste Gleichung (5.2/34), wenn man $h_1(\eta) = \beta(\xi_1, \eta_1) - \beta(\xi_1, \eta)$, $h_2(\xi) = \beta(\xi, \eta_1)$ einsetzt, gerade in (5.2/33b) über. $\sigma_m$ wird durch (5.2/33a) definiert, und man erhält durch Auflösen offenbar wieder (5.2/24), so daß das Netz definitionsgemäß aus Charakteristiken, hier also aus Gleitlinien besteht.

**Satz 6.** *Wenn Satz 5 für wenigstens eine Schar eines orthogonalen Kurvennetzes in der Fließebene erfüllt ist, so handelt es sich um ein Gleitliniennetz für einen homogenen, volumenkraftfreien Körper, und Satz 5 gilt automatisch auch für die zweite Schar.*

Übrigens ist (5.2/33b) und damit (5.2/34) der Gleichung

$$\frac{\partial^2 \beta}{\partial \xi \, \partial \eta} = 0 \qquad (5.2/35)$$

äquivalent. Wir schreiben sie unter Benutzung der Richtungsdifferentiale $d_\xi = d\xi(\partial/\partial\xi)$, $d_\eta = d\eta(\partial/\partial\eta)$ in der Form

$$d_\xi d_\eta \beta = d_\eta d_\xi \beta = 0 \qquad (5.2/36)$$

und führen ferner den Krümmungsradius $\varrho_F = \varrho_F(\beta)$ im betrachteten Spannungspunkt des Fließortes (Bilder 5.13, 5.15a) ein. Da die Krümmung $1/\varrho_F$ bekanntlich als Ableitung des Winkels nach der Bogenlänge definiert ist, folgt mit (5.2/23c)

$$\frac{1}{\varrho_F} = \frac{1}{k}\frac{d\psi}{d\beta} = -\frac{1}{k}\frac{d\chi}{d\beta}\,. \qquad (5.2/37)$$

Nun wenden wir uns einem zunächst beliebigen, hinreichend glatten *orthogonalen* Kurvennetz der Fließebene mit den Koordinaten $\xi$, $\eta$ zu, von dem Bild 5.16 eine stark schematisierte *infinitesimale* Masche zeigt. Wenn wir sie durch gestrichelte Parallelen zu den gegenüberliegenden Seiten unterteilen, so schneiden jene aus den angrenzenden Seiten die Zuwächse der Bogenlängen heraus. Diese liest man (bis auf Glieder höherer Ordnung in den Differentialen) zu

$$d_\xi \, ds_\eta = ds_\xi \, d_\eta\chi\,, \qquad d_\eta \, ds_\xi = -\, ds_\eta \, d_\xi\chi \qquad (5.2/38)$$

ab. Ferner erkennt man

$$ds_\eta = \varrho_\eta \, d_\eta\chi\,, \qquad ds_\xi = -\varrho_\xi \, d_\xi\chi \qquad (5.2/39)$$

mit $\varrho_\xi$, $\varrho_\eta$ als Krümmungsradien des Kurvennetzes, die gemäß Bild 5.16 oder Bild 5.15d positiv zählen, wenn sie, vom Krümmungsmittelpunkt $O_\xi$ bzw. $O_\eta$ aus gemessen, gleiche Richtung wie die

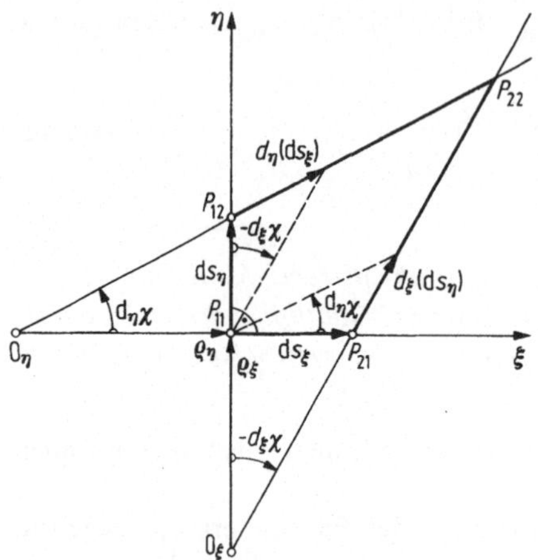

**Bild 5.16.** *Infinitesimale* Masche eines orthogonalen Kurvennetzes nach Bild 5.15b, schematisiert. $d_\xi$, $d_\eta$: Differentiale bei Fortschreiten in $\xi$- bzw. $\eta$-Richtung

jeweils andere, also tangentielle Kurvenschar besitzen. Substitution von (5.2/39) in (5.2/38) gibt mit (5.2/37) wegen $k = \text{const}$

$$d_\xi\left(\frac{\varrho_\eta}{\varrho_F}\right) d_\eta\beta + \frac{\varrho_\eta}{\varrho_F}\, d_\xi\, d_\eta\beta = \frac{ds_\xi}{\varrho_F}\, d_\eta\beta\,,$$

$$d_\eta\left(\frac{\varrho_\xi}{\varrho_F}\right) d_\xi\beta + \frac{\varrho_\xi}{\varrho_F}\, d_\eta\, d_\xi\beta = \frac{ds_\eta}{\varrho_F}\, d_\xi\beta\,.$$

Gemäß (5.2/36) liegt dann und nur dann ein Gleitliniennetz vor, wenn das zweite Glied der linken Seite verschwindet. Dies ist gleichbedeutend mit jeder der beiden Beziehungen (Mannl [451])

$$\left.\begin{aligned}
\varrho_F\, \frac{\partial(\varrho_\eta/\varrho_F)}{\partial s_\xi} &= 1 \quad \text{falls} \quad d_\eta\beta \neq 0\,, \\[2mm]
\varrho_F\, \frac{\partial(\varrho_\xi/\varrho_F)}{\partial s_\eta} &= 1 \quad \text{falls} \quad d_\xi\beta \neq 0\,,
\end{aligned}\right\} \tag{5.2/40}$$

oder wegen (5.2/39) mit

$$\left.\begin{aligned}
d_\xi\left(\frac{\varrho_\eta}{\varrho_F}\right) + \left(\frac{\varrho_\eta}{\varrho_F}\right) d_\xi\chi &= 0 \quad \text{falls} \quad d_\eta\beta \neq 0\,, \\[2mm]
d_\eta\left(\frac{\varrho_\xi}{\varrho_F}\right) - \left(\frac{\varrho_\eta}{\varrho_F}\right) d_\eta\chi &= 0 \quad \text{falls} \quad d_\xi\beta \neq 0\,.
\end{aligned}\right\} \tag{5.2/41}$$

Wegen $\dfrac{\varrho_F}{\varrho_\xi} = k\,\dfrac{\partial\beta}{\partial s_\xi}$, $\dfrac{\varrho_F}{\varrho_\eta} = -k\,\dfrac{\partial\beta}{\partial s_\eta}$ handelt es sich bei den ausgeschlossenen Fällen $d_\eta\beta = 0$ bzw. $d_\xi\beta = 0$, sofern sie längs eines zusammenhängenden Stückes der jeweiligen $\eta$- oder $\xi$-Linie vorliegen, um *Geraden* $1/\varrho_\eta \equiv 0$ bzw. $1/\varrho_\xi \equiv 0$. Hierfür verlieren die Gleichungen (5.2/40) und (5.2/41) ohnehin ihre Aussagekraft.

**Satz 7. (2. Henckyscher Satz** *für homogenes, volumenkraftfreies Material)*: *In der Fließebene erfüllen Gleitliniennetze, sofern sie keine Geraden enthalten, die Beziehungen (5.2/40) und (5.2/41). Umgekehrt handelt es sich bei einem krummlinigen orthogonalen Koordinatennetz $\xi$, $\eta$, das in bezug auf wenigstens eine geradenfreie Schar der zugehörigen Beziehung (5.2/40) oder (5.2/41) genügt, um ein solches Gleitliniennetz.*

Netze mit geradlinigen Charakteristiken bzw. solchen mit $d_\xi\beta \equiv 0$ oder $d_\eta\beta \equiv 0$ spielen in bezug auf Satz 7 also eine Außenseiterrolle. Man kann sie nach *Satz 5* und *Satz 6* aber leicht wie folgt charakterisieren.

**Satz 8.** *Enthält in der Fließebene eine Gleitlinienschar eines homogenen, volumenkraftfreien Körpers eine Gerade, so ist jede Gleitlinie dieser Schar eine Gerade. Umgekehrt stellt jedes orthogonale Kurvennetz, dessen eine Schar aus Geraden besteht, ein solches Gleitliniennetz dar.*

Damit sind nun schon einige wichtige Typen von Gleitlinienfeldern bekannt, nämlich solche, deren beide Scharen aus Geraden bestehen (*Geradenfeld*, Bild 5.17a), solche, deren Geraden sich in einem Punkt schneiden (*Kreisfächer*, Bild 5.17b), oder allgemein solche, deren Geraden eine Kurve als Einhüllende (*Evolute*) besitzen, so daß die andere Schar als Abwickelfeld eines undehnbaren Fadens (*Evolventenfeld*, Bild 5.17c) erzeugt werden kann. In Bild 5.17 wurden jeweils einige kennzeichnende Teilnetze äußerlich durch fette Umrahmung abgegrenzt. *Man beachte, daß bei den hier dargestellten Netzen je zwei Gleitlinien einer der Scharen überall gleichen Abstand besitzen*, und daß diese Felder Gleitliniennetze *für jeden Fließort* darstellen.

Die wiedergegebenen Sätze von Hencky, Prager u. a. wurden von diesen Autoren ursprünglich nur für isotropen Werkstoff ohne Bauschinger-Effekt hergeleitet (Mohrkreis als Fließort, Bild 5.13a). Dort gilt mit (5.2/23c)

$$\beta = \psi = \alpha = \frac{\pi}{4} - \chi , \tag{5.2/42}$$

und wir nennen die zugehörigen Gleitliniennetze der Fließebene „Hencky-Prandtl" — (kurz: HP-)Netze zur Erinnerung daran, daß ihre wesentlichen Eigenschaften zwar von Hencky entdeckt wurden, der aber aufgrund seiner Sätze glaubte, es gebe

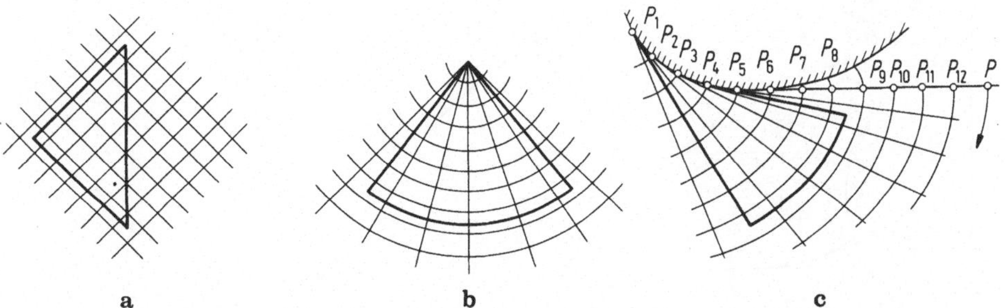

a     b     c

**Bild 5.17.** Gleitlinienfelder in der Fließebene für homogene, volumenkraftfreie Körper; gleichzeitig *HP*-Netze. Jeweils ein repräsentatives Teilnetz wird durch fette Umrandung herausgehoben.
**a** *Geradenfeld.* Jede Schar besteht aus parallelen Geraden; **b** *Kreisfächer.* Eine Schar konzentrischer Kreise nebst der Schar radialer Strahlen; **c** *Evolventenfeld* mit Fadenkonstruktion: Der undehnbare, stets straffe Faden $P_1 P_2 \dots P_{12} P$ liegt ursprünglich auf der schraffierten Evolute auf und wird z. B. durch Bewegung des Punktes $P$ in Pfeilrichtung abgerollt. Dabei beschreiben die Punkte $P_j$ Evolventen. Diese und die geraden Linienstücke des Fadens bilden die beiden Netzscharen. Je zwei Evolventen verlaufen in konstantem Abstand

außer dem Geradenfeld und dem Kreisfächer[16] keine weiteren. Prandtl hat noch im gleichen Jahr 1923 und im gleichen Zeitschriftenband [294] auf diesen Irrtum hingewiesen sowie weitere Felder angegeben. Nach (5.2/42) darf man in Satz 5 statt von der „Differenz der Winkel $\beta$" jetzt einfacher geometrisch vom „eingeschlossenen Winkel" sprechen sowie in (5.2/40), (5.2/41) $\varrho_F = k$ herauskürzen, also HP-Netze rein geometrisch charakterisieren. Wegen der Orthogonalitätseigenschaft der Felder in Bild 5.15 folgt dann aus *Satz 5 und 6*

**Satz 9.** *Bei homogenem, volumenkraftfreien, isotropen Werkstoff ohne Bauschinger-Effekt — kurz: Bei idealen Voraussetzungen — sind die Gleitlinienfelder in allen drei Ebenen von Bild 5.15 HP-Netze.*

Beispiele für HP-Netze sind wiederum die Felder von Bild 5.17, ferner das *Doppelkreisfeld* von Bild 5.18. Bei ihm werden zwei einander im Punkt $C$ orthogonal schneidende Kreisbögen $BC$, $CE$ als Anfangskurven im Sinne des *zweiten Anfangswertproblems* (Abschnitt A.3.3.3) vorgegeben. Die dortige, auf Bild A.9b aufbauende Konstruktion verläuft hier ganz einfach und rein geometrisch, da wegen (5.2/42), (5.2/33b) bzw. (5.2/34) für jeden neu konstruierten Punkt $P$ automatisch der Neigungswinkel $\chi^P$ der ersten Charakteristik festliegt, unter dem man sie bis zum nächsten Netzpunkt weiter fortsetzt. Die Funktionen $h_1(\eta)$, $h_2(\xi)$ sind dabei durch die geometrischen Anfangswerte, nämlich die Neigung der Anfangskurven, eindeutig bestimmt. Wenn man auf diesen gemäß Bild 5.18 $\xi$, $\eta$ einfach als Zentriwinkel um $A$, $D$ wählt, so folgt nach (5.2/42), (5.2/33b) in bezug auf das eingezeichnete $x,y$-System offenbar

$$\chi = \frac{\pi}{4} - \beta = \frac{\pi}{4} + h_1(\eta) - h_2(\xi) = -\frac{\pi}{4} + \eta - \xi, \tag{5.2/43}$$

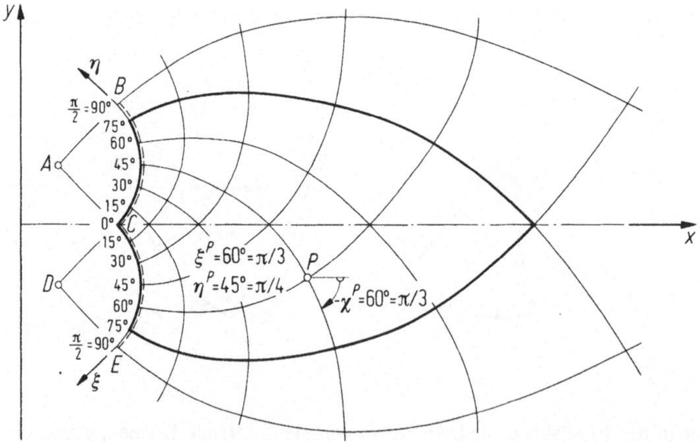


**Bild 5.18.** *Doppelkreisfeld*: HP-Netz, für das zwei kreisförmige Charakteristiken $BC$, $CE$ (hier mit gleichem Radius und gleichem Krümmungssinn) als Anfangskurven vorgegeben sind. Ein repräsentatives Teilnetz wird durch fette Umrandung hervorgehoben

---

[16] Die Netze von Bild 5.17 gehören zu jedem Fließort, also auch zum Kreis, und sind daher automatisch HP-Netze.

also

$$h_2(\xi) = \xi + \frac{\pi}{4} + \text{const}\,, \qquad h_1(\eta) = \eta + \text{const}\,, \qquad (5.2/44)$$

wobei man wegen (5.2/33a) die Konstante als auf $4k$ bezogene überlagerte hydrostatische Spannung deuten kann. Weitere numerische Daten über das Doppelkreisfeld mit gleichen oder ungleichen Radien der Anfangskurven, Literatur und Einzelheiten zur Konstruktion (die im Prinzip für alle HP-Netze gleich verläuft) findet man in der Bibliographie [445]. Arcisz und Desperat erweitern sie auf gegensinnig gekrümmte Anfangskreise [459]. Im übrigen wurden sie bereits von Prandtl 1923 eingeführt [294].

Durch analoge einfache Konstruktionen wie beim Doppelkreisfeld kann man auch andere Anfangswertprobleme mit beliebigen Anfangs- oder Zielkurven erledigen (vgl. Abschnitt A.3.3). Dies läßt sich für den Computer aufbereiten [487]. Spencer [470] erweitert die unter idealen Voraussetzungen im allgemeinen über HP-Netze hergeleiteten Lösungen mittels *Störungsrechnung* auf nicht-ideale Bedingungen wie Inhomogenität, Volumenkräfte oder irreguläre Körperformen.

Ohne näher darauf einzugehen, verweisen wir noch auf eine analytische Methode nach Caratheodory und Schmidt [460] zur Berechnung von HP-Netzen über Integraltransformationen mit Bessel-Funktionen als Kernen, die man in der Regel allerdings numerisch auszuwerten hat (vgl. [17, 463]). Dann ist diese Methode wegen ihrer Kompliziertheit wohl der einfachen Gitterkonstruktion unterlegen, eignet sich aber für allgemeine Betrachtungen.

### 5.2.2.4 Unstetigkeiten und starre Zonen

Unstetigkeiten wollen wir an einzelnen *singulären Punkten* zulassen, wobei die in unmittelbarer Nachbarschaft stetige Größe bei Annäherung an diesen Punkt *keinen* (bzw. keinen *eindeutigen*) Grenzwert besitzt, oder wie bisher als *Sprungunstetigkeiten* entlang gewisser stetiger Kurven (*Sprunglinien*). Bei Spannungsunstetigkeiten kann es sich im letzten Fall nur um Sprünge der zur Kurve *tangentialen Normalspannung* handeln, kurz auch *Längsspannung* genannt. Denn bei einem gedachten Schnitt entlang der Sprunglinie müssen die auf die beiden Schnittufer selbst wirkenden Spannungen (d. h. die Normalspannung quer zur Kurve und die Schubspannung) aufgrund des *Schnittprinzips* (vgl. Abschnitt A.2.1) stetig sein. Entsprechend darf bei *Volumenkonstanz* die Geschwindigkeitskomponente senkrecht zur Kurve nicht springen; dies ist daher wiederum nur für die tangentiale oder *Längsgeschwindigkeit* erlaubt. Der folgende Satz gilt auch für inhomogene Körper vorausgesetzt, daß die Werkstoffparameter stetig vom Ort abhängen.

**Satz 10.** *Entlang Spannungssprunglinien verschwinden beidseitig alle Formänderungsgeschwindigkeiten; die Materialgeschwindigkeiten sind stetig. Sprünge dieser Geschwindigkeiten oder der Formänderungsgeschwindigkeiten sind höchstens längs Gleitlinien möglich.*

*Beweis*: Laut Definition der Charakteristiken (s. Abschnitt A.3.2) sind dies gerade diejenigen Kurven der Ebene, längs denen bei sonst stetigem Lösungsfeld die Ableitungen mehrdeutig und daher unstetig werden dürfen. Die Formänderungsgeschwindigkeiten sind gemäß (5.2/1) solche Ableitungen, und damit dürfen sie nur längs Gleitlinien springen.

Ein Sprung der Längsgeschwindigkeit über eine Sprunglinie hinweg bedeutet eine im Grenzfall und im Vergleich zu den anderen Formänderungsgeschwindigkeiten unendlich hohe Schergeschwindigkeit. Insofern liegt ein reiner Scherzustand vor, der sich aufgrund des Mohrschen Kreises unter $\pm 45°$ zu den Hauptrichtungen einstellt, also wieder längs einer Gleitlinie.

Betrachten wir jetzt eine Spannungssprunglinie unter der *Annahme*, daß wenigstens an einem ihrer Ufer die Formänderungsgeschwindigkeiten *nicht* sämtlich verschwinden. Dann liegt der zugehörige Spannungspunkt auf dem Fließort. Wir wählen nun die Richtung der Sprunglinie als $y$-Richtung, so daß $\sigma_x$ und $\tau$ stetig bzw. auf beiden Schnittufern gleich sind. Sie definieren den Punkt $P$ in Bild 5.15a. Er gehöre — zunächst — beispielsweise zum rechtsseitigen Fließort *FO*. Der am anderen Ufer der Sprunglinie herrschende zweite, also *verschiedene* Spannungszustand ist entweder auch ein plastischer Grenzzustand — dann liegt $P$ wie gezeichnet *auf* dem verschobenen Fließort *FO'* — oder er definiert einen elastischen bzw. starren Zustand: dann liegt $P$ *innerhalb* von *FO'*. Wegen der vorausgesetzten Stetigkeit von $k$ haben *FO*, *FO'* gleiche Größe, Richtung und Gestalt.

Sofern die Sprunglinie gleichzeitig eine Sprunglinie der kinematischen Größe wäre, definierte $y$ eine Gleitrichtung, und $P$ müßte den Punkten $Q^-$, $Q^+$ von Bild 5.13, also denjenigen $R^+$ oder $R^-$ von Bild 5.15a entsprechen. Dann fielen aber *FO* und *FO'* zusammen: der Spannungszustand wäre entgegen der Annahme stetig.

Folglich darf die Sprunglinie *nicht* gleichzeitig Gleitlinie sein und $P$, wie in Bild 5.15a, *nicht* mit $R^+$ oder $R^-$ zusammenfallen. Stattdessen müßte $P$ in bezug auf beide Fließorte denselben Vektor der generalisierten Geschwindigkeiten $q \neq 0$ (vgl. Bild 5.13a) als Auswärtsnormale besitzen. Dies ist geometrisch unmöglich, also die Beweis*annahme* $q \neq 0$ insgesamt falsch, und — was zu zeigen war — $q = 0$ richtig.

*Satz 10* wurde in dieser oder ähnlicher Form für *isotropes* Material von zahlreichen Autoren formuliert bzw. bewiesen. Literaturangaben finden sich bei Prager [13]. Im übrigen gibt es nur *notwendige*, keine hinreichenden Bedingungen, so daß jene möglicherweise noch enger zu fassen sind. Beispiel:

**Satz 11.** *Ein „streng" verfestigender Werkstoff (dessen Fließort sich bei wachsender Formänderung nach allen Richtungen streng monoton ausdehnt) darf durch eine Geschwindigkeits-Sprunglinie nicht auch senkrecht hindurchströmen.*

Denn sonst ergäbe sich wegen der unendlich hohen Schergeschwindigkeit ein von Null verschiedener endlicher Formänderungszuwachs, und infolge der Verfestigung wären beiderseits der Sprunglinie die Fließorte unterschiedlich groß. Also fallen die zugehörigen Spannungspunkte $Q^+$ (oder $Q^-$, Bild 5.13b) beider Ufer nicht zusammen und liefern insbesondere eine unterschiedliche Schubspannung $\tau$, die doch aufgrund des Schnittprinzips gleich sein müßte.

Als Beispiel für eine Spannungssprunglinie der in Satz 10 genannten Art sei auf die neutrale Faser $r = c$ des Blechbiegens verwiesen[17]; vgl. Abschnitt 2.2.2 und Bild 2.6 bzw. 2.7. Eine Geschwindigkeitssprunglinie fanden wir in Abschnitt 4.1.2 bei der dort für $\Psi - \gamma \geqq 0$ exakten Lösung des orthogonalen Hobelns von idealplastischem Werkstoff $k = $ const., nämlich die Gerade $AK$ in Bild 4.6. Wie dort ausgeführt, „verbreitert" sie sich bei Verfestigung zu einer zwar schmalen, jedoch flächenhaft ausgedehnten Zone. Dies scheint in solchen Fällen typisch zu sein [472, 597, 621]. Mathematisch folgt dies aus der sogenannten *singulären Störungsrechnung* [623].

Aufgrund von Satz 10 ist es ferner sinnvoll anzunehmen, daß der oft mit einer kinematischen Unstetigkeit verbundene Übergang von starren zu plastischen Deformationszonen im Material längs Gleitlinien erfolgt. Ausnahmen beschränken sich auf den sprungfreien Übergang. Eine Geschwindigkeitssprunglinie im verallgemeinerten Sinn liegt auch vor, wenn Material mit oder ohne Reibung an einer (als starr ange-

---

[17] Sie entfällt dort für elastisch-plastischen Werkstoff. Dies legt die Vermutung nahe, daß in elastisch-plastischen Materialien keine Spannungssprünge existieren.

sehenen) Werkzeugoberfläche vorbeigleitet. Dies ist dann nicht notwendig eine Gleitlinie.

Geschwindigkeitssprunglinien $AB$ der Fließebene bilden sich in der Hodographenebene doppelt ab; ihre Punkte $A^I$, $B^I$ bzw. $A^{II}$, $B^{II}$ entsprechen dann den Geschwindigkeitszuständen der Punkte $A$, $B$ je nachdem, ob man diese in den angrenzenden Gebieten $I$ bzw. $II$ der Fließebene gelegen denkt (Bild 5.19). Geschwindigkeitssprünge $\Delta v_A$, $\Delta v_B$ etc., etwa $\Delta v_A = v_{A^I} - v_{A^{II}}$, übertragen sich definitionsgemäß unmittelbar als *Sprungpfeile* $A^{II}A^I$ in den Hodographen (gestrichelt mit Orientierungsangabe):

**Satz 12.** *Sprungpfeile der Hodographenebene sind parallel zu den entsprechenden Sprunglinien der Fließebene. Handelt es sich bei den Sprunglinien (wie stets im Materialinnern) um Gleitlinien, so stehen die Sprungpfeile senkrecht auf den entsprechenden Gleitlinien der Hodographenebene und haben längs diesen konstante Länge (d. h.* $|\Delta v| = $ const: *konstante ,,Sprunggröße``). Solche Sprung-Gleitlinien können in der Fließebene nur an der Materialoberfläche (bzw. an Werkzeugen) oder an Kreuzungsstellen mit anderen Sprunglinien beginnen bzw. enden.*

*Beweis*: Längs einer Sprung-Gleitlinie der Fließebene liegt $\Delta v$ parallel zu dieser. Sie wird bei Abbildung in die Hodographenebene um $90°$ gedreht (Satz 3, Abschnitt 5.2.2.3), während $\Delta v$ ungeändert bleibt. Daher die Orthogonalität. Die Sprungpfeile bilden eine Geradenschar (ähnlich den Scharen in Bild 5.17), deren Orthogonaltrajektorien überall konstanten Abstand besitzen, so daß

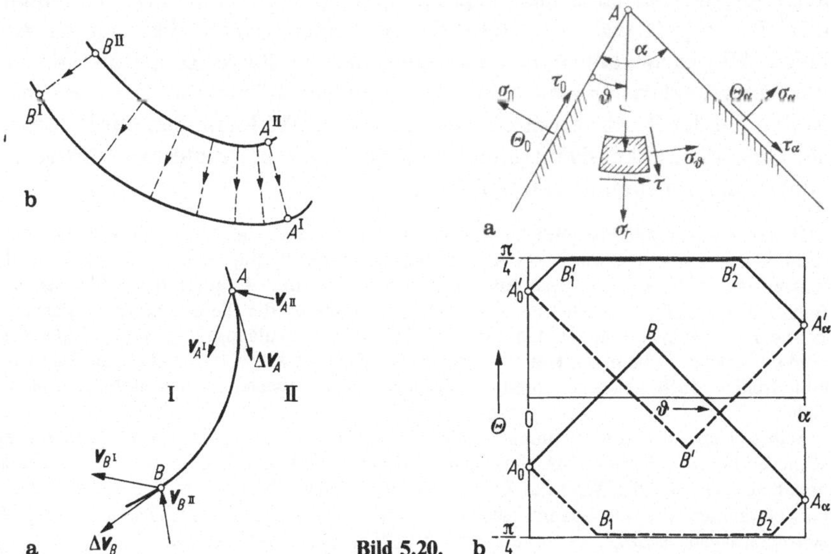

**Bild 5.19.** a    **Bild 5.20.** b

**Bild 5.19.** a Geschwindigkeits-Sprunglinie $AB$ in der Fließebene, Geschwindigkeiten $v_{A^I}$, $v_{A^{II}}$, $v_{B^I}$, $v_{B^{II}}$ in $A$ bzw. $B$ jeweils auf der Seite des Gebietes $I$ bzw. $II$. $\Delta v_A = v_{A^I} - v_{A^{II}}$, $\Delta v_B = v_{B^I} - v_{B^{II}}$.
b Bild-Sprunglinien $A^I B^I$, $A^{II} B^{II}$ in der Hodographenebene. Sie entsprechen der Sprunglinie $AB$ in der Fließebene, wenn diese als Teil des Gebietes $I$ bzw. $II$ aufgefaßt wird. *Sprungpfeile* $B^{II}B^I$, $A^{II}A^I$ usw. gestrichelt. $A^{II}A^I = \Delta v_A$, $B^{II}B^I = \Delta v_B$
**Bild 5.20.** a Spannungsverteilung an einem Keilbereich. $\tau = k \sin 2\Theta$.
b Extremalverläufe der Funktion $\Theta = \Theta(\vartheta)$

$|\Delta v|$ = const folgt. Wegen $|\Delta v|$ = const kann aber eine Sprung-Gleitlinie der Fließebene nicht unvermittelt im Materialinnern beginnen bzw. enden.

Während an Spannungssprunglinien wegen der dort verschwindenden Kinematik keine Arbeit dissipiert wird, entsteht an Geschwindigkeitssprunglinien pro *Flächeneinheit* die Leistungsdichte $\Lambda_V = T_s\,\Delta v$ (vgl. Anhang, Gl. (A.2/15)) mit $T_s$ als Spannungsvektor auf die Sprunglinie und $\Delta v$ als zugehörigem Sprungpfeil. Wir vereinbaren nun an Sprunglinien im Körperinnern, daß $\Delta v$ beim Kreuzen einer Gleitlinie $\xi$ = const stets als Differenz $v(\xi + 0) - v(\xi - 0)$ beim Fortschreiten in positiver $\xi$-Richtung gebildet wird, und entsprechend als $v(\eta + 0) - v(\eta - 0)$ beim Kreuzen einer Sprung-Gleitlinie $\eta$ = const. In diesem Sinne sprechen wir von *orientierten Sprungpfeilen.* Wenn also z. B. *AB* in Bild 5.19a eine $\eta$-Linie ($\xi$ = const) wäre, so müßten dort die $\xi$-Linien vom Gebiet *II* ins Gebiet *I* laufen. Auf das positive Schnittufer der Sprunglinie wirkt dann gemäß Bild 5.13b (Punkt $Q^-$) die Schubspannung $\tau_{\eta\xi} = \tau_{\xi\eta} = -k^-$, und die der Bedingung (5.2/29) entsprechende Bedingung $\Lambda_V \geqq 0$ kann hier wie folgt formuliert werden:

**Satz 13.** *(Kriterium für positive Leistungsdissipation an Sprung-Gleitlinien im $\xi,\eta$-Netz): Der orientierte Sprungpfeil weist entgegengesetzt zur Koordinatenrichtung auf der Gleitlinie in der Fließebene.*

Auf die generelle Problematik von starren Zonen wiesen wir einleitend bereits in Abschnitt 5.2.1 hin. Um die Korrektheit eines Gleitlinienfeldes zu manifestieren, müßte man stets ein zulässiges, den Randbedingungen genügendes Spannungsfeld auch für die starren Zonen angeben ähnlich wie beim oben erwähnten Hobeln (für $\Psi - \gamma \geqq 0$, vgl. Abschnitt 4.1.2). Leider gelingt dies nur in Ausnahmefällen. Hingegen kann man umgekehrt manche starre Zonen als von vornherein unzulässig deklarieren und damit die gefundene Lösung als falsch erkennen — sie ist dann in der Regel vermittels eines zulässigen Hodographen nur indirekt, nämlich als Obere-Schranken-Näherung brauchbar. Das bekannteste derartige Ausschließungskriterium stammt von Hill [461].

Hierzu werden die Spannungen nur in unmittelbarer Nähe eines Keilbereiches der Spitze *A* (Bild 5.20a) betrachtet, wie er bei Anwendung allerdings häufig vorkommt — z. B. in Bild 4.6 mit Spitzen bei *D, C, A, K, B*. Spannungen in von *A* entfernten Punkten des Keils bleiben außer Betracht. Wir fragen nun nach einer *notwendigen* Bedingung, der die gegebenen Randspannungen $\sigma_0$, $\tau_0$ und $\sigma_\alpha$, $\tau_\alpha$ genügen müssen, damit sich im Keil bei *A* ein zulässiges Spannungsfeld aufbauen kann. Sind sie verletzt, so kann der Keil unter der vorgegebenen Last nicht bestehen. Sind sie erfüllt, so darf man freilich noch keinerlei voreiligen Schluß auf die Existenz eines globalen Spannungsfeldes ziehen.

Selbst wenn aber die Bedingung verletzt ist, werden wir nur solche Spannungsfelder ausschließen können, deren *radiale Ableitung* bei *A beschränkt* ist. Diese schwer durchschaubare Zusatzannahme relativiert den Wert des Kriteriums. Im übrigen führen wir in Bild 5.20a Polarkoordinaten ein, betrachten also die Spannungen $\sigma_r$, $\sigma_\vartheta$ sowie $\tau = \tau_{r\vartheta}$, und untersuchen lediglich *homogenes, isotropes, volumenkraftfreies* Material mit dem Kreis von Bild 5.13a als Fließort. Dann gilt wegen (5.2/4) die Zulässigkeitsbedingung

$$\frac{1}{4}(\sigma_r - \sigma_\vartheta)^2 + \tau^2 \leqq k^2\,, \qquad k = \text{const}\,, \tag{5.2/45}$$

und insbesondere $|\tau| \leqq k$. Daher dürfen wir mit einer noch unbekannten, durch $\tau$ eindeutig bestimmten Funktion $\Theta = \Theta(\vartheta)$ bei $r = 0$

$$\tau = k\sin 2\Theta\,, \qquad -\frac{\pi}{4} \leqq \Theta \leqq \frac{\pi}{4} \tag{5.2/46}$$

ansetzen. Die Gleichgewichtsbedingungen entnehmen wir dem Anhang (Gl. (A.2/20)) zu

$$r\frac{\partial\sigma_r}{\partial r} + \frac{\partial\tau}{\partial\vartheta} + \sigma_r - \sigma_\vartheta = 0\,,\qquad r\frac{\partial\tau}{\partial r} + \frac{\partial\sigma_\vartheta}{\partial\vartheta} + 2\tau = 0\,.$$

Sie reduzieren sich unter den gemachten Voraussetzungen für $r \to 0$ auf die Relationen

$$\frac{\partial\tau}{\partial\vartheta} + \sigma_r - \sigma_\vartheta = 0\,,\qquad \frac{\partial\sigma_\vartheta}{\partial\vartheta} + 2\tau = 0\,. \tag{5.2/47}$$

Deren erste führt mit (5.2/46), (5.2/45) auf

$$\left|\frac{\mathrm{d}\Theta}{\mathrm{d}\vartheta}\right| \le 1\,, \tag{5.2/48}$$

deren zweite auf

$$\frac{\sigma_\alpha - \sigma_0}{2k} = \int\limits_0^\alpha \sin 2\Theta\,\mathrm{d}\vartheta\,. \tag{5.2/49}$$

Hierbei dürfen im übrigen $\sigma_r$, $\mathrm{d}\tau/\mathrm{d}\vartheta$ und $\mathrm{d}\Theta/\mathrm{d}\vartheta$ über $\vartheta$ unstetig sein. $\sigma_\vartheta$, $\tau$ und gemäß (5.2/47) auch $\mathrm{d}\sigma_\vartheta/\mathrm{d}\vartheta$ bleiben stetig.

Wir geben nun $\tau_0$, $\tau_\alpha$ oder wegen (5.2/46) $\Theta_0$, $\Theta_\alpha$ bei $\vartheta = 0$, $\vartheta = \alpha$ vor und betrachten alle Funktionen $\Theta = \Theta(\vartheta)$, die diese Randwerte verbinden und zudem noch den Beschränkungen (5.2/46), (5.2/48) genügen. Wollen wir dementsprechend die Punkte $A_0$, $A_\gamma$ in Bild 5.20b stetig verbinden, so muß die Verbindungskurve wegen (5.2/48) innerhalb des Polygonzuges $A_0BA_\alpha B_2 B_1$ liegen. Analog wird der „zulässige Bereich" für die Verbindungskurve von $A_0'$ und $A_\alpha'$ durch $A_0'B_1'B_2'A_\alpha'B'$ begrenzt.

Nun suchen wir eine Verbindung, die zu Extremwerten $\left(\dfrac{\sigma_\alpha - \sigma_0}{2k}\right)_{\max}$, $\left(\dfrac{\sigma_\alpha - \sigma_0}{2k}\right)_{\min}$ von (5.2/49) führt („Extremale"). Läuft sie wenigstens teilweise durch das Innere des oben bestimmten zulässigen Bereiches, so kann man sie variieren, und die erste Variation $\delta\left(\dfrac{\sigma_\alpha - \sigma_0}{2k}\right)$ muß verschwinden[18]. Dann liefert (5.2/49)

$$\delta \int\limits_0^\alpha \sin 2\Theta\,\mathrm{d}\vartheta = 2\int\limits_0^\alpha \cos 2\Theta\,\delta\Theta(\vartheta)\,\mathrm{d}\vartheta = 0$$

mit *beliebigen* Variationskurven $\delta\Theta(\vartheta)$, $\delta\Theta(0) = \delta\Theta(\alpha) = 0$. Dies kann nur erfüllt werden, wenn der Integrand verschwindet: $\Theta \equiv \pm\pi/4$. Diese Lösung liegt aber *nicht* im Innern des zulässigen Bereichs. Wir folgern, daß die Extremalen auf der Berandung verlaufen und daher mit den in Bild 5.20b gezeichneten Kurven übereinstimmen. Die durchgezogenen führen offenbar zum Maximum, die gestrichelten zum Minimum, und (5.2/49) liefert je nachdem, ob $\Theta_B \le \pi/4$, $\Theta_B > \pi/4$ bzw. $\Theta_{B'} \ge -\pi/4$, $\Theta_{B'} < -\pi/4$ gilt, wo $\Theta_B = {}^1\!/_2(\Theta_0 + \Theta_\gamma + \alpha)$ und $\Theta_{B'} = -{}^1\!/_2(\alpha - \Theta_0 - \Theta_\gamma)$ gesetzt wurde:

$$\left(\frac{\sigma_\alpha - \sigma_0}{2k}\right)_{\max} = \begin{cases} \dfrac{1}{2}(\cos 2\Theta_0 + \cos 2\Theta_\alpha) - \cos(\alpha + \Theta_0 + \Theta_\alpha)\,, & \text{falls}\quad \alpha + \Theta_0 + \Theta_\alpha \le \dfrac{\pi}{2}\,; \\[2ex] \dfrac{1}{2}(\cos 2\Theta_0 + \cos 2\Theta_\alpha) + \left(\alpha + \Theta_0 + \Theta_\alpha - \dfrac{\pi}{2}\right)\,, & \text{falls}\quad \alpha + \Theta_0 + \Theta_\alpha > \dfrac{\pi}{2}\,; \end{cases} \tag{5.2/50a}$$

$$\left(\frac{\sigma_\alpha - \sigma_0}{2k}\right)_{\min} = \begin{cases} -\dfrac{1}{2}(\cos 2\Theta_0 + \cos 2\Theta_\alpha) + \cos(\alpha - \Theta_0 - \Theta_\alpha)\,, & \text{falls}\quad \alpha - \Theta_0 - \Theta_\alpha \le \dfrac{\pi}{2}\,; \\[2ex] -\dfrac{1}{2}(\cos 2\Theta_0 + \cos 2\Theta_\alpha) - \left(\alpha - \Theta_0 - \Theta_\alpha - \dfrac{\pi}{2}\right)\,, & \text{falls}\quad \alpha - \Theta_0 - \Theta_\alpha > \dfrac{\pi}{2}\,. \end{cases} \tag{5.2/50b}$$

---

[18] Die Variation $\delta$ genügt insoweit ähnlichen Regeln wie die gewöhnliche Differentiation, auf die sie ohnehin zurückgeführt wird (vgl. [22]).

Mit den so bestimmten Ausdrücken lautet nun das Hillsche *notwendige* (nicht hinreichende) Kriterium für die Existenz eines zulässigen Spannungszustandes im Keilbereich bei $A$:

$$\left(\frac{\sigma_\alpha - \sigma_0}{2k}\right)_{\min} \leqq \frac{\sigma_\alpha - \sigma_0}{2k} \leqq \left(\frac{\sigma_\alpha - \sigma_0}{2k}\right)_{\max}. \tag{5.2/50c}$$

Wir wenden es auf den Gesamtkeil $DAK$ beim orthogonalen Hobeln nach Bild 4.6 an und haben mit $\tau_0 = \sigma_0 = 0$, $\tau_x = \sigma_x = -k$, d. h. $\Theta_0 = 0$, $\Theta_x = -\pi/4$ sowie wegen (4.1/21) $\alpha = {}^3/_4\pi + (\Psi - \gamma)$, wo $\Psi$ den Reibwinkel am Werkzeug und $\gamma$ den Spanwinkel darstellen:

$$-\frac{1}{2} - \left[\frac{\pi}{2} + (\Psi - \gamma)\right] \leqq -\frac{1}{2} \leqq \begin{cases} \dfrac{1}{2} + \sin(\Psi - \gamma), & \text{falls} \quad \Psi - \gamma \leqq 0, \\[2mm] \dfrac{1}{2} + (\Psi - \gamma), & \text{falls} \quad \Psi - \gamma > 0. \end{cases}$$

Dies führt zu keinem Widerspruch — weder für $\Psi - \gamma > 0$, wo die Lösung von Abschnitt 4.1.2 ohnehin vollständig war und gar keinen Widerspruch ergeben dürfte, noch für $-\pi/2 \leqq \Psi - \gamma \leqq 0$. Hills Bemerkung [461], wonach das Lösungsfeld von Bild 4.6 aufgrund seines Satzes (5.2/50c) ausgeschlossen werden kann, trifft nicht zu.

### 5.2.3 Anwendungen

Es hat im Rahmen eines Lehrbuches wenig Sinn, rein numerisch gewonnene Charakteristikenfelder wiederzugeben. Vielmehr soll der Leser anhand überschaubarer Beispiele, die sich analytisch oder wenigstens elementar graphisch auswerten bzw. diskutieren lassen, an die Methode als solche herangeführt werden. Dann kann er sie nach eigenem Bedarf auf weitere Probleme anwenden und ggf. zur numerischen Auswertung auf dem Computer programmieren [156, 487]. Wir werden erkennen, daß man dennoch ohne Intuition nicht vorankommt. Im übrigen beschränken wir uns im Rahmen der erstrebten Vereinfachung grundsätzlich auf homogenen ($k = $ const), volumenkraftfreien, isotropen Werkstoff ohne Bauschinger-Effekt (*ideale Voraussetzungen* im Sinne von Satz 9, Abschnitt 5.2.2.3) und wissen, daß die Gleitlinien dann HP-(Hencky-Prandtl-)Netze bilden. Ferner gilt stets die Winkelbeziehung (5.2/42), d. h. $\beta = \psi = \alpha = \pi/4 - \chi$.

#### 5.2.3.1 Strangpressen mit ${}^2/_3$-Reduktion

Ein vergleichsweise einfacher, vollständig lösbarer Fall geht auf Siebel [467] zurück, obwohl er meistens Lee (vgl. [599]) zugeschrieben wird: Das Vorwärts-Strangpressen mit einem Umformgrad $|\varepsilon| = {}^2/_3$, wo $|\varepsilon|$ analog (4.2/3b) über (4.2/5) zu bilden ist —

$$|\varepsilon| = \frac{D_0 - D}{D_0}. \tag{5.2/51}$$

Die Bezeichnungen sind der Systemskizze in Bild 5.21a zu entnehmen, das sich an Bild 5.8 anlehnt. Es werden *reibungsfreie* (gut geschmierte) Werkzeugoberflächen vorausgesetzt. Diese müssen dann Hauptspannungslinien sein und werden in der plastischen Zone von den Gleitlinien unter $45°$ getroffen. Gleiches gilt für die Symmetrieachse $y = 0$.

Nehmen wir an — und das ist hier lediglich Intuition, die später anhand der Vollständigkeit bzw. Widerspruchsfreiheit der gefundenen Lösung gerechtfertigt wird — daß sich die plastische Zone bis an die Matrize $Ma$ erstrecke. Dann sind $GC$ bzw.

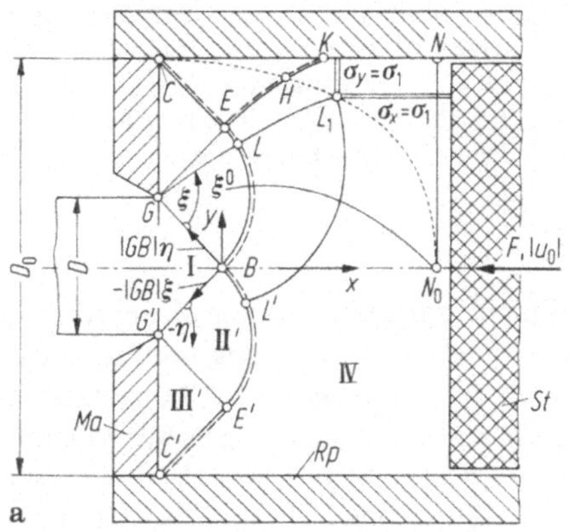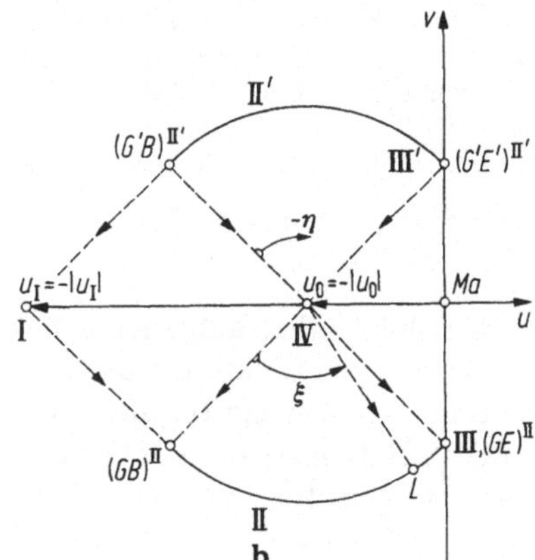



**Bild 5.21.** Ebenes, reibungsfreies, stationäres Fließpressen; Umformgrad $|\varepsilon| = (D_0 - D)/D_0 = {}^2/_3$.
$B^{II}$ heißt: $B$ als Punkt der Zone $II$ aufgefaßt — usw.
**a** Fließebene, Bezeichnungen analog Bild 4.8. Starre Zonen $I$, $IV$. Geradenfeld $III'$, Kreisfächer $II'$ entsprechend Bild 5.17; die dazu symmetrischen Gleitlinienfelder der oberen Hälfte heißen $III$ bzw. $II$. Kurve $CL_1N_0$: Trajektorie in Richtung minimaler Hauptspannung. $\sigma_1$ maximale Hauptspannung in $L_1$
**b** Hodographenebene. Die Felder $I$, $III$, $IV$ schrumpfen auf Punkte zusammen, $II$ wird eine Kurve (Kreisbogen)

$G'C'$ als Hauptspannungslinien *keine* Charakteristiken. Da auf ihnen der charakteristische Winkel mit $\pm 45°$ vorgeschrieben ist, werden wir versuchen, sie mit dem *einfachsten* Gleitlinienfeld zu verbinden, das diese Bedingung erfüllt: Dem *Geradenfeld* von Bild 5.17a. Es werde mit $III$ bzw. $III'$ bezeichnet[19]. Die angrenzenden Felder $II$ bzw. $II'$ enthalten dann je eine Gerade $GE$ bzw. $G'E'$, so daß deren ganze zugehörige Linienschar aus Geraden besteht (Satz 8, Abschnitt 5.2.2.3) und nur die Feldtypen von Bild 5.17b oder c in Frage kommen. Wir entscheiden uns für *Kreisfächer* (Bild 5.17b), weil wir vermuten, daß die Düsenkanten $G$, $G'$ in Bild 5.21a singulär sind. Jene Kreisfächer treffen dann die Mittelachse in $B$ wie verlangt unter $45°$ und gehen mit ihren Gleitlinien ohne Knick ineinander über (wobei sich allerdings die Scharen vertauschen).

Die so als zur plastischen Zone gehörig teils erratenen, teils logisch konstruierten Gleitlinienfelder $II$, $III$ bzw. $II'$, $III'$ trennen den noch unverformten *Block IV* vollständig vom austretenden Strang $I$. Wir wollen daher $I$ und $IV$ als starre Zonen voraussetzen und hoffen, mit diesem einfachen Feld auszukommen.

Die Festlegung, welche der beiden Scharen mit $\xi$ und $\eta$ zu bezeichnen ist, erfolgt wiederum intuitiv anhand von Bild 5.14, wo $I_\lambda \triangleq I_\sigma$ (Isotropie) die Achse größter Hauptspannung repräsentiert.

Man erwartet, daß die $x$-Richtung zwischen Stempel und Matrize, also z. B. im Punkt $E$ von Bild 5.21a, maximalen *Druck*, d. h. minimale (Zug-)*Spannung* überträgt, also dort im Sinne von Bild 5.14 mit $II_\sigma \triangleq II_\lambda$ zu bezeichnen wäre. Demnach sind die Kreisbögen des (oberen) Fächers $II$ $\xi$-Linien und die Radien $\eta$-Linien, aber so orientiert, daß $\eta$ aus $\xi$ durch Linksdrehung hervorgeht. Speziell sei dort $\eta$ der auf

$$|GB| = D/\sqrt{2} \qquad (5.2/52)$$

---

[19] Feldnummern der Übersichtlichkeit halber nur in der unteren Bildhälfte von 5.21 eingetragen.

bezogene einwärts gerichtete Radius des Kreisfächers und damit dimensionslos. $\zeta$ entspreche dem Zentriwinkel bei $G$. Im Fächer $II'$ vertauschen sich die Scharen und die Vorzeichen. So haben z. B. die Punkte $B$, $G$, $E$, $G'$, $E'$ folgende Koordinaten: $\zeta^B = \eta^B = 0$; $\zeta^G$ unbestimmt, $\eta^G = 1$; $\zeta^E = \pi/2$, $\eta^E = 0$; $\zeta^{G'} = -1$, $\eta^{G'}$ unbestimmt; $\zeta^{E'} = 0$, $\eta^{E'} = -\pi/2$. Eine entsprechende dimensionslose Fortsetzung in die Geradenfelder $III$, $III'$ liegt auf der Hand. Dann lauten die Koordinaten von $C$, $C'$ bzw. $\zeta^C = \dfrac{\pi}{2} + 1$, $\eta^C = 0$; $\zeta^{C'} = 0$, $\eta^{C'} = -\dfrac{\pi}{2} - 1$.

Das bis hierher aufgestellte Feld hat, da es nicht das ganze Material überdeckt, zunächst noch wenig Bedeutung. Als ersten Schritt zur Rechtfertigung muß man die zugehörige Kinematik überprüfen und hierzu den Hodographen konstruieren (Bild 5.21 b). Ausgangspunkt ist die vorgegebene horizontale Stempelgeschwindigkeit $|u_0|$; sie wird (da der Stempel sich in negativer $x$-Richtung bewegt) als Punkt auf der negativen $u$-Achse angetragen, der die ganze Starrzone $IV$ repräsentiert. Entsprechend stellt der Punkt mit den Koordinaten $u_I = -|u_I|$, $v_I = 0$ (hier: $|u_I| = 3\,|u_0|$) die gesamte Starrzone des auslaufenden Stranges $I$ dar. Zur Zone $III$ gelangt man von der starren Matrize $Ma$ ($u_{Ma} = v_{Ma} = 0$) und von der Zone $IV$ durch Sprungpfeile parallel $GC$ bzw. $CE$ ($Satz\ 12$, Abschnitt 5.2.2.4). Sie schneiden sich in einem einzigen Punkt der $v$-Achse, der demnach die gesamte Zone $III$ als starr (mit konstanter Vertikalgeschwindigkeit) ausweist. Dabei werden beim Sprung längs Gleitlinien (also nicht längs $GC$) die Sprungpfeile $orientiert$ angetragen wie man sie erhält, wenn man die Sprunglinie in Bild 5.21 a in positiver Koordinatenrichtung der dazu senkrechten Gleitlinie überquert — bei $EC$ also in $\eta$-Richtung von $IV$ nach $III$ (vgl. Satz 13, Abschnitt 5.2.2.4).

Das Hodographenfeld des Kreisfächers $II$ geht von der Grenze $(GE)^{II}$ zum Feld $III$ aus, die hier ebenfalls auf den das ganze Netz $III$ repräsentierenden Punkt zusammenschrumpft. Somit degeneriert das Bild des Fächers $II$ zu einer Kurve, die mit dem Bild der Gleitlinie $EB$ übereinstimmt. $EB$ ist eine Sprunglinie, bildet sich gemäß Bild 5.19 also doppelt mit $konstantem\ Sprungabstand$ ab. Da das zur Starrzone $IV$ gehörige Ufer natürlich ganz in den Punkt $IV$ des Hodographen fällt und das zum Fächer $II$ gehörige einen konstanten Abstand dazu besitzt, wird dieses also zum Kreisbogen. Für jeden Punkt $L$ im Fächer $II$ bzw. auf dessen Rand $EB$ der Fließebene findet man nun den zugehörigen Punkt $L$ des Hodographen aus der Bedingung, daß der Sprungpfeil parallel zur Tangente an die Sprunglinie in $L$ zu sein hat (Satz 12, Abschnitt 5.2.2.4). So überträgt sich automatisch auch die Winkelkoordinate $\zeta$. Der Geschwindigkeitszustand im Fächer $II$ ist unabhängig von $\eta$.

Die untere Hälfte der Fließebene bildet sich symmetrisch auf die obere des Hodographen ab. Hier hängt die Geschwindigkeit im Fächer $II'$ nur von $\eta$ ab.

Schließlich gelangt man von den Fächern $II$, $II'$ in Bild 5.21 a zum starr austretenden Strang $I$ über die Sprung-Gleitlinien $GB$, $G'B$, deren orientierte Sprungpfeile tatsächlich auch in Bild 5.21 b zum gemeinsamen Punkt $I$ führen. Der Hodograph liegt damit vollständig und widerspruchsfrei fest. Als solcher garantiert er wenigstens eine Obere-Schranken-Lösung.

Um diese auszuwerten, müßte man die zum Hodographen gehörige innere Leistung $P^* = P_i^*$ ermitteln. Da sie gegen ein Spannungsfeld gebildet wird, das aufgrund der Gleitlinienkonstruktion in der plastischen Zone im Gleichgewicht ist, stimmt $P_i^*$ mit der äußeren Leistung $P_a^*$ an eben dieser plastischen Zone überein.

$P_a^*$ läßt sich am einfachsten durch *Umkehrung* des Vorganges ermitteln: Man hält den Stempel *St* fest und schiebt den Aufnehmer *Rp* samt Matrize *Ma* in Bild 5.21a nach rechts (Geschwindigkeit $|u_0^*|$). Mit $F^*$ als zum Gleitlinienfeld gehöriger Stempelkraft, die man hier als resultierende Kraft über die Matrix ermittelt, und $F$ als (unbekannter) wahrer Stempelkraft folgt wegen des *Satzes von der Oberen Schranke* (1.3/39)

$$F^* \, |u_0^*| \geqq F \, |u_0^*| \, , \qquad \text{also}$$

$$F \leqq F^* \, . \tag{5.2/53}$$

Insofern verdankt man dem Gleitlinienfeld, daß man hier eine obere Schranke der Umformkraft *rein statisch* ermitteln darf, wobei vom Hodographen lediglich seine Existenz gesichert sein muß.

$F^*$ folgt definitionsgemäß aus dem Spannungsfeld. Statt dieses anhand der Spannungsebene (Bild 5.15a) zu konstruieren, gehen wir hier einfacher analytisch vor. Im austretenden Strang erwarten wir die Spannung 0, an den Gleitlinien *GB*, *G'B* allerdings die Grenzschubspannung $k$. Da dort nach Satz 10, Abschnitt 5.2.2.4, ein Spannungssprung ausgeschlossen ist, muß ein solcher noch im starren Strang stattfinden (sofern man dort von einem stetigen Spannungsaufbau absieht). Am einfachsten nehmen wir *GG'* als Spannungssprunglinie an, beschränken den Bereich *I* auf das Dreieck *GG'B* und führen, da $\sigma_x = 0$ stetig bleibt, $\sigma_y = -2k$ (Druck) ein. Diese Annahmen wurden wieder intuitiv getroffen. Sie garantieren einen spannungsfreien Strang, eine Vorspannung bis zur Fließgrenze in *I* (vgl. (1.3/63)) sowie dort horizontale und vertikale Spannungshauptachsen[20]. Die 45°-Sprunglinien *GB*, *G'B* sind dann, wie zu fordern, Gleitlinien, und der mittlere Druck beträgt

$$\left.\begin{aligned}\sigma_m &= \frac{1}{2}(\sigma_x + \sigma_y) = -k \, ; \\ \xi &= 0 \, , \quad 0 \leqq \eta < 1 \, .\end{aligned}\right\} \tag{5.2/54}$$

Ferner erkennt man für den Gleitlinienwinkel $\chi$ zwischen den $\xi$- und $x$-Richtungen

$$\chi = \xi + \frac{\pi}{4} \quad \text{in } II \, . \tag{5.2/55}$$

Setzt man dies und (5.2/54) in die Henckyschen Gleichungen (5.2/33) ein, so folgt wegen (5.2/42) nach willkürlicher Vorgabe von $h_2(0) = -{}^1/_4$

$$h_2(\xi) = -\frac{1}{4} - \xi \, , \qquad h_1(\eta) = -\frac{1}{4} \, , \qquad \sigma_m = -k(1 + 2\xi) \quad \text{in } II \, . \tag{5.2/56}$$

Entsprechend schließt man, daß der Zustand im Geradenfeld *III* wegen $\chi = $ const konstant gleich dem Wert auf der Grenzgeraden *GE* bleibt:

$$h_2 = -\frac{1}{4} - \frac{\pi}{2} \, , \qquad h_1 = -\frac{1}{4} \, , \qquad \sigma_m = -k(1 + \pi) \quad \text{in } III \, . \tag{5.2/57a}$$

---

[20] Man hätte *I* von vornherein als weiteres Geradenfeld in das gesamte Gleitliniennetz einbauen können.

$\sigma_x$ ist dann als größte Druck-Hauptspannung gleich der minimalen (Zug-)Hauptspannung, so daß man aus dem Mohrschen Spannungskreis (vgl. Bild A.6)

$$\sigma_x = \sigma_m - k = -k(2 + \pi) \qquad \text{in } III \tag{5.2/57b}$$

abliest. Es folgt

$$F^* = |\sigma_x|\,(D_0 - D) = \frac{2}{3}\,|\sigma_x|\,D_0 = \frac{2}{3}\,kD_0(2 + \pi) \tag{5.2/58}$$

als Preßkraft pro Breite 1, und analog (4.2/3a)

$$\hat{Q} = \frac{F^*}{2kD_0} = \frac{1}{3}\,(2 + \pi) = 1{,}71 \ldots \tag{5.2/59}$$

Dieser dimensionslose mittlere Stempeldruck übersteigt natürlich die durch (4.2/4) mit $|\varepsilon| = {}^2/_3$ gegebene, auch für ebenes Fließen gültige untere Schranke 1,33 ... , bleibt aber auch deutlich unter der oberen Schranke 2,30 ... nach (4.2/15) und stellt insofern mindestens eine verbesserte obere Schranke dar. Wir wollen zeigen, daß $\hat{Q}$ gleichzeitig eine untere Schranke, also der wahre Wert ist, und werden hierzu das Spannungsfeld der Gleitlinienlösung erstens durch den Nachweis nicht-negativer Dissipationsleistung rechtfertigen als auch zweitens in den starren Block $IV$ hinein zulässig fortsetzen, wobei die Aufnehmer- und Stempelwände wegen der Reibungsfreiheit Hauptspannungslinien zu sein haben.

Bei einem Vergleich der Sprungpfeile im Hodographen mit den Koordinatenrichtungen auf den zugehörigen Sprunglinien der Fließebene stellt man durchweg eine entgegengesetzte Orientierung fest. Daher trifft das Kriterium von Satz 13, Abschnitt 5.2.2.4 zu. Ferner liefert Bild 5.21b die Material-Geschwindigkeiten im stetigen Fächer $II$ wegen (5.2/55) zu

$$\left.\begin{aligned} u &= -\,|u_0|\left[1 - \sqrt{2}\,\sin\left(\xi - \frac{\pi}{4}\right)\right] = -\,|u_0|\left[1 + \sqrt{2}\,\cos\chi\right], \\ v &= -\,|u_0|\,\sqrt{2}\,\cos\left(\xi - \frac{\pi}{4}\right) = -\,|u_0|\,\sqrt{2}\,\sin\chi\,. \end{aligned}\right\} \tag{5.2/60}$$

Die Bogenlängen auf den $\xi$- bzw. $\eta$-Linien von Bild 5.21a betragen $ds_\xi = |GB|\,(1 - \eta)\,d\xi$, $ds_\eta = |GB|\,d\eta$. Dann liefert das Kriterium (5.2/29) wegen (5.2/55), also $d\xi = d\chi$

$$\frac{\Lambda}{|Q|} = -\,\frac{1}{\cos\chi}\cdot\frac{1}{|GB|\,(1 - \eta)}\,\frac{\partial v}{\partial\chi} = \frac{\sqrt{2}\,|u_0|}{|GB|\,(1 - \eta)} > 0\,.$$

Es ist ebenfalls erfüllt. (Andernfalls würde man die $\xi,\eta$-Scharen vertauschen und erneut prüfen.)

Um nun das Spannungsfeld fortzusetzen, folgen wir Alexander [466], der sich einer allgemeinen Methode von Bishop [465] bedient. Wir beginnen mit dem Gleitlinienfeld (obere Hälfte von Bild 5.21a). Die beiden Kreise $EB$ und $BE'$ als Anfangskurven ergeben das *Doppelkreisfeld* von Bild 5.18, von dem hier neben dem oberen Begrenzungs-Kurvenstück $EK$ nur die Teilbögen $LL_1$ und $L'L_1$ je einer beliebigen inneren $\eta$- und $\xi$-Linie gezeichnet sind. Von $CE$ und $EK$ ausgehend füllt man den verbleibenden Zipfel $CEK$ durch ein Evolventenfeld nach Bild 5.17c (Einhüllende nicht dargestellt). Damit wurde der Bereich $IV$ durch ein Gleitlinienfeld überdeckt, das definitionsgemäß sicher zulässig ist, jedoch keine Randbedingungen erfüllt.

Im Hinblick auf diese schneiden wir es durch die kurz gestrichelte, in $C$ beginnende *Hauptspannungslinie* ab, die das Gleitliniennetz in jedem Punkt unter $45°$ schneidet. Man muß sie Punkt für Punkt graphisch oder numerisch konstruieren. Offenbar findet man ihre Gestalt ähnlich der in Bild 5.21a nur qualitativ wiedergegebenen. Jedenfalls verläuft sie ganz im Einflußbereich der zuvor konstruierten Netze und schneidet die Symmetrieachse in einem Punkt $N_0$ naturgemäß orthogonal, während sie in $C$ parallel zur Wand anfängt. Demnach hat sie überall die Richtung des größten Drucks, also der kleinsten Hauptspannung, während senkrecht zu ihr die größte Hauptspannung

$$\sigma_1 = \sigma_m + k \tag{5.2/61}$$

wirkt. Da die Kurve gänzlich zur starren Zone $IV$ gehört, darf die zu ihr parallele Hauptspannung springen. Wir setzen sie am Kurvenaußenrand ebenfalls gleich $\sigma_1$ und definieren dann, von jedem beliebigen Punkt $L_1$ beginnend, nach außen in horizontalen Streifen $\sigma_x = \sigma_1$ und in vertikalen Streifen $\sigma_y = \sigma_1$ bis zum jeweiligen Werkzeug-Rand hin. Wegen $\tau \equiv 0$ entsteht links der Vertikalen $NN_0$ ein reines Hauptspannungsfeld $\sigma_x$, $\sigma_y$ das $\partial\sigma_x/\partial x = \partial\sigma_y/\partial y = 0$ und damit die Gleichgewichtsbedingungen (1.3/7a) ebenso wie die Randbedingungen erfüllt. Lediglich die Zulässigkeitsbedingung (5.2/9), wegen (1.3/61) also

$$\max_{CN_0} \sigma_1 - \min_{CN_0} \sigma_1 = \max_{CN_0} \sigma_m - \min_{CN_0} \sigma_m \leqq 2k, \tag{5.2/62}$$

bleibt noch zu überprüfen, wobei $\sigma_m$ auf der kurz gestrichelten Hauptspannungslinie variiert und numerisch bestimmt wird. Auf den Streifen zwischen $NN_0$ und dem Stempel $St$ in Bild 5.21a kommen wir später zurück.

$\sigma_m$ auf $EC$ und $E'C'$ ist nach (5.2/57) konstant; auf $EB$ bzw. $E'B'$ folgt nach (5.2/56) $\sigma_m = -k(1 + 2\xi)$ für $\eta = 0$ bzw. $\sigma_m = -k(1 - 2\eta)$ für $\xi = 0$. Paßt man die allgemeine Darstellung (5.2/33) an diese Randbedingungen an, so ergibt sich im Doppelkreisfeld

$$\left.\begin{aligned} \sigma_m &= -k[1 + 2\,(\xi - \eta)]\,, \\ \chi &= \frac{\pi}{4} + \xi + \eta\,, \end{aligned}\right\} \tag{5.2/63}$$

hingegen im Evolventenfeld $CEK$

$$\left.\begin{aligned} \sigma_m &= -k\left[1 + 2\left(\frac{\pi}{2} - \eta\right)\right], \\ \chi &= \frac{3}{4}\pi + \eta\,. \end{aligned}\right\} \tag{5.2/64}$$

Die kurz gestrichelte Hauptspannungslinie läuft nun offenbar, bei $C$ beginnend, durchwegs feldauswärts in Richtung negativer $\xi$ und $\eta$, so daß $\sigma_m$ von $C$ bis $H$ abfällt und nur die Vergleichswerte

$$\left.\begin{aligned} (\sigma_m)_C &= -k[1 + \pi] \\ (\sigma_m)_H &= -k[1 + \pi - 2\eta_H] \end{aligned}\right\} \tag{5.2/65}$$

zu prüfen sind. Für den Verlauf von $H$ bis $N_0$ findet man numerisch, daß $\sigma_m$ wieder ansteigt. Wir können dies im vorliegenden Beispiel jedoch auch ohne Numerik glaubhaft machen und beachten hierzu, daß die kurz gestrichelte Linie definitionsgemäß $ds_\xi = ds_\eta$ erfüllt. Setzt man (5.2/39) ein und ermittelt $d_\xi\chi = d\xi$, $d_\eta\chi = d\eta$ über (5.2/63), so erhält man $\varrho_\eta\,d\eta = -\varrho_\xi\,d\xi$, oder wieder über (5.2/63)

$$d\sigma_m = -2k(d\xi - d\eta) = 2k\,d\eta\left(1 + \frac{\varrho_\eta}{\varrho_\xi}\right). \tag{5.2/66}$$

Integration der Beziehungen (5.2/40) mit $\varrho_F = $ const längs der Kurven $LL_1$ bzw. $L'L_1$ (Bogenlängen: $|LL_1|$ bzw. $|L'L_1|$) unter Beachtung der Vorzeichen der Krümmungsradien $\varrho_\xi$, $\varrho_\eta$ nach Bild 5.16 sowie der Anfangswerte $(\varrho_\xi)_L = -|GB|$, $(\varrho_\eta)_{L'} = |GB|$ ergibt für den Punkt $L_1$ $\varrho_\xi = -|GB| - |LL_1|$; $\varrho_\eta = |GB| + |L'L_1|$, also wegen (5.2/66)

$$d\sigma_m = -2k\,d\eta\left(\frac{|GB| + |L'L_1|}{|GB| + |LL_1|} - 1\right).$$

Die Bogenlängen erfüllen in der oberen Hälfte von Bild 5.21 anschaulich $|L'L_1| > |LL_1|$, so daß wegen $d\eta < 0$ sofort $d\sigma_m > 0$ folgt: $\sigma_m$ wächst in der Tat von $H$ bis $N^0$ an, und man muß neben (5.2/65) noch den Konkurrenzwert

$$(\sigma_m)_{N_0} = -k[1 + 4\xi_0] = -k[1 - 4\eta_0]$$

betrachten (vgl. (5.2/63) mit $-\xi_0 = \eta_0$ als Koordinaten von $N_0$). Nun greift man $\xi_0$ graphisch ab. Nach Alexander [466] findet man $\xi^0 > \pi/4$, also $(\sigma_m)_{N_0} < (\sigma_m)_C$, und die Bedingung (5.2/62) lautet

$$(\sigma_m)_C - (\sigma_m)_{N_0} = -2k\eta_H = 2k|\eta_H| \leqq 2k \,.$$

Sie ist erfüllt, da man aus der maßstabsgerechten Zeichnung [466] für die Koordinate $\eta_H$ von $H$ $|\eta_H| < \pi/4 < 1$ abliest, was anschaulich auch aus Bild 5.21a folgt: dort erkennt man $\chi_H > \pi/2$ und findet gemäß (5.2/64) $|\eta_H| = -\eta_H < \pi/4$.

Abschließend wenden wir uns dem Streifen zwischen $NN_0$ und dem Stempel $St$ zu (Bild 5.21a). Dort ist zunächst nur $\sigma_x = \sigma_1$ wie auf der Geraden $NN_0$ definiert. Also bleiben alle Zulässigkeitsbedingungen erhalten, wenn auch $\sigma_y$ konstant überall gleich dem Spannungswert $\sigma_1$ in $N_0$ gesetzt wird.

Hiermit ist der Beweis beendet, daß das ursprünglich angesetzte Gleitlinienfeld zur vollständigen starrplastischen Lösung erweitert werden kann. Sie ist vermutlich nicht eindeutig. Dennoch gilt dies jetzt für den (mittleren, dimensionslosen) Stempeldruck $\hat{Q}$ in (5.2/59), da er einer zusammenfallenden oberen und unteren Schranke entspricht. Leider kann man die schon im vorliegenden einfachen Fall so aufwendige Beweisführung nur unter großen Schwierigkeiten auf allgemeinere Probleme übertragen. So unterbleibt sie meistens. Auch wir haben hier eigentlich nur ein Teilresultat: Es gilt, solange der Stempelabstand von der Matrize größer als der Abstand des Punktes $N_0$ ist (*stationäres* Pressen). Für das ursprüngliche Gleitlinienfeld darf der Stempel bis auf die Länge $|GB| = D/\sqrt{2}$ an die Matrize heranrücken. Dann besitzt $\hat{Q}$ aber nur Obere-Schranken-Charakter.

Immerhin rechtfertigt die Vollständigkeit der stationären Lösung, jetzt noch die Kinematik anhand der Bahn einzelner Werkstoffteilchen genauer zu verfolgen.

Hierzu löst man (5.2/30) nach den Geschwindigkeiten in $\xi$- und $\eta$-Richtung auf[21],

$$\left.\begin{array}{l} v_\xi = u \cos\chi + v \sin\chi \,, \\ v_\eta = -u \sin\chi + v \cos\chi \,, \end{array}\right\} \qquad (5.2/67)$$

substituiert auf der rechten Seite die Gln. (5.2/60) des Hodographenfeldes und beachtet für die linke Seite, daß nach Bild 5.21a im Kreisfächer *II*

$$v_\xi = |GB|\,(1 - \eta)\,\dot{\xi} \,, \qquad v_\eta = |GB|\,\dot{\eta}$$

gilt, wobei $\dot{\xi}$, $\dot{\eta}$ die Koordinaten-Änderungsgeschwindigkeiten für ein wanderndes Teilchen $\xi = \xi(t)$, $\eta = \eta(t)$ darstellen und $|AB|\,(1 - \eta)$ dessen radialen Abstand vom Pol $G$ bezeichnet. Es folgt wegen (5.2/55)

$$\left.\begin{array}{l} (1 - \eta)\,\dot{\chi} = -\dfrac{|u_0|}{|GB|}\,[\sqrt{2} + \cos\chi] \,, \\[2ex] \dot{\eta} = \dfrac{|u_0|}{|GB|}\,\sin\chi \,, \end{array}\right\} \qquad (5.2/68)$$

oder

$$\frac{d\eta}{1 - \eta} = \frac{-\sin\chi\,d\chi}{\sqrt{2} + \cos\chi} \,.$$

Beide Seiten werden mit den Anfangswerten $\bar{\chi} = \pi/4$, $\bar{\eta}$ auf der Gleitlinie $GB$ integriert:

$$1 - \eta = \frac{3}{\sqrt{2}} \frac{1 - \bar{\eta}}{\sqrt{2} + \cos\chi} \,. \qquad (5.2/69)$$

---

[21] Dies folgt anschaulich auch unmittelbar aus Bild 5.14.

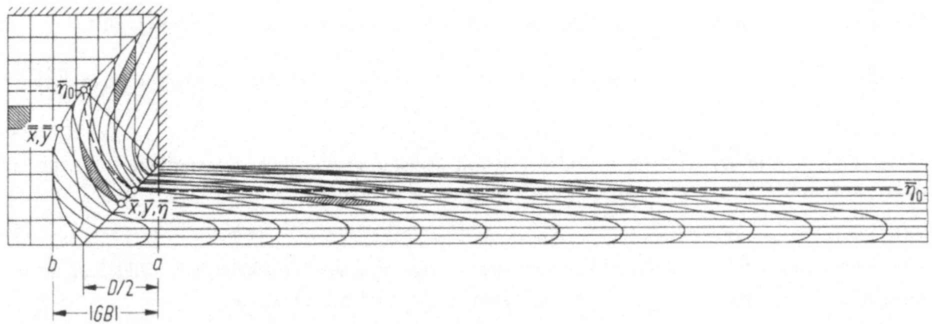


**Bild 5.22.** Gitterverzerrung beim ebenen Fließpressen mit $^2/_3$-Reduktion. Die im Block und im Strang waagerechten Gitterlinien sind gleichzeitig Stromlinien

Dies ist die Gleichung der Stromlinien in Bild 5.22. Es gibt zwei Typen je nachdem, ob sie oberhalb oder unterhalb der zu $\bar\eta_0$ gehörigen gestrichelten liegen, die den Kreisfächer bei $\chi = {}^3/_4\,\pi,\ \eta = 0$ verläßt, so daß (5.2/69)

$$\bar\eta_0 = \frac{2}{3} \qquad\qquad (5.2/70)$$

liefert. Die Anfangspunkte $\bar{\bar\chi},\ \bar{\bar\eta}$ der Bahnen unmittelbar nach Eintritt in den Fächer sind nach (5.2/69) und Bild 5.22 durch

$$\left.\begin{aligned}
\bar{\bar\chi} &= \frac{3}{4}\,\pi, & \bar{\bar\eta} &= 3\bar\eta - 2 \quad\text{für}\quad \bar\eta \geqq \bar\eta_0 = \frac{2}{3},\\[2mm]
\cos\bar{\bar\chi} &= \frac{1}{\sqrt{2}}\,(1 - 3\bar\eta), & \bar{\bar\eta} &= 0 \qquad\quad\text{für}\quad \bar\eta \leqq \bar\eta_0 = \frac{2}{3}
\end{aligned}\right\} \qquad (5.2/71)$$

gegeben. Mittels (5.2/52), (5.2/55) und anhand von Bild 5.22 rechnet man auf kartesische Koordinaten um, wobei am Austritt auf $GB$

$$-\bar x = \bar y = \frac{|GB|}{\sqrt{2}}\,\bar\eta = \frac{D}{2}\,\bar\eta \qquad\qquad (5.2/72)$$

gilt:

$$\left.\begin{aligned}
\bar{\bar x} &= -\frac{|GB|}{\sqrt{2}}\,\bar{\bar\eta} = -\frac{D}{2}\,(3\bar\eta - 2)\\[2mm]
\bar{\bar y} &= D - \frac{|GB|}{\sqrt{2}}\,\bar{\bar\eta} = \frac{D}{2}\,[4 - 3\bar\eta]
\end{aligned}\right\} \quad\text{für}\quad \bar\eta \geqq \frac{2}{3} \qquad (5.2/73\,\text{a})$$

$$\left.\begin{aligned}
\bar{\bar x} &= |GB|\cos\left(\bar{\bar\xi} - \frac{\pi}{4}\right) - \frac{D}{2} = \frac{D}{2}\,[\sqrt{2}\,\sin\bar{\bar\chi} - 1] =\\[2mm]
&= \frac{D}{2}\,[\sqrt{2}\,\sqrt{1 - \cos^2\bar{\bar\chi}} - 1] = \frac{D}{2}\,[\sqrt{1 + 6\bar\eta - 9\bar\eta^2} - 1]\\[2mm]
\bar{\bar y} &= |GB|\sin\left(\bar{\bar\xi} - \frac{\pi}{4}\right) + \frac{D}{2} = \frac{D}{2}\,[-\sqrt{2}\,\cos\bar{\bar\chi} + 1] = 3\,\frac{D}{2}\,\bar\eta
\end{aligned}\right\} \quad\text{für}\quad \bar\eta \leqq \frac{2}{3} \quad (5.2/73\,\text{b})$$

Interessanterweise findet also in vertikaler Richtung eine über die ganze Höhe konstante, homogene Stauchung mit den Faktor $^1/_3$ (entsprechend dem Umformgrad $|\varepsilon| = {}^2/_3$) statt. Hingegen ist die horizontale Streckung über die Höhe unterschiedlich. Um sie zu ermitteln, bilden wir mit $d\chi/dt = \dot\chi$, (5.2/68) und (5.2/69)

$$\frac{|u_0|}{|GB|}\,dt = -\frac{(1 - \eta)\,d\chi}{\sqrt{2} + \cos\chi} = -\frac{3}{\sqrt{2}}\,\frac{(1 - \bar\eta)\,d\chi}{(\sqrt{2} + \cos\chi)^2}.$$

Integration zwischen den Grenzen $\bar{\bar{\chi}}$ und $\bar{\chi} = \pi/4$ liefert das dimensionslose Zeitintervall[22]

$$\frac{|u_0|}{|GB|}\bar{\bar{t}} = \frac{3}{\sqrt{2}}(1-\bar{\eta})\left\{\frac{1}{3} + 2\sqrt{2}\arctan(\sqrt{2}+1)^2 - \frac{\sin\bar{\bar{\chi}}}{\sqrt{2}+\cos\bar{\bar{\chi}}} - 2\sqrt{2}\arctan\left[(\sqrt{2}+1)\cot\frac{\bar{\bar{\chi}}}{2}\right]\right\}.$$

$$(5.2/74)$$

Das Geradenfeld *III* wird nach Bild 5.21b mit konstanter Vertikalgeschwindigkeit $v_{III}$ durchquert; in *I* und *IV* bestehen konstante Horizontalgeschwindigkeiten

$$u_I = -3\,|u_0|\,; \qquad u_{IV} = u_0 = -\,|u_0|\,; \qquad v_{III} = -\,|u_0|\,. \tag{5.2/75}$$

Um die Gesamtzeit $\Delta t$ zum Durchlauf von der Vertikalen $b$ zur Vertikalen $a$ in Bild 5.22 zu ermitteln, muß man zu $\bar{\bar{t}}$ also noch die Zeitdifferenzen $\Delta t_1$ und $\Delta t_2$ addieren,

$$\frac{|u_0|}{|GB|}\Delta t = \frac{|u_0|}{|GB|}(\bar{\bar{t}} + \Delta t_1 + \Delta t_2), \tag{5.2/76a}$$

wobei nach (5.2/71—73), (5.2/75), (5.2/52)

$$\frac{\cdot|u_0|}{|GB|}\Delta t_1 = \left(\bar{x} + \frac{D}{2}\right)\frac{|u_0|}{|u_I|}\frac{\sqrt{2}}{D} = \frac{1}{3\sqrt{2}}(1-\bar{\eta})\,, \tag{5.2/76b}$$

$$\frac{|u_0|}{|GB|}\Delta t_2 = \frac{-\bar{\bar{x}} + \left(|GB| - \dfrac{D}{2}\right)}{|u_0|}\frac{|u_0|}{|GB|} = -\frac{1}{\sqrt{2}}\sqrt{1 + 6\bar{\eta} - 9\bar{\eta}^2} + 1 \quad \text{für} \quad \bar{\eta} \leqq \frac{2}{3}\,, \tag{5.2/76c}$$

$$\frac{|u_0|}{|GB|}\Delta t_2 = \left\{-\frac{1}{\sqrt{2}}\sqrt{1 + 6\bar{\eta} - 9\bar{\eta}^2} + 1\right\}_{\bar{\eta}=\frac{2}{3}} + 3\frac{-\bar{\bar{y}} + D}{|u_0|}\frac{|u_0|}{|GB|} = -\frac{1}{\sqrt{2}}(9\bar{\eta} - 7) + 1 \quad \text{für} \quad \bar{\eta} \geqq \frac{2}{3}\,.$$

$$(5.2/76d)$$

Die Gesamtzeit $\Delta t$ eines Teilchendurchlaufs von $b$ nach $a$ in Bild 5.22 ist proportional der Wegverzögerung, also dem (negativen) Wegprofil im austretenden Strang. Somit kann man über (5.2/76) mit (5.2/74), (5.2/71) und (5.2/72) die Verzerrung eines z. B. Rechteckrasters ermitteln, wie sie in Bild 5.22 (nach Johnson, Sowerby and Haddow) wiedergegeben ist [445]. Man beachte, daß sie im äußeren Drittel des Stranges (für $\bar{\eta} \geqq {}^2/_3$) linear sein muß, also zu parallelepipedischen Maschen führt. Die vertikale Stauchung aller Maschen ist über dem ganzen Strang gleich. In [445] wiedergegebene Experimente an Plastilin[23] stimmen in grober Näherung mit der Theorie überein; die Spitze in der Strangmitte zeigt sich hingegen nicht.

### 5.2.3.2 Strangpressen mit beliebiger Reduktion

Bild 5.23a verallgemeinert das Siebelsche Gleitliniennetz von Bild 5.21 für beliebige Umformgrade $|\varepsilon| > {}^2/_3$; es wurde von Johnson 1956 angegeben (vgl. [290]). Von den Zonen $II_a$, $II_b$, *III* (entsprechend *II*, *III* in Bild 5.21) ausgehend liegt mit der Symmetrieachse als Zielkurve, auf welcher der Gleitlinienwinkel zu $\pm 45°$ vorgeschrieben ist, im Prinzip das sogenannte „dritte Anfangswertproblem" der Massauschen Gitterkonstruktion (Abschnitt A.3.3.4) vor, das aber numerisch unangenehm zu handhaben ist und daher hier auf das zweite (Abschnitt A.3.3.3) zurückgeführt wird, indem man den Kreis als Anfangskurve über $B$ hinaus nach unten spiegelt

---

[22] Man prüfe $\bar{\bar{t}} = 0$ für $\bar{\bar{\chi}} = \pi/4$ sowie durch Differentiation nach $\bar{\bar{\chi}}$!
[23] Ein für Metalle nur bedingt brauchbares Modellmaterial.

und sich so mit symmetrischen Anfangswerten eine zweite Anfangskurve schafft, die zusammen mit $EB$ und $EC$ das Doppelkreisfeld $IV_a$ mit anschließendem Evolventenfeld $IV_b$ (eine Schar Geraden, vgl. Bild 5.17c) erzeugt. Es wurde nur ein Teil des Bestimmtheitsbereiches gezeichnet; seine Begrenzung $KHJ$ ergibt sich später.

Übrigens versteht sich die beschriebene Spiegelung im vorliegenden Fall von selbst; denn unterhalb der Symmetrielinie liegt ohnehin — wie in Bild 5.21a — ein gespiegelter Kreisfächer. Jedoch wendet man die gleiche Prozedur gern auch bei anderen geradlinigen Anfangskurven an, wo ein charakteristischer Winkel von $\pm 45°$ besteht, z. B. an reibungsfreien Rändern wie in unserem Fall der Matrizen- und Aufnehmerwand. Dementsprechend wurde in $C$ die Randkurve $CK$ des Feldes $IV_b$ an der Matrizenwand gespiegelt, so daß aufgrund des zweiten Anfangswertproblems (Abschnitt A.3.3.3) eindeutig das (nur in seiner rechten Hälfte $CNK$ interessante) Feld $V$ entsteht. Dessen Bestimmtheitsbereich endet nun an der Ecke $N$ (Ende der Zielkurve $CN$), und damit ergibt sich rückwirkend automatisch die noch offene Begrenzung $KHJ$. $J$ schließlich definiert die Charakteristik $GLJ$ und trennt damit die Zonen $II_a$ von $II_b$ bzw. $VI$ von $IV_a$ ab.

Im Hodographen zu Bild 5.23a geht man von einer vorgeschriebenen horizontalen Stempelbewegung, d. h. dem Bild $S_0$ der dem unverformten (*starren*) Block im Aufnehmer entsprechenden gleichnamigen Zone aus. $N^V$ entsteht über einen 45°-Sprungpfeil parallel zur entsprechenden Sprung-Gleitlinie im Punkt $N$ der Fließebene. Entsprechend bildet sich die gerade Gleitlinie $KH$ der Fließebene über einen einzigen Sprungpfeil als Punkt $(KH)^{IV}$ des Hodographen ab, und $J^{IV}$ findet man über einen $-45°$ Sprungpfeil. Gemäß Satz 12, Abschnitt 5.2.2.4, sind die Sprungpfeile gleichlang und erzeugen im Hodographen den Kreisbogen $J^{IV}(KH)^{IV}N^V$, der in $N^V$ gespiegelt wird entsprechend der gedachten Symmetrielinie $CN$ der Fließebene. So kann man eindeutig das zu $V$, $III$, $IV_a$, $IV_b$ gehörige Doppelkreisfeld im Hodographen konstruieren, begrenzt durch die Forderung, daß der Geschwindigkeitszustand in $CN$ vertikal zu sein hat. $IV_b$ ebenso wie $II$ schrumpfen im Hodographen auf Kurven zusammen; $III$ wird wie früher in Bild 5.21b ein einziger Punkt. Man bemerkt übrigens, daß sich die Feldtypen (Kreisfächer, Evolventenfeld, Doppelkreisfeld u. a.) bei der Abbildung von der Fließebene in den Hodographen und umgekehrt durchaus ändern können.

Nachdem wir so insbesondere $J^{IV}$, $L^{IV}$ (identisch mit $(GL)^{II_b}$) in der Hodographenebene kennen, gelangen wir zu $J^{VI}$ durch einen 45°-Sprungpfeil; denn der Geschwindigkeitszustand auf der Symmetrieachse der Fließebene muß horizontal sein. Da die Sprungpfeile längs der Gleitlinie $LJ$ konstante Länge haben, findet man $(JL)^{VI}$ (nebst $(GL)^{II_a}$) im Hodographen analog Bild 5.19a als gleichabständige Kurve zu $(JL)^{IV}$. Spiegelung in $J^{VI}$ (entsprechend der Spiegelsymmetrie zur Achse in der Fließebene) schafft eine zweite Anfangskurve, die zusammen mit der ersten eindeutig das Bildfeld $II_a$ und damit $S_I$ liefert. Zur Zeichenkontrolle prüft man nunmehr zweckmäßigerweise, ob die zu $S_I$ gehörige Strangaustrittsgeschwindigkeit im richtigen, dem Umformgrad entsprechenden Verhältnis zur Blockgeschwindigkeit (Stempelgeschwindigkeit) des Hodographen-Punktes $S_0$ steht; denn bei korrekter Konstruktion bewahrt das Hodographenfeld herleitungsgemäß das Volumen (Inkompressibilität).

Wir erkennen, daß sich zum Gleitliniennetz der Fließebene unter Wahrung der kinematischen Randbedingungen ein (und zwar: genau ein) Hodographenfeld zeichnen läßt. Damit liegt ein kinematisch zulässiges Geschwindigkeitsfeld vor. Man erhält

N
V
K
C
IV_b
H
E
IV_a
III
S_0
G
II_b
S
II_a
L
J
B
L'
VI

S
J^VI
S_0
B^VII
II_a
J^IV
(GB)^{IIa}
L^VI
(KH)^IV
N^V
V
(GL)^{IIa}
L^IV
IV_a
IV_b
EC^IV
(GL)^{IIb}
III
II_b

a

C
T
45°
G
I
S_0
S
45°
B

S
S_0
T
(BG)^I
(CG)^I
I

b

E
T
C
III
S_0
α
G
II
L
S
I
IV
45°
45°
B
J
L'

S
J^IV
S_0
E^III
T
(GB)^I
J^III
III
(GC)^II
I
II
(GL)^I
(GL)^II

c

C
E
T
IV
45°
K
II
G
I
α
S
B
III
S_0
45°
J

S
S_0
E^IV
IV
T
J^III
E^III
II
III
(GK)^II
(GB)^I
(GK)^I
I

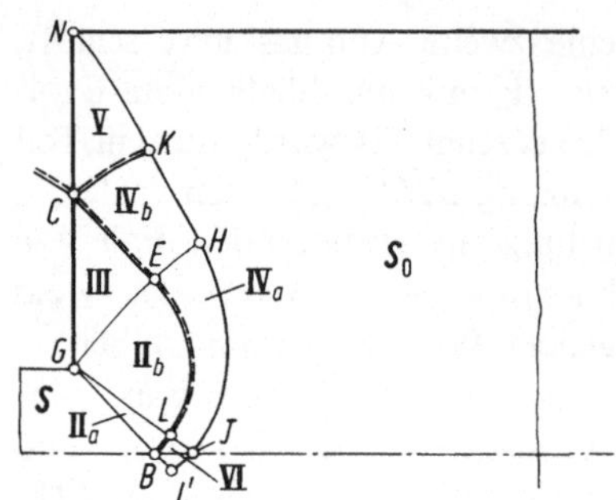

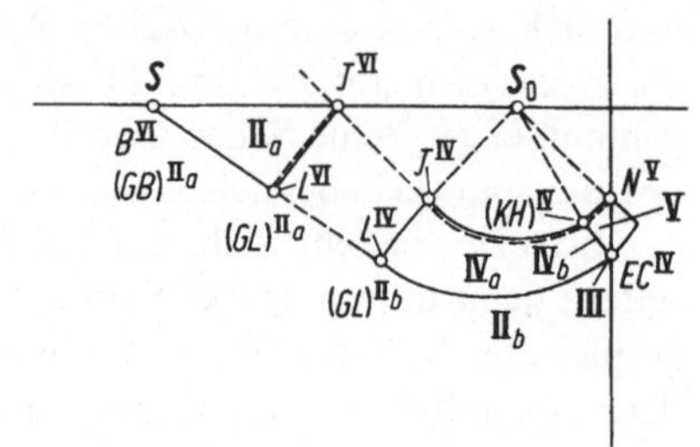

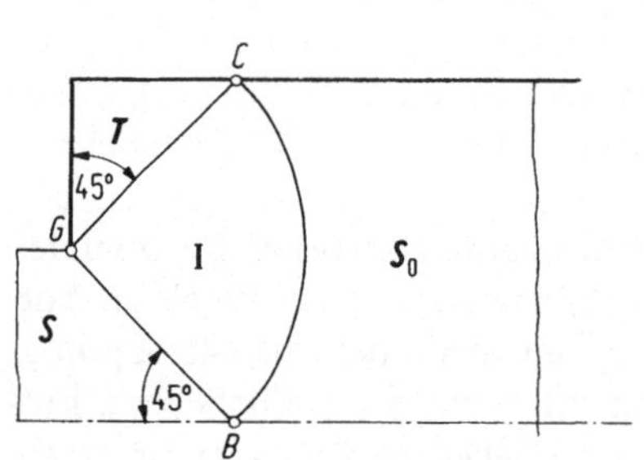

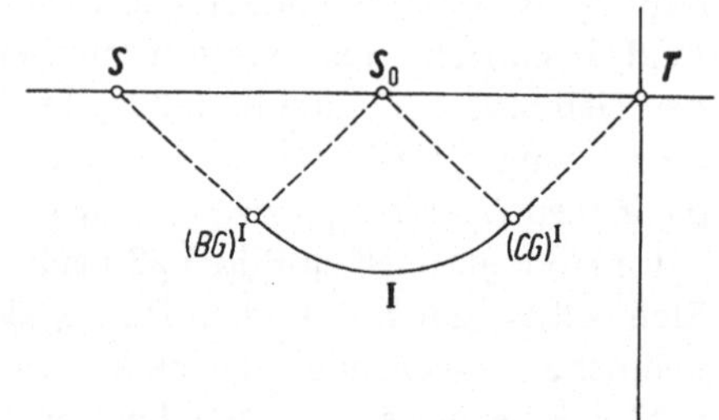

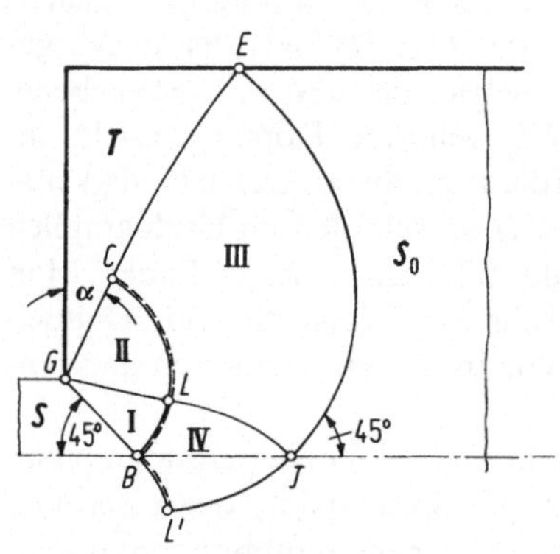

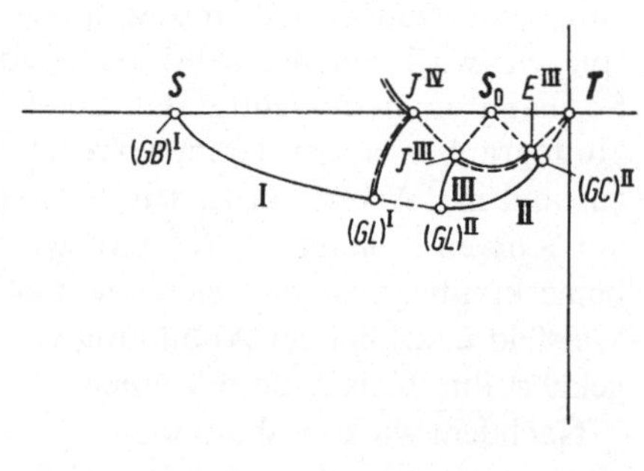

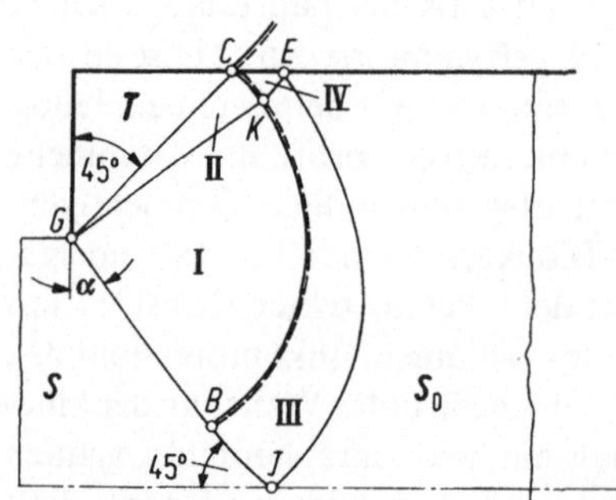

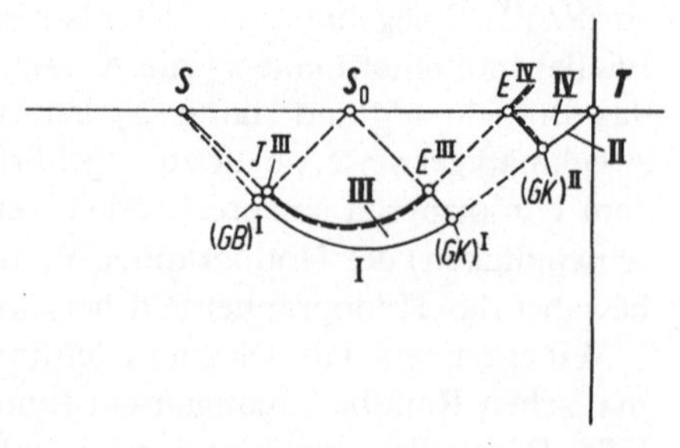

d

◀ **Bild 5.23.** Ebenes, reibungsfreies, stationäres Fließpressen bei beliebigen Umformgraden $|\varepsilon|$. Gleitlinienfelder (qualitativ) in der Fließ- und der Hodographenebene. $S$, $S_0$ Starrer Strang bzw. Block, $T$ tote Zonen (starr, unbeweglich); $I$ ... $VI$ Plastische Zonen. Im Hodographen bedeuten z. B. $L^{VI}$ oder $(GL)^I$ die Bilder des Punktes $L$ bzw. der Strecke $GL$ in der Fließebene, aufgefaßt als zur Zone $VI$ bzw. $I$ gehörig.

——————— Gleitlinien-Feldgrenzen,

——————— dasselbe, im Verlauf der Konstruktion gleichzeitig Anfangskurve für das zur gebrochenen Linie hin angrenzende Feld,

················· Sprungpfeil (hier ohne Orientierungsangabe).

**a** $|\varepsilon| > {}^2/_3$ nach Johnson als Verallgemeinerung der Siebelschen Lösung (Bild 5.21); **b** Anderer, sehr einfacher Lösungstyp für $|\varepsilon| = {}^1/_2$ nach Hill; **c** Verallgemeinerung von Bild b für $|\varepsilon| > {}^1/_2$ (Hill); **d** Verallgemeinerung von Bild b für $|\varepsilon| < {}^1/_2$ (Hill)

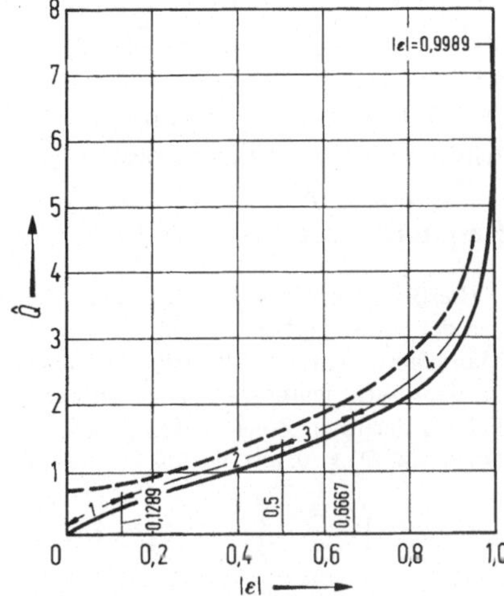


**Bild 5.24.** Verlauf des mittleren, auf die doppelte Scherfließgrenze $2k$ bezogenen Stempeldruckes $\hat{Q} = F/(2kD_0)$ über dem Stauchgrad $|\varepsilon| = (D_0 - D)/D_0$ beim ebenen stationären Fließpressen. $F$ Stempelkraft pro Breite 1. —————— Haften des Werkstoffes an Matrize und Aufnehmer (aus Johnson und Kudo [290]), —————— reibungsfreie Matrize, Stempel und Aufnehmer. Bereich 1: „Span"-Lösung nach Grimm [464], Bereiche 2 und 3: Lösung nach Hill (Bild 5.23 d) [290], Bereich 4: Lösung nach Hill (Bild 5.23 c) [290] oder nach Johnson (Bild 5.23 a) [463], Bereiche 1, 2, 4 von Grimm [463, 464] durch Angabe vollständiger Spannungsfelder gerechtfertigt

wie in Gl. (5.2/53), jetzt allerdings nur numerisch, eine obere Schranke des (mittleren, dimensionslosen) Stempeldrucks $\hat{Q}$ (vgl. (5.2/59)), wie sie in Bild 5.24 wiedergegeben ist. Grimm [463] konnte in Verallgemeinerung des Alexanderschen Vorgehens, allerdings mit erheblich größerem analytischen und rechnerischen Aufwand, ein vollständiges zulässiges Spannungsfeld herleiten. Daher ist die Lösung (Bereich 4 in Bild 5.24) exakt. Jedoch läßt sie sich nicht auf Umformgrade $|\varepsilon| < {}^2/_3$ übertragen.

Dies gelingt, und zwar auch bezüglich des Hodographen, ohne weiteres für einen von Hill 1948 vorgeschlagenen Netztyp (vgl. [290]), der bei 50%-iger Reduktion die besonders einfache Gestalt von Bild 5.23b besitzt und sonst durch Bild 5.23c, d gegeben wird, wobei $\alpha$ so anzupassen ist, daß die Gleitlinien den Rand bzw. die Achse unter 45° schneiden. Stets treten *tote Zonen T* auf, in denen das Material beim stationären Pressen auf Dauer unbewegt bleibt und ggf. erst als Preßrest verformt wird.

Die Linien *GC* repräsentieren dann außer in Bild 5.23d permanente, werkstoffeste Sprunglinien nicht nur der Geschwindigkeit, sondern auch der Verschiebung. Dementsprechend treten unendlich große Formänderungen, also auch unendlich große Erwärmungen auf, die sich aber naturgemäß durch Wärmeleitung verringern. Dennoch mögen sie auf den ersten Blick als unwahrscheinlich anmuten. Sie wurden aber z. B. beim Schmieden experimentell beobachtet [468] und können, wie die folgende qualitative Betrachtung zeigt, den Prozeß sogar stabilisieren. Denn wenn einmal die Erwärmung stattgefunden hat, wird das Material weicher (*Entfestigung*), und umso leichter kann es an derselben Stelle abscheren.

Vom Standpunkt der Gleitlinientheorie lassen sich nun die Lösungen nach Bild 5.23b und d durch Erweiterung bzw. Modifikation des Spannungsfeldes rechtfertigen (Grimm [464]). Und zwar findet man für sehr kleine Reduktion ($|\varepsilon| < 12{,}89\%$) nicht, wie vermutet, eine Strang*erweiterung*[24] hinter der Düse, sondern eine *Spanbildung*: Der Kern des Stranges tritt mit Stempelgeschwindigkeit aus, jedoch „kratzt" die Matrize von der Strangoberfläche oben und unten einen dünnen Span ab, der erhöhte Geschwindigkeit besitzt[25].

Die untere Kurve von Bild 5.24 gibt also auch in den Bereichen 1 und 2 strenge Resultate wieder. Bereich 3 ist nicht abgesichert.

Hierbei verblüfft, daß der (mittlere, dimensionslose) Stauchdruck des Hillschen Feldes nicht nur in den des Johnsonschen übergeht, sondern mit ihm für große Formänderungen sogar identisch ist[26]. Man könnte vermuten, das Hillsche Feld repräsentiere für sich ebenfalls eine korrekte Gesamtlösung, die dann mehrdeutig wäre. Dies trifft aber nicht zu. Vielmehr liefert Bild 5.20a, angewandt auf die Ecke *G* der toten Zone in Bild 5.23c, mit $0 < \alpha < \pi/4$ und $\tau_0 = k$, $\tau_\gamma = 0$ über (5.2/46) zunächst $\Theta_0 = \pi/4$, $\Theta_\alpha = 0$, also gemäß (5.2/50a, b)

$$\left(\frac{\sigma_\alpha - \sigma_0}{2k}\right)_{\min} = -\frac{1}{2} + \cos\left(\alpha - \frac{\pi}{4}\right), \qquad \left(\frac{\sigma_\alpha - \sigma_0}{2k}\right)_{\max} = \frac{1}{2} - \cos\left(\alpha + \frac{\pi}{4}\right).$$

Um Hills Kriterium (5.2/50c) zu erfüllen, dürfte der linke Ausdruck nicht größer als der rechte sein, d. h.

$$\sqrt{2}\cos\alpha = \cos\left(\alpha - \frac{\pi}{4}\right) + \cos\left(\alpha + \frac{\pi}{4}\right) \leqq 1, \qquad \alpha \geqq \pi/4$$

im Gegensatz zur Voraussetzung. Der Spannungszustand *kann* also überhaupt nicht in die tote Zone fortgesetzt werden, zumindest nicht auf die von Hill betrachtete *reguläre* Weise mit beschränkten Ortsableitungen [466].

Der Feldtyp nach Bild 5.23c wurde soeben für ideal-plastischen Werkstoff $k = $ const ausgeschlossen. Ob er infolge des zuvor beschriebenen *Entfestigungs*mechanismus in der Fuge *GCE* dennoch auftritt, hat man noch nicht geprüft (vgl. Ende von Abschnitt 1.1 und S. 46.

Bild 5.24 zeigt ferner den Druckverlauf nach Johnson und Kudo [290] für sehr rauhe Werkzeuge, wenn der Werkstoff sowohl an der Matrize als auch am Aufnehmer haftet. Vermutlich ist dabei angenommen, daß der starre Block im Aufnehmer reibungsfrei gleitet und Haften nur in der Umformzone stattfindet. Andernfalls gäbe es nämlich gar keinen stationären Vorgang, und es wäre im

---

[24] Experimentell beobachtete Strangerweiterungen sind demnach auf elastische Entspannung oder eher auf den Einfluß der Verfestigung zurückzuführen.

[25] Die für Trennvorgänge charakteristische Oberflächenenergie wird vernachlässigt; vgl. Ende von Abschnitt 4.1.1.

[26] Im Widerspruch zu diesem numerischen Resultat steht die Behauptung von Johnson und Kudo [290] bzw. Prager [13], wonach für $|\varepsilon| = {}^2/_3$ das Hillsche Feld eine höhere Preßkraft ergebe als das Johnsonsche. Sie ist dort nicht durch Zahlen belegt, würde aber, wenn sie stimmte, das Hillsche Feld als wahres von vornherein ausschließen.

allgemeinen ein höherer Druck zu erwarten. Ferner sind die vorgeschlagenen Gleitlinienfelder keineswegs durch vollständige Lösungen abgesichert. Darüberhinaus werden mögliche Gleitlinienfelder für Coulombsche Reibung zwischen Werkzeugen und Werkstoff präsentiert. Abgesehen davon, daß sie sich nur sehr aufwendig konstruieren lassen, garantieren sie jedenfalls nicht ohne weiteres mehr eine obere Schranke für die Preßkraft.

Hinsichtlich Gleitliniennetzen für das Rückwärtsfließpressen oder allgemeinere Preßvorgänge sei auf die Literatur verwiesen [290, 445, 498]. Hydrostatisches Fließpressen wird in [471] behandelt. [472] berücksichtigt Werkstoffverfestigung, [473] die Werkstoffanisotropie.

### 5.2.3.3 Eindringen eines Starrkörpers in den plastischen Halbraum

Bild 5.25 zeigt den durch einen starren Rechteckstempel $St$ belasteten plastischen Halbraum — eine Problemstellung, wie sie z. B. bei Belastungen des Untergrundes durch ein (Streifen-)Fundament auftritt (Abschnitt 4.3.1). Das angegebene Gleitlinienfeld stammt von Prandtl 1923 [294] und ist ebenso wie der zugehörige Hodograph im wesentlichen mit den entsprechenden Netzen beim Strangpressen (Bild 5.21) identisch, für die es wohl als Vorbild diente. Das an die beiden Kreisfächer möglicherweise anschließende Doppelkreisfeld (nicht gezeichnet) wurde qualitativ ebenfalls bereits von Prandtl angegeben sowie von Caratheodory und Schmidt [460] analytisch berechnet. Hingegen lieferte erst Sayir 1969 [474] eine vollständige zulässige Fortsetzung des Spannungsfeldes. Insofern liegt eine strenge Lösung des Problems vor. Sie wurde mehrfach verallgemeinert [325, 475—478]. Der mittlere, dimensionslose Stempeldruck $\hat{Q}$ folgt sofort aus demjenigen (5.2/59) zu Bild 5.21, wenn man dort zunächst die Matrize $GC$ durch Überlagerung des hydrostatischen Spannungszustandes[27] $\sigma_x \equiv \sigma_y \equiv k(2 + \pi)$ nach (5.2/57b) lastfrei macht. Darauf steht dann der Strang unter ebendieser Zugspannung. Man ändert sie durch Vorzeichenumkehr aller Spannungen in Druck und erhält so nach Division durch $2k$ für das Stempelproblem

$$\hat{Q} = 1 + \frac{\pi}{2}. \tag{5.2/77}$$

Da sich das Material am Stempel seitwärts nicht verschiebt, gilt das Resultat unabhängig von den Reibverhältnissen, aber natürlich nur für den gezeichneten

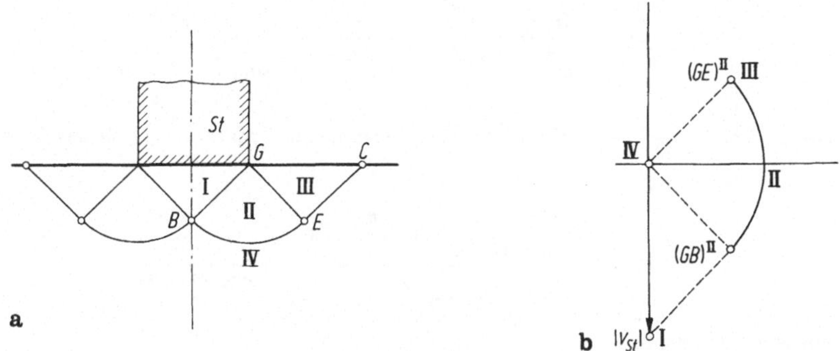


**Bild 5.25.** Prandtlsches Stempelproblem. $|v_{st}|$ Stempelgeschwindigkeit.
**a** Fließgrenze: Geradenfelder $I$, $III$; Kreisfächer $II$; **b** Hodograph (Kreisbogen)

---

[27] Da die Grundgleichungen der inkompressiblen, isotropen Plastizität unabhängig vom hydrostatischen Druck sind, darf ein solcher beliebig (positiv oder negativ) überlagert werden.

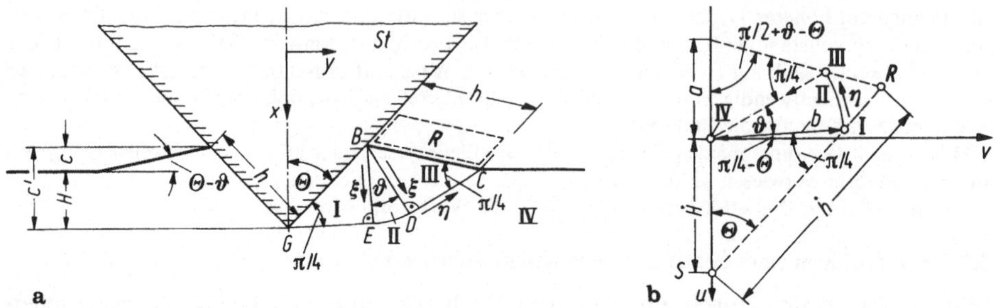

**Bild 5.26.** Eindringen eines keilförmigen Stempels *St* in den Halbraum. Vorgegeben: Eindringtiefe *H* und Keilwinkel $\Theta$. *R* ist ein gedachter, starrer Hilfskörper.
**a** Fließebene: Geradenfelder *I, III*; Kreisfächer *II*. **b** Hodograph (Kreisbogen)

Anfangszustand. Dabei schiebt sich entsprechend dem Punkt *III* im Hodographen der Werkstoff aus dem Bereich *III* der Fließebene seitlich schräg heraus und bildet eine *Wulst*.

Hill, Lee und Tupper [480] können diese Wulstbildung beim Eindringen eines *reibungsfreien, keilförmigen* Stempels (Bild 5.26) nun auch zeitlich verfolgen[28]. Dieser Prozeß ist ein ebenes Analogon des Vickers-Oberflächen-Härtemeßverfahrens. Hier liefert, wie wir sogleich sehen werden, das aus zwei kongruenten Geradenfeldern *I, III* (Basislänge *h*) sowie dem Kreisfächer *II* mit noch unbekanntem Spitzenwinkel $\vartheta$ bestehende Netz über den Hodographen ein Geschwindigkeitsfeld, das alle Winkel konstant läßt,

$$\vartheta = \text{const}, \tag{5.2/78}$$

so daß sich das Verformungsgeschehen selbst immer geometrisch ähnlich bleibt.

Zum Nachweis ermitteln wir zunächst aus Bild 5.26a die Eindringtiefe

$$H = c' - c = h[\cos \Theta - \sin (\Theta - \vartheta)] . \tag{5.2/79}$$

Alsdann betrachten wir Bild 5.26b und erhalten durch Anwendung des Sinussatzes auf das untere bzw. obere Dreieck

$$\frac{\dot{H}}{\sin \dfrac{\pi}{4}} = \frac{b}{\sin \Theta} , \qquad \frac{a}{\sin \dfrac{\pi}{4}} = \sin \frac{b}{\sin \left(\dfrac{\pi}{2} + \vartheta - \Theta\right)} ,$$

also $a = \dot{H} \dfrac{\sin \Theta}{\cos (\Theta - \vartheta)}$ . Dies wird in die folgende, aus dem Sinussatz für das Gesamtdreieck herrührende Beziehung

$$\frac{a + \dot{H}}{h} = \frac{\sin \left(\dfrac{\pi}{2} - \vartheta\right)}{\sin \left(\dfrac{\pi}{2} + \vartheta - \Theta\right)} = \frac{\cos \vartheta}{\cos (\Theta - \vartheta)}$$

eingesetzt und ergibt

$$\frac{\dot{H}}{h} = \frac{\cos \vartheta}{\sin \Theta + \cos (\Theta - \vartheta)} .$$

---

[28] Der Hilfskörper *R* existiert in Wirklichkeit nicht. Er wurde als Konstruktionshilfe eingeführt, um im Hodographen die Geschwindigkeit $\dot{h}$ zu identifizieren.

Jetzt bringen wir die Ähnlichkeitsforderung (5.2/78) ins Spiel. Sie erlaubt eine Integration derart, daß auch

$$\frac{H}{h} = \frac{\cos \vartheta}{\sin \Theta + \cos (\Theta - \vartheta)}$$

gilt. Elimination von $H/h$ über (5.2/79) liefert dann eine Bestimmungsgleichung für $\vartheta$, nämlich

$$\cos (2\Theta - \vartheta) = \frac{\cos \vartheta}{1 + \sin \vartheta} = \tan \frac{1}{2} \left( \frac{\pi}{2} - \vartheta \right), \tag{5.2/80}$$

die man praktisch besser nach $\Theta$ als Funktion von $\vartheta$ auflöst. Man erkennt, daß für $0 \leqq \vartheta \leqq \pi/2$ der Kegel-Spitzenwinkel $\Theta$ ebenfalls von 0 bis $\pi/2$ wächst. Alsdann findet man die Wulstdicke $c = h \sin (\Theta - \vartheta)$ über (5.2/79) zu

$$\frac{c}{H} = \frac{\sin (\Theta - \vartheta)}{\cos \Theta - \sin (\Theta - \vartheta)} . \tag{5.2/81}$$

Wir wenden uns jetzt den Spannungen zu und wählen die $\xi$- bzw. $\eta$-Richtungen wie angegeben, weil dann, wie man sich überlegt, die anschaulich prüfbaren Kriterien positiver Dissipation gelten — nämlich (5.2/29) und Satz 13 in Abschnitt 5.2.2.4. Alsdann genügt es, den Kreisfächer $II$ der Fließebene zu betrachten, da in $I$ und $III$ jeweils konstante Spannung besteht. Am freien Rand bei $BC$ hat man verschwindende Normalspannung, also einen bis an die Fließgrenze $2k$ heranreichenden Druck tangential, so daß die Mittelspannung $(\sigma_m)_{III} = -k$ besteht. Mit $\eta$ als Zentriwinkel bei $B$ und $\eta = 0$ auf $BE$ folgt dann gemäß (5.2/33), (5.2/42) sowie $\chi = \pi/4 + \eta - \Theta$

$$\beta = \Theta - \eta , \qquad \frac{\sigma_m}{2k} = \eta - \vartheta - \frac{1}{2} ,$$

also im Feld $I$

$$\left( \frac{\sigma_m}{2k} \right)_I = \left( \frac{\sigma_m}{2k} \right)_{\eta = 0} = - \left( \vartheta + \frac{1}{2} \right) .$$

Der Druck auf $GB$ ergibt wie früher nach dem Mohrschen Kreis

$$p = -\sigma_m + k = 2k(1 + \vartheta) , \tag{5.2/82}$$

er wird als *Vickers-Härte* gemessen und repräsentiert $k$.

Die Stempelkraft pro Breite 1 lautet wegen (5.2/79)

$$F = 2ph \sin \Theta = 4kH(1 + \vartheta) \frac{\sin \Theta}{\cos \Theta - \cos (\Theta - \vartheta)} .$$

Die vorstehende Rechnung wurde auf schräges Eindringen [611] und auf Felder mit Reibung verallgemeinert; der Leser findet einen Überblick in [479]. Leider ist noch keine vollständige Spannungslösung bekannt; es treten sogar Paradoxien auf, wonach größere Reibwerte zu kleineren Kräften führen. Auch darf man $F$ nicht mit Sicherheit als obere Schranke ansprechen, da ja die Wulstbildung und damit die Gestalt des betrachteten Körpers vom Ansatz abhängt, also falsch sein kann.

### 5.2.3.4 Weitere Beispiele

Bild 5.27a zeigt das Gleitlinienfeld von Hill und Tupper [602] für reibungsfreies Bandziehen als Modell des axialsymmetrischen Drahtziehens (vgl. auch Abschnitt 3.2, Bild 3.5). Es gibt die experimentell beobachtete Umformzone gut wieder. Seine statische Fortsetzbarkeit wurde jedoch bisher nicht nachgewiesen, im Gegenteil: Dodd und Scrivier [481] weisen im Zusammenhang mit einem Literaturüberblick (unter Einbeziehung reibungsbehafteter Düsen) nach, daß es bereichsweise überhaupt nicht fortsetzbar ist (Bild 5.27c). Immerhin erhält man wegen

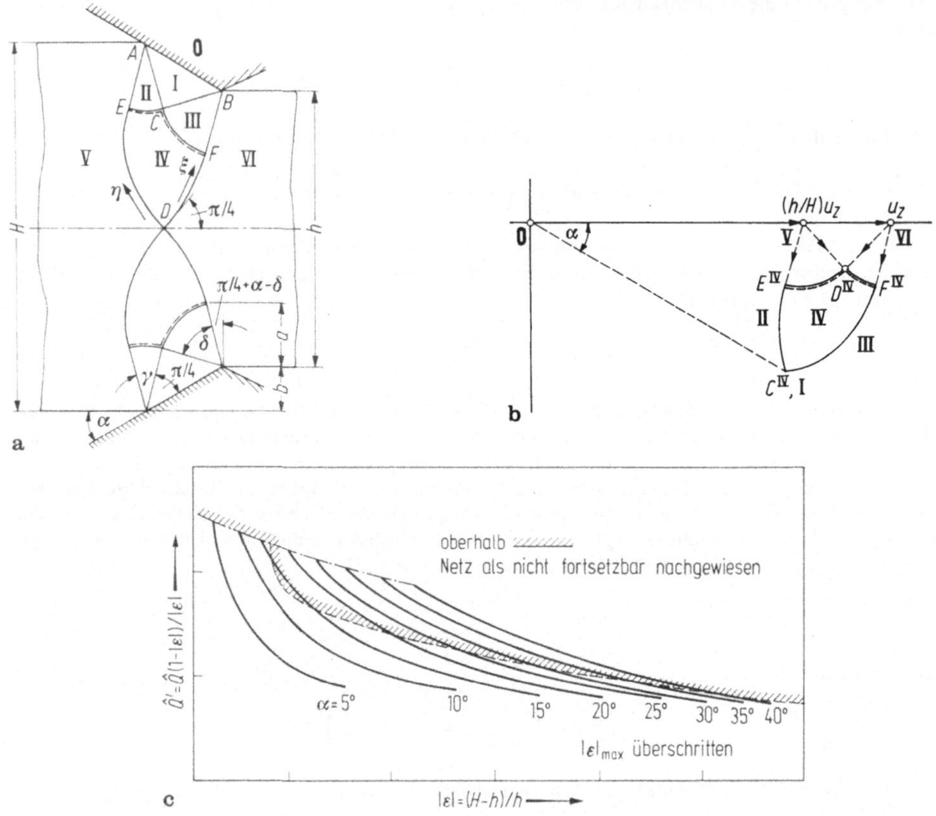



**Bild 5.27.** Reibungsfreies Bandziehen; (halber) Düsenöffnungswinkel $\alpha$; Ziehgeschwindigkeit $u_z$. **a** Gleitlinienfeld in der Fließebene. Geradenfeld $I$; Kreisfächer $II$, $III$; Doppelkreisfeld $IV$; starre Düse $O$; Starrzonen im Werkstoff $V$, $VI$. **b** Das Gleitlinienfeld mit orientierten Sprungpfeilen in der Hodographenebene ist zum Gleitlinienfeld der Fließebene geometrisch ähnlich. **c** Verlauf des dimensionslosen (auf $2k$ bezogenen) Druckes $Q'$ auf die Düse bzw. der mittleren dimensionslosen Ziehspannung $\hat{Q}$ über dem Umformgrad $|\varepsilon|$ (numerisch nach [481])

des existierenden Hodographen (Bild 5.27b) eine Obere-Schranken-Lösung, die aber ebenfalls nur in Grenzen gilt.

Zunächst bemerken wir, daß nach dem 1. Henckyschen Satz (Satz 5, Abschnitt 5.2.2.3, zusammen mit (5.2/42)) die Winkeldifferenz der beiden Gleitlinien $AD$, $AF$ in $D$ und $F$ gleich derjenigen in $E$ und $C$, also $\gamma$ ist. Entsprechendes gilt für $\delta$ als Winkeldifferenz von $BE$, $BD$ in $E$ und $D$. Da es sich bei $FD$, $ED$ um Sprunglinien handelt, schließen die zugehörigen Fächer der Sprungvektoren ebenfalls die Winkel $\gamma$, $\delta$ ein, und man erkennt, daß das Gleitlinienfeld der Hodographenebene dem der Fließebene ähnlich ist. Denkt man sich nunmehr in Bild 5.27a die Düsenwand $AB$ zunächst um $-\pi/4 - \gamma$ nach $EA$, dann um $\delta$ tangential an $ED$ in $D$ sowie schließlich um $\pi/4$ in die Symmetriegerade gedreht, so muß der Gesamtdrehwinkel $\delta - \gamma$ gerade der Düsenneigung $\alpha$ entsprechen:

$$\delta - \gamma = \alpha . \tag{5.2/83}$$

Weiters erhält man bei konstanter Eintrittsdicke $H$ des Bandes durch Vergrößern von $\alpha$ die größte, mittels des hier untersuchten Gleitliniennetzes auswertbare Reduktion $|\varepsilon|_{\max}$, wenn $F$ nach $D$ rückt:

$\gamma = 0$, also nach (5.2/83) $\delta = \alpha$. Dies liefert dann mit $\quad |BF| = \dfrac{|AB|}{\sqrt{2}} = \dfrac{b}{\sqrt{2}\sin\alpha}, \quad \dfrac{H}{2} = a + b =$

$\dfrac{1}{\sqrt{2}}|BF| + b = b\left(\dfrac{1}{2\sin\alpha} + 1\right) \quad$ und $\quad b = \dfrac{1}{2}(H - h) \quad$ sofort

$$|\varepsilon|_{max} = \left(\frac{H - h}{H}\right)_{max} = \frac{2\sin\alpha}{1 + 2\sin\alpha}. \tag{5.2/84}$$

Weitere Beschränkungen ergeben sich aus der Forderung, daß in den starren Bereichen $V$, $VI$ niemals die einachsige Zug- oder Druckfestigkeit überschritten wird, sowie ganz allgemein aus dem Hillschen Kriterium (5.2/50).

Abschließend wenden wir uns einem Preß- und Stauchvorgang zu (vgl. u. a. Abschnitt 3.1, Bild 3.1), der auch als Grundlage des Schmiedens angesehen werden darf. Bild 5.28a zeigt ein von Hill, Lee und Tupper [484] vorgeschlagenes Gleitliniennetz mit Konstruktionshinweisen. Da der reibungsfreie Fall trivial ist (reine Rechteckstauchung), betrachten wir den entgegengesetzten Grenzfall des Haftens von Werkstoff am Werkzeug. Wie üblich ist dort die maximale Schubspannung $k$ anzusetzen: Die Platte ist entweder selbst eine Gleitlinie (längs $AC$) oder Einhüllende von Gleitlinien ($CG$). Hier würde die in Abschnitt A.3.3.4 beschriebene graphische Konstruktion versagen, da sie auf Geradenstücken basiert. Die Einhüllende unterscheidet sich von den sie tangierenden Gleitlinien nämlich nur von 2. Ordnung. Daher muß die Konstruktion zumindest nahe dem Werkzeugrand

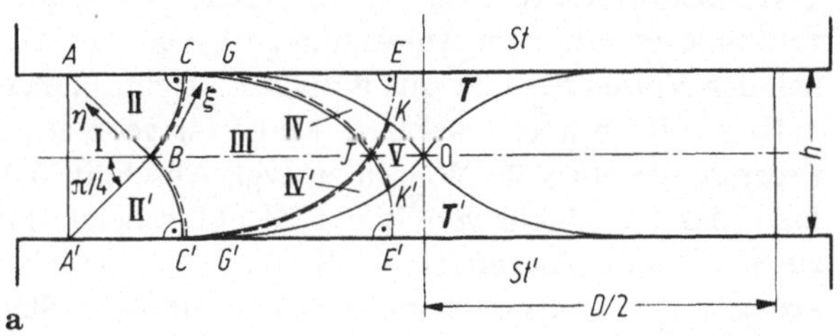

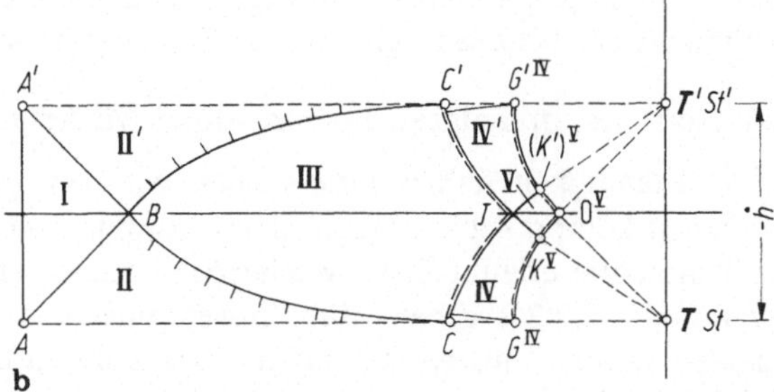

**Bild 5.28.** Stauchen eines mittelbreiten Rechteckstreifens zwischen starren ebenen Platten $St$, $St'$ mit Haften des Werkstoffes (Warmstauchen). **a** Fließebene: Geradenfeld $I$, Kreisfächer $II$, Doppelkreisfeld $III$. Anfangskurve $CJ$ und Zielkurve $CE$ bestimmt Feld $IV$, $JK$ und (symmetrisch) $JK'$ Feld $V$. Beide Felder werden längs der Charakteristik $GKO$ abgebrochen: Tote Zone $T$. **b** Hodograph: Ausgangspunkt $T$, $St$. Sprungpfeile nach $G^{IV}K^VO^V$: Doppelkreisfelder $IV$, $V$. Fortsetzung bis $C$ mittels Satz 3 (Abschnitt 5.2.2.3). Anfangskurven $CJ$ und (symmetrisch) $JC'$ bestimmen Feld $III$. Evolventenfeld $II$ mit Geraden senkrecht zu $BC$. Geradenfeld $I$

*ACG* mit Krümmungskreisen arbeiten und vom 2. Henckyschen Satz (5.2/41) ausgehen, der in dieser Form selbst ein charakteristisches System zur Bestimmung der Krümmungsradien darstellt. Im übrigen bietet die Netzkonstruktion keine weiteren Schwierigkeiten. Es liegt auch auf der Hand, wie man bei breiteren Proben vorzugehen hat: Vom Rande kommend liefern die bereits konstruierten Felder jeweils Anfangskurven für die anschließenden, und der Rand ist eine Zielkurve. Man bricht mit einer Charakteristik durch die Mitte 0 ab.

Bild 5.28b gibt den Hodographen samt Konstruktion wieder. Es sei darauf hingewiesen, daß man diesen zwar auch teilweise sukzessive mittels Anfangskurven aus den vorliegenden Feldern aufbauen kann, daß dies hier aber im allgemeinen weder ausreicht noch nötig ist. Vielmehr geht man vom Gleitliniennetz der Fließebene aus und beachtet die Orthogonalität (Satz 3, Abschnitt 5.2.2.3).

Natürlich muß man die Stauchkraft numerisch ermitteln und erhält nur eine obere Schranke, solange das Spannungsfeld noch nicht in die tote Zone hinein vervollständigt werden kann. Selbst dies gilt nur für den Anfangszustand (Proben noch rechteckig). Shabaik [482] erweitert die Felder auf ausgebauchte Proben mit gemessenen Querschnitten und Deformationsmustern. Sie sagen dann die weitere seitliche Ausbauchung ebenso wie die Stauchkräfte zufriedenstellend voraus. Freilich — die elementare Theorie (Abschnitt 3.1) ergibt fast identische, mit dem Experiment teilweise noch besser übereinstimmende Werte der Stauchkraft, und das Anfangsfeld von Bild 5.28 führt zu überhaupt keiner Ausbauchung, ist also der elementaren Theorie ebenfalls nicht überlegen. Insofern steht der praktische Nutzen des mit der Gleitlinientheorie (ebenso wie mit Finiten Elementen, vgl. Ende von Abschnitt 4.4) verbundenen erhöhten Aufwandes in Frage. Die Gleitlinientheorie besitzt gelegentlich den Vorteil besserer qualitativer Einsicht, numerisch aber häufig Nachteile.

Dies trifft in noch stärkerem Maße für geometrisch bzw. technisch verwickeltere Prozesse wie etwa das Walzen zu (vgl. Abschnitt 3.3, Bild 3.8). Im Prinzip versucht man, das Stauchfeld von Bild 5.28 auf geneigte [483] oder gekrümmte Konturen zu übertragen (Alexander [485]). Bis heute bestehen aber rechnerische Schwierigkeiten, und wir verweisen auf die Literatur [486—489]. Diese ist, wie schon mehrfach erwähnt, bis etwa 1969 in der Bibliographie [445] zusammengefaßt, die auch viele andere Anwendungen und Detailfragen behandelt. Mit der Anwendung anisotroper Gleitlinienfelder befassen sich darüber hinaus [490, 491].

### 5.2.4 Isotropes, granulares, kompressibles Material

Der Vollständigkeit halber untersuchen wir den gängigsten Ansatz für isotropes granulares, kompressibles Material im Hinblick darauf, ob auch er eine Charakteristikentheorie erlaubt bzw. welche Änderungen sich gegenüber den Abschnitten 5.2.2.1 und 5.2.2.2 ergeben. Für Anwendungen, die in der Regel rein numerisch behandelt werden müssen, sei auf die Spezialliteratur verwiesen (u. a. [38]).

Wir gehen speziell von der Coulomb-Mohrschen Fließbedingung (1.3/109) aus und kürzen

$$k' = k \cos \Psi - \sigma_m \sin \Psi \tag{5.2/85}$$

ab, wo $\Psi$ den inneren Reibwinkel des Materials darstellt. Alsdann folgen wir der Herleitung in Abschnitt 5.2.2.1, ersetzen dort $k$ durch $k'$ und beachten lediglich Bild 5.13a als Sonderfall von Bild 5.13b. In (5.2/16) ist

$$\mathrm{d}k' = - \mathrm{d}\sigma_m \sin \Psi + \mathrm{d}k \cos \Psi - [k \sin \Psi + \sigma_m \cos \Psi] \, \mathrm{d}\Psi$$

einzusetzen, und die Matrizen $A$, $B$, $N$ von (5.2/17) gehen in

$$A = \begin{pmatrix} 1 - \dfrac{\hat{\sigma}}{k'} \sin \Psi & -2k' \sin 2\psi \\[2ex] - \dfrac{\tau}{k'} \sin \Psi & -2k' \cos 2\psi \end{pmatrix},$$

$$B = \begin{pmatrix} - \dfrac{\tau}{k'} \sin \Psi & -2k' \cos 2\psi \\[2ex] 1 + \dfrac{\hat{\sigma}}{k'} \sin \Psi & 2k' \sin 2\psi \end{pmatrix},$$

$$N = - \begin{pmatrix} p_x + \dfrac{\hat{\sigma}}{k'} \left[ \dfrac{\partial k}{\partial x} \cos \Psi - \dfrac{\partial \Psi}{\partial x} (k \sin \Psi + \sigma_m \cos \Psi) \right] + \dfrac{\tau}{k'} \left[ \dfrac{\partial k}{\partial y} \cos \Psi - \dfrac{\partial \Psi}{\partial y} (k \sin \Psi + \sigma_m \cos \Psi) \right] \\[3ex] p_y + \dfrac{\tau}{k'} \left[ \dfrac{\partial k}{\partial x} \cos \Psi - \dfrac{\partial \Psi}{\partial x} (k \sin \Psi + \sigma_m \cos \Psi) \right] - \dfrac{\hat{\sigma}}{k'} \left[ \dfrac{\partial k}{\partial y} \cos \Psi - \dfrac{\partial \Psi}{\partial y} (k \sin \Psi + \sigma_m \cos \Psi) \right] \end{pmatrix}$$

über. Bild 5.13a liefert

$$\frac{\hat{\sigma}}{k'} = \cos 2\psi , \qquad \frac{\tau}{k'} = - \sin 2\psi , \tag{5.2/86}$$

so daß die Matrix (5.2/19) jetzt

$$C^j = A \cos \chi^j - B \sin \chi^j = \begin{pmatrix} \cos \chi^j - \sin \Psi \cos (\chi^j - 2\psi), & 2k' \sin (\chi^j - 2\psi) \\[1ex] -\sin \chi^j - \sin \Psi \sin (\chi^j - 2\psi), & -2k' \cos (\chi^j - 2\psi) \end{pmatrix}$$

lautet. Das Verschwinden ihrer Determinante

$$\det C^j = -2k'\{\cos 2(\chi^j - \psi) - \sin \Psi\}$$

ergibt wegen $-\pi/2 < \Psi < \pi/2$ (vgl. (1.3/107)) die beiden *charakteristischen Winkel*

$$\chi^\xi = \psi + |\alpha_g| , \qquad \chi^\eta = \psi - |\alpha_g| , \tag{5.2/87}$$

wo

$$|\alpha_g| = \frac{\pi}{4} - \frac{\Psi}{2} > 0 \tag{5.2/88}$$

den schon in (1.3/108) eingeführten *Grenzwinkel* bedeutet. Um *ihn* (statt um $\pi/4$ im inkompressiblen Sonderfall $\Psi = 0$, vgl. Bild 5.14) sind jetzt die „statischen" Charakteristiken $\xi$, $\eta$ beiderseits gegen die Richtung der kleinsten Hauptspannung bzw. Haupt-Formänderungsgeschwindigkeit geneigt. Über $\chi^0 = \psi$ folgen die Eigenmatrizen $\gamma^j$ analog (5.2/22) zu

$$\gamma = \begin{pmatrix} \gamma^1 \\ \gamma^2 \end{pmatrix} = \begin{pmatrix} \cos (\psi - |\alpha_g|), & -\sin (\psi - |\alpha_g|) \\[1ex] \cos (\psi + |\alpha_g|), & -\sin (\psi + |\alpha_g|) \end{pmatrix}.$$

Die *charakterischen Gleichungen* (A.3/17) des nun wegen

$$\det \gamma = -2 \sin |\alpha_g| = -\cos \Psi \neq 0$$

hyperbolischen Systems haben wegen (5.2/86) und mit $d_\xi$, $d_\eta$ als Differentialen bzw. $ds_\xi$, $ds_\eta$ als Bogenlängen in den $\xi$, $\eta$-Richtungen die Form

$$(1 - \sin \Psi) \cot |\alpha_g| \, d_\xi \sigma_m - 2k' \, d_\xi \psi =$$

$$= -\{p_x \cos (\psi - |\alpha_g|) - p_y \sin (\psi - |\alpha_g|) + k'_x \cos (\psi + |\alpha_g|) - k'_y \sin (\psi + |\alpha_g|)\} \, ds_\xi , \tag{5.2/89a}$$

$$(1 - \sin \Psi) \cot |\alpha_g| \, d_\eta \sigma_m + 2k' \, d_\eta \psi =$$

$$= \{p_x \cos (\psi + |\alpha_g|) - p_y \sin (\psi + |\alpha_g|) + k'_x \cos (\psi - |\alpha_g|) - k'_y \sin (\psi - |\alpha_g|)\} \, ds_\eta , \tag{5.2/89b}$$

worin neben (5.2/85), (5.2/88) auch die Abkürzungen

$$k'_x = \frac{\partial k}{\partial x}\cos\Psi - \frac{\partial\Psi}{\partial x}[k\sin\Psi + \sigma_m\cos\Psi],$$
$$k'_y = \frac{\partial k}{\partial y}\cos\Psi - \frac{\partial\Psi}{\partial y}[k\sin\Psi + \sigma_m\cos\Psi] \tag{5.2/90}$$

eingeführt wurden. Für volumenkraftfreies homogenes Material $k = $ const, $\Psi = $ const, $k' = $ const, $p_x \equiv p_y \equiv k'_x \equiv k'_y \equiv 0$ ergeben (5.2/89a, b) gerade die klassischen Kötterschen Gleichungen der Bodenmechanik; vgl. [447].

Es sei nun ein statisches Lösungsfeld von (5.2/89a, b) und damit insbesondere die Verteilung des Hauptachswinkels $\psi = \psi(x, y)$ gefunden. Dann folgt aus dem Mohrschen Kreis (Bild A.6) wegen (5.2/5), (1.3/112) und $\alpha \equiv \psi$ (vgl. Bild 5.13)

$$\cos 2\psi = \frac{\hat\lambda}{|\lambda_d|}, \qquad \sin 2\psi = -\frac{\varkappa}{|\lambda_d|}.$$

Eliminiert man $|\lambda_d|$ hieraus und aus der Zulässigkeitsbedingung (1.3/116), so findet man wegen $2\lambda_m = \lambda_V$

$$\hat\lambda\sin X = |\lambda_d|\cos 2\psi\sin X = \lambda_m\cos 2\psi,$$

$$\hat\lambda\sin 2\psi + \varkappa\cos 2\psi = 0.$$

Hierin bedeutet $X$ den im allgemeinen vom Reibwinkel $\Psi$ verschiedenen *Dilatanzwinkel* des Materials. Über (5.2/1), (5.2/5) erhält man nun die folgenden beiden linearen partiellen Differentialgleichungen für das Geschwindigkeitsfeld

$$z = \begin{pmatrix} u \\ v \end{pmatrix}:$$

$$\frac{\partial u}{\partial x}(\cos 2\psi - \sin X) + \frac{\partial v}{\partial y}(\cos 2\psi + \sin X) = 0,$$

$$\frac{\partial u}{\partial x}\sin 2\psi + \frac{\partial u}{\partial y}\cos 2\psi + \frac{\partial v}{\partial x}\cos 2\psi - \frac{\partial v}{\partial y}\sin 2\psi = 0.$$

Sie lassen sich in Matrixgestalt (A.3/3) schreiben, wobei

$$A = \begin{pmatrix} \cos 2\psi - \sin X & 0 \\ \sin 2\psi & \cos 2\psi \end{pmatrix}, \qquad B = \begin{pmatrix} 0 & \cos 2\psi + \sin X \\ \cos 2\psi & -\sin 2\psi \end{pmatrix},$$

$$N = 0$$

gilt. Man bildet mit den noch unbekannten Winkeln $\tilde\chi^\varsigma$, $\tilde\chi^\eta$

$$C^j = A\cos\chi^j - B\sin\chi^j = \begin{pmatrix} [\cos 2\psi - \sin X]\cos\tilde\chi^j & -[\cos 2\psi + \sin X]\sin\tilde\chi^j \\ \sin(2\psi - \tilde\chi^j) & \cos(2\psi - \tilde\chi^j) \end{pmatrix}.$$

Die Bedingung (A.3/9), also

$$\det C^j = \cos 2\psi[\cos 2(\psi - \tilde\chi^j) - \sin X] = 0,$$

liefert für $\cos 2\psi \neq 0$ [29] jetzt die *charakteristischen Winkel*

$$\tilde\chi^\varsigma = \psi + |\psi_g|, \qquad \tilde\chi^\eta = \psi - |\psi_g|, \tag{5.2/91}$$

wo der *kinematische Grenzwinkel*

$$|\psi_g| = \frac{\pi}{4} - \frac{X}{2} > 0 \tag{5.2/92}$$

wegen (1.3/118) positiv und für $X \neq \Psi$ vom *statischen* Grenzwinkel $|\alpha_g|$ in (5.2/88) verschieden ist. Dementsprechend unterscheiden sich dann auch die Winkel der kinematischen Charakteristiken

---

[29] $\psi$ kann nach Drehung der $x,y$-Achsen beliebige Werte annehmen.

(5.2/91) von denen der statischen (5.2/87). Und zwar weichen jene von der Richtung der kleinsten Hauptspannung bzw. Haupt-Formänderungsgeschwindigkeit beidseitig um den Winkel $|\psi_g|$ ab (statt um $|\alpha_g|$ in Bild 5.14). Die Relation (A.3/10), nämlich $\gamma C^j = 0$, kann mit (5.2/91) durch

$$\gamma = \begin{pmatrix} \gamma^1 \\ \gamma^2 \end{pmatrix} = \begin{pmatrix} \sin(\psi - |\psi_g|) & [\sin X - \cos 2\psi]\cos(\psi + |\psi_g|) \\ \cos(\psi + |\psi_g|) & [\sin X + \cos 2\psi]\sin(\psi - |\psi_g|) \end{pmatrix}$$

erfüllt werden, so daß zumindest bei geeignet gewähltem $\psi$[30] die Bedingung (A.3/16): $\det \gamma \neq 0$ gilt. Dann lauten mit $\chi^0 = \psi$ die *charakteristischen Gleichungen* des Geschwindigkeitsfeldes (A.3/17) längs den durch (5.2/91) definierten $\tilde{\xi}$- bzw. $\tilde{\eta}$-Linien (Differentiale $\tilde{d}_\xi$, $\tilde{d}_\eta$):

$$\left. \begin{array}{l} (\sin X - \cos 2\psi)\sin|\psi_g|\,\tilde{d}_\xi u + [\sin 2\psi \sin|\psi_g| - (1 - \sin X)\cos|\psi_g|]\,\tilde{d}_\xi v = 0 \,, \\[2mm] -[\sin 2\psi \sin|\psi_g| - (1 - \sin X)\cos|\psi_g|]\,\tilde{d}_\eta u - (\sin X + \cos 2\psi)\sin|\psi_g|\,\tilde{d}_\eta v = 0 \,. \end{array} \right\}$$

$$(5.2/93)$$

Sie reduzieren sich für inkompressibles Material $X = 0$, $|\psi_g| = \pi/4$ wegen (5.2/23c) auf die zuvor entwickelten Gleichungen (5.2/25).

Ihr Lösungsfeld muß zusätzlich der zweiten Beziehung (1.3/116) als Kriterium nicht-negativer Dissipationsleistung genügen.

Wenn man statt des Coulomb-Mohrschen Fließgesetzes ein anderes zugrunde legt, so können sich statt hyperbolischer auch elliptische oder parabolische Gleichungstypen ergeben [596].

## 5.3 Axialsymmetrisches Fließen

### 5.3.1 Grundlagen

Der Erfolg der Gleitlinientheorie bei der Veranschaulichung und gelegentlich auch der vollständigen Lösung von plastischen Fließvorgängen in der Ebene veranlaßte bereits Hencky [446] zu einer Übertragung auf den technisch wichtigeren Fall der Axialsymmetrie. Dabei legte er die Haar-v. Kármánsche Hypothese zugrunde, wonach die Umfangsspannung $\sigma_9$ gleich einer der beiden Hauptspannungen $\sigma_I$, $\sigma_{II}$ im Längsschnitt des Körpers (vgl. Bild 5.29) sei. Wir wollen kurz von einem *HK-Ansatz* sprechen. Erst Shield [502] wies nach, daß er streng mit dem Stoffgesetz nach Tresca verträglich sein kann, während das Lévy-Huber-Mises-Henckysche Fließgesetz auf ein elliptisches statt hyperbolisches Problem führt, in welchem Charakteristiken und insbesondere Gleitlinien keine physikalische Bedeutung besitzen [499, 500]. Wir werden uns daher auf Tresca beschränken und zur Vereinfachung *Isotropie* des Werkstoffes voraussetzen. Wegen einer Verallgemeinerung auf das Coulomb-Mohrsche Fließgesetz für granulares Material vgl. [605, 495].

Der HK-Ansatz entspricht Spannungszuständen in einer Ecke bzw. Kante des Fließprismas (Bild 1.16a). Seine Seiten führen ebenfalls zu einem hyperbolischen Problem, jedoch — wie wir später sehen — mit den *Hauptlinien* (Kurven, die überall in Spannungs- bzw. Formänderungsgeschwindigkeits-Hauptrichtung verlaufen) als Charakteristiken [605]. Besdo verallgemeinerte diese Erkenntnis auf Ecken bzw. geradlinige Seiten beliebiger (zylindrischer bzw. prismatischer) Fließorte, wogegen krummlinige Bereiche elliptische Gleichungen regieren [492].

Während sich die meisten veröffentlichten Anwendungen allein auf Gleitlinien gemäß dem HK-Ansatz beziehen [495, 502, 604, 605], konnten Richmond und

---

[30] Vgl. Fußnote 29, S. 270

Morrison glaubhaft machen, daß dies nicht ausreicht [501]. Insofern sind Hauptlinienmethoden unabdingbar [497, 606]. Unglücklicherweise muß man wohl oft mit beiden Arten von Charakteristiken im gleichen Problem rechnen und dementsprechend kombinierte Felder aufstellen [492, 493, 494]. Dies ist naturgemäß sehr verwickelt, mindert den Wert der Charakteristikenverfahren bei Axialsymmetrie beträchtlich und erlaubt kaum die erstrebte Anschaulichkeit.

Wegen der Bezeichnungen verweisen wir auf Bild 5.29. Der Mohrsche Kreis entspricht demjenigen von Bild A.6. Wir entnehmen analog (5.2/4), (5.2/5) die Invarianten bzw. Größen

$$\left.\begin{aligned}
\sigma_m &= \frac{1}{2}\,(\sigma_z + \sigma_r), \quad &\hat{\sigma} &= \frac{1}{2}\,(\sigma_z - \sigma_r), \quad &|\sigma_d| &= \frac{1}{2}\,\left|\sqrt{(\sigma_z - \sigma_r)^2 + 4\tau^2}\,\right| \geqq 0,\\
\lambda_m &= \frac{1}{2}\,(\lambda_z + \lambda_r), \quad &\hat{\lambda} &= \frac{1}{2}\,(\lambda_z - \lambda_r), \quad &|\lambda_d| &= \frac{1}{2}\,\left|\sqrt{(\lambda_z - \lambda_r)^2 + 4\varkappa^2}\,\right| \geqq 0,
\end{aligned}\right\} \quad (5.3/1)$$

worin $\sigma_r$, $\sigma_z$, $\sigma_\vartheta$ (in Umfangsrichtung) sowie $\tau = \tau_{rz}$ die einzig relevanten Spannungen und $\lambda_r$, $\lambda_z$, $\lambda_\vartheta$ (in Umfangsrichtung) sowie $\varkappa = \varkappa_{rz}$ die zugehörigen Formänderungsgeschwindigkeiten darstellen. Die Hauptspannungen bzw. Hauptformänderungsgeschwindigkeiten seien so numeriert, daß

$$\sigma_{III} = \sigma_\vartheta\,, \qquad \lambda_{III} = \lambda_\vartheta \qquad\qquad (5.3/2)$$

gilt, wobei die Hauptrichtungen $I$, $II$ in der „Fließebene" (d. h. im Längsschnitt) liegen. Man entnimmt

$$\left.\begin{aligned}
\sigma_r &= \sigma_m - |\sigma_d|\cos 2\psi\,, \quad &\lambda_r &= \lambda_m - |\lambda_d|\cos 2\psi\,,\\
\sigma_z &= \sigma_m + |\sigma_d|\cos 2\psi\,, \quad &\lambda_z &= \lambda_m + |\lambda_d|\cos 2\psi\,,\\
\tau &= -\,|\sigma_d|\sin 2\psi\,, \quad &\varkappa &= -\,|\lambda_d|\sin 2\psi\,.
\end{aligned}\right\} \quad (5.3/3)$$

Da weder die auftretenden Spannungen noch die Werkstoffgeschwindigkeiten $u$, $v$ (in $r$- bzw. $z$-Richtung) vom Umfangswinkel $\vartheta$ abhängen, lauten die Gleichgewichtsbedingungen (A.2/20) (mit evtl. auftretenden Volumenkräften $p_r$, $p_z$)

$$\left.\begin{aligned}
\frac{\partial(r\sigma_z)}{\partial z} + \frac{\partial(r\tau)}{\partial r} + rp_z &= 0\,,\\
\frac{\partial(r\tau)}{\partial z} + \frac{\partial(r\sigma_r)}{\partial r} + (rp_r - \sigma_\vartheta) &= 0\,.
\end{aligned}\right\} \quad (5.3/4)$$

Entsprechend erhält man die Verträglichkeitsbedingungen (A.2/21) in der Form

$$\lambda_z = \frac{\partial v}{\partial z}\,, \qquad \lambda_r = \frac{\partial u}{\partial r}\,, \qquad \lambda_\vartheta = \frac{u}{r}\,, \qquad \varkappa = \frac{1}{2}\left(\frac{\partial v}{\partial r} + \frac{\partial u}{\partial z}\right). \qquad (5.3/5)$$

Wir beschränken uns in der Folge auf den Fall vernachlässigbar kleiner Volumenkräfte (Gewicht, Trägheit etc.), d. h.

$$p_r \equiv p_z \equiv 0\,. \qquad\qquad (5.3/6)$$

Die nächsten Abschnitte bringen nun das (Trescasche) Fließgesetz ins Spiel. Hierfür gilt in jedem Fall die Inkompressibilitätsbedingung (1.3/22), d. h.

$$\lambda_r + \lambda_\vartheta + \lambda_z = \frac{1}{r}\left[\frac{\partial(ur)}{\partial r} + \frac{\partial(vr)}{\partial z}\right] = 0\,. \qquad (5.3/7)$$

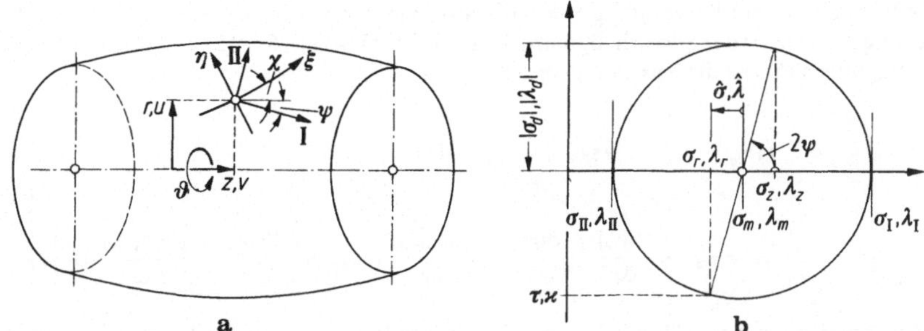

**Bild 5.29.** Axialsymmetrisches Fließen, Zylinderkoordinaten $r$, $\vartheta$, $z$. **a** Hauptrichtungen $I$, $II$ und (orthogonale) $\xi,\eta$-Charakteristiken im Längsschnitt $\delta = $ const. $u$, $v$ Werkstoffgeschwindigkeiten. Für $\xi,\eta$-Gleitlinien gilt $\psi + \chi = \pi/4$, für $\xi,\eta$-Hauptlinien $\psi + \chi = 0$. **b** Mohrscher Kreis der Spannungen bzw. Formänderungsgeschwindigkeiten im Längsschnitt $\vartheta = $ const

## 5.3.2 Zwei Sonderfälle

Die folgenden beiden Sonderfälle ordnen sich schlecht in das erstrebte allgemeine Schema und werden daher getrennt behandelt. Dabei nehmen wir an, daß sie (wie später auch die Regelfälle) für ein ganzes Gebiet der Fließebene bestehen. Fälle, die sich nur über einzelne Kurven oder Punkte erstrecken, erfordern keine gesonderte Untersuchung, da man sie durch Grenzübergang von den benachbarten Gebieten her erfaßt.

Als erstes betrachten wir den Fall *reiner Axialströmung* [497]

$$u \equiv 0 . \tag{5.3/8}$$

Dann liefert die Inkompressibilitätsbedingung (5.3/7) sofort $\partial v/\partial z \equiv 0$, also $v = v(r)$: das *Strömungsprofil* ist in Stromrichtung konstant. Wir betrachten es zunächst als vorgegeben. Es handelt sich um eine plastische *Laminar-* oder *Scherströmung* z. B. durch ein Rohr konstanten Durchmessers $D = $ const, deren einzige relevante Formänderungsgeschwindigkeit die Scherung $\varkappa = \dfrac{1}{2}\dfrac{\partial v}{\partial r}$ ist. Insbesondere verschwinden $\lambda_m$ und $\lambda_\vartheta = \lambda_{III}$ identisch, was $\lambda_I \geqq 0$, $\lambda_{II} \leqq 0$ bedingt und mit den drei Formen (1.3/54a bis c) der Fließregel bei geeigneter Numerierung der Hauptachsen $I$, $II$ nur für

$$\sigma_{II} \leqq \sigma_\vartheta \leqq \sigma_I \tag{5.3/9}$$

verträglich ist. Aufgrund der Fließbedingung (1.3/53) besitzt dann der Mohrsche Spannungskreis in Bild 5.29 b wegen (1.3/62) den Radius

$$|\sigma_d| = k = Y/2 , \tag{5.3/10}$$

worin $k$ die Scherfließgrenze und $Y$ die einachsige Zug/Druck-Fließgrenze bedeuten. Zur reinen Scherung $\psi = \mp \pi/4$ gehört die Schubspannung

$$\tau = \pm k = k \operatorname{sgn} \varkappa ; \tag{5.3/11}$$

ferner folgt

$$\sigma_r = \sigma_z = \sigma_m . \tag{5.3/12}$$

Es sei nun etwa am Rohranfang $z = 0$ die Spannungsverteilung $\sigma_m = \overset{0}{\sigma}_m(r)$ bekannt, ferner die Verteilung $k = k(r, z)$ der Scherfließgrenze. Dann liefert (5.3/11), (5.3/12), (5.3/6) mit den Gleichgewichtsbedingungen (5.3/4) die Spannungsverteilung

$$
\left.
\begin{aligned}
r(\sigma_m - \overset{0}{\sigma}_m) &= -\operatorname{sgn} \varkappa \int\limits_0^z \frac{\partial(rk)}{\partial r} \, dz , \\[2ex]
\sigma_\vartheta &= \operatorname{sgn} \varkappa \frac{\partial(rk)}{\partial z} + \frac{\partial(r\sigma_m)}{\partial r} = \frac{\partial(r\overset{0}{\sigma}_m)}{\partial r} + \operatorname{sgn} \varkappa \left[ \frac{\partial(rk)}{\partial z} - \int\limits_0^z \frac{\partial^2(rk)}{\partial r^2} \, dz \right] .
\end{aligned}
\right\}
\qquad (5.3/13)
$$

Man hat jeweils zu prüfen, ob stets (5.3/9) erfüllt ist. Anderfalls kann die vorstehende Lösung nicht gelten.

Speziell für ideal-plastisches Material $k = \text{const}$ käme das auf der Achse singuläre Druckgefälle

$$
\sigma_m - \overset{0}{\sigma}_m = -k \frac{z}{r} \operatorname{sgn} \varkappa ,
$$

$$
\sigma_\vartheta = \frac{d(r\overset{0}{\sigma}_m)}{dr}
$$

heraus. Die Bedingung (5.3/9) besagt dann mit $\sigma_I = \sigma_m + k$, $\sigma_{II} = \sigma_m - k$ gerade

$$
-k \left( \frac{z}{r} \operatorname{sgn} \varkappa + 1 \right) \leqq r \frac{d\overset{0}{\sigma}_m}{dr} \leqq k \left( 1 - \frac{z}{r} \operatorname{sgn} \varkappa \right) .
$$

Sie schließt die engere Umgebung der Achse $r = 0$ sowie große Werte $|z|$ aus.

Falls das Strömungsprofil *nicht* vorgeschrieben ist, würde man neben $\overset{0}{\sigma}_m$ weitere Spannungen vorgeben wollen. Dies gelingt jedoch wegen (5.3/11) bis (5.3/13) praktisch nur für geschwindigkeitsabhängiges Material (*viskoplastische Rohrströmung*). Beispielsweise ließe sich hier bei *reiner* Geschwindigkeitsabhängigkeit $k = k(|\varkappa|)$ das Schubspannungsprofil $\tau = \tau(r)$ (unabhängig von $z$) im voraus festlegen, woraus $k$ und $\varkappa$ folgten. $\overset{0}{\sigma}_m$ muß wieder der Nebenbedingung (5.3/9) genügen, was rückwärts gewisse Einschränkungen für $\tau$ implizieren kann.

Für den zweiten Sonderfall dieses Abschnittes ist keine unmittelbare Anwendung bekannt. Es handelt sich um den isotropen Spannungszustand in der Fließebene [502], also wegen (1.3/53) mit $k = Y/2$ um

$$
\sigma_m \equiv \sigma_r \equiv \sigma_z ; \qquad \tau \equiv 0 ; \qquad \sigma_\vartheta = \sigma_m \pm 2k . \tag{5.3/14}
$$

Hierzu gehört nach (5.3/4) die von $z$ unabhängige, durch den Anfangswert $\overset{1}{\sigma}_m$ bei $\overset{1}{r}$ festgelegte Verteilung

$$
\sigma_m - \overset{1}{\sigma}_m = \pm 2 \int\limits_{\overset{1}{r}}^r \frac{k}{r} \, dr . \tag{5.3/15}
$$

So darf auch $k$ nicht von $z$ abhängen.

Für ideal-plastisches Material $k = \text{const}$ kommt insbesondere

$$
\sigma_m - \overset{1}{\sigma}_m = \pm 2k \ln \frac{r}{\overset{1}{r}}
$$

heraus.

Die Fließregel (1.3/54) verlangt $\lambda_I \leqq 0$, $\lambda_{II} \leqq 0$ bzw. $\lambda_I \geqq 0$, $\lambda_{II} \geqq 0$ je nachdem, ob in (5.3/14) das obere oder das untere Vorzeichen gilt. Mit $\lambda_I = \lambda_m + |\lambda_d|$, $\lambda_{II} = \lambda_m - |\lambda_d|$ bedeutet dies $\mp \lambda_m \geqq |\lambda_d|$. oder wegen (5.3/5), (5.3/1)

$$
\left| \sqrt{\left( \frac{\partial v}{\partial z} - \frac{\partial u}{\partial r} \right)^2 + \left( \frac{\partial v}{\partial r} + \frac{\partial u}{\partial z} \right)^2} \right| \leqq \mp \left( \frac{\partial v}{\partial z} + \frac{\partial u}{\partial r} \right) .
$$

Hierdurch wird der Materialfluß zwar eingeschränkt, aber selbst gemeinsam mit (5.3/7) nicht eindeutig festgelegt.

### 5.3.3 Gleitlinientheorie

#### 5.3.3.1 Allgemein

Im Trescaschen Sechseck als Fließort, Bild 1.16a, unterscheiden wir die Seiten und Ecken (Kanten). Dieser Abschnitt befaßt sich nur mit den Kanten. Dort sind zwei Hauptspannungen gleich. Der Sonderfall $\sigma_I = \sigma_{II}$ wurde bereits in Abschnitt 5.3.2 behandelt. Daher betrachten wir hier (nach geeigneter Numerierung der Hauptachsen $I$, $II$) nur den „HK-Fall" (Abschnitt 5.3.1)

$$\sigma_9 \equiv \left\{ \begin{matrix} \sigma_I = \sigma_m + k \\ \sigma_{II} = \sigma_m - k \end{matrix} \right\} = \sigma_m \pm k \qquad (5.3/16)$$

und werden uns, wenn nachstehend Doppelvorzeichen $\pm$ bzw. $\mp$ auftreten, mit dem oberen jeweils auf die obere Gleichheit $\sigma_9 = \sigma_I$, mit dem unteren auf die untere Gleichheit $\sigma_9 = \sigma_{II}$ beziehen. Die Fließregel (1.3/54a—c) liefert uns die Ungleichungen $\lambda_I \geqq 0$, $\lambda_9 \geqq 0$ bzw. $\lambda_{II} \leqq 0$, $\lambda_9 \leqq 0$, also wegen $\lambda_I = \lambda_m + |\lambda_d|$, $\lambda_{II} = \lambda_m - |\lambda_d|$ (Bild 5.29b)

$$\pm \lambda_9 \geqq 0 \, , \qquad |\lambda_d| \pm \lambda_m \geqq 0 \, . \qquad (5.3/17\,\mathrm{a})$$

Aus (5.3/1) und der Inkompressibilität (1.3/54d) erhält man $2\lambda_m = -\lambda_9$, also alternativ

$$2 \, |\lambda_d| \geqq \pm \lambda_9 \geqq 0 \quad \text{oder} \quad |\lambda_d| \geqq \mp \lambda_m \geqq 0 \, . \qquad (5.3/17\,\mathrm{b})$$

Diese kinematischen Bedingungen sind jeweils am Ende einer Rechnung zu überprüfen. Nur wenn sie erfüllt sind, liegt ein HK-Fall vor. Stattdessen mag auch der Vergleich mit *Experimenten* im Nachhinein die Anwendung der Gleitlinientheorie rechtfertigen [505].

Im übrigen gilt nunmehr die Fließbedingung (1.3/53), d. h. mit $k = Y/2$ als Scherfließgrenze und wegen (5.3/16)

$$\sigma_I - \sigma_{II} = 2k \, . \qquad (5.3/18)$$

Wir schreiben $r\sigma_I - r\sigma_{II} = 2rk$ und erkennen durch Vergleich der Gleichgewichtsbedingungen (5.3/4) mit (A.2/17a), daß mathematisch genau das Problem des ebenen Fließens ($x,y$-Ebene) vorliegt, wenn man zusammen mit (5.3/6) wie folgt substituiert:

$$x \to z \, , \qquad y \to r \, , \qquad (\sigma_x, \sigma_y, \tau) \to (r\sigma_z, r\sigma_r, r\tau) \, ,$$

$$p_x \to 0 \, , \qquad p_y \to -\sigma_9 \, , \qquad k \to rk \, .$$

Beachtet man nach Bild 5.29a ferner

$$\left. \begin{matrix} dr = \mathrm{d}_\xi r + \mathrm{d}_\eta r = \sin \chi \, \mathrm{d}s_\xi + \cos \chi \, \mathrm{d}s_\eta \, , \\ dz = \mathrm{d}_\xi z + \mathrm{d}_\eta z = \cos \chi \, \mathrm{d}s_\xi - \sin \chi \, \mathrm{d}s_\eta \, , \end{matrix} \right\} \qquad (5.3/19)$$

wo $\mathrm{d}_\xi$, $\mathrm{d}_\eta$ die Richtungsdifferentiale beim Fortschreiten längs der $\xi,\eta$-Charakteristiken um die Bogenlängen $\mathrm{d}s_\xi$, $\mathrm{d}s_\eta$ bedeuten, sowie nach Bild 5.29b wegen (5.2/42) (Isotropie!) und $|\sigma_d| = k$ die Beziehungen

$$\frac{\hat{\sigma}}{k} = \cos 2\psi = \sin 2\chi \, , \qquad \frac{\tau}{k} = -\sin 2\psi = -\sin 2\chi \, , \qquad (5.3/20)$$

so gehen die verallgemeinerten Henckyschen Gleichungen (5.2/23) wegen (5.2/42) und (5.3/16) in die für homogenes Material $k = $ const ebenfalls bereits von Hencky stammenden *charakteristischen Gleichungen*

$$\left.\begin{array}{l} \mathrm{d}_\xi\sigma_m + 2k\,\mathrm{d}_\xi\chi = \left\{\dfrac{k}{r}\left[\pm\sin\chi + \cos\chi\right] + k_\eta\right\}\mathrm{d}s_\xi, \\[3mm] \mathrm{d}_\eta\sigma_m - 2k\,\mathrm{d}_\eta\chi = \left\{\dfrac{k}{r}\left[\sin\chi \pm \cos\chi\right] + k_\xi\right\}\mathrm{d}s_\eta \end{array}\right\} \qquad (5.3/21\,\mathrm{a})$$

über. Hierin wurden über (5.3/19) die partiellen Ableitungen von $k$ nach den *Bogenlängen* der Charakteristiken

$$\left.\begin{array}{l} k_\xi = \dfrac{\partial k}{\partial s_\xi} = \dfrac{\partial k}{\partial r}\dfrac{\partial r}{\partial s_\xi} + \dfrac{\partial k}{\partial z}\dfrac{\partial z}{\partial s_\xi} = \sin\chi\,\dfrac{\partial k}{\partial r} + \cos\chi\,\dfrac{\partial k}{\partial z}, \\[3mm] k_\eta = \dfrac{\partial k}{\partial s_\eta} = \dfrac{\partial k}{\partial r}\dfrac{\partial r}{\partial s_\eta} + \dfrac{\partial k}{\partial z}\dfrac{\partial z}{\partial s_\eta} = \cos\chi\,\dfrac{\partial k}{\partial r} - \sin\chi\,\dfrac{\partial k}{\partial z} \end{array}\right\} \qquad (5.3/21\,\mathrm{b})$$

eingeführt.

Charakteristiken sind wie früher die *Gleitlinien*. Sie schneiden in jedem Punkt die Hauptrichtungen unter $45°$, wobei die $\xi$-Richtung aus der $I$-Richtung durch eine $45°$-Drehung entgegen dem Uhrzeigersinn hervorgeht:

$$\psi + \chi = \frac{\pi}{4}, \qquad (5.3/22)$$

vgl. Bild 5.29.

Die Geiringer-Gleichungen (5.2/25) wurden bei ebenem Fließen aus der Bedingung $\lambda_\xi = \lambda_\eta = 0$ abgeleitet (Satz 1, Abschnitt 5.2.2.1). Im Falle der Axialsymmetrie haben wir hier wegen der Volumenkonstanz $\lambda_\xi + \lambda_\eta + \lambda_\vartheta = 0$, also wegen $\lambda_\xi = \lambda_\eta$ und (5.3/5) $\lambda_\xi = \lambda_\eta = -\dfrac{1}{2}\dfrac{u}{r}$. Dann liefert eine ganz analoge Betrachtung wie zum Beweis von (5.2/25) jetzt

$$\left.\begin{array}{l} \mathrm{d}_\xi u \sin\chi + \mathrm{d}_\xi v \cos\chi = -\dfrac{1}{2}\dfrac{u}{r}\,\mathrm{d}s_\xi, \\[3mm] \mathrm{d}_\eta u \cos\chi - \mathrm{d}_\eta v \sin\chi = -\dfrac{1}{2}\dfrac{u}{r}\,\mathrm{d}s_\eta \end{array}\right\} \qquad (5.3/23)$$

(Shield [502]). Wieder sind Gleitlinien die Charakteristiken; das Problem kann wie früher als statisch bestimmt bezeichnet werden, weil sich bei geeigneten Randbedingungen und gegebenem $k$ die Spannungen im voraus ermitteln lassen. Besondere geometrische Eigenschaften der Gleitliniennetze analog denen von Abschnitt 5.2.2.3 wurden selbst für homogenes Material $k = $ const noch nicht bekannt. Eine zusätzliche Prüfung des Vorzeichens der Dissipationsleistung ähnlich (5.2/29) entfällt, falls (5.3/17) gilt.

### 5.3.3.2 Anwendung: Drahtziehen

Wir beschreiben die Punkte der Fließebene von Bild 5.30 durch ein $\varrho,\delta$-Polarkoordinatensystem derart, daß

$$r = \varrho\sin\delta, \qquad z = \varrho\cos\delta, \qquad (5.3/24)$$

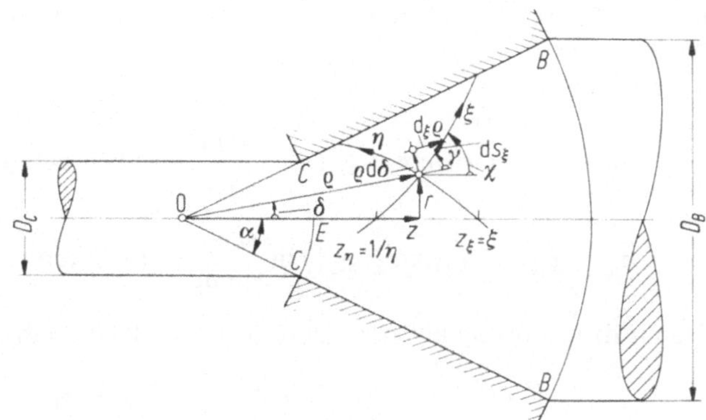


**Bild 5.30.** Logarithmische Spiralen als $\xi,\eta$-Gleitlinien beim reibungsfreien Drahtziehen. $\gamma \equiv 45°$

und wollen zeigen, daß unter gewissen Bedingungen ein orthogonales Feld von *logarithmischen Spiralen* ein Gleitliniennetz bildet. Daraus erhalten wir schließlich eine von Shield auf anderem Wege hergeleitete Lösung [502]. Technische Hinweise zum Drahtziehen finden sich in Abschnitt 3.2 (vgl. auch Bild 3.5).

Logarithmische Spiralen sind Kurven, welche die von einem Zentrum 0 ausgehenden Strahlen $\delta$ = const unter konstantem Winkel $\gamma$ = const schneiden. Nach Bild 5.30 gilt also für solche $\xi$-Linien und die dazu senkrechten $\eta$-Linien (Winkel $\gamma + \pi/2$)

$$d_\xi\varrho = \varrho\,d\delta\cot\gamma\,, \qquad d_\eta\varrho = -\varrho\,d\delta\tan\gamma\,. \tag{5.3/25}$$

Integration mit den Anfangswerten $z_\eta$ bzw. $z_\xi$ auf der $z$-Achse $\delta = 0$ liefert[31]

$$\left.\begin{aligned}\varrho &= z_\eta\exp[\delta\cot\gamma] &&(\xi\text{-Linie})\,,\\ \varrho &= z_\xi\exp[-\delta\tan\gamma] &&(\eta\text{-Linie})\,,\end{aligned}\right\} \tag{5.3/26}$$

Man kann nun unter Beachtung der in Bild 5.30 eingetragenen Orientierung den zur $\xi$-Linie gehörigen Kurvenparameter $z_\eta$ z. B. gleich $1/\eta$ wählen und z. B. $z_\xi$ gleich $\xi$:

$$\xi = z_\xi\,, \qquad \eta = \frac{1}{z_\eta}\,; \qquad 0 < \xi, \eta < \infty\,. \tag{5.3/27}$$

Dann erhält man die Transformationsgleichungen

$$\xi = \varrho\exp[\delta\tan\gamma]\,, \qquad \eta = \frac{1}{\varrho}\exp[\delta\cot\gamma] \tag{5.3/28a}$$

bzw. nach Auflösen

$$\delta = \sin\gamma\cos\gamma\ln(\xi\eta)\,, \qquad \varrho = \xi^{\cos^2\gamma}\,\eta^{-\sin^2\gamma}\,. \tag{5.3/28b}$$

Schließlich folgen die Differentiale der Bogenlängen nach Bild 5.30 zu

$$ds_\xi = \frac{\varrho\,d\delta}{\sin\gamma}\,, \qquad ds_\eta = \frac{\varrho\,d\delta}{\cos\gamma}\,. \tag{5.3/29}$$

Soweit die Geometrie.

Einsetzen von (5.3/29), (5.3/24) und $\chi = \delta + \gamma$, $\gamma$ = const für homogenes oder gar idealplastisches Material

$$k = \text{const}$$

---

[31] Prüfung durch Einsetzen in (5.3/25) sowie die Anfangsbedingungen. $\exp x = e^x$.

in die charakteristischen Gleichungen (5.3/21a, b) sowie deren Integration mit Anfangswerten $\sigma_{m1} = (\sigma_m)_{\delta=\delta_1}$, $\sigma_{m2} = (\sigma_m)_{\delta=\delta_2}$ für zunächst beliebige Winkel $\delta_1$, $\delta_2$ ergibt

$$\sigma_m - \sigma_{m1} = k\{(\cot\gamma \pm 1)\ln\frac{\sin\delta}{\sin\delta_1} - (3 \mp \cot\gamma)(\delta - \delta_1)\} \quad \text{längs} \quad \xi,$$

$$\sigma_m - \sigma_{m2} = k\{(\tan\gamma \pm 1)\ln\frac{\sin\delta}{\sin\delta_2} + (3 \mp \tan\gamma)(\delta - \delta_2)\} \quad \text{längs} \quad \eta.$$

Damit diese Lösung auf der Achse $\delta = 0$ endlich bleibt, fordern wir

$$\gamma \equiv 45°, \qquad \sigma_\vartheta \equiv \sigma_{II} \tag{5.3/30}$$

(Gültigkeit des jeweils unteren Vorzeichens; vgl. (5.3/16)) und haben dann mit $\sigma_m = \sigma_m(\xi, \eta)$, $\delta_1 = \delta_2 = 0$, d. h. $\xi_1\eta_1 = \xi_2\eta_2$ wegen (5.3/28b), sowie nach Bild 5.30, (5.3/24), (5.3/27), (5.3/28b)

$$\sigma_m(\xi, \eta) = \sigma_m\left(\frac{1}{\eta}, \eta\right) - 2k\ln(\xi\eta),$$

$$\sigma_m(\xi, \eta) = \sigma_m\left(\xi, \frac{1}{\xi}\right) + 2k\ln(\xi\eta).$$

Beide Gleichungen sind untereinander verträglich und mit (5.3/28a), (5.3/30) eindeutig lösbar durch

$$\sigma_m = 2k\ln\frac{\eta}{\xi} + \text{const} = 4k\ln\frac{a}{\varrho}, \tag{5.3/31}$$

worin $a > 0$ irgendeine Bezugslänge repräsentiert.

Wegen (5.3/30) lassen sich die vorstehenden Ergebnisse unmittelbar auf das *reibungsfreie* Drahtziehen anwenden, wie es in Bild 5.30 schon skizziert wurde. Denn da Gleitlinien die lokalen Hauptrichtungen stets unter $\pm 45°$ schneiden, sind die Strahlen $\delta = $ const und insbesondere die schraffierten Düsenwandungen schubspannungsfrei. Sie entsprechen den Hauptrichtungen $I$ (Bild 5.29). Daher setzen wir im Hinblick auf (5.3/16)

$$a = |0B|\,e^{-\frac{1}{4}} = \frac{D_B}{2\sin\alpha}\,e^{-\frac{1}{4}} \tag{5.3/32}$$

und erzwingen dadurch einen spannungsfreien Eintritt $\sigma_I = 0$ bei $\varrho = |0B|$. Im austretenden Strang wirkt auf die Kugel $CEC$ eine Spannung $\sigma_I = \sigma_m + k = 4k\ln a/|0C| + k$. Wir setzen sie als konstanten hydrostatischen Spannungszustand $\sigma_r \equiv \sigma_z \equiv \sigma_I$ fort, so daß $\sigma_I$ gleichzeitig die Austritts-Ziehspannung $T_C^0$ darstellt. Mit (5.3/32) sowie $|0C| = \dfrac{D_C}{2\sin\alpha}$ folgt aus (5.3/31)

$$\hat{Q}^0 = \frac{T_C^0}{2k} = \ln\left(\frac{D_B}{D_C}\right)^2 = \ln\frac{1}{1 - |\varepsilon|}, \tag{5.3/33}$$

wo $\varepsilon$ den in (4.2/17) definierten *Umformgrad* repräsentiert. $\hat{Q}^0$ stellt zumindest eine *untere Schranke* der wahren, dimensionslosen Ziehspannung dar; denn das ermittelte Spannungsfeld verletzt nirgends die Fließbedingung, erstreckt sich über den ganzen Körper (ein- und austretender Strang) und leistet nur gegen die Ziehgeschwindigkeit Arbeit, so daß im Satz von der unteren Schranke (1.3/40) nur die Ziehspannung selbst auftritt. Um das *wirkliche* Spannungsfeld kann es sich nicht handeln, da $\sigma_r$ am austretenden Strang nicht verschwindet. So liegt in (5.3/33) eine gegenüber (4.2/18 b) *verbesserte* untere Schranke vor, die in der Tat etwas kleiner als die obere Schranke (4.2/22) (mit $\bar{\mu} = 0$) ist.

Shield [502] hat das Ergebnis (5.3/33) numerisch auf Ziehen mit Reibung verallgemeinert, allerdings den vereinfachten Reibansatz (4.2/21) nach Siebel zugrunde gelegt, und erhält

$$\hat{Q} = c \ln \left( \frac{D_B}{D_C} \right)^2 = c \ln \frac{1}{1 - |\varepsilon|}, \tag{5.3/34}$$

wobei der Koffizient $c$ aus Bild 5.31 zu entnehmen ist. Ein Schrankencharakter der Näherung (5.3/34) wurde nicht bewiesen, doch stimme sie gut mit dem Ergebnis (3.2/11), (3.2/17) der elementaren Theorie überein.

Der Vollständigkeit halber wollen wir noch die Kinematik des reibungsfreien Fließens angeben, obschon sie weder für den Untere-Schranken-Charakter erheblich ist, noch zu einer *vollständigen* Lösung ausgebaut werden kann, und fassen hierzu $\varrho$, $\vartheta$, $\delta$ als räumliche *Kugelkoordinaten* mit den zugehörigen Geschwindigkeiten $v_\varrho$, $v_\vartheta \equiv 0$ (Axialsymmetrie) auf, die sämtlich nicht von $\vartheta$ abhängen. Da die zu $\varrho$, $\vartheta$, $\delta$ gehörigen Koordinatenlinien (d. h.: von 0 ausgehende geradlinige Strahlen, konzentrische Kreise um die Achse sowie konzentrische Kreise um 0) überall die Richtungen der Hauptspannungen bzw. Haupt-Formänderungsgeschwindigkeiten besitzen, darf sich ihr orthogonales Maschennetz während der Umformung nicht schiefwinkelig verzerren. Dies ist anschaulich genau dann erfüllt, wenn sich das gesamte Netz konzentrisch auf 0 zu bewegt:

$$v_\vartheta = v_\delta = 0, \qquad v_\varrho = -|v_C| \left( \frac{|OC|}{\varrho} \right)^2. \tag{5.3/35}$$

Hierin stellt $v_C$ den (indirekt über die Ziehgeschwindigkeit) vorgegebenen Wert von $v_\varrho$ auf der Kugel $CEC$ dar, und das durch die Kugelflächen $\varrho = $ const strömende Materialvolumen $\sim v_\varrho \varrho^2$ bleibt für alle $\varrho$ dasselbe (Inkompressibilität).

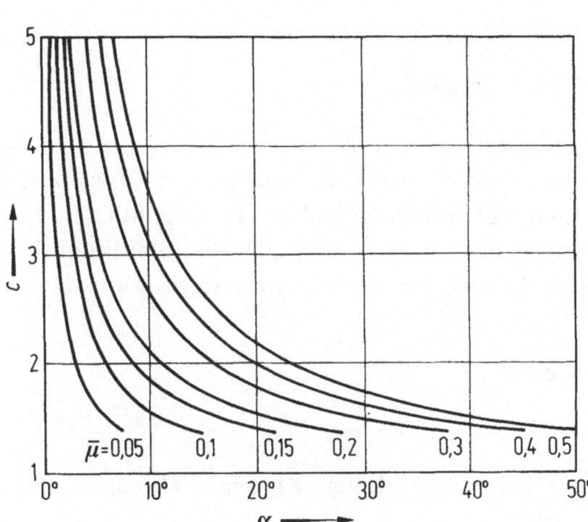


**Bild 5.31.** Koeffizient $c$ der Shieldschen Formel (5.3/34) für die Ziehspannung. $\bar{\mu}$ Ersatz-Reibwert nach Siebel; $\alpha$ (halber) Düsenöffnungswinkel

Die Dehnungsgeschwindigkeit längs der $\varrho$-Linien beträgt analog $\lambda_r$ in (A.2/21) offenbar

$$\lambda_\varrho = \frac{dv_\varrho}{d\varrho}, \tag{5.3/36a}$$

während $\lambda_\vartheta$ und $\lambda_\delta$ nach dem Schema (1.1/4) gebildet werden mit entweder $l = 2\pi r = 2\pi\varrho \sin \delta$ als Länge eines Umfangs($\vartheta$-)Kreises oder $l = 2\alpha\varrho$ als Länge eines Kreisbogens um 0 zwischen den (schraffierten) Düsenwandungen. $\lambda = \dot{l}/l$ ergibt dann wegen $\delta = 0$, $\alpha = $ const

$$\lambda_\vartheta = \lambda_\delta = \frac{\dot{\varrho}}{\varrho} = \frac{v_\varrho}{\varrho}. \tag{5.3/36b}$$

Über (5.3/35) folgt

$$\lambda_\varrho = \frac{2\,|v_C|\,|0C|^2}{\varrho^3}, \qquad \lambda_\vartheta = \lambda_\delta = \frac{|v_C|\,|0C|^2}{\varrho^3},$$

also aus dem Mohrschen Kreis analog (5.3/1) mit $\lambda_\varrho$, $\lambda_\vartheta$, $\lambda_\delta$ als Haupt-Formänderungsgeschwindigkeiten

$$\lambda_m = \frac{1}{2}(\lambda_\varrho + \lambda_\delta) = \frac{1}{2}\frac{|v_C|\,|0C|^2}{\varrho^3},$$

$$|\lambda_d| = \frac{1}{2}|\lambda_\varrho - \lambda_\delta| = \frac{3}{2}\frac{|v_C|\,|0C|^2}{\varrho^3},$$

so daß die kinematischen Bedingungen (5.3/17b) (unteres Vorzeichen) zutreffen. Die Fließregel ist erfüllt, und insofern liegt eine widerspruchsfreie Teillösung vor.

Jedoch kann das Geschwindigkeitsfeld nicht ohne weiteres, jedenfalls nicht über die Kreisbögen $BB$ oder $CEC$ und auch nicht über den Konus $C0C$ als Sprungflächen hinaus, an den starr ein- oder austretenden Strang in Bild 5.30 angeschlossen werden, ist daher weder vollständig noch eignet es sich unmittelbar für eine Obere-Schranken-Lösung. Insofern darf man auch (5.3/33) oder gar (5.3/34) nicht als exakte Ergebnisse ansehen. Übrigens basiert Shields Ansatz *mit* Reibung auf demselben Geschwindigkeitsfeld (5.3/35).

Weitere, ebenfalls unvollständige Lösungsfelder findet man in [501], [604][32] sowie, verallgemeinert auf das Coulomb-Mohrsche Fließgesetz, in [605, 495]. Die vorstehende Shieldsche Lösung wird in [496] auf elastisch-plastisches Material übertragen. Hinsichtlich allgemeiner numerischer Lösungsmethoden vergleiche man [493].

### 5.3.4 Hauptlinientheorie

#### 5.3.4.1 Allgemein

Aufgrund der in Abschnitt 5.3.2 vorab behandelten Sonderfälle dürfen wir jetzt von $\sigma_I \neq \sigma_{II}$, $u \neq 0$, wegen (5.3/2), (5.3/5) also $\lambda_\vartheta = \lambda_{III} \neq 0$ ausgehen. $\sigma_\vartheta$ ist nach der Fließregel (1.3/54) jedenfalls nicht mittlere Hauptspannung. Gleichheit mit $\sigma_I$ oder $\sigma_{II}$ wurde durch die Gleitlinientheorie in Abschnitt 5.3.3 erledigt. Somit bleibt (nach geeigneter Numerierung der Hauptachsen $I$, $II$) nur noch

oder
$$\left.\begin{array}{c} \sigma_I > \sigma_{II} > \sigma_\vartheta \\[2ex] \sigma_\vartheta > \sigma_{II} > \sigma_I\,. \end{array}\right\} \tag{5.3/37}$$

---

[32] Dort mit vollständiger Kinematik, aber unvollständiger Spannungsverteilung (Obere-Schranken-Lösung).

Wir wählen jetzt also *II* stets als die zur mittleren Hauptspannung gehörige Richtung und haben dann die Fließbedingung

$$\sigma_I - \sigma_\vartheta = \pm 2k \tag{5.3/38}$$

(vgl. (1.3/53) mit $k = Y/2$ als Scherfließgrenze). Hier wie in allen nachfolgenden Formeln bezieht sich das obere Vorzeichen auf den oberen, das untere auf den unteren Fall (5.3/37). Die Fließregel (1.3/54) lautet über (5.3/5)

$$\pm \lambda_I \geqq 0 , \qquad \mp \lambda_\vartheta = \mp \frac{u}{r} \geqq 0 , \qquad \lambda_{II} = 0 \tag{5.3/39}$$

in Verbindung mit der Inkompressibilität, d. h.

$$\lambda_I + \lambda_\vartheta = 0 . \tag{5.3/40}$$

Setzen wir dementsprechend in (5.3/3) $\lambda_m = \lambda_I/2$, $\lambda_d = \lambda_I/2^{33}$ ein, so folgt über (5.3/40), (5.3/5) und Bild 5.29

$$\left. \begin{array}{l} \dfrac{\partial u}{\partial r} = -\dfrac{1}{2} \dfrac{u}{r} (1 - \cos 2\psi), \qquad \dfrac{\partial v}{\partial z} = -\dfrac{1}{2} \dfrac{u}{r} (1 + \cos 2\psi), \\[2ex] \dfrac{1}{2}\left(\dfrac{\partial u}{\partial z} + \dfrac{\partial v}{\partial r}\right) = \dfrac{1}{2} \dfrac{u}{r} \sin 2\psi . \end{array} \right\} \tag{5.3/41}$$

Dies sind 3 partielle Differentialgleichungen 1. Ordnung in 3 Unbekannten $u$, $v$, $\psi$; man kann *bei geeigneten Randbedingungen* eindeutige Lösbarkeit erhoffen und spricht deshalb in diesem eingeschränkten Sinne von einem *kinematisch bestimmten* Problem. Leider sind die Grundgleichungen (5.3/41) in *dieser* Form nicht hyperbolisch, weil die Richtungsdeterminante (A.3/9) *identisch* verschwindet. Jedoch können sie durch geeignete andere Koordinatenwahl auf ein charakteristisches System transformiert werden (also auf ein solches, dessen jede Gleichung Ableitungen nur nach *einer* von zwei krummlinigen Koordinaten $\xi$, $\eta$ enthält) und erweisen sich in diesem Sinne doch noch als hyperbolisch. $\xi,\eta$-Charakteristiken sind dann nach Cox, Eason und Hopkins [605] die *Hauptlinien*, d. h. Kurven, die überall in Richtung der Spannungs- bzw. Formänderungsgeschwindigkeits-Hauptachsen *I*, *II* verlaufen. Demnach wäre in Bild 5.29

$$\chi + \psi = 0 \tag{5.3/42}$$

zu setzen. Ferner führen wir die z. B. in der Strömungsmechanik als (mittlere) *Rotation* des Geschwindigkeitsfeldes bekannte Größe

$$\omega = \frac{1}{2}\left(\frac{\partial u}{\partial z} - \frac{\partial v}{\partial r}\right) \tag{5.3/43}$$

---

[33] Die Gleichungen des Mohrschen Kreises (A.2/35), (A.2/36) gelten unabhängig vom Vorzeichen von $\lambda_d$ bzw. $S_d$.

als neue Veränderliche ein. Dann lauten die in [497] entwickelten charakteristischen Gleichungen, wenn $d_\xi$, $d_\eta$ die Differentiale längs der $\xi$- bzw. $\eta$-Hauptlinie darstellen:

$$\left.\begin{aligned}
d_\xi u + \left(\frac{u}{r} + \omega \cot \psi\right) d_\xi r &= 0, \\[2mm]
d_\xi \omega - \frac{u}{r} d_\xi \psi + \left(\omega - \frac{u}{r} \cot \psi\right) \frac{d_\xi r}{r} &= 0, \\[2mm]
d_\eta u - (\omega \tan \psi) d_\eta r &= 0, \\[2mm]
d_\eta \omega + \frac{u}{r} d_\eta \psi &= 0.
\end{aligned}\right\} \qquad (5.3/44)$$

Wir wollen (5.3/44) ohne Umweg über das im Anhang gegebene Standardverfahren hier direkt herleiten und lesen mit (5.3/42) aus Bild 5.29a

$$\frac{r_{,\xi}}{z_{,\xi}} = -\tan \psi, \qquad \frac{r_{,\eta}}{z_{,\eta}} = \cot \psi \qquad (5.3/45)$$

ab, worin $r = r(\xi, \eta)$, $z = z(\xi, \eta)$ als Funktionen des krummlinig orthogonalen Koordinatennetzes der *I,II*-Hauptlinien ausgedrückt seien und Indizes $\xi$, $\eta$ *hinter Kommas* die Ableitungen nach diesen Variablen bezeichnen. Alsdann schreiben wir mit (5.3/43), (5.3/45)

$$-\frac{\sin \psi}{r_{,\xi}} u_{,\xi} = \frac{\cos \psi}{z_{,\xi}} u_{,\xi} = \frac{\cos \psi}{z_{,\xi}} \left(\frac{\partial u}{\partial r} r_{,\xi} + \frac{\partial u}{\partial z} z_{,\xi}\right) = -\sin \psi \frac{\partial u}{\partial r} + \cos \psi \frac{\partial u}{\partial z} =$$

$$= -\sin \psi \frac{\partial u}{\partial r} + \frac{1}{2}\left(\frac{\partial u}{\partial z} + \frac{\partial v}{\partial r}\right) \cos \psi + \omega \cos \psi$$

und ersetzen $\dfrac{\partial u}{\partial r}, \dfrac{1}{2}\left(\dfrac{\partial u}{\partial z} + \dfrac{\partial v}{\partial r}\right)$ über (5.3/41). Dies liefert wegen (5.3/45) die erste Gleichung (5.3/44). Entsprechend folgt die dritte über

$$\frac{\cos \psi}{r_{,\eta}} u_{,\eta} = \frac{\sin \psi}{z_{,\eta}} u_{,\eta} = \frac{\sin \psi}{z_{,\eta}} \left(\frac{\partial u}{\partial r} r_{,\eta} + \frac{\partial u}{\partial z} z_{,\eta}\right) = \frac{\partial u}{\partial r} \cos \psi + \frac{\partial u}{\partial z} \sin \psi =$$

$$= \frac{\partial u}{\partial r} \cos \psi + \frac{1}{2}\left(\frac{\partial u}{\partial z} + \frac{\partial v}{\partial r}\right) \sin \psi + \omega \sin \psi = \omega \sin \psi.$$

Differentiation der ersten Gleichung (5.3/41) nach $z$ und der zweiten nach $r$ gibt, wenn partielle Ableitungen nach $r$ bzw. $z$ ebenfalls kurz durch Indizes *hinter Kommas* ausgedrückt werden,

$$\frac{\partial^2 u}{\partial r \partial z} = -\psi_{,z} \frac{u}{r} \sin 2\psi - \frac{1}{2}\frac{u_{,z}}{r}(1 - \cos 2\psi),$$

$$\frac{\partial^2 v}{\partial r \partial z} = \psi_{,r} \frac{u}{r} \sin 2\psi - \frac{1}{2}\frac{u_{,r}}{r}(1 + \cos 2\psi) + \frac{1}{2}\frac{u}{r^2}(1 + \cos 2\psi).$$

Differentiation der letzten Gleichung (5.3/41) nach $r$ und $z$ liefert

$$\frac{\partial^2 u}{\partial z^2} = 2\psi_{,z} \frac{u}{r} \cos 2\psi + \frac{u_{,z}}{r} \sin 2\psi - \frac{\partial^2 v}{\partial r \partial z},$$

$$\frac{\partial^2 v}{\partial r^2} = 2\psi_{,r} \frac{u}{r} \cos 2\psi + \frac{u_{,r}}{r^2} \sin 2\psi - \frac{u}{r} \sin 2\psi - \frac{\partial^2 u}{\partial r \partial z}.$$

Schließlich folgt aus den letzten vier Beziehungen zusammen mit (5.3/45) und (5.3/43)

$$-2\frac{\cos \psi}{z_{,\xi}} \omega_{,\xi} = 2(\omega_{,r} \sin \psi - \omega_{,z} \cos \psi) = (u_{,zr} - v_{,rr}) \sin \psi - (u_{,zz} - v_{,zr}) \cos \psi =$$

$$= \frac{2}{r}\left[-u_{,r} \cos \psi - u_{,z} \sin \psi + u(\psi_{,r} \sin \psi - \psi_{,z} \cos \psi) + \frac{u}{r} \cos \psi\right].$$

Hierin wird $u_{,r}$ aus (5.3/41) substituiert, $u_{,z}$ mittels (5.3/41) und (5.3/43) durch $u_{,z} = \omega + \frac{1}{2}(u/r)\sin 2\psi$ ausgedrückt und $\psi_{,r} \sin\psi - \psi_{,z}\cos\psi$ gemäß (5.3/45) durch

$$-\frac{\cos\psi}{z_{,\xi}}\,(\psi_{,r}\,r_{,\xi} + \psi_{,z}\,z_{,\xi}) = -\frac{\cos\psi}{z_{,\xi}}\,\psi_{,\xi}$$

ersetzt. Dann erhält man

$$-2\,\frac{\cos\psi}{z_{,\xi}}\,\omega_{,\xi} = -\frac{2}{r}\left[\omega\sin\psi - \frac{u}{r}\cos\psi + u\,\frac{\cos\psi}{z_{,\xi}}\,\psi_{,\xi}\right],$$

also wegen $\dfrac{\cos\psi}{z_{,\xi}} = -\dfrac{\sin\psi}{r_{,\xi}}$ (vgl. (5.3/45)) die zweite Gleichung (5.3/44).

Die vierte ergibt sich ganz analog über

$$-2\,\frac{\sin\psi}{z_{,\eta}}\,\omega_{,\eta} = -2(\omega_{,r}\cos\psi + \omega_{,z}\sin\psi) = (v_{,rr} - u_{,zr})\cos\psi - (u_{,zz} - v_{,zr})\sin\psi =$$

$$= 2\,\frac{u}{r}\,(\psi_{,r}\cos\psi + \psi_{,z}\sin\psi) = 2\,\frac{u\sin\psi}{r\,z_{,\eta}}\,\psi_{,\eta}\,.$$

Somit sind die charakteristischen Gleichungen (5.3/44) eine Konsequenz des Ausgangssystems (5.3/41). Um die Gleichwertigkeit zu gewährleisten, muß man umgekehrt nachweisen, daß auch jedes Integral $u(\xi,\eta)$, $r(\xi,\eta)$, $\omega(\xi,\eta)$, $\psi(\xi,\eta)$ die Ausgangsgleichungen (5.3/41) zusammen mit den geometrischen Beziehungen (5.3/45) befriedigt.

Bei gegebenen Funktionen $r(\xi,\eta)$, $\psi(\xi,\eta)$ gibt es aber *zwei* Bestimmungsgleichungen (5.3/45) für $z(\xi,\eta)$, nämlich

$$z_{,\xi} = -r_{,\xi}\cot\psi\,,\qquad z_{,\eta} = r_{,\eta}\tan\psi\,. \tag{5.3/46}$$

Sie dürfen einander nicht widersprechen. Dafür ist notwendig und (in einem einfach zusammenhängenden Gebiet der $\xi,\eta$-Ebene) auch hinreichend, daß $\partial z_{,\xi}/\partial\eta = \partial z_{,\eta}/\partial\xi$, kurz $z_{,\xi\eta} = z_{,\eta\xi}$ gilt (vgl. [20], Bd. 4). Dies bedeutet

$$-(r_{,\xi}\cot\psi)_{,\eta} = (r_{,\eta}\tan\psi)_{,\xi}\,,$$

oder

$$r_{,\xi\eta} = r_{,\xi}\,\psi_{,\eta}\cot\psi - r_{,\eta}\,\psi_{,\xi}\tan\psi\,. \tag{5.3/47}$$

Diese Beziehung folgt in der Tat aus (5.3/44), wenn man die erste Gleichung nach $\eta$ differenziert, die dritte nach $\xi$, $u_{,\xi\eta}$ aus beiden eliminiert und die auftretenden Ableitungen $u_{,\xi}$, $u_{,\eta}$, $\omega_{,\xi}$, $\omega_{,\eta}$ mittels (5.3/44) durch $\psi_{,\xi}$, $\psi_{,\eta}$, $r_{,\xi}$, $r_{,\eta}$ substituiert vorausgesetzt, daß nicht überall

$$\omega \equiv -\frac{1}{2}\sin 2\psi\,\frac{u}{r} \tag{5.3/48}$$

gilt. Dies würde, von den Ausgangsgleichungen (5.3/41) und (5.3/43) her gesehen, $\partial u/\partial z \equiv 0$ oder

$$u \equiv u(r) \tag{5.3/49}$$

bedeuten. Wir kommen auf diesen Ausnahmefall später zurück.

Nun sei also auch $z(\xi,\eta)$ bekannt. Dann suchen wir die Axialgeschwindigkeit $v = v(\xi,\eta)$ und definieren zunächst willkürlich

$$v_{,\xi} = \left(\frac{u}{r}\cot\psi - \omega\right)r_{,\xi}\,,\qquad v_{,\eta} = -\omega r_{,\eta}\,. \tag{5.3/50}$$

Damit (in einem einfach zusammenhängenden Gebiet) eine Lösung existiert, sind wiederum die Integrabilitätsbedingungen $v_{,\xi\eta} = v_{,\eta\xi}$ zu erfüllen. Man zeigt ihre Gültigkeit wie oben, wobei zusätzlich (5.3/47) benutzt wird. Nun darf man auch von einer bekannten Funktion $v(\xi,\eta)$ ausgehen. Es gilt

$$v_{,\xi} = v_{,r}r_{,\xi} + v_{,z}z_{,\xi}\,,\qquad v_{,\eta} = v_{,r}\,r_{,\eta} + v_{,z}\,z_{,\eta}$$

und man kann, sofern der weitere, ebenfalls später zu behandelnde Sonderfall

$$r_{,\xi}r_{,\eta} \equiv 0 \tag{5.3/51}$$

ausgeschlossen wird, über (5.3/46) eindeutig nach $v_{,r}$, $v_{,z}$ auflösen:

$$v_{,r} = \sin\psi\cos\psi\left(\frac{v_{,\eta}}{r_{,\eta}}\cot\psi + \frac{v_{,\xi}}{r_{,\xi}}\tan\psi\right), \qquad v_{,z} = \sin\psi\cos\psi\left(\frac{v_{,\eta}}{r_{,\eta}} - \frac{v_{,\xi}}{r_{,\xi}}\right). \tag{5.3/52}$$

Setzt man (5.3/50) ein, so folgt

$$\frac{\partial v}{\partial z} = -\frac{1}{2}\frac{u}{r}(1 + \cos 2\psi), \qquad \frac{\partial v}{\partial r} = \frac{1}{2}\frac{u}{r}\sin 2\psi - \omega.$$

Entsprechend wird die erste und die dritte Gleichung (5.3/44) auf $r,z$-Koordinaten transformiert:

$$\frac{\partial u}{\partial z} = \frac{1}{2}\frac{u}{r}\sin 2\psi + \omega, \qquad \frac{\partial u}{\partial r} = -\frac{1}{2}\frac{u}{r}(1 - \cos 2\psi).$$

Zwei der letzten vier Beziehungen stimmen unmittelbar mit den zwei ersten Grundgleichungen (5.3/41) überein; Summe und Differenz der restlichen führen auf die dritte Grundgleichung (5.3/41) sowie die Relation (5.3/43).

Wir resümieren:

*Jedes Integral der Grundgleichungen (5.3/41) stellt gemeinsam mit (5.3/43) ein solches des charakteristischen Systems (5.3/44) dar. In einem einfach zusammenhängenden Gebiet der r,z-Ebene kann jedes Integral von (5.3/44), sofern die Sonderfälle (5.3/48), (5.3/51) ausgeschlossen bleiben, durch Integration von (5.3/46), (5.3/50) zu einer Lösung der Grundgleichungen (5.3/41) mit (5.3/43) vervollständigt werden.*

Da charakteristische Systeme wie (5.3/44) standardmäßig numerisch mittels der im Anhang beschriebenen Massauschen Gitterkonstruktion integriert werden können, betrachten wir das kinematische Problem vorerst als gelöst. Es hat im Prinzip den Vorteil anschaulicher Interpretierbarkeit, da die Charakteristiken als Hauptlinien physikalische Bedeutung besitzen. Doch gelang es bisher nicht, irgendwelche allgemeinen geometrischen Eigenschaften wie etwa für die Gleitlinien des ebenen Fließens herzuleiten.

Es sei noch auf folgenden Aspekt der Hauptlinientheorie hingewiesen. Soweit sie — wenigstens überwiegend — zutrifft, bestimmen kinematisch vollständige Randbedingungen den Werkstofffluß allein, ohne daß Materialdaten wie die Fließgrenzen eingehen. Eine solche vorherrschende Abhängigkeit der Kinematik nur von den Randbedingungen entspricht der Anschauung ebenso wie z. B. quantitativen Beobachtungen in der Umformtechnik [503].

Wir wenden uns jetzt der Spannungsverteilung zu und zeigen wiederum auf direktem Wege durch Herleitung von charakteristischen Gleichungen, daß ein hyperbolisches Problem mit Hauptlinien als Charakteristiken entsteht. Hierzu genügt es, die Gleichgewichtsbedingungen (5.3/4) auf Hauptlinien zu transformieren.

Zunächst zerlegen wir die Volumenkräfte $p_r$, $p_z$ in Hauptrichtungen (vgl. Bild 5.29a) und haben

$$p_r = -\sin\psi\, p_I + \cos\psi\, p_{II}, \qquad p_z = \cos\psi\, p_I + \sin\psi\, p_{II},$$

wo $p_I$, $p_{II}$ die Komponenten in *I*- bzw. *II*-Richtung repräsentieren. Alsdann schreiben wir die partiellen Ableitungen in (5.3/4) nach der Regel (5.3/52) in solche nach $\xi$ und $\eta$ um, setzen

(5.3/3) mit $\sigma_m = {}^1\!/_2(\sigma_I + \sigma_{II})$, $\sigma_d = {}^1\!/_2(\sigma_I - \sigma_{II})$ ein und erhalten nach einer umständlichen obwohl elementaren Rechnung

$$r \sin \psi \cos \psi \left[ \frac{\sigma_{II,\eta}}{r_{,\eta}} - \frac{\sigma_{I,\xi}}{r_{,\xi}} + (\sigma_I - \sigma_{II}) \left( - \cot \psi \, \frac{\psi_{,\eta}}{r_{,\eta}} + \tan \psi \, \frac{\psi_{,\xi}}{r_{,\xi}} \right) \right] -$$

$$- \frac{1}{2} (\sigma_I - \sigma_{II}) \sin 2\psi + r(p_I \cos \psi + p_{II} \sin \psi) = 0 \,,$$

$$r \sin \psi \cos \psi \left[ \frac{\sigma_{II,\eta}}{r_{,\eta}} \cot \psi + \frac{\sigma_{I,\xi}}{r_{,\xi}} \tan \psi + (\sigma_I - \sigma_{II}) \left( \frac{\psi_{,\eta}}{r_{,\eta}} + \frac{\psi_{,\xi}}{r_{,\xi}} \right) \right] -$$

$$- \frac{1}{2} (\sigma_I - \sigma_{II})(1 + \cos 2\psi) - \sigma_\vartheta + \sigma_I + r(-p_I \sin \psi + p_{II} \cos \psi) = 0 \,.$$

Nach Elimination von $\sigma_\vartheta$ mittels der Fließbedingung (5.3/38) wird die obere Gleichung mit $- \cot \psi$ bzw. $\tan \psi$ multipliziert und zur unteren addiert. In den entstehenden Ausdrücken für $\sigma_{I,\xi}/r_{,\xi} = {} = \mathrm{d}_\xi \sigma_I / \mathrm{d}_\xi r$ bzw. $\sigma_{II,\eta}/r_{,\eta} = \mathrm{d}_\eta \sigma_{II}/\mathrm{d}_\eta r$ substituiert man noch mittels (5.3/19) und (5.3/42)

$$\mathrm{d}_\xi r = r_{,\xi} \, \mathrm{d}\xi = - \sin \psi \, \mathrm{d}s_\xi \,, \qquad \mathrm{d}_\eta r = r_{,\eta} \, \mathrm{d}\eta = \cos \psi \, \mathrm{d}s_\eta \,,$$

worin $\mathrm{d}s_\xi$, $\mathrm{d}s_\eta$ die Bogenlängenelemente der Hauptlinien darstellen, und findet [606]

$$\left.\begin{aligned}
\mathrm{d}_\xi \sigma_I - \left\{ (\sigma_I - \sigma_{II}) \frac{\mathrm{d}_\eta \psi}{\mathrm{d}s_\eta} \pm 2k \, \frac{\sin \psi}{r} - p_I \right\} \mathrm{d}s_\xi = 0 \,, \\[2mm]
\mathrm{d}_\eta \sigma_{II} - \left\{ (\sigma_I - \sigma_{II}) \frac{\mathrm{d}_\xi \psi}{\mathrm{d}s_\xi} + \frac{\cos \psi}{r} (\sigma_I - \sigma_{II} \mp 2k) - p_{II} \right\} \mathrm{d}s_\eta = 0 \,.
\end{aligned}\right\} \quad (5.3/53)$$

Hierin bedeuten $\mathrm{d}_\eta \psi/\mathrm{d}s_\eta$ bzw. $\mathrm{d}_\xi \psi/\mathrm{d}s_\xi$ Krümmungen der $\eta,\xi$-Hauptlinien. Das obere oder untere Vorzeichen $\pm$, $\mp$ gilt gemäß (5.3/39), (5.3/5) je nachdem, ob die kinematische Lösung $u < 0$ oder $u > 0$ geliefert hat. Dementsprechend muß man nach Integration des charakteristischen Systems (5.3/53) in Zusammenhang mit (5.3/38) überprüfen, ob die obere oder untere Ungleichung (5.3/37) erfüllt wird, weil nur dann die Lösung widerspruchsfrei ist und gelten kann:

$$\text{bzw.} \qquad \left.\begin{aligned}
\sigma_I > \sigma_{II} > \sigma_I - 2k \\[2mm]
\sigma_I + 2k > \sigma_{II} > \sigma_I \,.
\end{aligned}\right\} \qquad (5.3/54)$$

### 5.3.4.2 Weitere Sonderfälle und Anwendungen

Das charakteristische System (5.3/44) eignet sich nur dann zur Integration mittels der Massauschen Gitterkonstruktion, wenn seine Determinante

$$\Delta = \det \begin{pmatrix}
1 & \dfrac{u}{r} + \omega \cot \psi & 0 & 0 \\[3mm]
0 & \dfrac{1}{r} \left( - \dfrac{u}{r} \cot \psi + \omega \right) & 1 & - \dfrac{u}{r} \\[3mm]
1 & - \omega \tan \psi & 0 & 0 \\[3mm]
0 & 0 & 1 & \dfrac{u}{r}
\end{pmatrix} = 2 \, \frac{u}{r} \left[ \frac{u}{r} + \frac{\omega}{\sin \psi \cos \psi} \right] \quad (5.3/55)$$

gebildet aus den Koeffizienten der Differentiale $\mathrm{d}u$, $\mathrm{d}r$, $\mathrm{d}\omega$, $\mathrm{d}\psi$, nicht verschwindet (vgl. (A.3/19b)). Sie besitzt Nullstellen für $u = 0$ oder entsprechend (5.3/48), (5.3/49) auch für $u = u(r)$ sowie Unendlichkeitsstellen (Pole) für $\psi = 0$, $\psi = \pi/2$

oder $r = 0$. $u \equiv 0$ wurde in Abschnitt 5.3.2 vorweggenommen. Die Achse $r = 0$ wollen wir als Grenzfall zu $r > 0$ auffassen und nicht extra untersuchen.[34] Also bleiben die Sonderfälle

$$u \equiv u(r) \not\equiv 0 \,, \qquad \psi \equiv \frac{\pi}{2} \,, \qquad \psi \equiv 0 \,, \tag{5.3/56}$$

wobei die Identität auf Gültigkeit jeweils für ein ganzes Gebiet der $r,z$-Ebene deuten soll: Einzelne Kurven bzw. Punkte kann man durch Grenzübergang von den benachbarten Gebieten her erreichen, so daß sich Extrauntersuchungen erübrigen. (5.3/56) entspricht auch den zuvor ausgeschlossenen Sonderfällen (5.3/49), (5.3/51).

Wir beginnen mit dem ersten Fall (5.3/56). Addition der ersten beiden Gleichungen (5.3/41) und Integration liefert

$$v = h(r) - z \left( \frac{\mathrm{d}u}{\mathrm{d}r} + \frac{u}{r} \right), \tag{5.3/57}$$

worin $h = h(r)$ eine beliebige Funktion von $r$ darstellt. Also folgt aus denselben Beziehungen für $u \neq 0$

$$\sin^2 \psi = - \frac{\mathrm{d}u/\mathrm{d}r}{u/r} \,, \qquad \cos^2 \psi = - \frac{\partial v/\partial z}{u/r} = 1 + \frac{\mathrm{d}u/\mathrm{d}r}{u/r} \,, \tag{5.3/58}$$

in denen $\psi = \psi(r)$ wie $u$ von $r$ allein abhängt. Offenbar muß

$$0 \leqq - \frac{\mathrm{d}u/\mathrm{d}r}{u/r} \leqq 1 \tag{5.3/59}$$

gelten. Dann folgt aus der letzten Beziehung (5.3/41)

$$\frac{\mathrm{d}h(r)}{\mathrm{d}r} - z \frac{\mathrm{d}}{\mathrm{d}r} \left( \frac{\mathrm{d}u}{\mathrm{d}r} + \frac{u}{r} \right) = 2 \frac{u}{r} \sin \psi \cos \psi \,. \tag{5.3/60}$$

Hierin muß der Koeffizient des $z$-Gliedes verschwinden:

$$\frac{\mathrm{d}u}{\mathrm{d}r} + \frac{u}{r} = \frac{1}{r} \frac{\mathrm{d}(ur)}{\mathrm{d}r} = \mathrm{const} = 2c \,,$$

$$u = cr + \frac{m}{r} \,; \qquad c, m = \mathrm{const} \,, \tag{5.3/61}$$

wobei die Einschränkung (5.3/59) gerade den Gültigkeitsbereich

$$0 \leqq r^2 \leqq \frac{m}{c} \tag{5.3/62}$$

und damit insbesondere gleiches Vorzeichen von $m$ und $c$ ergibt. Schließlich erhält man aus (5.3/60—62)

$$\frac{\mathrm{d}v}{\mathrm{d}r} = \pm \sqrt{8c \left( \frac{m}{r^2} - c \right)} \,,$$

$$v = v(r) = \mathrm{const} \mp \sqrt{8mc} \left\{ \mathrm{arch} \frac{\sqrt{m/c}}{r} - \sqrt{1 - \frac{r^2}{m/c}} \right\}. \tag{5.3/63}$$

Beide Vorzeichen sind möglich.

(5.3/61) entspricht gemäß (2.1/13) (ohne Torsion) gerade dem Rohr unter Innen- bzw. Außendruck und Längskraft (Bild 5.32 und [504]) mit der geometrisch/kinematischen Bindung (5.3/62). Ihm wird die Axialströmung (5.3/63) überlagert.

---

[34] Besdo betrachtet Achssingularitäten bei einem anderen elastoplastischen Stoffgesetz [494].

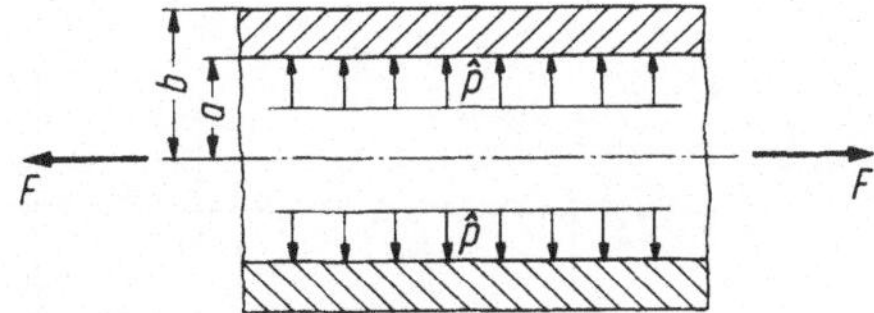

**Bild 5.32.** Rohr unter Längskraft $F$ und Innendruck $\hat{p}$ = const

Soweit der erste Sonderfall (5.3/56).
Der zweite Sonderfall (5.3/56) liefert mit den ersten beiden Gleichungen (5.3/41) gerade

$$v = v(r)\,, \qquad u = h(z)/r$$

bei beliebiger Funktion $h(z)$. Einsetzen in die letzte Gleichung (5.3/41) ergibt dann $dh(z)/dz +$
$+\ r(dv(r)/dr) = 0$, also

$$v(r) = c\ln r + \text{const}\,, \qquad h(z) = -cz + m$$

mit geeigneten Konstanten $c$, $m$. Außer für $c = 0$ (Rohraufweitung bzw. Schrumpfung) ist eine
unmittelbare Anwendung nicht ersichtlich.
Die dritte Beziehung (5.3/56) führt entsprechend aufbereitet zu $u \equiv 0$, $v \equiv$ const, also einem Starr-
körper.
Dies waren die axialsymmetrischen Fließvorgänge mit verschwindender oder unendlicher Determinante (5.3/55). Sie umfassen wie gesagt auch die früheren Ausnahmefälle (5.3/48), (5.3/51), so daß
sich diese mit erledigt haben.

Nunmehr wollen wir ein Beispiel für eine Hauptlinienlösung mit im allgemeinen
nicht-verschwindender, endlicher Determinante (5.3/55) liefern und prüfen durch
Einsetzen in (5.3/44), (5.3/45), (5.3/50), daß eine solche durch

$$\left.\begin{array}{l} \psi = \xi\,, \qquad r = (\eta + a)\cos\xi\,, \qquad z = (\eta + a)\sin\xi\,, \qquad \omega = -\dfrac{B}{\cos\xi}\,, \\[2ex] u = \dfrac{1}{\cos\xi}\left[C - B(\eta + a)\sin\xi\right], \qquad v = D + B(\eta + a) + C\ln\tan\dfrac{1}{2}\left(\dfrac{\pi}{2} - \xi\right) \end{array}\right\} \quad (5.3/64)$$

definiert wird, wobei $-\pi/2 < \xi < \pi/2$ sowie $a, B, C, D =$ const gilt [497]. Offenbar
handelt es sich *geometrisch* um den Kreisfächer mit $\xi$ als Zentriwinkel und $a + \eta$
als Radius, wie er im Bild 5.33 (als Verallgemeinerung des ebenen Kreisfächers von
Bild 5.17b) eingezeichnet ist. Man beachte hier die Unsymmetrie der Hauptlinientheorie in bezug auf $\xi$ und $\eta$: Ein entsprechender Kreisfächer mit den $\xi$-Linien als
Radius, $\psi = \eta$, löst die Grundgleichungen nicht!
Technisch interessant ist der Sonderfall $C = D = 0$. Wenn man für ihn nach
Bild 5.33 die Werkstoffgeschwindigkeiten $v_\xi$, $v_\eta$ in Richtung der Hauptlinien aus-
rechnet, so erhält man über (5.3/64)

$$v_\xi = -u\sin\xi + v\cos\xi = B(\eta + a)/\cos\xi\,,$$
$$v_\eta = u\cos\xi + v\sin\xi = 0\,. \qquad\qquad (5.3/65)$$

Der Werkstoff fließt also entlang den kreisförmigen $\xi$-Linien als Stromlinien so, wie
man dies für den in Bild 5.33 wiedergegebenen Rohr-*Einzieh*vorgang bei kugel-
förmigem, reibungsfreien[35] Hohlwerkzeug erwarten könnte. $B$ bedeutet die Winkelgeschwindigkeit der Rohrradien am Eintritt $\xi = 0$. Da diese Winkelgeschwindigkeit

---

[35] Da der Werkzeugrand eine Hauptspannungstrajektorie darstellt.

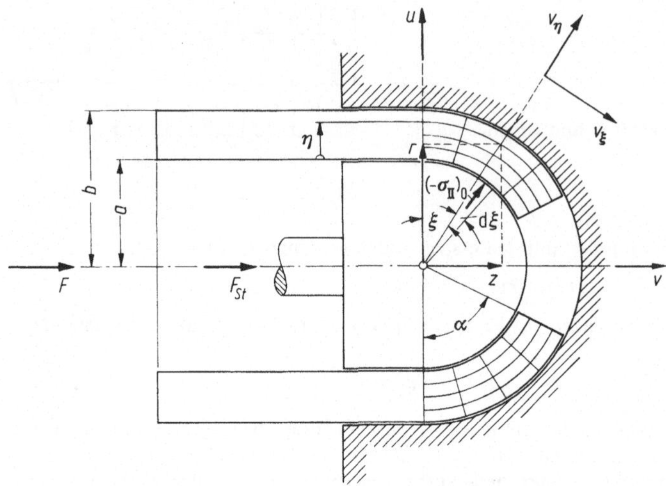

**Bild 5.33.** Einziehen eines Rohres (Druckkraft $F$) in ein hohlkugelförmiges Werkzeug. Gedachter kugelförmiger Innenstempel (Druckkraft $F_{St}$)

vor dem Eintritt verschwindet, ergibt sich dort ein nicht-zulässiger Sprung der Längsgeschwindigkeit $u$. Wir vernachlässigen diesen Störeinfluß.

Beim Einziehen wird, trotz des Namens, das Rohr in den Hohlraum *gepreßt* (Preßkraft $F$), um es z. B. auf diese Weise zu verschließen. Dabei kommt man technisch in der Regel ohne Innenwerkzeug aus. Ob sich dies mit unserer kinematischen Lösung verträgt, oder anders ausgedrückt: ob ohne Innendruck eine Lösung existiert, welche wie unsere die Wandstärke $b - a$ konstant läßt, wollen wir nachfolgend anhand der Statik beurteilen. Volumen-, insbesondere Trägheitskräfte lassen wir weg und beschränken uns auf ideal-plastisches Material $k = $ const. (Für eine entsprechende Theorie mit Trägheitsgliedern vgl. [606].) Dann lauten die auf Hauptlinien bezogenen Gleichgewichtsbedingungen (5.3/53) mit $ds_\xi = (\eta + a)\,d\xi$, $ds_\eta = d\eta$ als Bogenlängenelementen sowie wegen (5.3/64) und $u < 0$, (5.3/39)

$$d_\xi \sigma_I = 2k \tan \xi \, d\xi \, , \qquad d_\eta \sigma_{II} = 2(\sigma_I - \sigma_{II} - k)\,\frac{d\eta}{\eta + a} \, .$$

Sie lassen sich nacheinander sofort integrieren und ergeben mit den Randbedingungen $\sigma_I = 0$ für $\xi = \alpha$ (freier Rand) bzw. $\sigma_I - \sigma_{II} - k = (\sigma_I - \sigma_{II} - k)_0$ für $\eta = 0$ (unbekannter Wert)

$$\sigma_I = 2k \ln \left(\frac{\cos \alpha}{\cos \xi}\right), \qquad \sigma_I - \sigma_{II} - k = \frac{(\sigma_I - \sigma_{II} - k)_0}{\left(\dfrac{\eta}{a} + 1\right)^2} \, . \tag{5.3/66}$$

Die erste Beziehung führt für $\xi = 0$ auf den Preßdruck, der als konstanter Betrag gleichzeitig den mittleren Preßdruck darstellt, zu

$$\frac{F}{\pi(b^2 - a^2)} = (-\sigma_I)_{\xi=0} = -2k \ln \cos \alpha \geqq 0 \, .$$

Die zweite Gleichung (5.3/66) liefert mit der ersten Beziehung (5.3/54)

$$-\left(\frac{\eta}{a}+1\right)^2 k < (\sigma_I - \sigma_{II} - k)_0 < \left(\frac{\eta}{a}+1\right)^2 k\,.$$

$\sigma_{II0}$ und damit $\sigma_{II}$ liegt also nicht eindeutig fest. Jedoch ist die gegebene Ungleichung offenbar für alle $\eta \geqq 0$ automatisch erfüllt, sofern sie für $\eta = 0$ gilt:

$$-k < (\sigma_I - \sigma_{II} - k)_0 < k\,,$$

d. h.

$$-\sigma_I < -\sigma_{II0} < 2k - \sigma_I\,. \tag{5.3/67}$$

Wegen $-\sigma_I > 0$ folgt $-\sigma_{II0} > 0$: Man muß also stets einen Innendruck aufbringen, und die vorstehende Lösung ist nur korrekt, sofern z. B. ein genügend starres Innenwerkzeug (Stempelkraft $F_{St}$) vorhanden ist. Es wird durch $(-\sigma_{II0})$ an der Stelle $\xi, \eta = 0$ auf einem Streifen der Umfangslänge $2\pi(r)_{\eta=0} = 2\pi a \cos \xi$ und der Breite $a\,\mathrm{d}\xi$ belastet (Bild 5.33), und es interessiert nur der axiale Anteil $\mathrm{d}F_{St} = (-\sigma_{II0})\, 2\pi a^2$ $\times \cos \xi\,\mathrm{d}\xi \sin \xi$. Hieraus folgt $F_{St} = \int\limits_0^\alpha 2\pi a^2 \sin \xi \cos \xi(-\sigma_{II0})\,\mathrm{d}\xi$, und wenn man die beiden Grenzen von (5.3/67) einsetzt, über (5.3/66) die folgende Abschätzung für den mittleren, auf die Fließgrenze $Y = 2k$ bezogenen Stempeldruck:

$$-\frac{1}{2}\sin^2 \alpha + |\ln \cos \alpha| < \frac{F_{St}}{2k\pi a^2} < \frac{1}{2}\sin^2 \alpha + |\ln \cos \alpha|\,.$$

## 5.4 Ergänzungen

Es liegt nahe, analog zum ebenen Fließen auch eine allgemeine Theorie des ebenen Spannungszustandes zu entwickeln ($\sigma_z \equiv \tau_{xz} \equiv \tau_{yz} \equiv 0$ in kartesischen Koordinaten). Sie kommt aber nur bereichsweise, nicht einheitlich hyperbolisch heraus [17]. Szcepiński untersucht das Fließen beliebig doppelt gekrümmter, über starre Werkzeuge gezogener Bleche [250, 251, 252] und stößt unter gewissen Voraussetzungen ebenfalls auf hyperbolische, anhand von Charakteristikenscharen numerisch integrierbare Gleichungssysteme.

Wir erwähnen abschließend einen anderen, technisch interessanten Aspekt, nämlich die räumliche Erweiterung der *elementaren Theorie* (Kapitel 3). Sie beruht vom kinematischen Standpunkt darauf, daß z. B. beim Bandwalzen (Bild 3.8) Werkstoffstreifen $x = $ const als Streifen, d. h. ohne Biegung, umgeformt werden. Vom statischen Standpunkt aus gesehen gehen dort in die Fließbedingung (3.1/7) nur $\bar\sigma_x$ (als über die Streifenhöhe gemittelte Längsspannung) und $(\sigma_z)_{z=\pm h/2}$ (Vertikalspannung an den Walzen) ein so, als ob es sich um Hauptspannungen handelt. Beim Gleichgewicht berücksichtigt man zusätzlich die Reibschubspannung an den Walzen ggf. unter der Voraussetzung, daß sie dort ihren maximal zulässigen Betrag $k$ (Scherfließgrenze) erreicht.

Diese *Streifentheorie* z. B. des Walzens setzte ebenes Fließen voraus: Keine Werkstoffbewegung oder Scherung in $y$-Richtung (senkrecht zur gezeichneten Fließebene). Daraufhin liegt folgende Verallgemeinerung nahe: Statt Streifen betrachtet man auch in $z$-Richtung begrenzte viereckige *Säulen* der Höhe $h$, die sich nicht biegen, wohl aber in der $x,y$-Ebene drehen sowie räumlich strecken bzw. scheren können. Dementsprechend treten die über die Säulenhöhe $h$ gemittelten Spannungen $\bar{\sigma}_y$, $\bar{\tau}_{xy}$ hinzu; die Schubspannungen an den Werkzeugen dürfen ebenfalls $y$-Komponenten besitzen.

Ohne Drehung bzw. Scherung der Säulenquerschnitte wurde dieser Ansatz ad hoc für bestimmte Fragestellungen bereits von Troost [384] und Eder [510, 511] betrachtet. Oh und Kobayashi [512] sowie Kümmerling und Lippmann [376] bestimmen etwas allgemeiner als Troost die *Breitung* beim Walzen mittels der Schrankensätze (vgl. auch [586]).

Allgemein wurde jene *Säulentheorie* unter dem Namen *plastische Schicht*[36] in [506] entwickelt, nachdem Kijko [508] den Sonderfall isotropen Spannungszustandes $\bar{\sigma}_x \equiv \bar{\sigma}_y$, $\bar{\tau}_{xy} \equiv 0$ vorweg genommen hatte. Die in [506, 507] gegebenen vollständigen, aber technisch kaum interessanten Beispiele werden in [288, 509] durch realistische, aber unvollständige ergänzt. Jedenfalls handelt es sich wieder um ein hyperbolisches Problem mit ganz ähnlichen Wesenszügen wie das axialsymmetrische Fließen vorausgesetzt, daß man von einem an die generalisierten Spannungen und Formänderungsgeschwindigkeiten angepaßten Trescaschen Fließgesetz ausgeht. Dies sei am besonders einfachen Beispiel des *Bandziehens* durch eine keilförmige Düse illustriert, wobei das Band seitlich nicht geführt und beliebige Reibung zugelassen wird (Bild 5.34). Setzt man ein geradlinig-orthogonales $\xi,\eta,\zeta$-Hauptliniennetz an derart, daß in Ziehrichtung $\xi$ die über $\zeta$ gemittelte maximale (Zug-)Spannung, in $\zeta$-Richtung jedoch die minimale (Druck-)Spannung herrscht, während sich mangels äußerer Reibung — diese wirkt nur in Ziehrichtung — keine Spannung in $\eta$-Richtung aufbaut, so ist $\bar{\sigma}_\eta$ die mittlere Spannung. Es findet also in der Tat kein Werkstofffluß in $\eta$-Richtung (keine *Breitung*) statt; der verallgemeinerte elementare Ansatz ist in sich widerspruchsfrei. Man darf in der Tat mit ebenem Fließen im Längsschnitt (Bild 5.34a) rechnen, und die hierauf beruhende elementare Theorie (Pendant zu Abschnitt 3.2; vgl. [517]) ist auch für Bänder endlicher Breite gerechtfertigt.

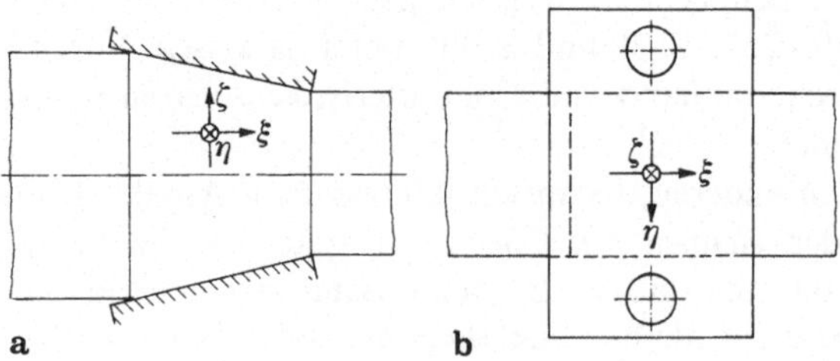

Bild 5.34. Bandziehen durch eine keilförmige Düse als räumlicher Vorgang.
a Längsschnitt
b Grundriß

---

[36] Damit ist z. B. in Bild 3.8 die Projektion auf die $x,z$-Mittelebene gemeint.

# A Anhang

## A.1 Erinnerung an die Matrizenalgebra[1]

### A.1.1 Matrizen und Determinanten

Rechteckige Zahlenanordnungen

$$A = \begin{pmatrix} A_{11} \cdots A_{1n} \\ \vdots \quad\quad \vdots \\ A_{p1} \cdots A_{pn} \end{pmatrix}, \qquad B = \begin{pmatrix} B_{11} \cdots B_{1r} \\ \vdots \quad\quad \vdots \\ B_{q1} \cdots B_{qr} \end{pmatrix}, \qquad\qquad \text{(A.1/1a)}$$

kurz:

$$A = (A_{jk}), \qquad B = (B_{jk}) \qquad\qquad \text{(A.1/1b)}$$

heißen *Matrizen*. Man nennt

$$A_j^Z = (A_{j1} \ldots A_{jn}) \quad \text{bzw} \quad B_j^Z = (B_{j1} \ldots B_{jr}) \qquad\qquad \text{(A.1/2)}$$

ihre *Zeilen* ($j = 1 \ldots p$ bzw. $j = 1 \ldots q$) und

$$A_k^S = \begin{pmatrix} A_{1k} \\ \vdots \\ A_{pk} \end{pmatrix} \quad \text{bzw.} \quad B_k^S = \begin{pmatrix} B_{1k} \\ \vdots \\ B_{qk} \end{pmatrix} \qquad\qquad \text{(A.1/3)}$$

($k = 1 \ldots n$ bzw. $k = 1 \ldots r$) ihre *Spalten*, deren „innere" Produkte wie folgt gebildet werden:

$$C_{jk} = A_j^Z B_k^S = \sum_{l=1}^{n} A_{jl} B_{lk}. \qquad\qquad \text{(A.1/4)}$$

Dies gelingt, wenn die Spaltenzahl $n$ von $A$ der Zeilenzahl $q$ von $B$ gleicht ($A$ ist zu $B$ *verkettet*; $n = q$). Die Matrix

$$C = \begin{pmatrix} C_{11} \cdots C_{1r} \\ \vdots \quad\quad \vdots \\ C_{p1} \cdots C_{pr} \end{pmatrix} = AB \qquad\qquad \text{(A.1/5)}$$

stellt dann das *Produkt* von $A$ mit $B$ dar.

Sonderfälle liegen vor, wenn $B$ (also auch $C$) eine Spalte („Spaltenmatrix") oder $A$ (also auch $C$) eine Zeile („Zeilenmatrix") ist oder gar beides gilt — im letzten Fall

---

[1] Näheres bzw. Beweise siehe u. a. [20, Bde. III, IV] oder [397].

entsteht eine Matrix von nur einem Element, die wir wie in (A.1/4) mit diesem Element identifizieren, d. h. ohne Klammer schreiben und als Zahl auffassen. Weitere Sonderfälle stellen *quadratische* Matrizen

$$H = \begin{pmatrix} H_{11} \cdots H_{1n} \\ \vdots \qquad \vdots \\ H_{n1} \cdots H_{nn} \end{pmatrix}, \quad \text{kurz} \quad H = (H_{jk}) \qquad (A.1/6)$$

dar; je zwei solche der gleichen *Ordnung n* sind zueinander verkettet und geben als Produkt wieder eine quadratische Matrix der Ordnung $n$.

Jeder quadratischen Matrix $H$ ist eine Zahl, ihre *Determinante* det $H$, zugeordnet. Man kann sie rekursiv nach folgenden Regeln berechnen: Zunächst wird zum Element $H_{jk}$ von $H$ die *komplementäre* Matrix $H^{jk}$ durch weglassen der $j$-ten Zeile und der $k$-ten Spalte von $H$ (die beide $H_{jk}$ enthalten) gebildet gemäß

$$H^{jk} = \begin{pmatrix} H_{11} & \cdots H_{1,k-1} & H_{1,k+1} & \cdots H_{1n} \\ \vdots & \vdots & \vdots & \vdots \\ H_{j-1,1} & \cdots H_{j-1,k-1} & H_{j-1,k+1} & \cdots H_{j-1,n} \\ \hline H_{j+1,1} & \cdots H_{j+1,k-1} & H_{j+1,k+1} & \cdots H_{j+1,n} \\ \vdots & \vdots & \vdots & \vdots \\ H_{n1} & \cdots H_{n,k-1} & H_{n,k+1} & \cdots H_{nn} \end{pmatrix}; \qquad (A.1/7)$$

sie ist von $(n-1)$-ter Ordnung, und Strichelung deutet das Weglassen der Zeile bzw. Spalte an.

Als *Adjunkte* $H^{jk}$ zu $H_{jk}$ bezeichnet man dann die Zahl[2]

$$H^{jk} = (-1)^{j+k} \det H^{kj}, \qquad (A.1/8)$$

und

$$\bar{H} = \begin{pmatrix} H^{11} \cdots H^{1n} \\ \vdots \qquad \vdots \\ H^{n1} \cdots H^{nn} \end{pmatrix} \qquad (A.1/9)$$

heißt *Adjunktenmatrix*. Es gilt eindeutig (ohne Beweis)

$$\det H = \sum_k H_{jk} H^{kj} = \sum_k (-1)^{j+k} H_{jk} \det H^{jk} \qquad (A.1/10\,a)$$

oder

$$\det H = \sum_j H_{jk} H^{kj} = \sum_j (-1)^{j+k} H_{jk} \det H^{jk}; \qquad (A.1/10\,b)$$

die erste Beziehung (gültig für alle $j$) interpretiert man als *Entwicklung* von det $H$ *nach der $j$-ten Zeile* von $H$, die zweite (gültig für alle $k$) als *Entwicklung nach der k-ten Spalte*.

Die Determinante einer Matrix mit nur einem Element ($n = 1$) wird als identisch mit diesem Element festgesetzt:

$$\det (H) = H. \qquad (A.1/11)$$

Dann erhält man zum Beispiel durch Entwickeln nach irgendeiner Zeile oder Spalte die Determinanten von Matrizen zweiter Ordnung zu

$$\det \begin{pmatrix} a & b \\ c & d \end{pmatrix} = ad - bc, \qquad (A.1/12)$$

---

[2] Beachte die Vertauschung von $j$ und $k$! In der Literatur wird die Adjunktenmatrix häufig *ohne* diese Vertauschung definiert.

daraus wiederum durch Entwickeln die Determinanten von Matrizen dritter Ordnung

$$\det \begin{pmatrix} a & b & c \\ d & e & f \\ g & h & k \end{pmatrix} = aek + cdh + bfg - afh - bdk - ceg \qquad \text{(A.1/13)}$$

usw.

Genau dann, wenn $\det H \neq 0$ ($H$ ist *nicht-singulär*), existiert eine *Kehrmatrix* (*inverse* Matrix) $H^{-1}$ von $H$, die durch

$$HH^{-1} = H^{-1}H = 1 \qquad \text{(A.1/14)}$$

*eindeutig* definiert wird, worin

$$1 = \begin{pmatrix} 1 & & 0 \\ & \ddots & \\ 0 & & 1 \end{pmatrix} \qquad \text{(A.1/15)}$$

die *Einsmatrix* mit den Elementen

$$\delta_{jk} = \begin{cases} 1 & \text{für} \quad j = k \\ 0 & \text{für} \quad j \neq k \end{cases} \qquad \text{(A.1/16)}$$

(Kronecker-Symbol) darstellt. Es folgt (ohne Beweis)

$$H^{-1} = \frac{1}{\det H}\,\bar{H}\,, \quad \text{wenn} \quad \det H \neq 0\,, \qquad \text{(A.1/17)}$$

wobei der Zahlenfaktor $1/\det H$ als Faktor für alle Elemente der nachfolgenden Matrix $\bar{H}$ anzusehen ist (s. (A.1/20)). (A.1/17) entspricht der sogenannten Cramerschen Regel (1750)[3].

Quadratische Matrizen $H$ mit

$$H_{jk} = H_{kj} \qquad \text{(A.1/18)}$$

heißen *symmetrisch*; dies gilt dann auch für die Kehrmatrix. Z. B. ist $1$ symmetrisch. Symmetrische Matrizen $H$ sind dadurch charakterisiert, daß sie mit ihrer *Transponierten* $H^T$ übereinstimmen, wobei „Transposition" oder „Spiegelung" die Vertauschung von Zeilen und Spalten gemäß

$$A = \begin{pmatrix} A_{11} \cdots A_{1n} \\ \vdots \qquad \vdots \\ A_{p1} \cdots A_{pn} \end{pmatrix}, \qquad A^T = \begin{pmatrix} A_{11} \cdots A_{p1} \\ \vdots \qquad \vdots \\ A_{1n} \cdots A_{pn} \end{pmatrix}. \qquad \text{(A.1/19)}$$

bedeutet: Zeilenmatrizen gehen in Spaltenmatrizen über bzw. umgekehrt.

Matrizen $A$, $B$ *gleicher Zeilen- und Spaltenzahl* darf man addieren (subtrahieren) oder mit einem Zahlenfaktor $c$ multiplizieren, indem man die entsprechenden Elemente addiert (subtrahiert) bzw. mit $c$ multipliziert. Die $0$-Matrix besteht nur aus Nullen; sie darf beliebige Zeilen- oder Spaltenzahl besitzen. Also haben wir mit $A = (A_{jk})$, $B = (B_{jk})$

$$A \pm B = (A_{jk} \pm B_{jk})\,, \qquad Ac = cA = (cA_{jk})\,, \qquad 0 = (0)\,. \qquad \text{(A.1/20)}$$

---

[3] G. Cramer (1704—1752); die Regel stammt im wesentlichen schon von G. W. Leibniz (1646—1716) 1678, vgl. [513].

Falls für 3 Matrizen $A$, $B$, $H$ aufgrund ihrer Zeilen- und Spaltenzahl die nachstehend benutzten Operationen ausführbar sind, dann gelten offenbar die folgenden Beziehungen (*Kommutativität* der Addition, *Distributivität* und *Assoziativität*):

$$A \pm B = \pm B + A, \qquad A(B \pm H) = AB \pm AH, \qquad A(BH) = (AB) H \qquad \text{(A.1/21a)}$$

sowie

$$c(A \pm B) = cA \pm cB, \qquad c(AB) = (cA) B = A(cB). \qquad \text{(A.1/21b)}$$

Hingegen erkennt man leicht am Beispiel $A = \begin{pmatrix} 1 & 0 \\ 0 & 0 \end{pmatrix}$, $B = \begin{pmatrix} 0 & 0 \\ 1 & 0 \end{pmatrix}$

$$AB \neq BA \qquad \text{(A.1/22)}$$

(Matrixmultiplikation ist im allgemeinen *nicht* kommutativ)!

Zurück zu quadratischen Matrizen und deren Determinanten. Diese sind gemäß (A.1/10a, b) linear in den Elementen jeder Zeile und jeder Spalte. Insbesondere darf man aus jeder Zeile und jeder Spalte einen allen Elementen gemeinsamen Faktor herausziehen und vor die Determinante schreiben. Die Determinante bleibt unverändert, wenn man zu jeder Zeile (Spalte) ihrer Matrix eine beliebige Linearkombination der anderen Zeilen (Spalten) hinzufügt bzw. subtrahiert; sie wechselt ihr Vorzeichen bei Vertauschung zweier Zeilen bzw. Spalten (ohne Beweis).

Die Determinante verschwindet genau dann, wenn die Zeilen (Spalten) *linear abhängig* sind, d. h., wenn eine geeignete Linearkombination der Zeilen (Spalten) mit nicht sämtlich verschwindenden Koeffizienten den Wert $0$ (Zeilen- bzw. Spaltenmatrix mit lauter Nullen) liefert (ohne Beweis). In Formeln:

$$\left. \begin{array}{l} \det H' = 0 \quad \text{genau dann, wenn es eine Zeilen-} \\ \text{matrix } b \neq 0 \text{ mit } bH = 0 \text{ gibt;} \end{array} \right\} \qquad \text{(A.1/23a)}$$

$$\left. \begin{array}{l} \det H = 0 \text{ genau dann, wenn es eine Spalten-} \\ \text{matrix } a \neq 0 \text{ mit } Ha = 0 \text{ gibt.} \end{array} \right\} \qquad \text{(A.1/23b)}$$

Für je zwei quadratische Matrizen $A$, $B$ gleicher Ordnung gilt ferner

$$\det (AB) = (\det A)(\det B). \qquad \text{(A.1/24)}$$

## A.1.2 Lineare Gleichungssysteme

Dies sind Gleichungssysteme

$$\left. \begin{array}{l} H_{11}z_1 + \dots + H_{1n}z_n = h_1 \\ \\ H_{p1}z_1 + \dots + H_{pn}z_n = h_p \end{array} \right\} \qquad \text{(A.1/25)}$$

oder kurz

$$Hz = h \qquad \text{(A.1/26)}$$

mit $H = (H_{jk})$ als beliebiger, vorgegebener, rechteckiger Matrix, die zu dem Vektor $z = (z_i)$ der *Unbekannten* $z_i$ verkettet ist. $h = (h_i)$ als *rechte Seite* stellt eine vorgegebene Spaltenmatrix dar, deren Elementezahl der Zeilenzahl von $H$ gleicht. Es gilt (Beweise vgl. [20, 397]):

(a) Wenn $H$ quadratisch mit det $H \neq 0$ ist, besteht die eindeutige Lösung von (A.1/26)

$$z = H^{-1}h \qquad\qquad (A.1/27)$$

(folgt aus (A.1/14) mit (A.1/17)). Für die praktische, numerische Auflösung gibt es allerdings Verfahren, die mit geringerem Rechenaufwand als die Cramersche Regel zum Ziel führen.

(b) Wenn $H$ nicht quadratisch ist oder det $H = 0$ gilt, existieren überhaupt keine oder unendlich viele verschiedene Lösungen $z$ von (A.1/26).

(c) Notwendig und hinreichend für die Existenz von Lösungen $z$ ist folgende Bedingung[4]: Jede zu $H$ verkettete Zeilenmatrix $\gamma$ mit

$$\gamma H = 0 \quad \text{erfüllt auch} \quad \gamma h = 0 \,. \qquad\qquad (A.1/28)$$

Die Gleichungen $\gamma h = 0$ heißen, sofern nicht $\gamma h$ identisch verschwindet,[5] *Verträglichkeitsbeziehungen*.

Hier zwei Beispiele: Für das Gleichungssystem

$$\begin{aligned} z_1 - z_2 &= 1\,, \\ z_1 + z_2 &= 0 \end{aligned}$$

gilt

$$H = \begin{pmatrix} 1 & -1 \\ 1 & 1 \end{pmatrix},\ h = \begin{pmatrix} 1 \\ 0 \end{pmatrix}.$$

$H$ ist quadratisch; nach (A.1/12) findet man det $H = 2 \neq 0$. Also trifft Fall a) zu. Wir wenden formal die Cramersche Regel (A.1/17) mit (A.1/27) an und bilden über (A.1/8), (A.1/9), (A.1/11)

$$H^{11} = 1, \qquad H^{12} = 1, \qquad H^{21} = -1, \qquad H^{22} = 1, \quad \text{d.h.} \quad H^{-1} = \frac{1}{\det H} \begin{pmatrix} 1 & 1 \\ -1 & 1 \end{pmatrix}$$

$$= \begin{pmatrix} 1/2 & 1/2 \\ -1/2 & 1/2 \end{pmatrix}, \text{ so daß } \begin{pmatrix} z_1 \\ z_2 \end{pmatrix} = H^{-1}h = \begin{pmatrix} 1/2 \\ -1/2 \end{pmatrix}.$$

Praktisch hätte man das Ergebnis einfacher durch Subtraktion bzw. Addition der Ausgangsgleichungen erhalten.

Als zweites Beispiel betrachten wir das System

$$\begin{aligned} z_1 - z_2 &= h_1 = 1\,, \\ 2z_1 - 2z_2 &= h_2 = 0\,. \end{aligned} \qquad\qquad (A.1/29)$$

Ohne jede Theorie erkennen wir sofort, daß auf der linken Seite die zweite Gleichung das Doppelte der ersten beträgt. Auch rechts müßte daher

$$h_2 = 2h_1$$

gelten, so daß für $h_1 = 1$, $h_2 = 0$ keine Lösungen existieren. — Wir wollen jedoch den oben zitierten allgemeinen Formalismus illustrieren und bilden daher zunächst

$$H = \begin{pmatrix} 1 & -1 \\ 2 & -2 \end{pmatrix},\ h = \begin{pmatrix} 1 \\ 0 \end{pmatrix}.$$

---

[4] Übrigens auch im Falle $(a)$; denn dann gibt es nur $\gamma = 0$. Die Notwendigkeit von (A.1/28) folgt einfach durch Multiplikation von (A.1/26) mit $\gamma$.

[5] Daher interessiert vor allem $\gamma \neq 0$.

(A.1/12) liefert det $H = 0$. Um anhand von (A.1/28) die Lösbarkeit prüfen zu können, suchen wir zunächst alle Zeilenmatrizen

$$\gamma = (\gamma_1, \gamma_2) \quad \text{mit} \quad \gamma H = 0 , \qquad \text{d. h.}$$

$$\gamma_1 + 2\gamma_2 = 0 ,$$
$$-\gamma_1 - 2\gamma_2 = 0 .$$

Da die untere Gleichung bis auf das Vorzeichen mit der oberen identisch ist, liefert sie keine neue Bedingung und darf fortbleiben. Aus der ersten folgt $\gamma_1 = -2\gamma_2$, mit $\gamma = \gamma_2$ als beliebigem Parameter also $\gamma = (-2, 1)\,\gamma$. Dann ergibt (A.1/28) mit $\gamma \neq 0$ als praktisch einzige Verträglichkeitsbeziehung

$$\gamma h = -2h_1 + h_2 = 0 \quad \text{oder} \quad h_2 = 2h_1 ,$$

wie wir schon oben anschaulich erkannten. Um überhaupt Lösungen $z$ zu erhalten, müssen wir also $h$ beispielsweise zu

$$h_1 = 1 , \qquad h_2 = 2 , \qquad h = \begin{pmatrix} 1 \\ 2 \end{pmatrix}$$

vorgeben. Dann aber ist die zweite Ausgangsgleichung (A.1/29) nach Division durch 2 identisch mit der ersten und darf wegfallen. Wir haben somit lediglich $z_1 - z_2 = 1$ zu erfüllen. Mit $z_2 = z$ als beliebigem Parameter erhalten wir die unendlich vielen Lösungen $z_1 = 1 + z, z_2 = z\,(-\infty < z < \infty)$, wie es oben dem Fall (b) entspricht.

## A.2 Grundbegriffe der stoffunabhängigen Kontinuumsmechanik

### A.2.1 Spannungen, Formänderungen, Formänderungsleistung

Eine Grundannahme der Kontinuumsmechanik lautet, daß auf jede durch den betrachteten Körper geführte, wahre oder gedachte Schnittfläche eine *Spannungsverteilung* wirkt, die der abgeschnittene Teilkörper auf den verbleibenden ausübt. Umgekehrt übt der verbleibende Teilkörper seinerseits auf den abgeschnittenen eine Spannungsverteilung aus, die der ersten entgegengesetzt gleich ist (*Schnittprinzip*). Auch auf die äußere Oberfläche des Körpers wirken vorgegebene oder zu ermittelnde Spannungen. Es handele sich stets um *physikalische* Spannungen im Sinne von „Kraft pro Flächeneinheit". Sie werden z. B. in den Einheiten N/mm², *Pascal* (Pa) oder *Bar* (bar) gemessen: $1\,\text{Pa} = 1\,\text{N/m}^2$, $1\,\text{bar} = 10^{-1}\,\text{N/mm}^2$.

Wir schneiden jetzt einen Quader heraus, den wir uns als infinitesimal vorstellen (Grenzfall verschwindender Kantenlängen $\mathrm{d}x_j \to 0$) und in einem lokalen, mit den Kantenrichtungen übereinstimmenden kartesischen Koordinatensystem[6] $x_1$, $x_2$, $x_3$ beschreiben (Bild A.1a). Jener Quader repräsentiert in 0-ter Näherung auch die Masche eines krummlinig-rechtwinkligen Koordinatennetzes, wie es z. B. in Bild A.2 angedeutet ist. Auf ihn wirken im allgemeinen äußere Volumenkräfte $p_1, p_2, p_3$ der Bedeutung „Kraft pro Volumeneinheit", also z. B. mit der Maßeinheit N/mm³. Hierzu gehören das Eigengewicht, speziell das spezifische Gewicht, oder auch Trägheitskräfte

$$p_j = -\varrho a_j \tag{A.2/1}$$

---

[6] Rechtwinkelig, gleiche Maßstabseinteilung auf allen drei Achsen.

($\varrho$ Werkstoffdichte, $a_j$ Beschleunigungen; $j = 1, 2, 3$) bzw. elektrische oder magnetische Feldkräfte. Da Volumenkräfte meist im Vergleich zu den Oberflächenkräften der plastischen Formänderungen verschwindend klein sind, werden sie in vielen Anwendungen dieses Buches vernachlässigt.

An den Schnittflächen („Schnittufern") des Quaders greifen nun (mittlere) Schnittspannungen an, die wir $\sigma_{jk}$ in der Numerierung von Bild A.1a nennen. Der erste Index („Flächenindex") bezeichnet die jeweilige Schnittfläche, deren Ziffer mit der sie senkrecht durchstoßenden Koordinatenrichtung übereinstimmt, während der zweite Index („Richtungsindex") die Koordinatenrichtung der Spannungskomponente selbst festlegt. $\sigma_{11}$, $\sigma_{22}$, $\sigma_{33}$ (häufig auch zu $\sigma_1$, $\sigma_2$, $\sigma_3$ abgekürzt) heißen *Normalspannungen* und beschreiben *Zug* ($\sigma_j > 0$) bzw. *Druck* ($\sigma_j < 0$). Dementsprechend sind $\sigma_{jk}$ für $j \neq k$ „Schubspannungen", sie werden häufig durch $\tau_{jk}$ bezeichnet. Das Momentengleichgewicht etwa um die linke untere Quaderecke liefert $(\tau_{12}\,\mathrm{d}x_2\,\mathrm{d}x_3)\,\mathrm{d}x_1 = (\tau_{21}\,\mathrm{d}x_1\,\mathrm{d}x_3)\,\mathrm{d}x_2$, wobei $\mathrm{d}x_2\,\mathrm{d}x_3$, $\mathrm{d}x_1\,\mathrm{d}x_3$ Flächeninhalte, $\tau_{12}\,\mathrm{d}x_2\,\mathrm{d}x_3$ bzw. $\tau_{21}\,\mathrm{d}x_1\,\mathrm{d}x_3$ also Kräfte, und $\mathrm{d}x_1$ bzw. $\mathrm{d}x_2$ die Hebelarme darstellen. Volumenkräfte, Normalspannungen sowie eventuelle Krümmungen oder unterschiedliche Seitenlängen des Quaders, wenn er als Masche eines krummlinigorthogonalen Koordinatennetzes aufgefaßt wird, liefern Beiträge, die von höherer Ordnung klein sind. Es folgt $\tau_{12} = \tau_{21}$, also allgemein

$$\tau_{jk} = \tau_{kj} \quad \text{bzw.} \quad \sigma_{jk} = \sigma_{jk}\,. \tag{A.2/2}$$

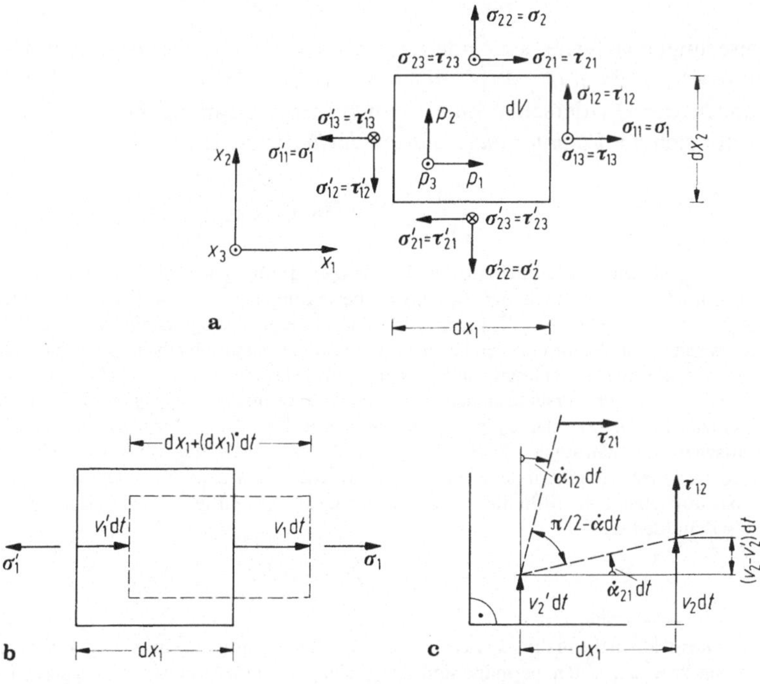

**Bild A.1.** Zur Erläuterung von Spannungen und Formänderungs-Geschwindigkeiten am quaderförmigen Volumenelement

Die *Spannungsmatrix* $(\sigma_{jk})$ ist symmetrisch, oder *zugeordnete Schubspannungen* $\tau_{jk}$, $\tau_{kj}$ sind gleich[7]. Im übrigen unterscheiden wir *positive* Schnittufer, an welchen die Koordinatenpfeile (positive Koordinatenachsen) vom Quaderinneren kommend nach *außen* weisen, von den *negativen* Schnittufern, durch welche die Koordinatenpfeile ins Quaderinnere gerichtet sind. In Bild A.1 und den folgenden Bildern dieses Abschnittes werden die Spannungen an den negativen Schnittufern mit $\sigma'_{jk}$, $\sigma'_{j}$, $\tau'_{jk}$ bezeichnet. Sie müssen nach dem Schnittprinzip gerade umgekehrt wie am positiven Schnittufer gerichtet sein, da im Körperverbund (vgl. Bild A.2) stets negative an positive Schnittufer grenzen.

Neben den Spannungen betrachten wir als kinematische Größen die *Formänderungsgeschwindigkeiten* $\lambda_{jk}$. Sie sollen ebenfalls eine symmetrische Matrix $(\lambda_{jk})$ bilden, so daß

$$\lambda_{jk} = \lambda_{kj} \tag{A.2/3}$$

gilt. Und zwar haben die gleichindizierten Größen $\lambda_{jj}$, häufig kurz $\lambda_j$ geschrieben, die Bedeutung einer Längenänderungsgeschwindigkeit pro Längeneinheit eines Kantenelementes $\mathrm{d}x_j$ in Richtung $j$, so daß $\lambda_j > 0$ eine bezogene Dehngeschwindigkeit, $\lambda_j < 0$ eine bezogene Stauchgeschwindigkeit charakterisiert. Verschieden indizierte Größen $\lambda_{jk}(j \neq k)$, auch $\varkappa_{jk}$, werden *Schergeschwindigkeiten* genannt und als halbe Verkleinerungsgeschwindigkeit $-\dot{\alpha}/2$ des ursprünglich rechten Winkels $\pi/2$ zwischen den Kantenelementen $\mathrm{d}x_j$, $\mathrm{d}x_k$ definiert. Mit Bild A.1 b, c folgt[8]

$$\lambda_{jj} = \lambda_j = \frac{(\mathrm{d}x_j)^{\cdot}}{\mathrm{d}x_j}, \qquad \lambda_{jk} = \varkappa_{jk} = \frac{1}{2}(\dot{\alpha}_{jk} + \dot{\alpha}_{kj}) \quad \text{für} \quad j \neq k . \tag{A.2/4}$$

Berechnet man ferner die Änderungsgeschwindigkeit des Volumens $\mathrm{d}V = \mathrm{d}x_1 \, \mathrm{d}x_2 \, \mathrm{d}x_3$ zu $(\mathrm{d}V)^{\cdot} = (\mathrm{d}x_1)^{\cdot} \, \mathrm{d}x_2 \, \mathrm{d}x_3 + \mathrm{d}x_1(\mathrm{d}x_2)^{\cdot} \, \mathrm{d}x_3 + \mathrm{d}x_1 \, \mathrm{d}x_2(\mathrm{d}x_3)^{\cdot}$, wobei die Winkeländerungen der Quaderseiten einen von höherer Ordnung kleinen Einfluß besitzen, so ergibt sich die *Volumenänderungsgeschwindigkeit* $\lambda_V$ zu

$$\lambda_V = \frac{(\mathrm{d}V)^{\cdot}}{\mathrm{d}V} = \lambda_1 + \lambda_2 + \lambda_3 = \sum_j \lambda_j = \sum_j \lambda_{jj} . \tag{A.2/5}$$

Die $\lambda_{jk}$ stellen anschaulich in der Tat Maße für die *Formänderungs*geschwindigkeit dar, da sie definitionsgemäß sämtlich bei Starrkörperbewegungen verschwinden. Umgekehrt folgt aus einem solchen Verschwinden, daß Längen und Winkel eines orthogonalen, mit dem Körper verbundenen kartesischen oder krummlinigen Koordinatennetzes konstant bleiben, also je zwei Körperpunkte einen konstanten Abstand behalten, und dies bedeutet Starrheit.

Leider führt der Versuch, neben den Formänderungsgeschwindigkeiten $\lambda_{jk}$ auch *Formänderungen* $\varepsilon_{jk}$ einzuführen derart, daß $\varepsilon_{jk} \equiv 0$ eine Starrkörperbewegung charakterisiert, zu aufwendigen mathematischen Betrachtungen [514]. Da $\varepsilon_{jk}$ in diesem Buch nur für *kleine Deformationen* benötigt werden, helfen wir uns, indem wir $\lambda_{jk}$ formal über ein *kleines* Zeitintervall $\Delta t$ integrieren, ohne die dabei auftretende Koordinatenverschiebung bzw. -Drehung zu berücksichtigen, und erhalten mit $\dot{}$ als Zeitableitung

$$\varepsilon_{jk} \approx \int_0^{\Delta t} \lambda_{jk} \, \mathrm{d}t \approx \lambda_{jk} \, \Delta t , \qquad \lambda_{jk} \approx \dot{\varepsilon}_{jk} . \tag{A.2/6}$$

---

[7] Dies träfe nicht mehr zu, wenn analog zu den Volumenkräften auch *Volumenmomente* wirkten, wie sie z. B. auf einen permanenten Magneten von einem äußeren Magnetfeld ausgeübt werden. Wir vernachlässigen sie grundsätzlich.

[8] Wobei das Quaderelement zusätzlich starr verschoben und gedreht werden darf.

Schließlich betrachtet man neben den klassischen Spannungen, Formänderungen und Formände-rungsgeschwindigkeiten neuerdings noch andere beschreibende Größen wie asymmetrische Schub-spannungsanteile, Momentenspannungen („Moment pro Flächeneinheit"), Relativdrehungen benach-barter Volumenelemente oder Relativdrehungen der Volumenelemente gegen das mittlere Drehfeld $^1/_2(\dot\alpha_{jk} - \dot\alpha_{kj})$ in Bild A.1c und gelangt so zu einem von den Brüdern Eugéne und François Cosserat 1896ff. im Rahmen der Elastizität und allgemeinen Kontinuumsphysik eingeführten Kontinuum. Über das plastische Cosserat-Kontinuum gibt es nur wenige spezifische Untersuchungen (u. a. [398, 515, 516]).

Nun zur Berechnung der *Formänderungsleistung* („Kraft × Geschwindigkeit") am Volumenelement von Bild A.1a. Wir wählen als Vergleichselement einen kon-gruenten *starren* Quader, dessen untere linke hintere Ecke mit derjenigen des defor-mierbaren Quaders verbunden sei. Dann setzt sich dessen Leistung aus derjenigen am starren Quader und derjenigen des deformierbaren Quaders *relativ* zum starren Quader zusammen. Der erste Anteil verschwindet wegen des bekannten *Prinzips der virtuellen Arbeiten*[9], so daß nur der zweite bleibt. Für seine Ermittlung dürfen wir die resultierenden Spannungspfeile in beliebigen Punkten ihres Schnittufers angreifen lassen, da dort ihre Verschiebung, ebenso wie eine eventuelle Krümmung oder unterschiedliche Längen der Kanten und Seiten des Elementes, nur von höherer Ordnung kleine Fehler bedingen. Dasselbe gilt für die Anteile der Volumen-kräfte.

Beginnen wir mit der Kraft $\sigma_1\,dx_2\,dx_3$ am rechten Schnittufer (Bild A.1b). Gesehen vom linken verschiebt sie sich mit $(dx_1)^{\cdot}$, während $\sigma_1'$ am „festen" linken Schnitt-ufer keine Arbeit leistet. So erhalten wir $\sigma_1\,dx_2\,dx_3(dx_1)^{\cdot}$, und auf das Volumen

$$dV = dx_1\,dx_2\,dx_3 \quad \text{bezogen} \quad \sigma_1\,\frac{(dx_1)^{\cdot}}{dx_1} = \sigma_1\lambda_1. \quad \text{Entsprechend liefert Bild A.1c den}$$

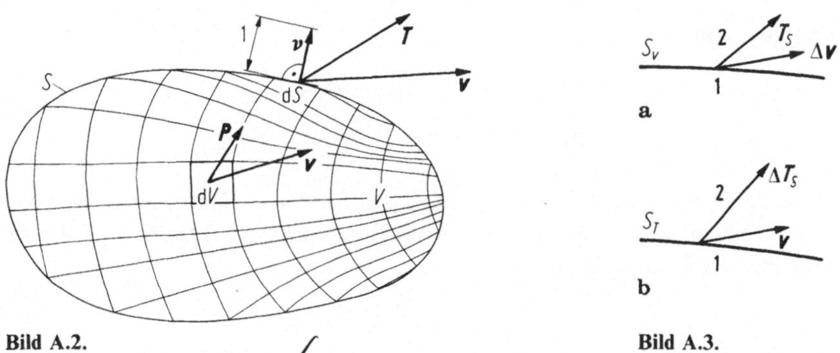

**Bild A.2.**

**Bild A.3.**

**Bild A.2.** Zum Aufbau eines Körpers (Volumen $V$, Oberfläche $S$, Auswärts-Einsnormale $v$) aus rechtwinkeligen Volumenelementen, erzeugt durch ein ggf. krummliniges, orthogonales Koordinaten-netz. Vektoren $T$, $p$, $v$ der Oberflächenspannungen, Volumenkräfte und Punktgeschwindigkeiten
**Bild A.3.** Sprungflächen $S_v$ der Geschwindigkeit $v$ ($T_s$ stetig) bzw. $S_T$ der Schnittspannung $T_s$ ($v$ stetig). $S_v$ bzw. $S_T$ trennen die Teilvolumina 1, 2 voneinander. Man überschreitet die Flächen gedanklich in Richtung von *1* nach *2*. Dabei springt $v$ um $\Delta v$ bzw. $T_s$ um $\Delta T_s$. Diese Spannungsvektoren sind auf die Begrenzung von *1* als positivem Schnittufer bezogen, das man beim Überschreiten nach *2* hinter sich sieht

---

[9] Es setzt Gleichgewicht der Spannungen voraus, s. Abschnitt A.2.2.

Anteil $(1/\mathrm{d}V)\,[(\tau_{12}\,\mathrm{d}x_2\,\mathrm{d}x_3)\,(\dot{\alpha}_{21}\,\mathrm{d}x_1) + (\tau_{21}\,\mathrm{d}x_1\,\mathrm{d}x_3)\,(\dot{\alpha}_{12}\,\mathrm{d}x_2)]$, worin $\dot{\alpha}_{21}\,\mathrm{d}x_1$ bzw. $\dot{\alpha}_{12}\,\mathrm{d}x_2$ die Verschiebungsgeschwindigkeiten von $\tau_{12}$ bzw. $\tau_{21}$ darstellen. Dies ergibt mit (A.2/2), (A.2/4) die *Formänderungs-Leistungsdichte* $\Lambda$ („Leistung pro Volumeneinheit") *aller* Spannungen zu

$$\Lambda = \sigma_1\lambda_1 + \sigma_2\lambda_2 + \sigma_3\lambda_3 + 2\tau_{12}\varkappa_{12} + 2\tau_{23}\varkappa_{23} + 2\tau_{31}\varkappa_{31} =$$
$$= \sum_{j,k} \sigma_{jk}\lambda_{jk}\,. \tag{A.2/7}$$

Wir summieren jetzt die Leistungen über das Gesamtvolumen $V$ auf (Bild A.2) und erhalten zunächst

$$P_i = \int\limits^{V} \Lambda\,\mathrm{d}V \tag{A.2/8}$$

als sogenannte *innere* oder Formänderungsleistung. Denken wir uns dasselbe vor der Ausrechnung von (A.2/7) durchgeführt, so erkennen wir, daß sich an den inneren Elementebegrenzungen die Leistungen aufheben, weil dort stets negative mit positiven Schnittufern zusammentreffen. Es bleibt die Leistung der Oberflächenspannungen[10] $T$ und der Volumenkräfte $p$ gemäß.

$$P_a = \int\limits^{S} Tv\,\mathrm{d}S + \int\limits^{V} pv\,\mathrm{d}V\,, \tag{A.2/9}$$

wobei $v$ die Punktgeschwindigkeiten der Werkstoffteilchen und $Tv$ bzw. $pv$ innere Produkte der Spalten- bzw. Zeilenmatrizen

$$v = \begin{pmatrix} v_1 \\ v_2 \\ v_3 \end{pmatrix}, \qquad T = (T_1, T_2, T_3), \qquad p = (p_1, p_2, p_3) \tag{A.2/10}$$

im Sinne von

$$\left.\begin{aligned} Tv &= T_1 v_1 + T_2 v_2 + T_3 v_3 = \sum_j T_j v_j \\ pv &= p_1 v_1 + p_2 v_2 + p_3 v_3 = \sum_j p_j v_j \end{aligned}\right\} \tag{A.2/11}$$

darstellen (vgl. (A.1/4), (A.1/5)). $p_j$, $T_j$, $v_j$ sind die Koordinaten der Vektoren $p$, $T$, $v$ in einem lokalen *kartesischen* Koordinatensystem. Da $P_i$, $P_a$ definitionsgemäß dieselbe Größe ausdrücken, gilt

$$P_i = P_a \tag{A.2/12}$$

(Gleichheit der inneren und äußeren Leistung). Zeitliche Integration von $t_0$ bis $t$ führt zu den inneren bzw. äußeren Arbeiten $W_i$, $W_a$, und man hat

$$\left.\begin{aligned} W_i &= \int\limits_{t_0}^{t} P_i\,\mathrm{d}t\,, \qquad W_a = \int\limits_{t_0}^{t} P_a\,\mathrm{d}t\,, \\ W_i &= W_a\,. \end{aligned}\right\} \tag{A.2/13}$$

---

[10] Die Randelemente brauchen nicht mehr (annähernd) quaderförmig zu sein, doch da ihr zusammengenommenes Volumen gegen $V$ verschwindet, fällt der Fehler unter den Tisch.

Da in der Plastomechanik gelegentlich Unstetigkeiten der Feldgrößen zugelassen sind, betrachten wir in Bild A.3a eine *Sprungfläche*, bei deren Überschreiten vom Teilvolumen *1* zum Teilvolumen *2* die Geschwindigkeit um $\Delta v$ springt. Schreibt man (A.2/12) für beide Teilvolumina (mit $S_v$ als zusätzlicher Oberfläche) getrennt hin und beachtet, daß *1* auf *2* über $S$ die Spannung $- T_s$ ausübt, so ergibt Addition beider Beziehungen mittels (A.2/8), (A.2/9)

$$\overset{V}{\int} \Lambda \, \mathrm{d}V = \overset{S}{\int} Tv \, \mathrm{d}S + \overset{V}{\int} pv \, \mathrm{d}V - \overset{S_v}{\int} T_s \, \Delta v \, \mathrm{d}S_v .$$

Ein entsprechendes Zusatzglied $- \overset{S_T}{\int} \Delta T_s \, v \, \mathrm{d}S_T$ tritt an einer Spannungs-Sprung-fläche auf (Bild A.3b), so daß man die Gleichheit der Leistungen (A.2/12) zusammen mit der ungeänderten Definition (A.2/9) der äußeren Leistung $P_a$ beibehalten kann, wenn man die innere Leistung (A.2/8) wie folgt ergänzt:

$$P_i = \overset{V}{\int} \Lambda \, \mathrm{d}V + \overset{S_v}{\int} \Lambda_v \, \mathrm{d}S_v + \overset{S_T}{\int} \Lambda_T \, \mathrm{d}S_T , \qquad (\text{A.2/14})$$

worin die *Flächenleistungsdichten*

$$\Lambda_v = T_s \, \Delta v , \qquad \Lambda_T = \Delta T_s v \qquad (\text{A.2/15})$$

über sämtliche zugehörigen Sprungflächen $S_v$, $S_T$ aufzuintegrieren sind.

Es sei darauf hingewiesen, daß Spannungssprünge $\Delta T_S \neq 0$ nach dem Schnittprinzip eigentlich gar nicht auftreten dürften. Sie stellen nur eine Idealisierung dar in Fällen, wo längs $S_T$ gleichzeitig flächenförmig verteilte, konzentrierte Volumenkräfte o. ä. der Größe $-\Delta T_S$ angreifen, die $\Delta T_S$ sogleich wieder aufheben.


### A.2.2 Gleichgewicht und Verträglichkeit

In Abschnitt A.2.1 wurde *Spannungsgleichgewicht* am Volumenelement vorausgesetzt sowie implizit bei Betrachtung von Bild A.2, daß die Verzerrung der Maschen mit der Verschiebung der Gitterknoten übereinstimmt (Wahrung des Werkstoffzusammenhaltes, man spricht von der *Verträglichkeit* oder *Kompatibilität* der Formänderungsgeschwindigkeiten mit den Punktgeschwindigkeiten $v_j$ der Werkstoffteilchen). Die Bedingungen hierfür werden am Volumenelement für drei Beispiele hergeleitet, wobei das Gleichgewicht aller Elemente notwendig und hinreichend für das Gleichgewicht ihres Verbandes, also des Körpers ist. Den allgemeinen Zusammenhang findet man für orthogonale Koordinatennetze u. a. in [517], für beliebige Netze u. a. in [518]. Jetzt darf das Volumenelement nicht mehr zum Quader idealisiert werden. Vielmehr spielen die Seitenkrümmungen sowie unterschiedliche Seitenabmessungen eine Rolle. Hingegen bleibt eine Verschiebung der Spannungen auf ihren Ufern oder der Volumenkräfte im Volumen nach wie vor bedeutungslos; der Fehler wird von höherer Ordnung klein. Die zu entwickelnden Verträglichkeitsbedingungen gelten auch für die gemäß (A.2/6) definierten Formänderungen, wenn man die Punktgeschwindigkeiten durch die entsprechenden *Punktverschiebungen* ersetzt.

Wir beginnen mit kartesischen Koordinaten $x_1$, $x_2$, $x_3$ und haben nach Bild A.1b $(dx_1)^{\cdot} = v_1 - v_1'$, also wegen (A.2/4) im Grenzfall $dx_1 \to 0$: $\lambda_1 = \partial v_1/\partial x_1 = {}^1/_2(\partial v_1/\partial x_1 + \partial v_1/\partial x_1)$. Entsprechend liefert Bild A.1c $\dot{\alpha}_{21} = \partial v_2/\partial x_1$, $\dot{\alpha}_{12} = \partial v_1/\partial x_2$, und (A.2/4) dann $\varkappa_{12} = {}^1/_2(\partial v_2/\partial x_1 + \partial v_1/\partial x_2)$. Entsprechend folgen die Verträglichkeitsbedingungen der anderen Komponenten, d. h.

$$\lambda_j = \frac{\partial v_j}{\partial x_j}, \qquad \varkappa_{jk} = \frac{1}{2}\left(\frac{\partial v_j}{\partial x_k} + \frac{\partial v_k}{\partial x_j}\right), \tag{A.2/16a}$$

bzw. in gemeinsamer Schreibweise

$$\lambda_{jk} = \frac{1}{2}\left(\frac{\partial v_j}{\partial x_k} + \frac{\partial v_k}{\partial x_j}\right). \tag{A.2/16b}$$

Das Kräftegleichgewicht[11] für alle Komponenten in $x_1$-Richtung ergibt nach Bild A.1a, wobei $\tau_{31}$, $\tau_{31}'$ nicht eingezeichnet sind: $(\sigma_1 - \sigma_1')\,dx_2\,dx_3 + (\tau_{21} - \tau_{21}')\,dx_3\,dx_1 + (\tau_{31} - \tau_{31}')\,dx_1\,dx_2 + p_1\,dx_1\,dx_2\,dx_3 = 0$, also nach Division durch $dV = dx_1\,dx_2\,dx_3$ im Grenzfall verschwindender Kantenlängen (und analog in $x_2$-, $x_3$-Richtung)

$$\left.\begin{aligned}
\frac{\partial \sigma_1}{\partial x_1} + \frac{\partial \tau_{21}}{\partial x_2} + \frac{\partial \tau_{31}}{\partial x_3} + p_1 &= 0, \\[2mm]
\frac{\partial \tau_{12}}{\partial x_1} + \frac{\partial \sigma_2}{\partial x_2} + \frac{\partial \tau_{32}}{\partial x_3} + p_2 &= 0, \\[2mm]
\frac{\partial \tau_{13}}{\partial x_1} + \frac{\partial \tau_{23}}{\partial x_2} + \frac{\partial \sigma_3}{\partial x_3} + p_3 &= 0
\end{aligned}\right\} \tag{A.2/17a}$$

bzw. zusammengefaßt

$$\sum_j \frac{\partial \sigma_{jk}}{\partial x_j} + p_k = 0, \qquad (j, k = 1, 2, 3). \tag{A.2/17b}$$

Das sind die Gleichgewichtsbedingungen.

Für ebene Polarkoordinaten $r$, $\psi$ bzw. räumliche Zylinderkoordinaten $r$, $\psi$, $z$ gelten nach Bild A.4a zunächst die Umrechnungen

$$\left.\begin{aligned}
r = \|\sqrt{x^2 + y^2}\,|\,, \qquad \sin\psi &= \frac{y}{r}, \qquad \cos\psi = \frac{x}{r}, \qquad z = z \\[2mm]
x = r\cos\psi, \qquad y &= r\sin\psi, \qquad z = z
\end{aligned}\right\} \tag{A.2/18}$$

bzw.

in kartesische Koordinaten $x$, $y$, $z$. $u$, $v$, $w$ seien die Punktgeschwindigkeiten in $r,\psi,z$-Richtung, und $\sigma_r = \sigma_{rr}$, $\sigma_{r\psi} = \tau_{r\psi}$ etc. sowie $\lambda_r = \lambda_{rr}$, $\lambda_{r\psi} = \varkappa_{r\psi}$ etc. die Spannungen bzw. Formänderungsgeschwindigkeiten. Die Flächen bzw. das Volumen des Elementes lauten

$$dA_r = r\,d\psi\,dz, \qquad dA_\psi = dr\,dz, \qquad dA_z = r\,d\psi\,dr, \qquad dV = r\,d\psi\,dr\,dz.$$

Damit ergeben sich die in Bild A.4c angetragenen Schnittkräfte sowie die Volumenkräfte

$$p_r r\,dr\,d\psi\,dz, \qquad p_\psi r\,dr\,d\psi\,dz, \qquad p_z r\,dr\,d\psi\,dz$$

(nicht eingezeichnet). Beim Gleichgewicht der Kräfte hat man die Krümmungen zu beachten. Beispielsweise gehen $\tau_{\psi r}\,dr\,dz$ und $(\tau_{\psi r}\,dr\,dz)'$ radial mit $\cos d\psi/2$, azimutal mit $\sin d\psi/2$ ein. Nun gilt bis auf Glieder mindestens 2. Ordnung[12] in $\alpha$

$$\cos\alpha \approx 1, \qquad \sin\alpha \approx \alpha \quad \text{für} \quad \alpha \ll 1, \tag{A.2/19}$$

---

[11] Das Momentengleichgewicht führte zur Spannungssymmetrie (A.2/2) und braucht nicht erneut betrachtet zu werden.

[12] Reihenentwicklung, vgl. [20, Bd. 2].

so daß man die azimutale Resultierende $(\tau_{\psi r} + \tau'_{\psi r}) \dfrac{\mathrm{d}\psi}{2}\,\mathrm{d}r\,\mathrm{d}z \to \tau_{\psi r}\,\mathrm{d}r\,\mathrm{d}\psi\,\mathrm{d}z$ erhält, wobei $\tau'_{\psi r} \to \tau_{\psi r}$

für $\mathrm{d}\psi \to 0$ gesetzt wurde. Radial bekommt man entsprechend $(\tau_{\psi r} - \tau'_{\psi r})\,\mathrm{d}r\,\mathrm{d}z = \dfrac{\tau_{\psi r} - \tau'_{\psi r}}{\mathrm{d}\psi}\,\mathrm{d}r\,\mathrm{d}\psi\,\mathrm{d}z$,

also im Genzfall: $\dfrac{\partial \tau_{\psi r}}{\mathrm{d}\psi}\,\mathrm{d}r\,\mathrm{d}\psi\,\mathrm{d}z$. Wenn man diese Überlegungen auf alle angreifenden Spannungen[13]

anwendet und dann das Kräftegleichgewicht radial, azimutal sowie axial hinschreibt, so folgen nach Division durch $\mathrm{d}V = r\,\mathrm{d}r\,\mathrm{d}\psi\,\mathrm{d}z$ und wegen $\tau_{jk} = \tau_{kj}$ die Gleichgewichtsbedingungen

$$\left.\begin{array}{l}
\dfrac{1}{r}\dfrac{\partial(r\sigma_r)}{\partial r} + \dfrac{1}{r}\dfrac{\partial \tau_{\psi r}}{\partial \psi} + \dfrac{\partial \tau_{zr}}{\partial z} - \dfrac{\sigma_\psi}{r} + p_r = 0, \\[2ex]
\dfrac{1}{r}\dfrac{\partial(r\tau_{r\psi})}{\partial r} + \dfrac{1}{r}\dfrac{\partial \sigma_\psi}{\partial \psi} + \dfrac{\partial \tau_{z\psi}}{\partial z} + \dfrac{\tau_{\psi r}}{r} + p_\psi = 0, \\[2ex]
\dfrac{1}{r}\dfrac{\partial(r\tau_{rz})}{\partial r} + \dfrac{1}{r}\dfrac{\partial \tau_{\psi z}}{\partial \psi} + \dfrac{\partial \sigma_z}{\partial z} + p_z = 0.
\end{array}\right\}
\qquad \text{(A.2/20)}$$

Die Verträglichkeitsbedingungen für $\lambda_r$, $\lambda_z$, $\varkappa_{zr}$ kann man am Flächenelement $\mathrm{d}A_\psi$ in Bild A.4a herleiten; da es rechteckig ist, entsprechen sie mit $\mathrm{d}x_1 = \mathrm{d}r$, $\mathrm{d}x_3 = \mathrm{d}z$ völlig den Ausdrücken (A.2/16a) in kartesischen Koordinaten $r$, $z$. Ähnliches gilt für $\varkappa_{\psi z}$, weil das Flächenelement $\mathrm{d}A_r$ in der Draufsicht ebenfalls rechteckig ist; nun jedoch mit $\mathrm{d}x_2 = r\,\mathrm{d}\psi$. Hieraus folgt ferner $(\mathrm{d}x_2)^{\cdot} = (r\,\mathrm{d}\psi)^{\cdot} = \dot r\,\mathrm{d}\psi$

$+ r(\mathrm{d}\psi)^{\cdot} \triangleq u\,\mathrm{d}\psi + r(\dot\psi - \dot\psi') = u\,\mathrm{d}\psi + r\left(\dfrac{v}{r} - \dfrac{v'}{r}\right) = u\,\mathrm{d}\psi + \dfrac{v - v'}{\mathrm{d}\psi}\,\mathrm{d}\psi \to \left(u + \dfrac{\partial v}{\partial \psi}\right)\mathrm{d}\psi$, sodann

$\lambda_\psi$ gemäß (A.2/4). Schließlich gewinnt man $\varkappa_{r\psi} = \varkappa_{\psi r}$ nach (A.2/4) und Bild A.4b über die Winkel-

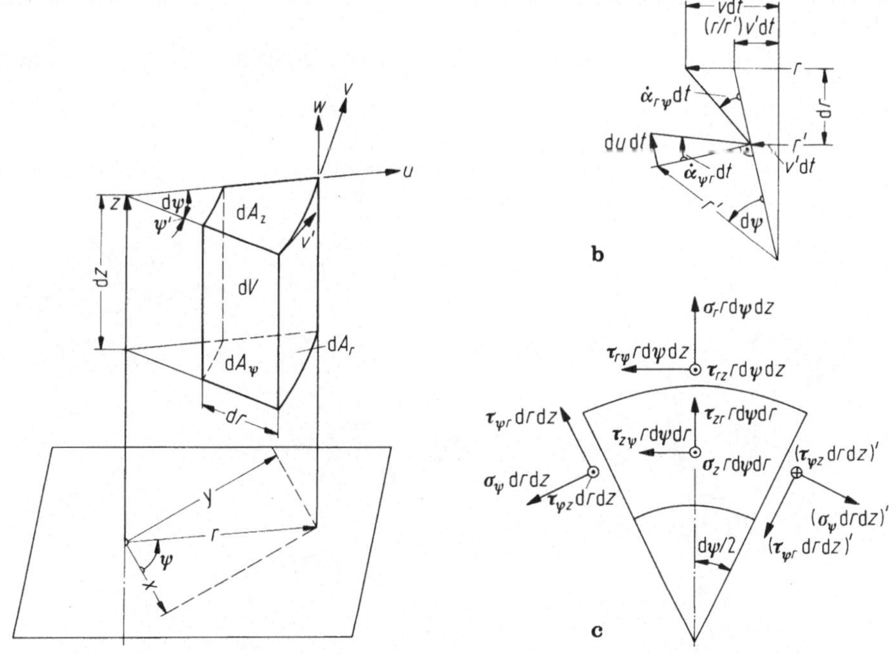

**Bild A.4.** Zur Herleitung der Verträglichkeits- und Gleichgewichtsbedingungen am Volumenelement in Polarkoordinaten bzw. Zylinderkoordinaten

---

[13] An den negativen Schnittufern von $\mathrm{d}A_r$, $\mathrm{d}A_z$ nicht eingezeichnet und entsprechend hinzuzudenken.

geschwindigkeiten $\dot{\alpha}_{\psi r} = \partial u/(r\,\mathrm{d}\psi)$ (wie im kartesischen System, jedoch unter Benutzung von

(A.2/19)) und $\dot{\alpha}_{r\psi} \cong \dfrac{v - \dfrac{r}{r'}\,v'}{\mathrm{d}r} = r\,\dfrac{\dfrac{v}{r} - \left(\dfrac{v}{r}\right)'}{\mathrm{d}r} \to r\,\dfrac{\partial(v/r)}{\partial r}$. Dies ergibt zusammen

$$\left.\begin{aligned}
&\lambda_r = \frac{\partial u}{\partial r}, \qquad \lambda_\psi = \frac{1}{r}\left(u + \frac{\mathrm{d}v}{\mathrm{d}\psi}\right), \qquad \lambda_z = \frac{\partial w}{\partial z}, \\
&\varkappa_{r\psi} = \frac{1}{2}\left(\frac{1}{r}\frac{\partial u}{\partial \psi} + r\frac{\partial(v/r)}{\partial r}\right) = \frac{1}{2}\left(\frac{1}{r}\frac{\partial u}{\partial \psi} + \frac{\partial v}{\partial r} - \frac{v}{r}\right), \\
&\varkappa_{\psi z} = \frac{1}{2}\left(\frac{\partial v}{\partial z} + \frac{1}{r}\frac{\partial w}{\partial \psi}\right), \qquad \varkappa_{zr} = \frac{1}{2}\left(\frac{\partial w}{\partial r} + \frac{\partial u}{\partial z}\right).
\end{aligned}\right\} \qquad (A.2/21)$$

Als letztes Beispiel betrachten wir eine *Rotationsmembran*, in Bild A.5a durch Rotation der Leitlinie $C$ um die $z$-Achse erzeugt. Sie habe eine endliche, jedoch kleine Dicke (Wandstärke) $D$, die nur von der Bogenlänge $s$ auf $C$ (bzw. von $r$ oder von $z$), nicht aber von $\psi$ abhänge. Wenn $C$ durch die Funktionen $r = r(s)$, $z = z(s)$ dargestellt wird, $\vartheta$ der Neigungswinkel und $R$ der Krümmungsradius ist (Krümmungsmittelpunkt 0), so liest man die geometrischen Beziehungen

$$\frac{\mathrm{d}z}{\mathrm{d}s} = \cos\vartheta, \qquad \frac{\mathrm{d}r}{\mathrm{d}s} = \sin\vartheta, \qquad \frac{1}{R} = \frac{\mathrm{d}\vartheta}{\mathrm{d}s}, \qquad R' = \frac{r}{\cos\vartheta} \qquad (A.2/22)$$

ab, worin $R'$ die Bedeutung des zweiten, auf die Azimutkurven $z = $ const bezogenen *Hauptkrümmungsradius* der Fläche besitzt, während man $R$ auch als ersten, auf die Meridiane $C$ bezogenen Hauptkrümmungsradius der Fläche bezeichnet (vgl. [265]). $1/R$ bzw. $1/R'$ nennt man *Hauptkrümmungen*. Für das gezeichnete Flächenelement $\mathrm{d}A$ und das zugehörige Membranvolumen $\mathrm{d}V$ gilt

$$\mathrm{d}A = r\,\mathrm{d}\psi\,\mathrm{d}s, \qquad \mathrm{d}V = D\,\mathrm{d}A = D r\,\mathrm{d}\psi\,\mathrm{d}s. \qquad (A.2/23)$$

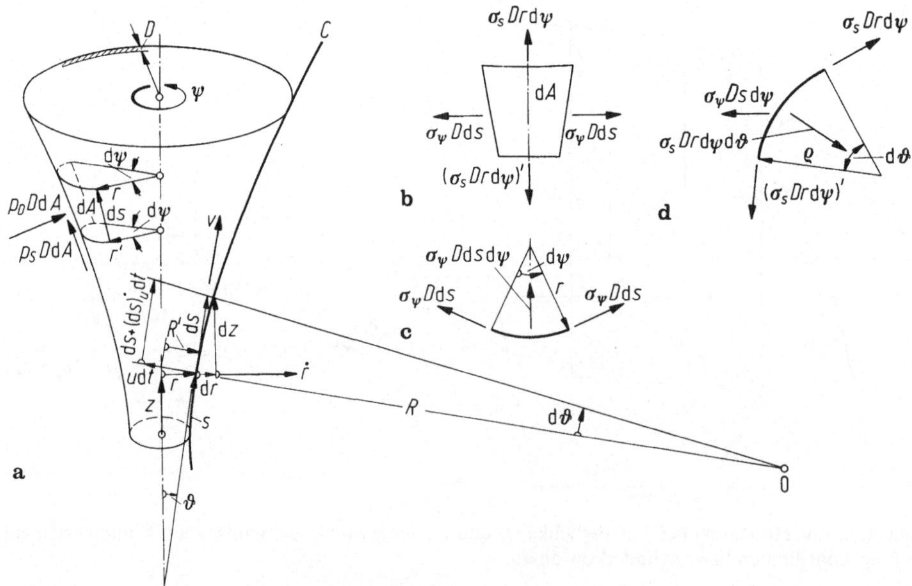


**Bild A.5.** Zur Herleitung der Verträglichkeits- und Gleichgewichtsbedingungen an einer Rotationsmembran

Es sei eine axialsymmetrische, von $\psi$ unabhängige äußere Belastung z. B. durch Volumenkräfte $p_D$ (normal, in Dickenrichtung) und $p_s$ (in Richtung der Bogenlänge $s$ von $C$, d. h. meridional) vorgegeben; äußere azimutale Lasten fehlen. Dementsprechend betrachten wir auch nur normale bzw. meridionale Verschiebungsgeschwindigkeiten $u$, $v$. Sie seien von $\psi$ unabhängig und über die Blechdicke gemittelt, also konstant. Dann ergibt sich die mittlere Radialgeschwindigkeit zu

$$\dot{r} = -u \cos \vartheta + v \sin \vartheta \,. \tag{A.2/24}$$

Schergeschwindigkeiten treten nicht auf. Wir haben es nur mit den über die Dicke ebenfalls als konstant angenommenen Dehngeschwindigkeiten $\lambda_D$, $\lambda_s$, $\lambda_\psi$ bzw. den entsprechenden Zugspannungen $\sigma_D$, $\sigma_s$, $\sigma_\psi$ zu tun, die dann *Hauptformänderungsgeschwindigkeiten* bzw. *Hauptspannungen* heißen und normal, meridional bzw. azimutal gemessen werden. Die ersten setzen wir direkt nach (A.2/4) an, wobei wir für $\lambda_\psi$ in einer Ebene $z = $ const oder für $\lambda_s$ in der Ebene von Bild A.5a offenbar die zu $\lambda_\psi$ analoge Beziehung in (A.2/21) benutzen dürfen. Auf diese Weise erhalten wir über (A.2/22), (A.2/24) die Verträglichkeitsbedingungen

$$\lambda_D = \frac{\dot{D}}{D}, \qquad \lambda_s = \frac{(\mathrm{d}s)^{\cdot}}{\mathrm{d}s} = \frac{1}{R}\left(u + \frac{\mathrm{d}v}{\mathrm{d}\vartheta}\right) = \frac{u}{R} + \frac{\mathrm{d}v}{\mathrm{d}s}, \left.\begin{array}{c}\\[1em]\end{array}\right\}$$
$$\lambda_\psi = \frac{\dot{r}}{r} = \frac{1}{r}(-u \cos \vartheta + v \sin \vartheta)\,. \tag{A.2/25}$$

Zur Herleitung der Gleichgewichtsbedingungen werden die Schnittkräfte, wie in den drei Projektionen von Bild A.5 b, c, d gezeigt, an den Schnittkanten des Volumenelements angetragen, wogegen die Dickenspannung $\sigma_D$ bei kleiner Wandstärke in der Regel vernachlässigbar ist. $\sigma_\psi D\,\mathrm{d}s$ und $\sigma_s Dr\,\mathrm{d}\psi$ führen zu den anhand von Bild A.5c, d unter Anwendung von (A.2/19) ermittelten radialen Resultierenden, deren erste ebenfalls nach Bild A.5d übertragen wurde. Dann kann man das meridionale bzw. normale Gleichgewicht allein anhand von Bild A.5d hinschreiben und, ähnlich wie oben bei den Polarkoordinaten erläutert, auswerten. Dies liefert über (A.2/22) zusammen mit der Annahme bezüglich der Dickenspannung

$$\sigma_D = 0\,,$$
$$\frac{1}{Dr}\frac{\mathrm{d}(Dr\sigma_s)}{\mathrm{d}s} - \frac{\sigma_\psi}{r}\sin \vartheta + p_s = \frac{1}{D}\frac{\mathrm{d}(D\sigma_s)}{\mathrm{d}s} + \frac{\sigma_s}{r} - \frac{\sigma_\psi}{r}\sin \vartheta + p_s = 0\,,$$
$$\frac{\sigma_\psi}{r}\cos \vartheta - \frac{\sigma_s}{R} + p_D = \frac{\sigma_\psi}{R'} - \frac{\sigma_s}{R} + p_D = 0\,. \tag{A.2/26}$$

## A.2.3 Koordinatendrehung

Neben dem lokalen Koordinatensystem $x_1$, $x_2$, $x_3$, das wir am betrachteten Ort als kartesisch ansehen dürfen, nehmen wir ein weiteres $x_I$, $x_{II}$, $x_{III}$ mit gedrehten Achsen. Wir bringen verschiedene Koordinatensysteme, insoweit der Schoutenschen Kern-Index-Methode folgend (vgl. [519]), lediglich durch andere Indexwahl zum Ausdruck.

Sie seien durch je 3 *Koordinaten-Einsvektoren*[14] $e_j$ bzw. $e_K$ festgelegt, vgl. Bild A.6a für den ebenen Fall. Dann kann man jeden Vektor $x$ durch Koordinaten $x_j$ nach $e_j$ oder $x_K$ nach $e_K$ ausdrücken:

$$x = \sum_j x_j e_j = \sum_K x_K e_K\,. \tag{A.2/27}$$

---

[14] Längen 1: $|e_j| = |e_K| = 1$.

Wir bilden die *geometrischen* inneren Produkte[15] $xe_l$ und $xe_L$, indem wir beim rechtsseitigen Hereinmultiplizieren die Orthogonalität der $e_j$, $e_K$ beachten, d. h.

$$e_j e_l = \delta_{jl}, \qquad e_K e_L = \delta_{KL},\tag{A.2/28}$$

wo $\delta_{jl}$, $\delta_{KL}$ Kronecker-Symbole im Sinne von (A.1/16) darstellen. Ferner kürzen wir

$$e_{Kl} = e_{lK} = e_K e_l = \cos\alpha_{Kl}\tag{A.2/29}$$

ab und nennen $e_{Kl}$ die *Transformationskoeffizienten*; $\alpha_{Kl}$ bedeutet den auf kürzestem Wege gemessenen Winkel zwischen $e_K$ und $e_l$. Dann erhalten wir mit (A.1/16) die Transformationsgleichungen für Vektorkoordinaten

$$x_l = \sum_K e_{lK} x_K, \qquad x_L = \sum_j e_{Lj} x_j.\tag{A.2/30}$$

Sie gelten auch für die Verschiebungsgeschwindigkeiten $v_l$ der Punkte im Kontinuum. Deren Differentiation liefert dann mit (A.2/30)

$$\frac{\partial v_l}{\partial x_j} = \sum_K e_{lK}\frac{\partial v_K}{\partial x_j} = \sum_K e_{lK}\sum_L \frac{\partial v_K}{\partial x_L}\frac{\partial x_L}{\partial x_j} = \sum_{K,L} e_{lK}e_{jL}\frac{\partial v_K}{\partial x_L}.$$

Hieraus folgt mit (A.2/16b) die Transformationsgleichung für die Formänderungsgeschwindigkeiten zu

$$\left.\begin{aligned}
\lambda_{jl} &= \sum_{K,L} e_{jL}e_{lK}\lambda_{LK}\\[2mm]
\lambda_{LK} &= \sum_{j,l} e_{Lj}e_{Kl}\lambda_{jl}
\end{aligned}\right\}\tag{A.2/31}$$

bzw.

Man spricht von einer *Tensortransformation* und nennt die $\lambda_{jl}$ einen — wegen der beiden Indizes *zweistufigen* — *Tensor*, kurz: *Dyade*, der bzw. die aufgrund von (A.2/3) auch *symmetrisch* heißt. Einsetzen von (A.2/31) in die Leistungsdichte (A.2/7) liefert

$$\Lambda = \sum_{j,l,K,L} \sigma_{jl}e_{jL}e_{lK}\lambda_{LK} = \sum_{K,L}\left(\sum_{j,l} e_{Lj}e_{Kl}\sigma_{jl}\right)\lambda_{LK}.$$

Wir schreiben daneben $\Lambda$ gemäß (A.2/7) unmittelbar im $x_K$-System hin, $\Lambda = \sum_{K,L}\sigma_{LK}\lambda_{LK}$, und erhalten durch Koeffizientenvergleich[16]

$$\left.\begin{aligned}
\sigma_{LK} &= \sum_{j,l} e_{Lj}e_{Kl}\sigma_{jl}\\[2mm]
\sigma_{jl} &= \sum_{K,L} e_{jL}e_{lK}\sigma_{LK}
\end{aligned}\right\}\tag{A.2/32}$$

bzw.

Auch die Spannungen bilden demnach eine — wegen (A.2/2) symmetrische — Dyade.

Allgemein gibt es zu symmetrischen Dyaden $S_{jl}$, insbesondere zu den Spannungen, den Formänderungsgeschwindigkeiten, also auch den Formänderungen (A.2/6), ein orthogonales *Hauptachsensystem* $e_I$, $e_{II}$, $e_{III}$, das durch ein Verschwinden der gemischt-indizierten Komponenten (z. B. Schub- oder Scherkomponenten) $S_{JK}$ ($J \neq K$) charakterisiert ist[17]:

$$S_{JK} = 0\ (J \neq K); \qquad S_{II} = S_I, \qquad S_{IIII} = S_{II}, \qquad S_{IIIIII} = S_{III}.\tag{A.2/33}$$

---

[15] Produkt der Längen beider Vektoren mit dem Kosinus des kleinsten eingeschlossenen Winkels, vgl. u. a. [517].

[16] Am besten anhand der ersten, ausgeschriebenen Form von (A.2/7), worin 6 unabhängige $\lambda$'s auftreten, die ihre $\sigma$-Koeffizienten eindeutig festlegen.

[17] Hier ohne räumlichen Beweis, man vgl. z. B. [517] oder [20, Bd. IV]. Für den ebenen Fall ergibt sich der Beweis nachstehend automatisch.

$S_I$, $S_{II}$, $S_{III}$ heißen *Hauptwerte* (z. B. *Hauptspannungen, Hauptformänderungs-geschwindigkeiten, Hauptformänderungen*). Wir beschränken uns jetzt auf den „ebenen Fall", d. h. auf Koordinatendrehungen unter Beibehaltung einer der Hauptachsen (z. B. $e_z \equiv e_{III}$). Die Transformationsgleichungen (A.2/32) lauten dann mit (A.2/29), Bild A.6a und $\alpha_{Ix} = \alpha$, $\alpha_{Iy} = \pi/2 + \alpha$, $\alpha_{IIx} = \pi/2 - \alpha$, $\alpha_{IIy} = \alpha$, $\alpha_{IIIz} = 0$, $\alpha_{IIIx} = \alpha_{IIIy} = \pi/2$, d. h.

$$e_{Ix} = \cos\alpha\,, \qquad e_{IIx} = \sin\alpha\,, \qquad e_{Iy} = -\sin\alpha\,, \qquad e_{IIy} = \cos\alpha\,,$$
$$e_{IIIz} = 1\,, \qquad e_{IIIx} = e_{IIIy} = 0$$

$$\text{(A.2/34)}$$

wie folgt:

$$\left.\begin{aligned}
S_{xx} &= S_m + S_d \cos 2\alpha\,, \\
S_{yy} &= S_m - S_d \cos 2\alpha\,, \\
S_{xy} &= S_{yx} = -S_d \sin 2\alpha\,,
\end{aligned}\right\} \qquad \text{(A.2/35)}$$

wobei $S_m = (1/2)\,(S_I + S_{II})$, $S_d = (1/2)\,(S_I - S_{II})$ abgekürzt wurde, und lassen sich für $S_I \geqq S_{II}$ offenbar durch den Mohrschen Kreis[18] von Bild A.6b veranschaulichen. Man erkennt

$$\left.\begin{aligned}
S_m &= \frac{1}{2}\,(S_{xx} + S_{yy}) = \frac{1}{2}\,(S_I + S_{II})\,, \\[2mm]
S_d &= \pm\frac{1}{2}\,\sqrt{(S_{xx} - S_{yy})^2 + 4S_{xy}^2} = \frac{1}{2}\,(S_I - S_{II})\,, \\[2mm]
\sin 2\alpha &= \frac{-S_{xy}}{S_d}\,, \qquad \cos 2\alpha = \frac{S_{xx} - S_{yy}}{2S_d}\,, \qquad \tan 2\alpha = \frac{-2S_{xy}}{S_{xx} - S_{yy}}\,.
\end{aligned}\right\} \quad \text{(A.2/36)}$$

Hiernach kann man aus gegebenen $S_{xx}$, $S_{yy}$, $S_{xy}$ zunächst $S_m$, $S_d$, $\alpha$, alsdann

$$S_I = S_m + S_d\,, \qquad S_{II} = S_m - S_d \qquad \text{(A.2/37)}$$

ausrechnen und so nicht nur die Hauptachsenrichtungen und die Hauptwerte *ermitteln*, sondern auch ihre *Existenz* nachweisen.

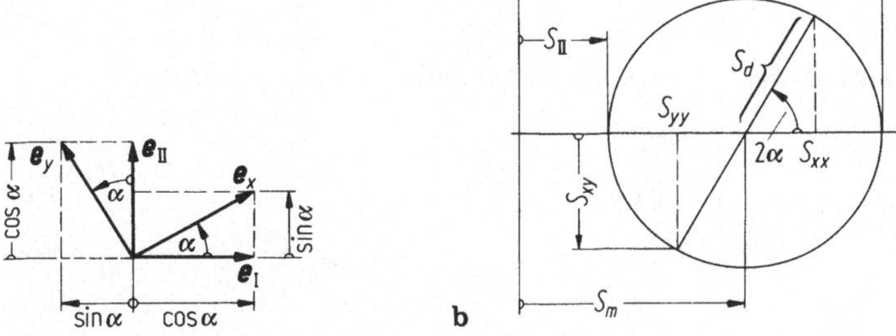


**Bild A.6.** **a** Koordinatendrehung in der Ebene; **b** Mohrscher Kreis für $S_I > S_{II}$

---

[18] O. Mohr (1835–1918), vgl. [110].

Noch einmal zurück zum räumlichen Zustand. Offenbar sind die Koeffizienten $e_{Kl}$ in (A.2/29) die Projektionen von $e_K$ auf $e_l$, also die Koordinaten von $e_K$ im System der $e_l$, so daß analog (A.2/30) $e_K = \sum_l e_{Kl} e_l$ gilt. Vertauschung der Indizes liefert $e_N = \sum_i e_{Ni} e_i$ und Multiplikation beider Ausdrücke wegen (A.2/28), (A.1/16) die sogenannten *Orthonormalitätsbedingungen*

bzw.
$$\left.\begin{array}{l} \delta_{KN} = \sum_l e_{Kl} e_{Nl} \\[2mm] \delta_{kj} = \sum_L e_{kL} e_{jL} \, . \end{array}\right\} \qquad (A.2/38)$$

Aus ihnen folgt, daß ein Ausdruck der Gestalt

$$a_j = \sum_k H_{jk} b_k \qquad (A.2/39)$$

($a_j$, $b_j$: Vektorkoordinaten, $H_{jk}$: Dyadenkoordinaten) in *jedem* Koordinatensystem dieselbe Form besitzt (*Invarianz*) vorausgesetzt, daß sie in wenigstens *einem* zutrifft. Zum Beweis braucht man entsprechend (A.2/30) bloß $\quad a_K = \sum_j e_{Kj} a_j = \sum_{j,k} e_{Kj} b_k H_{jk} \quad$ zu bilden und gemäß (A.2/30), (A.2/32) $\quad b_k = \sum_L e_{kL} b_L \, , \quad H_{jk} = \sum_{P,N} e_{jP} e_{kN} H_{PN} \quad$ zu substituieren. Dann kommt nach (A.2/38), (A.1/16) richtig $a_K = \sum_L H_{KL} b_L$ heraus.

Wir wenden dies auf die Oberflächenspannungen $T_j$ in Bild A.2 an. Für irgendein Koordinatensystem mit $e_3 = v$ erkennt man $T_j = \sigma_{3j}$, $v_k = \delta_{3k}$, so daß

$$T_j = \sum_k v_k \sigma_{kj} \qquad (A.2/40)$$

folgt. Diese Beziehung ist dann wie (A.2/39) invariant, besteht also für alle Koordinatensysteme, und verknüpft die Oberflächenspannungen mit dem räumlichen Spannungstensor.

## A.3 Systeme linearer partieller Differentialgleichungen

### A.3.1 Problemstellung

In (Teil-)Bereichen der $x,y$-Ebene suchen wir stetige sowie stückweise (d. h., ggf. außer längs endlich vieler glatter [19] Kurven) stetig differenzierbare Lösungsfunktionen

$$z_1 = z_1(x, y) \, , \dots , z_n = z_n(x, y) \, , \qquad n \geqq 1 \qquad (A.3/1)$$

des *linearen*[20], *partiellen* Differentialgleichungssystems

$$\left.\begin{array}{l} A_{11} \dfrac{\partial z_1}{\partial x} + \dots + A_{1n} \dfrac{\partial z_n}{\partial x} + B_{11} \dfrac{\partial z_1}{\partial y} + \dots + B_{1n} \dfrac{\partial z_n}{\partial y} = N_1 , \\[2mm] \vdots \qquad\quad \vdots \qquad\quad \vdots \qquad\quad \vdots \qquad\quad \vdots \\[2mm] A_{n1} \dfrac{\partial z_1}{\partial x} + \dots + A_{nn} \dfrac{\partial z_n}{\partial x} + B_{n1} \dfrac{\partial z_1}{\partial y} + \dots + B_{nn} \dfrac{\partial z_n}{\partial y} = N_n , \end{array}\right\} \qquad (A.3/2)$$

---

[19] Überall stetig und stetig differenzierbar.

[20] In der deutschsprachigen Literatur „quasi-linear" genannt, wenn die Koeffizienten neben $x$, $y$ auch von den $z_j$ abhängen.

in welchem $A_{jk} = A_{jk}(x, y, z_1 \ldots z_n)$, $B_{jk} = B_{jk}(x, y, z_1 \ldots z_n)$, $N_j = N_j(x, y, z_1 \ldots z_n)$ stetige Funktionen ihrer Veränderlichen darstellen. Wir führen die Matrixschreibweise ein (vgl. [398, 399]) und erhalten statt (A.3/2)

$$A\, \partial z/\partial x + B\, \partial z/\partial y = N\,, \tag{A.3/3}$$

worin

$$A = (A_{jk})\,, \qquad B = (B_{jk})\,, \qquad N = (N_j)\,, \qquad z = (z_k)\,,$$

$$\partial z/\partial x = (\partial z_k/\partial x)\,, \qquad \partial z/\partial y = (\partial z_k/\partial y) \tag{A.3/4}$$

quadratische bzw. Spaltenmatrizen sind. Im übrigen weisen wir den Leser auf das ausgezeichnete Lehrbuch von Sauer [400] hin.

## A.3.2 Charakteristiken

Wir betrachten zwischen den Punkten $\alpha$, $\beta$ eine beliebige, glatte[19], auf ihre Bogenlänge $s$ bezogene Kurve

$$x = x(s)\,, \qquad y = y(s) \tag{A.3/5}$$

der *Grundebene* ($x,y$-Ebene) mit dem gegen die positive $y$-Achse gemessenen Tangentenwinkel $\chi = \chi(s)$. Längs der Kurve gilt nach der Kettenregel und mit Bild A.7

$$\frac{\mathrm{d}z}{\mathrm{d}s} = \frac{\partial z}{\partial x}\frac{\mathrm{d}x}{\mathrm{d}s} + \frac{\partial z}{\partial y}\frac{\mathrm{d}y}{\mathrm{d}s} = \frac{\partial z}{\partial x}\sin\chi + \frac{\partial z}{\partial y}\cos\chi\,, \tag{A.3/6}$$

wobei $z = z(x, y)$ eine zunächst beliebige, aus $n$ stetigen und stetig differenzierbaren Funktionen $z_j(x, y)$ gemäß (A.3/4) gebildete Spaltenmatrix darstellt.

Wenn jetzt $z$ speziell eine Lösung (ein *Integral*) der linearen, partiellen Ausgangsdifferentialgleichungen (A.3/2) ist, so genügt $z$ der Matrixbeziehung (A.3/3). Multiplizieren wir diese mit $\cos\chi$ bzw. $\sin\chi$ und eliminieren danach $(\partial z/\partial y)\cos\chi$ bzw. $(\partial z/\partial x)\sin\chi$ über (A.3/6), so erhalten wir die beiden längs der Kurve $\alpha\beta$ gültigen Relationen

$$(A\cos\chi - B\sin\chi)\frac{\partial z}{\partial x} = N\cos\chi - B\frac{\mathrm{d}z}{\mathrm{d}s}\,, \tag{A.3/7a}$$

$$(A\cos\chi - B\sin\chi)\frac{\partial z}{\partial y} = -N\sin\chi + A\frac{\mathrm{d}z}{\mathrm{d}s}\,. \tag{A.3/7b}$$

Als lineare algebraische Gleichungssysteme in $\partial z/\partial x$, $\partial z/\partial y$ aufgefaßt, besitzen sie daher für alle Winkel $\chi$ die Lösungen $\partial z/\partial x$ bzw. $\partial z/\partial y$, sind also für alle $\chi$ auflösbar.

Dies bedarf nach (A.1/27) keiner Erwähnung, wenn im gesamten betrachteten Bereich der Variablen $x$, $y$ und der Unbekannten $z_j$ sowie für alle Winkel $\chi$ die *Richtungsdeterminante* $\det(A\cos\chi - B\sin\chi)$ nicht verschwindet,

$$\det(A\cos\chi - B\sin\chi) \neq 0\,. \tag{A.3/8}$$

In diesem Fall nennt man das Differentialgleichungssystem (A.3/2), (A.3/3) *elliptisch*.

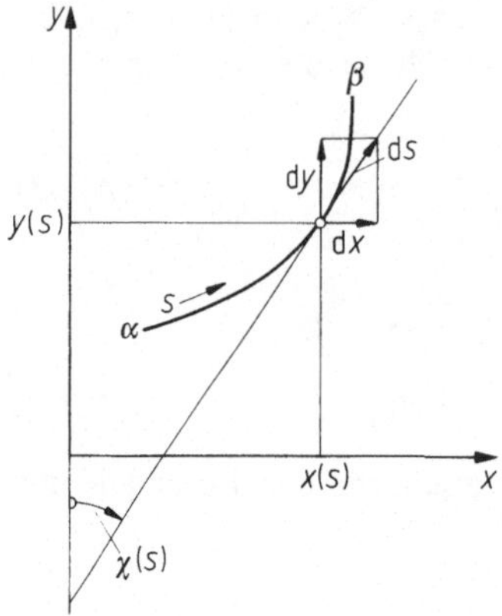

**Bild A.7.** $x,y$-Grundebene mit glatter Kurve $x(s)$, $y(s)$; Bogenlänge $s$, Tangentenwinkel $\chi(s)$

Anders, wenn es in einem Punkt $x$, $y$ für die dortigen Werte der Unbekannten $z_k$ eine oder mehrere Richtungen $\chi^1$, $\chi^2$, ... gibt, für welche die Richtungsdeterminante zu Null wird:

$$\left.\begin{array}{l} \det (A \cos \chi^j - B \sin \chi^j) = 0 \, ; \\[2mm] |\chi^j - \chi^k| < \pi \, ; \qquad j, k = 1, 2, \ldots \, . \end{array}\right\} \qquad \text{(A.3/9)}$$

Jetzt muß man gemäß (A.1/28) für die Lösbarkeit von (A.3/7) nach $\partial z/\partial x$, $\partial z/\partial y$ fordern, daß jede Zeilenmatrix $\gamma^j = (\gamma_1^j, \ldots, \gamma_n^j)$ mit

$$\gamma^j(A \cos \chi^j - B \sin \chi^j) = 0 \qquad \text{(A.3/10)}$$

auch die Verträglichkeitsbeziehungen

$$\left.\begin{array}{l} \gamma^j\left( N \cos \chi^j - B \, \dfrac{dz}{ds_j} \right) = 0, \\[5mm] \gamma^j\left( N \sin \chi^j - A \, \dfrac{dz}{ds_j} \right) = 0 \end{array}\right\} \qquad \text{(A.3/11)}$$

erfüllt. Die Schreibweise $s_j$ statt $s$ für die Bogenlänge bezieht sich auf Kurven in den im allgemeinen verschiedenen Richtungen $\chi^j$. Dabei wollen wir folgende Zählweise vereinbaren:

(a) Verschiedene Winkel bekommen stets verschiedene Nummern $j$;

(b) derselbe Winkel $\chi$ bekommt aber mehrere, und zwar $p$ Nummern (er wird $p$-fach gezählt), wenn zu ihm maximal $p$ linear unabhängige Zeilenmatrizen (*Eigenzeilen, Eigenmatrizen*) $\gamma$ gehören[21].

Auf diese Weise beschreibt *ein* Index $j$ stets genau *einen* Winkel, *eine* Bogenlänge und *eine* Eigenzeile.

---

[21] *Linear unabhängig* (als Gegenteil zu linear abhängig, vgl. S. 294) heißt: Linearkombinationen $\sum\limits_{j} \alpha_j \gamma^j$ verschwinden nur dann, wenn alle Koeffizienten $\alpha_j$ verschwinden. Es genügt, sich auf linear unabhängige Eigenzeilen zu beschränken, weil jede weitere deren Linearkombination ist und keiner gesonderten Betrachtung mehr bedarf.

Der zu elliptischen Ausgangssystemen mit der Eigenschaft (A.3/8) extrem entgegengesetzte Fall wäre, daß die Richtungsdeterminante det $(A \cos \chi - B \sin \chi)$ für alle $\chi$ überall identisch verschwindet. (A.3/9) liefert dann keine auswertbare Bedingungsgleichung; wir sprechen mit E. Goursat (1898) von einer *Entartung* (vgl. auch [404]). Sie bedeutet, daß die Variablen $z$ längs keiner Kurve $x(s)$, $y(s)$ frei als Anfangswerte vorgegeben werden dürfen, weil sie längs jeder Kurve den gewöhnlichen Differentialgleichungen (A.3/11) genügen müssen. Wir nehmen stattdessen an, daß überall wenigstens *ein* Winkel $\chi^\circ$ mit nicht-verschwindender Richtungsdeterminante

$$\det (A \cos \chi^\circ - B \sin \chi^\circ) \neq 0 \qquad (A.3/12)$$

existiert. Da dann (A.3/9) eine algebraische Gleichung (höchstens) der Ordnung $n$ [22] in $\sin \chi$, $\cos \chi$ bzw. (nach Ausklammern von $\cos \chi$) in $\tan \chi$ ist, gibt es (höchstens) $n$ verschiedene reelle Lösungen $\chi^j$, die wir i. a. in der Reihenfolge

$$\left. \begin{array}{l} \chi^1 \leqq \chi^2 \leqq \dots \leqq \chi^n \quad \text{oder} \quad \chi^1 \geqq \chi^2 \geqq \dots \geqq \chi^n \\[1mm] \text{mit} \quad |\chi^1 - \chi^n| < \pi \end{array} \right\} \qquad (A.3/13)$$

anordnen. $\chi^0$ kann man dann stets von allen $\chi^j$ verschieden so wählen, daß neben (A.3/12)

$$\sin (\chi^j - \chi^0) \neq 0 ; \qquad j = 1, 2, \dots , n \qquad (A.3/14)$$

gilt. Wenn wir nun alle *charakteristischen Winkel* $\chi^j$ ($j \neq 0$) und die zugehörigen Eigenzeilen $\gamma^j$ kennen, bilden wir die Differentialgleichungen (A.3/11). Sie sind erkennbar von besonders einfacher Gestalt: Jede von ihnen enthält Ableitungen $dz/ds_j$ nach nur einer einzigen Variablen $s_j$, stellt also eher eine gewöhnliche statt einer partiellen Differentialgleichung dar. Solche Beziehungen heißen *charakteristische Gleichungen*; sie gelten jede längs einer *Charakteristik*. Das ist eine glatte Kurve (A.3/5) der Grundebene, die dort in jedem ihrer Punkte eine bestimmte *charakteristische Richtung* $\chi^j$ ($j = 1, \dots , n$) besitzt.

Wegen der einfachen Struktur der charakteristischen Gleichungen erwarten wir, daß sie sich einfacher als das Ausgangssystem (A.3/3) integrieren lassen. Dies setzt freilich ihre Vollständigkeit voraus, d. h. bei $n$ Unbekannten: $n$ unabhängige Gleichungen, also vermutlich insbesondere $n$ linear unabhängige Eigenzeilen $\gamma^j$. Wenn wir dann aus allen Eigenzeilen die quadratische Matrix

$$\gamma = \begin{pmatrix} \gamma^1 \\ \vdots \\ \gamma^n \end{pmatrix} \qquad (A.3/15)$$

bilden, so fordern wir also gemäß S. 294

$$\det \gamma \neq 0 . \qquad (A.3/16)$$

Ausgangssysteme (A.3/2) bzw. (A.3/3), für die überall (A.3/12) und (A.3/16) gilt, nennt man *hyperbolisch*. Neben den hyperbolischen, den entarteten und den ellip-

---

[22] Man erkennt dies durch fortlaufende Entwicklung der Determinante nach ihren Zeilen oder Spalten.

tischen Systemen gibt es jedoch noch eine Reihe weiterer Typen — solche, für die mindestens eine, aber weniger als $n$ unabhängige Eigenzeilen $\gamma^j$ existieren. Wir gebrauchen für sie den Sammelnamen *parabolisch*.

Multiplikation der ersten Gruppe (A.3/11) mit $\sin \chi^0$, der zweiten mit $\cos \chi^0$ und Subtraktion liefert

$$\gamma^j \left\{ (A \cos \chi^0 - B \sin \chi^0)\, \frac{dz}{ds_j} - N \sin (\chi^j - \chi^0) \right\} = 0, \\ j = 1, \ldots, n. \qquad (A.3/17)$$

Dies sind $n$ charakteristische Gleichungen; sie bilden ein zu (A.3/2) bzw. (A.3/3) gehöriges *charakteristisches System*. Es wird gemäß Herleitung durch jedes Integral $z$ des Ausgangssystem (A.3/2) bzw. (A.3/3) gelöst. Wir zeigen umgekehrt: Bei einem hyperbolischen Ausgangssystem erfüllt auch jedes Integral $z = z(x, y)$ von (A.3/17) die Grundgleichung (A.3/3). In diesem Sinne sind die Systeme (A.3/3), (A.3/17) gleichwertig.

Zum Beweis substituieren wir $dz/ds_j$ gemäß (A.3/6) in (A.3/17). Dann vertauschen wir wegen (A.3/10) $\gamma^j A \cos \chi^j$ mit $\gamma^j B \sin \chi^j$. Wegen (A.3/14) darf $\sin (\chi^j - \chi^0) = \sin \chi^j \cos \chi^0 - \cos \chi^j \sin \chi^0$ weggekürzt werden, so daß über (A.3/15)

$$\gamma \left( A\, \frac{\partial z}{\partial x} + B\, \frac{\partial z}{\partial y} - N \right) = 0$$

entsteht. Wegen (A.3/16), (A.1/17) existiert die Kehrmatrix $\gamma^{-1}$, und es folgt in der Tat $A\, \dfrac{\partial z}{\partial x} + B\, \dfrac{\partial z}{\partial y}$ $-N = 0$.

## A.3.3 Massausche Gitterkonstruktion

### A.3.3.1 Allgemein

Zur Integration eines hyperbolischen Ausgangssystems (A.3/3) gehen wir von den charakteristischen Gleichungen (A.3/17) aus und beschreiben ein numerisch-graphisches Näherungsverfahren — *die Massausche Gitterkonstruktion* (1878; veröffentl. 1900—1904; vgl. [400, 405]) — in verschiedenen Varianten. Sie ist ihrem Wesen nach ein Differenzenverfahren; die Charakteristiken werden dementsprechend abschnittsweise durch Geradenstücke ersetzt. Folgende Idee liegt zugrunde (Bild A.8).

Auf gewissen, regulären[23] Kurvenbögen $C'$, $C''$, ... , die in einer genügend kleinen Umgebung $U$ der $x,y$-Grundebene liegen, dort zusammen eine ggf. mehrfach abgewinkelte stetige Kurve $C$ bilden und nicht sämtlich zu einer einzigen Charakteristik gehören, seien die Unbekannten $z_j$ bekannt und ebenfalls regulär. Man setzt in $U$ von erster Näherung konstante Matrizen $A$, $B$, $N$ sowie konstante Winkel $\chi^0, \chi^1, \ldots, \chi^n$ voraus, die aus den gegebenen Werten $x$, $y$, $z_j$ irgendeines zunächst beliebigen Punktes der Kurve $C$ in $U$ ermittelt werden. Wählt man nun einen nicht auf $C$ gelegenen Punkt $X$ der Umgebung $U$ hinreichend nahe bei $C$, dann besitzen die von $X$ in den charakteristischen Richtungen $\chi^1, \ldots \chi^n$ ausgehenden Geraden

---

[23] D. h.: stetig und — für die jeweilige Anwendung — hinreichend oft stetig differenzierbar.

sämtlich (ggf. zusammenfallende) Schnittpunkte $Y_1, \ldots, Y_n$ mit $C$ in $U$ (Bild A.8, dort $n = 3$).

$z^{Y_j}$, $z^X$ bezeichnen die Spaltenmatrizen der Unbekannten in den Punkten $Y_j$ bzw. $X$. Durch genähertes Umwandeln von Differentialquotienten in Differenzenquotienten erhält man

$$\frac{\mathrm{d}z}{\mathrm{d}s_j} \approx \frac{z^X - z^{Y_j}}{|XY_j|}, \tag{A.3/18}$$

wo $\mathrm{d}s_j \approx |XY_j|$ den Punktabstand von $X$ und $Y_j$ approximiert. Mit (A.3/17), (A.3/15) folgt so von ebenfalls erster Näherung das lineare Gleichungssystem in $z^X$

$$Hz^X = h, \tag{A.3/19a}$$

in welchem die Größen $H$ bzw. $h$

$$H = \gamma(A \cos \chi^0 - B \sin \chi^0), \qquad h = \begin{pmatrix} h_1 \\ \vdots \\ h_n \end{pmatrix}, \tag{A.3/20}$$

mit

$$h_j = \gamma^j \{(A \cos \chi^0 - B \sin \chi^0)\, z^{Y_j} + |XY_j|\, N \sin (\chi^j - \chi^0)\} \tag{A.3/21}$$

bedeuten. Aus (A.1/24), (A.3/12), (A.3/16) erkennt man

$$\det H = [\det \gamma] \{\det (A \cos \chi^0 - B \sin \chi^0)\} \neq 0, \tag{A.3/19b}$$

so daß (A.3/19a) wegen (A.1/27) die eindeutige Lösung

$$z^X = H^{-1}h \tag{A.3/22}$$

besitzt.

Natürlich wird die beschriebene Näherungsrechnung umso genauer, je kleiner die gewählte Umgebung $U$ ist. Andererseits bedingen kleine Umgebungen sehr enge *Maschenweiten* des aus den Grundelementen von Bild A.8 aufzubauenden Massauschen Gitters, also auch besonders zahlreiche Rechenschritte und sich aufsummierende numerische Rundungsfehler.

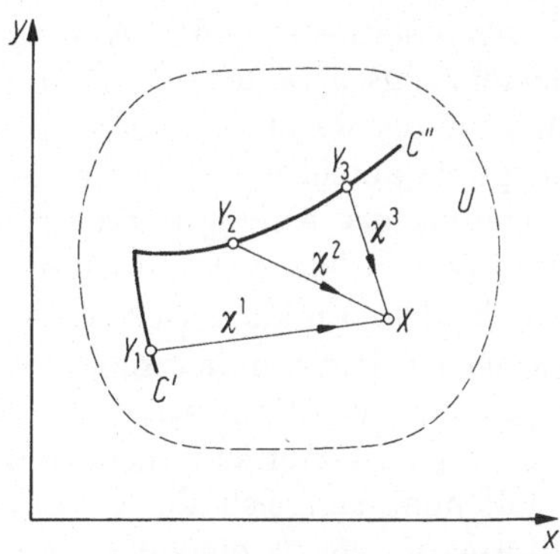


**Bild A.8.** Grundelement der Massauschen Gitterkonstruktion zur Berechnung der Unbekannten $z^X$ aus $z^{Y_1}$, $z^{Y_2}$, $z^{Y_3}$ (Beispiel: 3 Charakteristikenscharen). Winkelzählung $\chi^1 < \chi^2 < \chi^3$ rechtsherum, Bogenlängen in Pfeilrichtung. Stetige *Anfangskurve* $C$, bestehend aus glatten Bögen $C'$, $C''$. Hinreichend kleine Umgebung $U$

Um die Rechnung auch ohne Verkleinerung der Maschenweiten zu verbessern, kann man vom oben ermittelten Resultat (A.3/22) ausgehen und jetzt $A$, $B$, $N$, $\chi^0$, $\chi^1$, ... , $\chi^n$ als konstante Größen in der Umgebung $U$ *neu* festlegen. Ursprünglich bestimmte man sie für einen *willkürlichen* Punkt von $U$, speziell auf der Kurve $C$. Jetzt rechnet man sie z. B. aus den in erster Näherung ermittelten Unbekannten $z^X$ im Punkte $X$ selbst aus, gelegentlich auch vorteilhafter für irgendeinen mittleren Punkt des Polygons $XY_1 ... Y_n$ mit entsprechend interpolierten Werten der Unbekannten. Darauf erhält man wie oben ein neues Ergebnis $z^X$ (2. Näherung), kann erneut iterieren usw., bis die mutmaßliche Genauigkeit ausreicht.

Weitere Erfahrungen mit der numerischen, meist am Digitalrechner zu bewältigenden Prozedur lassen sich nur von Fall zu Fall bei der Lösung konkreter Probleme sammeln. Hierzu beschreiben wir jetzt verschiedene, auf dem Grundelement (Bild A.8) aufbauende spezielle Gitterkonstruktionen und beschränken uns dabei auf das zum *Verständnis* Wesentliche.


### A.3.3.2 Erstes Anfangswertproblem[24]

Es seien Anfangswerte $z_j = z_j^0$ der Unbekannten in allen Punkten eines glatten[25] Kurvenbogens $P_0 Q_0$ (*Anfangskurve*) vorgegeben, dessen Richtung nirgendwo charakteristisch ist (kurz: *nicht-charakteristischer Kurvenbogen*) und der insoweit die über den Bogen $C$ des Grundelementes (Bild A.8) verhängte Voraussetzung erfüllt.

Wir zeichnen eine zur Anfangskurve hinreichend benachbarte weitere Kurve *1—1* (in Bild A.9a gestrichelt), die jene nicht schneidet und ebenfalls nicht-charakteristisch sein soll. Zu diesem Zweck wählt man sie vorteilhaft weitgehend parallel zur Anfangskurve. Sollte die Auswertung später ergeben, daß *1—1* doch (abschnittsweise) charakteristische Richtung besitzt, muß die Rechnung mit geändertem Verlauf dieser Kurve wiederholt werden.

Nunmehr wählt man ein geeignet dichtes Punktraster $P_1 ... R_1 ... Q_1$ auf *1—1* und bestimmt die zugehörigen Unbekannten $z^{P_1} ... z^{R_1} ... z^{Q_1}$ nach dem Vorbild von $z^X$ im Grundelement (Bild A.8) entsprechend Abschnitt A.3.3.1. $P_1$, $Q_1$ ergeben sich als Endpunkte zwangsweise dadurch, daß $P_0 P_1$ und $Q_0 Q_1$ in charakteristische Richtungen weisen.

Von $P_1 Q_1$ als neuer Anfangskurve ausgehend ermittelt man wie zuvor die Unbekannten $z$ auf einer weiteren Hilfskurve $P_2 Q_2$. Sofern dazu Anfangswerte auf $P_1 Q_1$ in Punkten erforderlich sind, die nicht zum ursprünglichen Raster $P_1 ... R_1 ... Q_1$ gehören, interpoliert man sie aus benachbarten Rasterpunkten.

Weiter fortfahrend erhält man ein eindeutiges Lösungsfeld, das durch zwei Charakteristiken mit extremen Winkeln ($\chi^1$, $\chi^3$ in Bild A.9a) begrenzt wird und *Bestimmtheitsbereich* der Anfangskurve mit ihren Anfangswerten heißt. Da die Begrenzungscharakteristiken zu verschiedenen Scharen gehören, werden sie einander in der Regel schneiden, so daß der Bestimmtheitsbereich mit einem einzelnen Eckpunkt abschließt ($P_4$ in Bild A.9a).

Jenseits der Anfangskurve ergibt sich ein entsprechender Bestimmtheitsbereich ($P_0 Q_0 Q_{-4}$ in Bild A.9a), doch interessiert bei vielen Anwendungen jeweils nur einer von beiden. Er kann sich *sowohl* bei geometrischer Änderung der Kurve $P_0 Q_0$ *als auch* bei rein numerischer Änderung der Anfangswerte $z^0$ ändern. Besonders angenehm sind Sonderfälle, in denen der Bestimmtheitsbereich und das ganze Massausche Gitternetz allein von der *Geometrie* der Kurve $P_0 Q_0$ abhängt.

Offenbar läßt sich die gefundene Lösung mangels vollständiger Anfangswert-Information nicht eindeutig über die Begrenzungscharakteristiken hinaus erwei-

---

[24] Diese Bezeichnungen und Fall-Numerierungen werden im vorliegenden Band benutzt, sind aber sonst nicht standardisiert.

[25] s. Fußnote 19, S. 308.

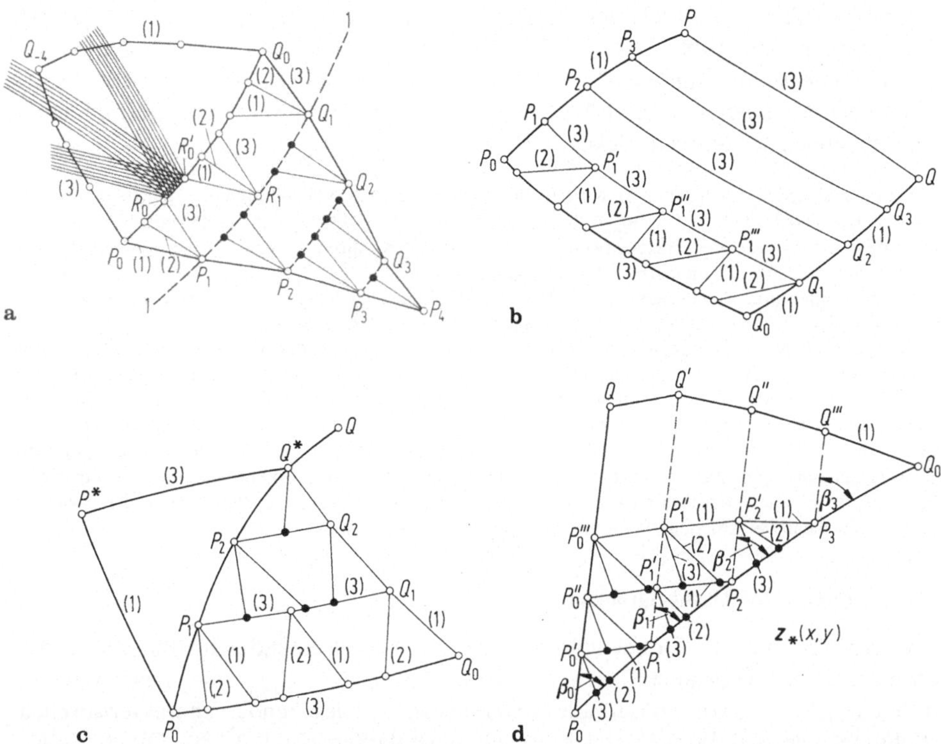

**Bild A.9.** Massausche Gitterkonstruktionen bei 3 Charakteristikenscharen. (*1*), (*2*), (*3*) Charakteristiken bzw. Geradenstücke in den charakteristischen Richtungen $\chi^1$, $\chi^2$, $\chi^3$

○ Wesentliche Begrenzungspunkte sowie Punkte, in denen die Unbekannten (sukzessive) berechnet oder als Anfangswerte vorgegeben werden.

● Zwischenpunkte, für die man die Unbekannten ggf. durch Interpolation bestimmt, sowie weitere Konstruktionshilfspunkte

**a** *1. Anfangswertproblem*; nichtcharakteristische Anfangskurve $P_0Q_0$. Bestimmtheitsbereiche $P_0Q_0P_4$ bzw. $P_0Q_0Q_{-4}$. Einflußbereich des Bogenstückes $R_0R_0'$ nur einseitig schraffiert. **b** *2. Anfangswertproblem*; Anfangskurven sind 2 Charakteristiken $P_0P$, $P_0Q_0$ durch $P_0$ mit maximaler Winkeldifferenz $\chi^3 - \chi^1$. Bestimmtheitsbereich $P_0Q_0QP$. **c** *3. Anfangswertproblem*; Anfangskurve ist eine Charakteristik $P_0Q_0$. Die fehlende Information wird auf einer nichtcharakteristischen Zielkurve $P_0Q$ vorgeschrieben. Von $P_0$ laufe keine weitere Charakteristik in den Winkelbereich $QP_0Q_0$. Bestimmtheitsbereich hier $Q_0P_0Q^*$, ggf. auch $Q_0P_0Q$, sowie $P_0Q^*P^*$ (ggf. $QP_0P^*$). **d** *Umkehrproblem*; gegebene nichtcharakteristische Zielkurve $P_0Q$ trägt 1 Information. Die gesuchte Anfangskurve $P_0Q_0$ entnimmt ihre Anfangswerte einem vorgegebenen Wertefeld $z_*(x, y)$. $P_0Q$ muß im Bestimmtheitsbereich von $P_0Q_0$ im Sinne des 1. Anfangswertproblems liegen

tern; an diesen dürfen wegen des Verschwindens der Determinante (A.3/9) im Gleichungssystem (A.3/7) sogar Ableitungen $\partial z/\partial x$, $\partial z/\partial y$ mehrdeutig — also unstetig — werden, selbst wenn man Stetigkeit der Funktionswerte $z_j$ selbst und ihrer Ableitungen $dz_j/ds$ längs der betroffenen Charakteristik verlangt: es handelt sich daher zwangsläufig um Unstetigkeiten der Ableitungen *quer* zu ihr.

Obschon, wie gesagt, keine *eindeutige* Fortsetzung der Lösung möglich ist, *beeinflußt* eine Änderung von Anfangswerten auf $P_0Q_0$ die Lösung außerhalb des Bestimmtheitsbereiches immerhin noch insoweit, als jede von $P_0Q_0$ ausgehende

Charakteristik $(j)$ vermittels der ihr zugeordneten $j$-ten Gleichung (A.3/17) gewisse Teilinformationen weiterleitet. Dementsprechend nennt man die gesamte von wenigstens *einer* die Anfangskurve schneidenden Charakteristikenschar überdeckte Fläche den *Einflußbereich*. Bild A.9a zeigt als Beispiel den (nur einseitig gezeichneten) Einflußbereich des Kurvenstückes $R_0 R_0'$.

Es leuchtet anschaulich ein und wird in der Spezialliteratur (vgl. [400]) unter gewissen Zusatzvoraussetzungen[26] auch bewiesen, daß die nach Massau konstruierten Näherungslösungen im Grenzfall verschwindender Maschenweite gegen ein strenges, durch die Anfangswerte im Bestimmtheitsbereich eindeutig festgelegtes Integral $z$ des charakteristischen Systems (A.3/17) und damit der Ausgangs-Differentialgleichungen (A.3/2) bzw. (A.3/3) konvergieren. Die Geradenstücke im Massauschen Gitter verbinden sich dann erwartungsgemäß zu glatten Charakteristiken.

Besonderheiten, die sich auch in numerischen Schwierigkeiten bei der Massauschen Konstruktion äußern können, ergeben sich beispielsweise dann, wenn eine Charakteristikenschar eine *Einhüllende* (vgl. Bild A.10) besitzt: Diese läuft selbst überall in charakteristische Richtung, ist also definitionsgemäß eine Charakteristik, und längs ihrer gilt natürlich auch die zugehörige charakteristische Gleichung (A.3/17)[27]. Andererseits überschlägt sich hinter ihr das Charakteristikenfeld. Ähnliche Schwierigkeiten treten auf, wenn zwei verschiedene Charakteristiken mehr als einen Schnittpunkt besitzen, wenn alle Charakteristiken einer Schar durch einen einzigen Punkt (*singulärer Punkt*) laufen oder wenn verschiedene Scharen (asymptotisch) parallel werden.

### A.3.3.3 Zweites Anfangswertproblem

Hier schreibt man die Unbekannten $z = (z_j)$ auf zwei einander im Punkte $P_0$ der Grundebene schneidenden Charakteristikenstücken $P_0 P$, $P_0 Q_0$ maximaler Winkeldifferenz $|\chi^n - \chi^1|$ vor, so daß alle weiteren von $P_0$ ausgehenden charakteristischen Richtungen in den Winkelbereich $PP_0 Q_0$ hineinlaufen (Bild A.9b). Die Anfangswerte dürfen dann nicht willkürlich sein, sondern müssen den längs $P_0 P$, $P_0 Q_0$ geltenden charakteristischen Gleichungen (A.3/17) mit (A.3/10) sowie der entsprechenden Richtungsbeziehung (A.3/9) genügen.

Zur Konstruktion geht man von der einen Anfangskurve $P_0 Q_0$ sowie einem $P_0$ benachbarten Punkt $P_1$ der zweiten Anfangskurve $P_0 P$ aus (Bild A.9b). Dann wählt man $P_1'$ in einer genügend kleinen Umgebung von $P_0$, $P_1$ auf derjenigen charakteristischen Richtung (z. B. Winkel $\chi^n$) durch $P_1$, die auch zu $P_0 Q_0$ gehört. Mit $P_1'$ als $X$ liegen die Voraussetzungen des Grundelementes von

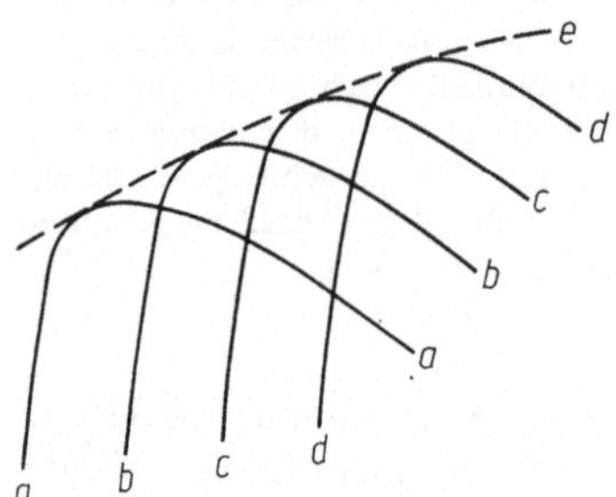


**Bild A.10.** Charakteristiken $a$, $b$, $c$, $d$ einer sich überschlagenden Schar mit Einhüllender $e$

---

[26] Z. B. dreimalige Differenzierbarkeit mit in ihrer Größe beschränkten Ableitungen (a) der Matrixelemente von $A$, $B$, $N$ nach $z_j$, $x$, $y$; (b) der Anfangskurve $P_0 Q_0$ nach ihrer Bogenlänge $s$; (c) der Anfangswerte $z_j^0$ auf $P_0 Q_0$ nach $s$.

[27] Bei der Bildung von $d\chi^j/ds_j$ ist jedoch die Krümmung der Kurven $a$, $b$, $c$, $d$, nicht die der Einhüllenden $e$ zugrunde zu legen!

Bild A.8 vor; $z^{P_1}$ folgt wie in Abschnitt A.3.3.1 beschrieben. Alsdann konstruiert man in der Reihenfolge $P_1''$, $P_1'''$, ... , $Q_1$ weitere Punkte der durch $P_1$ laufenden, zur gleichen Schar wie $P_0Q_0$ gehörigen Charakteristik und findet gleichzeitig die zugehörigen Werte der Unbekannten sowie den Endpunkt $Q_1$. Entsprechend konstruiert man weitere Charakteristiken $P_2Q_2$, $P_3Q_3$, ... der gleichen Schar, bis der Bestimmtheitsbereich mit $PQ$ abschließt.

### A.3.3.4 Drittes Anfangswertproblem

Hier (vgl. Bild A.9c) dient nur eine einzige Charakteristik $P_0Q_0$ als eigentliche Anfangskurve; auf ihr sind die Anfangswerte wiederum nicht frei vorgebbar, sondern müssen der bzw. den zugehörigen charakteristischen Gleichungen (A.3/17) mit (A.3/10) und der entsprechenden Richtungsbeziehung (A.3/9) genügen. Die fehlende Information wird jetzt nicht, wie beim 2. Anfangswertproblem, auf einer weiteren Charakteristik, sondern auf einer nicht-charakteristischen Kurve $P_0Q$ vorgeschrieben, die wir *Zielkurve* nennen. Sie soll so liegen, daß von $P_0$ keine weiteren Charakteristiken in den Winkelraum zwischen $P_0Q$ und $P_0Q_0$ hineinlaufen.

Nehmen wir zum Beispiel an, der zu $P_0Q_0$ gehörige Winkel, etwa $\chi^n$, zähle nur einfach. Dann gehen von den Punkten $P_1$, $P_2$, ... auf der Zielkurve $P_0Q$ genau $n-1$ ggf. zusammenfallende Charakteristiken aus, die in der Regel $P_0Q_0$ schneiden. Für die Werte der Unbekannten $z^{P_1}$ in $P_1$ bestehen also $n-1$ charakteristische Gleichungen (A.3/17), also $n-1$ der $n$ Näherungsgleichungen (A.3/19). Eine einzige fehlt, und diese darf auf $P_0Q$ in geeigneter Form — z. B. auch explizite als Anfangswert — vorgegeben werden.

Aufgrund dieser Vorbetrachtung konstruiert man nun ähnlich wie beim 2. Anfangswertproblem zunächst die Punkte und die Unbekannten auf einer zweiten, $P_0Q_0$ benachbarten Charakteristik der gleichen Schar — beginnend bei $P_1$ auf der Zielkurve, endend im letzten konstruierbaren Punkt $Q_1$. Es folgt eine weitere Charakteristik $P_2Q_2$ der gleichen Schar usw., bis man entweder mit einem Punkt $Q^*$ der Zielkurve abschließt (Bild A.9c) oder an deren Endpunkt $Q$ angelangt ist.

Damit kennt man die Unbekannten auch auf der Zielkurve $P_0Q$ bzw. $P_0Q^*$ vollständig, kann diese als Anfangskurve des 1. Anfangswertproblems ansehen und so einen jenseitigen Bestimmtheitsbereich $P_0P^*Q^*$ samt Lösung ermitteln.

### A.3.3.5 Umkehrproblem

Nach den drei Anfangswertproblemen, die sich natürlich durch weitere ergänzen lassen, formulieren wir abschließend folgendes *Umkehrproblem* (Bild A.9d):
(a) *Gesucht* ist eine Anfangskurve $P_0Q_0$ nebst Anfangswerten $z_*$, die auf vorgegebene Weise

$$z_* = z_*(x, y) \qquad (A.3/23)$$

vom Ort $x$, $y$ in der Grundebene abhängen müssen.
(b) Dabei soll die zugehörige, ebenfalls zu ermittelnde Lösung $z = z(x, y)$ des Problems auf einer im Bestimmtheitsbereich und durch $P_0$ verlaufenden bekannten, nicht-charakteristischen Zielkurve $P_0Q$ eine dort vorgegebene Information berücksichtigen, die z. B. aus einer hier nicht näher spezifizierten Gleichung

$$g(x, y; z) = g(x, y; z_1 \dots z_n) = 0 \qquad (A.3/24)$$

besteht. Insbesondere darf explizite eine der Variablen gegeben sein. In $P_0$ muß $g(x, y; z_*) = 0$ gelten.

Man kann von vornherein weder die Lösbarkeit noch die Eindeutigkeit der Lösung dieses Umkehrproblems konstatieren. Doch geht die folgende Konstruktion von der Annahme aus, daß beides gewährleistet sei.

Denkbar wäre, daß die gesuchte Anfangskurve $P_0Q_0$ eine um den kleinstmöglichen Winkel in $P_0$ von der Zielkurve abweichende Charakteristik ist. Um dies vorab zu untersuchen, konstruiere man sie punktweise in der Reihenfolge $P_0$, $P_1$, $P_2$ ..., indem man zunächst die aus den Anfangswerten $z_*$ in $P_0$ ermittelte, entsprechende charakteristische Richtung in $P_0$ anträgt und auf ihr $P_1$ willkürlich, jedoch hinreichend benachbart festgelegt. Durch (A.3/23) kennt man sofort die Unbekannten $z^{P_1}$ in $P_1$, ermittelt über (A.3/9) erneut die charakteristische Richtung, wählt auf ihr $P_2$ mit $z^{P_2}$ usf. Gleichzeitig prüft man, ob die zugehörige charakteristische Gleichung (A.3/17) bzw., bei mehrfach zählendem Winkel, alle zugehörigen Beziehungen (A.3/17) in der Näherungsform von (A.3/19) gelten. Wenn dies der Fall ist, liegt jetzt gerade das 3. Anfangswertproblem (Bild A.9c) vor, und man bestimmt die Lösung wie dort beschrieben.

Sind hingegen die charakteristischen Gleichungen verletzt, so darf $P_0Q_0$ keine Charakteristik sein. Wenn dann überhaupt eine Anfangskurve existiert, so muß sie von $P_0$ in den Winkelbereich zwischen der Zielkurve und der ersten benachbarten charakteristischen Richtung laufen, weil anderenfalls die Zielkurve $P_0Q$ nicht zum Bestimmtheitsbereich der Anfangskurve $P_0Q_0$ (vgl. Bild A.9a) gehören würde.

Dann gehen wir von der Zielkurve in $P_0$ (Bild A.9d) aus und betrachten gemäß Bild A.8 eine genügend kleine Umgebung $U$ mit angenähert konstanten Größen $A$, $B$, $N$, $\chi^0$, $\chi^1$, ..., $\chi^n$, die wir etwa aus den Anfangswerten $z_*$ in $P_0$ ermitteln. Alsdann wählen wir $P_0'$ in $U$ als hinreichend benachbarten Punkt auf der Zielkurve $P_0Q$ und tragen in ihm $\chi^1$, ..., $\chi^n$ als Geraden an. Schließlich zeichnen wir in $P_0$ ein weiteres Geradenstück unter dem noch beliebigen Winkel $\beta_0$ gegen $P_0Q$. Auf ihm sind durch $z_*$ gemäß (A.3/23) alle Anfangswerte bestimmt; wir können nach (A.3/19), Bild A.8 ($X = P_0'$) die Unbekannten $z^{P_0'}$ in $P_0'$ ausrechnen. Sie hängen noch von dem willkürlichen Winkel $\beta_0$ ab. Durch dessen Variation erreichen wir — wegen der oben vorausgesetzten Existenz und Eindeutigkeit — daß für einen geeigneten, eindeutigen Winkel $\beta_0$ die Unbekannten $z^{P_0'}$ in $P_0'$ auch der auf der Zielkurve vorgegebenen Gleichung (A.3/24) genügen.

$\beta_0$ mag jetzt, wie bei der Beschreibung des Grundelementes (Bild A.8) ausgeführt, iterativ verbessert werden. Aber auch ohnedies ist die beschriebene Prozedur numerisch aufwendiger als bei den vorausgegangenen Anfangswertproblemen.

$P_1$ sei der Schnittpunkt des unter $\beta_0$ angetragenen Geradenstückes mit der *entferntesten* Charakteristik durch $P_0'$ (Bild A.9d). Von $P_1$ zeichnen wir jetzt eine (im Bild gestrichelte) weitere Kurve $P_1Q'$ einigermaßen parallel zur Zielkurve; jedenfalls überall nicht-charakteristisch und im Bestimmtheitsbereich von $P_1Q_0$. Der Endpunkt $Q'$ liegt allerdings erst später fest. Wir sehen ferner die Lösung als im ganzen „Dreieck" $P_0P_0'P_1$ bestimmt an und gewinnen Zwischenwerte (z. B. auf $P_0'P_1$) durch lineare Interpolation.

Jetzt wählen wir einen zu $P_0'$ benachbarten Punkt $P_0''$ auf der Zielkurve und tragen in ihm die zu $P_0''$ gehörigen[28] charakteristischen Richtungen an. $(n-1)$ von ihnen mögen $P_0'P_1$ schneiden; andernfalls in $P_0''$ dichter an $P_0'$ heranzurücken. Die zu diesen $(n-1)$ Charakteristiken gehörigen charakteristischen Gleichungen aus (A.3/19) zusammen mit der auf $P_0Q$ vorgegebenen Beziehung (A.3/24) bestimmen — nach Voraussetzung eindeutig — die Unbekannten $z^{P_0''}$. Hingegen stellt die hierbei nicht verwendete eine charakteristische Gleichung (A.3/19) ihrerseits eine Beziehung vom Typ (A.3/24) für den von $P_0''$ aus in der zugehörigen charakteristischen Richtung auf der (gestrichelten) Kurve $P_1Q'$ liegenden Punkt $P_1'$ dar.

Nun wiederholt man, von $P_1'$ statt $P_0'$ ausgehend, die beschriebene Konstruktion und erhält den Winkel $\beta_1$ der gesuchten Anfangskurve in $P_1$ sowie ihren Schnittpunkt $P_2$ mit der letzten durch $P_1'$ laufenden Charakteristik. Die gestrichelte Kurve $P_2Q''$ wird einigermaßen parallel zu $P_1Q'$, jedenfalls überall nicht-charakteristisch im Bestimmtheitsbereich von $P_2Q_0$ eingezeichnet (und ggf. nachträglich verbessert).

Weiter beginnen wir mit $P_0'''$ auf der Zielkurve, so dicht bei $P_0''$, daß alle nachfolgenden Konstruktionen möglich sind. $(n-1)$ Charakteristiken von $P_0'''$ schneiden $P_0''P_2$ und legen zusammen mit

---

[28] Wieder nachträgliche Verbesserung durch Iteration möglich.

(A.3/24) sowie $(n-1)$ Beziehungen (A.3/19) die Unbekannten $z_0^{P_0''}$ fest. Die noch nicht benutzte $n$-te Charakteristik durch $P_0'''$ definiert $P_1''$ auf $P_1 Q_0'$ und zusammen mit $(n-1)$ von dort ausgehenden, mittels $z^{P_i}$ errechneten charakteristischen Richtungen, die $P_1' P_2$ schneiden, auch $z^{P_i}$. Die $n$-te Charakteristik durch $P_1''$ wiederum definiert $P_2'$ auf $P_2 Q''$. Ferner legt sie über ihre zugehörige Gleichung (A.3/19) in $P_2'$ eine Beziehung vom Typ (A.3/24) fest. Hieraus ermittelt man den Winkel $\beta_2$ der gesuchten Anfangskurve $P_0 Q_0$ nach dem Vorbild von $\beta_0$, $\beta_1$ usw. Die Gesamtkonstruktion endet spätestens an der von $Q$ ausgehenden äußersten Charakteristik $QQ'Q'' \dots Q_0$.

### A.3.3.6 Spezialfall $n = 2$

Die Bilder A.9a—d werden übersichtlicher[29] im Fall $n = 2$. Sofern sich die Charakteristiken nicht überschlagen und die Grundebene nur einfach überdecken, kann man sie dort als ein (i. a. krummliniges, schiefwinkliges) Kurven-Koordinatensystem $\xi$, $\eta$ verwenden (Bild A.11).

Nach Multiplikation mit $ds_1/d\xi$ bzw. $ds_2/d\eta$ längs der betrachteten Charakteristik lauten die charakteristischen Gleichungen (A.3/17) jetzt

$$\left.\begin{array}{l} \gamma^\xi \left\{ (A \cos \chi^0 - B \sin \chi^0)\, \dfrac{dz}{d\xi} - N\, \dfrac{ds_\xi}{d\xi}\, \sin(\chi^\xi - \chi^0) \right\} = 0, \\[2ex] \gamma^\eta \left\{ (A \cos \chi^0 - B \sin \chi^0)\, \dfrac{dz}{d\eta} - N\, \dfrac{ds_\eta}{d\eta}\, \sin(\chi^\eta - \chi^0) \right\} = 0, \end{array}\right\} \qquad (A.3/25)$$

wo $\gamma^\xi$, $\gamma^\eta$ statt $\gamma^1$, $\gamma^2$; $\chi^\xi$, $\chi^\eta$ statt $\chi^1$, $\chi^2$ und $s_\xi$, $s_\eta$ statt $s_1$, $s_2$ geschrieben wurde. Integration liefert $z = z(\xi, \eta)$ direkt als Funktion der Kurvenkoordinaten $\xi$, $\eta$.

### A.3.4 Ergänzungen

Bezeichnet man Sprünge der Ableitungen $\partial z/\partial x$, $\partial z/\partial y$ bei sonst stetigem und stetig differenzierbarem Lösungsfeld $z(x, y)$ als „Störungen", so kann man aufgrund des in A.3.3.2 Gesagten die Charakteristiken auch als Kurven kennzeichnen, längs deren sich Störungen ausbreiten.

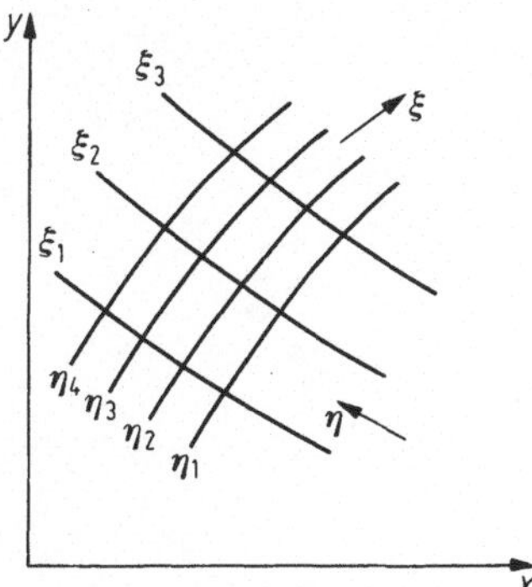


**Bild A.11.** Charakteristiknetz mit $n = 2$ Scharen als $\xi,\eta$-Koordinantensystem

---

[29] Noch einfacher wäre $n = 1$, doch dann handelt es sich eigentlich um gewöhnliche Differentialgleichungen.

Der Fall $v = 2$ zweier unabhängiger Variablen $x$, $y$ läßt sich wie folgt verallgemeinern: Lineare partielle Differentialgleichungssysteme

$$\sum_{k=1}^{v} A_k \frac{\partial z}{\partial x_k} = N \qquad\qquad (\text{A.3/26})$$

mit $v > 2$ unabhängigen Veränderlichen $x_1, \ldots, x_v$ und $n$ Unbekannten $z_1, \ldots, z_n$ besitzen anstelle von charakteristischen Richtungen in jedem Punkt $x_1, \ldots, x_v$ des $v$-dimensionalen *Grundraumes* einen charakteristischen $(v - 1)$-dimensionalen Kegel (*Mongeschen*[30] *Kegel*), der nicht notwendig ein Kreiskegel ist. *Charakteristische* $(v - 1)$-dimensionale *Flächen*, längs deren sich Störungen ausbreiten können, sind solche, die in jedem Punkt den von dort ausgehenden Mongeschen Kegel berühren. Aufgrund dieser Eigenschaft ist auch eine verallgemeinerte Massausche Gitterkonstruktion mit Mongeschen Kegeln statt geradlinigen Charakteristikenstücken möglich.

Für elliptische oder für parabolische Ausgangs-Differentialgleichungssysteme gibt es keine dem Charakteristikenverfahren entsprechende, allgemein anwendbare, anschauliche und konstruktive Lösungsmethode. Wir verweisen auf die Literatur [406].

---

[30] G. Monge, 1746—1818.

# Literatur


1. Klepaczko, J.: Effects of Strain-Rate History on the Strain-Hardening Curve of Aluminium. Arch. Mech. Stosow. 19 (1967) 211—229.
2. Hecker, F. W.: Beitrag zur Ermittlung von Fließkurven im Verdrehversuch. Arch. Eisenhüttenwes. 42 (1971) 813—813, sowie: Die Wirkung des Bauschinger-Effektes bei großen Formänderungen im Verdrehversuch. Arch. Eisenhüttenwes. 42 (1971) 819—823.
3. Bühler, H.; Schack, J.: Formänderungsfestigkeit von Stählen im Bereich der Blauwärme. Draht-Welt 52 (1966) 489—495.
4. Burbach, J.: Eine Zerreißmaschine mit besonders großer Federkonstante. Techn. Mitt. Krupp, Forsch.-Ber. 24 (1966) 79—88.
5. Lippmann, H.; Wawra, H.: On the Relationship Between Uniaxial Plastic Flow and Creep. Mech. Res. Comm. 1 (1974) 275—280.
6. Trost, H.: Spannungs-Dehnungs-Gesetz eines viskoelastischen Festkörpers wie Beton und Folgerungen für Stabtragwerke aus Stahlbeton und Spannbeton. Beton 16 (1966) 233—248.
7. Szabó, I.: Einführung in die Technische Mechanik. 6. Aufl. Berlin, Göttingen, Heidelberg: Springer 1963.
8. Hohenemser, K.; Prager, W.: Dynamik der Stabwerke. Berlin: Springer 1933.
9. Reckling, K.-A.: Plastizitätstheorie und ihre Anwendung auf Festigkeitsprobleme. Berlin, Heidelberg, New York: Springer 1967.
10. Herrmann, E.: Spieltheorie und lineares Programmieren. Köln: Aulis 1964.
11. Hadley, G.: Nonlinear and Dynamic Programming. Reading (Mass.), Palo Alto, London: Addison-Wesley 1964.
12. Horne, M. R.: Fundamental Propositions in Plastic Theory of Structures. J. Inst. Civ. Engrs. 34 (1950) 174—177.
13. Prager, W.: Probleme der Plastizitätstheorie. Basel, Stuttgart: Birkhäuser 1955.
14. Hadwiger, H.: Altes und Neues über konvexe Körper. Basel, Stuttgart: Birkhäuser 1955.
15. Nádai, A.: Theory of Flow and Fracture of Solids, Vol. 1. 2nd ed. New York: McGraw-Hill 1950.
16. Bridgman, P. W.: The Compressibility of Thirty Metals. Proc. Amer. Acad. Arts Sci. 58 (1923) 163—242.
17. Hill, R.: The Mathematical Theory of Plasticity. Oxford: Clarendon Press 1950.
18. Lippmann, H.: Matrixungleichungen und die Konvexität der Fließfläche. Z. angew. Math. Mech. 50 (1970) T 134—137.
19. Burgmann, J. B.; Rawlings, B.: Dynamic Plastic Analysis of Pin-Jointed Frames. Int. J. Mech. Sci. 10 (1968) 967—980.
20. Laugwitz, D.: Ingenieurmathematik I—V. Mannheim: Bibl. Inst. 1964—1967.
21. Čiras, A. A.: Die Methoden des linearen Programmierens bei der Behandlung elastisch-plastischer Systeme. Leningrad: Verl. f. Lit. a. d. Bauwes. 1969 (russisch).
22. Lippmann, H.: Extremum and Variational Principles in Mechanics. Udine: CISM and Wien, New York: Springer 1972.
23. Dorn, W. S.; Greenberg, H. J.: Linear Programming and Plastic Limit Analysis. Quart. Appl. Math. 15 (1957) 155—167.
24. Prager, W.: Mathematical Programming and the Theory of Structures. J. Soc. Ind. Appl. Math. 13 (1965) 312—332.

25. Koiter, W. T.: General Theorems for Elastic-Plastic Solids. In: [26] 1 (1960) 167—221.
26. Sneddon, I. N.; Hill, R. (eds.): Progress in Solid Mechanics. Amsterdam: North-Holland 1960—1963.
27. Sadowsky, M. A.: A Principle of Maximum Plastic Resistance. J. Appl. Mech. 10 (1943) A 65—A 68.
28. Haar, A.; v. Kármán, Th.: Zur Theorie der Spannungszustände in plastischen und sandartigen Medien. Nachr. Ges. Wiss. Göttingen, Math.-phys. Kl. (1909) 204—218.
29. Benthem, J. P.: On the Stress-Strain Relations of Plastic Deformation. Nat. Luchtvaartlab. Amsterdam, Rep. S 398 (1951).
30. Edelman, F.; Drucker, D. C.: Some Extensions of Elementary Plasticity Theory. J. Franklin Inst. 251 (1951) 581—605.
31. Hutchinson J. W.; Neale, K. W.: Influence of Strain-Rate Sensitivity on Necking Under Uniaxial Tension. Acta Met. 25 (1977) 839—846.
32. Phillips, A.: Pointed Vertices in Plasticity. In: [418] 202 214.
33. Tresca, H.: Mémoire sur l'écoulement des corps solides soumis à de fortes pressions. C. R. Acad. Sci., Paris, 59 (1864) 754—758.
34. Huber, M. T.: Właściwa praca odkształcenia jako miara wytężenia materyału. Czasopismo Techniczne (Lwów) 22 (1904) 38—40, 49—50, 61—62 und 80—81.
35. v. Mises, R.: Mechanik der festen Körper im plastisch deformablen Zustand. Nachr. Königl. Ges. Wiss. Göttingen, Math.-phys. Kl. (1913) 582—592.
36. Lévy, M.: Mémoire sur les équations générales des mouvements intérieurs des corps solides ductiles au delà des limites ou l'élasticité pourrait les ramener à leur premier état. C. R. Acad. Sci., Paris, 70 (1880) 1323—1325.
37. Drucker, D. C.; Prager, W.: Soil Mechanics and Plastic Analysis of Limit Design. Quart. Appl. Math. 10 (1952) 157—165.
38. Salençon, J.: Applications of the Theory of Plasticity in Soil Mechanics. Chichester, Sussex: Wiley 1977.
39. Hill, R.: A General Method of Analysis for Metal-Working Processes. J. Mech. Phys. Solids 11 (1963) 305—326.
40. Koiter, W. T.: A New General Theorem on Shake-Down of Elastic-Plastic Structures. Proc. Nederl. Akad. Wet., Ser. B, 59 (1956) 24—34.
41. Koiter, W. T.: Stress-Strain Relations, Uniqueness and Variational Theorems for Elastic Plastic Materials With a Singular Yield Surface. Quart. Appl. Math. 11 (1953) 350—354.
42. Lippmann, H.: Extremum and Variational Principles in Plasticity. Engng. Trans. 23 (1975) 393—421.
43. Sayir, M.; Ziegler, H.: Der Verträglichkeitssatz der Plastizitätstheorie und seine Anwendung auf räumlich unstetige Felder. Z. angew. Math. Phys. 20 (1969) 78—93.
44. Ziegler, H.: Über den Zusammenhang zwischen der Fließbedingung eines starrplastischen Körpers und seinem Fließgesetz. Z. angew. Math. Phys. 11 (1960) 413—426.
45. Ziegler, H.: On the Theory of the Plastic Potential. Quart. Appl. Math. 19 (1961) 39—44.
46. Hodge jr., P. G.; Chang-Kuei Sun: General Properties of Yield-Point Load Surfaces. Trans. ASME J. Appl. Mech. 35 (1968) 107—110.
47. Spierig, S.: Beitrag zur Lösung von Scheiben-, Platten- und Schalenproblemen mit Hilfe von Gitterrostmodellen. Abh. Braunschw. Wiss. Ges. XV (1963) 133—165.
48. Neuber, H.: Über allgemeine Eigenschaften der Schwingungszahlen linear-elastischer Systeme. Ing.-Arch. 28 (1959) 229—241.
49. Prager, W.: Stress Analysis in the Plastic Range. Frontiers Numer. Math., Proc. Symp. Madison (Wisc.), Oct. 30—31, 1959. Madison, Wisc.: Univ. of Wisconsin Press 1960, p. 3—21.
50. Konovalov, E. G.; Kulešov, V. A.; Molochko, V. I.: Stochastische Theorie des Spannungs-Dehnungs-Zustandes der Kontinua. Dokl. Akad. Nauk SSSR 11 (1967) 805—808 (russisch).
51. Rubin, D.: Mechanical and Thermodynamic Considerations of an Assemblage of Homogeneous Elastic-Plastic States. Trans. ASME J. Appl. Mech. 35 (1968) 596—603.
52. Bishop, J. F. W.; Hill, R.: A Theory of Plastic Distortion of a Polycrystalline Aggregate Under Combined Stresses. Phil. Mag. (7) 42 (1951) 414—427.
53. Budiansky, B.; Hashin, Z.; Sanders jr., J. L.: The Stress Field of a Slipped Crystal and the Early Plastic Behavior of Polycrystalline Materials. In: [156] 239—258.

54. Lin, T. H.; Uchiyama, S.; Martin, D.: Stress Field in Metals at Initial Stage of Plastic Deformation. J. Mech. Phys. Solids 9 (1961) 200—209.

55. Mandel, J.: Sur une généralisation de la théorie du potentiel plastique de Koiter. C. r. Acad. Sci. Paris 258 (1964) 2007—2009.

56. Sunaga, T.; Nishifani, H.: Eine Elastizitäts-Plastizitäts-Theorie auf der Grundlage des Abgleitens. J. Japan. Soc. Techn. Plast. 6 (1965) Nr. 57, 535—540 (japanisch).

57. Hill, R.: Generalized Constitutive Relations for Incremental Deformation of Metal Crystals by Multislip. J. Mech. Phys. Solids 14 (1966) 95—102.

58. Hill, R.: The Essential Structure of Constitutive Laws for Metal Composites and Polycrystals. J. Mech. Phys. Solids 15 (1967) 79—95.

59. Taira, Sh.; Abe, T.: Crystallographic Study of Yield Condition of Polycrystalline Metals. Bull. JSME 11 (1968) 419—425.

60. Abe, T.: Deformation of Polycrystalline Metal Composed of Anisotropic Crystals Having Linear Stress-Strain Relation. Bull. JSME 12 (1969) 165—171.

61. Weng, G. J.; Phillips, A.: An Investigation of Yield Surfaces Based on Dislocation Mechanics. Int. J. Engng. Sci. 15 (1977) 45—59, 61—70.

62. Akulov, N. S.: Versetzungen und Plastizität. Minsk: Verl. Akad. Wiss. BSSR 1961 (russisch).

63. Mura, T.: Continuum Theory of Plasticity and Dislocations. Int. J. Engng. Sci. 5 (1967) 341—351.

64. Wells, C. H.; Paslay, P. R.: A Small-Strain Plasticity Theory for Planar Slip Materials. Trans. ASME J. Appl. Mech. 36 (1969) 15—21.

65. Ziegler, H.: Thermodynamik und rheologische Probleme. Ing.-Archiv 25 (1957) 58—70.

66. Ziegler, H.: Some Extremum Principles in Irreversible Thermodynamics with Application to Continuum Mechanics. In: [26] 4 (1963) 93—198.

67. v. Mises, R.: Mechanik der plastischen Formänderung von Kristallen. Z. angew. Math. Mech. 8 (1928) 161—185.

68. Philippidis, A. H.: The General Proof of the Principle of Maximum Plastic Resistance. Trans. ASME J. Appl. Mech. 15 (1948) 241—242.

69. Kliushnikov, V. D.: New Concepts in Plasticity and Deformation Theory. J. Appl. Math. Mech. 23 (1959) 1030—1042 (Übers. a. d. Russ.).

70. Palmer, A. C.; Maier, G.; Drucker, D. C.: Normality Relations and Convexity of Yield Surfaces for Unstable Materials or Structural Elements. Trans. ASME J. Appl. Mech. 34 (1967) 464—470.

71. Prager, W.: Composite Stress-Strain Relations for Elastoplastic Solids. Proc. IUTAM-Symposium Vienna, June 22—28 (1966). Wien, New York: Springer 1967, p. 315—325.

72. Sobotka, Z.: Rheological Model of Viscoplastic Bodies with Many Kelvin and Maxwell Groups. Stavebnícky Časopis 16 (1968) 427—448 (tschechisch).

73. Prager, W.: An Elementary Discussion of Definitions of Stress Rate. Quart. Appl. Math. 18 (1960/61) 321—328.

74. Budiansky, B.: A Reassessment of Deformation Theories of Plasticity. Trans. ASME J. Appl. Mech. 26 (1959) 259—264.

75. Lee, E. H.: Elastic-Plastic Deformation at Finite Strains. Trans. ASME J. Appl. Mech. 36 (1969) 1—6.

76. Kitagawa, H.; Tomita, Y.: Note on Incremental Stress-Strain Relations of Elasto-Plastic Materials Referred to a Convected Coordinate System. Z. angew. Math. Mech. 52 (1972) 183—186.

77. Hwang, Ch.: Incremental Stress-Strain Law Applied to Work-Hardening Plastic Materials. Trans. ASME J. Appl. Mech. 26 (1959) 594—598.

78. Nguyen, Q. S.; Zarka, J.: Quelques méthods de résolution numériques en plasticité classique et en viscoplasticité. Sciences et techniques d'armement 47 (1973) 407—437

79. Marcal, P. V.: A Comparative Study of Numerical Methods of Elastic-Plastic Analysis. AIAA Journal 6 (1968) 157—158.

80. Kitagawa, H.; Seguchi, Y.; Tomita, Y.: An Incremental Theory of Large Strain and Large Displacement Problems and its Finite Element Formulation. Ing.-Archiv 41 (1972) 213—224.

81. Yamada, Y.; Yoshimura, N.; Sakurai, T.: Plastic Stress-Strain Matrix and its Application for the Solution of Elastic-Plastic Problems by the Finite Element Method. Int. J. Mech. Sci. 10 (1968) 343—354.

82. Sewell, M. J.: Inverse Rigid/Plastic Constitutive Equations. Int. J. Engng. Sci. 2 (1964) 317—325.
83. Vasin, R. A.: On the Inversion of Relations Between Strain Rates and Stress Rates in the Flow Theory. Vestnik Moskov. Univ., Ser. 1, 21 (1966) 85—89 (russisch).
84. Kafka, V.: Zur Thermodynamik der plastischen Verformung. Z. angew. Math. Mech. 54 (1974) 649—657.
85. Ziegler, H.: Eine neue Begründung des Orthogonalitätsprinzips. Ing.-Archiv 43 (1974) 381—394.
86. Perzyna, P.; Wojno, W.: Thermodynamics of a Rate Sensitive Plastic Material. Arch. Mech. Stosow. 20 (1968) 499—512.
87. Perzyna, P.: On the Constitutive Equations for Work-Hardening and Rate Sensitive Plastic Materials. Bull. Acad. Polon. Sci., Sér. Sci. Techn. 12 (1964) 249—256.
88. Rice, J. R.: The Localization of Plastic Deformation. Proc. 14th Int. Congr. Theor. Appl. Mech., Vol. I. Amsterdam: North Holland 1976, p. 207—220.
89. Naghdi, P. M.; Murch, S. A.: On the Mechanical Behavior of Viscoelastic/Plastic Solids. Trans. ASME J. Appl. Mech. 30 (1963) 321—328.
90. Fastov, N. S.: On the Equations of the Theory of Plasticity Taking Account of Temperature Variation. Dokl. Akad. Nauk SSSR (N.S.) 85 (1952) 67—70 (russisch).
91. Ivlev, D. D.; Martynova, T. N.: On the Theory of Compressible, Ideally Plastic Media. J. Appl. Math. Mech. 27 (1963) 892—897 (übers. a. d. Russ.).
92. Mróz, Z.: On Forms of Constitutive Laws for Elastic-Plastic Solids. Arch. Mech. Stosow. 18 (1966) 3—35.
93. Vasin, R. A.: On the Shape of a Hardening Function in the Theory of Flow. Prikl. Mech. 3 (1967) No. 7, 60—64 (russisch).
94. Iliushin, A. A.: On the Postulate of Plasticity. J. Appl. Math. Mech. 25 (1961) 746—752 (übers. a. d. Russ.).
95. Reuss, A.: Berücksichtigung der elastischen Formänderung in der Plastizitätslehre. Z. angew. Math. Mech. 10 (1930) 266—274.
96. Andresen, K.: Berechnung des Kegeldruckversuches mit einer Finite-Elemente-Methode. Arch. Eisenhüttenwes. 46 (1975) 571—574.
97. Sedov, L. I.: Introduction to the Mechanics of a Continuous Medium. Reading (Mass.): Addison Wesley 1965 (Übers. a. d. Russ.).
98. Iljušin, A. A.: Plastizität. Moskau: Verl. d. Akad. d. Wiss. 1963 (russisch).
99. Shield, R. T.: On Coulomb's Law of Failure in Soils. J. Mech. Phys. Solids 4 (1955) 10—16.
100. Liberman, Ju. M.: On the Type of the Equations in the Theory of Plasticity. Dokl. Akad. Nauk SSSR (N.S.) 116 (1957) 32—34 (russisch).
101. Hu, L. W.: Plastic Stress-Strain Relations and Hydrostatic Stress. In: [156] 194—201.
102. Stassi-d'Alia, F.: Flow and Fracture of Materials According to a New Limiting Condition of Yielding. Meccanica 2 (1967) 178—195.
103. Sobotka, Z.: The Fundamental Relations of the Second Order Theory of the Isotropic Plastic Flow. Stavebnícky Časopis 14 (1966) 496—500 (tschechisch).
104. Sobotka, Z.: The Cubic Yield Condition for Incompressible Bodies. Acta Techn. ČSAV 1967, 830—832.
105. Sobotka, Z.: Two-Parametric Yield Condition. Stavebnícky Časopis 15 (1967), 494—500 (tschechisch).
106. Sobotka, Z.: The Quadratic Yield Condition for Elastoviscoplastic Materials. Acta Techn. ČSAV 1968, 887—890.
107. Ivlev, D. D.: On Relations Defining Plastic Flow Under Tresca's Condition of Plasticity and its Generalisations. Soviet Physics Dokl. 4 (1959) 217—220 (Übers. a. d. Russ.).
108. Ivlev, D. D.: Some Remarks on the Theory of Non-Homogeneous Plastic Media (The Three-Dimensional Problem). Arch. Mech. Stosow. 13 (1961) 203—211.
109. Troost, A.: Bemerkungen zu einer Anstrengungsbedingung. Die Naturwissenschaften 48 (1961) 664—665. Vgl. auch: Prandtl-Reuss-Stoffgleichungen und Werkstoffanstrengung. Die Naturwissenschaften 56 (1969) 559—560.
110. Mohr, O.: Abhandlungen aus dem Gebiete der Technischen Mechanik. 2. Aufl. Berlin: Ernst & Sohn 1914.

111. Mandl, G.; Fernández Luque, R.: Fully Developed Plastic Shear Flow of Granular Materials. Géotechnique 20 (1970) 277—307.

112. Coulomb, Ch, A.: Essai sur une application des règles de Maximis et Minimis à quelques problèmes du statique, rélatifs à l'architecture. Mém. math. et phys. prés. à l'Acad. Roy 7 (1773) 343—382.

113. Lippmann, H.: Schwingungslehre. Mannheim: Bibl. Inst. 1968.

114. Sobotka, Z.: Theorie des plastischen Fließens von anisotropen Körpern. Z. angew. Math. Mech. 49 (1969) 25—32.

115. Olszak, W.; Rychlewski, J.; Urbanowski, W.: Plasticity Under Nonhomogeneous Conditions. Adv. Appl. Mech. 7 (1962) 131—214.

116. Sawczuk, A.: Linear Theory of Plasticity of Anisotropic Bodies and its Applications to Problems of Limit Analysis. Arch. Mech. Stosow. 11 (1959) 541—557.

117. Ivlev, D. D.: On the Theory of Ideally Plastic Anisotropy. J. Appl. Math. Mech. 23 (1960) 1582—1592 (Übers. a. d. Russ. 1959).

118. Dudukalenko, V. V.: On the Theory of Plastic Anisotropy. Dopovidi Akad. Nauk Ukraïn. R.S.R. 1961, 872—875 (ukrainisch).

119. Bykovtsev, G. L.: On the Consequence of Drucker's Postulate for Plastic Anisotropic Media. J. Appl. Math. Mech. 28 (1964) 434—439 (Übers. a. d. Russ.).

120. Saito, K.; Igaki, H.: Maximum Shear Stress Theory for Anisotropic Materials. Bull. Univ. Osaka Prefecture, Ser. A, 9 (1961/62) 1—10.

121. Boschat, J.; Radenkovic, D.: Une généralisation de la loi limite de Tresca aux matériaux anisotropes. Z. angew. Math. Mech. 42 (1962) T 89—T 91.

122. Olszak, W.; Urbanowski, W.: The Orthotropy and the Non-Homogeneity in the Theory of Plasticity. Arch. Mech. Stosow. 8 (1956) 85—110 (polnisch).

123. Borsh, K. I.: On the Theory of Plasticity of Orthotropic Bodies. Bull. Acad. Polon. Sci., Sér. Sci. Techn. 14 (1966) 541—544.

124. Bors, C. I.: Variational Theorems in the Plastic Theory of Orthotropic Bodies: The Case of Plane Deformations. Analele Sciintifice ale Universitatii al. I. Cuza din laşi, Matematica 13 (1967) 129—135.

125. Hu, L. W.: Studies on Plastic Flow of Anisotropic Metals. Trans. ASME J. Appl. Mech. 23 (1956) 444—450.

126. Bramley, A. N.; Mellor, P. B.: Plastic Anisotropy of Titanium and Zinc Sheet — I. Macroscopic Approach. Int. J. Mech. Sci. 10 (1968) 211—220.

127. Pearce, R.: Some Aspects of Anisotropic Plasticity in Sheet Metals. Int. J. Mech. Sci. 10 (1968) 995—1005.

128. Reckling, K. A.: Experimente zur Feststellung der Werkstoffanisotropie und zur Überprüfung der Hillschen Verfestigungshypothese. Stahlbau (1969) Nr. 2, 43—51.

129. Besseling, J. F.: A Theory of Elastic, Plastic, and Creep Deformations of an Initially Isotropic Material Showing Anisotropic Strain-Hardening, Creep Recovery, and Secondary Creep. Trans. ASME J. Appl. Mech. 25 (1958) 529—536.

130. Kienzle, O. (Hrsg.): Mechanische Umformtechnik. Berlin, Heidelberg, New York: Springer 1968.

131. Grewen, J.; Wassermann, G.: Texturen als Ursache anisotropen Verhaltens bei der Umformung. In: [130] 93—145.

132. Mróz, Z.: On the Description of Anisotropic Workhardening. J. Mech. Phys. Solids 15 (1967) 163—175.

133. Mróz, Z.: An Attempt to Describe the Behavior of Metals Under Cyclic Loads Using a More General Workhardening Model. Acta Mech. 7 (1969) 199—212.

134. Prager, W.: The Theory of Plasticity: A Survey of Recent Achievements (James Clayton Lecture). Proc. Inst. Mech. Engrs. 169 (1955) 41—57.

135. Khuan, Ke-Chzhi: On Work-Hardening of Plastic Solids. J. Appl. Math. Mech. 22 (1958) 758—762 (übers. a. d. Russ.).

136. Shield, R. T.; Ziegler, H.: On Prager's Hardening Rule. Z. angew. Math. Phys. 9 (1958) 260—276.

137. Ziegler, H.: A Modification of Prager's Hardening Rule. Quart. Appl. Math. 17 (1959) 55—65.

138. Ivlev, D. D.: On the Properties of the Relations of the Law of Anisotropic Hardening of Plastic Material. J. Appl. Math. Mech. 24 (1960) 191—194 (Übers. a. d. Russ.).
139. Baltov, A.; Sawczuk, A.: A Rule of Anisotropic Hardening. Acta Mech. 1 (1965) 81—92.
140. Backhaus, G.: Zur Fließgrenze bei allgemeiner Verfestigung. Z. angew. Math. Mech. 48 (1968) 99—108.
141. Kadashevich, Ju. I.; Novozhilov, V. V.: The Theory of Plasticity which Takes into Account Residual Mikrostresses. J. Appl. Math. Mech. 22 (1958) 104—118 (Übers. a. d. Russ.).
142. Talypov, G. B.: On the Theory of Plasticity Taking into Account the Bauschinger Effect. Inž. Ž. Mech. Tvjord. Tela No. 6 (1966) 81—88 (russisch).
143. Kadaševič, Ju. I.; Novožilov, V. V.: The Theory of Plasticity with the Bauschinger Effect Taken into Account. Dokl. Akad. Nauk SSSR (N.S.) 117 (1957) 586—588 (russisch).
144. Hencky, H.: Zur Theory plastischer Deformationen und der hierdurch im Material hervorgerufenen Nachspannungen. Z. angew. Math. Mech. 4 (1924) 323—334.
145. Chakrabarty, J.: On Uniqueness and Stability in Rigid/Plastic Solids. Int. J. Mech. Sci. 10 (1969) 723—731.
146. Bishop, J. F. W.; Green, A. P.; Hill, R.: A Note on the Deformable Region in a Rigid-Plastic Body. J. Mech. Phys. Solids 4 (1956) 256—258.
147. Hearmon, R. F. S.: An Introduction to Applied Anisotropic Elasticity. London: Oxford Univ. Press 1961.
148. Prager, W.: Introduction to Structural Optimization. Udine: CISM and Wien, New York: Springer 1974.
149. Collins, I. F.: The Upper Bound Theorem for Rigid/Plastic Solids Generalized to Include Coulomb Friction. J. Mech. Phys. Solids 17 (1969) 323—338.
150. Lippmann, H.: Plasticity in Rock Mechanics. Int. J. Mech. Sci. 13 (1971) 291—297.
151. Gudehus, G.: Elastoplastische Stoffgleichungen für trockenen Sand. Karlsruhe: Habilitationsschrift Univ. (TH) 1970.
152. Craggs, J. W.: A Rate-Dependent Theory of Plasticity. Int. J. Engng. Sci. 3 (1965) 21—26.
153. Perzyna, P.: Internal State Variable and Rate Type Descriptions of Dynamic Plasticity. Bull. Acad. Polon. Sci., Ser. Sci. Techn. 23 (1975) 495—502.
154. Mannl, V.; Lippmann, H.: Elementare Theorie und Schrankenverfahren der Plastomechanik. Rev. Roum. Sci. Techn. — Méc. Appl. 15 (1970) 539—553.
155. Heyman, J.; Leckie, F. A. (eds.): Engineering Plasticity. Papers for a Conference Cambridge, March 1968. Cambridge: Univ. Press 1968.
156. Bachrach, B. I.; Samanta, S. K.: A Numerical Method For Computing Plane Plastic Slip-Line Fields. Trans. ASME J. Appl. Mech. 43 (1976) 97—101.
157. Dinca, G.: Sur l'existence et l'unicité des solutions généralisées dans la mécanique des fils élastico-plastiques. C.r. Acad. Sci. Paris, Sér. A, 269 (1969) 148—150.
158. Chakrabarty, J.: A Hypothesis of Strain-Hardening in Anisotropic Plasticity. Int. J. Mech. Sci. 12 (1970) 169—176.
159. Hodge, P. G. jr.: Plastic Analysis of Structures. New York, Toronto, London: McGraw-Hill 1959.
160. Woodthorpe, J.; Pearce, R.: The Anomalous Behaviour of Aluminium Sheet Under Balanced Biaxial Tension. Int. J. Mech. Sci. 12 (1970) 341—347.
161. Burbach, J.: Zum zyklischen Verformungsverhalten einiger technischer Werkstoffe. Techn. Mitt. Krupp, Forsch.-Ber. 28 (1970) 55—101.
162. Lüders, W.: Über die Äußerung der Elastizität an stahlartigen Eisenstäben und Stahlstäben, und über eine beim Biegen solcher Stäbe beobachtete Molecularbewegung. Dingler's Polytechn. Journal 155 (1860) Nr. 1, 18—22.
163. Bramley, A. N.; Mellor, P. B.: Plastic Flow in Stabilized Sheet Steel. Int. J. Mech. Sci. 8 (1966) 101—114.
164. Stassi D'Alia, F.: Limiting Conditions of Yielding for Anisotropic Materials. Meccanica 4 (1969) 349—363.
165. Mair, W. M.: The Yield Surface in Metals. NEL Rep. No. 215. East Kilbride, Glasgow: National Engng. Lab. 1966.
166. Ludwik, P.; Scheu, R.: Vergleichende Zug-, Druck-, Dreh- und Walzversuche. Stahl und Eisen 45 (1925) 373—381.
167. Grewe, H. G.; Kappler, E.: Über die Ermittlung der Verfestigungskurve durch den Torsions-

versuch an zylindrischen Vollstäben und das Verhalten von vielkristallinem Kupfer sehr hoher plastischer Schubverformung. Phys. Stat. Solids 6 (1964) 339—354.

168. Stüwe, H. P.; Turck, H.: Zur Messung von Fließkurven im Torsionsversuch. Z. Metallkde. 55 (1964) 699—703.

169. Besdo, D.: Zur anisotropen Verfestigung anfangs isotroper starrplastischer Medien. Z. angew. Math. Mech. 51 (1971) T 97—T 98.

170. Hartung, C.: Die plastische Torsion eines Vollzylinders mit isotroper Werkstoffverfestigung bei endlichen Formänderungen. Ing.-Arch. 38 (1969) 119—125.

171. Kijko, I. A.: Torsion of a Rod of Nonhomogeneous Ideally Plastic Material. Inž. Ž. Mech. Tverd. Tela No. 2 (März/April 1967), 155—157 (russisch).

172. Langerweger, J.; Trenkler, H.: Über die Prüfung der Warmverformbarkeit von Stählen mit Torsionsversuchen. Berg- und Hüttenm. Monatsh. 112 (1967) 20—33.

173. Ponter, A. R. S.: On Plastic Torsion. Int. J. Mech. Sci. 8 (1966) 227—235.

174. Rose, W.; Stüwe, H. P.: Der Einfluß der Textur auf die Längenänderung im Torsionsversuch. Z. Metallkde. 59 (1968) 395—399.

175. Rychlewski, J.: Plastic Torsion of Bars With Jump Non-Homogeneity. Acta Mech. 1 (1965) 36—53.

176. Stout, R. B.; Hodge jr., P. G.: Elastic/Plastic Torsion of Hollow Cylinders. Int. J. Mech. Sci. 12 (1970) 91—108.

177. Rossard, C.; Blain, P.: Premiers résultats de recherches sur la déformation des aciers à chaud. Mise au point d'un appareillage spécialement étudié. Rev. Métallurg. 55 (1958) 573—598.

178. Sautter, W.; Kochendörfer, A.; Dehlinger, U.: Über die Gesetzmäßigkeiten der plastischen Verformung von Metallen unter einem mehrachsigen Spannungszustand. Z. Metallkde. 44 (1953) 442—449, 553—556.

179. Nádai, A.: Der Beginn des Fließvorganges in einem tordierten Stab. Z. angew. Math. Mech. 3 (1923) 442—454.

180. Oehler, G.: Hochkantbiegen von Blechen. Forsch.-Ber. d. Land. Nordrh.-Westf. Nr. 1879. Köln, Opladen: Westdeutscher Verlag 1967.

181. Schuler, L., AG (Hrsg.): Handbuch für die spanlose Formgebung. 4. Aufl., Stuttgart: Klett 1964.

182. Hodge, P. G. jr.: On Real and Ideal Materials. Exp. Mech. 11 (1971) 12—18.

183 Dillamore, I. I.; Hazel, R. I.; Watson, W. T.; Hadden, P.: An Experimental Study of the Mechanical Anisotropy of Some Common Metals. Int. J. Mech. Sci. 13 (1971) 1049 to 1061.

184. Zünkler, B.: Untersuchung des überelastischen Blechbiegens, von einem einfachen Ansatz ausgehend. Bänder, Bleche, Rohre 6 (1965) 503—508.

185. Zünkler, B.: Theoretische Ermittlung der Stempelkraft beim Biegen von Blechen im u-förmigen Gesenk. Bänder, Bleche, Rohre 7 (1966) 829—832.

186. Oehler, G.: Untersuchung über das V-Biegen von Blechen. Forsch.-Ber. d. Land. Nordrh.-Westf. Nr. 1698. Köln, Opladen: Westdeutscher Verlag 1966.

187. Oehler, G.: Das Biegen. München: Hanser 1963.

188. Proksa, F.: Plastisches Biegen von Blechen. Stahlbau 28 (1959) 29—36.

189. Wolter, K. H.: Freies Biegen von Blechen. VDI-Forschungsheft Nr. 435. Düsseldorf: VDI-Verlag 1952.

190. de Boer, R.: Die elastisch-plastische Biegung eines Plattenstreifens aus inkompressiblem Werkstoff bei endlichen Formänderungen. Ing.-Archiv 36 (1967) 145—154.

191. Bruhns, O.: Die Berücksichtigung einer isotropen Werkstoffverfestigung bei der elastisch-plastischen Blechbiegung mit endlichen Formänderungen. Ing.-Arch. 39 (1970) 63—72.

192. Bruhns, O.; Thermann, K.: Elastisch-plastische Biegung eines Plattenstreifens bei endlichen Formänderungen. Ing.-Arch. 38 (1969) 141—152.

193. de Boer, R.; Bruhns, O.: Zur Berechnung der Eigenspannungen bei einem durch endliche Biegung verformten inkompressiblen Plattenstreifen. Acta Mech. 8 (1969) 146—159.

194. Schwark, F.: Rückfederung an bildsam gebogenen Blechen. Diss. Techn. Hochsch. Hannover 1952.

195. Shaffer, B. W.; Ungar, E. E.: Mechanics of the Sheet Bending Process. Trans. ASME J. appl. Mech. 27 (1960) 34—40.

196. Peiter, A.: Das Biegemomentenverfahren zum Messen von Eigenspannungen in heterogenen Werkstoffen. Materialprüfung 13 (1971) 336—341.
197. Gaydon, F. A.: An Analysis of Plastic Bending of a Thin Strip in its Plane. J. Mech. Phys. Solids 1 (1952) 103—112.
198. Lippmann, H.: Ebenes Hochkantbiegen eines schmalen Balkens unter Berücksichtigung der Verfestigung. Ing.-Arch. 27 (1959) 153—168. Vgl. auch: Plastische Biegung eines Balkens unter ebenem Spannungszustand mit Verfestigung. Z. angew. Math. Mech. 38 (1958) 297—299.
199. Kochendörfer, A.; Hagedorn, E.; Krieger, D.: Der Formänderungs- und Spannungszustand in ungekerbten und gekerbten Biegeproben im Hinblick auf die Prüfung der Sprödbruchneigung der Stähle. Arch. Eisenhüttenwes. 39 (1968) 769—777.
200. Kochendörfer, A.; Hagedorn, E.; Krieger, D.: Die Auswertung von Biegeversuchen zur Ermittlung der Zug-Fließkurve aus der Biege-Fließkurve. Arch. Eisenhüttenwes. 40 (1969) 163—172.
201. Malinin, N. N.: Blech- und Streifenbiegen bei großen Formänderungen, welche die Elastizitätsgrenze übersteigen. Bull. Acad. Polon. Sci., Ser. Sci. Techn. 15 (1967) 365—374 (russisch).
202. Oehler, G.: Einheitsmomentenkurven. Werkstatt und Betrieb 93 (1960) 497—503.
203. Shaffer, B. W.; Ungar, E. E.: Residual Stresses and Displacements in Wide Curved Bars Subject to Pure Bending. Int. J. Mech. Sci. 11 (1969) 525—544.
204. Zyczkowski, M.: Plastic Interaction Curves for Combined Bending and Tension of Beams with Arbitrary Cross-Section. Arch. Mech. Stosow. 17 (1965) 307—330.
205. Swift, H. W.: Plastic Bending Under Tension. Engineering 166 (1948) 333—335, 357—359.
206. Drucker, D. C.: The Effect of Shear on the Plastic Bending of Beams. Trans. ASME J. Appl. Mech. 23 (1956) 509—514.
207. Hodge jr., P. G.: Interaction Curves for Shear and Bending of Plastic Beams. Trans. ASME J. Appl. Mech. 24 (1957) 453—456.
208. Hill, R.; Siebel, M. P. L.: On the Plastic Distortion of Solid Bars by Combined Bending and Twisting. J. Mech. Phys. Solids 1 (1952) 207—214.
209. Steele, M.C.: The Plastic Bending and Twisting of Square Section Members. J. Mech. Phys. Solids 3 (1954) 156—166.
210. Gaydon, F. A.; Nuttall, H.: On the Combined Bending and Twisting of Beams of Various Sections. J. Mech. Phys. Solids 6 (1957) 17—26.
211. Reckling, K.-A.: Der ebene Spannungszustand bei der plastischen Balkenbiegung. In „Aus Theorie und Praxis der Ingenieurwissenschaften"; Festschr. 65. Geburtstag von I. Szabó. Berlin: W. Ernst 1971, S. 39—46.
212. Vater, M.; Kron, H.: Untersuchungen über Umformbedingungen beim Rohr-Hohlzug. Stahl und Eisen 89 (1969) 509—518.
213. Sowerby, R.; Johnson, W.; Samanta, S. K.: The Diametral Compression of Circular Rings by „Point" Loads. Int. J. Mech. Sci. 10 (1968) 369—383.
214. Olszak, W.; Zahorski, S.: Elastisch-plastische Biegung des nicht-homogenen orthotropen Bogenstreifens. Österr. Ing.-Arch. 13 (1959) 106—120.
215. Ball, R. E.; Lee, S. L.: On the Effect of Uniform Surface Load Upon the Plastic Yielding of Simply Supported Beams. J. Mech. Phys. Solids 10 (1962) 151—163.
216. Andersen, C. A.; Shield, R. T.: A Class of Complete Solutions for Bending of Perfectly Plastic Beams. Int. J. Solids Structures 3 (1967) 935—950.
217. Lüdeke, M.: Hochkantbiegen eines schmalen Balkens nach der Trescaschen Theorie. Unveröff. Entwurfsarbeit, Braunschweig: Lehrstuhl B für Mechanik der Techn. Univ. 1968.
218. Hopkins, H. G.: On the Behaviour of Infinitely Long Rigid-Plastic Beams Under Transverse Concentrated Load. J. Mech. Phys. Solids 4 (1955) 38—52.
219. Conroy, M. F.: The Behaviour of Rigid-Ideally Plastic Beams Due to Dynamic Loading. J. Mécan. 2 (1963) 455—473.
220. Mentel, T. J.: The Plastic Deformation Due to Impact of a Cantilever Beam with an Attached Tip Mass. Trans. ASME J. Appl. Mech. 25 (1958) 515—524.
221. Humphreys, J. S.: Plastic Deformation of Impulsively Loaded Straight Clamped Beams. Trans. ASME J. Appl. Mech. 32 (1965) 7—10.
222. Jones, N.; Griffin, R. N.; van Duzer, R. E.: An Experimental Study Into the Dynamic Plastic Behaviour of Wide Beams and Rectangular Plates. Int. J. Mech. Sci. 13 (1971) 721—735.

223 Hall, R. G.; Al-Hassani, S. T. S.; Johnson, W.: The Impulsive Loading of Cantilevers. Int. J. Mech. Sci. 13 (1971) 415—430.

224. Martin, J. B.; Lee, L. S.-S.: Approximate Solutions for Impulsively Loaded Elastic-Plastic Beams. Trans. ASME J. Appl. Mech. 35 (1968) 803—809.

225. Ho, H.-S.: Convergent Approximations of Problems of Impulsively Loaded Structures. Trans. ASME J. Appl. Mech. 38 (1971) 852—860.

226. Bejda, J.: A Solution of the Wave Problem for Elastic/Visco-Plastic Beams. J. Mécan. 6 (1967) 263—282.

227. Cristescu, N.: Dynamic Plasticity. Amsterdam: North-Holland 1967.

228. Gentzsch, G.: Blechbearbeitung; Fachbibliographie 1958—1970. Düsseldorf: VDI-Verlag 1971. Fachbibliographie 1970—1977, daselbst 1977.

229. Siebel, E.; Beisswänger, H.: Tiefziehen. München: Hanser 1955.

230. Ziegler, W.: Veröffentlichungen über das Tiefziehen. Stahl und Eisen 86 (1966), 286—290 und 87 (1967), 336—338. Veröffentlichungen auf dem Gebiet des Tiefziehens. ibid. 88 (1968) 517—519 und 89 (1969) 830—833.

231. Panknin, W.: Blechumformung bei Werkstücken. In: [130] 250—292.

232. Oehler, G.: Die Grenzen der Umformung dünner Bleche mittels elastischer Druckmittel. Forsch.-Ber. d. Land. Nordrh.-Westf. Nr. 1737. Köln, Opladen: Westdeutscher Verlag 1966.

233. Siebel, E.; Pomp, A.: Über den Kraftverlauf beim Tiefziehen und bei der Tiefungsprüfung. Mittl. K.-W.-Inst. Eisenforschung Düsseldorf 11 (1929) 129—153.

234. Swift, H. W.: Plastic Instability Under Plane Stress. J. Mech. Phys. Solids 1 (1952) 1—18

235. Moore, G. G.; Wallace, J. F.: The Effect of Anisotropy on Instability in Sheet-Metal Forming. J. Inst. Metals 93 (1964/65) 33—38.

236. Mir, W. A.; Hillier, M. J.: Cup Drawing from an Anisotropic Blank. Trans. ASME J. Engng. Ind. 91 (1969) 766—771.

237. Hillier, M. J.: The Mechanics of Some New Processes of Cup Drawing. Trans. ASME J. Appl. Mech. 36 (1969) 304—307.

238. Panknin, W.: Die Grundlagen des Tiefziehens im Anschlag unter besonderer Berücksichtigung der Tiefziehprüfung. Bänder Bleche Rohre (1961) 133—134, 201—211, 264—271.

239. Geckeler, J. W.: Plastisches Knicken der Wandung von Hohlzylindern und einige andere Faltungserscheinungen an Schalen und Blechen. Z. angew. Math. Mech 8 (1928) 341—352.

240. Siebel, E.: Der Niederhalterdruck beim Tiefziehen. Stahl und Eisen 74 (1954) 155—158.

241. Naziri, H.; Pearce, R.: The Effect of Plastic Anisotropy on Flange-Wrinkling Behaviour During Sheet Metal Forming. Int. J. Mech. Sci. 10 (1968) 681—694.

242. Chiang, D. C.; Kobayashi, S.: The Effect of Anisotropy and Work-Hardening Characteristics on the Stress and Strain Distribution in Deep Drawing. Trans. ASME J. Engng. Ind. 88 (1966) 443—448.

243. Wei Hsuin Yang: Axisymmetric Plane Stress Problems in Anisotropic Plasticity. Trans. ASME J. Appl. Mech. 36 (1969) 7—14.

244. Wassermann, G.; Grewen, J.: Texturen metallischer Werkstoffe. 2. Aufl. Berlin, Göttingen, Heidelberg: Springer 1962.

245. Hug, H.: Zipfelbildung bei Reinaluminium. Abschn. 4 in D. Altenpohl: Aluminium und Aluminiumlegierungen. Berlin, Heidelberg, New York: Springer 1965.

246. Woo, D. M.: On the Complete Solution of the Deep Drawing Problem. Int. J. Mech. Sci. 10 (1968) 83—94.

247. Moritoki, H.; Takeyama, H.: An Analytical Investigation on the Deep Drawing of Cylindrical Cups With a Semispherical Punch and Conical Die. Technology Rep. Tohoku Univ. 30 (1965) 121—232.

248. Marciniak, Z.: Analysis of the Process of Forming Axially Symmetrical Drawpieces With a Hole at the Bottom. Arch. Mech. Stosow. 15 (1963) 821—832.

249. Symonds, P. S.; Jones, N.: Impulsive Loading of Fully Clamped Beams With Finite Plastic Deflections and Strain-Rate Sensivity. Int. J. Mech. Sci. 14 (1972) 49—69.

250. Szcepiński, W.: Axially Symmetric Plane Stress Problem of a Plastic Strain-Hardening Body. Arch. Mech. Stosow. 15 (1963) 611—633.

251. Szcepiński, W.: The Equations of Stress and Velocity During the Drawing and Stretchforming Process of Thin Shells With Double Curvature. Arch. Mech. Stosow. 12 (1960) 565—579.

252. Szcepiński, W.: Steady-State Plastic Flow Processes With Strain Hardening Experimentally Determined. Arch. Mech. Stosow. 13 (1961) 377—388.
253. Grudjev, I. D.: Ziehen und Einstoßen dünnwandiger Rohre durch starre Matrizen. Inž. Ž. 3 (1961) 122—130 (russisch).
254. Grudjev, I. D.: Instationäres Einstoßen und Ziehen dünnwandiger Rohre. Izv. Akad. Nauk SSSR, Otd. Techn. Nauk Mech. Mašinostr. 5 (1962) 119—123 (russisch).
255. Sokolovskij, V. V.: Ziehen dünner Rohre durch konische Matrizen. Prikl. Mat. Mech. 24 (1960) 959—961 (russisch).
256. Sokolovskij, V. V.: Einige Bemerkungen zur Linearisierung der Plastizitätsgleichungen. Prikl. Mat. Mech. 25 (1961) 931—932 (russisch).
257. Singh, M.: A Linearized Theory of Tube Drawing. Z. angew. Math. Phys. 15 (1964) 1—12.
258. Fogg, B.: Theoretical Analysis for the Redrawing of Cylindrical Cups Through Conical Dies Without Pressure Sleeves. J. Mech. Engng. Sci. 10 (1968) 141—152.
259. Swift, H. W.: Stresses and Strains in Tube Drawing. Phil. Mag. Ser. 7, 40 (1949) 883—902.
260. Geogdžajev, V. O.: Ziehen eines dünnwandigen anisotropen Rohres durch eine konische Düse. Prikl. Mech. 4 (1968) 79—83 (russisch).
261. Chakrabarty, J.: A Theory of Stretch Forming Over Hemispherical Punch Heads. Int. J. Mech. Sci. 12 (1970) 315—325.
262. Kaftanogln, B.; Alexander, J. M.: On Quasistatic Axisymmetrical Stretch Forming. Int. J. Mech. Sci. 12 (1970) 1065—1084.
263. Woo, D. M.: The Analysis of Axisymmetric Forming of Sheet Metal and the Hydrostatic Bulging Process. Int. J. Mech. Sci. 6 (1964) 303—317.
264. Wang, N. M.: Large Plastic Deformation of a Circular Sheet Caused by Punch Stretching. Trans. ASME J. Appl. Mech. 37 (1970) 431—440.
265. Blaschke, W.: Einführung in die Differentialgeometrie. Berlin, Göttingen, Heidelberg: Springer 1950.
266. Hill, R.: A Theory of the Plastic Bulging of a Metal Diaphragm by Lateral Pressure. Phil. Mag. 41 (1950) 1133—1142.
267. Ohashi, Y.; Kawashima, K.: On the Residual Deformation of Elasto-Plastically Bent Thin Circular Plate After Perfect Unloading. Z. angew. Math. Mech. 49 (1969) 275—286.
268. Hill, R.: On Constitutive Inequalities for Simple Materials. J. Mech. Phys. Solids 16 (1968) 229—242, 315—322.
269. Gentzsch, G.: Hochleistungsumformung. Düsseldorf: VDI-Verlag 1962.
270. Rinehart, J. S.: Explosive Working of Metals. Appl. Mech. Rev. 18 (1965) 435—439.
271. Johnson, W.; Duncan, J. L.; Kormi, K.; Sowerby, R.; Travis, F. W.: Some Contributions to High Rate Sheet Metal Forming. In: Advances in Machine Tool Design and Research, Proc. 4th M.T.D.R. Conf. Manchester, Sept., 1963. Oxford: Pergamon Press 1964, p. 257—317.
272. Johnson, W.; Kormi, K.; Travis, F. W.: An Investigation into the Explosive Deep Drawing of Circular Blanks Using the Plug-Cushion Technique. Int. J. Mech. Sci. 6 (1964) 287—301.
273. Johnson, W.; Poynton, A.; Singh, H.; Travis, F. W.: Experiments in the Underwater Explosive Stretch Forming of Clamped Circular Blanks. Int. J. Mech. Sci. 8 (1966) 237—270.
274. Meyers großer Rechenduden, Bd. 1. Mannheim: Bibl. Inst. 1964.
275. Dubey, R. N.; Hillier, M. J.: Yield Criteria and the Bauschinger Effect for a Plastic Solid. Trans. ASME J. Basic Engng. 94 (1972) 228—230.
276. Bailey, J. A.; Haas, S. L.; Nawab, K. C.: Anisotropy in Plastic Torsion. Trans. ASME J. Basic Engng. 94 (1972) 231—237.
277. Phillips, A.; Wood, E. R.; Zabinski, M. P.; Zannis, P.: On the Theory of Plastic Wave Propagation in a Bar-Unloading Waves. Int. J. Non-Linear Mech. 8 (1973) 1—16.
278. Kamke, E.: Differentialgleichungen. Lösungsmethoden und Lösungen, Bd. 1. 4. Aufl. Leipzig: Akad. Verl.-Ges. Geest & Portig 1951.
279. Jahnke-Emde-Lösch: Tafeln höherer Funktionen. 6. Aufl. Stuttgart: Teubner 1960.
280. Zimmermann, R.: Kritischer Vergleich verschiedener theoretischer Ansätze zur Berechnung des Kraft- und Arbeitsbedarfs beim Rohrziehen. Forsch. Ber. Nr. 1, Inst. für Verformungskunde und Walzwerkswesen. Clausthal: Techn. Univ. 1971.

281. Hewelt, P.; Krempl, E.: The Constant Volume Hypothesis for the Inelastic Deformation of Metals in the Small Strain Range. Rensselaer Polytechnic Inst., Troy, N.Y., Rep. No. RPI CS 77-3 (Dec. 1977).

282. Johnson, W.: Impact Strength of Materials. London: Arnold 1972.

283. Vlad, C. M.: Verfahren zur Ermittlung der Anisotropie-Kennzahlen für die Beurteilung des Tiefziehverhaltens kohlenstoffarmer Feinbleche. Materialprüf. 14 (1972) 179—182.

284. El-Sebaie, M. G.; Mellor, P. B.: Plastic Instability Conditions in the Deep-Drawing of a Circular Blank of Sheet Metal. Int. J. Mech. Sci. 14 (1972) 535—556.

285. Becker, M.; Lippmann, H.: Plane Plastic Flow of Granular Model Material: Experimental Setup and Results. Arch. Mech. 29 (1977) 829—846.

286. Rafalski, P.: Minimum Principles and Uniqueness of Strain for an Elastic-Plastic Body. Int. J. Engng. Sci. 14 (1976) 999—1003. Minimum Principles for the Stress Field in an Elastic — Perfectly Plastic Body. Daselbst 1005—1011.

287. Lung, M.: Ein Verfahren zur Berechnung des Geschwindigkeits- und Spannungsfeldes bei stationären starr-plastischen Formänderungen mit finiten Elementen. Diss. Hannover: Techn. Univ. 1971.

288. Andresen, K.: Charakteristiken- und Schrankenverfahren in der Theorie der plastischen Schicht. Dissertation Braunschweig: Techn. Univ. 1970.

289. Martin, J. B.: Extremum Principles for a Class of Dynamic Rigid-Plastic Problems. Int. J. Solids Structures 8 (1972) 1185—1204.

290. Johnson, W.; Kudo, H.: The Mechanics of Metal Extrusion. Manchester: University Press 1962.

291. Lee, E. H.; Mallett, R. L.: Stress and Deformation Analysis of the Metal Extrusion Process. Computer Meth. Appl. Mech. Engng. 10 (1977) 339—353.

292. Klie, W.; Lung, M.; Mahrenholtz, O.: Axisymmetric Plastic Deformation Using Finite Element Method. Mech. Res. Comm. 1 (1974) 315—320.

293. Lee, E. H.; Mallet, R. L.; McMeeking, R. M.: Stress and Deformation Analysis of Metal Forming Processes. Rep. SUDAM No. 77-2, Stanford Univ. Dpt. of Mech. Engng., June 1977.

294. Prandtl, L.: Anwendungsbeispiele zu einem Henckyschen Satz über das plastische Gleichgewicht. Z. angew. Math. Mech. 3 (1923) 401—406.

295. Nguyen, Q. S.: On the Elastic Plastic Initial-Boundary Value Problem and its Numerical Integration. Int. J. Num. Meth. Engng. 11 (1977) 817—832.

296. Delbecq, J. M.; Frémond, M.; Pecker, A.; Salençon, J.: Élements finis en plasticité et visco-plasticité. J. Méc. Appl. 1 (1977) 267—304.

297. Zienkiewicz, O. C.; Jain, P. C.; Oñate, E.: Flow of Solids During Forming and Extrusion: Some Aspects of Numerical Solutions. Int. J. Solids Struct. 14 (1978) 15—38.

298. Slater, R. A. C.; Johnson, W.: The Effects of Temperature, Speed and Strain-Rate on the Force and Energy Required in Blanking. Int. J. Mech. Sci. 9 (1967) 271—305.

299. Hütte, des Ingenieurs Taschenbuch, 28. Aufl. Bd. II A: Maschinenbau A. Berlin: Ernst & Sohn. 1954.

300. Ota, T.; Shindo, A.; Fukuoka, H.: An Investigation on the Theories of Orthogonal Machining. Bull. JSME 2 (1959) 115—123.

301. Ernst, H.; Merchant, M. E.: Chip Formation, Friction and High Quality Machined Surfaces. In: Surface Treatment of Metals. Trans. Am. Soc. Metals 29 (1941) 299—328.

302. Lee, E. H.; Shaffer, B. W.: The Theory of Plasticity Applied to a Problem of Machining. Trans. ASME J. Appl. Mech. 18 (1951) 405—413.

303. Backhaus, G.: Zur analytischen Erfassung des allgemeinen Bauschingereffektes. Acta Mech. 14 (1972) 31—42.

304. Kobayashi, S.; Thomsen, E. G.: Some Oberservations on the Shearing Process in Metal Cutting. Trans. ASME J. Engng. Ind. 81 (1959) 251—262.

305. Laurenzen, A.: „Kerb-Trennverfahren" — Stabteil gratfrei, genau und ohne Abfall auf Länge schneiden. DFBO-Mitt. 23 (1972) 188—191.

306. Organ, A. J.; Mellor, P. B.: Mechanics of High-Speed Bar-Cropping. Proc. Inst. Mech. Engrs. 180 (1965/66) Part 3 $l$, 151—162.

307. Zünkler, B.: Beitrag zur Geometrie der Schneidwerkzeuge und zur Mechanik des Schneidvorganges. Bänder Bleche Rohre 7 (1963) 344—350.

308. Zünkler, B.: Herleitung der spezifischen Schnittkraft $k_s$ nach dem Prinzip des geringsten

Zwanges, ausgehend von der Fließkurve des Werkstoffes. TZ f. prakt. Metallbearb. 65 (1971) 76—79.

309. Kaneda, H.; Bobrowsky, A. R.: Punching of Copper Under Pressure. Trans. ASME J. Basic Engng. 94 (1972) 61—64.

310. Black, P. H.: Theory of Metal Cutting. New York usw.: McGraw-Hill 1961.

311. Zorev, N. N.: Metal Cutting Mechanics. Oxford usw.: Pergamon Press 1966 (Übers. a. d. Russ.).

312. Bailey, J. A.; Boothroyd, G.: Critical Review of Some Previous Work on the Mechanics of the Metal-Cutting Process. Trans. ASME J. Engng. Ind. 90 (1968) 54—62.

313. Cumming, J. D.; Kobayashi, S.; Thomsen, E. G.: A New Analysis of the Forces in Orthogonal Metal Cutting. Trans. ASME J. Engng. Ind. 87 (1965) 480—486.

314. Feilbach, W. H.; Avitzur, B.: Analysis of Rod Shaving and Orthogonal Cutting. Trans. ASME J. Engng. Ind. 90 (1968) 393—403.

315. Rowe, G. W.; Spick, P. T.: A New Approach to Determination of the Shear Plane Angle in Machining. Trans. ASME J. Engng. Ind. 89 (1967) 530—538.

316. Childs, T. H. C.; Richings, D.; Wilcox, A. B.: Metal Cutting: Mechanics, Surface Physics and Metallurgy. Int. J. Mech. Sci. 14 (1972) 359—375.

317. Sadchikov, V. I.: Condition of Deformation of a Rigid Plastic Body in a Single Plane During Separation of the Shaving. Prikl. Mat. Mech. 3 (1963) 105—107 (russisch).

318. Albrecht, P.: Dynamics of the Metal Cutting Process. Trans. ASME J. Engng. Ind. 87 (1965) 429—441.

319. Hsu, T. C.: Some Aspects of the Dynamic Similarity in Metal Cutting. Trans. ASME J. Engng. Ind. 89 (1967) 525—529.

320. Scrutton, R. F.: Thermal Analysis of Metal Flow at the Chip-Tool Interface in Metal Cutting. Trans. ASME J. Engng. Ind. 89 (1967) 539—542.

321. Wetton, A. G.: A Review of Theories of Metal Removal in Grinding. J. Mech. Engng. Sci. 11 (1969) 412—425.

322. Valliappan, S.: Elasto-Plastic Analysis of Anisotropic Work-Hardening Materials. Arch. Mech. Stosow. 24 (1972) 465—481.

323. Radenkovic, D.; Nguyen, Q. S.: Duality of Limit Theorems for Structures with Standard Rigid-Plastic Behaviour. Lab. Méc. Solides, Paris: École Polytechnique 1972.

324. Booker, J. R.; Davis, E. H.: A General Treatment of Plastic Anisotropy Under Conditions of Plane Strain. J. Mech. Phys. Solids 20 (1972) 239—250.

325. Rice, J. R.: Plane Strain Slip Line Theory For Anisotropic Rigid/Plastic Materials. J. Mech. Phys. Solids 21 (1973) 63—74.

326. Kular, G. S.; Sowerby, R.: The Influence of Back Pressure on the Point of Instability of Axisymmetric Shells Deformed by Fluid Pressure. Int. J. Mech. Sci. 15 (1973) 349—356.

327. Shawki, G. S.: Wanddickenverlauf beim Tiefziehen ohne Niederhalter. Z. Metallkde. 52 (1961) 763—767.

328. Berman, I.; Hodge, P. G. jr.: A General Theory of Piecewise Linear Plasticity for Initially Anisotropic Materials. Arch. Mech. Stosow. 11 (1959) 513—540.

329. Beck, R.; Schenk, K.-H.; Gross, H.: Einziehen zylindrischer Hohlkörper. Fertigungstechnik 8 (1958) 538—544.

330. Lippmann, H.: Ansätze und Lösungsbeispiele zur Theorie des anisotropen plastischen Fließens. In: [331] 257—278.

331. Stüwe, H.-P. (Hrsg.): Mechanische Anisotropie. Berichte eines Kolloquiums der Österreich. Akad. Wiss. Wien, 17.—18. Mai 1973. Wien, New York: Springer 1974.

332. Tanaka, M.; Miyagawa, Y.: A Generalized Kinematic Hardening Theory of Plasticity. Ing.-Archiv 44 (1975) 255—268.

333. Troost, A.; El-Magd, E.: Zunahme der Formänderungsgeschwindigkeit in der Einschnürzone während des Zugversuchs. Arch. Eisenhüttenwesen 43 (1972) 907—911.

334. Ziegler, H.; Nenni, J.; Wehrli, Ch.: Zur Konvexität der Fließfläche. Z. angew. Math. Phys. 24 (1973) 140—144.

335. Kular, G. S.; Hillier, M. J.: Re-Interpretation of Some Simple Tension and Bulge Test Data for Anisotropic Metals. Int. J. Mech. Sci. 14 (1972) 631—634. Discussion ibid. 15 (1973) 689—692.

336. Chen, C. T.; Ling, F. F.: Upper Bound Solutions to Axisymmetric Extrusion Problems. Int. J. Mech. Sci. 10 (1968) 863—880.

337. Ahmed, N.: Conical Flows in Metal Forming. Trans. ASME J. Basic Engng. 94 (1972) 213—222.

338. Avitzur, B.; Hahn, W. C.; Iscovici, S.: Limit Analysis of Flow Through Conical Converging Dies. J. Franklin Inst. 299 (1975) 339—358.

339. Aljušin, Ju. A.: Analysis of Deformation Processes of Metals by Tools with Curvilinear Contours. Mašinovedeije No. 5 (1965) 83—88 (russisch).

340. Aljušin, A. Ju.; Elenev, S. A.: Anwendung der Energiemethoden zur Lösung und Analyse von Prozessen der plastischen Umformung von Metallen. Forschungsarbeiten über die Verfahren der plastischen Umformung von Metallen. Moskau: Verlag der Wissensch. 1965, S. 106—133 (russisch).

341. Avitzur, B.: Strain-Hardening and Strain-Rate Effects in Plastic Flow Through Conical Converging Dies. Trans. ASME J. Engng. Ind. 89 (1967) 556—562.

342. Hartley, C. S.: Upper Bound Analysis of Extrusion of Axisymmetric, Piecewise Homogeneous Tubes. Int. J. Mech. Sci. 15 (1973) 651—663.

343. Mehta, H. S.; Shabaik, A. H.; Kobayashi, S.: Analysis of Tube Extrusion. Trans. ASME J. Engng. Ind. 92 (1970) 403—411.

344. Sortais, H. C.; Kobayashi, S.: An Optimum Die Profile for Axisymmetric Extrusion. Int. J. Machine Tool Design and Research 8 (1968) 61—72.

345. Troost, A.: Zur elementaren Theorie des axialsymmetrischen Vorwärtsstrangpressens; Ermittlung der Umformgeometrie und des Kraftbedarfs durch Variationsrechnung. Arch. Eisenhüttenwes. 49 (1973) 315—320.

346. Lippmann, H.: Abschätzen oberer und unterer Schranken für Umformleistungen und -kräfte, besonders beim Strangpressen. Grundlagen der bildsamen Formgebung, Düsseldorf: Stahleisen 1966, S. 83—98.

347. Dalheimer, R.: Beiträge zur Frage der Spannungen, Formänderungen und Temperaturen beim axialsymmetrischen Strangpressen. Ber. Inst. Umformtechnik, Univ. Stuttgart (TH) Nr. 20. Essen: Girardet 1970.

348. Murota, T.; Jimma, T.; Kato, K.: Analysis of Axisymmetric Extrusion. Bull. JSME 13, 65 (1970) 1366—1374.

349. Kolarov, D.: Methods of Solving the Equations of the Mechanics of Deformable Media. Arch. Mech. Stosow. 16 (1964) 989—1007.

350. Adler, G.; Dalheimer, R.: Ein numerisches Verfahren zum Lösen von Problemen der Umformtechnik. Werkstattstechnik 62 (1972) 194—198.

351. Steck, E.: Numerische Behandlung von Verfahren der Umformtechnik. Ber. Inst. Umformtechnik Univ. Stuttgart (TH) Nr. 22. Essen: Girardet 1971.

352. Finlayson, B. A.; Scriven, L. E.: The Method of Weighted Residuals — A Review. Appl. Mech. Rev. 19 (1966) 735—748.

353. Lange, G.: Der Wärmehaushalt beim Strangpressen. Z. Metallkde. 62 (1971) 571—584.

354. Shabaik, A. H.; Thomsen, E. G.: Comparison of Two Complete Solutions in Axisymmetric Extrusion With Experiment. Trans. ASME J. Engng. Ind. 91 (1969) 543—548.

355. Kishi, T.; Tanabe, T.: The Bauschinger Effect and its Role in Mechanical Anisotropy. J. Mech. Phys. Solids 21 (1973) 303—315.

356. Lambert, E. R.; Kobayashi, S.: A Theory on the Mechanics of Axisymmetric Extrusion Through Conical Dies. J. Mech. Engng. Sci. 10 (1968) 367—380.

357. Mandel, J.: Note sur l'application du critère de Tresca au problème de la flexion circulaire d'un cylindre élastoplastique. Arch. Mech. Stosow. 24 (1972) 863—872.

358. Lücke, B.: Die Berücksichtigung von Entlastungszonen und Zonen erneuter Belastung bei der elastisch-plastischen Blechbiegung mit endlichen Formänderungen. Ing.-Archiv 43 (1973) 34—43.

359. Avitzur, B.; Bishop, E. D.; Hahn jr., W. C.: Impact Extrusion — Upper Bound Analysis of the Early Stage. Trans. ASME J. Engng. Ind. 94 (1972) 1079—1086.

360. Capurso, M.: Minimum Principles in the Dynamics of Isotropic Rigid-Plastic and Rigid-Viscoplastic Continuous Media. Meccanica 7 (1972) 92—97.

361. Andresen, K.: Blockstauchen zwischen ebenen parallelen Bahnen. Arch. Eisenhüttenwes. 44 (1973) 595—598.

362. Andresen, K.: Die numerische Behandlung eines Schrankenverfahrens mit Anwendung auf axialsymmetrisches Stauchen. Acta Mech. 17 (1973) 291—303.

363. Haddow, J. B.; Johnson, W.: Bounds for the Load to Compress Plastically Square Discs between Rough Dies. Appl. Sci. Res., Sect. A, 10 (1961) 471—477.
364. Male, A. D.; Cockcroft, M. G.: A Method for the Determination of the Coefficient of Friction of Metals under Conditions of Bulk Plastic Deformation. J. Inst. Metals 93 (1964) 38—46.
365. Avitzur, B.: Forging of Hollow Disks. Israel J. Technol. 2 (1964) 295—304.
366. Liu, J. Y.: Upper Bound Solutions of Some Axisymmetric Cold Forging Problems. Trans. ASME J. Engng. Ind. 93 (1971) 1134—1144.
367. Samanta, S. K.: The Application of the Upper Bound Theorem to the Prediction of Indenting and Compressing Loads for Circular and Rectangular Disks. Acta Polytechn. Scandin., Mech. Engng. Ser. 38 (1968) 5—36.
368. Kudo, H.: An Upper-Bound Approach to Plane Strain Forging and Extrusion. Int. J. Mech. Sci. 1 (1960) (I) 57—83, (II) 229—252, (III) 366—368.
369. Kobayashi, S.; Thomsen, E. G.: Upper- and Lower-Bound Solutions to Axisymmetric Compression and Extrusion Problems. Int. J. Mech. Sci. 7 (1965) 127—143.
370. Kwaszczynska, K.; Mróz, Z.: A Theoretical Analysis of Plastic Compression of Short Circular Cylinders. Arch. Mech. Stosow. 19 (1967) 787—797.
371. Lee, C. H.; Altan, T.: Influence of Flow Stress and Friction Upon Metal Flow in Upset Forging of Rings and Cylinders. Trans. ASME J. Engng. Ind. 94 (1972) 775—782.
372. Zünkler, B.: Ermittlung der beim Gesenkschmieden stabförmiger Teile auftretenden Spannungen und Kräfte. Ind.-Anzeiger: Werkzeugmaschinen und Fert.-Techn. 87 (1965) 569—576.
373. Tarnovskij, I. Ja.; Pozdeev, A. A.; Kolmogorov, V. L.: Ein Variationsprinzip der Theorie der Metallbearbeitung unter Druck. In: [374] 57—67 (russisch).
374. Theorie des Walzens. Vortr. Konf. über theoretische Probl. des Walzens. Moskau: Wiss.-Techn. Staatsverl. f. Lit. üb. Eisen- und Buntmetalle 1962 (russisch).
375. Green, J. W.; Sparling, L. G. M.; Wallace, J. F.: Shear Plane Theories of Hot and Cold Flat Rolling. J. Mech. Engng. Sci. 6 (1964) 219—235.
376. Kümmerling, R.; Lippmann, H.: On Spread in Rolling. Mech. Res. Comm. 2 (1975) 113—118.
377. Gentzsch, G.: Fachbibliothek der bildsamen Formung der Metalle, Bd. 5: Verdrängungsverfahren. Berlin: Akademie-Verlag 1963.
378. Gentzsch, G.: Kaltstauchen, Fließpressen, Massivprägen (2 Bde.). Düsseldorf: VDI-Verlag 1968.
379. Gentzsch, G.: Strangpressen von Metallen. Fachbibliographie 1960 bis 1969. Viersen: Dokumentationsstelle Umformtechnik 1969.
380. Gentzsch, G.: Fachbibliographie der Umformtechnik, Bd. 4: Schmieden und Pressen 1957 bis 1961. Düsseldorf: Triltsch 1964.
381. Gentzsch, G.: Schmieden und Pressen. Fachbibliographie 1961 bis 1972 (2 Bde.). Viersen: Dokumentationsstelle Umformtechnik 1973.
382. Gentzsch, G.: Drahtherstellung und -bearbeitung. Drahterzeugnisse. Fachbibliographien 1963 bis 1966 und 1966 bis 1972 (2 Bde.). Viersen: Dokumentationsstelle Umformtechnik 1972.
383. Johnson, W.; Slater, R. A. C.; Yu, A. S.: The Quasistatic Compression of Non-Circular Prismatic Blocks Between Very Rough Platens Using the "Friction Hill" Concept. Int. J. Mech. Sci. 8 (1966) 731—738.
384. Troost, A.: Zur elementaren Plastizitätstheorie räumlicher Umformvorgänge. Arch. Eisenhüttenwes. 35 (1964) 847—853.
385. Wang, N.-M.; Wenner, M. L.: An Analytic and Experimental Study of Stretch Flanging. Int. J. Mech. Sci. 16 (1974) 135—143.
386. Samson, H.: Warmscheren von Stahl. Dissertation: Techn. Univ. Clausthal 1973.
387. Stüwe, H.-P.: Einführung in die Werkstoffkunde. Mannheim, Wien, Zürich: Bibliograph. Inst. 1969.
388. Nicholson, D. W.; Phillips, A.: On the Structure of the Theory of Viscoplasticity. Int. J. Solids Structures 10 (1974) 149—160.
389. Gotoh, M.: A Theory of Plastic Anisotropy Based on a Yield Function of Fourth Order (Plane Stress State). Int. J. Mech. Sci. 19 (1977) 505—512, 513—520.
390. Lippmann, H.: Plastokinetics of Metal Forming. In: [391] 182—208.

391. Zeman, J. L.; Ziegler, F. (eds.): Topics in Applied Continuum Mechanics. Wien, New York: Springer 1974.

392. Phillips, A.: The Foundations of Thermoplasticity-Experiment and Theory. In: [391] 1—21.

393. Chung, S. Y.; Swift, H. W.: A Theory of Tube Sinking. J. Iron Steel Inst. 170 (1952) 29—36.

394. Katajev, Ju. P.; Lykov, M. J.: Theoretische Untersuchung des Biegeverformungsprozesses mit Berücksichtigung der Bildung von plastischen Sekundärverformungszonen bei der Entlastung. Izv. Vys. Učebn. Zaved. Aviakjoms. Techn. 1 (1964) 153—160 (russisch).

395. Sowerby, R.; Johnson, W.: Prediction of Earing in Cups Drawn from Anisotropic Sheet Using Slip-Line Field Theory. J. Strain Anal. 9 (1974) 102—108.

396. Lippmann, H.: Kinetics of the Axisymmetric Rigid-Plastic Membrane Subject to Initial Impact. Int. J. Mech. Sci. 16 (1974) 297—303, 945—947.

397. Aitken, A. C.: Determinanten und Matrizen. Mannheim: Bibl. Inst. 1969 (Übers. a. d. Englischen 1964).

398. Lippmann, H.: Eine Cosserat-Theorie des plastischen Fließens. Acta Mech. 8 (1969) 255—284.

399. Hopkins, H. G.: Mathematical Methods in Plasticity Theory. In: Problems in Plasticity (A. Sawczuk, ed.), Leyden: Noordhoff 1974, p. 235—260.

400. Sauer, R.: Anfangswertprobleme bei partiellen Differentialgleichungen. Berlin, Göttingen, Heidelberg: Springer 1952.

401. Ross jr., E. W.; Prager, W.: On the Theory of the Bulge Test. Quart. Appl. Math. 12 (1954) 86—91.

402. Storåkers, B.: Finite Plastic Deformation of a Circular Membrane Under Hydrostatic Pressure. Int. J. Mech. Sci. 8 (1966) 619—628.

403. Storåkers, B.: Finite Creep of a Circular Membrane Under Hydrostatic Pressure. Acta Polyt. Scand., Mech. Engng. Ser. No. 44. Stockholm: Roy. Swed. Acad. Eng. Sci. 1969.

404. Rellich, F.: Über die Reduktion gewisser ausgearteter Systeme von partiellen Differentialgleichungen. Math. Ann. 109 (1934) 714—745.

405. Massau, J.: Mémoire sur l'intégration graphique des équations aux dérivées partielles. Mons: Etabl. G. Delporte 1952 (éd. centenaire, Comité National de Mécanique).

406. Vekua, I. N.: Systeme von Differentialgleichungen erster Ordnung vom elliptischen Typus und Randwertaufgaben. Berlin: Deutsch. Verl. Wissensch. 1956 (Übers. a. d. Russischen).

407. Lippmann, H.: On Orthogonal Cutting. Topics in Contemporary Mechanics, Udine: CISM, und Wien, New York: Springer 1974, p. A127—A130.

408. v. Kármán, Th.: On the Propagation of Plastic Deformation in Solids. U.S. National Defence Research Committee Rep. No. A-29; Office of Scientific Research and Development No. 365 (1942).

409. v. Kármán, Th.; Duwetz, P.: The Propagation of Plastic Deformation in Solids. J. Appl. Phys. 21 (1950) 987—994.

410. Taylor, G. I.: The Testing of Material at High Rates of Loading. J. Inst. Civil Engrs. 26 (1946) 486—519.

411. Rachmatulin, K. A.: Über die Fortpflanzung der Entlastungswelle. Prikl. Mat. Mech. 9 (1945) 91—100 (russisch).

412. Mazzoleni, F.: Das Schmieden von Metallen unter dem Hammer. La Metallurgia Italiana 35 (1943) 182—202 (italienisch).

413. Bollenrath, F.; Troost, A.: Der axiale plastische Stoß. Z. Flugwissenschaft 6 (1958) 193—198.

414. Kolsky, H.: Stress Waves in Solids. Oxford: Clarendon Press 1953.

415. Kolsky, H.; Prager, W. (eds.): Stress Waves in Anelastic Solids. Proc. IUTAM Symp., Providence R. I. April 3—5, 1963, Berlin, Göttingen, Heidelberg: Springer 1964.

416. Craggs, J. W.: Plastic Waves. In: [26] 2 (1961) 141—197.

417. Hopkins, H. G.: The Method of Characteristics and its Application to the Theory of Stress Waves in Solids. In: [155] 277—315.

418. Lee, E. H.; Symonds, P. S. (eds.): Plasticity. Proc. 2nd Symp. on Naval Structural Mechanics, Providence R. I. 1960; Oxford: Pergamon Press 1960.

419. Lee, E. H.: Elastic-Plastic Waves of One-Dimensional Strain. Proc. 5th U.S. Nat. Congr. Appl. Mech., Univ. of Minnesota 1966, New York: Amer. Soc. Mech. Engrs. 1966, p. 405—420.

420. Cristescu, N.: Dynamic Plasticity. Appl. Mech. Rev. 21 (1968) 659—668.

421. Rohde, R. W.; Butcher, B. M.; Holland, J. K.; Karnes, C. H. (eds.): Metallurgical Effects at High Strain Rates. New York, London: Plenum Press 1973.

422. Clifton, R. J.: Plastic Waves: Theory and Experiment. Mech. Today 1 (1972) 102—167.
423. Campbell, J. D.: Dynamic Plasticity of Metals. Udine: CISM 1970 and Wien, New York: Springer 1972.
424. Hawkyard, J. B.; Eaton, D.; Johnson, W.: The Mean Dynamic Yield Strength of Copper and Low Carbon Steel at Elevated Temperatures from Measurements of the "Mushrooming" of Flat-Ended Projectiles. Int. J. Mech. Sci. 10 (1968) 929—948.
425. Balendra, R.; Travis, F. W.: An Examination of the Double-Frustrum Phenomenon in the Mushrooming of Cylindrical Projectiles Upon High-Speed Impact With a Rigid Anvil. Int. J. Mech. Sci. 13 (1971) 495—505.
426. Samanta, S. K.: Resistance to Dynamic Compression of Low-Carbon Steel and Alloy Steels at Elevated Temperatures and at High Strain-Rates. Int. J. Mech. Sci. 10 (1968) 613—636.
427. Khan, A. S.: Behaviour of Aluminium During the Passage of Large Amplitude Plastic Waves. Int. J. Mech. Sci. 15 (1973) 503—516.
428. Dawson, T. H.: On the Applicability of One-Dimensional Non-Viscous Dynamic Plasticity Theory. Int. J. Mech. Sci. 14 (1972) 43—48.
429. Plass jr., H. J.: A Theory of Longitudinal Plastic Waves in Rods of Strain-Rate Dependent Material, Including Effects of Lateral Inertia and Shear. In: [418] 453—474.
430. Hunter, S. C.; Johnson, I. A.: The Propagation of Small Amplitude Elastic-Plastic Waves in Pre-Stressed Cylindrical Bars. In: [415] 149—165.
431. De Vault, G. P.: The Effect of Lateral Inertia on the Propagation of Plastic Strain in a Cylindrical Rod. J. Mech. Phys. Solids 13 (1965) 55—68.
432. Lippmann, H.; Behrens, A.: Zur Theorie elastisch-plastischer Wellen in dünnen Stäben. Z. angew. Math. Phys. 17 (1966) 62—68.
433. Schmidtmann, E.; Plaul, H. U.: Die elastisch-plastische Verformung metallischer Werkstoffe bei extremster dynamischer Belastung. Arch. Eisenhüttenwes. 36 (1965) 699—707.
434. Behrens, A.: Ein Beitrag zur Theorie des Hochgeschwindigkeitsschmiedens. Diss. Techn. Univ. Braunschweig 1968.
435. Lindholm, U. S.: Some Experiments with the Split Hopkinson Pressure-Bar. J. Mech. Phys. Solids 12 (1964) 317—335.
436. Tanaka, K.; Matsuo, T.; Kinoshita, M.; Maede, T.: Strength of Mild Steel at High Strain Rate. Bull JSME 9 (1966) No. 33, 21—28.
437. Tanaka, K.: Stress-Strain Curves Derived from Impact Tests. Abstract: Bull. JSME 10 (1967) No. 40, 703—704.
438. Nisiyama, U.; Tanimura, S.: Strength of Metals under Impulsive Loading. Abstract: Bull. JSME 10 (1967) No. 41, 855.
439. Tanaka, K.; Kinoshita, M.: Compressive Strength of Mild Steel at High Strain Rate and at High Temperature. Bull. JSME 10 (1967) No. 39, 429—437.
440. Kikukawa, M.: Speed Effect of Yielding, Plastic Flow and Fatigue Strength and Impact Fatigue of Metals. Abstract: Bull. JSME 10 (1967) No. 40, 705.
441. Clifton, R. J.; Bodner, S. R.: An Analysis of Longitudinal Elastic-Plastic Pulse Propagation. Trans. ASME J. Appl. Mech. 33 (1966) 248—255.
442. Tuschak, P. A.; Schultz, A. B.: Determination of the Unloading Boundary in Longitudinal Elastic-Plastic Stress Wave Propagation. Trans. ASME J. Appl. Mech. 38 (1971) 888—894.
443. Tuschak, P. A.: A Note on the Unloading Boundary in Elastic-Plastic Stress Wave Propagation. Trans. ASME J. Appl. Mech. 40 (1973) 292—294.
444. Lee, E. H.; Wolfe, H.: Plastic Wave Propagation Effects in High-Speed Testing. Trans. ASME J. Appl. Mech. 18 (1951) 379—386.
445. Johnson, W.; Sowerby, R.; Haddow, J. B.: Plane-Strain Slip-Line Fields. London: Arnold 1970.
446. Hencky, H.: Über einige statisch bestimmte Fälle des Gleichgewichts in plastischen Körpern. Z. angew. Math. Mech. 3 (1923) 211—251.
447. Kötter, F.: Die Bestimmung des Druckes an gekrümmten Gleitflächen, eine Aufgabe aus der Lehre vom Erddruck. Sitzungsber. kgl. preuß. Akad. Wiss., Berlin (1903) 229—233.
448. Green, A. P.: On the Use of Hodographs in Problems of Plane Plastic Strain. J. Mech. Phys. Solids 2 (1954) 73—80.
449. Kuznetzov, A. I.: Ebene Verformung nicht-homogener plastischer Körper. Vestnik Leningrad. Univ., Ser. Mat., Mech., Astr. 3 (1958), 112—131 (russisch).

450. Olszak, W.; Perzyna, P.; Szymański, C.: Two-Dimensional Problems in the Theory of Plasticity of Non-Homogeneous Anisotropic Bodies. Arch. Mech. Stosow. 9 (1957) 335—358.
451. Mannl, V.: Plastisch anisotropes Stoffverhalten mit besonderer Berücksichtigung des Napfziehens. Diss. München: Techn. Univ. 1976.
452. Sowerby, R.; Johnson, W.: Prediction of Earing in Cups Drawn from Anisotropic Sheet Using Slip-Line Field Theory. J. Strain Analysis 9 (1974) 102—108.
453. Geiringer, H.: Beitrag zum vollständigen ebenen Plastizitätsproblem. Verhdl. 3. Int. Kongr. Techn. Mechanik Stockholm, 24.—29. Aug. 1930. Stockholm: Ab. Sveriges Litogr. Tryck. 1931, Bd. 2, S. 185—190.
454. Rychlewski, J.: Comment on "The Plane-Flow Extrusion or Drawing" by L. J. Kronsjö and P. B. Mellor. Int. J. Mech. Sci. 10 (1968) 669—673.
455. Prager, W.: A Geometrical Discussion of the Slip Line Field in Plane Plastic Flow. Trans. Roy. Inst. Tech., Stockholm 65 (1953) 1—26.
456. Green, A. P.: A Theoretical Investigation of the Compression of a Ductile Material between Smooth Flat Dies. Phil. Mag. (7) 42 (1951) 900—918.
457. Geiringer, H.: Simple Waves in the Complete General Problem of Plasticity Theory. Proc. Nat. Acad. Sci. U.S.A. 37 (1951) 214—220.
458. Sauer, R.: Über die Gleitkurvennetze der ebenen plastischen Spannungsverteilungen bei beliebigem Fließgesetz. Z. angew. Math. Mech. 29 (1949) 274—279.
459. Arcisz, M.; Desperat, T. W.: On the Hencky-Prandtl Nets Based on Two Orthogonal Circles. Acta Mech. 4 (1967) 205—215.
460. Carathéodory, C.; Schmidt, E.: Über die Hencky-Prandtlschen Kurven. Z. angew. Math. Mech. 3 (1923) 468—475.
461. Hill, R.: On the Limits Set by Plastic Yielding to the Intensity of Singularities of Stress. J. Mech. Phys. Solids 2 (1954) 278—285.
462. Lee, E. H.; Mallett, R. L.; Yang, W. H.: Stress and Deformation Analysis of the Metal Extrusion Process. Rep. SUDAM No. 76-2, Div. of Appl. Mech., Dpt. of Mech. Engng., Stanford Univ. 1976.
463. Grimm, J.: Die analytischen Erweiterungen der Gleitlinienkreisfächer von Prandtl angewandt auf einige vollständige Lösungen für den ebenen Verformungszustand. Ing.-Archiv 44 (1975) 79—95.
464. Grimm, J.: Die Spanbildung bei Extrusion mit kleinen Reduktionen. Ing.-Arch. 44 (1975) 209—230.
465. Bishop, J. F. W.: On the Complete Solution to Problems of Deformation of a Plastic Rigid Material. J. Mech. Phys. Solids 2 (1953) 43—53.
466. Alexander, J. M.: On the Complete Solutions for Frictionless Extrusions in Plane Strain. Qu. Appl. Math. 19 (1961) 31—37.
467. Siebel, E.: The Application of Hencky's Laws. J. Iron Steel Inst. 155 (1947) 526—534.
468. Johnson, W.; Baraya, G. L.; Slater, R. A. C.: On Heat Lines or Lines of Thermal Discontinuity. Int. J. Mech. Sci. 6 (1964) 409—414.
469. Markov, A. A.: Über Variationsprinzipe in der Plastizitätstheorie. Prikl. Mat. Mech. 11 (1947) 339—350 (russisch).
470. Spencer, A. J. M.: Perturbation Methods in Plasticity. J. Mech. Phys. Solids 9 (1961) 279—288; 10 (1962) 17—26, 165—177.
471. Hill, R.; Kim, D. W.: Some Theoretical Aspects of Hydrostatic Extrusion and Allied Processes. J. Mech. Phys. Solids 22 (1974) 73—84.
472. Farmer, L. E.; Oxley, P. L. B.: A Slip-Line Field for Plane-Strain Extrusion of a Strain-Hardening Material. J. Mech. Phys. Solids 19 (1971) 369—388.
473. Johnson, W.; de Malherbe, M. C.; Venter, R.: Some Slip Line Field Results for the Plane Strain Extrusion of Anisotropic Materials Through Frictionless Wedge-Shaped Dies. Int. J. Mech. Sci. 15 (1973) 109—116.
474. Sayir, M.: Zur Fortsetzungsaufgabe des Prandtlschen Stempelproblems und einiger damit verwandter Fälle. Z. angew. Math. Phys. 20 (1969) 298—320.
475. Kowalczyk, W.: The Indentation Problem of a Semi-infinite Transversally Nonhomogeneous Body Acted on by a Rigid Punch. Bull. Acad. Polon. Sci., Ser. Sci. Techn. 13 (1965) 193—200.
476. Salençon, J.: Sur le prolongement statique des champs de Prandtl pour le matériau de Coulomb. Arch. Mech. 25 (1973) 643—648.

477. Berthet, D.; Hayot, J. C.; Salençon, J.: Poinçonnement d'un milieu semi-infini en matériau plastique de Tresca non-homogène. Arch. Mech. 24 (1972) 127—138.

478. Dewhurst, P.: Plane-Strain Indentation on a Smooth Foundation: A Range of Solutions For Rigid-Perfectly Plastic Strip. Int. J. Mech. Sci. 16 (1974) 923—930.

479. Dodd, B.; Osakada, K.: A Note on the Types of Slip-Line Field For Wedge Indentation Determined by Computer. Int. J. Mech. Sci. 16 (1974) 931—938.

480. Hill, R.; Lee, E. H.; Tupper, S. J.: A Theory of Wedge Indentation of Ductile Materials. Proc. Roy. Soc. A 188 (1947) 273—290.

481. Dodd, B.; Scivier, D. A.: On the Static Inadmissibility of Some Slip-Line Fields for Sheet Drawing. Int. J. Mech. Sci. 17 (1975) 663—667.

482. Shabaik, A. H.: Prediction of the Geometric Changes of the Free Boundary During Upsetting by the Slip-Line Theory. Trans. ASME J. Engng. Ind. 93 (1971) 586—592.

483. Chitkara, N. R.; Johnson, W.: Plane Strain Compression of Pre-Shaped Material Between Wedge-Shaped Dies. Int. J. Mech. Sci. 14 (1972) 151—164.

484. Hill, R.; Lee, E. H.; Tupper, S. J.: A Method of Numerical Analysis of Plastic Flow in Plane Strain and its Application to the Compression of a Ductile Material Between Rough Plates. Trans. ASME J. Appl. Mech. 18 (1951) 46—52

485. Alexander, J. M.: A Slip Line Field for the Hot Rolling Process. Proc. Inst. Mech. Engrs. 169 (1955) 1021—1028.

486. Dewhurst, P.; Collins, I.F.; Johnson, W.: A Class of Slipline Field Solutions for the Hot Rolling of Strip. J. Mech. Engng. Sci. 15 (1973) 439—447.

487. Dewhurst, P.; Collins, I. F.: A Matrix Technique for Constructing Slip-Line Field Solutions to a Class of Plane Strain Plasticity Problems. Int. J. Numer. Meth. Engng. 7 (1973) 357—378.

488. Collins, I. F.: Slipline Field Solutions for Compression and Rolling with Slipping Friction. Int. J. Mech. Sci. 11 (1969) 971—978.

489. Collins, I. F.; Dewhurst, P.: A Slipline Field Analysis of Asymmetrical Hot Rolling. Int. J. Mech. Sci. 17 (1975) 597—652.

490. Sowerby, R.; Johnson, W.: Prediction of Earing in Cups Drawn from Anisotropic Sheet Using Slip-line Field Theory. J. Strain Analysis 9 (1974) 102—108.

491. Chitkara, N. R.; Collins, I. F.: A Graphical Technique for Constructing Anisotropic Slip-Line Fields. Int. J. Mech. Sci. 16 (1974) 241—248.

492. Besdo, D.: Haupt- und Gleitlinienverfahren bei axialsymmetrischer starrplastischer Umformung. Diss. Techn. Univ. Braunschweig 1969.

493. Besdo, D.: Principal- and Slip-Line Methods of Numerical Analysis in Plane and Axially-Symmetric Deformations of Rigid/Plastic Media. J. Mech. Phys. Solids 19 (1971) 313—328.

494. Besdo, D.: Zur axialsymmetrischen Umformung plastischer Medien. Z. angew. Math. Mech. 53 (1973) T 66—T 67.

495. Cox, A. D.: Axially-Symmetric Plastic Deformation in Soils II: Indentation of Ponderable Soils. Int. J. Mech. Sci. 4 (1962) 371—380.

496. Danyluk, H. T.; Haddow, J. B.: Elastic Plastic Flow Through a Converging Conical Channel. Acta Mech. 7 (1969) 35—44.

497. Lippmann, H.: Principle Line Theory of Axially-Symmetric Plastic Deformation. J. Mech. Phys. Solids 10 (1962) 111—122.

498. Das, N. S.; Chitkara, N. R.; Collins, I. F.: The Computation of Some Slipline Field Solutions For Asymmetric Extrusion. Int. J. Num. Meth. Engng. 11 (1977) 1379—1389.

499. Parsons, D. H.: Plastic Flow With Axial Symmetry Using the Mises Flow Criterion. Proc. London Math. Soc., Ser. III, 6 (1956) 610—625.

500. Parsons, D. H.: Plastic Flow With Axial Symmetry: A Note on the Effect of Different Flow Criteria. J. London Math. Soc. 32 (1957) 233—233.

501. Richmond, O.; Morrison, H. L.: Application of a Perturbation Technique Based on the Method of Characteristics to Axisymmetric Plasticity. Trans. ASME J. Appl. Mech. 35 (1968) 117—122.

502. Shield, R. T.: On the Plastic Flow of Metals Under Conditions of Axial Symmetry. Proc. Roy. Soc. London A 233 (1955) 267—287.

503. Zimmermann, R.: Untersuchungen zur Mechanik des Rohrziehens. Diss. Techn. Univ. Clausthal 1974.

504. Hill, R.: Plastic Analysis of Pressurized Cylinders Under Axial Load. Int. J. Mech. Sci. 18 (1976) 145—148.
505. Grzymkowski, M.: Some Axisymmetric Problems of Plastic Working of Metals. Mechanika Teoretyczna i Stosowana 12 (1974) 293—312 (polnisch).
506. Lippmann, H.: Kinematik der plastischen Schicht. Ing.-Arch. 35 (1966) 238—247.
507. Lippmann, H.: On the Compression of a Plastic Layer. Int. J. Mech. Sci. 9 (1967) 223—232.
508. Kijko, I. A.: Variational Principle in Problems Concerning the Flow of a Thin Layer of Plastic Material. Soviet Physics-Doklady 9 (1965) 613—614 (Übers. a. d. Russ.).
509. Andresen, K.: Die Theorie der plastischen Schicht und deren Anwendung auf das Schmieden und Bandziehen. Z. angew. Math. Mech. 51 (1971) T96—T96.
510. Eder, E.: Allgemeine Theorie des freien Stauchens zwischen planparallelen Preßflächen. Fertigungstechnik und Betrieb 20 (1970) 159—163.
511. Eder, E.: Reibung beeinflußt Stauchen. Maschinenmarkt-Industriejournal 77 (1971) 234—236.
512. Oh, S. I.; Kobayashi, S.: An Approximate Method for a Three-Dimensional Analysis of Rolling. Int. J. Mech. Sci. 17 (1975) 293—305.
513. Blaschke, W.: Analytische Geometrie. Wolfenbüttel und Hannover: Wolfenbütteler Verlagsanst. 1948.
514. Lippmann, H.: Some Remarks on the Concept of Stress and Strain. Mech. Res. Comm. 3 (1976) 175—184.
515. Bogdanova-Bontcheva, N.; Lippmann, H.: Rotationssymmetrisches ebenes Fließen eines granularen Modellmaterials. Acta Mech. 21 (1975) 93—113.
516. Besdo, D.: Ein Beitrag zur nichtlinearen Theorie des Cosserat-Kontinuums. Acta Mech. 20 (1974) 105—131.
517. Lippmann, H.; Mahrenholtz, O.: Plastomechanik der Umformung metallischer Werkstoffe, Bd. 1. Berlin, Heidelberg, New York: Springer 1967.
518. Green, A. E.; Zerna, W.: Theoretical Elasticity, 2nd ed. Oxford: Clarendon Press 1968.
519. Schouten, J. A.: Ricci-Calculus, 2nd ed. Berlin, Göttingen, Heidelberg: Springer 1954.
520. Hahn, H. G.: Bruchmechanik. Stuttgart: Teubner 1976.
521. Bruhns, O.; Mielniczuk, J.: Zur Theorie der Verzweigungen nicht-isothermer elastoplastischer Deformationen. Ing.-Arch. 46 (1977) 65—74.
522. Considére, A.: L'Emploi du fer et de l'acier dans les constructions. Ann. Ponts Chaussées Sér. 6 t. 9 (1885) 574—775.
523. Samanta, S. K.: On Relating the Flow Stress of Aluminium and Copper to Strain, Strain-Rate and Temperature. Int. J. Mech. Sci. 11 (1969) 433—454.
524. Zarka, J.: Modèle phénoménologique unidimensionel pour l'étude du comportement viscoplastique du polycristal en grandes déformations. Industrie Minérale 15 Avril 1973, no. spécial Rhéologie, p. 1—9.
525. Zarka, J.; Casier, J.; Engel, J. J.: Influence de la température sur le comportement mécanique des aciers. Industrie Minérale IV no. 3 (1977) 1—19.
526. Batdorf, J. B.; Budiansky, B.: A Mathematical Theory of Plasticity Based on the Concept of Slip. NACA TN 1871, April 1949.
527. Batdorf, J. B.; Budiansky, B.: Polyaxial Stress-Strain Relations of a Strain-Hardening Metal. Trans. ASME J. Appl. Mech. 21 (1954) 323—326.
528. Lippmann, H.: Begründung einer auf Kristallplastizität beruhenden mathematischen Plastizitätstheorie. Ing.-Arch. 26 (1958) 187—197.
529. Kröner, E.: A New Concept in the Continuum Theory of Plasticity. J. Math. Phys. 42 (1963) 27—37.
530. Crans, W.: Basic Equations for the Microscopic Theory of Plasticity of Polycrystalline Materials with Given Texture. Appl. Sci. Res. 21 (1969) 322—340.
531. Dawson, T. H.: The Mechanics of Crystalline Aggregate Deformations. Int. J. Mech. Sci. 12 (1970) 197—204.
532. Rice, J. R.: On the Structure of Stress-Strain Relations For Time-Dependent Plastic Deformation in Metals. Trans. ASME J. Appl. Mech. 37 (1970) 728—737.
533. Anthony, K.: Feldtheorie physikalischer Linienstrukturen. Habilschrift, Univ. Stuttgart 1974.
534. Roscoe, K. H.: The Influence of Strains in Soil Mechanics. Géotechnique 20 (1970) 129—170.
535. Radenkovic, D.: Théorie des charges limites: extension à la mécanique des sols. Séminaire

de plasticité (École Polytechnique). Paris: Publ. Scientifiques et Techniques Minist. de l'Air no. N.T. 116 (1961) 129—142.

536. Stüwe, H.-P.: On the Theory of Unstable Deformation. Proc. 3rd Conf. Dimensioning. Budapest: Akad. Kiadó 1968, p. 603—609.

537. Stüwe, H.-P.: Instabilitäten im Zug- und Verdrehversuch. Arch. Eisenhüttenwes. 40 (1969) 125—130.

538. Maier, G.; Zavelani, A.; Dotreppe, J. C.: Equilibrium Branching Due to Flexural Softening. Proc. ASCE J. Engng. Mech. Div. 99 (1973) 897—901.

539. Maier, G.: Instability Due to Strainsoftening. In: Stability of Continuous Systems (H. Leipholz, ed.). Proc. IUTAM-Symp. Herrenalb, Sept. 8—12, 1969. Berlin, Heidelberg, New York: Springer 1971, p. 411—417.

540. Nguyen, Q. S.; Bui, H. D.: Sur les matériaux élastoplastiques à écrouissage positif ou négatif. J. Mécanique 13 (1974) 321—342.

541. Krause, U.: Vergleich verschiedener Verfahren zur Bestimmung der Formänderungsfestigkeit bei der Kaltumformung. (I) Arch. Eisenhüttenwes. 34 (1963) 745—754. (II) Stahl und Eisen 83 (1963) 1626—1640.

542. Panarelli, J. E.; Hodge jr., P. G.: Interaction of Pressure, End Load, and Twisting Moment For a Rigid-Plastic Circular Tube. Trans. ASME J. Appl. Mech. 30 (1963) 396—400.

543. Hill, R.; Lee, E. H.; Tupper, S. J.: The Theory of Combined Plastic and Elastic Deformation With Particular Reference to a Thick Tube Under Internal Pressure. Proc. Roy. Soc., London, A 191 (1947) 278—303.

544. Gaydon, F. A.: On the Combined Torsion and Tension of a Partly Plastic Circular Cylinder. Quart. J. Mech. Appl. Math. 5 (1952) 29—41.

545. Jung, H.: Über Spannungen in dickwandigen Rohren bei elastisch-plastischer Beanspruchung. Wiss. Z. Hochsch. Schwermaschinenbau Magdeburg 2 (1958) 251—256.

546. Ržanicyn, A. R.: Plastische Formänderungen eines Rohres bei axialsymmetrischer Belastung. Izv. Akad. Nauk SSSR. Otd. Techn. Nauk 1958, No. 9, 60—65 (russisch).

547. Bland, D. R.: Elastoplastic Thick-Walled Tubes of Work-Hardening Material Subject to Internal and External Pressures and to Temperature Gradients. J. Mech. Phys. Solids 4 (1956) 209—229.

548. Németi, L.: Über den beginnenden plastischen Zustand bei unter innerem Überdruck stehenden Rohren. Z. angew. Math. Mech. 40 (1960) 551—557.

549. Sommerfeld, A.: Vorlesungen über Theoretische Physik, Bde. I—VI. Wiesbaden: Diederichsche Verl.-Buchhdl. 1948—1952.

550. Troost, A.: Formal-identische Beschreibung des ebenen plastischen Fließens isotroper und orthotrop anisotroper Werkstoffe. Arch. Eisenhüttenwes. 44 (1973) 913—915.

551. Gosh, S. K.; Weber, H.: Experimental-Theoretical Correlations of Impulsively Loaded Axisymmetric Rigid-Plastic Membrane. Mech. Res. Comm. 3 (1976) 423—428.

552. Tautzenberger, P.; Tillmann, L.; Wilhelm, H.; Stöckel, D.: Herstellung, Umformung und Eigenschaften von Faser-Verbund-Werkstoffen. In: Neuere Entwicklungen im Bereich der Massivumformung. Stuttgart: Forsch.-Inst. Umformtechnik 1977, Vortrag Nr. 15.

553. Mehta, H. S.; Kobayashi, S.: Finite Element Analysis and Experimental Investigation on Sheet Metal Stretching. Trans. ASME J. Engng. Ind. 39 (1973) 874—880.

554. Wifi, A. S.: An Incremental Complete Solution of the Stretch-Forming and Deep-Drawing of a Circular Blank Using a Hemispherical Punch. Int. J. Mech. Sci. 18 (1976) 23—31.

555. Lippmann, H. (ed.): Engineering Plasticity: Theory of Metal Forming Processes. 2 vol., Udine: CISM and Wien, New York: Springer 1977.

556. Mellor, P. B.: Forming of Anisotropic Sheet Metal. In: [555] vol. 1, 145—201.

557. Lippmann, H.: Simplified Theory of Metal Forming Using Tresca's Yield Law. In: [555] vol. 1, 203—232.

558. Backhaus, G.: Längsdehnung bei plastischer Torsion infolge Bauschingereffekt und Faserdrehung. Acta Mech. 26 (1977) 115—128.

559. Siebel, E.: Kräfte und Materialfluß bei der bildsamen Formänderung. Stahl und Eisen 45 (1925) 1563—1566.

560. v. Kármán, Th.: Beitrag zur Theorie des Walzvorganges. Z. angew. Math. Mech. 5 (1925) 139—141.

561. Sachs, G.: Zur Theorie des Ziehvorganges. Z. angew. Math. Mech. 7 (1927) 235—236.

562. Siebel, E.; Pomp, A.: Zur Weiterentwicklung des Druckversuches. Mitt. K.-Wilh.-Inst. Eisenforsch. 10 (1928) 55—62.

563. Siebel, E.: Die Formgebung im bildsamen Zustand. Düsseldorf- Stahleisen 1932.

564. Buchholz, F.-G.: Berechnung und Optimierung von Stichplänen für den stationären Betrieb kontinuierlicher Kalt- und Warmwalzstraßen. Diss., Techn. Univ. München 1976.

565. Lippmann, H.: Elementary Theory of Metal Forming. In: [555] 117—144.

566. Hütte, des Ingenieurs Taschenbuch. 28. Aufl. Bd. I: Theoretische Grundlagen, Berlin: Ernst & Sohn 1955.

567. Unksov, E. P.: An Engineering Theory of Plasticity. London: Butterworths 1961 (Übers. a. d. Russischen).

568. Schroeder, W.; Webster, D. A.: Press-Forging Thin Sections: Effect of Friction, Area, and Thickness on Pressures Required. J. Appl. Mech. 16 (1949) 289—294.

569. Kobayashi, S.; MacDonald, A. G.; Thomsen, E. G.: Some Aspects of Press Forging. Int. J. Mech. Sci. 1 (1960) 282—300.

570. Davis, E. A.; Dokos, S. J.: Theory of Wire Drawing. J. Appl. Mech. 11 (1944) A 193—198.

571. Linicus, W.: Versuche über die Eigenschaften gezogener Drähte und den Kraftbedarf beim Drahtziehen. Z. Metallkde. 23 (1931) 205—210.

572. Körber, F.; Eichinger, A.: Die Grundlagen der bildsamen Verformung. Mitt. K.-Wilh.-Inst. Eisenforsch. 22 (1940) 57—80.

573. Siebel, E.: Der derzeitige Stand der Erkenntnisse über die mechanischen Vorgänge beim Drahtziehen. Stahl und Eisen 66/67 (1947) 171—180.

574. Lippmann, H.; Hansen, E.; Buchholz, F. G.; Besdo, D.: Programmbibliothek für das Kalt- und Warmwalzen von Band. Abschlußber. Forsch.-Vorh. FAA-Nr. 409 des Vereins Deutscher Eisenhüttenleute. Braunschweig: Lehrst. B f. Mech. d. Techn. Univ. 1971.

575. Lippmann, H.: The Mechanics of Translatory Rock Bursting. In: Advances in Analysis of Geotechnical Instabilities, SM Study No. 13 (J. C. Thompson, ed.). Waterloo, Ontario: Univ. of Waterloo 1978, p. 25—63.

576. Bräuner, G.: Kritische Spannungen in Kohleflözen. Glückauf 111 (1975) 618—625.

577. Bräuner, G.; Burgert, W. G.; Lippmann, H.: Zur Theorie des Gebirgsschlages. Glückauf-Forschungshefte 37 (1976) 164—175.

578. Bräuner, G.: Die Beurteilung des Gebirgsdruckes nach Bohrungen im Flöz. Glückauf 105 (1969) 1057—1062.

579. Siebel, E.: Über die Voreilung beim Walzen. Z. angew. Math. Mech. 6 (1926) 174—176.

580. Brovman, M. Ja.: Anwendung der Plastizitätstheorie auf das Walzen. Moskau: Verl. Metallurgie 1965 (russisch).

581. Lueg, W.: Spannungsverteilung und Werkstofffluß im Walzspalt. Stahl und Eisen 53 (1933) 346—352.

582. Zienkiewicz, O. C.: The Finite Element Method in Engineering Science, 3rd ed. London, New York: McGraw-Hill 1977.

583. Shabaik, A. H.; Thomsen, E. G.: Computer Aided Visioplasticity Solution of Some Deformation Problems. In: Foundations of Plasticity (A. Sawczuk, ed.). Leyden: Noordhoff 1973, p. 177—199.

584. Kudo, H.; Matsubara, S.: The Joint Examination Programme of the Validity of Various Numerical Methods For the Analysis of Metal Forming Processes. Notes pres. to the Meetings of the Scientific Technical Committee "F" of CIRP, Paris. Revised proposal: Sept. 2, 1976, Interim Report: August 1977.

585. Piispanen, V.: Die Theorie des simulierten Gleitens für das Walzen auf flacher Bahn. Arch. Eisenhüttenwes. 44 (1973) 261—265.

586. Kümmerling, R.; Lippmann, H.: Flachwalztheorie unter Berücksichtigung der Querschnittsverwölbung. Arch. Eisenhüttenwes. 51 (1980) 97—100.

587. Nagpal, V.: General Kinematically Admissible Velocity Fields For Some Axisymmetric Metal Forming Problems. Trans. ASME J. Engng. Ind. 96 (1974) 1197—1201.

588. Osakada, K.; Niimi, Y.: A Study on Radial Flow Field For Extrusion Through Conical Dies. Int. J. Mech. Sci. 17 (1975) 241—254.

589. Nagpal, V.; Clough, W. R.: Plane Strain Forging — A Lower Upper Bound Approach. Trans. ASME J. Engng. Ind. 97 (1975) 119—124.

590. Juneja, B. L.: Forging of Rhombus Shaped Discs. Int. J. Machine Tool Design and Research 13 (1973) 99—110.

591. Salençon, J.; Florentin, P.; Gabriel, Y.: Capacité portante globale d'une fondation sur un sol non homogène. Géotechnique 26 (1976) 351—370.

592. de Boer, R.; Mentlein, H.: Grenzzustände in der Bodenmechanik. Die Bautechnik (1977) 236—242, 312—316.

593. Yang, Dol-Yol; Lee, C.-H.: Analysis of Three-Dimensional Extrusion of Sections Through Curved Dies by Conformal Transformation. Int. J. Mech. Sci. 20 (1978) 541—552.

594. Hauger, W.; Kullmann, G.; Lippmann, H.; Weber, H.: Plastische Wellen in Stabwerken. Ing.-Arch. 45 (1976) 291—306.

595. Hauger, W.; Lippmann, H.: Über die elastisch-plastische Aufteilung von Wellen an den Knoten ebener Stabwerke. Ing.-Arch. 47 (1978) 117—128.

596. Telega, J. J.: On Plane Plastic Flow of Compressible Solids. Z. angew. Math. Mech. 58 (1978) 133—142.

597. Roth, R. N.; Oxley, P. L. B.: Slip-line Field Analysis For Orthogonal Machining Based on Experimental Flow Fields. J. Mech. Engng. Sci. 14 (1972) 85—97.

598. Christopherson, D. G.; Oxley, P. L. B.; Palmer, W. B.: Orthogonal Cutting of a Work-Hardening Material. Engineering 186 (1958) 113—115.

599. Prager, W.; Hodge jr., P. G.: Theorie ideal plastischer Körper. Wien: Springer 1954 (Übers. a. d. Englischen).

600. Robiller, G.; Straßburger, Ch.: Fließkurven unlegierter und legierter Kaltfließpreßstähle. Stahl und Eisen 98 (1978) 157—163.

601. Stahleisen — Prüfblatt 1123. Düsseldorf: Stahleisen, Juli 1973.

602. Hill, R.; Tupper, S. J.: A New Theory of the Plastic Deformation in Wire Drawing. J. Iron Steel Inst. 159 (1948) 353—359.

603. Lange, K.; Meyer-Nolkemper, H.: Gesenkschmieden, 2. Aufl. Berlin, Heidelberg, New York: Springer 1977.

604. Chenot, J. L.; Felgeres, L.; Lavarenne, B.; Salençon, J.: A Numerical Application of the Slip Line Field Method to Extrusion Through Conical Dies. Int. J. Engng. Sci. 16 (1978) 263—273.

605. Cox, A. D.; Eason, G.; Hopkins, H. G.: Axially Symmetric Plastic Deformation in Soils. Proc. Roy. Soc., London, A 254 (1961) 1—45.

606. Lippmann, H.: Statics and Dynamics of Axially Symmetric Plastic Flow. J. Mech. Phys. Solids 13 (1965) 29—39.

607. Sokolovskij, V. V.: Theorie der Plastizität. Berlin: Verl. d. Technik 1955 (Übers. a. d. Russischen).

608. Ismar, H.; Mahrenholtz, O.: Technische Plastomechanik. Braunschweig: Vieweg 1979.

609. Parmar, A.; Mellor, P. B.; Chakrabarty, J.: A New Model For the Prediction of Instability and Limit Strains in Thin Sheet Metal. Int. J. Mech. Sci. 19 (1977) 389—398.

610. Chou, C. T.; Symonds, P. S.: Large Dynamic Plastic Deflection of Plates by Mode Method. Trans. ASCE 103 (1977) 169—187.

611. Meguid, S. A.; Collins, I. F.: On the Mechanics of Oblique Cutting of Metal Strips With Knife-Edged Tools. Int. J. Mech. Sci. 19 (1977) 361—371.

612. Nowacki, W. K.; Zarka, J.: Sur le champs des températures en thermoélastoviscoplasticité. Arch. Mech. 26 (1974) 701—715.

613. Gulyás, J.: Näherungsmethode für die Ermittlung des Umformmomentes beim Rohrwalzen. Bänder, Bleche, Rohre 19 (1978) 415—418.

614. Gotoh, M.; Ishisé, F.: A Finite Element Analysis of Rigid-Plastic Deformation of the Flange in a Deep-Drawing Process Based on a Fourth-Degree Yield Function. Int. J. Mech. Sci. 20 (1978) 423—435.

615. Lippmann, H. (ed.): Metal Forming Plasticity. Proc. IUTAM-Symp. Tutzing, Aug. 28—Sept. 3, 1978. Berlin, Heidelberg, New York: Springer 1979.

616. Kudo, H.; Matsubara, S.: Joint Examination Project of Validity of Various Numerical Methods for the Analysis of Metal Forming Processes — Report Given and Comments Made at the Round Table Discussion of the Symposium. In: [615] 378—403.

617. Oh, S. I.; Rebelo, N.; Kobayashi, S.: Finite-Element Formulation For the Analysis of Plastic Deformation of Rate-Sensitive Materials in Metal Forming. In: [615] 273—291.

618. Shima, S.; Mori, K.; Osakada, K.: Analysis of Metal Forming by the Rigid-Plastic Finite Element Method Based on Plasticity Theory For Porous Metals. In: [615] 305—317.
619. Yamada, Y.; Wifi, A. S.; Hirakawa, T.: Analysis of Large Deformation and Stress in Metal Forming Processes by the Finite Element Method. In: [615] 158—176.
620. Klie, W.: Plastic Deformations With Free Boundaries — A Finite Element Approach. In: [615] 260—272.
621. Oxley, P. L. B.: Allowing For a Variable Flow Stress in the Analysis of Metal Working Processes. In: [615] 244—259.
622. Kaftanoglu, B.: On the Complete Numerical Solution of the Axisymmetrical Deep-Drawing Problem. In: [615] 66—79.
623. Collins, I. F.: The Application of Singular Perturbation Techniques to the Analysis of Forming Processes For Strain-Hardening Materials. In: [615] 227—243.
624. Bratt, J. F.: Drawing of Fiber Reinforced Tubes. In: [615] 349—362.
625. Kovačević, R.; Funke, P.: Ermittlung der Formänderungsfestigkeit im Warmdrehversuch. Stahl und Eisen 98 (1978) 1077—1081.
626. Blazynski, T. Z.: The Methods of Analysis of the Process of Plug Drawing of Bimetallic Tubing Applied to Implosively Welded Composites. Int. J. Mech. Sci. 20 (1978) 785—797.
627. van Rij, H. M.; Hodge jr., P. G.: A Slip Model For Finite-Element-Plasticity. Trans. ASME J. Appl. Mech. 45 (1978) 527—532.
628. Zienkiewicz, O. C.; Humpheson, C.; Lewis, R. W.: Associated and Non-associated Viscoplasticity and Plasticity in Soil-mechanics. Géotechnique 25 (1975) 671—689.

# Sachverzeichnis

Die Begriffe sind alphabetisch nach den ersten Buchstaben bzw. Silben geordnet und können im Text auch als Wortteile vorkommen (Beispiel: „Scher" und „Fließgrenze" in „Scherfließgrenze"). Eng verwandte Begriffe werden zusammengefaßt und unter dem ersten eingeordnet („Zugfestigkeit; Zugfließgrenze"). Klammerzusätze stellen Ergänzungen oder Erläuterungen dar („Reibung; Reib-(gesetz, -ansatz)"); der Begriff kann im Text mit seinem Zusatz vorkommen („Reibgesetz"), aber auch ohne ihn („Reibung") bzw. mit einem anderen Zusatz („Reibverhalten"). Eigennamen erscheinen nur als Bestandteil von eingebürgerten Sachbegriffen („Coulombsche Reibung").

Berichtigung

Seite 69, Bild 1.19a:  *Statt*  $\sigma_d/\sin \Psi$  *lies*  $|\sigma_d|/\sin \Psi$

Seite 119, Bild 2.23, Unterschrift:  *Statt*  [259],  *lies*  [259]),

Seite 133, Gl. (2.3/82):  *Statt*  $\sqrt{\dfrac{\rho}{\gamma}}$  *lies*  $\sqrt{\dfrac{\rho}{Y}}$

Seite 135, Bild 2.28:  *Statt*  $\tau_a$, $\sigma_{ra}$  *lies*  $\tau_b$, $\sigma_{rb}$

Seite 138, Zeile 19 v.o.:  *Statt*  Granzfall  *lies*  Grenzfall

Seite 190:  *Die ersten beiden Gln. (4.2/15) lauten*

$$\left(\frac{a}{D}\right)_{opt} = \frac{1}{2}\sqrt{|\varepsilon|(2-|\varepsilon|)/(1-|\varepsilon|)} \quad ,$$

$$\overset{\circ}{Q} \leq 2|\varepsilon| + \frac{1}{2}\sqrt{\frac{1}{1-|\varepsilon|} - (1-|F|)} \qquad (\text{stationär}),$$

Seite 304, Bild A.5 d:  *Statt*  $\sigma_\psi Ds\,d\psi$  *lies*  $D\sigma_\psi ds\,d\psi$